21世纪高等学校规划教材

数据库原理及应用

（SQL Server 2008版）

唐国良　蔡中民　主　编

姜姗　张晓煜　周湘贞　王晓鹏　副主编

清华大学出版社

北 京

内 容 简 介

本书是为满足高等院校培养应用型本科人才的需要而编写的,全面介绍了数据库系统基本原理以及数据库应用程序开发技术。全书共 14 章,主要内容包括数据库系统概述、关系数据库系统理论基础、SQL Server 2008 概述、SQL Server 2008 数据库的创建与管理、数据表创建与管理、数据查询、视图、索引和查询优化、Transact-SQL 语言、存储过程和触发器、安全管理和透明加密、数据导入和导出、事务处理、并发控制和游标、SQL Server 2008 数据库的高级管理和数据库反向工程等。

本书系统地介绍了关于数据库设计方面的关系模型和关系规范化理论、SQL Server 2008 的运行环境、数据库及各种常用数据库对象的创建和管理、Transact-SQL 语言及其应用、数据库的备份与恢复、数据转换、安全管理、复制与性能监视等。对数据库系统设计中较为常用的数据检索、数据完整性、视图、存储过程、触发器、并发控制、游标、索引优化等进行了详细的阐述,并给出了 SQL Server 2008 数据库应用系统的设计案例。

本书注重内容循序渐进、由浅入深、理论与实践相结合,内容涵盖了设计一个数据库管理系统要用到的主要知识,例题丰富,可操作性强。书中有大量的例题和代码,既便于教师教学,又便于学生学习。本书适合作为高等院校计算机及相关专业的本科、专科学生学习数据库应用系统开发技术的教材,也可作为从事数据库管理与开发的 IT 领域科技工作者的参考书。

本书的电子教案、习题答案和实例源文件可以到 http://www.tup.tsinghua.edu.cn 网站下载。

本书封面贴有清华大学出版社防伪标签,无标签者不得销售。

版权所有,侵权必究。侵权举报电话:010-62782989　13701121933

图书在版编目(CIP)数据

数据库原理及应用:SQL Server 2008 版/唐国良,蔡中民主编.--北京:清华大学出版社,2014
21 世纪高等学校规划教材·计算机应用
ISBN 978-7-302-35033-0

Ⅰ.①数…　Ⅱ.①唐…②蔡…　Ⅲ.①关系数据库系统—高等学校—教材　Ⅳ.①TP311.138

中国版本图书馆 CIP 数据核字(2014)第 004164 号

责任编辑:魏江江　赵晓宁
封面设计:傅瑞学
责任校对:时翠兰
责任印制:王静怡

出版发行:清华大学出版社
网　　　址:http://www.tup.com.cn,http://www.wqbook.com
地　　　址:北京清华大学学研大厦 A 座　　　邮　　编:100084
社 总 机:010-62770175　　　　　　　　　邮　　购:010-62786544
投稿与读者服务:010-62776969,c-service@tup.tsinghua.edu.cn
质 量 反 馈:010-62772015,zhiliang@tup.tsinghua.edu.cn
课 件 下 载:http://www.tup.com.cn,010-62795954

印 刷 者:北京富博印刷有限公司
装 订 者:北京市密云县京文制本装订厂
经　　　销:全国新华书店
开　　　本:185mm×260mm　　印　　张:30.25　　　字　　数:770 千字
版　　　次:2014 年 8 月第 1 版　　　　　　　　印　　次:2014 年 8 月第 1 次印刷
印　　　数:1～2000
定　　　价:49.50 元

产品编号:039423-01

出版说明

随着我国改革开放的进一步深化,高等教育也得到了快速发展,各地高校紧密结合地方经济建设发展需要,科学运用市场调节机制,加大了使用信息科学等现代科学技术提升、改造传统学科专业的投入力度,通过教育改革合理调整和配置了教育资源,优化了传统学科专业,积极为地方经济建设输送人才,为我国经济社会的快速、健康和可持续发展以及高等教育自身的改革发展做出了巨大贡献。但是,高等教育质量还需要进一步提高以适应经济社会发展的需要,不少高校的专业设置和结构不尽合理,教师队伍整体素质亟待提高,人才培养模式、教学内容和方法需要进一步转变,学生的实践能力和创新精神亟待加强。

教育部一直十分重视高等教育质量工作。2007年1月,教育部下发了《关于实施高等学校本科教学质量与教学改革工程的意见》,计划实施"高等学校本科教学质量与教学改革工程(简称'质量工程')",通过专业结构调整、课程教材建设、实践教学改革、教学团队建设等多项内容,进一步深化高等学校教学改革,提高人才培养的能力和水平,更好地满足经济社会发展对高素质人才的需要。在贯彻和落实教育部"质量工程"的过程中,各地高校发挥师资力量强、办学经验丰富、教学资源充裕等优势,对其特色专业及特色课程(群)加以规划、整理和总结,更新教学内容、改革课程体系,建设了一大批内容新、体系新、方法新、手段新的特色课程。在此基础上,经教育部相关教学指导委员会专家的指导和建议,清华大学出版社在多个领域精选各高校的特色课程,分别规划出版系列教材,以配合"质量工程"的实施,满足各高校教学质量和教学改革的需要。

为了深入贯彻落实教育部《关于加强高等学校本科教学工作,提高教学质量的若干意见》精神,紧密配合教育部已经启动的"高等学校教学质量与教学改革工程精品课程建设工作",在有关专家、教授的倡议和有关部门的大力支持下,我们组织并成立了"清华大学出版社教材编审委员会"(以下简称"编委会"),旨在配合教育部制定精品课程教材的出版规划,讨论并实施精品课程教材的编写与出版工作。"编委会"成员皆来自全国各类高等学校教学与科研第一线的骨干教师,其中许多教师为各校相关院、系主管教学的院长或系主任。

按照教育部的要求,"编委会"一致认为,精品课程的建设工作从开始就要坚持高标准、严要求,处于一个比较高的起点上;精品课程教材应该能够反映各高校教学改革与课程建设的需要,要有特色风格、有创新性(新体系、新内容、新手段、新思路,教材的内容体系有较高的科学创新、技术创新和理念创新的含量)、先进性(对原有的学科体系有实质性的改革和发展,顺应并符合21世纪教学发展的规律,代表并引领课程发展的趋势和方向)、示范性(教材所体现的课程体系具有较广泛的辐射性和示范性)和一定的前瞻性。教材由个人申报或各校推荐(通过所在高校的"编委会"成员推荐),经"编委会"认真评审,最后由清华大学出版社审定出版。

目前,针对计算机类和电子信息类相关专业成立了两个"编委会",即"清华大学出版社计算机教材编审委员会"和"清华大学出版社电子信息教材编审委员会"。推出的特色精品教材包括：

(1) 21世纪高等学校规划教材·计算机应用——高等学校各类专业,特别是非计算机专业的计算机应用类教材。

(2) 21世纪高等学校规划教材·计算机科学与技术——高等学校计算机相关专业的教材。

(3) 21世纪高等学校规划教材·电子信息——高等学校电子信息相关专业的教材。

(4) 21世纪高等学校规划教材·软件工程——高等学校软件工程相关专业的教材。

(5) 21世纪高等学校规划教材·信息管理与信息系统。

(6) 21世纪高等学校规划教材·财经管理与应用。

(7) 21世纪高等学校规划教材·电子商务。

(8) 21世纪高等学校规划教材·物联网。

清华大学出版社经过三十多年的努力,在教材尤其是计算机和电子信息类专业教材出版方面树立了权威品牌,为我国的高等教育事业做出了重要贡献。清华版教材形成了技术准确、内容严谨的独特风格,这种风格将延续并反映在特色精品教材的建设中。

清华大学出版社教材编审委员会

联系人：魏江江

E-mail：weijj@tup.tsinghua.edu.cn

前 言

　　"数据库原理及应用"是计算机类专业的核心课程,也是现在许多专业中涉及信息处理的首选课程。课程教学目标是系统地介绍数据库的原理知识,并结合具体的数据库管理系统软件来介绍原理的应用过程。通过这门课程的学习,使学生在数据库软件开发的过程中能够选择正确的开发平台,正确地、合理地进行数据库设计,从而提高软件开发的整体质量。

　　本书系统地介绍了关于数据库设计方面的关系模型和关系规范化理论、SQL Server 2008的运行环境、数据库及各种常用数据库对象的创建和管理、Transact-SQL 语言及其应用、数据库的备份与恢复、数据转换、安全管理、复制与性能监视等。对数据库系统设计中较为常用的数据检索、数据完整性、视图、存储过程、触发器、并发控制、游标、索引优化等进行了详细的阐述,并给出了 SQL Server 2008 数据库应用系统的设计案例。

　　全书共 14 章,主要内容包括数据库系统概述、关系数据库系统理论基础、SQL Server 2008 概述、SQL Server 2008 数据库的创建与管理、数据表创建与管理、数据查询、视图、索引和查询优化、Transact-SQL 语言、存储过程和触发器、安全管理和透明加密、数据导入和导出、事务处理、并发控制和游标、SQL Server 2008 数据库的高级管理和数据库反向工程等。

　　本书在内容上将数据库基础理论和实践相结合,注重实用。为了更好地帮助读者理解和掌握所学知识,书中列举了大量极富实用价值的例题,提供了相应的代码,并调试给出运行结果。每章配有针对性的习题和实验,供读者练习使用,有助于增强对基本知识的理解和实际应用能力。本书的特点是内容全面、通俗易懂、例题丰富、概念清晰、针对性强。

　　本书建议课堂教学 64 学时。第 1 章需 6 学时;第 2 章需 4 学时;第 3 章需 4 学时;第 4章需 6 学时;第 5 章需 4 学时;第 6 章需 4 学时;第 7 章需 4 学时;第 8 章需 4 学时;第 9章需 4 学时;第 10 章需 4 学时;第 11 章需 4 学时;第 12 章需 6 学时;第 13 章需 4 学时;第 14章需 6 学时。书中第 1～第 12 章为教学重点,其中第 1、第 4～第 10 和第 12 章为教学难点,应分配较多的学时。

　　本书由唐国良、蔡中民主编,姜姗、张晓煜、周湘贞、王晓鹏副主编。书中第 1 章由蔡中民编写;第 2、3 章由周湘贞编写;第 4 章由朱玲利编写;第 5 章由姜姗编写;第 6、7 章由王晓鹏编写;第 8、9 章由靳贺敏编写;第 10 章由宋涛编写;第 11 章由柳忠勇编写;第 12 章由张晓煜编写;第 13 章由王红霞编写;第 14 章由唐国良编写。全书由唐国良、姜姗负责最后统稿和修改。

　　本书既可以作为高等院校和高职院校的数据库原理及应用课程的教材,也可以作为有一定的面向对象编程基础和数据库基础进行 Web 应用程序开发的人员的参考资料。

　　在编写本书的过程中参考了相关文献,在此向这些文献的作者深表感谢。由于时间较紧,书中难免有错误与不足之处,恳请专家和广大读者批评指正。

　　我们的电子邮箱是:datang110@126.com。

作者

2013 年 12 月

目 录

第 1 章

数据库系统概述

数据管理在信息系统的研究和设计中一直都是一个非常重要的课题。数据库技术是数据管理技术和计算机科学技术中发展最快、应用最广的技术之一，它已成为计算机信息系统的核心技术和重要基础。本章介绍数据库系统的基本概念、数据模型、范式、关系代数以及数据库设计等相关内容。读者从中可以学习到数据库技术基础知识并学会基本的数据库设计技术。

本章的学习目标：
- 了解有关数据库系统的基本概念；
- 掌握数据模型的基本理论和关系数据库的基本概念；
- 掌握关系规范化和范式的理论和方法；
- 掌握数据库设计的方法；
- 掌握关系代数和关系运算的理论。

1.1 数据库系统的基本知识

1.1.1 相关概念

数据库是长期存储在计算机内的、有组织的、大量的、可共享的数据集合。要理解数据库的含义，就需要先了解在数据管理领域中常遇到的两个基本概念："数据"和"信息"。

数据是记录客观事实的符号。这里的"符号"不仅仅指数字、字母、文字和其他符号，还包括图形、图像、声音等多媒体数据。

信息是经过加工后的数据，它会对接受者的行为和决策产生影响，具有现实的或潜在的价值。

数据与信息之间的关系（如图 1-1 所示）可以表示为：

信息＝数据＋数据处理

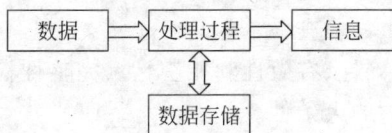

数据 ⟹ 处理过程 ⟹ 信息

数据存储

图 1-1　数据与信息的关系

数据与信息的联系与区别如下：

（1）数据是信息的载体；但不是所有的数据都能表示信息，信息是因某种目的被人们处理过了的数据。

(2) 信息是抽象的,不随数据设备所决定的数据形式而改变;而数据的表示方式却具有可选择性。

所谓数据处理是指对各种数据进行收集、整理、组织、存储、加工及传播等一系列活动的总和。

1.1.2　数据库系统

数据库系统是具有管理和控制数据库各种功能的计算机系统。它由数据库、数据库管理系统、支持数据库运行的软硬件环境、应用程序、数据库管理员和用户等组成。

1. 数据库(database)

数据库是长期存储在计算机内的、有组织的、大量的、可共享的数据集合。数据库中的数据按一定的数据模型组织、描述和存储,具有较小的冗余度、较高的数据独立性和易扩展性,并为各种用户共享。

简单地讲,数据库数据具有永久存储、有组织和可共享等基本特点。

2. 数据库管理系统(database management system,DBMS)

在建立了数据库之后,下一个问题就是如何科学地组织和存储数据,如何高效地获取和维护数据,完成这个任务的是一个系统软件——数据库管理系统。

数据库管理系统是位于用户与操作系统之间的一层数据管理软件。数据库管理系统和操作系统一样是计算机的基础软件,也是一个大型复杂的软件系统,其主要功能如下所述。

1) 数据定义功能

DBMS 提供数据定义语言(data definition language,DDL)用户通过它可以方便地定义数据库表、索引、视图等数据对象。

2) 数据操纵功能

DBMS 还提供数据操纵语言(data manipulation language,DML),用户可以使用 DML 操纵数据实现对数据库的基本操作,如插入、删除、修改和查询等。

3) 数据库的运行控制功能

数据库在建立、运行和维护时由数据库管理系统统一管理、统一控制,以保证数据的安全性、完整性、多用户对数据的并发使用及发生故障后的系统恢复。

(1) 数据的安全性(security)保护。

数据的安全性是指保护数据以防止不合法的使用而造成数据的泄密和破坏,使每个用户只能按规定对某些数据进行某些操作和处理。

(2) 数据的完整性(integrity)检查。

数据的完整性指数据的正确性、有效性和相容性。完整性检查将数据控制在有效的范围内,并保证数据之间满足一定的约束条件。

(3) 并发(concurrency)控制。

当多个用户的并发进程同时存取、修改数据库时,可能会发生相互干扰而得到错误的结果或是数据库的完整性遭到破坏,因此必须对多个用户的并发操作加以控制和协调。

(4) 数据库恢复(recovery)。

计算机系统的硬件故障、软件故障、操作员的失误以及故意破坏也会影响数据的正确性,甚至造成数据库部分或全部数据的丢失。DBMS 必须具有将数据库从错误状态恢复到某一个已知正确状态(亦称为完整状态或一致状态)的功能,这就是数据库的恢复功能。

4) 数据库的维护功能

这一部分包括数据库的初始数据的载入、转换功能、数据库的转储、数据库的重组织功能和性能监视、分析功能等。这些功能大都由各个实用程序来完成。例如装配程序(装配数据库)、重组程序(重新组织数据库)、日志程序(用于更新操作和数据库的恢复)以及统计分析程序等。

3. 支持数据库系统运行的软件、硬件环境

每种 DBMS 都有它自己要求的软件、硬件环境。硬件是指所需的基本配置以及所建议的配置,例如要有足够大的内存来存放操作系统、DBMS 的核心模块、数据缓冲区和应用程序;有足够大的存取设备存放数据库,备份数据库。软件是指支持 DBMS 和数据库运行的操作系统(如 Windows、Linux 等),以及与数据库接口的高级语言及其编译系统。

在不引起混淆的情况下,人们常把数据库系统简称为数据库。数据库系统可以用图 1-2表示。

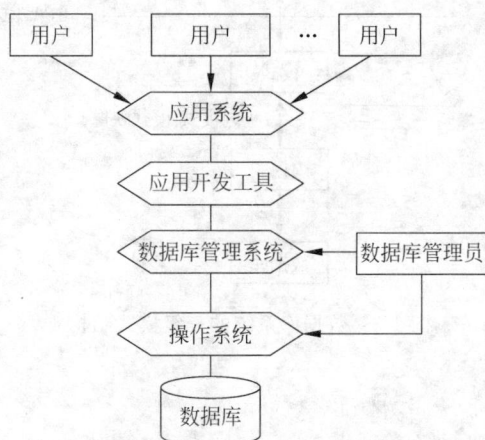

图 1-2　数据库系统

4. 应用系统

根据不同用户的需要,采用与相关数据库接口的高级语言和编译系统(如 Visual Basic、VC、PB、Java)编写的应用程序,用以处理用户的业务。

5. 数据库管理员(database administrator,DBA)

DBA 是指管理、维护数据库系统的人员,起着联络数据库系统与用户的作用;用户则是最终系统的使用者和管理人员。大型数据库系统,一般配备专职 DBA;微型计算机的数据库系统,一般由用户自己承担 DBA 的角色。

1.1.3　数据库三级模式结构

数据库系统的结构可以从多种不同的层次或不同的角度来考察。

从数据库最终用户角度看,数据库系统的结构分为单用户结构、主从式结构、分布式结构、客户/服务器结构(包括二层结构、三层结构和多层结构)等。这是数据库系统外部的体系结构。

从数据库管理系统角度看,数据库系统通常采用三级模式结构,这是数据库管理系统内部的体系结构。

虽然实际的数据库管理系统产品种类很多,它们支持不同的数据模型,使用不同的数据库语言,建立在不同的操作系统之上,数据的存储结构也不相同,但它们在体系结构上通常都具有相同的特征,即采用三级模式结构(早期微机上的小型数据库系统除外),并提供两级映像功能。

数据库系统的三级模式结构是指数据库系统是由外模式、模式、内模式三级构成。如图 1-3 所示。

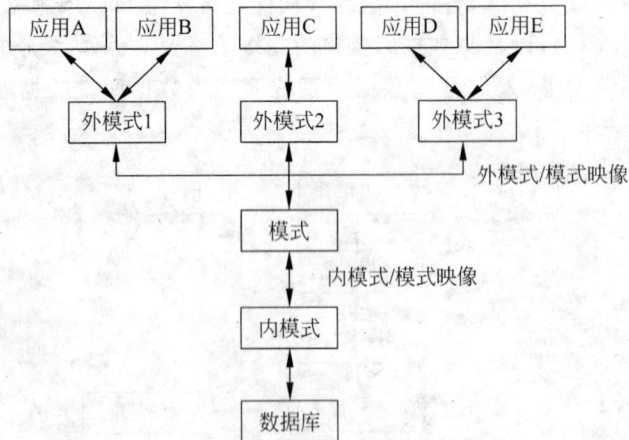

图 1-3　数据库系统的三级模式结构

1. 模式(schema)

模式也称逻辑模式、概念模式,是数据库中全体数据的逻辑结构和特征的描述,是所有用户的公共数据视图。它是数据库系统模式结构的中间层,既不涉及数据的物理存储细节和硬件环境,也与具体的应用程序、所使用的应用开发工具及高级程序设计语言(如 C,COBOL,FORTRAN)无关。

模式实际上是数据库数据在逻辑级上的视图。一个数据库只有一个模式。数据库模式以某一种数据模型为基础,统一综合地考虑了所有用户的需求,并将这些需求有机地结合成一个逻辑整体。

定义模式时不仅要定义数据的逻辑结构,例如数据记录由哪些数据项构成,数据项的名字、类型、取值范围等,而且要定义数据之间的联系,定义与数据有关的安全性、完整性要求。DBMS 提供模式描述语言(schema defination language)来严格地定义模式。

2. 外模式(external schema)

外模式也称子模式(subschema)或用户模式,它是数据库用户(包括应用程序员和最终用户)能够看见和使用的局部数据的逻辑结构和特征的描述,是数据库用户的数据视图,是与某一应用有关的数据的逻辑表示。

外模式通常是模式的子集。一个数据库可以有多个外模式。由于它是各个用户的数据视图,如果不同的用户在应用需求、看待数据的方式、对数据保密的要求等方面存在差异,则其外模式描述就是不同的。即使对模式中同一数据,在外模式中的结构、类型、长度、保密级别等都可以不同。另一方面,同一外模式也可以为某一用户的多个应用系统所使用,但一个应用程序只能使用一个外模式。

外模式是保证数据库安全性的一个有力措施。每个用户只能看见和访问所对应的外模式中的数据,数据库中的其余数据是不可见的。

DBMS 提供子模式描述语言(子模式 DDL)来严格地定义子模式。

3. 内模式(internal schema)

内模式也称存储模式(storage schema),一个数据库只有一个内模式。它是数据物理结构和存储方式的描述,是数据在数据库内部的表示方式。例如,记录是按什么存储方式存储,索引按照什么方式组织,数据是否压缩存储,是否加密,数据的存储记录结构有何规定等。

内部记录并不涉及物理记录,也不涉及设备的约束。比内模式更接近于物理存储和访问的那些软件机制是操作系统的一部分(即文件系统),例如从磁盘读数据或写数据到磁盘上的操作等。

DBMS 提供内模式描述语言(内模式 DDL,或者存储模式 DDL)来严格地定义内模式。

4. 数据库的二级映像功能

数据库系统的三级模式对应数据的三个抽象级别,它把数据的具体组织留给 DBMS 管理,使用户能逻辑地、抽象地处理数据,不必关心数据在计算机中的具体表示方式与存储方式。为了能够在内部实现这三个抽象层次的联系和转换,数据库管理系统在这三级模式之间提供了二层映像:

- 外模式/模式映像;
- 模式/内模式映像。

正是这两层映像保证了数据库系统中的数据能够具有较高的逻辑独立性和物理独立性。

1) 外模式/模式映像

模式描述的是数据的全局逻辑结构,外模式描述的是数据的局部逻辑结构。对应于同一个模式可以有任意多个外模式。对于每一个外模式,数据库系统都有一个外模式/模式映像,它定义了该外模式与模式之间的对应关系。这些映像通常包含在各自外模式的描述中。

如果当模式改变时(例如增加新的关系、新的属性、改变属性的数据类型等),就要由数据库管理员对各个外模式/模式的映像做相应改变,也可以使外模式保持不变。应用程序是依据数据的外模式编写的,因此应用程序也不必修改,从而保证了数据与程序的逻辑独立性,简称数据的逻辑独立性。

2) 模式/内模式映像

数据库中只有一个模式,也只有一个内模式,所以模式/内模式映像是唯一的,它定义了数据全局逻辑结构与存储结构之间的对应关系。例如,说明逻辑记录和字段在内部是如何表示的。该映像定义通常包含在模式描述中。当数据库的存储结构改变时(例如采用了另外一种存储结构),由数据库管理员对模式/内模式映像做相应改变,可以使模式保持不变,因此应用程序也不必改变。这就保证了数据与程序的物理独立性,简称数据的物理独立性。

在数据库的三级模式结构中,数据库模式即全局逻辑结构是数据库的中心与关键,它独立于数据库的其他层次。因此设计数据库模式结构时应首先确定数据库的逻辑模式。

数据库的内模式依赖于它的全局逻辑结构,但独立于数据库的用户视图即外模式,也独立于具体的存储设备。它是将全局逻辑结构中所定义的数据结构及其联系按照一定的物理存储策略进行组织,以实现达到较好的时间与空间效率的目的。

数据库的外模式面向具体的应用程序,它定义在逻辑模式之上,但独立于存储模式和存储设备。当应用需求发生较大变化,相应外模式不能满足其视图要求时,该外模式就得做相应改动,所以设计外模式时应充分考虑到应用的扩充性。

特定的应用程序是在外模式描述的数据结构上编制的,它依赖于特定的外模式,与数据库的模式和存储结构独立。不同的应用程序有时可以共用同一个外模式。数据库的二级映像保证了数据库外模式的稳定性,从而从底层保证了应用程序的稳定性,除非应用需求本身发生变化,否则应用程序一般不需要修改。

数据与程序之间的独立性,使得数据的定义和描述可以从应用程序中分离出去。另外,由于数据的存取由 DBMS 管理,用户不必考虑存取路径等细节,从而简化了应用程序的编制,大大减少了应用程序的维护和修改工作。

1.2　数据模型

1.2.1　数据模型概述

模型(model),是现实世界特征的模拟与抽象。比如一组建筑规划沙盘,精致逼真的飞机航模,都是对现实生活中的事物的描述和抽象。数据模型(data model)也是一种模型,它是现实世界数据特征的抽象。

在数据库技术中,我们用模型的概念描述数据库的结构与语义,对现实世界进行抽象。数据模型是严格定义的概念的集合。数据库的数据模型包含数据结构、数据操作和完整性约束三个部分。

1. 数据结构(data structure)

数据结构描述数据库的组成对象以及对象之间的联系。也就是说数据结构描述的内容有两类:

(1) 与对象的类型、内容、性质有关,例如关系模型中的域、属性、关系等。

(2) 与对象之间联系有关。

数据结构是刻画一个数据模型性质最重要的方面,在数据库系统中,人们通常按照其数据结构的类型来命名数据模型。例如层次结构、网状结构和关系结构的数据模型分别命名为层次模型、网状模型和关系模型。

总之,数据结构是所描述的类型的集合,是对系统静态特性的描述。

2. 数据操作（data manipulation）

数据操作是指对数据库中各种对象（型）的实例（值）允许执行的操作的集合，包括操作及有关的操作规则。

数据库主要有查询和更新（包括插入、修改、删除）两大类操作。数据模型必须定义这些操作的确切含义、操作符号、操作规则（如优先级）以及实现操作的语言。数据操作是对系统动态特性的描述。

3. 完整性约束条件（integrity constraint condition）

完整性约束条件是一组完整性规则。完整性规则是给定的数据模型中数据及其联系所具有的制约和依存规则，用以限定符合数据模型的数据库状态以及状态的变化，以保证数据的正确、有效和一致。

1.2.2 两种重要的数据模型

数据模型的种类很多，目前被广泛使用的可分为两种类型：概念数据模型和逻辑数据模型。

1. 概念数据模型（conceptual data model）

概念数据模型是独立于计算机系统的数据模型，它完全不涉及信息在计算机系统中的表示，只是用来描述某个特定组织所关心的信息结构。概念模型用于建立信息世界的数据模型，强调其语义表达能力，概念应该简单、清晰、易于用户理解。它是现实世界的第一层抽象，是用户和数据库设计人员之间进行交流的工具。概念数据模型可以看成是现实世界到机器世界的一个过渡的中间层次。

概念数据模型中最著名的是实体联系模型（entity relationship model，简记为 ER 模型）。实体联系模型是 P. P. Chen 于 1976 年提出的。这个模型直接从现实世界中抽象出实体类型及实体间联系，然后用实体联系图（ER 图）表示数据模型。

1）相关概念

（1）实体（entity）。

客观存在并可相互区别的事物称为实体。实体可以是具体的人、事、物，也可以是抽象的概念或联系，例如，一个学生、一名教师，学生的一次选课。

（2）属性（attribute）。

实体所具有的某一特性或性质（property）称为属性。一个实体可以由若干个属性来刻画。例如，学生实体可以由学号、姓名、性别、籍贯等属性组成。

（3）实体型（entity type）。

具有相同属性的实体必然具有共同的特征和性质。用实体名及其属性名集合来抽象和刻画同类实体，称为实体型。例如学生（学号，姓名，性别，年龄，班级号，系别）是一个实体型。

（4）实体集。

同一类型实体的集合称为实体集。如全体学生是一个实体集。

（5）联系（relation）。

在现实世界中，事物内部以及事物之间是有联系的，这些联系在信息世界中反映为实体

(型)内部的联系和实体(型)之间的联系。实体内部的联系通常是指实体的各属性之间的联系;实体之间的联系通常是指不同实体集之间的联系。

2) 两个实体型之间的联系

两个实体之间的联系可以分为三种:

(1) 一对一联系(one-to-one relationship,1∶1)。

如果对于实体集 A 中的每一个实体,实体集 B 中至多有一个(也可以没有)实体与之联系,反之亦然,则称实体集 A 与实体集 B 具有一对一联系,记为1∶1。

例如,教研室和教研室主任之间的管理联系为一对一联系。一个教研室只有一个教研室主任,一个教研室主任只能管理一个教研室。

(2) 一对多联系(one-to-many relationship,1∶n)。

如果对于实体集 A 中的每一个实体,实体集 B 中有 n 个实体(n≥0)与之联系,反之,对于实体集 B 中的每一个实体,实体集 A 中至多只有一个实体与之联系,则称实体集 A 与实体集 B 有一对多联系,记为1∶n。

例如,教研室与教研室内多个教师之间的"拥有"联系是1∶n 的联系。一个教研室拥有多个教师,每个教师只能属于一个教研室。

(3) 多对多联系(many-to-many relationship,m∶n)。

如果对于实体集 A 中的每一个实体,实体集 B 中有 n 个实体(n≥0)与之联系,反之,对于实体集 B 中的每一个实体,实体集 A 中也有 m 个实体(m≥0)与之联系,则称实体集 A 与实体集 B 具有多对多联系,记为 m∶n。

例如,学生和课程之间的联系为多对多联系。一个学生可以选修多门课程,每门课程有多个学生选修。

3) E-R 模型的表示方法

在 E-R 模型中用 3 种图形分别表示实体、属性及实体间的联系。其规定如下:

- 用矩形框表示实体,框内标明实体名;
- 用椭圆框表示实体的属性,并在其内写上属性名;
- 用菱形框表示实体间的联系,框内写上联系名;
- 实体与其属性之间以无向边连接,菱形框及相关实体之间亦用无向边连接。并在无向边旁标明联系的类型。

在 E-R 图中对属性的描述如图 1-4 所示。图 1-4(a)表示学生实体的属性,图 1-4(b)表示课程实体的属性,图 1-4(c)表示学生实体和课程实体之间的联系"选课"的属性,说明联系也可以有属性。

用 E-R 图可以简单明了地描述实体及其相互间的联系。例如,在学籍管理系统中有学生、课程、成绩、教师、班级、班长等实体,其中班长实体和班级实体之间是一对一的联系,学生实体和班级实体之间的联系是一对多的联系,学生实体和课程实体之间的联系是多对多的联系。其 E-R 图如图 1-4(d)所示。

用 E-R 图还可以描述多个实体之间及一个实体集内部实体之间的联系。

2. 逻辑数据模型(logical data model)

逻辑数据模型直接面向数据库的逻辑结构,它是现实世界的第二层抽象。这类模型涉及计算机系统和数据库管理系统。例如层次、网状、关系和面向对象等模型。这类模型有严格的

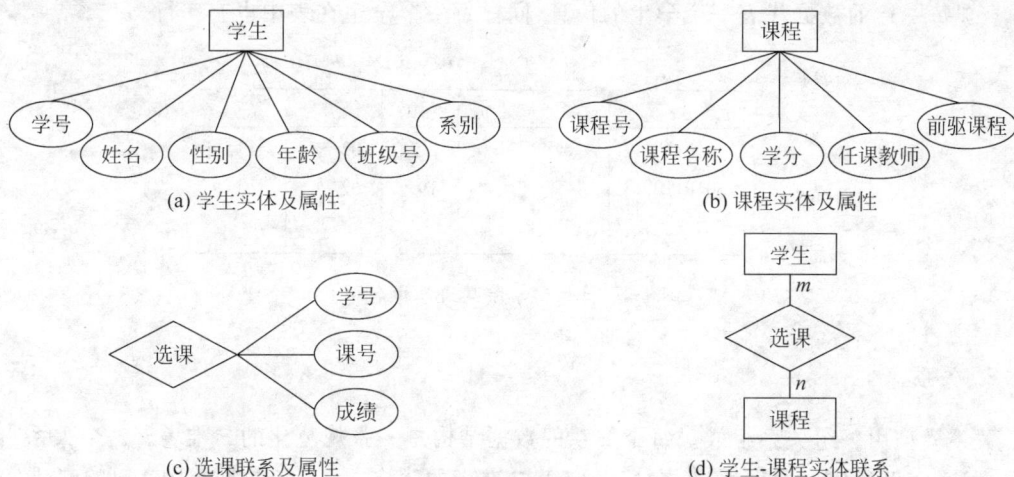

(a) 学生实体及属性　　　　　　　　　　(b) 课程实体及属性

(c) 选课联系及属性　　　　　　　　　(d) 学生-课程实体联系

图 1-4　学生-课程实体联系及属性

形式化定义,以便于在计算机系统中实现。它通常是严格定义了的无二义性的语法和语义的数据库语言,人们可以用这种语言来定义、操纵数据库中的数据。

1.3　关系数据库

关系数据库是目前各类数据库中最重要、最流行的数据库,它应用数学方法来处理数据库数据,关系数据库系统是支持关系模型的数据库系统。关系模型由关系数据结构、关系操作集合和关系完整性约束三部分组成。关系模型的数据结构非常单一,现实世界的实体以及实体间的各种联系均用关系来表示,关系操作采用集合操作方式,并提供了丰富的完整性控制机制。

1.3.1　关系模型

关系模型的主要特征是用二维表格结构表示实体集。关系模型比较简单,容易被接受。关系模型是由若干个关系模式组成的集合。关系模式相当于记录类型,它的实例称为关系,每个关系实际上就是一张二维表格,即用二维表格结构表示实体,用来表示实体的关系。二维表格也可用于表示实体之间联系。

1.二维表

在用户看来,关系模型中数据的逻辑结构是一张二维表。

在日常生活中人们都非常熟悉像花名册、工资表、成绩单等二维表。以某个班级的学生名单为例(如图 1-5 所示),可以看到这些二维表具有以下特点:

(1) 表有表名:计算机学院 02 班学生名单。

(2) 表由两部分构成:一个表头和若干行数据。

(3) 从垂直方向看表有若干列,每列都有列名,如学号、姓名等。

(4) 同一列的值取自同一个定义域:例如性别的定义域是(男、女),学号只能取 2010110001～2010119999 的整数。

（5）每一行的数据代表一个学生的信息，同样每一个学生在表中也有一行。

表名→　　　　　　　　　　计算机学院02班学生名单

学号	姓名	性别	年龄	班级号	系别
2010110012	李明	男	20	02	计算机
2010110013	王君	女	19	02	计算机
⋮	⋮	⋮	⋮	⋮	⋮

表头→（第一行）　数据→（后两行）

图 1-5　计算机学院某班学生名单

2. 关系

关系模型由一组关系组成。每个关系的数据结构是一张规范化的二维表。一个关系由关系名、关系实例组成。通俗地讲，它们对应于二维表的表名、表头和数据。图 1-5 的二维表对应成关系如图 1-6 所示。

关系模式：student(Sno,　　Sname,　Sex,　　Age,　　Classno,　Dept)

关系实例：
2010110012	李明	男	20	02	计算机
2010110013	王君	女	19	02	计算机
⋮	⋮	⋮	⋮	⋮	⋮

图 1-6　关系模型的数据结构

注意，关系模式是关系模型的"型"，关系实例是关系模型的"值"。现在以学生名单（图 1-5）为例，介绍关系模型中的一些术语。

3. 关系模型中的相关术语

1）关系（relation）

一个关系就是一个二维表，每个关系有一个关系名。在 SQL Server 中，一个关系可以存储为一个表（但不是独立的文件），并为其定义一个独立的表名。一般地，一个数据库可能包含若干个表。

2）元组（tuple）

在二维表中，水平方向的一行称为一个元组，对应表中的一条记录。

例如：（2010110012 李明 男 20 02 计算机）就是一个元组。

3）属性（attribute）

二维表中垂直方向的列称为属性，每个属性有一个属性名，也就是实体的属性。在关系数据库中，一列就是一个字段。在 SQL Server 中，每个字段通过字段名、字段的数据类型及宽度等进行描述，相关内容在创建表结构时定义。

如图 1-5 所示表有 6 列，对应 6 个属性：学号，姓名，性别，年龄，班级号，系别。

4）域（domain）

属性的取值范围叫作域，即不同的元组对同一个属性的取值所限定的范围。如人的年龄一般在 1～150 岁之间，性别的域是（男，女），籍贯只能取自我国的省、直辖市、自治区的名字等。

5）关键字（key）

关键字是二维表中某一个属性或者某几个属性的组合，它的值可以唯一地标识一个元组。

关键字又称为键,主关键字又称为主键。

6)外部关键字(foreign key)

如果表中的一个关键字不是本表的主关键字,而是另外一个表的主关键字或者候选关键字,则这个属性就称为外关键字。

7)分量

分量是元组中的一个属性值。

8)关系模式

对关系的描述,一般表示为:

关系名(属性1,属性2,…,属性n)

例如,图1-6关系模式为:student(Sno,Sname,Sex,Age,Classno,Dept)。

在关系模型中,实体以及实体间的联系都是用关系来表示。例如学生、课程、学生与课程之间的多对多联系在关系模型中可以表示如下:

- 学生(学号,姓名,性别,年龄,班级号,系别)
- 课程(课程号,课程名称,学分,任课教师,前驱课程)
- 选修(学号,课程号,成绩)

把实体、关系和二维表格所使用的术语做一个粗略对比,如表1-1所示。

表1-1 术语对比

现实世界	关系术语	一般术语
实体集名	关系名	表名
实体型	关系模式	表头(表格的描述)
实体集	关系	(一张)二维表
实体	元组	行/记录
属性	属性	列
属性名	属性名	列名
属性值	属性值	列值

1.3.2 关系的数学定义

在前面已提到关系模型中数据在用户观点下的逻辑结构是二维表。而关系模型是建立在集合代数的基础上的。下面讨论关系的数学定义。

1. 域(domain)

域是一组具有相同数据类型的值的集合。如整数、实数、介于某个取值范围的整数、指定长度字符串集合等。

2. 笛卡儿积(Cartesian product)

给定一组域$D_1,D_2,\cdots,D_n$,这些域可以相同,$D_1,D_2,\cdots,D_n$的笛卡儿积为:$D_1 \times D_2 \times \cdots \times D_n = \{(d_1,d_2,\cdots,d_n) | d_i \in D_i, i=1,2,\cdots,n\}$。

3. 基数(cardinal number)

若$D_i(i=1,2,\cdots,n)$为有限集,其基数为$m_i(i=1,2,\cdots,n)$,则$D_1 \times D_2 \times \cdots \times D_n$的基数

M 为：

$$M = \prod_{i=1}^{n} m_i$$

4. 关系

$D_1 \times D_2 \times \cdots \times D_n$ 的子集称为域 $D_1, D_2, \cdots, D_n$ 上的关系,表示为 $R(D_1, D_2, \cdots, D_n)$,其中 R 为关系名,n 是关系的目或度(degree)。当 $n=1$ 时为单元关系,$n=2$ 时为二元关系。关系中的每个元素是关系中的元组,通常用 t 表示。

1.3.3　主码和外码

码由一个或多个属性组成。在实际使用中,有以下几种码。

1. 候选码(candidate key)

若关系中的某一属性组的值能唯一地标识一个元组,则称该属性组为候选码。

2. 主码(primary key)

若一个关系有多个候选码,则选定其中一个为主码。主码,也称"码"或"主键"或"关键字"。

主属性:包含在任何一个候选码中的属性,称为主属性(prime attribute)。

非主属性:不包含在任何码中的属性称为非主属性(nonprime attribute)或非码属性(non-key attribute)。

全码:关系模型的整个属性组是这个关系模式的候选码,称为全码(all-key)。

3. 外码(foreign key)

设 F 是关系 R 的一个或一组属性,但不是关系 R 的码。如果 F 与关系 S 的主码 K_s 相对应,则称 F 是关系 R 的外码,关系 R 称为参照关系,关系 S 称为被参照关系或目标关系。

1.3.4　关系的性质

1. 同一关系的属性名具有不能重复性

同一关系的属性名具有不能重复性,即同一关系中不同属性的数据可出自同一域,但不同的属性要给予不同的属性名,否则会产生列标识混乱。由于关系名具有标识作用,所以允许不同关系中有相同属性名的情况。

2. 同一属性的数据具有同质性

同一属性的数据具有同质性,即同列中的分量是同一类型的数据库,它们来自同一个域。例如学生选课表的结构为:选课(学号,课程号,成绩),其成绩的属性值不能有百分制、5 分值或"及格"、"不及格"等多种取值法,同一关系中的成绩必须统一语义,否则会出现存储和数据操作错误。

3. 关系中的元组位置具有顺序无关性

关系中的元组位置具有顺序无关性,即关系中元组的顺序可以任意交换。在使用中可以按各种排序要求对元组的次序重新排列,例如,对学生表的数据可以按学号升序或降序输出。

4. 关系中的列的位置具有顺序无关性

关系中的列的位置具有顺序无关性,即关系中列的次序可以任意交换、重新组织,属性顺序不影响使用。

5. 关系具有元组无冗余性

关系具有元组无冗余性,即关系中的任意两个元组不能完全相同。由于关系中的一个元组表示现实世界中的一个实体或一个具体的联系,元组重复则说明一个实体重复存储。实体重复不仅会增加数据量,还会造成数据查询和统计的错误,产生数据不一致问题,所以数据库中应当绝对避免元组重复现象,确保实体的唯一性和完整性。

6. 关系中每一个分量都必须是不可分割的数据项,即要求分量的原子性

关系模式是对关系的描述。关系模式是型,而关系是值。关系模式是对关系的描述,是静态的、稳定的;而关系是关系模式在某一时刻的状态或内容,是动态的、随时间不断变化的。关系模式和关系往往统称为关系,通过上下文以区别。

1.3.5　关系数据库

在一个给定的应用领域中,所有实体及实体之间联系的关系的集合构成一个关系数据库。关系数据库也有型和值之分,关系数据库中的型也称为关系数据库模式,是对关系数据库的描述。它包括若干域的定义以及在这些域上定义的若干关系模式。关系数据库的值是这些关系模式在某一时刻对应的关系的集合,通常称之为关系数据库。

【例 1-1】　在学生学习过程中,存在如图 1-4 所示关系,构成一个关系数据库 student,由图 1-4 转化为关系模式集(如图 1-7 所示)和三个关系(如表 1-2~表 1-4 所示)。

学生关系模式(S):(学号,姓名,性别,年龄,班级号,系别)
选课关系模式(SC):(学号,课程号,成绩)
课程关系模式(C):(课程号,课程名称,学分,任课教师,前驱课程)

图 1-7　关系模式集

表 1-2　学生关系模式(S)

学号	姓名	性别	年龄	班级号	系别
S01	王红	女	18	030201	计算机系
⋮	⋮	⋮	⋮	⋮	⋮

表 1-3　课程关系模式(C)

课程号	课程名称	学分	任课教师	前驱课程
C11	SQL Server	4	赵大宏	C09
⋮	⋮	⋮	⋮	⋮

表 1-4　选课关系模式（SC）

学号	课程号	成绩
S01	C11	90
⋮	⋮	⋮

【例 1-2】　定义图 1-7 中三个关系模式及主码如下：

（1）S(学号，姓名，性别，年龄，班级号，系别)

　　PK(学号)

（2）C(课程号，课程名称，学分，任课教师，前驱课程)

　　PK(课程号)，Dom(前驱课程) ＝ 课程号

（3）SC(学号，课程号，成绩)

　　PK(学号，课程号)，FK1(学号)，FK2(课程号)

1.3.6　关系的完整性

关系模型的完整性规则是对关系的某种约束条件。关系的完整性共分为三类：实体完整性、参照完整性、用户定义完整性。实体完整性和参照完整性是关系模型必须满足的完整性约束条件，由关系数据库系统自动支持。

1. 实体完整性规则（entity integrity rule）

若属性 A 是基本关系 R 的主属性，则属性 A 不能取空值。即主属性不能为空。

实体完整性也可表述为要求每个表有且仅有一个主键，每一个主键值必须唯一，而且不允许为"空"（NULL）或重复。

2. 参照完整性规则（reference integrity rule）

如果属性集 K 是关系模式 R1 的主键，K 也是关系模式 R2 的外键，那么在 R2 的关系中，K 的取值只允许两种可能，或者为空值，或者等于 R1 关系中某个主键值。

这条规则的实质是"不允许引用不存在的实体"。

在上述形式定义中，关系模式 R1 的关系称为"被参照关系"或"目标关系"，关系模式 R2 的关系称为"参照关系"。即外键的取值必须是另一个表的主键的有效值，或者是一个"空"值。

【例 1-3】　下面各种情况说明了参照完整性规则在关系中如何实现的。

在关系数据库中有下列两个关系模式：

学生关系模式：S(学号，姓名，性别，年龄，班级号，系别)，PK(学号)

选课关系模式：SC(学号，课程号，成绩)，PK(学号，课程号)，FK1(学号)，FK2(课程号)

据规则要求关系 SC 中的"学号"值应该在关系 S 中出现。如果关系 SC 中有一个元组(S07,C04,80)，而学号 S07 却在关系 S 中找不到，那么我们就认为在关系 SC 中引用了一个不存在的学生实体，这就违反了参照完整性规则。

另外，在关系 SC 中"学号"不仅是外键，也是主键的一部分，因此这里"学号"值不允许空。

3. 用户定义的完整性规则

用户定义的完整性：是针对某一具体关系数据库的约束条件，反映某一具体应用所涉及的数据必须满足的语义要求。关系模型应提供定义和检验这类完整性的机制，以便用统一的系统的方法处理它们，而不要由应用程序承担这一功能。

【例 1-4】 选课关系模式 SC(课程号，课程名，学分)，在建立关系模式时，对属性定义了数据类型，但这样还满足不了用户的需求，需要用户设置如下的完整性规则，由系统来检验实施：

- "课程号"属性必须取唯一值；
- 非主属性"课程名"也不能取空值；
- "学分"属性只能取值{1,2,3,4}。

学生关系模式 S，学生的年龄定义为两位整数，但范围还太大，为此用户可以写出如下规则把年龄限制在 15～30 岁之间。

1.4 关系规范化和范式

范式(normal form)是英国人 E. F. Codd(关系数据库之父)在 20 世纪 70 年代提出关系数据库模型后总结出来的，范式是关系数据库理论的基础，也是我们在设计数据库结构的过程中所要遵循的规则和指导方法。目前有迹可寻的共有 8 种范式，依次是：第一范式(1NF)、第二范式(2NF)、第三范式(3NF)、BC 范式(BNF)、第四范式(4NF)、第五范式(5NF)、DK 范式(DKNF)和第六范式(6NF)。通常所用到的只是前三个范式，即：第一范式(1NF)，第二范式(2NF)，第三范式(3NF)。

范式表示的是关系模式的规范化程度，满足最低要求的范式是第一范式(1NF)，在第一范式的基础上进一步满足更多要求的称为第二范式(2NF)，依此类推。一般说来，数据库只需满足第三范式(3NF)就基本可以满足业务需要，就能很好地保证数据的无损连接和函数依赖。为了讨论关系的规范化理论，我们先引入数据依赖和函数依赖的概念。

1.4.1 数据依赖

如何判断关系模式的优劣？满足什么规则的关系模式是好的呢？让我们先看下面的关系"学生-活动"，如表 1-5 所示。

表 1-5 学生-活动

学号	活动	费用
2010001	羽毛球	50
2010002	排球	50
2010003	健美	100
2010004	游泳	100
2010005	游泳	100
2010001	太极剑	100
2010004	太极剑	100

此"学生-活动"关系(表)包括了什么信息?

(1) 一个学生可以参加多项课外活动。

(2) 一项活动有多名学生参加。

(3) 不同的活动收费可能不同。

此关系的关键字(码)是:学号＋活动。

此关系在实际应用时可能遇到的问题:

(1) 若学号为2010001的学生不想参加羽毛球活动了,删除第一条记录的同时丢失了羽毛球活动需收费 50 元的信息。这是因为主属性不能为空。

(2) 若计划开展网球活动,因无人报名,所以无法插入网球活动需收费 60 元的信息。这也是因为主属性不能为空。

(3) 每项活动及活动收费数据重复,数据冗余大。

(4) 收费调整,则需要修改多个数据。如太极剑有 50 人参加,则要修改 50 个数据。

再看学生和课程关系,若只建立一个模式,如表 1-6 所示,此"学生-课程-成绩"关系的问题:

(1) 数据冗余大。

(2) 插入异常:计划开《微机组装与维护》课,无人选。

(3) 删除异常:选修人数不够,取消了课程。

(4) 更新异常。

表 1-6　学生-课程-成绩

学号	系名	姓名	课程名	学分	成绩
2010001	计算机	王伟	OS	4	84
2010002	计算机	高亮	OS	4	92
2010003	电子	李强	DS	3	76
2010004	电子	于民	DS	3	80
2010001	计算机	王伟	DS	3	69
2010002	计算机	高亮	DS	3	94
2010005	计算机	田甜	数据库	3	

为什么会出现上述问题?根据哲学的结构功能理论——无论任何事物,有什么样的结构就有什么样的功能;有什么样的功能,就必须有相应的结构来支持,我们应从关系的模式入手去寻找解决问题的钥匙。关系模式设计的好坏,会直接影响数据库的使用效率。如何设计好的关系呢?如何避免关系中的数据冗余、插入异常、删除异常、修改异常等问题?现在已经有了比较成熟的理论,叫作规范化理论。为了讲解关系的规范化理论,先来了解数据依赖的概念。

数据依赖分两种:函数依赖和多值依赖。

1．函数依赖

给定一个属性的值,另一个属性的值也就唯一确定了。如给定一个身份证号,则与它对应的姓名也就唯一确定了。

1) 函数依赖定义

设 R(U)是一个关系模式,U 是 R 的属性集合,X 和 Y 是 U 的子集,对于 R(U)的任意一个可能的关系 r,如果 r 中不存在两个元组,它们在 X 上的属性值相同,而在 Y 上的属性值不同，则称："X 函数确定 Y"或"Y 函数依赖于 X"，用 X→Y 表示。

例：

职工关系（职工号，姓名，性别，年龄，职务）

职工号→姓名，性别，年龄，职务

2）平凡的函数依赖与非平凡的函数依赖

X→Y，但 X 不包含 Y，则称为非平凡的函数依赖；

X→Y，且 X 包含或等于 Y，则称为平凡的函数依赖。

例：在职工关系中有，

（职工号，性别）→职工号，（职工号，性别）→性别，都是平凡函数依赖；

而（职工号，姓名）→性别则为非平凡函数依赖。

3）完全函数依赖和部分函数依赖

在关系模式 R(U)中，如果 X→Y 并且对于 X 的任何真子集 X' 有 $X' \nrightarrow Y$，则称 Y 完全函数依赖于 X，记做 $X \xrightarrow{F} Y$，否则 $X \xrightarrow{P} Y$ 部分函数依赖于 X。

例：在职工关系中（职工号，性别）$\xrightarrow{P}$年龄

在学生课程关系（学号，系名，姓名，课程名，学分，成绩）中，

（学号，课程号）$\xrightarrow{F}$分数，（学号，课程号）$\xrightarrow{P}$所在系

4）传递函数依赖

在关系模式 R(U)中，如果 X→Y，Y→Z，且 X 不包含 Y，Y 也不能函数决定于 X，则称 Z 传递函数依赖于 X。

例：在学生关系（学号，姓名，性别，系号，系名，系主任名）

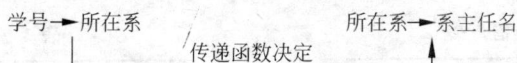

学号→所在系　　　　　　　　所在系→系主任名

传递函数决定

2．多值依赖

对于一个属性值，另一个属性有多个值与其对应。如表 1-7 所示，给定一个课程名，有多个任课教师和它对应，给定一个任课教师，有多本参考教材与之对应。

表 1-7　课程-教师-参考教材

课程名	任课教师	参考教材
操作系统	赵	操作系统教程
		操作系统原理
	钱	Windows 内幕
		Linux 系统
数据库系统原理	孙	Database Principles
	李	数据库系统原理教程
		数据库处理基础、设计与实现

注意：属性间的数据依赖，不是由抽象的规则集决定，而是由假设、用户意识中的模型和数据库开发人员的事务规则决定的，是由数据库的基本语义决定的。

1.4.2　范式

关系设计的不好,会引起插入、删除、更新异常,20 世纪 70 年代,关系理论家各自研究了发生异常的类型及防止异常的方法,使得设计关系的准则得到了改进,这些用以防止异常发生的技术称作规范化,范式则是符合某些规则的关系。下面,介绍第一范式(1NF)、第二范式(2NF)、第三范式(3NF)和 BC 范式。

1. 第一范式(1NF)

在任何一个关系数据库中,第一范式是对关系模式的基本要求,不满足第一范式的数据库就不是关系数据库。

定义　所谓第一范式是要求数据表中任两个属性都不能表达同质事物,每个记录的每个属性都是不可分割的基本数据项,即都只能存放单一标量值而不是向量值,而且每笔记录都要能利用一个唯一的主键来加以识别以保证每条记录都互不相同。

第一范式要求数据表中任两个属性都不能表达同质事物(简称属性间不能同事物),每条记录的每个属性只能存放单一值,且每条记录必须有主键。

属性名"电话号码 1"和"电话号码 2"是同事物属性,而属性名"办公电话"和"住宅电话"不是同事物属性,因为可以区分哪个是办公电话,哪个是住宅电话。如表 1-8 所示。

表 1-9 中,"数量"属性若取值 19 就是单一标量值,而取值"19.00,28.00,19.00"、"19.00、28.00、19.00"、"19.00 28.00 19.00"或"19.00 28.00 19.00"的列的形式的值就是向量值。

例如,表 1-8 所示的职工信息表就不符合第一范式。

表 1-8　职工信息表

职工号	姓名	电话	
		办公电话	住宅电话
1	张三	66339999	66551111
2	李四	66335555	66553333

表 1-9　交易表

顾客	日期	数量
Pete	Monday	19.00 −28.20 19.00
Pete	Wednesday	−84.00
Sarah	Friday	100.00 150.00 −40.00

将表 1-8 改成表 1-10,就规范成为 1NF 了。
将表 1-9 改成表 1-11,就规范成为 1NF 了。

表 1-10　职工联系方式表

职工号	姓名	办公电话	住宅电话
1	张三	66339999	66551111
2	李四	66335555	66553333

表 1-11　交易表

交易 ID	顾客	日期	数量
1	Pete	Monday	19.00
2	Pete	Monday	−28.20
3	Pete	Monday	19.00
4	Pete	Wednesday	−84.00
5	Sarah	Friday	100.00
6	Sarah	Friday	150.00
7	Sarah	Friday	150.00
8	Sarah	Friday	−40.00

第一范式的违反特例介绍如下。

1) 缺乏唯一识别码(主键)

一样是在交易表中,同一天同一个人买了同样的数量,这样的交易做了两次,如表1-12所示。这两笔交易可以说是一模一样,也就是说如果只根据这些数据我们没有办法分辨这两笔记录。我们之所以说它不符合第一范式,是因为上面这样的表示法欠缺一个唯一识别码,要将它规范化到符合1NF则只需要加入一个唯一识别码(主键)即可,如表1-13所示。

表1-12 交易表		
顾客	日期	数量
Pete	Monday	19.00
Pete	Monday	19.00

表1-13 交易表			
交易ID	顾客	日期	数量
1	Pete	Monday	19.00
2	Pete	Monday	19.00

注意:大多数的RDBMS(关系数据库)允许用户在定义数据表的时候不去指定主键,不过这么一来这种数据表就不符合第一范式了。

2) 单一属性(字段)中存放有多个有意义的值(是向量值,不是单一标量值)

在单一属性(字段)中存放多个值也是违反第一范式的做法。在如表1-14所示的例子中,把多个值用逗号分开来表示,以这样的设计看来,想要知道有什么人不喜欢某样特定的东西是很不容易的。不过可以把这个数据表转化成如表1-15所示的符合第一范式的形式。

表1-14 挑食列表	
人	不喜欢的食物
Jim	Liver, Goat's cheese
Alice	Broccoli
Norman	Pheasant, Liver, Peas

表1-15 挑食列表	
人	不喜欢的食物
Jim	Liver
Jim	Goat's cheese
Alice	Broccoli
Norman	Pheasant
Norman	Liver
Norman	Peas

3) 用多个属性(字段)来表达同一个事实(同事物属性问题)

在同一个数据表里用多个属性(字段)来表达同一个事情也是违反第一范式的,如表1-16所示。

表1-16 个人数据

人	喜欢的颜色	不喜欢的食物(1)	不喜欢的食物(2)	不喜欢的食物(3)
Jim	Green	Liver	Goat's cheese	
Alice	Fuchsia	Broccoli		
Norman	Blue	Pheasant	Liver	Peas
Emily	Yellow			

就算我们能确定每个人不喜欢吃的食物最多不会超过三样,这还是一个很糟的设计。举例来说,我们想要知道所有不喜欢同一种食物的人的组合的话,这就不是件容易的事,因为食物有可能出现在任何一个字段,也就是说每一次的查询都要去检查9(3 x 3)组不同的字段组合。

可以看出,决定范式的基础是数据的存储/插入、查询、修改和删除操作,关系的范式即关系的结构是为关系的操作提供方便和效率的支撑的。

2. 第二范式(2NF)

第二范式是在第一范式的基础上建立起来的,即满足第二范式必须先满足第一范式。

定义 若关系模式 R∈1NF,且关系模式 R 的每一个非主属性完全函数依赖于码(准确的说是候选码,以后统一说码),则 R∈2NF。

【例 1-5】 选课关系 SC(SNO,CNO,CREDIT,GRADE)其中 SNO 为学号,CNO 为课程号,CREDIT 为学分,GRADEGE 为成绩。由以上条件,码(关键字)为组合关键字(SNO,CNO),如表 1-17 所示。

表 1-17 SC

SNO	CNO	CREDIT	GRADE
2010001	OS	4	84
2010002	OS	4	92
2010003	DS	3	76
2010004	DS	3	80
2010001	DS	3	69
2010002	DS	3	94
2010005	DB	3	50

在应用中使用以上关系模式有以下问题:

(1) 数据冗余,假设同一门课由 40 个学生选修,学分数据就重复 40 次。

(2) 更新异常,若调整了某课程的学分,相应的元组 CREDIT 值都要更新,有可能会出现同一门课学分不同。

(3) 插入异常,如计划开新课,由于没人选修,没有学号关键字,只能等有人选修才能把课程和学分存入。这是因为主键不能为空。

(4) 删除异常,若学生已经结业,从当前数据库删除选修记录。某些门课程新生尚未选修,则此门课程及学分记录无法保存。这也是因为主键不能为空。

原因:$CREDIT \xrightarrow{P} (SNO,CNO)$,即非主属性 CREDIT 部分依赖于而不是完全依赖于码(SNO,CNO),因 CNO→CREDIT。

解决方法:分解成两个关系模式 SC1(SNO,CNO,GRADE),C2(CNO,CREDIT),从而消除了非主属性对码的部分依赖。新关系包括两个关系模式,它们之间通过 SC1 中的外关键字 CNO 相联系,需要时再进行自然联接,恢复了原来的关系,如表 1-18 和表 1-19 所示。

表 1-18 SC1

SNO	CNO	GRADE
2010001	OS	84
2010002	OS	92
2010003	DS	76
2010004	DS	80
2010001	DS	69
2010002	DS	94
2010005	DB	50

表 1-19 C2

CNO	CREDIT
OS	4
DS	3
DB	3

3. 第三范式(3NF)

定义 在 2NF 基础上,若一个关系模式中所有非主属性完全函数依赖于码并且不传递依赖于码,则称 R 属于 3NF。

【例 1-6】 如表 1-20 所示的 S1(SNO,SNAME,DNO,DNAME,LOCATION)各属性分别代表学号,姓名,系号,系名,系地址。

表 1-20 S1

SNO	SNAME	DNO	DNAME	LOCATION
2010001	王伟	C	计算机	2号楼
2010002	高亮	C	计算机	2号楼
2010003	李强	E	电子	3号楼
2010004	于民	E	电子	3号楼
2010005	田甜	C	计算机	2号楼

关键字 SNO 函数决定各个属性。由于是单属性关键字,没有部分依赖的问题,肯定是 2NF。但这关系有大量的数据冗余,有关学生所在系的几个属性 DNO,DNAME,LOCATION 将重复存储,插入、删除和修改时也将产生相应的异常。

原因:关系中存在传递依赖造成的。即 SNO→DNO,而 DNO→SNO 却不存在,DNO→LOCATION,因此 SNO→LOCATION 是通过传递依赖实现的。也就是说,SNO 不直接决定非主属性 LOCATION。

解决目的:每个关系模式中不能有传递依赖。

解决方法:分解为两个关系 S(SNO,SNAME,DNO),D(DNO,DNAME,LOCATION),从而消除了非主属性对码的传递依赖,如表 1-21 和表 1-22 所示。

表 1-21 S

SNO	SNAME	DNO
2010001	王伟	C
2010002	高亮	C
2010003	李强	E
2010004	于民	E
2010005	田甜	C

表 1-22 D

DNO	DNAME	LOCATION
C	计算机	2号楼
E	电子	3号楼
C	计算机	2号楼

注意,关系 S 中不能没有外关键字 DNO,否则两个关系之间失去联系。

4. BC 范式

定义 设关系模式 R(U,F)∈1NF,如果对于 R 的每个函数依赖 X→Y,若 Y 不属于 X,则 X 必含有候选码,那么 R∈BCNF。

若 R∈BCNF,

- 每一个决定属性集(因素)都包含(候选)码;
- R 中的所有属性(主,非主属性)都完全函数依赖于码;
- R∈3NF。

【例 1-7】 判断 3NF 模式 S(SNO,SNAME)及 SC(SNO,CNO,GRADE)是否满足

BCNF。

判断依据：

- 每一个决定属性集(因素)都包含(候选)码；
- 主属性对码是否存在部分依赖和传递依赖。

对于 S 模式,满足,故属于 BCNF；

对于 SC 模式,满足,故属于 BCNF。

【例 1-8】　在关系模式 STC(S,T,C)中,S 表示学生,T 表示教师,C 表示课程。每一教师只教一门课,每门课有若干教师,某学生选修某门课就对应一个老师。

- 函数依赖有：$(S,C) \rightarrow T$,$(S,T) \rightarrow C$,$T \rightarrow C$。
- 候选码：(S,T) ,(S,C)。
- 无非主属性对码的部分依赖和传递依赖,但是存在主属性部分依赖于码的情况。
- 故不属于 BCNF。
- 解决方法：将 STC 分解为两个关系模式。

$$ST(S,T) \in BCNF, \ TC(T,C) \in BCNF$$

没有任何属性对码的部分函数依赖和传递函数依赖。

一个关系模式达到 BCNF,说明在函数依赖的范畴内,已实现了彻底分离,可消除"异常",但在实际应用中,并不一定要求全部模式都达到 BCNF。

3NF 与 BCNF 的关系：

- 如果关系模式 R∈BCNF,必定有 R∈3NF；
- 如果 R∈3NF,且 R 只有一个候选码,则 R 必属于 BCNF。

5. 范式小结

各种范式之间存在联系：

$$1NF \supset 2NF \supset 3NF \supset BCNF \supset 4NF \supset 5NF$$

规范化的目的：规范化目的是使关系的结构更合理,消除数据冗余、插入、删除、更新异常、修改复杂等。其根本目标是节省存储空间,即保证数据在存储空间上是无冗余的；保证数据的正确性和一致性,避免数据不一致性；提高对关系的操作效率。

关系模式规范化的基本步骤如图 1-8 所示。

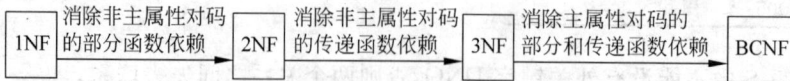

图 1-8　关系模式规范化的基本步骤

规范化的原则：通过对关系模式的分解,分离数据依赖中不合适的依赖关系。

规范化的要求：分解后的关系模式集合应当与原关系模式"等价",即经过自然连接可以恢复原关系而不丢失信息(无损联接性),并保持属性间合理的依赖联系(保持函数依赖)。

1.4.3　反规范化(denormalization)

在设计关系型数据库的时候,应尽量地遵照范式(NF)的原则去做(范式,也称为规范化)。

范式的主要目标就是减少冗余。冗余主要的问题是重复的数据和增加了程序操作的复杂性。

如果我们单一强调范式(规范化),确实避免了冗余,但也带来了其他的问题,主要有:

(1) 性能问题。按照范式设计的时候,数据会被尽可能地拆分在不同的表里面。而应用需求往往是以业务的处理逻辑为单元,而不是以数据库实体(表)为单元的。这样的情况下,由于业务处理的需要,要找到一条完整的数据,就需要对多个表通过主键/外键进行联接(join),还原业务上的数据处理,这种操作毫无疑问地降低了速度。

(2) 计算负担问题。由于数据是非冗余存放的,数据汇总类操作的结果一般不会放置到数据库中(因为它们是具有依赖性的),而是在需要时再行计算,这会增加系统的计算负担。

(3) 历史数据问题。例如员工有职称的信息,但要考虑到员工的职称是会变动的。如果仅仅保留一个职称信息,在某些系统中就会有问题。所以这种情况下,就必须考虑记录员工职称变动的情况。

这就是事物的两面性:规范化带来结构的完整和精确性,但同时也可能带来数据库的性能下降的负面效果。也正是基于此,人们提出了反规范化设计的基本思想。

反规范的好处是降低连接操作的需求,降低外码和索引的数目,还可能减少表的数目,加快检索速度,相应带来的问题是可能出现数据完整性的问题。加快查询速度,但会降低修改速度。因此决定做反规范时,一定要权衡利弊,仔细分析应用的数据存取需求和实际的性能特点,好的索引和其他的方法经常能够解决性能问题,而不必采用反规范这种方法。

反规范化的唯一原因是要提高数据系统的性能。根据业务的需要,可在规范化的基础上再进行反规范化,即修改表的结构以允许存在一些冗余数据以提高数据库的性能。反规范化也和规范化一样,是有代价的,即须考虑如何管理冗余数据,保证冗余数据更新时的一致性和正确性。

在反规范之前,要充分分析考虑数据的存取需求,常用表的大小,一些特殊的计算,数据的物理存储位置等。常用的反规范技术有增加冗余列、增加派生列、重新组表和分割表。

注意:

(1) 反规范化数据库不应该和从未进行过标准化的数据库(database)相混淆。

(2) 反规范化有利也有弊,一定要先进行权衡成本与收益,看看利弊情况再做决定。

1.5　数据库设计

数据库应用系统的设计与普通应用程序系统的设计有所不同。数据库应用设计突出数据设计的过程,应用系统的数据模型建立是应用系统的基础,如果这部分没有设计好,再好再多的程序也会变得劳而无功。换句话说,数据库设计的优劣将直接影响数据库应用系统的质量和运行效果。因此,设计一个结构优化的数据库是对数据进行有效管理的前提和产生正确信息的保证。

数据库设计是将现实世界中的信息,根据数据库的组织结构约束,表现在计算机中。根据数据库体系结构,数据库分为用户级、概念级和物理级,它们分别对应外模式、概念模式和内模式。因此数据库的设计可分为两大部分,一部分是数据库的逻辑设计,它包括了对应于概念级的概念模式,即数据库管理系统要处理的数据库全局逻辑结构,也包括了对应于用户级的外模式;另一部分是数据库的物理设计,它是在逻辑结构已确定了的前提下设计数据库的存储结构,即对应于物理级的内模式。为完成这两大部分的设计工作,整个设计过程可分为 6 个阶段,如图 1-9 所示。

需求分析 → 概念设计 → 逻辑设计 → 物理设计 → 实施 → 运行和维护

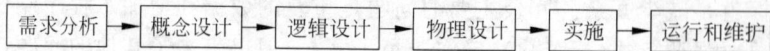

图 1-9　数据库设计步骤

1．需求分析阶段

进行数据库设计首先必须准确地了解与分析用户需求(包括数据和处理)。需求分析是整个设计过程的基础,是最困难、最耗时间的一步。需求分析做得不好,甚至会导致整个数据库设计返工重做。

2．概念结构设计阶段

概念结构设计是整个数据库设计的关键,它通过对用户需求进行综合、归纳与抽象,形成一个独立于具体 DBMS 的概念模型(实体模型)。

3．逻辑结构设计阶段

逻辑结构设计是将概念结构转换为某个 DBMS 所支持的数据模型(关系模型),并对其进行优化。

4．数据库物理设计阶段

数据库物理设计是为逻辑数据模型选取一个最适合应用环境的物理结构(包括存储结构和存储方法)。

5．数据库实施阶段

在数据库实施阶段,设计运用 DBMS 提供的数据语言及其宿主语言,根据逻辑设计和物理设计的结果建立数据库,编制与调试应用程序,组织数据入库,并进行试运行。

6．数据库运行和维护阶段

数据库应用系统经过试运行之后,即可投入正式运行。在数据库系统运行过程中必须不断地对其进行评价、调整和修改。

设计一个完善的数据库应用系统是不可能一蹴而就的,它往往是上述 6 个阶段的不断反复的过程。

需要指出的是,这个设计步骤既是数据库设计的过程,也包括了数据库应用系统的设计过程。在设计过程中把数据库的设计和对数据库中数据处理的设计紧密结合起来,将这两个方面的需求分析、抽象、设计、实现在各个阶段同时进行,相互参照,相互补充,以完善两方面的设计。事实上,如果不了解应用环境对数据的处理要求,或没有考虑如何去实现这些处理要求,是不可能设计一个良好的数据库结构的。

以下重点讲述前三个阶段。

1.5.1　需求分析

需求分析简单地说就是分析用户的要求。需求分析是设计数据库的起点,需求分析的结果是否准确地反映了用户的实际要求,将直接影响到后面各个阶段的设计,并影响到设计结果是否合理和实用。

需求分析的任务是通过详细调查现实世界要处理的对象(组织、部门、企业等),充分了解原系统(手工系统或计算机系统)工作概况,明确用户的各种需求,然后在此基础上确定新系统的功能。新系统必须充分考虑今后可能的扩充和改变,不能仅仅按当前应用需求来设计数据库。

调查的重点是"数据"和"处理",通过调查、收集与分析,获得用户对数据库的如下要求:

(1) 信息要求。指用户需要从数据库中获得信息的内容与性质。由信息要求可以导出数据要求,即在数据库中需要存储哪些数据。

(2) 处理要求。指用户要完成什么处理功能,对处理的响应时间有什么要求,处理方式是批处理还是联机处理。

(3) 安全性与完整性要求。

确定用户的最终需求是一件很困难的事,经过调查,掌握了必要的数据和资料,对数据的基本规律和用户要求也非常清楚。在此基础上,结合对已有系统的分析结果,要确定系统的范围及它同外部环境之间的相互关系。即确定哪些功能由计算机完成或将来准备让计算机完成,哪些由人工完成。这也就是确定系统的边界,提出系统的功能。

1.5.2　概念设计

在需求分析阶段,数据库设计人员充分地调查和分析用户的应用需求。概念模型设计是系统结构设计的第一步,它是在需求分析的基础上对客观世界所做的抽象,它独立于数据库的逻辑结构,也独立于具体的 DBMS。概念模型是对实际应用对象形象而具体的描述,概念模型设计的目标是产生出一个能反映组织信息需求的概念模型。

概念模型设计要借助于某种方便、直观的描述工具,描述概念模型的有力工具是 E-R 模型,E-R 模型用几个基本元素,表达现实世界复杂的数据之间的联系和约束条件。

运用 E-R 方法可以方便地进行概念模型设计。概念模型设计是对实体的抽象过程,这个过程分三步来完成。首先根据各个局部应用设计出分 E-R 图,然后综合各分 E-R 图得到初步 E-R 图,在综合过程中主要的工作是消除冲突,最后对初步 E-R 图消除冗余,得到基本 E-R 图。

【例 1-9】　下面以学籍管理为例来说明如何从分析数据间的关系入手,消除初步 E-R 图中的冗余,得到基本 E-R 图的方法。为简化 E-R 图,一般在图中不画实体的属性。

假设学籍管理由学生处、教务处两个部门组成,画出该系统的 E-R 图。

(1) 先完成各个部门分 E-R 图的设计。

① 学生处:学生处负责学生注册和奖罚管理,由现实世界可以知道,一个学生只在一个班级,一个班级有多名学生,一个学生可以有多种奖罚,多个学生可以受到同一种奖罚。其分 E-R 图如图 1-10 所示。

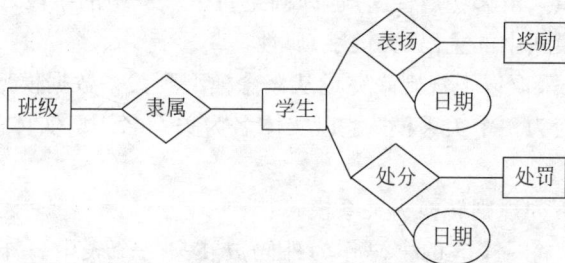

图 1-10　学生处的分 E-R 图

② 教务处：教务处负责学生成绩管理,由现实世界可以知道,一个学生只在一个班级,一个班级有多名学生,一个学生可以选修多门课程,一门课程可以由多个学生选修。其分 E-R 图如图 1-11 所示。

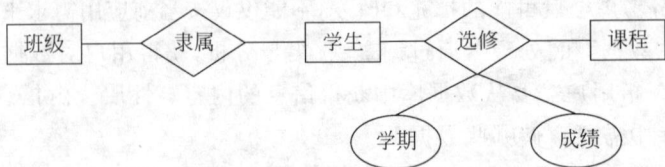

图 1-11　教务处的分 E-R 图

(2) 合并各个部门分 E-R 图,并消除冗余的联系"班级-学生",生成基本 E-R 图。其基本 E-R 图如图 1-12 所示。

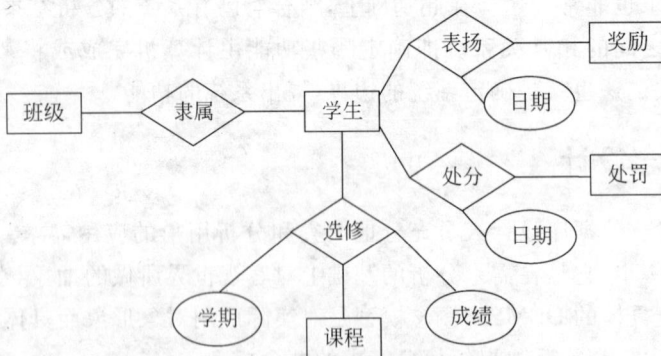

图 1-12　学籍管理系统的基本 E-R 图

1.5.3　逻辑设计

概念模型是独立于任何数据模型的信息结构,逻辑设计的任务就是把概念设计阶段设计好的基本 E-R 图转换为与选用 DBMS 产品所支持的数据模型相符合的逻辑结构。

在已给定 DBMS 的情况下,数据库的逻辑模型设计可以分三步来进行：

第一步,把概念模型转换成一般的数据模型。

第二步,把一般的数据模型转换为特定的 DBMS 所支持的数据模型。

第三步,对数据模型进行优化。

把概念模型转换为关系数据模型就是把 E-R 图转换成一组关系模式,它需要完成以下工作：

① 确定整个数据库由哪些关系模式组成,即确定有哪些"表"。

② 确定每个关系模式由哪些属性组成,即确定每个"表"中的字段。

③ 确定每个关系模式中的主码(关键字)属性。

根据上述目标可以采取以下规则来完成从概念模型到关系数据模型的转换。

① 每一个实体转换为一个关系模式：以实体名为关系名。以实体的属性为关系的属性;确定主码(关键字)属性。

② 每个联系按照下列规则转换为关系模式：

- 一对一的联系：将一个表的主码作为外码放在另一个表中。外码通常放在存取操作比较频繁的表中,或者根据问题的语义决定放在哪一个表中。如果两个实体之间是一对一联系,也可以将两个实体合成一个实体。

- 一对多联系:将"一"表中的主码作为外码放在"多"表中。因此,外码总是在"多"的一方。
- 多对多联系:建立复合实体,复合实体的主码一般由两个(或两个以上)联系实体的主码复合组成。复合实体的主码也是外码,所以,它们不能为空,除此之外,复合实体的属性中还应包括联系的属性。

为了易于理解上述转换规则,下面以图 1-12 所示的学籍管理系统的 E-R 图为例,说明这些规则的使用方法。

(1) 每一个实体转换为一个关系模式。

图 1-12 所示的学籍管理系统的 E-R 图中共有 5 个实体分别转换为 5 个关系模式:

学生(学号,姓名,性别,出生日期,身份证号,注册日期)

班级(班级编号,班级名称,专业,系别,学制)

课程(课程编号,课程名称)

奖励(奖励编号,奖励名称,奖励级别)

处罚(处罚编号,处罚名称,处罚级别)

(2) 联系的转换方法。

① 一对多联系:只有"班级-学生",把班级编号放入学生关系即可。

② 多对多联系:有"选修"、"表扬"、"处分"三个联系,分别建立如下关系:

选修(学号,课程编号,学期,成绩)

表扬(学号,奖励编号,日期)

处分(学号,处罚编号,日期)

因此,学籍管理系统的关系模型如下:

学生(学号,姓名,性别,出生日期,身份证号,注册日期,班级编号)

班级(班级编号,班级名称,专业,系别,学制)

课程(课程编号,课程名称)

奖励(奖励编号,奖励名称,奖励级别)

处罚(处罚编号,处罚名称,处罚级别)

选修(学号,课程编号,学期,成绩)

表扬(学号,奖励编号,日期)

处分(学号,处罚编号,日期)

数据库逻辑设计的结果不是唯一的,为了进一步提高数据库应用系统的性能,在完成了概念模型向关系模型的转换后,还要对关系模型进行优化。同为关系模型,不同的 DBMS 有许多不同的限制,提供不同的环境和工具。因此,设计人员必须非常清楚所用 DBMS 的功能和限制,然后根据条件把一般的关系模型转换为适合于具体系统的模型。在这一步的转换过程中,还要充分利用 DBMS 的特点对关系模型加以改进,以提高系统的效率。

关系模型的优化一般采用数据库规范化理论对关系模式进行分解或合并。设计中,应尽量减少关系模式的个数,从而确定一组合适的关系模式。

1.6 关系代数和关系运算

1970 年 IBM 公司的 E. F. Codd 博士在论文"一个通用关系式数据库系统的模型"中首先提出了关系模型,它提供了格式化数据库系统难以做到的数据独立性和数据相容性。此模型后来又由 Codd 加以改进,被许多人认为是一切数据库系统的未来。

　　关系数据库之所以发展如此之快,因为关系数据库的模型简明,便于用户理解和方便使用,更重要的是,关系数据库有着网状和层次数据库没有的数学基础——关系代数,可以利用关系代数对表格进行任意的分割和组装,随机地产生用户所需要的各种新表,这为关系数据的发展提供了基础和保证。

　　关系运算的运算对象是关系,运算结果也是关系。这里,关系就是二维表,所以,关系运算的对象是二维表,运算的结果也是二维表。

　　关系运算分两类:传统的集合运算和专门的关系运算。

1.6.1　传统的集合运算

　　传统的集合运算是二元运算,包括并、交、差、广义笛卡儿积四种运算。

　　设关系 R 和关系 S 具有相同的目 n(即两个关系都有 n 个属性),且相应的属性取自同一个域,关系的并、交、差运算定义如下:

1. 并(union)

关系 R 与关系 S 的并记作:

$$R \cup S = \{t \mid t \in R \lor t \in S\}$$

其结果仍为 n 目关系,由属于 R 或属于 S 的元组 t 组成。

图 1-13(a)、(b)分别为具有三个属性列的关系 R,S。图 1-13(c)为关系 R 与 S 的并。

R

A	B	C
a1	b1	c1
a1	b2	c2
a2	b2	c1

(a)

S

A	B	C
a1	b2	c2
a1	b3	c2
a2	b2	c1

(b)

R∪S

A	B	C
a1	b1	c1
a1	b2	c2
a2	b2	c1
a1	b3	c2

(c)

R∩S

A	B	C
a1	b2	c2
a2	b2	c1

(d)

R−S

A	B	C
a1	b1	c1

(e)

R×S

R.A	R.B	R.C	S.A	S.B	S.C
a1	b1	c1	a1	b2	c2
a1	b1	c1	a1	b3	c2
a1	b1	c1	a2	b2	c1
a1	b2	c2	a1	b2	c2
a1	b2	c2	a1	b3	c2
a1	b2	c2	a2	b2	c1
a2	b2	c1	a1	b2	c2
a2	b2	c1	a1	b3	c2
a2	b2	c1	a2	b2	c1

(f)

图 1-13　关系的集合运算示意图

2. 差（difference）

关系 R 与关系 S 的差记作：

$$R-S=\{t|t\in R\wedge t\notin S\}$$

其结果关系仍为 n 目关系，由属于 R 而不属于 S 的所有元组 t 组成。图 1-13(e)为关系 R 和 S 的差。

3. 交（intersection）

关系 R 与关系 S 的交记作：

$$R\cap S=\{t|t\in R\wedge t\in S\}$$

其结果关系仍为 n 目关系，由既属于 R 又属于 S 的元组 t 组成。关系的交也可以用差来表示，即

$$R\cap S=R-(R-S)$$

图 1-13(d)为关系 R 与 S 的交。

4. 广义笛卡儿积（extended Cartesian product）

两个分别为 n 目和 m 目的关系 R 和 S 的广义笛卡儿积是一个 $(n+m)$ 列的元组的集合。元组的前 n 列是关系 R 的一个元组，后 m 列是关系 S 的一个元组。若 R 有 k_1 个元组，S 有 k_2 个元组，则关系 R 和关系 S 的广义笛卡儿积有 $k_1\times k_2$ 个元组。记作：

$$R\times S=\{\overset{\frown}{t_R t_S}|t_R\in R\wedge t_s\in S\}$$

即笛卡儿积的元组（行）由关系 R 的元组（行）和 S 的元组（行）拼接而成。

图 1-13(f)为关系 R 和 S 的广义笛卡儿积。

1.6.2 专门的关系运算

专门的关系运算包括选择、投影、连接、除等。为了叙述上方便，先引入几个记号。

(1) 设关系模式为 $R(A_1,A_2,\cdots,A_n)$。它的一个关系设为 R。$t\in R$ 表示 t 是 R 的一个元组。$T[A_i]$ 则表示元组 t 中相应于属性 A_i 的一个分量。

(2) 若 $A=\{A_{i1},A_{i2},\cdots,A_{ik}\}$，其中 $A_{i1},A_{i2},\cdots,A_{ik}$ 是 $A_1,A_2,\cdots,A_n$ 中的一部分，则 A 称为属性列或域列。$T[A]=(t[A_{i1}],t[A_{i2}],\cdots,t[A_{ik}])$ 表示元组 t 在属性列 A 上诸分量的集合。$\overline{A}$ 则表示 $\{A_1,A_2,\cdots,A_n\}$ 中去掉 $\{A_{i1},A_{i2},\cdots,A_{ik}\}$ 后剩余的属性组。

(3) R 为 n 目关系，S 为 m 目关系。$t_R\in R$，$t_s\in S$，$\overset{\frown}{t_R t_S}$（整个式子上方加一个半弧，r 和 s 为下标）称为元组的连接（concatenation）。它是一个 $n+m$ 列的元组，前 n 个分量为 R 中的一个 n 元组，后 m 个分量为 S 中的一个 m 元组。

(4) 给定一个关系 $R(X,Z)$，X 和 Z 为属性组。定义当 $t[X]=x$ 时，x 在 R 中的象集（images set）为：

$$Z_x=\{t[Z]|t\in R,t[X]=x\}$$

它表示关系 R 中属性组 X 上属性值为 x 的诸元组在属性组 Z 上属性值的集合。

下面给出这些关系运算的定义：

1. 选择(selection)

选择是在关系 R 中选取出满足给定条件的诸元组,即从表中选取出满足给定条件的行形成一个新表作为运算结果,记作:

$$\sigma_F(R) = \{t \mid t \in R \land F(t) = true\}$$

其中 F 表示选择条件,它是一个逻辑表达式,取逻辑值 true("真")或 false("假")。

逻辑表达式 F 由逻辑运算符 ¬,∨,∧ 连接各算术表达式组成。

算术表达式的基本形式为 $X_1 \theta Y_1 [\varphi X_2 \theta Y_2] \cdots$。

其中 θ 表示比较运算符,它可以是 >,≥,<,≤,= 或 ≠。X_1, Y_1 等是属性名,或为常量,或为简单函数;属性名也可以用它的序号来代替。φ 表示逻辑运算符,它可以是 ¬、∧ 或 ∨。[ ]表示可选项,即[ ]中的部分可以要也可以不要,…表示上述格式可以重复下去。

选择运算实际上是从关系 R 中选取出使逻辑表达式 F 为真的元组。这是从行的角度进行的运算。

设有一个学生-课程数据库,包括学生关系 Student、课程关系 Course 和成绩关系 SC,如图 1-14 所示。下面的许多例子将对这三个关系进行运算。

Student

学号 Sno	姓名 Sname	性别 Ssex	年龄 Sage	院系 Sdepartment
2010001	李立	男	20	计算机
2010002	刘岚	女	19	信息
2010003	王敏	女	18	工商管理
2010004	张伟	男	19	信息

(a)

Course

课程号 Cno	课程名 Cname	先修课程 Cpno	学分 Ccredit
1	数据库原理	5	4
2	高等数学		4
3	信息管理系统	1	3
4	操作系统	7	3
5	数据结构	7	4
6	计算机网络	4	4
7	程序设计语言		6

(b)

SC

学号 Sno	课程号 Cno	成绩 Grade
2010001	1	92
2010001	2	85
2010001	3	88
2010001	4	44
2010001	5	55
2010001	6	666
2010001	7	77
2010002	2	90
2010002	3	50

(c)

图 1-14   Student 关系、Course 关系和 SC 关系

【例 1-10】   查询信息系(IS 系)全体学生

$$\sigma_{Sdept='信息'}(Student) \quad 或 \quad \sigma_{5<'信息'}(Student)$$

其中下角标"5"为 Sdept 的属性序号。结果如图 1-15 所示。

Student

Sno	Sname	Ssex	Sage	Sdepartment
2010002	刘岚	女	19	信息
2010004	张伟	男	19	信息

图 1-15 例 1-10 示意图

【例 1-11】 查询年龄小于 20 岁的学生

$$\sigma_{Sage<20}(Student) \quad 或 \quad \sigma_{4<20}(Student)$$

结果如图 1-16 所示。

Student

Sno	Sname	Ssex	Sage	Sdepartment
2010002	刘岚	女	19	信息
2010003	王敏	女	18	工商管理
2010004	张伟	男	19	信息

图 1-16 例 1-11 示意图

2. 投影（projection）

关系 R 上的投影是从关系 R 中选取出若干属性列组成新的关系，即从表 R 中选出指定的列值组成一个新表。记作：

$$\pi_A(R) = \{t[A]|t \in R\}$$

其中 A 为 R 中的属性列。投影操作是从列的角度进行的运算。

【例 1-12】 查询学生的姓名和所在系，即求 Student 关系在学生姓名和所在系两个属性上的投影。

$\pi_{Sname,Sdept}(Student)$ 或 $\pi_{2,5}(Student)$。结果如图 1-17 所示。

Sname	Sdepartment
李立	计算机
刘岚	信息
王敏	工商管理
张伟	信息

图 1-17 例 1-12 示意图

投影之后不仅取消了原关系中的某些列，而且还可能取消某些元组，因为取消了某些属性列后，就可能出现重复行，应取消这些完全相同的行。

【例 1-13】 查询学生关系 Student 中都有哪些系，即查询关系 Student 在所在系属性上的投影。

$$\pi_{Sdept}(Student)$$

结果如图 1-18 所示。Student 关系原来有 4 个元组，而投影结果取消了重复的 IS 元组，因此只有 3 个元组。

Sdepartment
计算机
信息
工商管理

图 1-18　例 1-13 示意图

3. 连接(join)

连接也称为 θ 连接。它是从两个关系的笛卡儿积中选取属性间满足一定条件的元组,记作:

$$R\underset{A\theta B}{\bowtie}S=\{\widehat{t_R t_S}\,|\,t_R\in R\land t_S\in S\land t_R[A]\theta t_S[B]\}$$

其中 A 和 B 分别为 R 和 S 上度数相等且可比的属性组。θ 是比较运算符。连接运算从 R 和 S 的广义笛卡儿积 R×S 中选取 R 关系在 A 属性组上的值与 S 关系在 B 属性组上的值满足比较运算符 θ 的元组。连接,也就是把两个表中的行按照给定的条件拼接而形成的新表。

连接运算中有两种最为重要也最为常用的连接,一种是等值连接(equi-join),另一种是自然连接(natural join)。

θ 为"="的连接运算称为等值连接。它是从关系 R 与关系 S 的广义笛卡儿积中选取 A、B 属性值相等的那些元组,即等值连接为:

$$R\underset{A=B}{\bowtie}S=\{\widehat{t_R t_S}\,|\,t_R\in R\land t_S\in S\land t_R[A]=t_S[B]\}$$

自然连接是一种特殊的等值连接,它要求两个关系中进行比较的分量必须是相同的属性组,并且在结果中把重复的属性列去掉。即若 R 和 S 具有相同的属性组 A,则自然连接可记作:

$$R\bowtie S=\{\widehat{t_R t_S}\,|\,t_R\in R\land t_S\in S\land t_R[A]=t_S[A]\}$$

一般的连接操作是从行的角度进行运算。但自然连接还需要取消重复列,所以是同时从行和列的角度进行运算。

【例 1-14】 设图 1-19(a)和(b)分别为关系 R 和关系 S,图 1-19(c)为 $R\underset{C<E}{\bowtie}S$ 的结果,图 1-19(d)为等值连接 $R_{R.B=S.B}\bowtie S$ 的结果,图 1-19(e)为自然连接 $R\bowtie S$ 的结果。

R				S			R ⋈ S C<E						R ⋈ S R.B=S.B						R ⋈ S			
A	B	C		B	E		A	R.B	C	S.B	E		A	R.B	C	S.B	E		A	R.B	C	E
a1	b1	5		b1	3		a1	b1	5	b2	7		a1	b1	5	b1	3		a1	b1	5	3
a1	b2	6		b2	7		a1	b1	5	b3	10		a1	b2	6	b2	7		a1	b2	6	7
a2	b3	8		b3	10		a1	b2	6	b2	7		a2	b3	8	b3	10		a1	b3	8	10
a2	b4	12		b3	10		a1	b2	6	b3	10		a2	b3	8	b3	2		a1	b3	8	2
				b5	2		a2	b3	8	b3	10											
(a)				(b)			(c)						(d)						(e)			

图 1-19　例 1-14 示意图

4. 除(division)

给定关系 R(X,Y)和 S(Y,Z),其中 X,Y,Z 为属性组。R 中的 Y 与 S 中的 Y 可以有不同的属性名,但必须出自相同的域集。R 与 S 的除运算得到一个新的关系 P(X),P 是 R 中满足下列条件的元组在 X 属性列上的投影:元组在 X 上分量值 x 的象集 YX 包含 S 在 Y 上投影的集合。记作:

$$R \div S = \{ t_R[X] \mid t_R \in R \wedge \pi_Y(S) \subseteq Y_X \}$$

其中 YX 为 x 在 R 中的象集,x＝tr[X]。

除操作是同时从行和列角度进行运算。

R 除以 S 的数学表达式也可为:$R \div S = \pi_a(R) - \pi_a(\pi_a(R) \times S - R)$,其中 a 为关系 R 中除去与 S 关系相同的其余属性。

【例 1-15】 设关系 R、S 分别为图 1-20 中的(a)和(b),R÷S 的结果为图 1-20(c)。

R

A	B	C
a1	b1	c2
a2	b3	c7
a3	b4	c6
a1	b2	c3
a4	b6	c6
a2	b2	c3
a1	b2	c1

(a)

S

B	C	D
b1	c2	d1
b2	c1	d1
b2	c3	d2

(b)

R÷S

A
a1

(c)

图 1-20 例 1-15 关系除运算示意图

在关系 R 中,A 可以取 4 个值{a1,a2,a3,a4}。其中:

a1 的象集为{(b1,c2),(b2,c3),(b2,c1)}

a2 的象集为{(b3,c7),(b2,c3)}

a3 的象集为{(b4,c6)}

a4 的象集为{(b6,c6)}

S 在(B,C)上的投影为{(b1,c2),(b2,c1),(b2,c3)}

显然只有 a1 的象集包含了 S 在(B,C)属性组上的投影,所以 R÷S={a1}。

【例 1-16】 设关系 R、S 分别为图 1-21 中的(a)和(b),R÷S 的结果为图 1-21(c)。

A	B	C	D
a	**b**	c	d
a	**b**	e	f
d	c	e	f
e	**d**	c	d
e	**d**	e	f
a	b	d	c

(a)R

C	D
c	d
e	f

(b)S

A	B
a	**b**
e	**d**

(c)R÷S

图 1-21 例 1-16 示意图

按公式 $R \div S = \pi_a(R) - \pi_a(\pi_a(R) \times S - R)$ 计算,如图 1-22 所示。

$$\pi_a(R)$$

A	B
a	b
d	c
e	d

(a)

$$\pi_a(R) \times S - R$$

A	B	C	D
d	c	c	d

(c)

$$\pi_a(R) \times S$$

A	B	C	D
a	b	c	d
a	b	e	f
d	c	c	d
d	c	e	f
e	d	c	d
e	d	e	f

(b)

$$\pi_a(\pi_a(R) \times S - R)$$

A	B
d	c

(d)

$$\pi_a(R) - \pi_a(\pi_a(R) \times S - R)$$

A	B
a	b
e	d

(e)

图 1-22   例 1-16 关系示意图

下面再以学生-课程数据库为例,给出几个综合应用多种关系代数运算进行查询的例子。

【例 1-17】   查询至少选修 1 号课程和 3 号课程的学生号码。

首先建立一个临时关系 K,如图 1-23 所示,然后求 $\pi_{Sno,Cno}(SC) \div K$,结果为{2010001}。

K
Cno
1
3

图 1-23   例 1-17 示意图

求解过程与例 1-15 类似,先对 SC 关系在 Sno 和 Cno 属性上投影,然后对其中每个元组逐一求出每一学生的象集,并依次检查这些象集是否包含 K。

【例 1-18】   查询选修了 2 号课程的学生的学号。

$$\pi_{Sno}(\sigma_{Cno='2'}(SC))$$

【例 1-19】   查询至少选修了一门其直接先行课为 6 号课程的学生姓名。

$$\pi_{Sname}(\sigma_{Cpno'\theta'}(Course) \bowtie SC \bowtie \pi_{Sno,Sname}(Student))$$

【例 1-20】   查询选修了全部课程的学生号码和姓名。

$$\pi_{Sno,Cno}(SC) \div \pi_{Cno}(Course) \bowtie SC\pi_{Sno,Sname}(Student)$$

结果是{(2010001,李立)}。

本节介绍了 8 种关系代数运算,其中并、差、笛卡儿积、投影和选择 5 种运算为基本的运算。其他 3 种运算,即交、连接和除,均可以用这 5 种基本运算来表达,它们并不增加语言的能力,但可以简化表达。

小结

本章初步讲解了数据库和数据模型的基本概念。数据库系统三级模式和二层映像的系统结构保证了数据库系统能够具有较高的逻辑独立性和物理独立性。对 E-R 图的概念及其作用进行了阐述,介绍了 E-R 图向关系模型的转换规则。对关系代数和关系运算进行了介绍。通过这些内容的学习,可掌握数据库设计的初步理论。本章的新概念、新术语较多,在学习过程中要注意理解,读者可以通过学习这些新术语的英文来加速对这些术语的记忆和理解。而且,也可在今后学习其他章节时,回过头来再对这些概念作进一步的理解和掌握。

习题

1. 选择题

设有如下关系 R 和 S,关系代数表达式 R÷S 的运算结果是_____。

关系 R

A	B	C	D
2	1	a	c
2	2	a	d
3	2	b	d
3	2	b	c
2	1	b	d

关系 S

C	D	E
a	c	5
a	c	2
b	d	6

选项如下:

(A)

A	B
2	1
3	2

(B)

A	B
2	1

(C)

A	B
a	c
b	d

(D)

A	B	E
2	1	5
2	1	2

2. 简答题

(1) 阐述数据、数据库、数据库管理系统、数据库系统的概念。

(2) 试述数据库系统的组成,它的特点和作用是什么?

(3) 阐述数据模型、概念数据模型和结构数据模型的概念。

(4) 阐述数据库系统三级模式结构,有什么优点?

(5) 定义并解释下列术语:模式,外模式,内模式,域,关系,元组,属性,主键,外键。

(6) 试述数据库设计过程。

(7) 什么是 E-R 图? 构成 E-R 图的基本要素是什么?

(8) 什么是数据库的逻辑结构设计? 试述其设计步骤。

(9) 试述把 E-R 图转换为关系模型的转换规则。

(10) 规范化理论对数据库设计有什么指导意义?

3. 设计题

(1) 将表 1-23 改写为 1NF。

表 1-23　设计题(1)用表

学号	课　程
201209001	数据库原理、数据结构、编译原理、Android 应用开发
201209002	Java 语言程序设计、编译原理、Android 应用开发

(2) 假设某商业集团数据库中有一个关系模式 R(商店编号,商品编号,数量,部门编号,负责人)。如果规定:

* 每个商店的每种商品只在一个部门销售;
* 每个商店的每个部门只有一个负责人;
* 每个商店的每种商品只有一个库存数量。

① 写出关系模式 R 的基本函数依赖集。

② 找出关系模式 R 的候选码。

③ 关系模式 R 最高已经达到第几范式? 为什么?

④ 如果 R 不属于 3NF,请将 R 分解成 3NF。

第 2 章

SQL Server 2008概述

本章介绍 SQL Server 2008 的基础知识,包括 SQL Server 2008 的发展过程、安装方法、配置操作、管理工具和系统数据库及示例数据库。

本章的学习目标:

- 了解 SQL Server 的发展过程;
- 掌握 SQL Server 2008 的安装方法;
- 掌握 SQL Server 2008 的配置操作;
- 了解 SQL Server 2008 的管理工具;
- 掌握 SQL Server 2008 的系统数据库和示例数据库的配置。

2.1　SQL Server 2008 简介

SQL Server 是一个关系数据库管理系统。它最初是由 Microsoft、Sybase 和 Ashton-Tate 三家公司共同开发的,于 1988 年推出了第一个 OS/2 版本。之后在 2000 年由 Microsoft 推出了 SQL Server 2000,该版本继承了 SQL Server 7.0 版本的优点,同时又比它增加了许多更先进的功能。继而 2005 年 Microsoft 公司发布了 SQL Server 2005,该版本可以为各类用户提供完整的数据库解决方案,可以帮助用户建立自己的电子商务体系,增强用户对外界变化的敏捷反应能力,提高了用户的市场竞争能力。

2008 年 Microsoft 公司发布了 SQL Server 2008,该版本提供一系列丰富的集成服务,可以对数据进行查询、搜索、同步、报告和分析之类的操作。数据可以存储在各种设备上,从数据中心最大的服务器一直到桌面计算机和移动设备,并且可以控制数据而不用管数据存储在哪里。

最新的 SQL Server 2008 提供了更安全、更具扩展性、更高的管理能力,而成为一个全方位企业资料、数据的管理平台,其主要功能介绍如下。

1. 保护数据库资料

SQL Server 2008 本身将提供对整个数据库、数据表与 Log 加密的机制,并且程序存取加密数据库时,完全不需要修改任何程序。

2. 在服务器的管理操作中花费更少的时间

SQL Server 2008 将会采用一种 Policy Based 管理 Framework,来取代现有的 Script 管理,这样在进行例行管理与操作时可以花更少的时间。而且透过 Policy Based 的统一政策,可

以同时管理上千台 SQL Server,以达成企业的一致性管理,DBA 可以不必一台一台地对 SQL
Server 设定新的组态或管理设定。

3. 增加应用程序稳定性

SQL Server 2008 面对企业重要关键性应用程序时,将会提供比 SQL Server 2005 更高的
稳定性,可简化数据库失败复原的工作,甚至将进一步提供加入额外 CPU 或内存而不会影响
应用程序的功能。

4. 系统执行效能最佳化与预测功能

SQL Server 2008 持续在数据库执行效能上投资,不但进一步强化执行效能,并且加入自
动搜集数据可执行的资料,将其存储在一个中央资料的容器中,而系统针对这些容器中的资料
提供了现成的管理报表,可以让 DBA 管理者比较系统现有的执行效能与先前的历史效能并
作出比较报表,让管理者可以进一步做好管理与分析。

SQL Server 2008 出现在微软数据平台上,因为它使得公司可以运行最关键任务的应用
程序,同时降低了管理数据基础设施和发送信息给所有用户的成本。这个平台有以下的特点:

- 可信任性,使得公司可以以很高的安全性、可靠性和可扩展性来运行最关键任务的应
  用程序。
- 高效性,使得公司可以减少开发和管理数据基础设施的时间和成本。
- 智能性,提供了一个全面的平台,可以在用户需要的时候发送信息。

2.2　SQL Server 2008 安装

在了解数据库的基础知识、SQL Server 2008 的概念及功能后,本节将介绍如何将 SQL
Server 2008 安装到用户的计算机上。SQL Server 2008 使用安装中心将新安装、从 SQL Server
2000 或 SQL Server 2005 升级、添加/删除组件维护及示例更改的管理都集中在一个统一页面。

在开始实际安装 SQL Server 2008 之前,应考虑执行一些相关步骤,以减少安装过程中遇
到问题的可能性。确定运行 SQL Server 2008 计算机的硬件配置要求,并卸载之前的任何旧
版本,了解 SQL Server 2008 可运行的操作系统版本及特点。

为了正确安装和运行 SQL Server 2008,计算机必须满足以下配置要求。

1. 硬件

处理器:需要 Pentium Ⅲ 兼容处理器或更高速度的处理器,处理器速度不低于 1GHz,为
了获得更好的运行效果,建议为 2GHz 或以上。内存:512MB 以上,建议为 2GB 或更大。硬
盘:1.7GB 的安装空间以及必要的数据预留空间。

2. 软件

① 操作系统要求(32 位)。SQL Server 2008 只能运行在 Windows 操作系统之上。SQL
Server 2008 设计了不同的分支版本,每个版本对操作系统的要求不尽相同。在 SQL Server
2008 服务器软件的 32 位版本中,Enterprise 版(除了 Enterprise Evaluation 版,即企业评估版
之外)只能运行在 Windows Server 2003 和 Windows Server 2008 操作系统上。Standard 版能

够运行在 Windows XP（除了 Windows XP 家庭版之外）、Windows Vista、Windows Server 2003、Windows Server 2008 等大多数 Windows 操作系统之上。Developer 版能够运行在 Windows XP、Windows Vista、Windows Server 2003、Windows Server 2008 等操作系统之上。其他版本所适合的操作系统请参考微软的技术支持网站。

② 安装组件要求。SQL Server 2008 安装时需要的组件如下：

- .NET Framework 3.5；
- SQL Server Native Client；
- SQL Server 安装程序支持文件；
- Microsoft Windows Installer 4.5 或更高版本；
- Microsoft 数据访问组件（MDAC）2.8 SP1 或更高版本。

从光盘或网络获取 SQL Server 2008 的安装文件，然后就可以进行安装了。下面以 Windows Server 2003 Enterprise Edition 为平台安装 SQL Server 2008 的网络安装文件为例，介绍安装步骤如下：

（1）打开虚拟光驱，装载 SQL Server 2008 的 ISO 镜像文件，此时会自动弹出安装程序的导航界面，若没有弹出也可以双击虚拟光驱驱动器来运行安装文件。

注释：当然虚拟光驱得自己提前安装，建议用 Daemon_Tools 虚拟光驱软件。或者不用虚拟光驱软件也可以，直接双击 SQL Server 2008 的 .exe 或者 .iso 安装文件直接运行也可以安装。只不过用虚拟光驱软件解压速度会快些，安装过程中不会出现别的问题。如果有 SQL Server 2008 的安装源光盘会更方便，直接把光盘插入光驱就可以直接运行安装了。

（2）启动安装后首先检测是否有 .NET Framework 3.5 环境。如果没有，会弹出安装对话框，通过启用复选框来接受 .NET Framework 3.5 许可协议，再单击【下一步】按钮进行安装，当 .NET Framework 3.5 安装完成后单击【完成】按钮。

（3）从【SQL Server 2008 安装中心】页面的【安装】选项中单击【全新 SQL Server 独立安装或向现有安装添加功能】链接来启动安装程序，如图 2-1 所示。

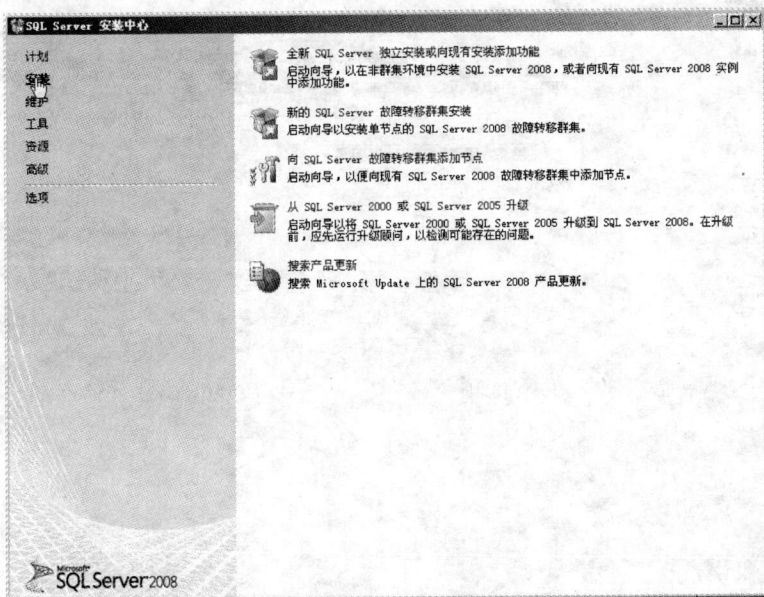

图 2-1　SQL Server 2008 安装中心

（4）安装程序首先检查安装 SQL Server 安装程序支持文件时可能发生的问题。必须更正所有失败安装才能继续，如图 2-2 所示。

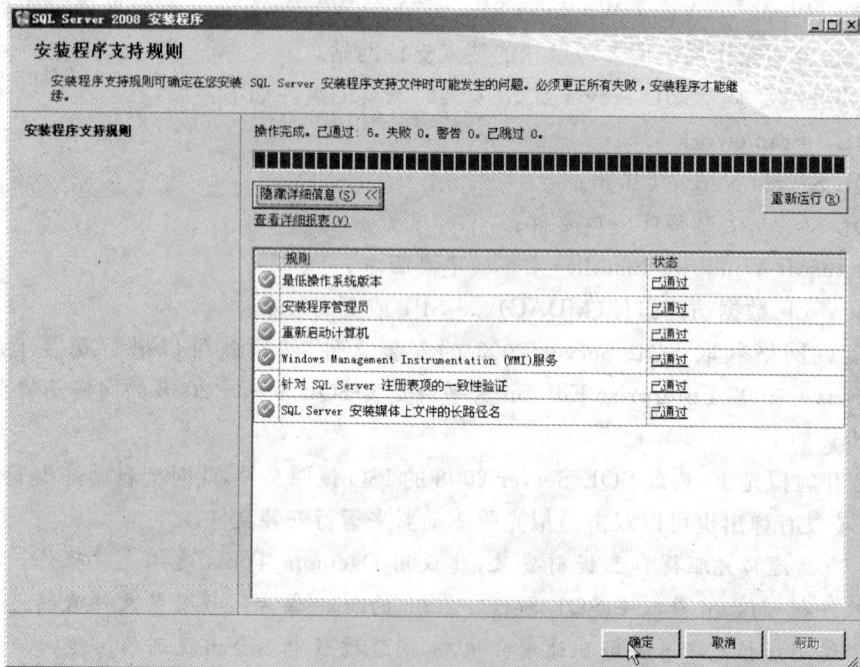

图 2-2　安装程序支持规则

（5）安装程序支持规则全部通过后单击【确定】按钮，进入【产品密钥】页面，选择要安装的版本，并输入正确的产品密钥，如图 2-3 所示。

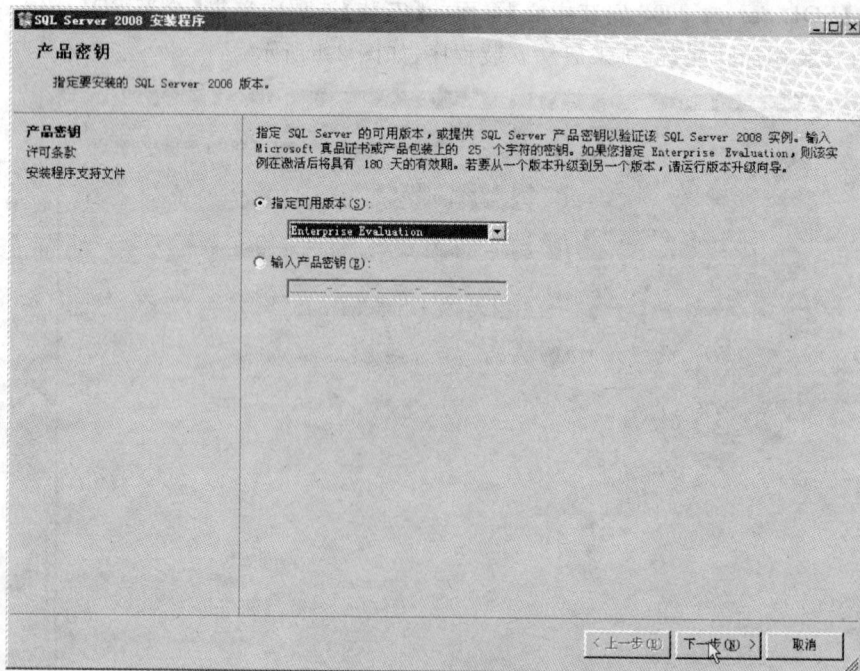

图 2-3　选择安装的版本

（6）单击【下一步】按钮，显示要安装 SQL Server 2008 必须接受的软件许可条款。启用【我接受许可条款】，如图 2-4 所示。

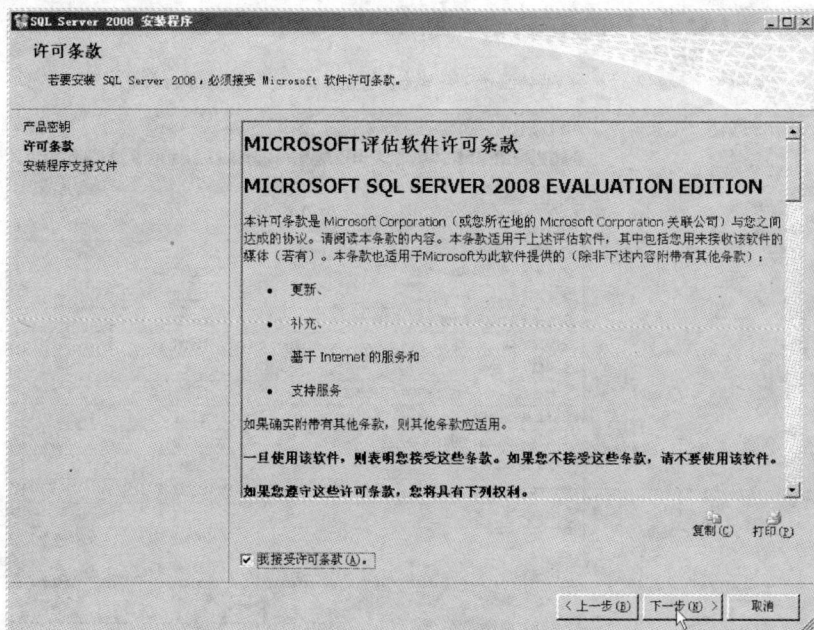

图 2-4 SQL Server 2008 许可条款

（7）接受许可条款后，会检测计算机上是否安装有 SQL Server 必备组件，否则安装向导将安装它们。这些组件包括：. NET Framework 3. 5、SQL Server Native Client 和 SQL Server 安装程序支持文件；单击【安装】按钮开始安装，如图 2-5 所示。

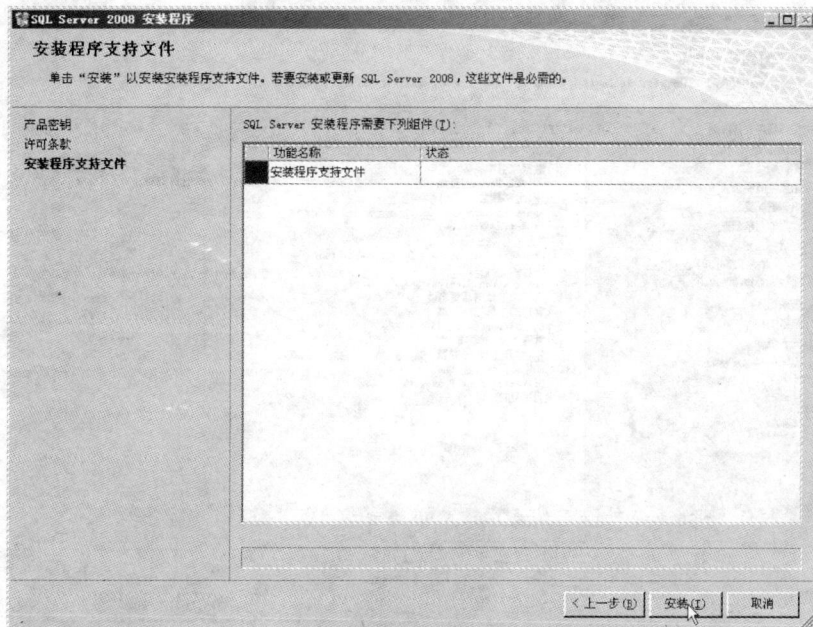

图 2-5 安装必备组件

（8）单击【安装】按钮，开始安装程序支持文件，安装完成后，重新进入【安装程序支持规则】页面，如图2-6所示。

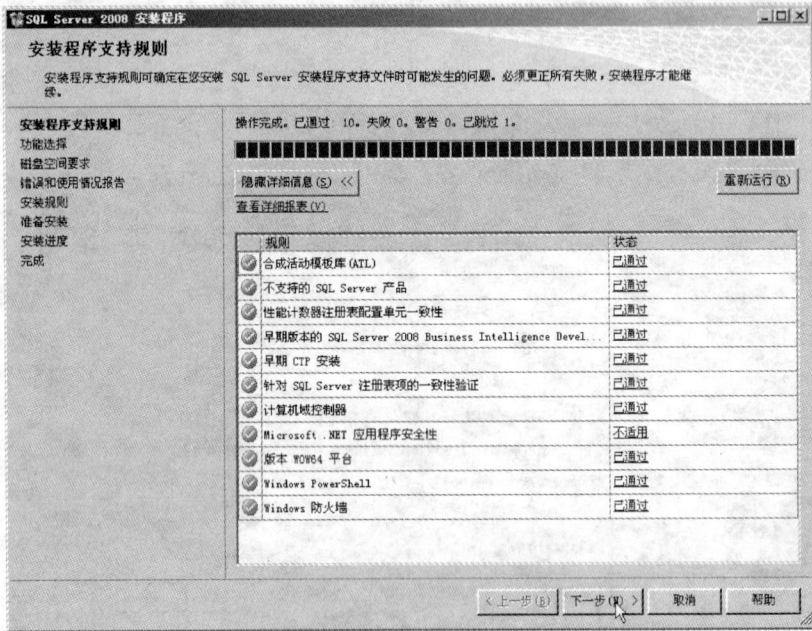

图2-6　系统配置检查

（9）单击【下一步】按钮，进入【功能选择】对话框，从【功能】区域中选择要安装的组件。在启用功能名称复选框后，右侧窗格中会显示出每个组件的说明。用户可以选中任意一些复选框，这里为全选，如图2-7所示。

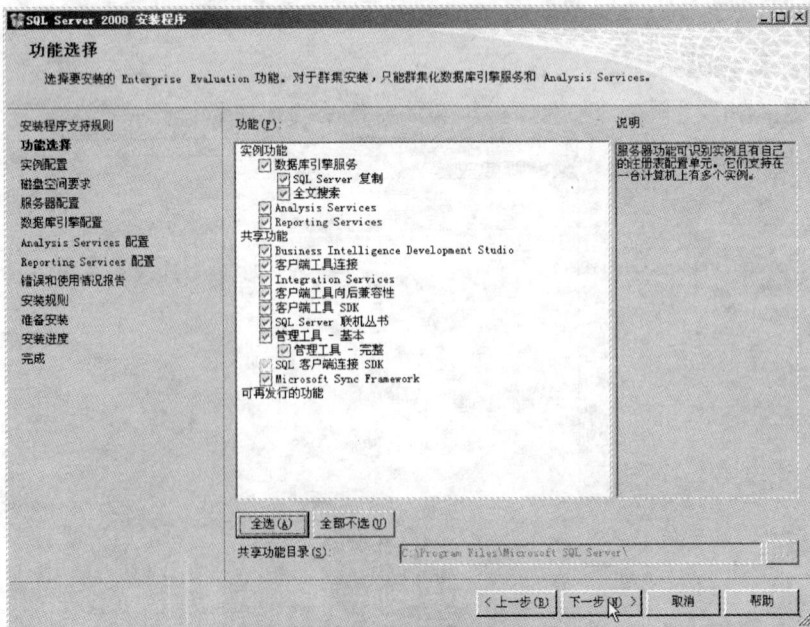

图2-7　功能选择

注释：若要更改共享组件的安装路径,可以在对话框下方的文本框中输入新的路径名,或者单击后方的按钮导航到所需安装路径。默认安装路径为"C：\Program Files\Microsoft SQL Server\"。

(10) 单击【下一步】按钮来指定是要安装默认实例还是命名实例。如果选择命名实例还需指定实例名称,如图 2-8 所示。

图 2-8 所示的实例配置对话框中,各个选项的含义介绍如下：

① 【实例 ID】文本框：

默认情况下,使用实例名称和命名实例的默认方式都是如此。对于默认实例,实例名称和实例 ID 后缀均为 MSSQLSERVER。

② 【实例根目录】文本框：

默认情况下,实例根目录为"C：\Program Files\Microsoft SQL Server\"。若要指定非默认的根目录,可直接在文本框中输入或单击后方按钮并导航到所需安装文件夹。

③ 【检测到的实例和功能】区域：

该表将显示运行安装程序的计算机上的 SQL Server 实例。若要升级其中一个实例而不是创建新实例,可选择实例名称并验证它显示在区域中,然后单击【下一步】按钮。

注意：SQL Server 给定实例的所有组件作为一个单元进行管理。所有 SQL Server Pack 和升级都将适用于 SQL Server 实例组的每个组件。

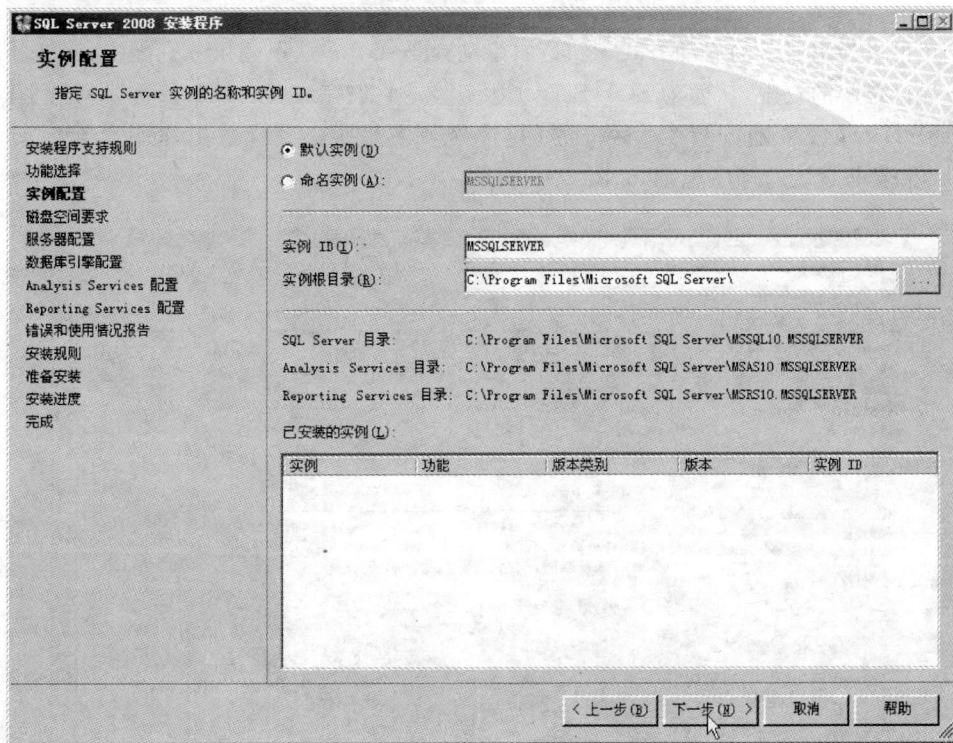

图 2-8 实例配置

(11) 接下来进入【服务器配置】对话框,在【服务账户】选项卡中为每个 SQL Server 服务单独配置用户名、密码及启动类型,如图 2-9 所示。

在图 2-9 中可以为所有 SQL Server 服务分配相同的登录账户,也可以分别配置每个服务

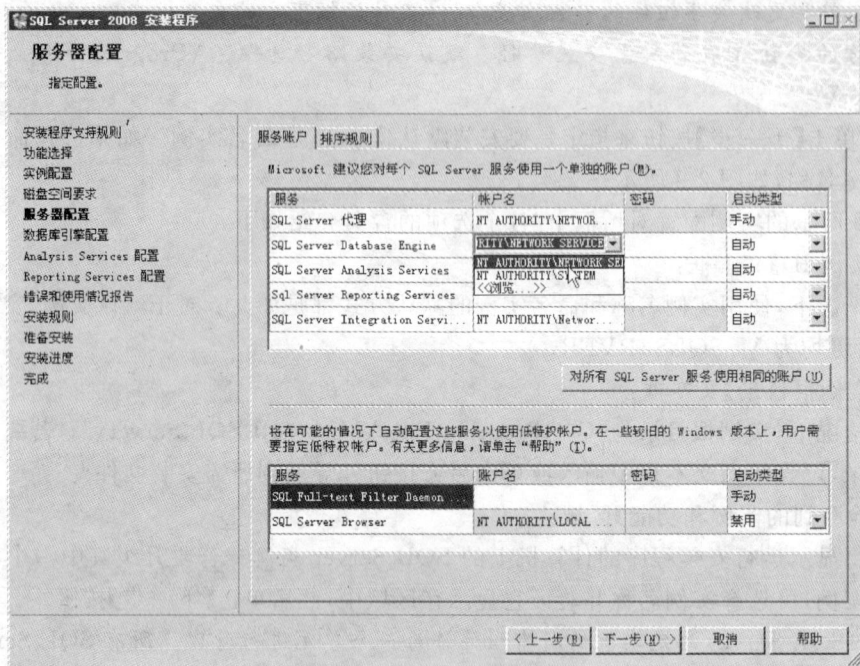

图 2-9　配置服务账户

账户。还可以指定服务的启动方式,是自动、手动或是禁止。这里建议分别配置账户以便为每个服务提供最小的权限,从而为 SQL Server 服务授予它们完成各自任务所需要的最小权限。

(12) 打开【服务器配置】对话框的【排序规则】选项卡,为【数据库引擎】和 Analysis Services 指定非默认的排序规则,如图 2-10 所示。

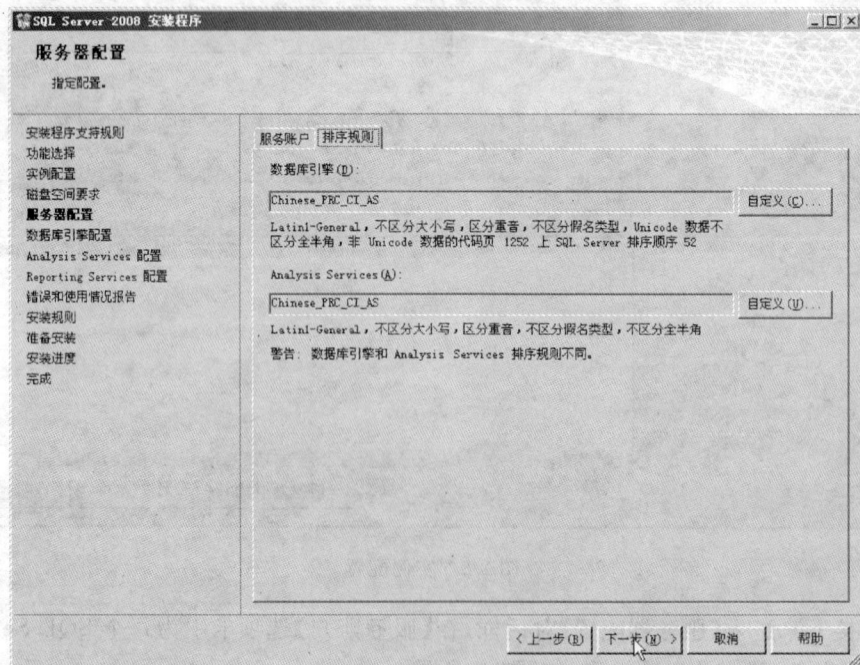

图 2-10　配置排列规则

默认情况下,会选定针对英语系统区域设置的 SQL 排序规则。非英语区域设置的默认排序规则是用户计算机的 Windows 系统区域设置。该设置可以是"非 Unicode"程序的语言设置,也可以是控制面板中【区域和语言选项】中的最接近设置。

注释:SQL 排序规则不能用于 Analysis Services。如果数据库引擎和 Analysis Services 的排序规则不匹配,则会得到不一致的结果。为了确保数据库引擎与 Analysis Services 之间的结果一致性,推荐使用 Windows 排序规则。

(13) 单击【下一步】按钮对 SQL Server 2008 的数据库引擎进行配置,包括安全模式、管理员和数据文件夹等,如图 2-11 所示为其中【账户设置】选项卡。

如图 2-11 所示账户设置中主要可以指定如下选项。

① 安全模式:

为 SQL Server 实例选择 Windows 身份验证或混合模式身份验证。如果选择混合模式身份验证,必须为内置 SQL Server 系统管理员账户提供一个强密码并进行确认。

注释:在设备与 SQL Server 成功建立连接之后,用于 Windows 身份验证和混合模式身份验证的安全机制是相同的。

② SQL Server 管理员:

必须至少为 SQL Server 实例指定一个系统管理员。若要添加用以运行 SQL Server 安装程序的账户,可以单击【添加当前用户】按钮。若要向系统管理员列表中添加账户或从中删除账户,可单击【添加】或【删除】按钮,然后编辑将对其分配 SQL Server 实例的管理员权限的用户、组或计算机列表。

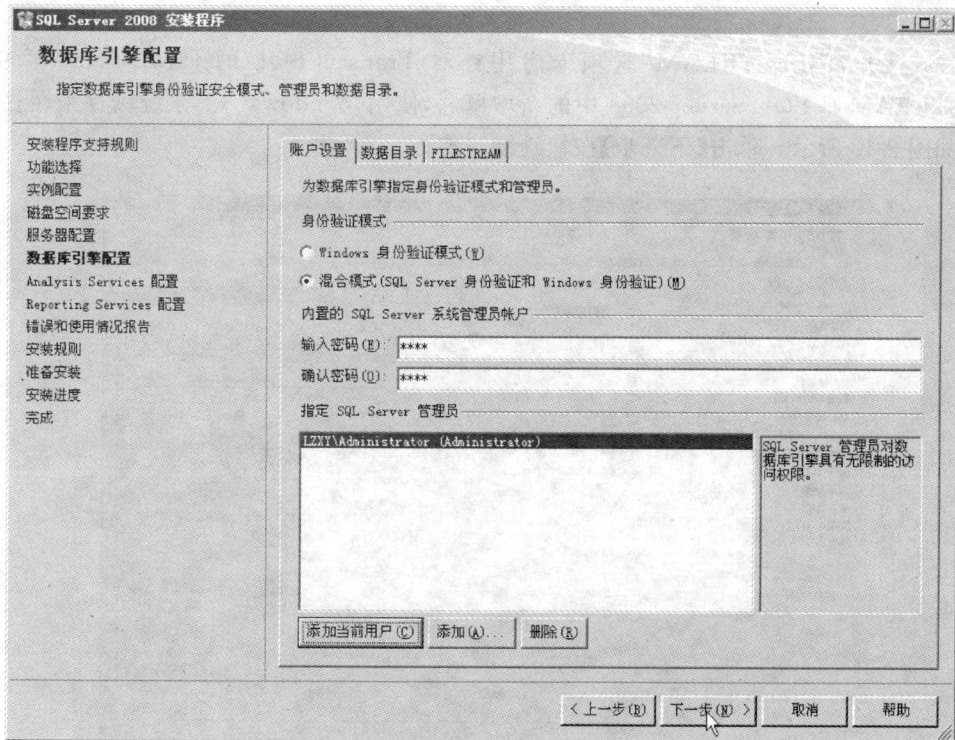

图 2-11 数据库引擎配置【账户设置】选项卡

(14) 切换到【数据库引擎配置】对话框的【数据目录】选项卡,在这里指定各种数据库的安装目录及备份目录,也可以使用默认的安装目录,直接单击【下一步】按钮,如图 2-12 所示。

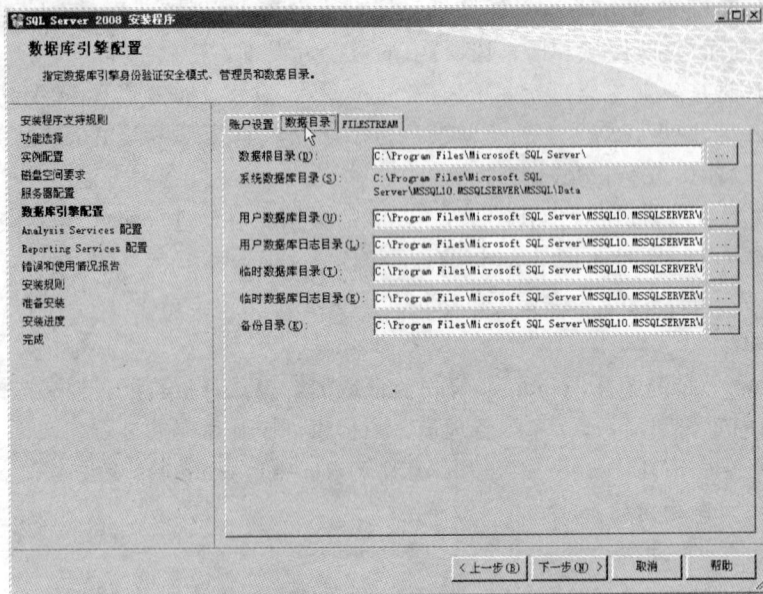

图 2-12　数据库引擎配置【数据目录】选项卡

在图 2-12 所示的界面中指定非默认的安装目录时要注意,必须确保安装文件夹对于此 SQL Server 实例是唯一的。而且此对话框中的任何目录都不应与其他 SQL Server 实例的目录共享。

(15) 打开"FILESTREAM"选项卡启用针对 Transact-SQL 的 FILESTREAM 功能。 FILESTREAM 是 SQL Server 2008 中的新增概念,使用 Windows NT 系统缓存来缓存文件数据,如图 2-13 所示。单击【下一步】按钮继续安装。

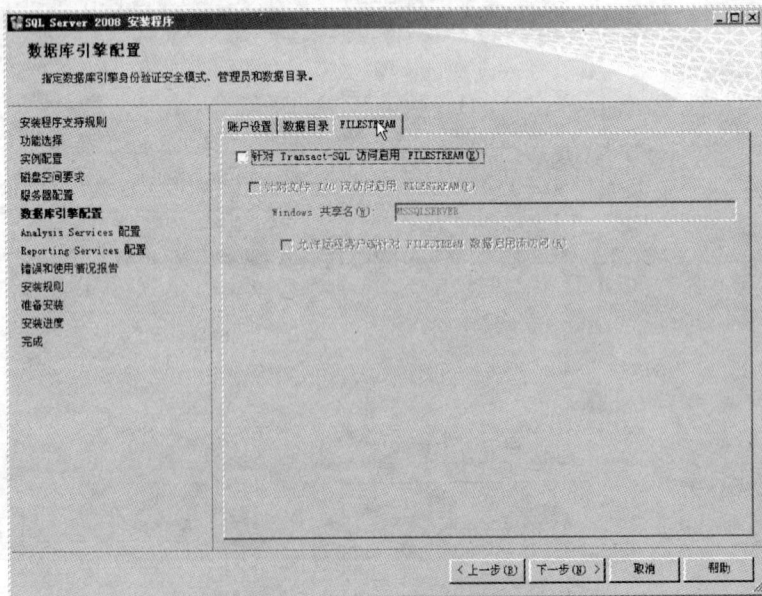

图 2-13　数据库引擎配置 FILESTREAM 选项卡

（16）经过前面安装步骤的操作，SQL Server 2008 的核心设置都已经完成了，接下来的步骤取决于前面选择组件的多少，这里选择了"全部"，首先需要对 Analysis Services 进行设置，如图 2-14 所示。

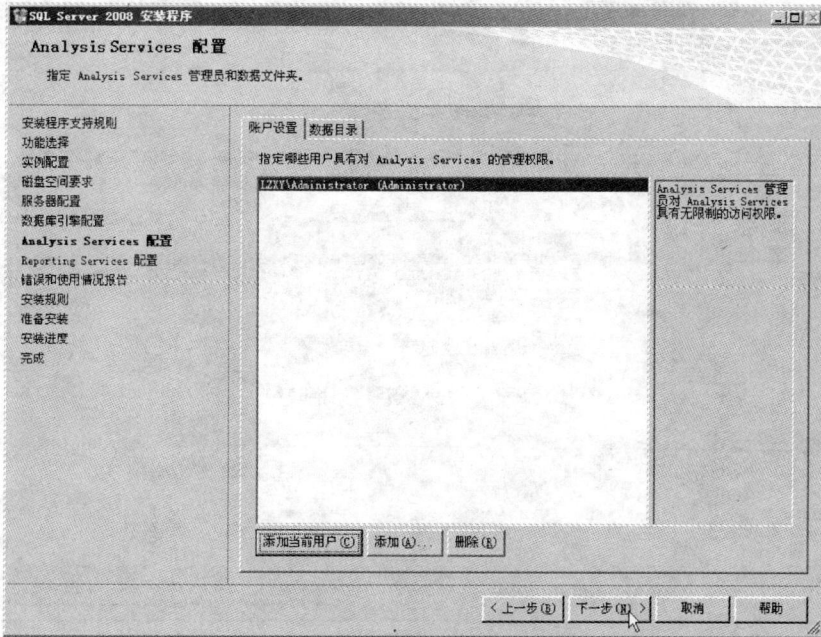

图 2-14　设置 Analysis Services 账户

（17）在 Analysis Services 配置的【数据目录】选项卡中为 SQL Server Analysis Services 指定数据目录、日志文件目录、Temp 目录和备份目录，如图 2-15 所示。

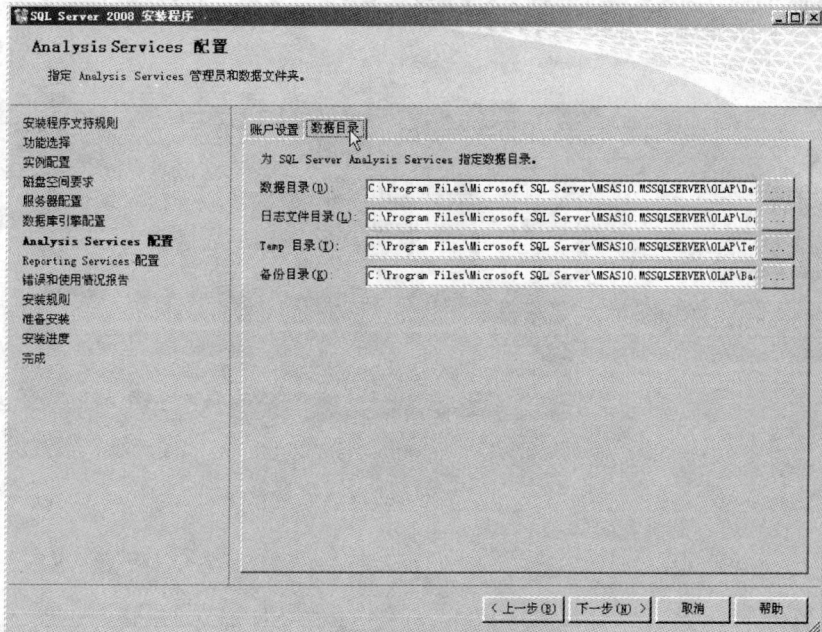

图 2-15　设置 Analysis Services 数据目录

（18）完成数据目录的设置后，单击【下一步】按钮，在进入的对话框中对 Reporting Services 进行配置，这里使用默认值，如图 2-16 所示。

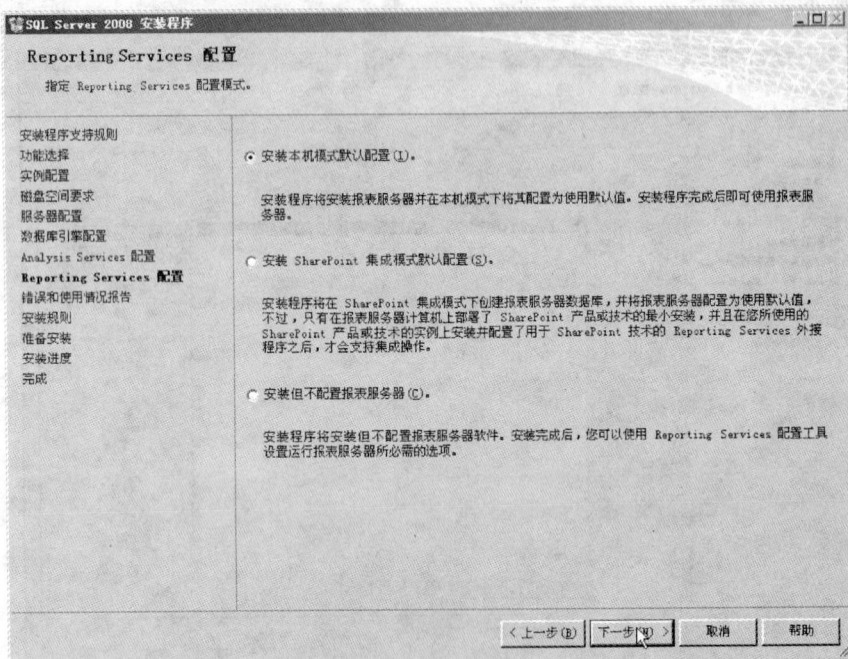

图 2-16　Reporting Services 配置

（19）单击【下一步】按钮来针对 SQL Server 2008 的错误和使用情况报告进行设置，通过启用复选框来选择某些功能，如图 2-17 所示。

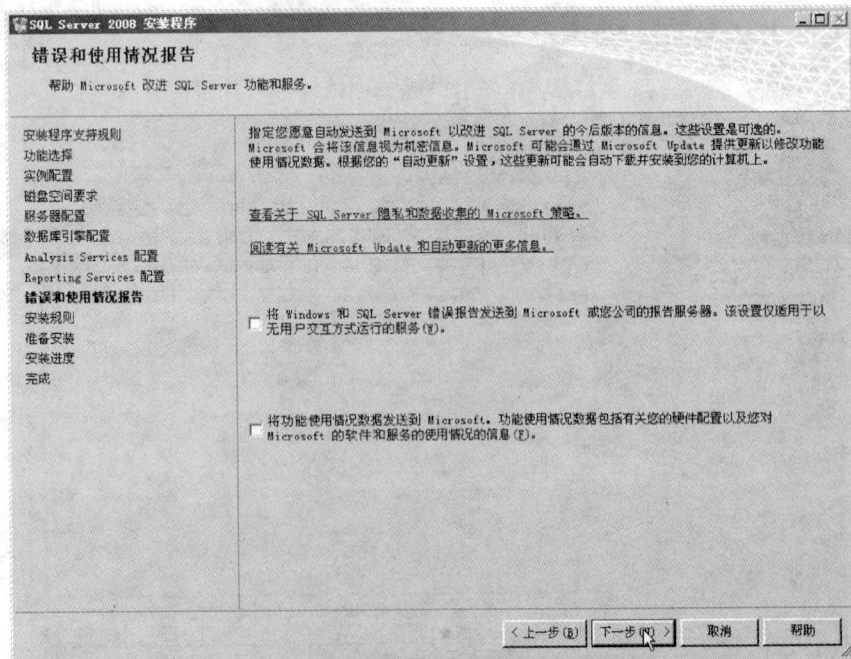

图 2-17　针对错误和使用情况报告进行设置

（20）单击【下一步】，进入【安装规则】页面，检查安装规则，如图 2-18 所示。

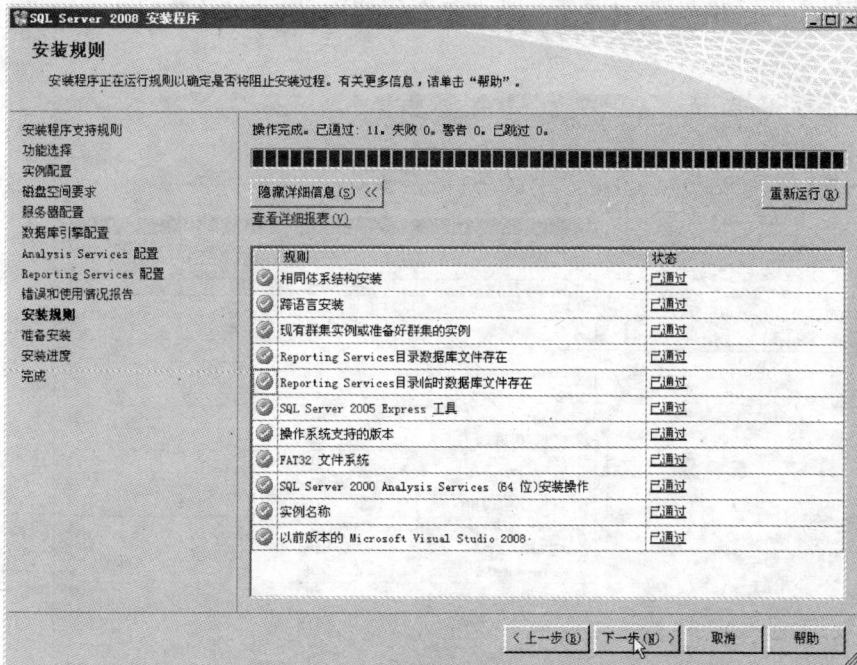

图 2-18　安装规则

（21）单击【下一步】按钮，结束对 SQL Server 2008 所需参数的配置。这里在一个列表框中显示了所有要安装的组件，用户通过扩展/折叠查看详细信息，如图 2-19 所示。

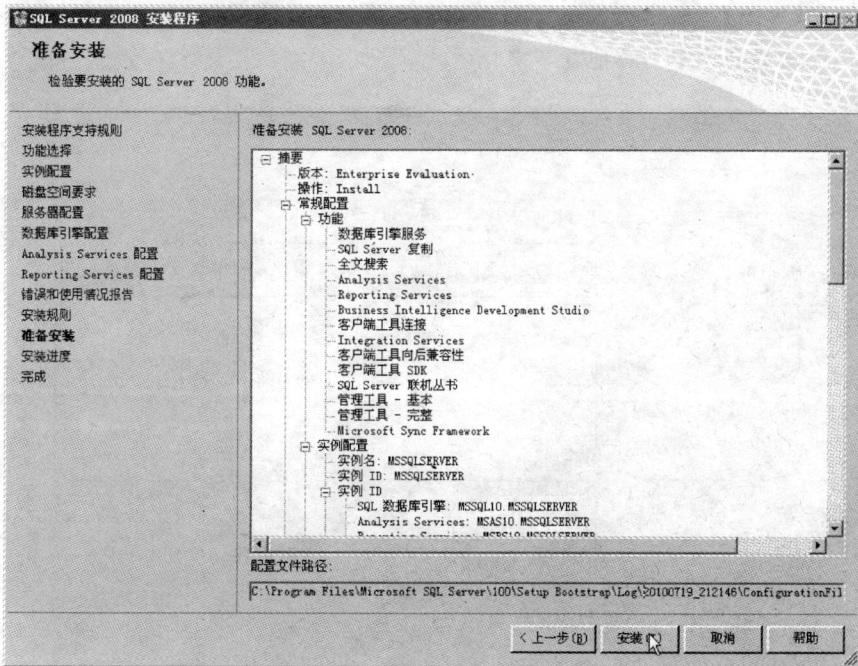

图 2-19　预览安装组件列表

（22）待确认组件列表无误后，单击【安装】按钮开始安装，安装程序会根据用户对组件的选择安装相应的文件到系统，并显示正在安装的功能名称、安装状态和安装结果，如图 2-20所示。

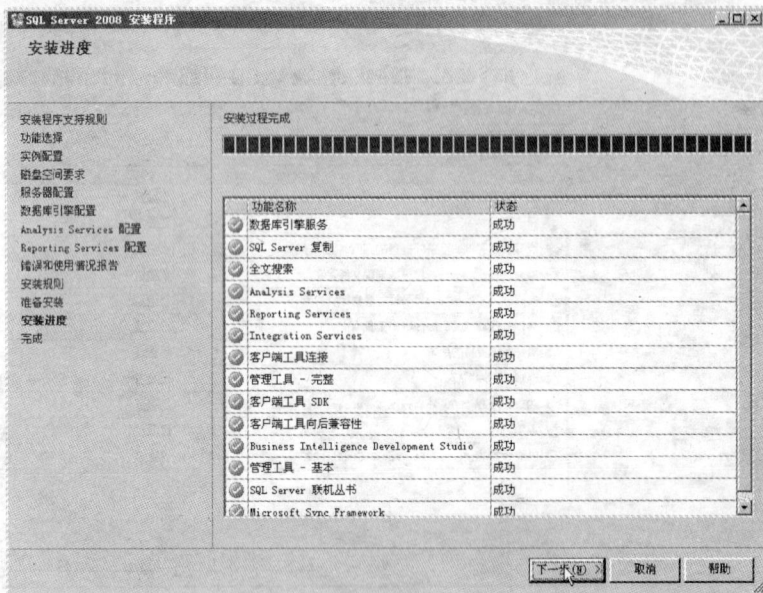

图 2-20　安装进度

（23）在图 2-20 所示的【功能名称】中所有项安装成功后，单击【下一步】完成安装。此时会显示整个 SQL Server 2008 安装过程的摘要、日志保存位置及其他说明信息，如图 2-21 所示。最后，单击【关闭】按钮结束安装过程。下面简单介绍一下 SQL Server 2008 中一些组件的变化，具体的功能会在本书其他章节中介绍。

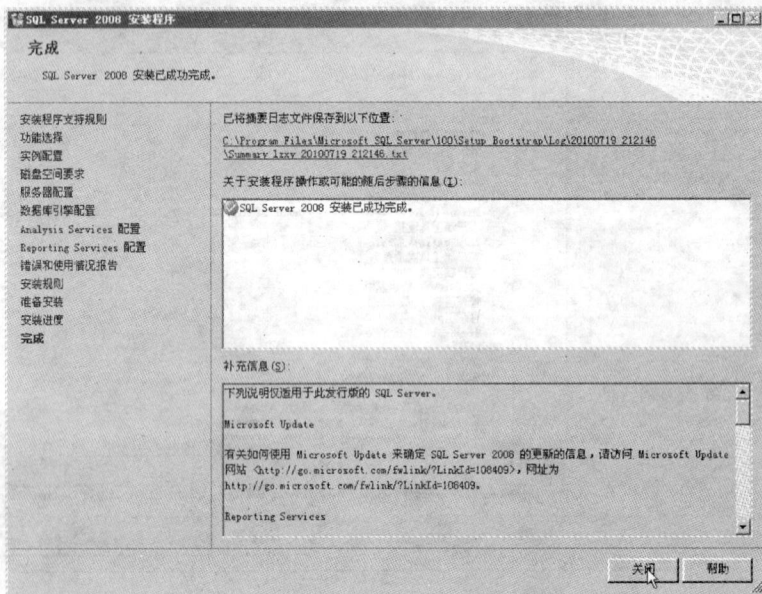

图 2-21　完成安装

- Full text search 已成为 SQL Server 同一进程内提供的功能。
- Reporting Services 的代码进行了大幅的重写。
- SQL Server 2005 中的 Notification Services 已经被移除。
- SQL Server 2005 的目录以 MSSQL1,MSSQL2,MSSQL3 等方式命名,不够直观,而 SQL Server 2008 的目录名改为 MSSQL10.{Instance},MSAS10.{Instance}, MSRS10.{Instance}的方式。其中{Instance}为 SQL Server 实例的名字,默认实例名为 MSSQLSERVER。

2.3　SQL Server 2008 配置

上一节对 SQL Server 2008 安装的相关知识及过程进行了介绍,安装之后的第一件事就是对安装 SQL Server 2008 是否成功进行验证,以及注册并配置 SQL Server 2008 服务器。

1. 验证安装

通常情况下,如果安装过程中没有出现错误提示,即可认为这次安装是成功的。但是,为了检验安装是否正确,也可以采用一些验证方法。例如可以检查 Microsoft SQL Server 的服务和工具是否存在,应该自动生成的系统数据库和样本数据库是否存在,以及有关文件和目录是否正确等。

安装之后,从【开始】菜单上选择【所有程序】| Microsoft SQL Server 2008,可以看到如图 2-22 所示的程序组。在图 2-22 所示的程序组中主要包含配置工具、文档和教程、Analysis Services 等共 8 项内容。

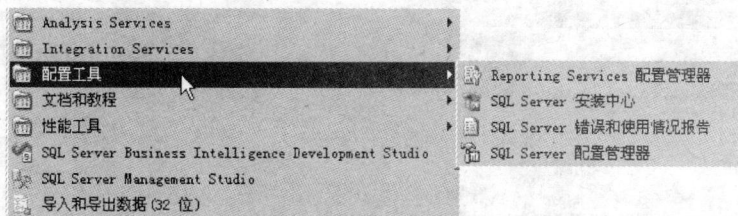

图 2-22　SQL Server 2008 程序组

SQL Server 2008 还包含了多个服务,可以通过在图 2-22 所示的菜单中选择【SQL Server 配置管理器】命令并打开它,从弹出窗口的左侧单击【SQL Server 服务】选项来查看 SQL Server 2008 的各种服务,如图 2-23 所示。

2. 注册服务器

注册服务器就是为 Microsoft SQL Server 客户机/服务器系统确定一台数据库所在的机器,该机器作为服务器,可以为客户端的各种请求提供服务。

可以利用 Microsoft SQL Server Management Studio 工具把许多相关的服务器集中在一个服务器组中,方便对多服务器环境的管理操作。服务器组是多台服务器的逻辑集合。

(1) 从【开始】菜单上选择【程序】| Microsoft SQL Server 2008|SQL Server Management Studio,打开 SQL Server Management Studio 窗口,并单击【取消】按钮。

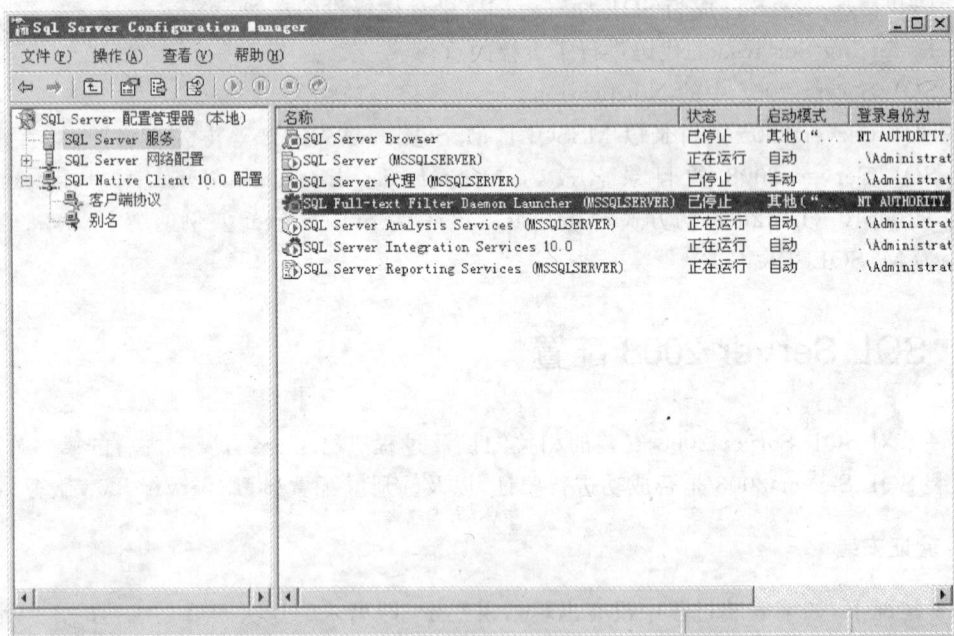

图 2-23   SQL Server 2008 的各种服务

（2）在【已注册的服务器】窗口中展开【数据库引擎】节点，选择【本地服务器组】|【新建服务器注册】命令，如图 2-24 所示。

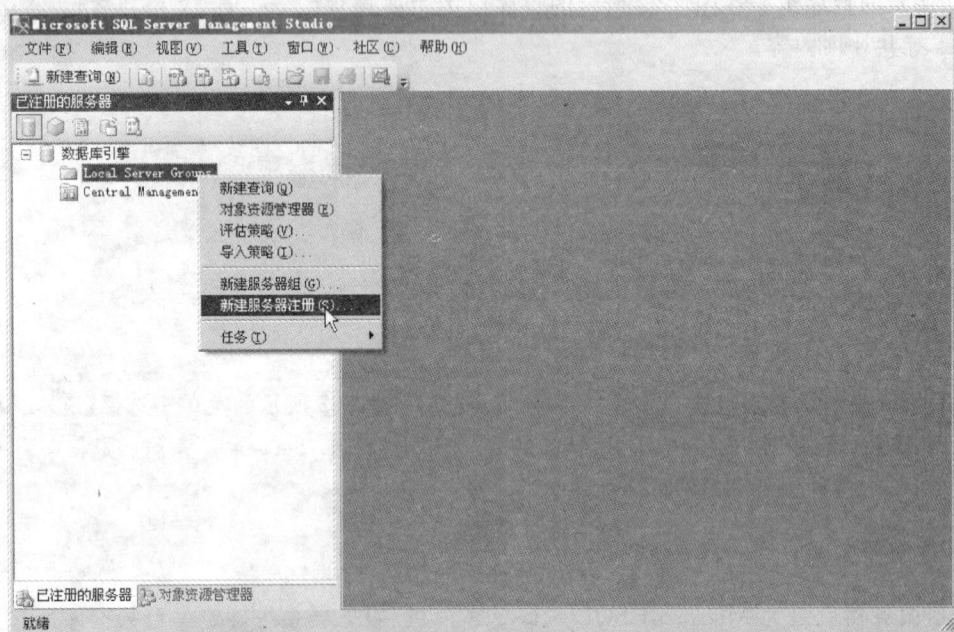

图 2-24   选择服务器注册

（3）打开如图 2-25 所示的【新建服务器注册】对话框。在该窗口输入或选择要注册的服务器名称；在【身份验证】下拉列表中选择【Windows 身份验证】选项，单击【连接属性】标签，打开【连接属性】选项卡，如图 2-26 所示，这里可以设置连接到的数据库、网络及其他连接属性。

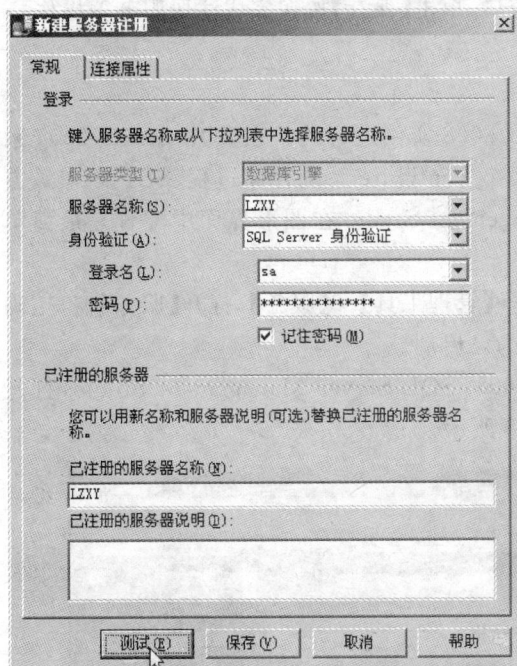

图 2-25 新建服务器注册

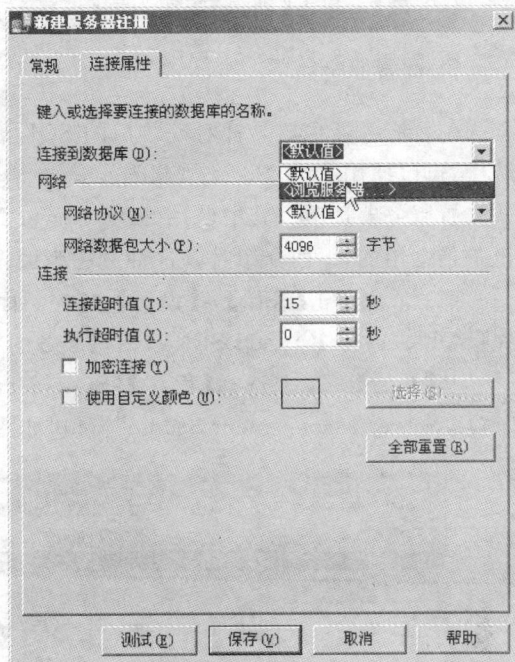

图 2-26 连接属性选项卡

（4）从【连接到数据库】下拉列表中指定当前用户将要连接到的数据库名称。其中，【默认值】选项表示可以从当前服务器中选择一个数据库。当选择【浏览服务器】选项时，打开【查找服务器上的数据库】对话框，如图 2-27 所示。从该窗口中可以指定当前用户连接服务器时默认的数据库。

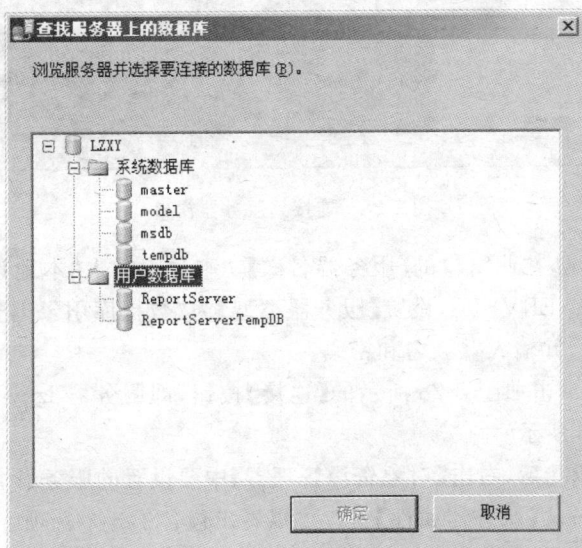

图 2-27 【查找服务器上的数据库】对话框

（5）设定完成后，单击【确定】按钮返回【连接属性】选项卡，单击【测试】按钮可以验证连接是否成功。如果成功会弹出提示对话框表示连接属性的设置是正确的。

（6）最后，单击【确定】按钮返回【连接属性】窗口，单击【保存】按钮完成注册服务器操作。

3. 配置服务器

配置服务器主要是针对安装后的 SQL Server 2008 实例进行的。在 SQL Server 2008 系统中，可以使用 SQL Server Management Studio、sp_configure 系统存储过程、SET 语句等方式设置服务器选项。其中使用 SQL Server Management Studio 在图形界面中配置是最简单也是最常用的，下面介绍时以这种方法为例。

（1）依次单击【开始】→【设置】→【控制面板】→【管理工具】→【服务】，打开【服务】窗口，确保【SQL Server（MSSQLSERVER）】服务的状态为已启动。

从【开始】菜单上选择【程序】| SQL Server 2008 | SQL Server Management Studio，打开"SQL Server Management Studio"窗口，如图 2-28 所示。

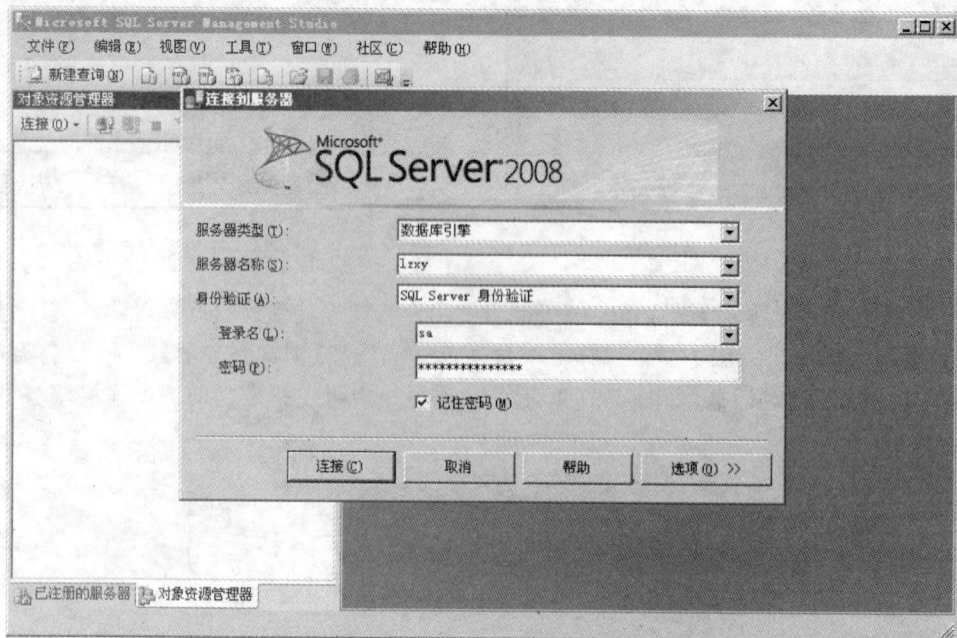

图 2-28　连接到服务器窗口

（2）如图 2-28 所示，在此窗口的【服务器名称】文本框中输入"本地计算机名称\数据库实例名"如"lzxy\MSSQLSERVER"，设置【服务器类型】为"数据库引擎"，选择使用 SQL Server 或 Windows 身份验证，并输入登录名和密码。

（3）选择完成后，单击如图 2-28 所示的【连接】按钮，即服务器 lzxy 在【对象资源管理器】中连接成功，如图 2-29 所示。

（4）连接服务器成功后，右击【对象资源管理器】中要设置的服务器名称，在弹出菜单中选择【属性】命令。从打开的【服务器属性】窗口可以看出包含了 8 个选项。其中【常规】选项窗口列出了当前服务产品名称、操作系统名称、平台名称、版本号、使用的语言、当前服务器的内存大小、处理器数量、SQL Server 安装的目录、服务器的排序规则及是否群集化等信息，如图 2-30 所示。

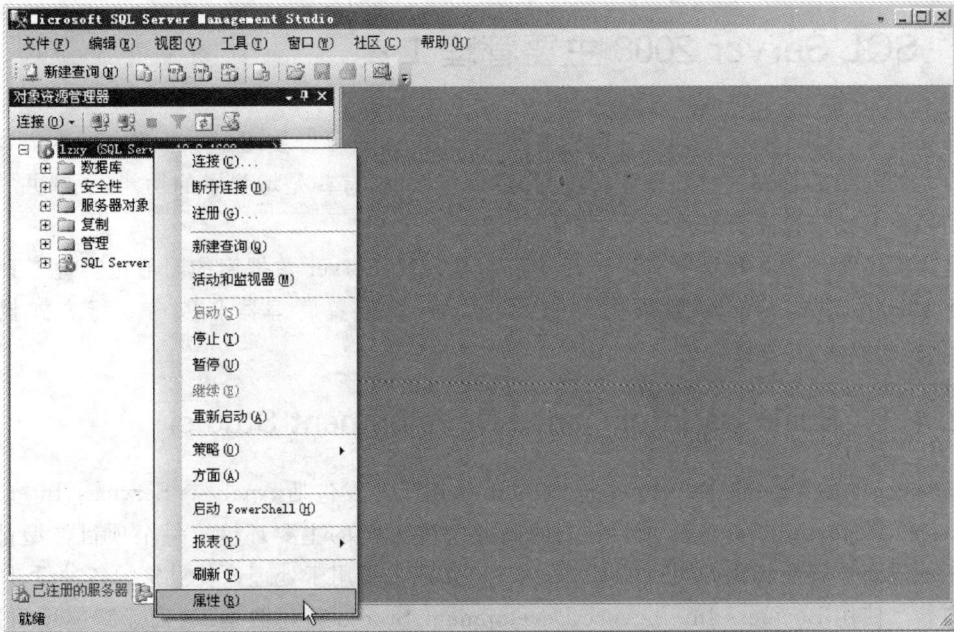

图 2-29　Microsoft SQL Server Management Studio 窗口

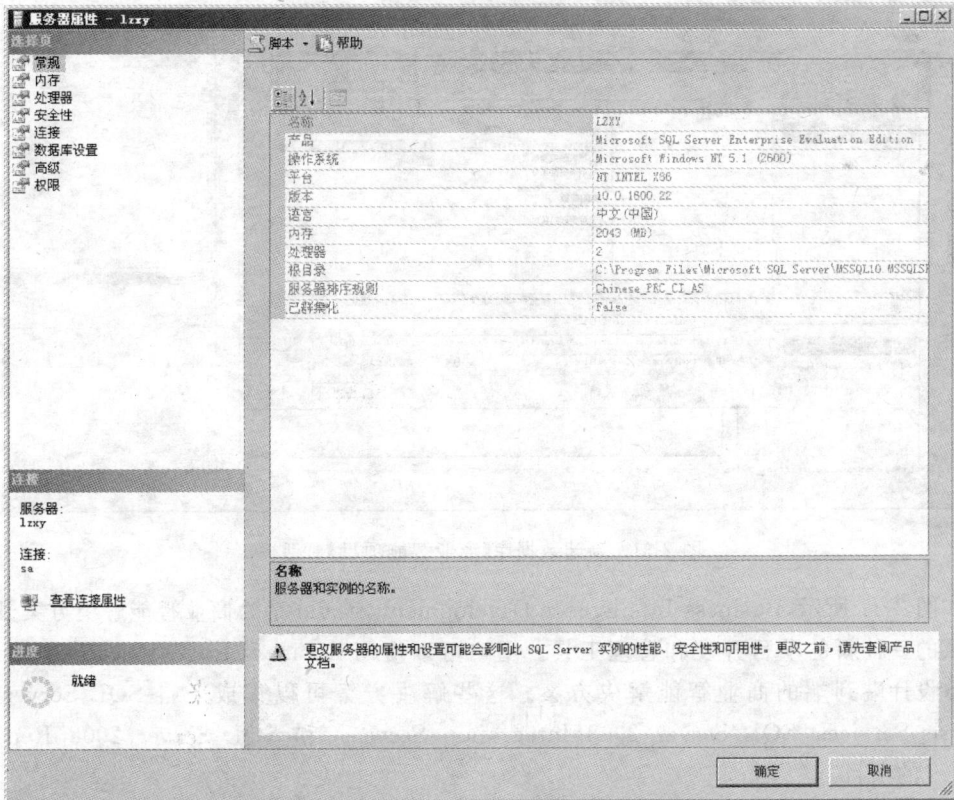

图 2-30　服务器属性窗口

2.4 SQL Server 2008 主要管理工具

在安装了 SQL Server 2008 并配置好服务器之后,便可以使用。本节将介绍随安装程序一起安装的附带的管理工具和程序,它们有些是新增的,有些是增强了的功能,了解并掌握它们的使用将有助于读者更好地学习后面的知识。

这些附带管理工具和程序有用于开发和管理 SQL Server 数据库的图形化管理工具 SQL Server Management Studio、管理服务的 SQL Server 配置管理器和以命令行方式操作的 SQLCMD 工具等。

2.4.1 Business Intelligence Development Studio

Business Intelligence Development Studio 是用于开发包括 Analysis Services、Integration Services 和 Reporting Services 项目在内的商业解决方案的主要环境。每个项目类型都提供了用于创建商业智能解决方案所需对象的模板,并提供了用于处理这些对象的各种设计器、工具和向导。使用 Business Intelligence Development Studio 新建数据库【商业智能项目】时的对话框如图 2-31 所示。

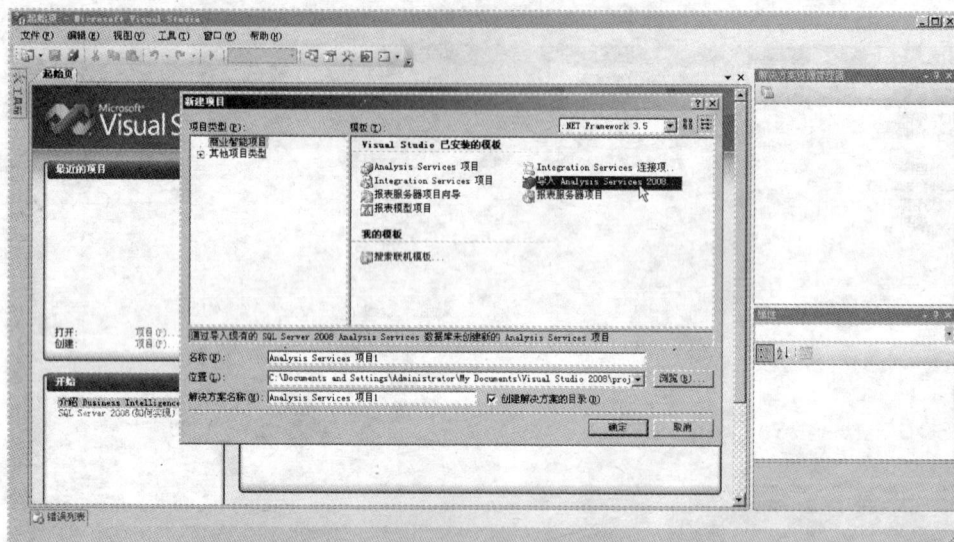

图 2-31 新建数据库【商业智能项目】对话框

如图 2-31 所示,Business Intelligence Development Studio 是为商业智能解决方案开发人员提供的一种新的项目开发和管理工具。用户可以使用 Business Intelligence Development Studio 设计端到端的商业智能解决方案。这些解决方案可以集成来自 SQL Server 2008 Analysis Services、SQL Server 2008 Integration Services 和 SQL Server 2008 Reporting Services 的项目。

2.4.2 SQL Server Management Studio

SQL Server Management Studio 是一个集成环境,用于访问、配置、管理和开发 SQL

Server 的所有组件。SQL Server Management Studio 组合了大量图形工具和丰富的脚本编辑器,使各种技术水平的开发人员和管理员都能访问 SQL Server,如图 2-32 所示。

图 2-32 SQL Server Management Studio 窗口

SQL Server Management Studio 将早期版本的 SQL Server 中所包含的企业管理器、查询分析器和 Analysis Manager 功能整合到单一的环境中。此外,SQL Server Management Studio 还可以和 SQL Server 的所有组件协同工作,例如 Reporting Services、Integration Services 和 SQL Server Compact 3.5 SPI。开发人员可以获得熟悉的体验,而数据库管理员可获得功能齐全的单一实用工具,其中包含易于使用的图形工具和丰富的脚本撰写功能。

2.4.3 SQL Server Profiler

SQL Server Profiler 是用于 SQL 跟踪的图形化实时监视工具,用来监视数据库引擎或分析服务的实例,如图 2-33 所示。通过它可以捕获关于每个数据库事件的数据,并将其保存到文件或表中以后分析例如死锁的数量、致命的错误、跟踪 Transact-SQL 语句和存储过程等。可以把这些监视数据存入表或文件中,并在以后某一时间重新显示这些事件来一步一步地进行分析。

2.4.4 SQL Server 配置管理器

作为管理工具的 SQL Server 配置管理器(简称为配置管理器)统一包含了 SQL Server 2008 服务、SQL Server 2008 网络配置和 SQL Native Client 配置三个工具供数据库管理人员做服务启动/停止与监控、服务器端支持的网络协议,以及用户来访问 SQL Server 的网络相关设置等工作。

可以通过在图 2-22 所示的菜单中选择【SQL Server 配置管理器】命令打开它,或通过在命令提示下输入 sqlservermanager.msc 命令来打开它。

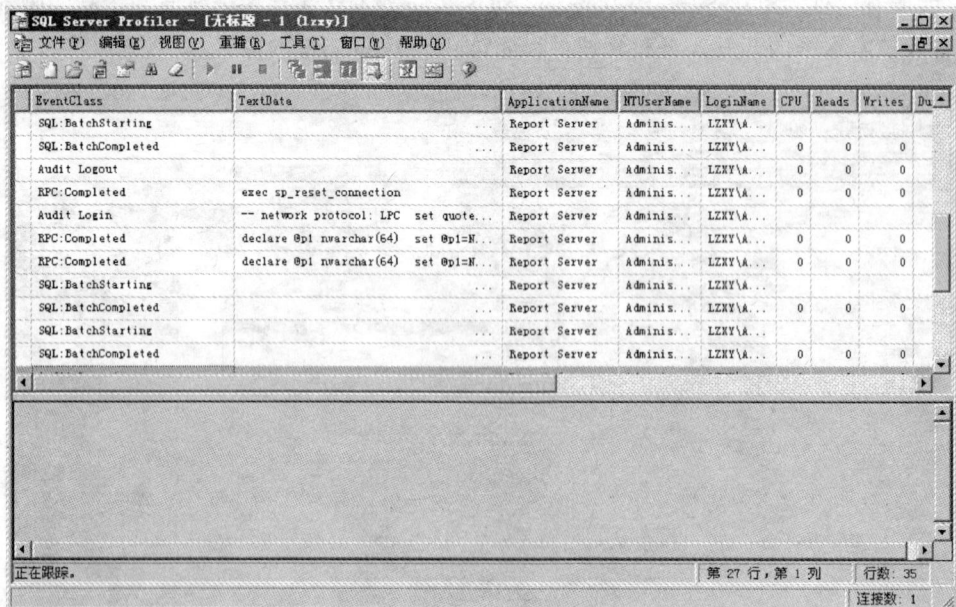

图 2-33　SQL Server Profiler 界面

1. 配置服务

首先打开"SQL Server 配置管理器"查看列出的与 SQL Server 2008 相关的服务,选择一个并右击选择【属性】命令进行配置。如图 2-34 所示为右击"SQL Server(MSSQLSERVER)"打开的【属性】对话框。在【登录】选项卡中设置服务的登录身份,即使用本地系统账户还是指定的账户。

切换到【服务】选项卡可以设置 SQL Server(MSSQLSERVER)服务的启动模式,可用选项有【自动】、【手动】和【禁用】,用户可以根据需要进行更改。

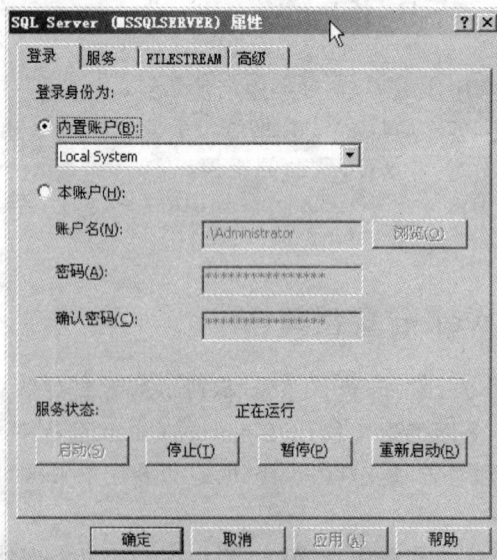

图 2-34　属性对话框

2. 网络配置

SQL Server 2008 能使用多种协议,包括 Shared Memory、Named Pipes、TCP/IP 和 VIA。所有这些协议都有独立的服务器和客户端配置。通过 SQL Server 网络配置可以为每一个服务器实例独立地设置网络配置。

在图 2-35 所示的对话框中单击选择右侧的【SQL Server 网络配置】节点来配置 SQL Server 服务器中所使用的协议。方法是右击一个协议名称,选择【属性】命令,在弹出的对话框中进行设置启用或者禁用。如图 2-35 所示为设置 Shared Memory 协议的对话框,其中各协议名称的含义介绍如下:

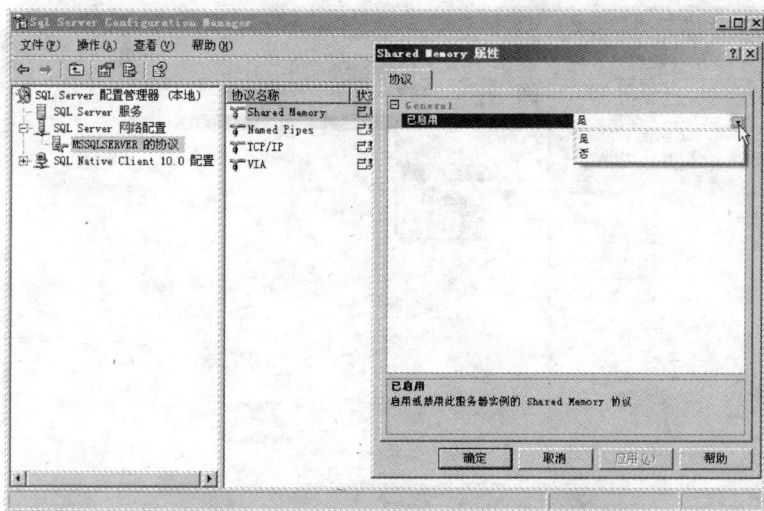

图 2-35 设置 Shared Memory 协议

1) Shared Memory 协议

Shared Memory 协议仅用于本地连接,如果该协议被启用,任何本地客户都可以使用此协议连接服务器。如果不希望本地客户使用 Shared Memory 协议,则可以禁用它。

2) Named Pipes 协议

Named Pipes 协议主要用于 Windows 2000 以前版本的操作系统的本地连接及远程连接。启用了 Named Pipes 时,SQL Server 2008 会使用 Named Pipes 网络库通过一个标准的网络地址进行通信。默认的实例是"\\.\pipe\sql\query",命名实例是"\\.\pipe\MSSQL$instancename\sql\query"。另外,如果启用或禁用 Named Pipes,可以通过配置这个协议的属性来改变命名管道的使用。

3) TCP/IP 协议

TCP/IP 协议是通过本地或远程连接到 SQL Server 的首选协议。使用 TCP/IP 协议时,SQL Server 在指定的 TCP 端口和 IP 地址侦听以响应它的请求。在默认情况下,SQL Server 会在所有的 IP 地址中侦听 TCP 端口 1443。每个服务中的 IP 地址都能被立即配置,或者可以在所有的 IP 地址中侦听。

4) VIA 协议

如果同一计算机上安装有两个或多个 Microsoft SQL Server 实例,则 VIA 连接可能会不明确。VIA 协议启用后,将尝试使用 TCP/IP 设置,并侦听端口 0：1433。对于不允许配置端口的 VIA 驱动程序,两个 SQL Server 实例均将侦听同一端口。传入的客户端连接可能是到正确服务器实例的连接,也可能是到不正确服务器实例的连接,还可能由于端口正在使用而拒绝连接。因此,建议用户将该协议禁用。

3. 本地客户端协议配置

通过 SQL Native Client(本地客户端协议)配置可以启用或禁用客户端应用程序使用的协议。查看客户端协议配置情况的方法是在图 2-36 所示的窗口中展开【SQL Native Client 配置】节点。

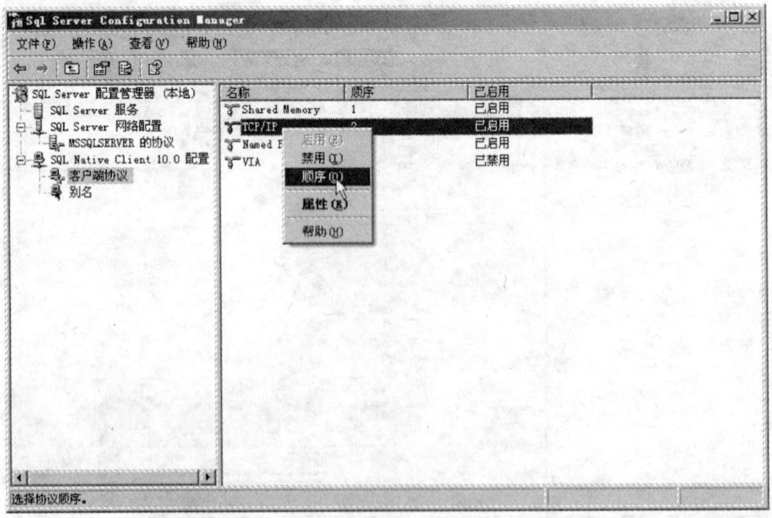

图 2-36　查看本地客户端协议

在进入的信息窗口中显示了协议的名称及客户端尝试连接到服务器时使用的协议的顺序,如图 2-37 所示。用户还可以查看协议是否已启用或禁用(状态)并获得有关协议文件的详细信息。

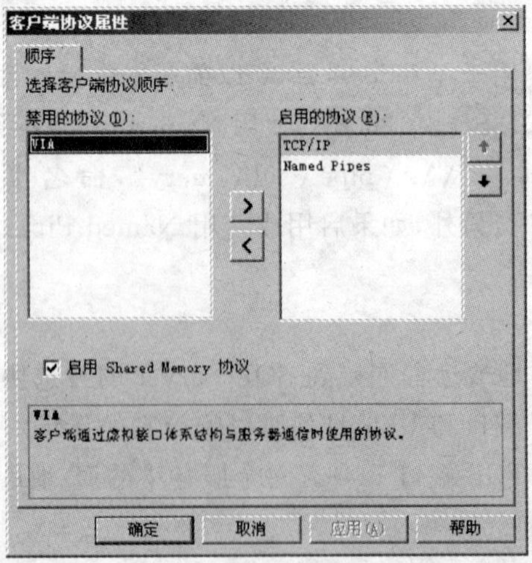

图 2-37　【客户端协议属性】对话框

如图 2-36 所示,在默认情况下 Shared Memory 协议总是首选的本地连接协议。要改变协议顺序可右击一个协议选择【顺序】命令,在弹出的【客户端协议属性】对话框中进行设置,如图 2-37 所示。从【启用的协议】列表中单击选择一个协议,然后通过右侧的两个按钮来调整协议向上或向下移动。

2.4.5 Reporting Services 配置管理器

SQL Server 2008 Reporting Services 配置管理器工具程序提供报表服务器配置的统一的查看、设置与管理方式。使用此页面可查看目前所连接的报表服务器实例之相关信息。报表服务器数据库存储了报表定义、报表模型、共用数据来源、资源及服务器管理的元数据。报表服务器实例通过 XML 格式的设置文件存储对该数据库的连接方式。这些设置在报表服务器安装过程中创建,事后可使用【报表服务器配置管理器】工具程序修改报表服务器安装之后的相关设置。如图 2-38 所示为打开的【Reporting Services 配置工具】窗口。

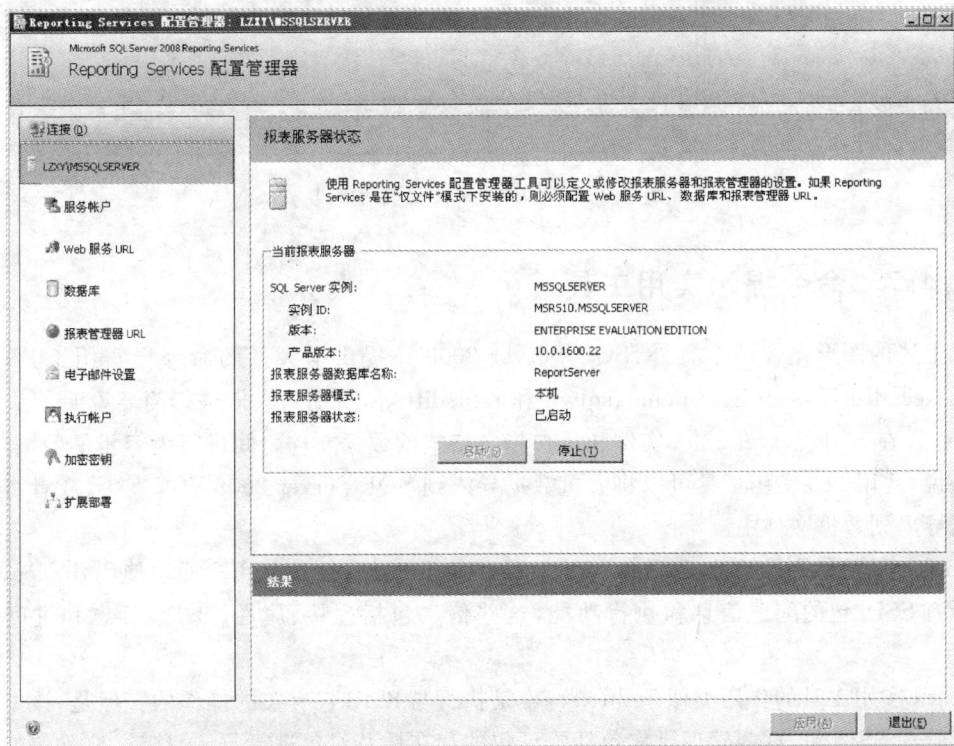

图 2-38 Reporting Services 配置工具

2.4.6 数据库引擎优化顾问

数据库引擎优化顾问(database engine tuning advisor)工具可以完成帮助用户分析工作负荷、提出创建高效率索引的建议等功能。使用数据库引擎顾问,用户不必详细了解数据库的结构就可以选择和创建最佳的索引、索引视图和分区等。

工作负荷是对将要优化的一个或多个数据库执行的一组 Transact-SQL 语句,用户既可以在 SQL Server Management Studio 中的查询编辑器中创建跟踪文件和跟踪表工作负荷。

其工作的窗口如图 2-39 所示。

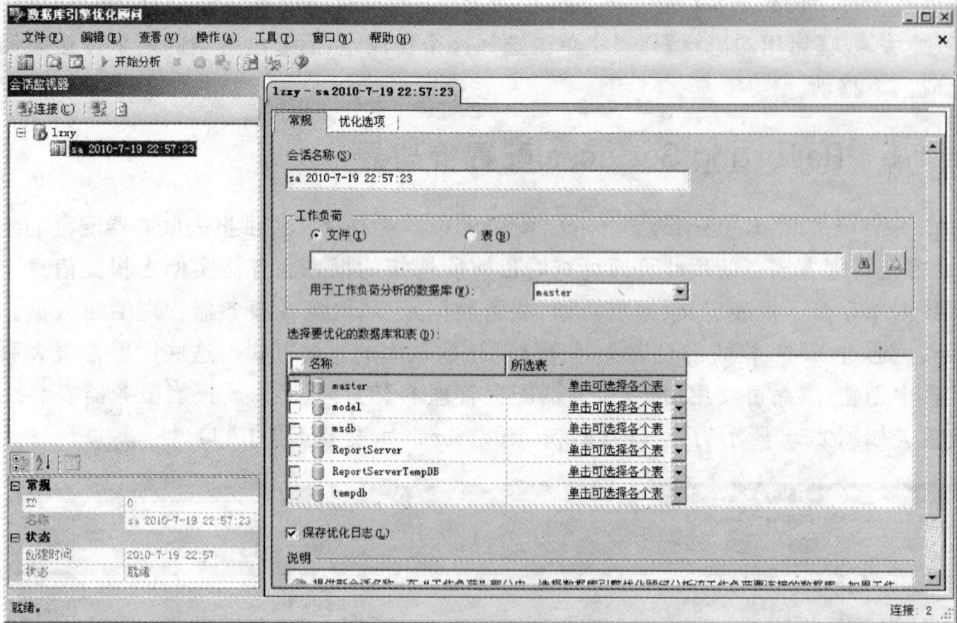

图 2-39 数据库引擎优化顾问窗口

2.4.7 命令提示实用工具

除上述的图形化管理工具外,SQL Server 2008 还提供了大量的命令行实用工具,包括 bcp、dtexec、dtutil、rsconfig、sqlcmd、sqlwb 和 tablediff 等,下面对它们进行简要说明。

bcp 以在 SQL Server 2008 实例和用户指定格式的数据文件之间进行大容量的数据复制。也就是说,使用 bcp 实用工具可以将大量数据导入到 SQL Server 2008 数据表中,或者将表中的数据导出到数据文件中。

dtexec 配置和执行 SQL Server 2008 Integration Services 包。用户通过使用 dtexec,可以访问所有 SSIS 包的配置信息和执行功能,这些信息包括连接、属性、变量、日志和进度指示器等。

dtutil 实用工具的作用类似于 dtexec,也是执行与 SSIS 包有关的操作的。但是,该工具主要用于管理 SSIS 包,这些管理操作包括验证包的存在性及对包进行复制、移动、删除等操作。

osql 实用工具用来输入和执行 Transact-SQL 语句、系统过程和脚本文件等。该工具通过 ODBC 与服务器进行通信,在 SQL Server 2008 通常使用 sqlcmd 来代替 osql。

rsconfig 实用工具是与报表服务相关的工具,可以用来对报表服务连接进行管理。例如,该工具可以在 RSReportServer.config 文件中加密并存储连接和账户,确保报表服务可以安全地运行。

sqlcmd 实用工具提供了在命令提示符窗口中输入 Transact-SQL 语句、系统过程和脚本文件的功能。实际上,该工具是作为 osql 和 isql 的替代工具而新增的,它通过 OLE DB 与服务器进行通信。sqlcmd 工具的运行窗口如图 2-40 所示。

sqlwb 实用工具可以在命令提示符窗口中打开 SQL Server Management Studio,并且可

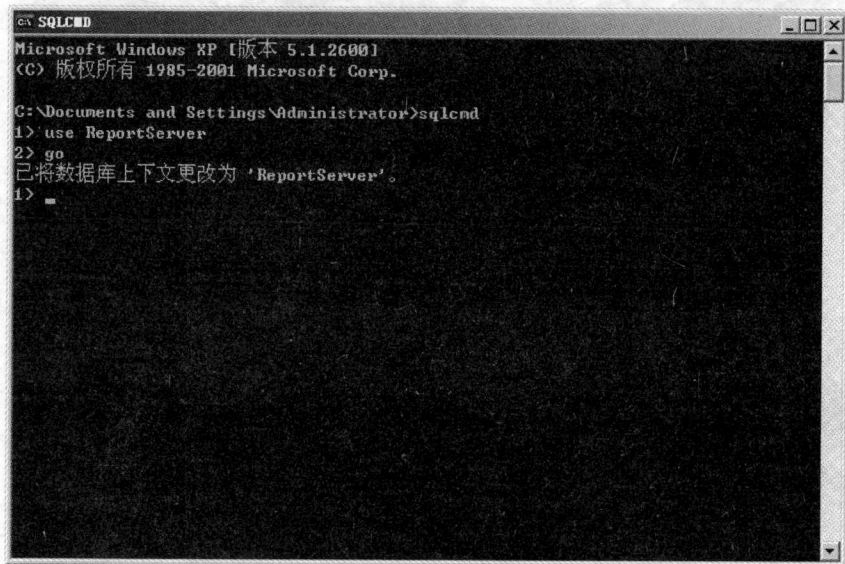

图 2-40　sqlcmd 工具运行窗口

以与服务器建立连接、打开查询、脚本、文件、项目和解决方案等。

　　tablediff 实用工具用于比较两个表中的数据是否一致，对于排除复制中出现的故障非常有用，用户可以在命令提示窗口中使用该工具执行比较任务。

2.5　系统数据库和示例数据库

　　在 SQL Server 中有两类数据库：系统数据库和示例数据库。

1. 系统数据库

　　系统数据库就是指随安装程序一起安装，用于协助 SQL Server 2008 系统共同完成管理操作的数据库，它们是 SQL Server 2008 运行的基础。系统数据库存储有关 SQL Server 的系统信息，它们是 SQL Server 管理数据库的依据。如果系统数据库遭到破坏，SQL Server 将不能正常启动。在安装 SQL Server 后，系统将创建 4 个可见的系统数据库：master、model、msdb 和 tempdb，如图 2-41 所示。

　　（1）master 数据库包含了 SQL Server 诸如登录账号、系统配置、数据库位置及数据库错误信息等，用于控制用户数据库和 SQL Server 的运行。

　　（2）model 数据库为新创建的数据库提供模板。

　　（3）msdb 数据库为"SQL Server 代理"调度信息和作业记录提供存储空间。

　　（4）tempdb 数据库为临时表和临时存储过程提供存储空间，所有与系统连接的用户的临时表和临时存储过程都存储于该数据库中。

　　每个系统数据库都包含主数据文件和主日志文件。扩展名分别为 .mdf 和 .ldf，例如 master 数据库的两个文件分别为 master.mdf 和 master.ldf。详细内容请看第 3 章。

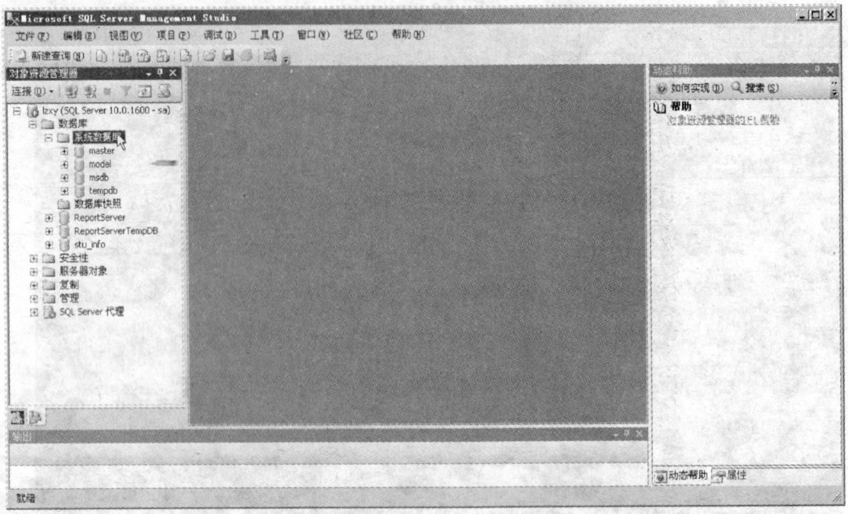

图 2-41　系统数据库

2. 示例数据库

SQL Server 2008 的代码示例和示例数据库不再随产品一起提供。但可以从位于 http://www. codeplex. com/sqlserversamples 的 Microsoft SQL Server Samples and Community Projects(Microsoft SQL Server 示例和社区项目)网站中查找并下载这些示例和示例数据库。下载的示例数据库为：AdventureWorks2008R2_RTM，安装后重启数据库会在数据库中看到如下内容。

- AdventureWorks：普通示例数据库。
- AdventureWorksDW：2005 示例数据仓库，用于 OLAP。
- AdventureWorksDW2008R2：2008 示例数据仓库，用于 OLAP。
- AdventureWorksLT：2005 示例数据仓库，用于 OLTP。
- AdventureWorksLT2008R2：2008 示例数据仓库，用于 OLTP，如图 2-42 所示。

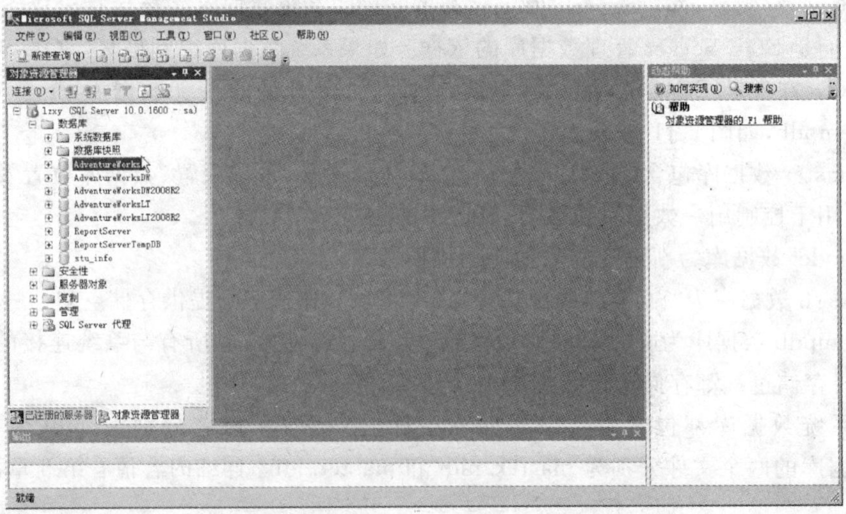

图 2-42　示例数据库

小结

本章首先介绍了 SQL Server 2008 的发展过程、主要功能,然后详细讲述了如何安装和配置 SQL Server 2008,接着介绍了随安装程序一起安装的附带管理工具和程序,如用于开发和管理 SQL Server 数据库的图形化管理工具 SQL Server Management Studio、管理服务的 SQL Server 配置管理器和以命令行方式操作的 SQLCMD 工具等。最后,对系统数据库和示例数据库做了简单的介绍。通过对上述章节的学习希望读者能够了解 SQL Server 2008 的基本知识,对 SQL Server 2008 有个初步的认识。

习题

1. 填空题

(1) SQL Server 2008 的数据平台有_____、_____和_____几个特点。

(2) SQL Server 2008 服务的启动方式有_____、_____和_____三种。

(3) 在 SQL Server 2008 系统中,可以使用_____、_____和_____等方式设置服务器选项。

(4) 在 SQL Server 中有_____和_____两类数据库。

(5) 在安装 SQL Server 后,系统将创建 4 个可见的系统数据库分别为:_____、_____、_____和_____。

2. 简答题

(1) SQL Server 有哪两种身份验证模式?

(2) SQL Server 2008 主要的管理工具有哪些?

(3) 在 SQL Server 2008 中主要使用哪两种方法创建数据库?

第3章

SQL Server 2008数据库的创建与管理

基于第 2 章的基础,接下来将讲解如何创建 SQL Server 2008 数据库,其中包括利用 SQL Server Management Studio 创建数据库和利用 T-SQL 语句创建数据库。之后会讲到 SQL Server 2008 数据库的基本管理,包括修改数据库、删除数据库。最后将对 SQL Server 2008 数据库中常用对象做简单介绍。

本章的学习目标:

- 了解数据库常见概念、数据模型和系统数据库;
- 掌握利用 SQL Server Management Studio 创建数据库;
- 掌握利用 T-SQL 语句创建数据库;
- 掌握 SQL Server 2008 数据库的基本管理;
- 掌握修改数据库、删除数据库;
- 了解 SQL Server 2008 数据库中常用对象。

3.1 SQL Server 2008 数据库概述

3.1.1 数据库常见概念

1. 数据库

数据库(DB)是存放数据的仓库,只不过这些数据存在一定的关联,并按一定的格式存放在计算机上。从广义上讲,数据不仅包含数字,还包括了文本、图像、音频、视频等。

例如,把一个学校的学生、课程、学生成绩等数据有序地组织并存放在计算机内,就可以构成一个数据库。因此,数据库是由一些持久的相互关联数据的集合组成,并以一定的组织形式存放在计算机的存储介质中。数据库是事务处理、信息管理等应用系统的基础。

2. 数据库管理系统

(1) 数据定义功能:可定义数据库中的数据对象;

(2) 数据操纵功能:可对数据库表进行基本操作,如,插入、删除、修改、查询等;

(3) 数据的完整性检查功能:保证用户输入的数据应满足相应的约束条件;

(4) 数据库的安全保护功能:保证只有赋予权限的用户才能访问数据库中的数据;

(5) 数据库的并发控制功能:使多个应用程序可在同一时刻并发地访问数据库的数据;

(6) 数据库系统的故障恢复功能:使数据库运行出现故障时进行数据库恢复,以保证数据库可靠运行；

（7）在网络环境下访问数据库的功能；

（8）方便、有效地存取数据库信息的接口和工具，编程人员通过程序开发工具与数据库的接口编写数据库应用程序，数据库管理员（database administrator，DBA）通过提供的工具对数据库进行管理。

数据、数据库、数据库管理系统与操作数据库的应用程序，加上支撑它们的硬件平台、软件平台和与数据库有关的人员一起构成了一个完整的数据库系统。如图 3-1 所示描述了数据库系统的构成。

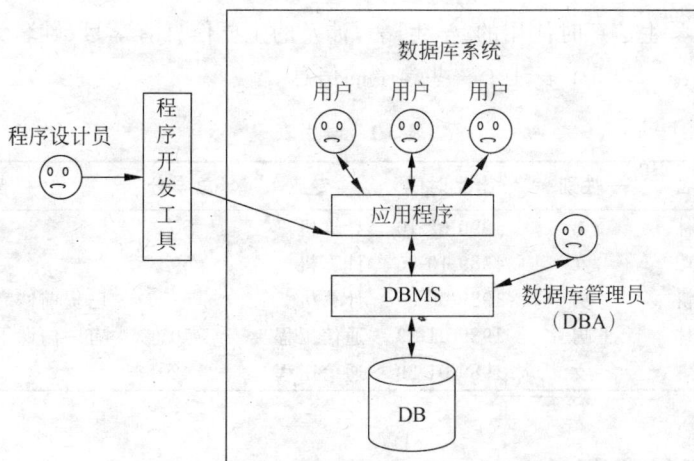

图 3-1　数据库系统的构成

3.1.2　数据模型

数据库管理系统根据数据模型对数据进行存储和管理，数据库管理系统采用的数据模型主要有层次模型、网状模型和关系模型。

（1）层次模型：以树状层次结构组织数据。如图 3-2 所示为某学校按层次模型组织的数据示例。

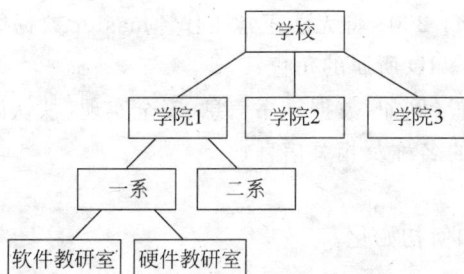

图 3-2　按层次模型组织的数据示例

（2）网状模型：每一个数据用一个节点表示，每个节点与其他节点都有联系，这样数据库中的所有数据节点就构成了一个复杂的网络。按网状模型组织的数据示例如图 3-3 所示。

（3）关系模型：以二维表格（关系表）的形式组织数据库中的数据。从用户观点看，关系模型由一组关系组成的,每个关系的数据结构是一个规范化的二维表。所以一个关系数据库就是由若干个表组成的。

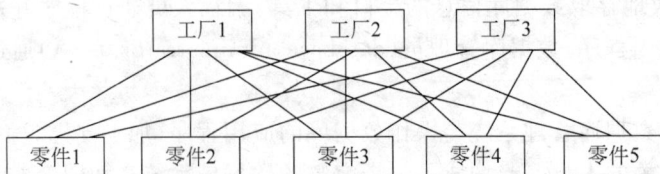

图 3-3　按网状模型组织的数据示例

例如,在描述学生信息时使用的"学生"表,涉及的主要信息有学号、姓名、性别、出生时间、专业、总学分及备注。表 3-1 表述了一些学生的信息。

表 3-1　学生表

学号	姓名	性别	出生时间	专业	总学分	备　注
07057101	王林	男	1990-02-10	计算机	50	
07057103	王燕	女	1989-10-06	计算机	50	
07057108	林帆	男	1989-08-05	计算机	52	已提前修完一门课
07057102	王林	男	1989-01-29	通信工程	40	有一门课不及格,待补考
07057104	马琳	女	1989-01-29	通信工程	42	

3.1.3　系统数据库

所谓系统数据库就是指随安装程序一起安装,用于协助 SQL Server 2008 系统共同完成管理操作的数据库,它们是 SQL Server 2008 运行的基础。当首次安装完 SQL Server 2008 后,已经有几个数据库安装并显示出来了,这几个数据库就是 SQL Server 2008 的系统数据库,分别是:master、model、tempdb 和 msdb 数据库。

1. master 数据库

master 数据库是 SQL Server 2008 的最重要的数据库,它位于 SQL Server 2008 的核心,如果该数据库被损坏,SQL Server 2008 将无法正常工作。master 数据库中包含如下重要信息:

- 所有的登录名或用户 ID 所属的角色;
- 所有的系统配置设置(例如,数据排序信息、安全实现、默认语言);
- 服务器中的数据库的名称及相关信息;
- 数据库的位置;
- SQL Server 2008 如何初始化。

2. model 数据库

创建数据库时,总是以一套预定义的标准为模型。例如,若希望所有的数据库都有确定的初始大小,或者都有特定的信息集,那么可以把这些信息放在 model 数据库中,以 model 数据库作为其他数据库的模板数据库。如果想要使所有数据库都有一个特定的表,可以把该表放在 model 数据库里。model 数据库是 tempdb 数据库的基础。对 model 数据库的任何改动都将反映在 tempdb 数据库中。

3. tempdb 数据库

tempdb 数据库是一个临时性的数据库,存在于 SQL Server 2008 会话期间,一旦 SQL Server 2008 关闭,tempdb 数据库将丢失。当 SQL Server 2008 重新启动时,将重建全新的、空的 tempdb 数据库,以供使用。tempdb 数据库用作系统的临时存储空间,其主要作用是存储用户建立的临时表和临时存储过程;存储用户说明的全局变量值;为数据排序创建临时表;存储用户利用游标说明所筛选出来的数据。

4. msdb 数据库

msdb 给 SQL Server 2008 代理提供必要的信息来运行作业,是 SQL Server 2008 中另一个十分重要的数据库。既然有了 tempdb 及 model 数据库,就不应该直接调整 msdb 数据库,也的确无此必要。不能在 msdb 数据库中执行下列操作:

- 更改排序规则。默认排序规则为服务器排序规则;
- 删除数据库;
- 从数据库中删除 guest 用户;
- 删除主文件组、主数据文件或日志文件;
- 重命名数据库或主文件组;
- 将数据库设置为 OFFLINE;
- 将主文件组设置为 READ_ONLY。

使用系统数据库的时候要注意一点是,SQL Server 2008 的设计是可以在必要的时候自动扩展数据库。这意味着 master、model、tempdb、msdb 和其他关键的数据库将不会在正常情况下缺少空间。如表 3-2 所示中列出了这些系统数据库在 SQL Server 2008 系统中的主文件、逻辑名称、物理和文件增长比例。

表 3-2   系统数据库

系统数据库	主文件	逻辑名称	物理名称	文 件 增 长
master	主数据	master	master.mdf	按 10% 自动增长,直到磁盘已满
	Log	mastlog	master.ldf	按 10% 自动增长,直到达到最大值 2TB
msdb	主数据	MSDBData	MSDBData.mdf	按 256KB 自动增长,直到磁盘已满
	Log	MSDBLog	MSDBLog.ldf	按 256KB 自动增长,直到达到最大值 2TB
model	主数据	modeldev	model.mdf	按 10% 自动增长,直到磁盘已满
	Log	modelog	modellog.ldf	按 10% 自动增长,直到达到最大值 2TB
tempdb	主数据	tempdev	tempdb.mdf	按 10% 自动增长,直到磁盘已满
	Log	templog	templog.ldf	按 10% 自动增长,直到达到最大值 2TB

3.2   创建 SQL Server 2008 数据库

3.2.1   利用 SQL Server Management Studio 创建数据库

在管理工具 SQL Server Management Studio 窗口中使用可视化的界面来创建数据库,这是最简单,也是最常用的方式,非常适合初学者,下面以创建示例数据库"stu_info"为例,对这种方法做详细的介绍。具体步骤如下:

(1) 从【开始】菜单中选择【程序】→ Microsoft Server 2008 命令,打开 SQL Server Management Studio 窗口,并使用 Windows 或 SQL Server 身份验证建立连接。

(2) 在【对象资源管理器】窗口中展开服务器,然后选择【数据库】节点。

(3) 在【数据库】节点上右击,从弹出的快捷菜单中选择【新建数据库】命令,如图 3-4 所示。

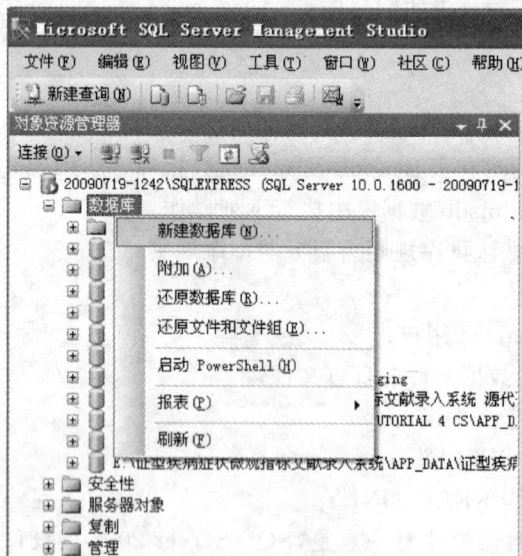

图 3-4   选择【新建数据库】

(4) 此时会弹出【新建数据库】对话框,在这个对话框中有三个页,分别是【常规】、【选项】和【文件组】页。在完成这三个选项中的内容之后,就完成了创建工作,如图 3-5 所示。

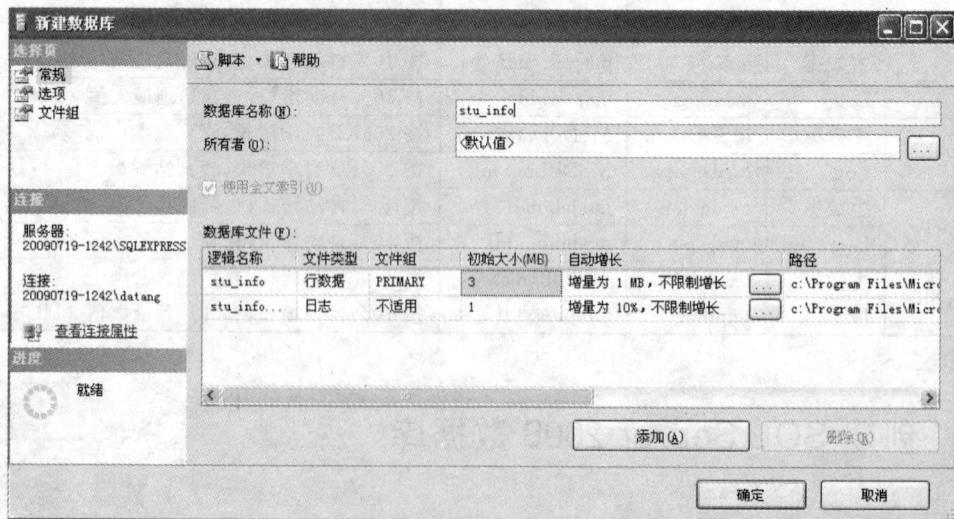

图 3-5   【新建数据库】对话框

（5）在【数据库名称】文本框中输入数据库名称"stu_info"，再输入该数据库的所有者，这里使用"默认值"，也可以通过单击文本框右边的【浏览】按钮 ⬜ 选择所有者。启用【使用全文索引】复选框，表示可以在数据库中使用全文索引进行查询操作。

（6）在【数据库文件】列表中，包含两行：一行是数据文件，而另一行是日志文件。通过单击下面相应按钮可以添加或者删除相应的数据文件。该列表中各字段值的含义如下：

- 逻辑名称：指定该文件的文件名，其中数据文件与 SQL Server 2000 不同，在默认情况下不再为用户输入的文件名添加下划线和 Data 字样，相应的文件扩展名并未改变。
- 文件类型：用于区别当前文件是数据文件还是日志文件。
- 文件组：显示当前数据库文件所属的文件组。一个数据库文件只能存在于一个文件组里。
- 初始大小：制定该文件的初始容量，在 SQL Server 2008 中数据文件的默认值为 3MB，日志文件的默认值为 1MB。
- 自动增长：用于设置在文件的容量不够用时，文件根据何种增长方式自动增长。通过单击【自动增长】列中的省略号按钮，打开【更改自动增长设置】对话框进行设置。如图 3-6 和图 3-7 所示分别为数据文件、日志文件的自动增长设置对话框。
- 路径：指定存放该文件的目录。在默认情况下，SQL Server 2008 将存放路径设置为 SQL Server 2008 安装目录下的 data 子目录。单击该列中的按钮可以打开【定位文件夹】对话框更改数据库的存储路径。

注释：在创建大型数据库时，尽量把主数据文件和事务日志文件设置在不同路径下，这样能够提高数据读取的效率。

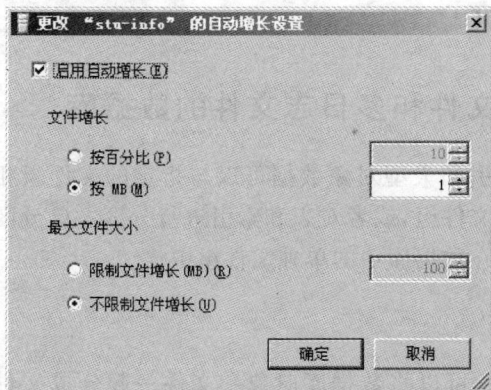

图 3-6　数据文件自动增长设置　　　　　图 3-7　日志文件自动增长设置

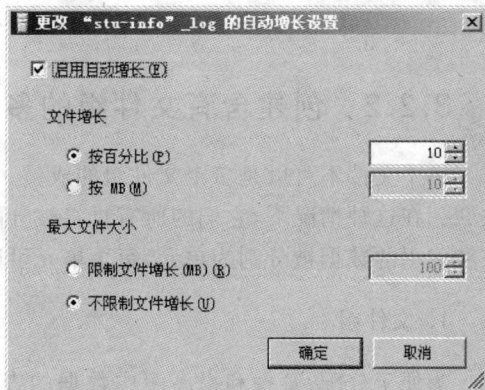

（7）单击打开【选项】页面，在这里可以定义所创建数据库的排序规则、恢复模式、兼容级别、恢复、游标等其他选项，如图 3-8 所示。

（8）在【文件组】页中可以设置数据库文件所属的文件组，还可以通过【添加】或者【删除】按钮更改数据库文件所属的文件组。

（9）完成了以上操作以后，就可单击【确定】按钮，关闭【新建数据库】对话框。到此，成功创建了一个数据库，可以在【对象资源管理器】窗格中看到新建的数据库。

注释：在一个 SQL Server 2008 数据库服务器实例中最多可以创建 32767 个数据库，这表明 SQL Server 2008 足以胜任任何数据库工作。

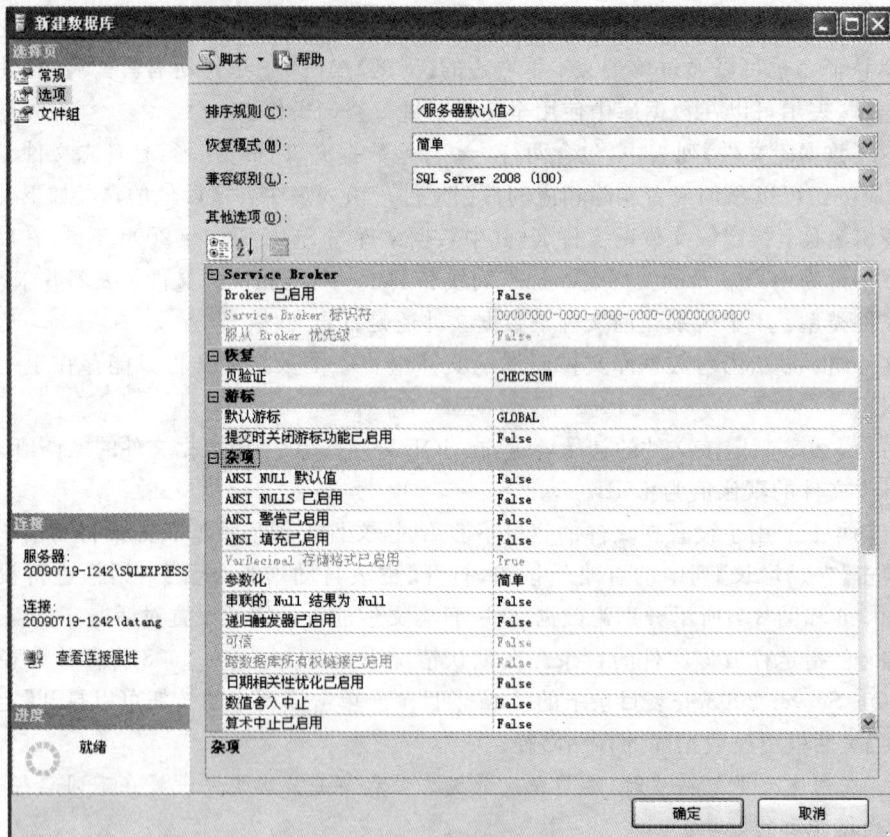

图 3-8　新建数据库【选项】页

3.2.2　创建含有文件组的多数据文件和多日志文件的数据库

一个文件不可以是多个文件组的成员。表、索引和大型对象数据可以与指定的文件组相关联。在这种情况下，它们的所有页将被分配到该文件组，或者对表和索引进行分区。已分区表和索引的数据被分割为单元，每个单元可以放置在数据库中的单独文件组中。

1. 文件组

为便于分配、管理和提高表中数据的查询性能，可以将数据库对象和文件一起分成文件组。有两种类型的文件组。

(1) 主文件组。主文件组包含主数据文件和任何没有明确分配给其他文件组的其他文件。管理数据库的系统表的所有页均分配在主文件组中。

(2) 用户定义文件组。用户定义文件组是指在 CREATE DATABASE 或 ALTER DATABASE 语句中使用 FILEGROUP 关键字指定的文件组。

日志文件不包括在文件组内。日志空间与数据空间分开管理。

每个数据库中都有一个文件组作为默认文件组运行。若在创建表或索引时没有为其指定文件组，那么将从默认文件组中为创建的表或索引分配物理存储页。一次只能有一个文件组作为默认文件组。db_owner 固定数据库角色成员可以将默认文件组从一个文件组切换到另一个。用户可以指定默认文件组，如果没有指定默认文件组，则主文件组作为默认文件组。

2. 数据库文件

SQL Server 2008 数据库具有三种类型的文件。

1) 主数据文件

主数据文件是数据库的起点,指向数据库中的其他文件,并且存储数据。每个数据库必须有且仅能有一个主文件。主数据文件的推荐文件扩展名是 mdf。

2) 次要数据文件

除主数据文件以外的所有其他数据文件都是次要数据文件。次要数据文件是可选的,根据具体情况,可以创建多个次要数据文件,也可以不使用次要数据文件。一般当数据库很大时,有可能需要创建多个次要数据文件。而当数据库较小时,则只需要创建主数据文件而不需要创建次要数据文件。

次要数据文件的推荐文件扩展名是 ndf。

3) 日志文件

日志文件包含着用于恢复数据库的所有日志信息。每个数据库必须至少有一个日志文件,当然也可以有多个。日志文件的推荐文件扩展名是 ldf。日志文件的存储与数据文件不同,它包含一系列记录,这些记录的存储不以页为存储单位。

SQL Server 不强制使用. mdf、. ndf 和. ldf 文件扩展名,但使用它们有助于标识文件的各种类型和用途。

在 SQL Server 中,数据库中所有文件的位置都记录在数据库的主文件和 master 数据库中。大多数情况下,SQL Server 数据库引擎使用 master 数据库中的文件位置信息。

每个数据库中至少有两个文件:主数据文件和日志文件。

3. 用图形化界面创建含有文件组的多数据文件和多日志文件的数据库

(1) 使用 3.2.1 节所示的方法创建含有文件组的多数据文件和多日志文件的数据库,在【新建数据库】页面中的【常规】选项中填写数据库名称 stu_info 所有者为<默认值>。在【在数据库文件】框中输入主数据文件 stu_info 和辅助数据文件 stu_info1 和 stu_info2 的信息,如文件类型、文件组、初始大小、自动增长方式、路径和文件名,如图 3-9 所示。

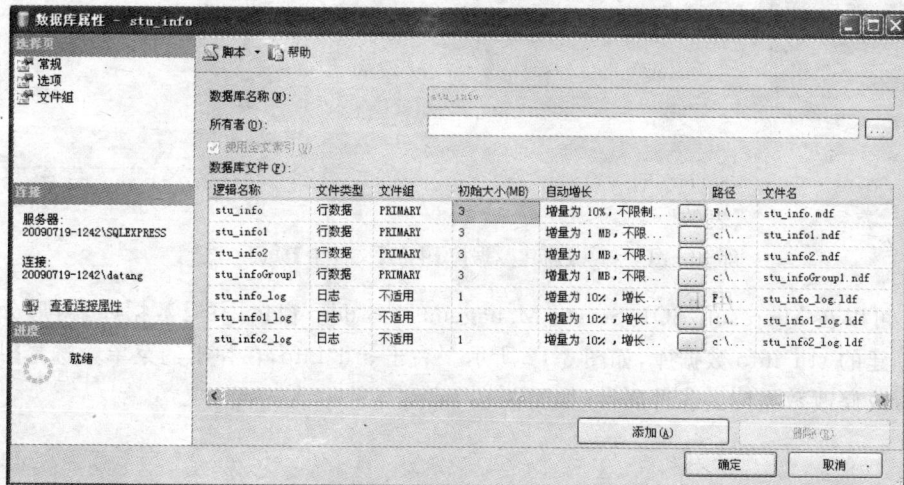

图 3-9　【新建数据库-stu_info】中的【常规】页面图

（2）在【选项】页面中【排序规则】选择为 Chinese_PRC_CI_AS 或为<服务器默认值>,【恢复模式】为"完整",【兼容级别】为 SQL Server 2008（100）,如图 3-10 所示。

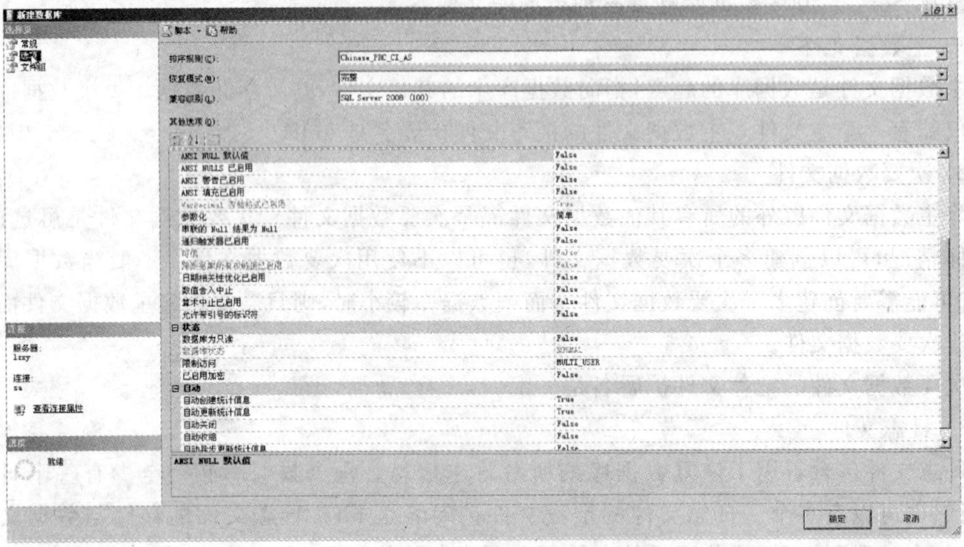

图 3-10 【新建数据库】中的【选项】页面

（3）在【文件组】页面中的行对话框单击【添加】来添加文件组 stu_infoGroup1,然后单击【确定】按钮完成含有文件组的多数据文件和多日志文件的数据库的创建,如图 3-11 所示。

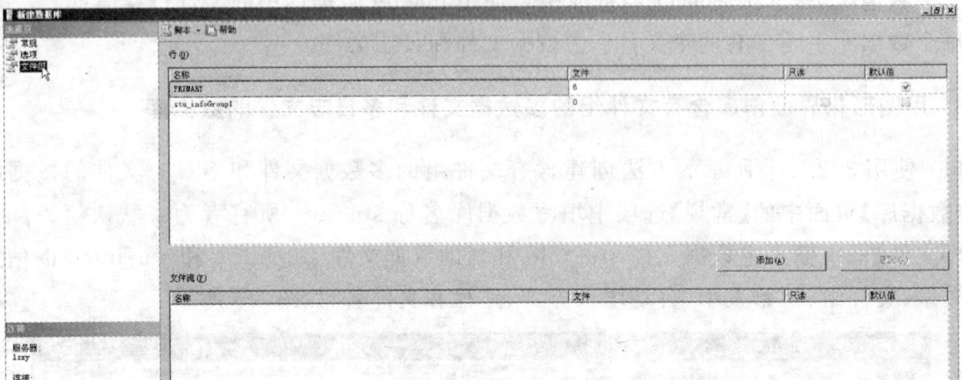

图 3-11 【新建数据库】中的【文件组】页面

（4）可以在 Microsoft SQL Server Management Studio 窗口中的【数据库】树形分支中看到刚才创建的 stu_info 数据库,如图 3-12 所示。右击 stu_info,在弹出的菜单中选择【属性】项可以查看或修改数据库的各种属性,如图 3-13 所示。

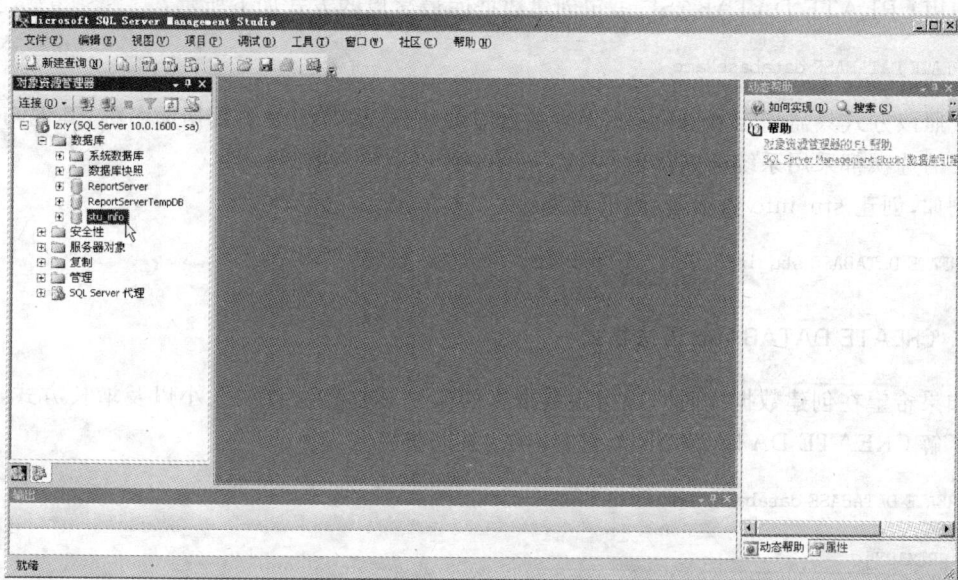

图 3-12 【数据库】stu_info 页面

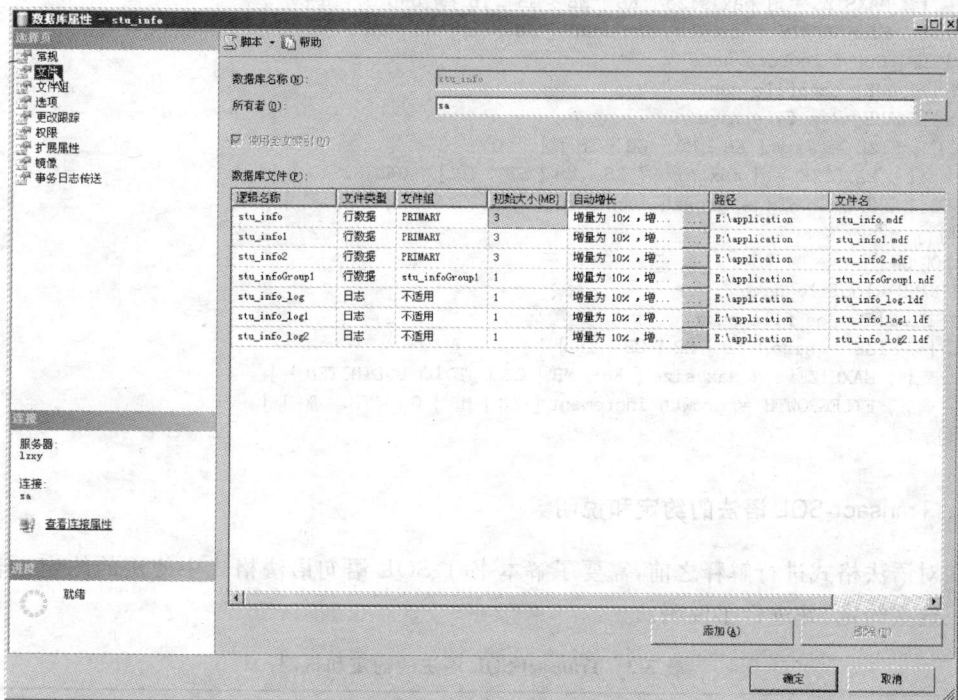

图 3-13 【数据库】的【属性】页面

3.2.3 利用 T-SQL 语句创建数据库

SQL Server 2008 使用的 Transact-SQL(简称 T-SQL)是标准的 SQL(结构化查询语言)的增强版本,使用它提供的 CREATE DATABASE 语句同样可以完成新建数据库操作。下面同样以创建 stu_info 数据库为例讲述如何使用 Transact-SQL 语句创建一个数据库。

使用 CREATE DATABASE 语句创建数据库最简单的方式如下所示：

CREATE DATABASE databaseName

按照该方式只需指定 databaseName 参数即可，它表示要创建的数据库名称，其他与数据库有关的选项都采用系统的默认值。

例如，创建 stu_info 数据库，则语句为：

CREATE DATABASE stu_info

1. CREATE DATABASE 语法格式

如果希望在创建数据库时明确指定数据库的文件和这些文件的大小以及增长方式，首先需要了解 CREATE DATABASE 语句的语法，其完整格式如下：

```
CREATE DATABASE database_name
[ ON
[ PRIMARY]
[ ( NAME = logical_file_name,
    FILENAME = 'os_file_name'
    [ , SIZE = size [ KB | MB | GB | TB ] ]
    [ , MAXSIZE = { max_size [ KB | MB | GB | TB ] | UNLIMITED } ]
    [ , FILEGROWTH = growth_increment [ KB | MB | GB | TB | % ] ] )
[ ,FILEGROUP filegroup_name
  [( NAME = datafile_name
  FILENAME = 'os_file_name'
    [ , SIZE = size [ KB | MB | GB | TB ] ]
      [ , MAXSIZE = { max_size [ KB | MB | GB | TB ] | UNLIMITED } ]
      [ , FILEGROWTH = growth_increment [ KB | MB | GB | TB | % ] ]
)]]]]
[ LOG ON
[( NAME = logfile_name
  FILENAME = 'os_file_name'
    [ , SIZE = size [ KB | MB | GB | TB ] ]
    [ , MAXSIZE = { max_size [ KB | MB | GB | TB ] | UNLIMITED } ]
    [ , FILEGROWTH = growth_increment [ KB | MB | GB | TB | % ] ]
)]]
```

2. Transact-SQL 语法的约定和说明

在对语法格式进行解释之前，需要了解本书 T-SQL 语句语法格式中使用的约定。表 3-3 列出了这些约定，并进行了说明。

表 3-3 Transact-SQL 语法的约定和说明

约　　定	用　　于
UPPERCASE(大写)	Transact-SQL 关键字
|	分隔括号或大括号中的语法项。只能选择其中一项
[ ]	可选语法项。不要输入方括号
{ }	必选语法项。不要输入大括号
[,…n]	指示前面的项可以重复 n 次。每一项由逗号分隔
[…n]	指示前面的项可以重复 n 次。每一项由空格分隔
[;]	可选的 Transact-SQL 语句终止符。不要输入方括号

约 定	用 于
\<label\> ∷＝	语法块的名称。此约定用于对可在语句中的多个位置使用的过长语法段或语法单元进行分组和标记。可使用的语法块的每个位置由括在尖括号内的标签指示：\<label\>

3. CREATE DATABASE 语法格式说明

- database_name：所创建的数据库逻辑名称，该名称在 SQL Server 实例中必须唯一。其命名须遵循 SQL Server 的命名规则，最大长度为 128 个字符。
- ON 子句：指定了数据库的数据文件和文件组，其中 PRIMARY 用来指定主文件。若不指定主文件，则各数据文件中的第一个文件将成为主文件。
- \<FILEGROUP\>：定义文件组的属性。filegroup_name 为定义的文件组的名称。文件组中各文件的描述和数据文件描述相同。
- LOG ON 子句：用于指定数据库事务日志文件的属性，其定义格式与数据文件的格式相同。如果没有指定该子句，将自动创建一个日志文件。
- logical_file_name：逻辑文件名，是数据库创建后在所有 T-SQL 语句中引用文件时所使用的名字。
- os_file_name：操作系统文件名，是操作系统创建物理文件时使用的路径和文件名。
- SIZE：是数据文件的初始容量大小。对于主文件，若不指出大小，则默认为 model 数据库主文件的大小。对于辅助数据文件，自动设置为 1MB。
- MAXSIZE：指定文件的最大大小。UNLIMITED 关键字指出文件大小不限，此为默认设置。
- growth_increament：指出文件每次的增量，有百分比和空间值两种格式，前者如 10％，即每次增长是在原来空间大小的基础上增加 10％；后者如 5MB，即每次增长 5MB，而不管原来空间是多少。但要注意，FILEGROWTH 的值不能超过 MAXSIZE 的值。

4. 使用 CREATE DATABASE 语句

【例 3-1】 使用 CREATE DATABASE 语句创建 stu_info 数据库。步骤如下：

（1）打开 SQL Server Management Studio 窗口，并连接到服务器。

（2）选择【文件】|【新建】|【数据库引擎查询】命令或者单击【新建查询】按钮，创建一个查询窗口。

（3）在窗口中输入语句，创建 stu_info 数据库，保存文件。CREATE DATABASE 语句如下：

```
CREATE DATABASE stu_info
ON
( NAME = stu_info,
  FILENAME = 'E:\application\stu_info.mdf',
  SIZE = 3MB,
  MAXSIZE = UNLIMITED,
  FILEGROWTH = 10 % )
LOG ON
```

```
( NAME = stu_info_log,
  FILENAME = 'E:\application\stu_info_log.ldf',
  SIZE = 1MB,
  MAXSIZE = 10MB,
  FILEGROWTH = 10% )
```

(4) 单击工具栏中的【分析】按钮 ✓，检查语法错误，如果通过，则在结果窗口中显示"命令已成功完成"提示信息。

(5) 单击【执行】按钮执行语句。如果成功执行，在查询窗口内的【查询】空格中会看到一条"命令已成功完成"的提示消息。然后在【对象资源管理器】窗口中刷新，展开数据库节点就能看到刚创建的 stu_info 数据库，如图 3-14 所示。

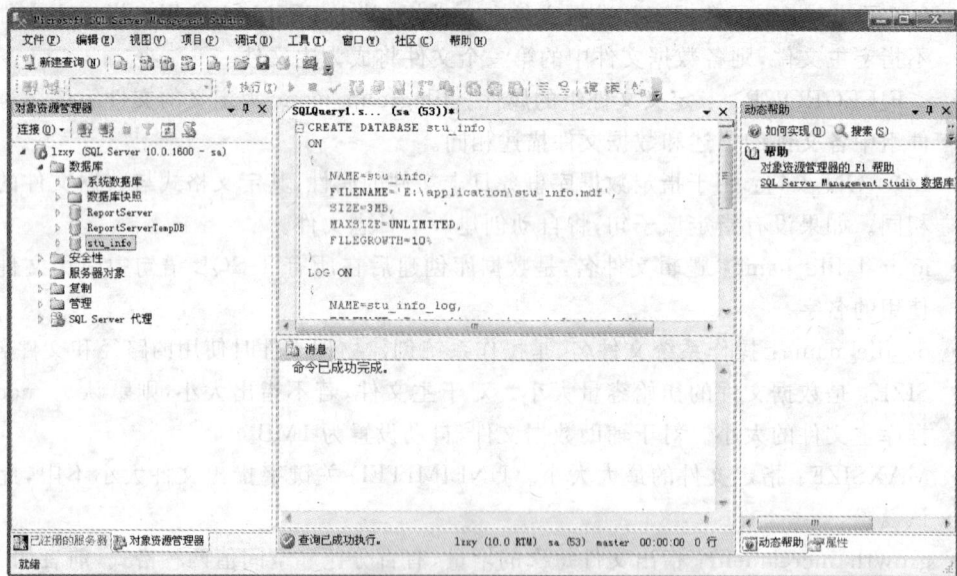

图 3-14　使用 CREATE DATABASE 语句创建数据库

在这个示例中，创建了 stu_info 系统数据库。其数据文件的逻辑名称是 stu_info；其日志文件的逻辑名称是 stu_info_log；stu_info 数据库文件的物理名称是通过 FILENAME 关键字指定的；SIZE 关键字指定该数据文件大小是 3MB，最大值是 UNLIMITED；使用 LOG ON 子句指定日志文件的信息。由于该数据库的数据文件大小是 3MB、文件大小是 1MB，因此，整个数据库的大小是 4MB。

技巧：如果数据库的大小不断增长，则可以指定其增长方式。如果数据的大小基本不变，为了提高数据的使用效率，通常不指定其具有自动增长方式。

如果数据库的数据文件或日志文件的数量多于 1 个，则文件之间使用逗号分隔。当某个数据库有两个或者两个以上的数据文件时，需要指定哪一个数据文件是主数据文件。在默认情况下，第一个数据文件是主数据文件，也可以使用 PRIMARY 关键字来指定数据文件。

警告：在执行上述语句之前，数据和日志文件所在的目录必须存在(如上述语句中的"E:\application\")，如果不存在将产生错误，即数据库失败，并且所命名的数据库必须唯一，否则也使创建数据库失败。

【例 3-2】 使用 T-SQL 语句创建数据库。该数据库包括一个主数据文件、一个用户定义文件组和一个日志文件。主数据文件在主文件组中，而用户定义文件组包含两个次要数据文件。ALTER DATABASE 语句将用户定义文件组指定为默认文件组。然后通过指定用户定义文件组来创建表。

```
USE master;
GO
-- Create the database with the default data
-- filegroup and a log file. Specify the
-- growth increment and the max size for the
-- primary data file.
CREATE DATABASE MyDB
ON PRIMARY
( NAME = 'MyDB_Primary',
  FILENAME =
    'c:\Program Files\Microsoft SQL Server\MSSQL10_50.MSSQLSERVER\MSSQL\data\MyDB_Prm.mdf',
  SIZE = 4MB,
  MAXSIZE = 10MB,
  FILEGROWTH = 1MB),
FILEGROUP MyDB_FG1
( NAME = 'MyDB_FG1_Dat1',
  FILENAME =
    'c:\Program Files\Microsoft SQL Server\MSSQL10_50.MSSQLSERVER\MSSQL\data\MyDB_FG1_1.ndf',
  SIZE = 1MB,
  MAXSIZE = 10MB,
  FILEGROWTH = 1MB),
( NAME = 'MyDB_FG1_Dat2',
  FILENAME =
    'c:\Program Files\Microsoft SQL Server\MSSQL10_50.MSSQLSERVER\MSSQL\data\MyDB_FG1_2.ndf',
  SIZE = 1MB,
  MAXSIZE = 10MB,
  FILEGROWTH = 1MB)
LOG ON
( NAME = 'MyDB_log',
  FILENAME =
    'c:\Program Files\Microsoft SQL Server\MSSQL10_50.MSSQLSERVER\MSSQL\data\MyDB.ldf',
  SIZE = 1MB,
  MAXSIZE = 10MB,
  FILEGROWTH = 1MB);
GO
ALTER DATABASE MyDB
MODIFY FILEGROUP MyDB_FG1 DEFAULT;
GO
-- 在用户指定的文件组 MyDB_FG1 上创建表. Create a table in the user-defined filegroup.
USE MyDB;
CREATE TABLE MyTable
( cola int PRIMARY KEY,
  colb char(8) )
ON MyDB_FG1;
GO
```

图 3-15 总结上述示例的结果。

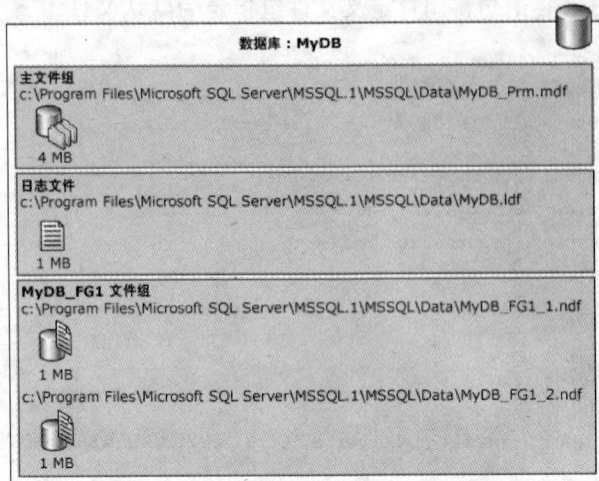

图 3-15　数据库文件组

3.3　SQL Server 2008 数据库的基本管理

3.3.1　修改数据库

修改数据库主要是针对创建的数据库在需求有变化时进行的操作,这些修改可分为数据库的名称、大小和属性三方面,下面将依次介绍。

1. 修改数据库名称

一般情况下,不建议用户修改创建好的数据库名称。因为,许多应用程序可能已经使用了该数据库的名称。在更改了数据库的名称之后,还需要修改相应的应用程序。

具体的修改方法很多,包括使用 ALTER DATABASE 语句、系统存储过程和图形界面等。

(1) ALTER DATABASE 语句:

该语句修改数据库名称时只更改了数据库的逻辑名称,对于该数据库的数据文件和日志文件没有任何影响。语法如下:

```
ALTER DATABASE databaseName MODIFY NAME = newdatabaseName
```

例如,将"stu_info"数据库更名为"学生信息管理系统",语句为:

```
ALTER DATABASE stu_info MODIFY NAME = 学生信息管理系统
```

(2) sp_renamedb 存储过程:

执行这个系统存储过程也可以修改数据库的名称。下面的语句将 stu_info 数据库更名为"学生信息管理系统"。

```
EXEC sp_dboption 'stu_info','SINGLE',True
EXEC sp_renamedb 'stu_info','学生信息管理系统'
```

EXEC sp_dboption '学生信息管理系统','SINGLE',False

（3）从【对象资源管理器】窗口中右击一个数据库名称节点（如,stu_info），选择【重命名】命令后输入新的名称,即可直接改名。

2．修改数据库大小

修改数据库的大小,实质上也就是修改数据文件和日志文件的长度,或者增加/删除文件。如果数据库中的数据量不断膨胀,就需要扩大数据库的尺寸。增大数据库可以通过 3 种方式：

- 设置数据库为自动增长方式,这个在创建数据库时设计。
- 直接修改数据库的数据文件或日志文件。
- 在数据库中增加新的次要数据文件或日志文件。

例如,现在希望将 stu_info 数据库扩大 5MB,则可以通过为该数据库增加一个大小为 3MB 的数据文件来达到。可在 ALTER DATABASE 语句中使用 ADD FILE 子句新增一个次要数据文件实现,语句如下：

```
ALTER DATABASE stu_info
ADD FILE
( NAME = stu_info1,
  FILENAME = 'E:\application\stu_info1.mdf',
  SIZE = 5MB,
  MAXSIZE = 10MB,
  FILEGROWTH = 10 %
)
```

这里新增数据文件的逻辑名称是 stu_info1,其大小是 5MB,最大是 10MB,并且可以自动增长。

技巧：如果要增加的是日志文件,可以使用 ADD LOG FILE 子句。在一个 ALTER DATABASE 语句中,一次操作可增加多个数据文件或日志文件。多个文件之间使用逗号分隔开。

另一种通过图形操作修改数据库大小的过程为：

（1）在【对象资源管理器】窗口中展开服务器下的【数据库】节点,右击一个数据库名称节点（如 stu_info）,选择【属性】命令。

（2）在弹出【数据库属性】对话框的左侧中单击选择【文件】页。

（3）在 stu_info 数据文件行的【初始大小】列中,输入想要修改成的值。

（4）通过单击【自动增长】列中的按钮,在打开的【更改自动增长设置】窗口中可设置自动增长方式及大小。

（5）修改后,单击【确定】按钮完成修改数据库的大小。

3．添加辅助数据文件

上述方法通过对创建数据库指定的主数据文件进行扩展来实现增大数据库容量。一个数据库仅可以包含一个主数据文件,但可以有多个辅助数据文件,因此也可以通过添加辅助数据文件来满足新的大小。这种方法的操作如下：

（1）右击 stu_info 数据库,选择【属性】命令,打开其属性对话框的【文件】页。

（2）单击【添加】按钮在【数据库文件】列表的【逻辑名称】字段中输入名称 stu_info1。

（3）设置【文件类型】为数据，【文件组】为 PRIMARY，【初始值大小】为 3。

（4）单击【自动增长】字段中的【浏览】按钮，在弹出的对话框设置文件按百分比 10% 进行增长，最大文件大小限制为 10MB。

（5）单击【确定】按钮返回，再为新的数据文件选择一个存储路径，再单击【确定】按钮完成添加，如图 3-16 所示。

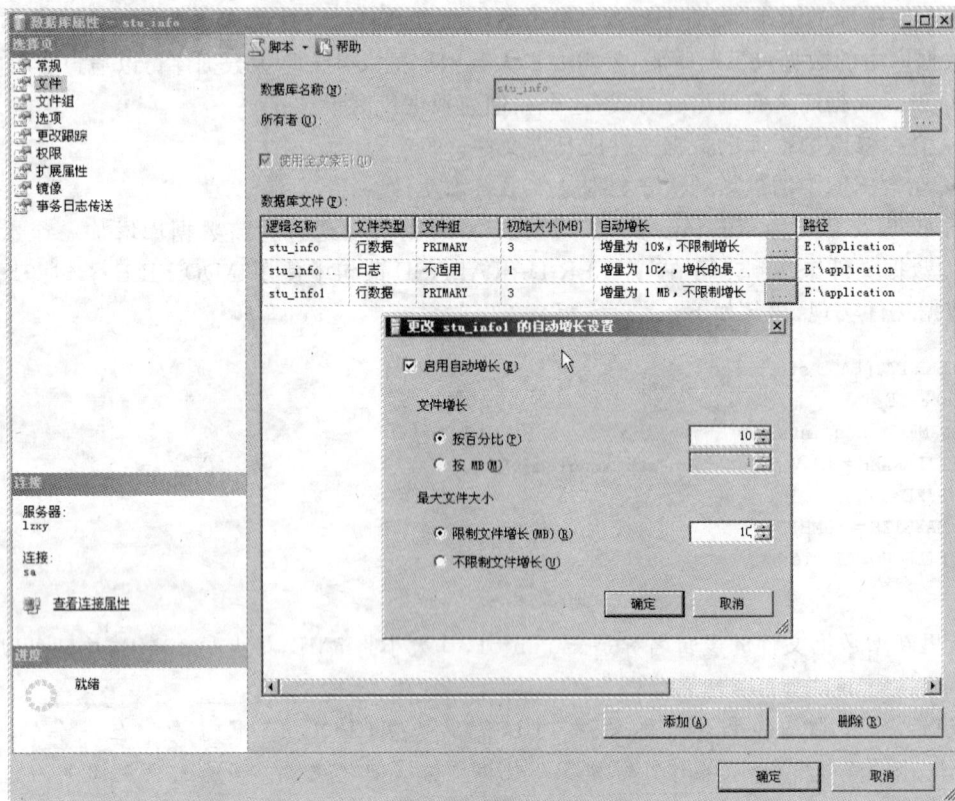

图 3-16　stu_info 数据库【文件】页

3.3.2　删除数据库

随着数据库数量的增加，系统的资源消耗越来越多，运行速度也大不如从前。这时就需要调整数据库。调整方法有很多种，例如，将不再需要的数据库删除，以此释放被占用的磁盘空间和系统消耗。SQL Server 2008 提供了两种方法来完成这项任务。

1. 使用 SQL Server Management Studio

（1）打开 SQL Server Management Studio 窗口，并使用 Windows 或 SQL Server 身份验证建立连接。

（2）在【对象资源管理器】窗口中展开服务器，然后展开【数据库】节点。

（3）从展开的数据库节点列表中，右击一个要删除的数据库（如 stu_info），从快捷菜单中选择【删除】命令。

（4）在弹出的【删除对象】对话框中，单击【确定】按钮，确认删除。删除操作完成后会自动返回 SQL Server Management Studio 窗口,如图 3-17 所示。

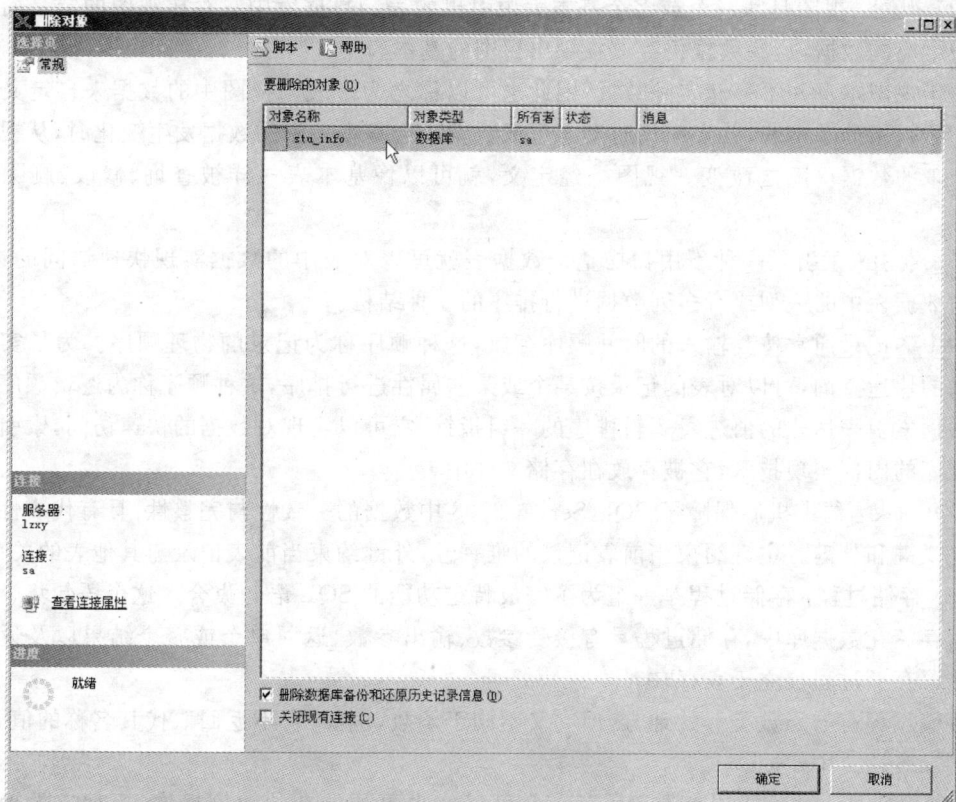

图 3-17 删除对象

2. T-SQL 语句

使用 T-SQL 语句删除数据库的语法如下:

DROP DATABASE database_name [, …, n]

其中,database_name 为要删除的数据库名,[, …, n]表示可以有多于一个数据库名。例如,要删除数据库 stu_info,可使用如下的 DROP DATABASE 语句:

DROP DATABASE stu_info

警告: 使用 DROP DATABASE 删除数据库不会出现确认信息,所以使用这种方法时要小心谨慎。此外,千万不能删除系统数据库,否则会导致 SQL Server 2008 服务器无法使用。

3.4 SQL Server 2008 数据库中常用对象

数据库对象是数据库的组成部分,下面大致介绍一下 SQL Server 2008 中所包含的常用数据库对象。

(1) 表:表是 SQL Server 中最主要的数据库对象,它是用来存储和操作数据的一种逻辑结构。表由行和列组成,因此也称为二维表。表是在日常工作和生活中经常使用的一种表示数据及其关系的形式。

(2) 视图：视图是从一个或多个基本表中引出的表。数据库中只存放视图的定义而不存放视图对应的数据，这些数据仍存放在导出视图的基本表中。

由于视图本身并不存储实际数据，因此也可以称之为虚表。视图中的数据来自定义视图的查询所引用的基本表，并在引用时动态生成数据。当基本表中的数据发生变化时，从视图中查询出来的数据也随之改变。视图一经定义，就可以像基本表一样被查询、修改、删除和更新了。

(3) 索引：索引是一种不用扫描整个数据表就可以对表中的数据实现快速访问的途径，它是对数据表中的一列或者多列数据进行排序的一种结构。

表中的记录通常按其输入的时间顺序存放，这种顺序称为记录的物理顺序。为了实现对表记录的快速查询，可以对表的记录按某个或某些属性进行排序，这种顺序称为逻辑顺序。索引是根据索引表达式的值进行逻辑排序的一组指针，它可以实现对数据的快速访问，索引是关系数据库的内部实现技术，它被存放在存储文件中。

(4) 约束：约束机制保障了 SQL Server 2008 中数据的一致性与完整性，具有代表性的约束就是主键和外键。主键约束当前表记录的唯一性，外键约束当前表记录与其他表的关系。

(5) 存储过程：存储过程是一组为了完成特定功能的 SQL 语句集合。这个语句集合经过编译后存储在数据库中，存储过程具有接受参数、输出参数、返回单个或多个结果以及返回值的功能。存储过程独立于表存在。

存储过程有与函数类似的地方，但它又不同于函数，例如，它不返回取代其名称的值，也不能直接在表达式中使用。

(6) 触发器：触发器与表紧密关联。它可以实现更加复杂的数据操作，更加有效地保障数据库系统中数据的完整性和一致性。触发器基于一个表创建，但可以对多个表进行操作。

(7) 默认值：默认值是在用户没有给出具体数据时，系统所自动生成的数值。它是 SQL Server 2008 系统确保数据一致性和完整性的方法。

(8) 用户和角色：用户是指对数据库有存取权限的使用者；角色是指一组数据库用户的集合。这两个概念类似于 Windows XP 的本地用户和组的概念。

(9) 规则：规则用来限制表字段的数据范围。

(10) 类型：用户可以根据需要在给定的系统类型之上定义自己的数据类型。

(11) 函数：用户可以根据需要在 SQL Server 2008 上定义自己的函数。

小结

本章介绍了 SQL Server 2008 的相关知识，包括数据库常见概念、数据模型和系统数据库，如何创建 SQL Server 2008 数据库，SQL Server 2008 数据库的基本管理，包括修改数据库、删除数据库以及对 SQL Server 2008 数据库中常用对象的简单介绍。本章主要介绍了数据库的创建和管理知识，应重点掌握如何根据需要创建数据库，并对其进行有效的管理。希望读者通过对本章的学习能对 SQL Server 2008 数据库有一定的了解，在实际运用中能灵活运用。

习题

1. 选择题

（1）每个数据库有且只能有一个（　　）。

    A. 次数据文件　　　B. 主数据文件　　　C. 日志文件　　　D. 其他

（2）使用下列哪种语句可以创建数据库（　　）。

    A. CREATE DATABASE　　　　　　B. CREATE TABLE

    C. ALTER DATABASE　　　　　　　D. ALTER TABLE

（3）使用下列哪种语句可以修改数据库（　　）。

    A. CREATE DATABASE　　　　　　B. CREATE TABLE

    C. ALTER DATABASE　　　　　　　D. ALTER TABLE

（4）使用下列哪种语句可以删除数据库（　　）。

    A. DROP DATABASE　　　　　　　B. CREATE TABLE

    C. ALTER DATABASE　　　　　　　D. DROP TABLE

2. 填空题

（1）一般情况下，一个数据库至少由＿＿＿＿个主数据文件和＿＿＿＿个事务日志文件组成。

（2）SQL Server 的每一个数据库都由＿＿＿＿、＿＿＿＿、＿＿＿＿、＿＿＿＿、＿＿＿＿、＿＿＿＿、＿＿＿＿、＿＿＿＿、＿＿＿＿、＿＿＿＿等数据库对象组成。

（3）在 SQL Server 2008 中，创建数据库有多种方法。请写出两种方法：＿＿＿＿和＿＿＿＿。

3. 简答题

简述数据库文件的分类及特点。

实验

【实验名称】

创建和管理数据库。

【实验目的】

掌握使用界面方式和使用 T-SQL 语句方式创建及管理数据库。

【实验内容】

（1）使用 Management Studio 界面方式创建数据库。

要求在系统默认位置创建一个数据库，名称为 stu_info，只有一个数据文件和日志文件，文件名称分别为 stu 和 stu_log，物理名称为 stu_data.mdf 和 stu_log.ldf，初始大小都为 3MB，增长方式分别为 10％和 1MB，数据文件最大为 500MB，日志文件大小不受限制。

（2）使用 T-SQL 语句方式创建数据库 DB，具有两个数据文件，文件逻辑名分别为 DB_

data1 和 DB_data2,文件初始大小均为 5MB,最大为 100MB,按 10%增长;只有一个日志文件,初始大小为 3MB,按 10%增长;所有文件都存储在 D 盘文件夹 ceshi 中。

(3) 使用 Management Studio 界面方式在数据库 stu_info 中增加数据文件 db2,初始大小为 10MB,最大大小为 50MB,按 10%增长。

(4) 使用 T-SQL 语句方式在数据库 stu_info 中添加日志文件,初始大小为 1MB,最大无限制,增长方式按照 1MB 增长。

(5) 使用 T-SQL 语句方式修改数据库 stu_info 主数据文件的大小,将主数据文件的初始大小修改为 10Mb,增长方式为 20%。

(6) 使用 Management Studio 界面方式删除数据库 stu_info 辅助数据文件。

(7) 使用 T-SQL 语句方式删除数据库 stu_info 的第二个日志文件。

(8) 使用 T-SQL 语句方式删除数据库 DB。

第4章

数据表创建与管理

创建数据库之后,下一步就需要建立数据库表。表是数据库中最基本的数据对象,用于存放数据库中的数据。同时,为了确保数据库中的数据的一致性和正确性,需要为表建立约束、规则等数据库对象。对表中数据的操作包括添加、修改、删除、查询等。本章将全面介绍数据表创建与管理的相关内容。

本章的学习目标:

- 了解有关数据表的基本概念;
- 掌握 SQL Server 提供的各种内置数据类型;
- 掌握使用 Management Studio 和 Transact-SQL 语言创建表、修改表和删除表结构的方法;
- 掌握使用 Management Studio 和 Transact-SQL 语言插入、更新和删除表数据的方法;
- 掌握使用约束维护数据完整性的方法;
- 掌握使用规则维护数据完整性的方法。

4.1 数据表概述

4.1.1 表的基本概念

每个数据库包含了若干个表。表是 SQL Server 中最基本的数据库对象,它是用来存储数据的一种逻辑结构。表由行和列组成,因此也称之为二维表。表是在日常工作和生活中经常使用的一种表示数据及其关系的形式,表 4-1 就是用来表示学生情况的一个学生表。表中每一行称为一个学生记录,每个记录作为一个整体反映一个学生的信息,每个学生记录又有学号、姓名、性别等属性。

下面简单介绍与表有关的几个概念:

(1) 表结构。组成表的各列的名称及数据类型,统称为表结构。

(2) 记录。每个表包含了若干行数据,它们是表的“值”,表中的一行称为一个记录。因此,表是记录的有限集合。

(3) 字段。每个记录由若干个数据项构成,将构成记录的每个数据项称为字段。例如表 4-1 中,表结构为(学号,姓名,性别,出生时间,系别,专业,政治面貌),包含 7 个字段,由 5 个记录组成。

表 4-1　学生表

学号	姓名	性别	出生时间	系别	专业	政治面貌
2010190001	赵青	女	1988-05-21	信息工程学院	计算机科学	共青团员
2010190002	李华	男	1987-06-24	经济管理学院	经济管理	中共党员
2010190003	张三	男	1987-09-18	外语学院	日语	共青团员
2010190004	张华	女	1989-02-03	物理科学学院	核子物理	共青团员
2010190005	庄向丽	女	1990-06-20	外语学院	英语	群众

（4）空值。空值(NULL)通常表示未知、不可用或将在以后添加的数据。若一个列允许为空值,则向表中输入记录值时可不为该列给出具体值。而一个列若不允许为空值,则在输入时必须给出具体值。

（5）关键字。若表中记录的某一字段或字段组合能唯一标识记录,则称该字段或字段组合为候选关键字(candidate key)。若一个表有多个候选关键字,则选定其中一个为主关键字(primary key),也称为主键。当一个表仅有唯一的一个候选关键字时,该候选关键字就是主关键字。这里的主关键字与主码所起的作用是相同的,都用来唯一标识记录行。

例如,在"学生"表中,两个及其以上的记录的"姓名"、"性别"、"出生时间"、"系别"、"专业"、"政治面貌"这6字段的值有可能相同,但是"学号"字段的值对表中所有记录来说一定不同,即通过"学号"字段可以将表中的不同记录区分开来。所以,"学号"字段是唯一的候选关键字,"学号"就是主关键字。

注意:表中的关键字不允许为空值。空值不能与数值数据0或字符类型的空字符混为一谈,任意两个空值都不相等。

4.1.2　表中数据的完整性

数据完整性包括规则、默认值和约束等。

1. 规则

规则是指表中数据应满足一些基本条件。例如,学生成绩表中分数只能在0～100之间,学生表中性别只能取"男"或"女"等。

2. 默认值

默认值是指表中数据的默认取值。例如,学生表中性别的默认值可以设置为"男"。

3. 约束

约束是指表中数据应满足一些强制性条件,这些条件通常由用户在设计表时指定。

1) 非空约束(NOT NULL)

非空约束是指数据列不接受 NULL 值。例如,学生表中学号通常设定为主键,不能接受 NULL。

2) 检查约束(CHECK 约束)

检查约束是指限制输入到一列或多列中的可能值。例如,学生表中性别约束为只能取"男"或"女"值。

3）唯一约束（UNIQUE 约束）

唯一约束是指一列或多列组合不允许出现两个或两个以上的相同的值。例如，学生成绩表中，学号和课程号可以设置为唯一约束，因为一个学生对应的一门课程不能有两个或两个以上的分数。

4）主键约束（PRIMARY KEY 约束）

主键约束是指定义为主键（一列或多列组合）的列不允许出现两个或两个以上的相同值。例如，若将学生表中的学号设置为主键，则不能存在两个学号相同的学生记录。

5）外键约束（FOREIGN KEY 约束）

一个表的外键通常指向另一个表的候选主键，所谓外键约束是指输入的外键值必须在对应的候选码中存在。例如，学生成绩表中的 s_id（学号）是外键，对应于学生表的 s_id 主键，外键约束是指输入学生成绩表中的 s_id 值必须在学生表的 s_id 中已存在，也就是说，在输入上述两个表中的数据时，一般先输入学生表的数据，然后输入学生成绩表的数据。只有学生表中存在的学生，才能在学生成绩表中输入其成绩记录。

4.1.3 数据类型

设计数据库表结构，除了表属性外，主要就是设计列属性。在表中创建列时，必须为其指定数据类型，列的数据类型决定了数据的取值、范围和存储格式。在 Microsoft SQL Server 2008 系统中，包含数据的对象都有一个数据类型。实际上，数据类型是一种用于指定对象可保存的数据的类型。例如，int 数据类型的对象只能包含整数型数据，datetime 数据类型的对象只能包含符合日期时间格式的数据。

在 Microsoft SQL Server 2008 系统中，需要使用数据类型的对象包括表中的列、视图中的列、定义的局部变量、存储过程中的参数、Transact-SQL 函数及存储过程的返回值等。

Microsoft SQL Server 2008 系统提供了 28 种数据类型。这些数据类型可以分为数字数据类型、字符数据类型、日期和时间数据类型、二进制数据类型以及其他数据类型。

数字数据类型包括 bigint、int、smallint、tinyint、bit、decimal、numeric、money、smallmoney、float 和 real 11 种数据类型。

字符数据类型包括了 char、varchar、text、nchar、nvarchar 和 ntext 6 种数据类型。

日期和时间数据类型包括 datetime 和 smalldatetime 2 种数据类型。

二进制数据类型包括 binary、varbinary 和 image 3 种数据类型。

除此之外，还包括 cursor、sql_variant、table、timestamp、uniqueidentifier 和 xml 6 种数据类型。

在讨论数据类型时，使用了精度、小数位数和长度 3 个概念，前两个概念是针对数值型数据的，它们的含义是：

- 精度——指数值数据中所存储的十进制数据的总位数。
- 小数位数——指数值数据中小数点右边可以有的数字位数的最大值。例如数值数据 53 490.387 的精度是 8，小数位数是 3。
- 长度——指存储数据所使用的字节数。

1. 数字数据类型

1）整数数据类型

整数数据类型表示可以存储整数精确数据。在 Microsoft SQL Server 2008 系统中,有 4 种整数数据类型即 Bigint、Int、Smallint、Tinyint。可以从取值范围和长度两个方面理解这些整数数据类型。

Bigint 数据类型的长度是 8 字节。由于每个字节的长度是 8 位且可以存储正负数字,因此 Bigint 数据类型的取值范围是 $-2^{63} \sim 2^{63}-1$,或者说 $-9\,223\,372\,036\,854\,775\,808 \sim 9\,223\,372\,036\,854\,775\,807$。

Int 数据类型的长度是 4 字节且可以存储正负数,因此 Int 数据类型的取值范围是 $-2^{31} \sim 2^{31}-1$,或者说 $-2\,147\,483\,648$ 至 $2\,147\,483\,647$。实际上,Int 数据类型是最常使用的数据类型。当 Int 数据类型表示的数据长度不足时,才应该考虑使用 Bigint 数据类型。

Smallint 数据类型的长度是 2 字节,也可以存储正负数,因此其取值范围是 $-2^{15} \sim 2^{15}-1$,或者说 $-32\,768 \sim 32\,767$。

在选择整数数据类型时,默认情况下应该考虑使用 Int 数据类型,如果确认将要存储的数据可能很大或很小,那么可以考虑使用 Bigint 数据类型或 Smallint 数据类型。只有当将要存储的数据不超过 255 且都是正数,那么才能使用 Tinyint 数据类型。

2) Decimal 和 Numeric

Decimal 和 Numeric 数据类型都是带固定精度和位数的数据类型。这两种数据类型在功能是等价的,只是名称不同而已。在 Microsoft SQL Server 2008 系统中,把这两种数据类型实际上作为完全相同的一种数据类型来对待。下面主要介绍 DECIMAL 数据类型的特点和使用方式。

Decimal 数据类型的语法如下所示:

```
Decimal (p, s)
```

在上面的语法中,p 表示数字的精度,s 表示数字的小数位数。精度 p 的取值范围是 1 至 38,默认值是 18。小数位数 s 的取值范围必须是 0 至 p 之间的数值(包括 0 和 p)。从这些约定可以知道,Decimal 数据类型的取值范围是 $-10^{38}+1 \sim 10^{38}-1$。

由于 Decimal 数据类型的精度是变化的,因此该数据类型的长度是不定的,它会随精度的变化而变化。当精度低于 9 或等于 9 时,其数据存储需要的字节数是 5。当精度达到 38 时,需要的字节数是 17。

例如,Decimal(10,2)数据类型表示可以存储精度为 10、小数位数为 2 的数据。28 921.51 可以存储在该数据类型中,但是 123.456 78 则不能正确地存储,因为 123.456 78 数据的小数位数是大于 2 的 5。当 Decimal 数据类型的小数位数为 0 时,可以作为整数类型来对待。

3) Money 和 Smallmoney

如果希望存储代表货币数值的数据,那么可以使用 Money 和 Smallmoney 数据类型。这两种数据类型的差别在于存储字节的大小和取值范围不同。在 Microsoft SQL Server 2008 系统中,Money 数据类型需要耗费 8 个存储字节,其取值范围是 $-922\,337\,203\,685\,477.5808 \sim 922\,337\,203\,685\,477.5807$。Smallmoney 数据类型只需要 4 个存储字节,取值范围是 $-214\,748.3648 \sim 214\,748.3647$。

可以说 Money 和 Smallmoney 数据类型是一种确定性数值数据类型,因为它们的精度和小数位数都是确定的。但是,Money 和 Smallmoney 数据类型也有一些与其他数字数据类型不同的地方。第一,它们表示了货币数值,因此可以在数字前面加上 $ 作为货币符号。第二,它们对小数位数最多是 4，也就是说可以表示出当前货币单位的万分之一。第三，当小数位数超过 4 时，自动按照四舍五入进行处理。

4）Float 和 Real 数据类型

如果希望进行科学计算，并且希望存储更大的数值，但是对数据的精度要求并不是绝对的严格，那么应该考虑使用 Float 或 Real 数据类型。Float 或 Real 数据类型是用于表示数值数的大致数据值的数据类型。

从取值范围来看，Real 数据类型的取值范围是 $-3.40\mathrm{E}+38 \sim -1.18\mathrm{E}-38$、0、$1.18\mathrm{E}-38 \sim 3.40\mathrm{E}+38$，Float 数据类型的取值范围是 $-1.79\mathrm{E}+308 \sim -2.21\mathrm{E}-308$、0、$2.23\mathrm{E}-308 \sim 1.79\mathrm{E}+308$。Real 数据类型的长度是 4 字节。如果 Float 数据类型是 Float(n)，那么 n 的最大值是 53，默认值也是 53。Float(53)数据类型的长度是 8 字节。

需要提示的是，如果某些列中的数据或变量将会参加某些科学计算，那么最好为这些数据对象指定 Float 或 Real 数据类型。

5）Bit

Bit 是可以存储 1、0 或 Null 数据的数据类型。这些数据主要是用于一些条件逻辑判断。也可以把 True 和 False 数据存储到 Bit 数据类型中，这时需要按照字符格式存储 True 和 False 数据。

2．字符数据类型

字符数据类型用于存储固定长度或可变长度的字符数据。在 Microsoft SQL Server 2008 系统中，提供了 Char、Varchar、Text、Nchar、Nvarchar 和 Ntext 6 种数据类型。前 3 种数据类型是非 Unicode 字符数据，后 3 种是 Unicode 字符数据。

Char(n)是存储固定长度的字符数据，长度是 n 个字节。n 的取值范围是 $1 \sim 8000$。也就是说，如果使用 Char(n)数据类型存储字符数据，这些字符数据的最大长度是 8000 个字符。如果没有指定 n 的大小，默认值是 1。

Varchar(n)也是存储字符数据的数据类型，但是其存储的长度是可变长度的。n 的取值范围也是 $1 \sim 8000$。注意，Varchar(max)可以用来存储最大字节数为 $2^{31}-1$ 的数据。实际上，Varchar(max)被称为大数值数据类型，可以使用 Varchar(max)来代替 Text 数据类型。微软公司建议，用户应该避免使用 Text 数据类型，而使用 Varchar(max)存储大文本数据。

字符数据通常使用单引号引起来。如果在字符常量中包含了一个单引号本身，那么可以使用两个单引号表示该单引号字符。例如，'It''s a book.'字符表示 It's a book。当输出的字符数据长度超过 Char(n)或 Varchar(n)指定的长度时，字符数据就会被截断。对于固定长度的 Char(n)字符数据来说，如果输入的字符小于指定的长度，那么该字符尾部用空格补齐。但是，对于可变长度的 Varchar(n)字符数据来说，在默认情况下，如果输入的字符数据小于指定的长度，只是存储实际的字符长度。

一般来说，在选择使用 Char(n)或 Varchar(n)数据类型时，可以按照下面的原则来判断：

- 如果该列存储的数据的长度都相同，那么使用 Char(n)数据类型。如果该列中存储的数据的长度相差比较大，那么应该考虑使用 Varchar(n)数据类型。
- 如果存储的数据的长度虽然不是完全相同，但是长度差别不大，那么如果希望提高查询的执行效率，可以考虑使用 Char(n)数据类型；如果希望降低数据存储的成本，那么可以考虑使用 Varchar(n)数据类型。

当数据库中存储的数据有可能涉及多种语言时,应该使用 Unicode 数据类型。用于存储 Unicode 字符数据的数据类型包括 Nchar、Nvarchar 和 Ntext。就像 Char、Varchar 和 Text 数据类型一样,Nchar 和 Nvarchar 分别用于存储固定长度和可变长度的 Unicode 字符数据。Ntext 也是将要被取消的数据类型,可使用 Nvarchar(max)数据类型来代替 Ntext 数据类型。由于每一个 Unicode 字符数据需要两个存储字节,因此 Unicode 数据类型的存储范围是 1~4000 字节。需要注意的是,Unicode 字符常量通常使用下面这种方式来表示:

N'清华大学出版社'

这里提醒一下,在使用 Microsoft SQL Server 2005 系统中,如果某些列需要存储中文字符,建议最好使用 Nchar、Nvarchar 数据类型。

除了前面提到的 Text 和 Ntext 数据类型应该由 Varchar(max)和 Nvarchar (max)大数值数据类型取代之外,Image 数据类型也应该由 Varbinary(max)大数值数据类型来代替。

3. Datetime 和 Smalldatetime 数据类型

如果希望存储日期和时间数据,那么可以使用 Datetime 或 Smalldatetime 数据类型。这两种数据类型的差别在于其表示的日期和时间范围不同、时间精确度也不同。Datetime 数据类型可以表示的范围是 1753 年 1 月 1 日至 9999 年 12 月 31 日,时间精确度是 3.33 毫秒。Smalldatetime 数据类型可以表示的范围是 1900 年 1 月 1 日至 2079 年 12 月 31 日,时间精确度是 1 分钟。建议用户在大型应用程序中不要使用 Smalldatetime 数据类型,避免出现类似千年虫的问题。因为 2079 年 12 月 31 日不是一个特别遥远的日期。

Microsoft SQL Server 2005 系统既可以识别使用字母表示的日期,也可以识别使用数值表示的日期。例如,字母日期可以是 May 12, 2009 或者 12 May 2009。数值日期可以是 12/05/2009 或者 2009-05-12。日期的年月日的格式可以是 mdy、ymd、dmy、dym、ydm 等。

如果输入的日期数据没有指定明确的日,那么系统自动取当月的第一天作为该日期数据的日。在 Microsoft SQL Server 2008 系统中,可以使用的时间格式是 hh:mm:ss.mmm。其中,hh 表示小时,mm 表示分钟,ss 表示秒,mmm 表示千分之一秒。虽然 Microsoft SQL Server 2008 系统没有提供单独的日期或单独的时间数据类型,但是通过使用系统提供的日期和时间函数可以获取年、月、日、小时、分钟、秒等日期和时间的组成部分数据。有关日期和时间函数的内容,详见本书第 8 章。

4. 二进制数据类型

二进制数据类型包括 Binary、Varbinary 和 Image 3 种数据类型,可以用于存储二进制数据。其中,Binary 可以用于存储固定长度的二进制数据,Varbinary 用于存储可变长度的二进制数据。Binary(n)和 Varbinary(n)的数据长度由 n 值来确定,n 的取值范围是 1~8000。Image 数据类型用于存储图像信息。但是,在 Microsoft SQL Server 2008 系统中,微软建议使用 Varbinary(max)代替 Image 数据类型,其中 max 可以达到的最大存储字节为 $2^{31}-1$。

Binary(n)和 Varbinary(n)的默认值是 1。如果要存储的各种二进制数据的大小比较一致,那么建议使用 Binary(n)数据类型。如果将要存储的二进制数据之间的大小差别比较大,那么应该使用 Varbinary(n)数据类型。如果将要存储的二进制数据大于 8000 字节,那么必须使用 Varbinary(max)数据类型。当二进制数据存储到表中时,可以使用 Select 语句来检索。

检索结果以 16 进制数据格式来显示。

5．其他数据类型

除了前面介绍的数据类型之外，Microsoft SQL Server 2008 系统还提供了 Cursor、Sql_ Variant、Table、Timestamp、Uniqueidentifier 及 Xml 等数据类型。使用这些数据类型可以完成特殊数据对象的定义、存储和使用。

Cursor 是变量或存储过程的输出参数使用的一种数据类型，有时也把这种数据类型称为游标。游标提供了一种逐行处理查询数据的功能。该变量只能用于与定义游标和使用游标的有关语句中，不能在诸如 Create Table 语句中使用。

Sql_Variant 也是一种特殊的数据类型，可以用来存储 Microsoft SQL Server 2008 系统支持的各种数据类型的值（不包括 Text、Ntext、Image、Timestamp、Sql_Variant 数据类型的值）。该数据类型可以用在列、变量、用户定义的函数等返回值中。由于 Sql_Variant 数据类型不仅包括数据，而且包含了有关该数据的类型值信息，因此 Sql_Variant 数据类型可以存储的数据的最大长度是 8016 字节。在表中，Sql_Variant 数据类型列的数量是没有限制的。一般只是在不能准确确定将要存储的数据类型时，使用这种数据类型。由于使用这种数据类型时，先要判断其基本的数据类型，因此 Sql_Variant 数据类型的性能会受到一定的影响。

Table 也是一种非常特殊的数据类型，主要用于存储结果集以便今后继续处理，这些结果集往往是通过表值函数返回的。在 Microsoft SQL Server 2008 系统中，可以将变量和函数声明为 Table 数据类型。在其作用范围内，Table 变量可以作为表一样使用。但是，如果 Table 数据类型的变量包含的数据量非常庞大时，会对系统的性能造成比较大的影响。

首先来说，Timestamp 不是一个日期时间数据类型，是一个特殊的用于表示先后顺序的时间戳数据类型。该数据类型可以为表中数据行加上一个版本戳。每一个数据库都有一个时间戳计数器，当对该数据库中包含 Timestamp 列的表执行插入或更新操作时，该计数器就会增加。一个表最多只能有一个 Timestamp，每次插入或更新包含 Timestamp 列的数据行时，就会在 Timestamp 列中插入增量数据库时戳值。使用该 Timestamp 列可以轻易地确定表中的某个数据行的任何值是否在上次读取后发生了更新。如果发生了更新，则该时戳值也发生了变化。可以使用@@DBTS 函数返回数据库的时戳值。

Uniqueidentifier 也是一个特殊的数据类型。这是一个具有 16 字节的全局唯一性标志符，用来确保对象的唯一性。可以在定义列或变量时使用该数据类型，这些定义的主要目的是在合并复制和事务复制中确保表中数据行的唯一性。Uniqueidentifier 数据类型的初始值可以通过两种方式得到，一是使用 NEWID 函数，二是使用如下格式的字符串常量，其中每一个 X 都是 0～9 或 a～f 范围内的 16 进制数据：

XXXXXXXX-XXXX-XXXX-XXXX-XXXXXXXXXXXX

Xml 数据类型是 Microsoft SQL Server 2008 系统中新增的数据类型，用于存储 Xml 数据。可以像使用 Int 数据类型一样地使用 Xml 数据类型。需要注意的是，存储在 Xml 数据类型中的数据实例的最大值是 2GB。

4.1.4　表结构设计

创建表的实质就是定义表结构，设置表和列的属性。创建表之前，先要确定表的名字、表的属性，同时确定表所包含的列名、列的数据类型、长度、是否可为空值、约束条件、默认值设置、规则以及所需索引、哪些列是主键、哪些列是外键等,这些属性构成表结构。

　　创建一个表最有效的方法是将表中所需的信息一次定义完成,包括数据约束和附加成分。也可以先创建一个基础表,向其中添加一些数据并使用一段时间。这种方法使您可以在添加各种约束、索引、默认设置、规则和其他对象形成最终设计之前,发现哪些事务最常用,哪些数据经常输入。

　　最好在创建表及其对象时预先将设计写在纸上。设计时应注意:

- 表所包含的数据的类型;
- 表的各列及每一列的数据类型(如果必要,还应注意列宽);
- 哪些列允许空值;
- 是否要使用以及何时使用约束、默认设置或规则;
- 所需索引的类型,哪里需要索引,哪些列是主键,哪些是外键。

　　本小节以本书所使用到的学生管理系统的三个表:学生表(表名为 student)、课程表(表名为 course)和成绩表(表名为 grade)为例介绍如何设计表的结构。

　　其中,s_id 列的数据是学生的学号,每位学生的学号都由 10 位数字字符构成,所以 s_id 列的数据类型可以是 10 位的定长字符型数据;sname 列记录学生的姓名,姓名一般不超过 5 个中文字符,为了节省空间,可以是 5 位变长字符型数据;ssex 列只有“男”、“女”两种值,所以可以使用 1 位字符型数据,默认是“男”,也可以使用 bit 型数据,值 1 表示“男”,值 0 表示“女”,默认是 1;sbirthday 列是学生的出生时间,可以使用日期时间类型数据,列类型定为 datetime;sdepartment 列、smajor 列和 spoliticalstatus 列分别存放学生的系别、专业和政治面貌信息,由于长度不定,可以使用变长字符数据;photo 列存放学生的照片,可以使用 varbinary(max);smemo 列需要存放学生的备注信息,备注信息的信息量大,所以最好使用 nvarchar(max)类型。在 student 表中,只有 s_id 列能唯一标识一个学生,所以将 s_id 列设为该表的主键。其他的约束和附加成分,后面章节再添加。最后设计的表 student 的表结构如表 4-2 所示。

表 4-2　student 的表结构

列名	数 据 类 型	长 度	是否允许为空值	默认值	说明
s_id	定长字符型(char)	10	×	无	主键
sname	变长字符型(nvarchar)	5	√	无	
ssex	变长字符型(nvarchar)	1	√	无	
sbirthday	日期时间类型(datetime)	8	√	男	
sdepartment	变长字符型(nvarchar)	10	√	无	
smajor	变长字符型(nvarchar)	10	√	无	
spoliticalstatus	变长字符型(nvarchar)	4	√	无	
photo	varbinary(max)	系统默认值	√	无	
smemo	nvarchar(max)	系统默认值	√	无	

　　参照 student 表结构的设计方法,同样可以设计出其他两个表的结构,course 的表结构如表 4-3 所示,grade 的表结构如表 4-4 所示。

表 4-3　course 的表结构

列名	数 据 类 型	长度	是否允许为空值	默认值	说明
c_id	定长字符型(char)	3	×	无	主键
cname	变长字符型(nvarchar)	10	√	无	
cp_id	定长字符型(char)	3	√	无	
credit	整数型(int)	4	√	无	
chours	整数型(int)	4	√	无	

表 4-4　grade 的表结构

列名	数 据 类 型	长度	是否允许为空值	默认值	说明
s_id	定长字符型(char)	10	×	无	主键
c_id	定长字符型(char)	3	×	无	主键
grade	整数型(int)	4	√	无	

表结构设计完后就可以开始在数据库中创建表了,本书中所使用到的学生管理系统的表都在 stu_info 数据库中创建。创建和操作数据库中的表既可以通过 SQL Server Management Studio 中的界面方式进行,又可以通过 T-SQL 命令方式进行。

4.2　界面方式创建和管理表

4.2.1　创建表

以下是通过"对象资源管理器"创建表 student 的操作步骤:

(1) 启动 SQL Server Management Studio。

(2) 在【对象资源管理器】窗格中展开服务器节点。

(3) 展开"数据库"节点。

(4) 选中数据库 stu_info,展开 stu_info 数据库。

(5) 选中【表】,右击,在出现的快捷菜单中选择【新建表】命令,如图 4-1 所示。

(6) 此时打开表设计器窗口,在【列名】栏中依次输入表的字段名,并设置每个字段的数据类型、长度等属性。输入完成后的结果如图 4-2 所示。

在图 4-2 中,每个列都对应一个【列属性】对话框,其中各个选项的含义如下:

- 名称:指定字段名称。
- 长度:数据类型的长度。
- 默认值或绑定:在新增记录时,如果没有把值赋予该字段,则此默认值为字段值。
- 数据类型:字段的数据类型,用户可以单击该栏,然后单击出现的下三角按钮,即可进行选择。
- 描述:说明该字段的含义。
- 允许空:指定是否可以输入空值。
- RowGuid:可以让 SQL Server 产生一个全局唯一的字段值,字段的类型必须是 uniqueidentifier。有此属性的字段会自动产生字段值,不需要用户输入(用户也不能输入)。

- 排序规则：指定该字段的排序规则。
- 说明：输入该字段的说明信息。

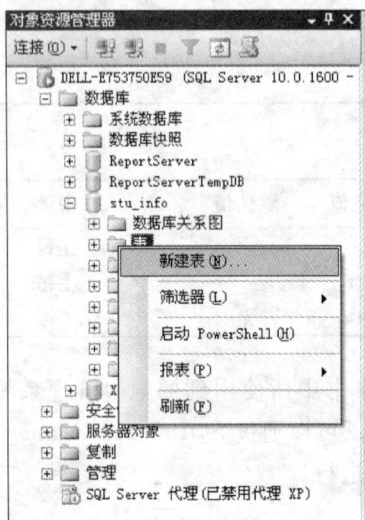

图 4-1　选择【新建表】命令

图 4-2　设置表的字段

(7) 在 s_id 行上右击鼠标，在出现的快捷菜单中选择【设置主键】命令，如图 4-3 所示，从而将 s_id 字段设置为该表的主键，此时，该字段前面会出现一个钥匙图标。

注意：如果要将多个字段设置为主键，可以按住 Ctrl 键，单击每个字段前面的按钮来选择多个字段，然后再依照上述方法设置主键。

(8) 单击工具栏中的保存按钮，出现如图 4-4 所示的对话框，输入表的名称 student，单击【确定】按钮。此时便建好了 student 表（表中没有数据）。

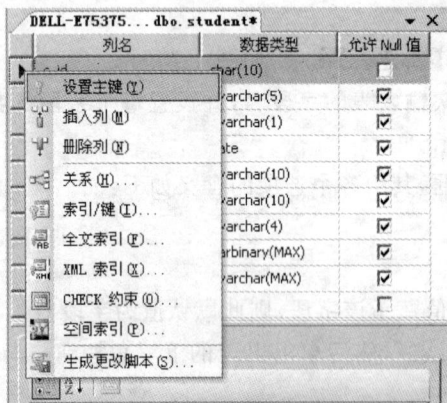

图 4-3　选择【设置主键】命令

图 4-4　设置表的名称

(9) 依照上述步骤，再创建其他两个表。创建课程表，名称为 course，如图 4-5 所示；创建成绩表，名称为 grade，如图 4-6 所示。

说明：当用户创建的一个表被存储到 SQL Server 2008 系统中后，每个表对应 sysobjects

系统表中一条记录,该表中 name 列包含表的名称,type 列指出存储对象的类型,当它为"U"时表示是一个表,用户可以通过查找该表中的记录判断某表是否被创建。

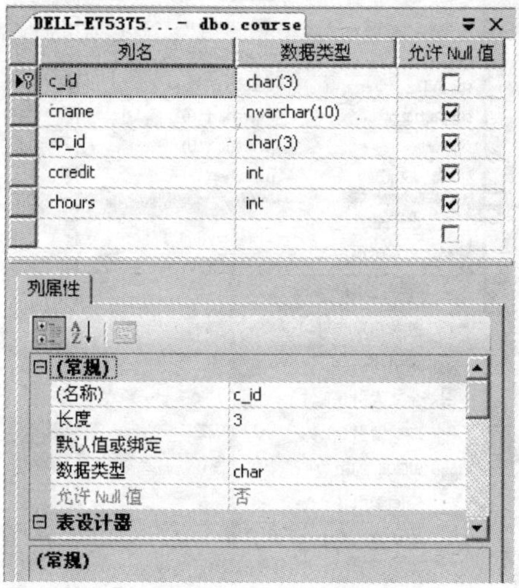

图 4-5　创建 course 表

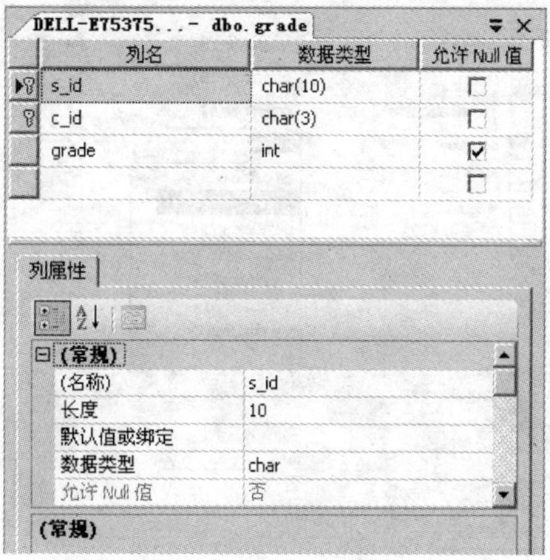

图 4-6　创建 grade 表

4.2.2　修改表结构

在创建了一个表之后,使用过程中可能需要对表结构进行修改。对一个已存在的表可以进行的修改操作包括更改表名、增加列、删除列、修改已有列的属性(列名、数据类型、是否为空值等)。

采用界面方式修改和查看数据表结构十分简单,修改表结构与创建表结构的过程相同。

【例 4-1】　使用"对象资源管理器",先在 student 表中增加一个 sgrade(奖学金等级,数据类型为 tinyint)字段,然后进行删除。

其操作步骤如下:

(1) 启动 SQL Server Management Studio。

(2) 在【对象资源管理器】窗格中展开服务器节点。

(3) 展开【数据库】节点。

(4) 选中数据库 stu_info,展开 stu_info 数据库。

(5) 选中【表】将其展开。

(6) 选中表 dbo.student,右击,在出现的快捷菜单中选择【设计】命令,打开【表设计器】窗口。

(7) 在 photo 字段前面增加 sgrade 字段。在打开的表设计器窗口中,用鼠标右击 photo 字段,然后在出现的快捷菜单中选择【插入列】命令。

(8) 在新插入列中,输入 sgrade,设置数据类型为 tinyint,如图 4-7 所示。

(9) 删除刚增加的字段 sgrade。右击 sgrade 字段,然后在出现的快捷菜单中选择【删除列】命令,如图 4-8 所示,这样就删除了 sgrade 列。

(10) 单击工具栏中的保存按钮,保存所进行的修改。

说明:本例操作完毕后,student 表保持原有的表结构不变。

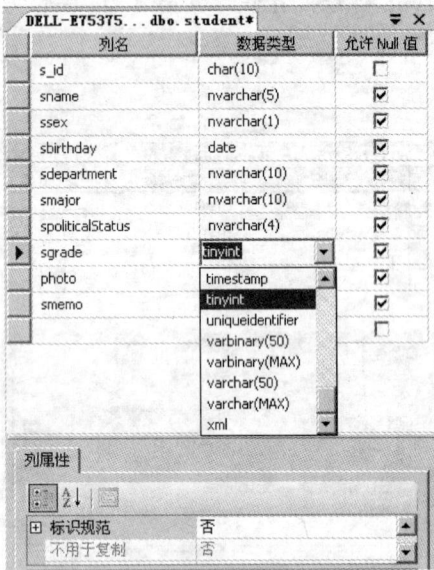

图 4-7　增加新列　　　　　　　　　　　图 4-8　删除新列

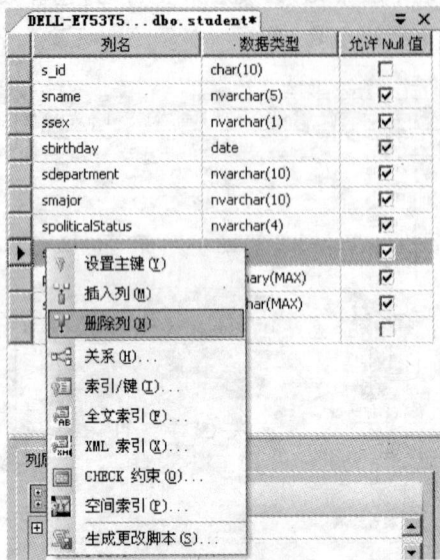

在有些情况下需要更改表的名称,被更改的表必须已经存在。使用 SQL Server Management Studio 更改表名十分容易。

下面通过一个例子说明更改表名的过程。

【例 4-2】　将数据库 stu_info 1 中的 student 表名更名为 st。

其操作步骤如下:

(1) 启动 SQL Server Management Studio。

(2) 在【对象资源管理器】窗格中展开服务器节点。

(3) 展开【数据库】节点。

(4) 选中数据库 stu_info,展开 stu_info 数据库。

(5) 选中【表】,将其展开。

(6) 选中表 dbo. student,右击,在出现的快捷菜单中选择【重命名】命令,如图 4-9 所示。

(7) 此时表名称变为可编辑的,直接将其修改成 st 即可。

说明:根据本书举例的需要,按照表更名的操作过程将表 st 仍更名为 student。

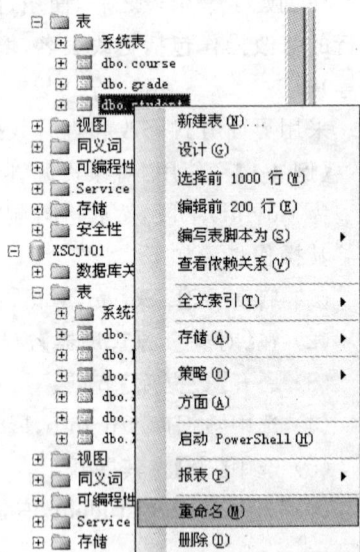

图 4-9　修改表名

4.2.3　删除表

有时需要删除表(如要实现新的设计或释放数据库的空间时)。删除表时,表的结构定义、数据、全文索引、约束和索引都将永久地从数据库中删除,原来存放表及其索引的存储空间可用来存放其他表。

下面通过一个例子来说明删除表的过程。

【例 4-3】　删除数据库 stu_info 中 student 表(已创建)。

其操作步骤如下：

(1) 启动 SQL Server Management Studio。

(2) 在【对象资源管理器】窗格中展开服务器节点。

(3) 展开【数据库】节点。

(4) 选中数据库 stu_info,展开 stu_info 数据库。

(5) 选中【表】,将其展开。

(6) 选中表 dbo.student,右击,在出现的快捷菜单中选择【删除】命令。

(7) 此时系统弹出【删除对象】对话框,直接单击【确定】按钮可将 student 表删除。

4.3　命令方式创建和管理表

同样,可以使用 T-SQL 语言创建表,也可以修改和删除表。

4.3.1　创建数据表

使用 CREATE TABLE 语句来建立表,其基本语法格式如下：

```
CREATE TABLE 表名
( {column_definition} [, …, n] )
```

其中,column_definition 定义为：

```
列名 数据类型(长度[,小数位数]|max)
    [NULL|NOT NULL]
[ [ CONSTRAINT constraint_name ] DEFAULT constant_expr
     | [IDENTIFY[(seed, increament)]]
          column_constraint [ … ]n ]
```

其中,column_constraint 定义为：

```
[ CONSTRAINT constraint_name ]
{ { PRIMARY KEY | UNIQUE }
    [ CLUSTERED | NONCLUSTERED ] | [ FOREIGN KEY]
        REFERENCES 引用表名[ (引用列) ]
     | CHECK [ NOT FOR REPLICATION ] ( logical_expr )
}
```

各参数含义如下：

- max：只适应于 varchar、nvarchar 和 varbinary 数据类型,用于存储 2 字节的字符和二进制数据以及 2 字节的 Unicode 数据。
- NULL | NOT NULL：确定列中是否允许使用空值。严格来讲,NULL 不是约束,但可以像指定 NOT NULL 那样指定它。
- IDENTITY：表示新列是标识列。在表中添加新列时,数据库引擎将为该列提供一个唯一的增量值。标识列通常与 PRIMARY KEY 约束一起用作表的唯一行标识符。可以将 IDENTITY 属性分配给 tinyint、smallint、int、bigint、decimal(p,0)或 numeric(p,0)列。对于每个表,只能创建一个标识列。不能对标识列使用绑定默认和

DEFAULT 约束。必须同时指定种子和增量,或者两者都不指定。如果两者都未指定,则取默认值(1,1)。

- seed:是装入表的第一行所使用的值。
- increment:是向装载的前一行的标识值中添加的增量值。
- PRIMARY KEY:指定主键约束,一个表只能包含一个 PRIMARY KEY 约束。
- CONSTRAINT constraint_name:指定限定名称。
- DEFAULIT constant_expr:指定默认值。
- UNIQUE:指定唯一性约束。
- CLUSTERED | NONCLUSTERED:指示为 PRIMARY KEY 或 UNIQUE 约束创建聚集索引或非聚集索引。PRIMARY KEY 约束默认为 CLUSTERED,UNIQUE 约束默认为 NONCLUSTERED。
- FOREING KEY REFERENCES:为列中的数据提供引用完整性的约束。FOREING KEY 约束要求列中的每个值都存在于所引用的表的对应被引用列中。FOREING KEY 约束只能引用在所引用的表中是 PRIMARY KEY 或 UNIQUE 约束的列,或所引用的表中在唯一索引内的被引用列。也就是指定外键关系。
- CHECK:指定 CHECK 约束,其后的 logical_expr 是一个逻辑表达式。

【例 4-4】 设已经创建了数据库 stu_info,现在该数据库中需创建学生表 student,该表的结构见表 4-2。

创建表 student 的 T-SQL 语句如下:

```
USE stu_info
go
CREATE TABLE student
(       s_id char(10) NOT NULL primary key,          /* 定义主键约束 */
        sname nvarchar(5) NULL,
        ssex nvarchar(1) NULL default N'男',          /* 定义默认值 */
        sbirthday date NULL ,
        sdepartment nvarchar(10) NULL,
        smajor nvarchar(10) NULL,
        spoliticalstatus nvarchar(4) NULL,
        photo varbinary(max) NULL,
        smemo nvarchar(max) NULL
)
GO
```

4.3.2 修改表结构

T-SQL 语言提供了 ALTER TABLE 语句来修改表的结构。其基本语法格式如下:

```
ALTER TABLE 表名
{ ALTER COLUMN 列名
    {数据类型 [ ( 长度 [ ,小数位数] | max ) [ NULL | NOT NULL ]
| ADD { column_definition } [ , …,n ]
| DROP { [ CONSTRAINT ] constraint_name | COLUMN 列名 } [ ,…,n ]
| [ WITH { CHECK | NOCHECK } ] { CHECK | NOCHECK } CONSTRAINT
}
```

其中,各参数与 CREATE TABLE 中对应参数含义相同。另外,ADD 字句表示增加列,后面为属性参数设置；DROP 字句表示删除约束或者列，后跟 CONSTRAINT 表示删除约束，后跟 COLUMN 表示删除列。

【例 4-5】　设已经在数据库 stu_info 中创建了表 student。先在表 student 中增加一个新列，奖学金等级（sscholarship）。然后在表 student 中删除名为 sscholarship 的列。

在 SQL Server Management Studio 中新建一个查询，并输入脚本如下：

```
USE stu_info
ALTER TABLE student
    ADD sscholarship tinyint NULL
GO
```

输入完成后执行脚本，然后可以在 stu_info 展开 dbo. student 中表的结构查看运行结果。

说明：如果原表中已经存在同名的列，则语句运行将出错。

下面的脚本是用于在表 student 中删除奖学金等级（sscholarship）的列。

```
USE stu_info
ALTER TABLE student
    DROP COLUMN sscholarship
GO
```

4.3.3　删除表

使用 SQL 语言要比使用 SQL Server Management Studio 删除表容易得多。删除表的语法如下：

```
DROP TABLE table_name
```

其中，table_name 指出要删除表的名称。

【例 4-6】　给出删除 stu_info 数据库中 student 表的程序。

```
USE stu_info
DROP TABLE student
```

说明：为了便于后面的操作，在修改了本书所使用的例表（student、course、grade）的表结构后请将其恢复到原来的状态。如无特殊说明，本书后面所举的例子使用的都是最初设计的表结构。

4.4　界面方式操作表数据

记录一般是通过 T-SQL 来添加的，但是从 SQL Server 7.0 开始，记录的添加和修改可通过"对象资源管理器"来进行。但要注意的是，如果表之间有关联性存在，例如，表 A 的某个字段参考到表 B 时，则必须先输入表 B 的记录，然后才能输入表 A 与之相关的记录，否则将会出错。

下面以对在前面所创建的 stu_info 数据库中的 student 表进行记录的插入、修改和删除操作为例说明通过"对象资源管理器"操作表数据的方法。

通过 SQL Server Management Studio，在"对象资源管理器"窗格中展开数据库 stu_info 后选择要进行操作的表 student，右击，在弹出的快捷菜单上选择"打开表"命令，打开如图 4-10 所示的表数据窗口。

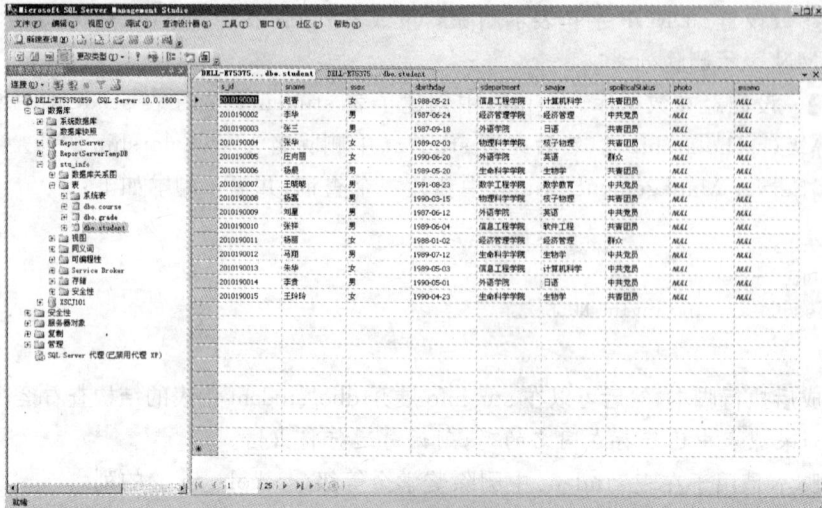

图 4-10　操作表数据窗口

在此窗口中,表中的记录将按行显示,每个记录占一行。可以看到,此时表中还没有数据。可向表中插入记录,之后可以删除和修改记录。

4.4.1　插入记录

插入记录将新记录添加在表尾,可以向表中插入多条记录。插入记录的操作方法是:

将光标定位到当前表尾的下一行,然后逐列输入列的值。每输入完一列的值,按回车键,光标将自动跳转到下一列,便可编辑该列。若当前列是表的最后一列,则该列编辑完后按下回车键,光标将自动跳转到下一行的第一列,此时上一行输入的数据已保存,可以增加下一行。

若表的某列不允许为空值,则必须为该列输入值,例如表 student 的 s_id 列。若列允许为空值,那么,不输入该列值,则在表格中将显示<NULL>字样,如 student 表的 smemo 列。

用户可以根据自己需要向表中插入数据,插入的数据要符合列的约束条件,例如,不可以向非空的列插入 NULL 值。图 4-11 所示是插入数据后的 student 表。

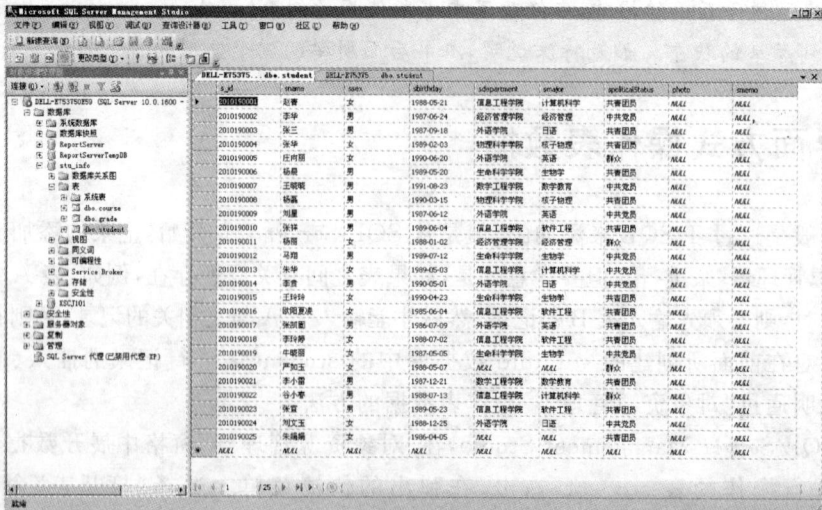

图 4-11　向表中插入记录

注意：在界面中插入 bit 类型数据的值时不可以直接写入 1 或 0，而是用 True 或 False 来代替，True 表示 1，False 表示 0，否则会出错。

4.4.2　删除记录

当表中的某些记录不再需要时，要将其删除。在【对象资源管理器】窗格中删除记录的方法是：在表数据窗口中定位需要被删除的记录，单击该行最前面的黑色箭头处选择全行，右击，选择【删除】命令，如图 4-12 所示。

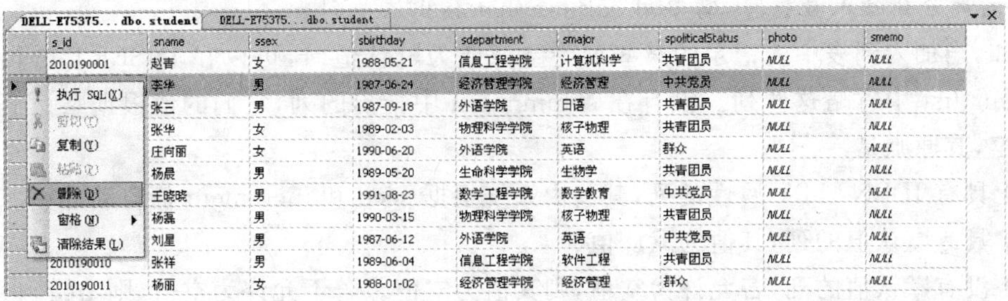

图 4-12　删除记录

选择【删除】后，将出现一个确认对话框，单击【是】按钮将删除所选择的记录，单击【否】按钮将不删除该记录。

4.4.3　修改记录

在操作表数据的窗口中修改记录数据的方法是：先定位被修改的记录字段，然后对该字段值进行修改，修改之后将光标移到下一行即可保存修改的内容。

4.5　命令方式操作表数据

对表数据的插入、修改和删除还可以通过 T-SQL 语句来执行，与界面操作表数据相比，通过 T-SQL 语句操作表数据更为灵活，功能更强大。

4.5.1　插入记录

插入记录使用 INSERT 语句。
语法格式：

```
INSERT [TOP (expression)[PERCENT]]
[INTO]
{ table_name
    WITH (< table_hint_limited >[ … n])
    | view_name
    | rowset_function_limited
}
{ [ (column_list)]
    { VALUES
        ({DEFAULT | NULL |expression} [, …,n])
        | derived_table
```

```
         | exectute_statement
      }
   }
   | DEFAULT VALUES
```

说明：

- table_name：被操作的表名。前面可以指定数据库名和架构名。
- view_name：视图名。有关视图的内容在第 6 章中介绍。
- column_list：需要插入数据的列的列表。包含了新插入行的各列的名称。如果只给表的部分列插入数据时，需要用 column_list 指出这些列。

例如，当加入到表中的记录的某些列为空值或为默认值时，可以在 INSERT 语句中给出的 column_list 中省略这些列。没有在 column_list 中指出的列，它们的值根据默认值或列属性来确定，其原则是：

(1) 具有 IDENTITY 属性的列，其值由系统根据 seed 和 increment 值自动计算得到。

(2) 具有默认值的列，其值为默认值。

(3) 没有默认值的列，若允许为空值，则其值为空值。若不允许为空值，则出错。

(4) 类型为 timestamp 的列，系统自动赋值。

(5) 如果是计算列，则使用计算值。

VALUES 子句：包含各列需要插入的数据清单，数据的顺序要与列的顺序相对应。若省略 column_list，则 VALUES 子句给出每一列(除 IDENTITY 和 timestamp 类型以外的列)的值。VALUES 子句中的值可有三种：

(1) DEFAULT：指定为该列的默认值。这要求定义表时必须指定该列的默认值。

(2) NULL：指定该列为空值。

(3) expression：可以是一个常量、变量或一个表达式，其值的数据类型要与列的数据类型一致。例如，列的数据类型为 int，插入的数据是"aaa"就会出错。当数据为字符型时要用单引号括起。

- derived_table：是一个由 SLELECT 语句查询所得到的结果集。利用该参数，可把一个表中的部分数据插入到另一个表中。结果集中每行数据的字段、字段的数据类型要与被操作的表完全一致。使用结果集向表中插入数据时可以使用 TOP(expression)【PERCENT】选项，这个选项可以在结果集中选择指定的行数或占指定百分比数的行插入表中。expression 可以是行数或行的百分比，使用百分比时要加 PERCENT 关键字。有关 SELECT 语句的内容在第 5 章中介绍。
- DEFAULL VALUES：该关键字说明向当前表中所有列均插入其默认值。此时，要求所有列均定义了默认值。

【例 4-7】 向数据库 stu_info 的表 student 中插入如下一行数据：

2010190026，张红，女，1985-01-30，信息工程学院，党员（假设 student 表没有该行数据）

使用下列语句：

```
USE stu_info
INSERT INTO student
      VALUES( '2010190026', N'张红', N'女', '1/30/1980', N'信息工程学院', N'计算机',
N'党员', NULL,NULL)
GO
```

注意：若原有行中存在关键字，而插入的数据行中含有与原有行中关键字相同的列值，则 INSERT 语句无法插入此行。

【例 4-8】 向学生管理系统涉及的其他表中插入数据。

向 course 表加入数据的 T-SQL 语句示例如下：

```
INSERT INTO course VALUES('103', N'计算机基础',1,3,64)
```

向 grade 表加入数据 T-SQL 语句示例如下：

```
INSERT INTO grade VALUES('2010190026',103,80)
```

使用 INSERT 还可以添加多行数据。一条语句添加多行数据的常用方法有两种：一种是将现有表中的数据添加到目标表中；一种是使用 UNION 添加多行数据（将在第 5 章讲解）。

【例 4-9】 从学生表 student 中生成信息工程学院的学生表 st，包含学号、姓名、系别名。

用 CREATE 语句建立表 st：

```
CREATE TABLE st
(    num char(10) NOT NULL PRIMARY KEY,
     name nvarchar(5) NOT NULL,
     department nvarchar(10) NULL
)
```

用 INSERT 语句向 ST 表中插入数据：

```
INSERT INTO st
        SELECT s_id, sname, sdepartment
          FROM student
          WHERE sdepartment = '信息工程学院'
SELECT * from st
```

上面这条 INSERT 语句的功能是：将 student 表中"信息工程学院"的各记录的 s_id、sname 和 sdepartment 列的值插入到 st 表的各行中。用 SELECT 语句查询结果，结果如图 4-13 所示。

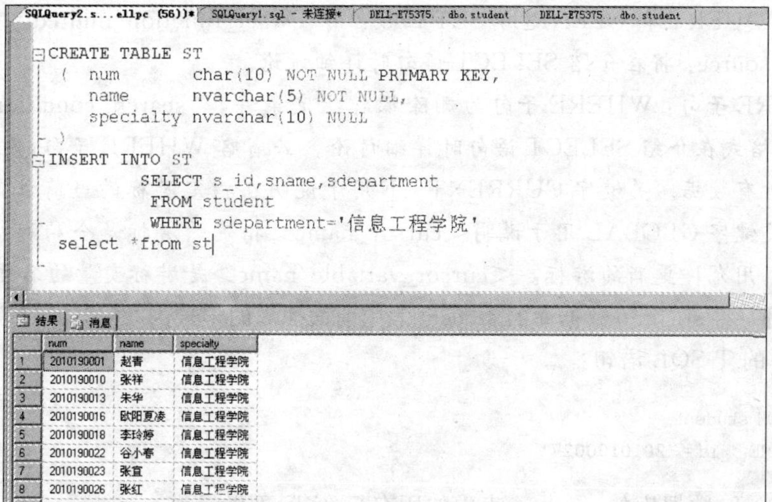

图 4-13 执行结果

在执行 INSERT 语句时,如果插入的数据与约束或规则的要求产生冲突或值的数据类型与列的数据类型不匹配,那么 INSERT 执行失败。

说明:为了便于后面内容的学习,到此处为止,假设数据库 stu_info 中已经插入了 student、course、grade 表中的样本数据。

4.5.2　删除记录

在 T-SQL 语言中,删除数据可以使用 DELETE 语句或 TRUNCATE TABLE 语句来实现。

1. 使用 DELETE 语句删除数据

语法格式:

```
DELETE [TOP (expression)[PERCENT]]
[FROM]
{  table_name                    /* 从表中删除数据 */
| view_name                      /* 从视图删除数据 */
| rowset_function_limited        /* 可以是 OPENQUERY 或 OPENROWSET 函数 */
}
[ FROM {<table_source>}[, …,n]]  /* 从 table_source 删除数据 */
[ WHERE {< search_condition >    /* 指定条件 */
|{ [CURRENT OF { {[GLOBAL] cursor_name} | cursor_variable_name}]}]
                                 /* 有关游标的说明 */
}]
```

说明:

- [TOP(expression)[PERCENT]]:指定将要删除的任意行数或任意行的百分比。
- FROM 子句:用于说明从何处删除数据。可以从四种类型的对象中删除数据。
- 表:由 table_name 指定要从其中删除数据的表名。
- 视图:由 view_name 指定要从其中删除数据的视图名,要注意该视图必须可以更新。并且正确引用了一个基本表。
- OPENQUERY 和 OPENROWSET 函数:由 rowset_function_limited 指定。
- table_source:将在介绍 SELECT 语句时详细讨论。
- WHERE 子句:WHERE 子句为删除操作指定条件,<search_condition>给出了条件,其格式在介绍 SELECT 语句时详细讨论。若省略 WHERE 子句,则 DELETE 将删除所有数据。关键字 CURRENT OF 用于说明在指定游标的当前位置完成删除操作。关键字 GLOBAL 用于说明<cursor_name>指定的游标是全局游标。游标变量必须引用允许更新的游标。<cursor_variable_name>是游标变量的名称。

【例 4-10】 将 stu_info 数据库的 student 表中前面插入的学号为"2010190027"的行删除。使用如下的 T-SQL 语句:

```
DELETE FROM student
      WHERE s_id = '2010190027'
```

删除 stu_info 数据库的 student 表中的所有行(实际不做操作):

```
DELETE student
```

2. 使用 TRUNCATE TABLE 语句删除表数据

使用 TRUNCATE TABLE 语句将删除指定表中的所有数据,因此也称其为清除表数据语句。

语法格式:

```
TRUNCATE TABLE tb_name
```

说明:这里的"tb_name"为所要删除数据的表名。由于 TRUNCATE TABLE 语句将删除表中的所有数据,且无法恢复,因此使用时必须十分当心。

使用 TRUNCATE TABLE 删除了指定表中的所有行,但表的结构及其列、约束、索引等保持不变,而新行标识所用的计数值重置为该列的初始值。如果想保留标识计数值,则要使用 DELETE 语句。

TRUNCATE TABLE 在功能上与不带 WHERE 子句的 DELETE 语句相同,二者均删除表中的全部行。但 TRUNCATE TABLE 比 DELETE 速度快,且使用的系统和事务日志资源少。DELETE 语句每次删除一行,并在事务日志中为所删除的每行记录一项。而 TRUNCATE TABLE 通过释放存储表数据所用的数据页来删除数据,并且只在事务日志中记录页的释放。

对于由外键(FOREIGN KEY)约束引用的表,不能使用 TRUNCATE TABLE 删除数据,而应使用不带 WHERE 子句的 DELETE 语句。另外,TRUNCATE TABLE 也不能用于参与索引视图的表。

4.5.3 修改记录

在 T-SQL 中,UPDATE 语句可以用来修改表中的数据行。

语法格式:

```
UPDATE [TOP (expression)[PERCENT]]
{   table_name WITH ( < table_hint_limited > [ …n ] )/ * 修改表数据 * /
| view_name                                       /* 修改视图数据 */
| rowset_function_limited                         /* 可以是 OPENQUERY 或 OPENROWSET 函数 */
}
SET                                               /* 赋予新值 */
{ column_name = { expression | DEFAULT | NULL }   /* 为列重新指定值 */
| @variable = expression                          /* 指定变量的新值 */
  | @variable = column = expression               /* 指定列和变量的新值 */
  }[, …n ]
{ { [ FROM {< table_source >}[, …n ]]             /* 修改 table_source 数据
[ WHERE < search_condition > ]                    /* 指定条件 */
}
| [ WHERE CURRENT OF                              /* 有关游标的说明 */
{ {[GLOBAL] cursor_name} | cursor_variable_name}]
}
```

说明:可以对5种类型的对象修改数据:表、视图、OPENQUERY 和 OPENROWSET 函数以及 table_source,在 DELETE 语句中已经进行了说明。

(1) SET 子句:用于指定要修改的列或变量名及其新值。共有3种可能情况:

① column_name＝{expression|DEFAULT|NULL}：将指定的列值改变为所指定的值。expression 为表达式，DEFAULT 为默认值，NULL 为空值，要注意指定的新列值的合法性。

② @variable ＝ expression：将变量的值改变为表达式的值。@variable 为已声明的变量，expression 为表达式，有关变量的声明在第 8 章中介绍。

③ @variable ＝ column ＝ expression 将变量和列的值改变为表达式的值。@variable 为已声明的变量，column 为列名，expression 为表达式。

(2) FROM 子句：指定用表来为更新操作提供数据。

(3) WHERE 子句：WHERE 子句中的＜search_condition＞指明只对满足该条件的行进行修改，若省略该子句，则对表中的所有行进行修改。

【例 4-11】 将 student 表中 "姓名" 为 "王玲玲" 的同学的 "专业" 改为 "软件工程"。

```
UPDATE student
    SET smajor = N'软件工程'
    WHERE sname = N'王玲玲'
GO
```

【例 4-12】 将 student 表中 "smemo" 为空的行的 "smemo" 全部修改为 "尚为填写"。

```
UPDATE student
    SET smemo = N'尚为填写'
    WHERE smemo IS NULL
GO
```

注意：若 UPDATE 语句中未使用 WHERE 子句限定范围，UPDATE 语句将更新表中的所有行。使用 UPDATE 可以一次更新多列的值，这样可以提高效率。

说明：修改后请将数据恢复到初始状态，以便以后使用。

4.6 约束的创建和管理

约束是 SQL Server 提供的自动保持数据完整性的一种方法，它是通过限制列中数据、行中数据和表之间数据来保持数据完整性。

约束是独立于表结构的，作为数据库定义部分在 CREATE TABLE 语句中声明，可以在不改变表结构的基础上，通过 ALTER TABLE 语句添加或者删除。当表被删除时，表所带的所有约束定义也随之被删除。

在 SQL Server 中主要有下列 5 种约束：

- 主键约束(Primary Key Constraint)；
- 外键约束(Foreign Key Constraint)；
- 唯一约束(Unique Constraint)；
- 检查约束(Check Constraint)；
- 默认值约束(Default Constraint)。

4.6.1 主键约束

主键约束指定表的一列或几列的组合的值在表中具有唯一性，即能唯一地标识一行记录。

通过它可以实施数据的实体完整性。每个表中只能有一列被指定为主键，且 IMAGE 和 TEXT 类型的列不能被指定为主键，也不允许指定主键列有 NULL 属性。

表本身并不要求一定要有主键，但应该养成给表定义主键的良好习惯。在规范化的表中，每行中的所有数据值都完全依赖于主键。当创建或更改表时可通过定义 PRIMARY KEY 约束来创建主键。

定义主键约束的语法如下：

```
    CONSTRAINT constraint_name
PRIMARY KEY | UNIQUE [CLUSTERED | NONCLUSTERED]
( column_name1 [, column_name2, …, column_name16 ])
[WITH FILLFACTOR = fillfactor]
[ON {filegroup|DEFAULT}]
```

参数含义说明如下。

- constraint_name：指定约束的名称，约束的名称在数据库中应是唯一的，如不指定，则系统会自动生成一个约束名。
- CLUSTERED：表示在该列上建立簇索引（默认值），NONCLUSTERED 则非簇索引。
- Column_name：指定组成主键的列名，主键最多由 16 个列组成。
- WITH：设主键约束所建立的页面填充度。
- ON：指出存储索引的数据库文件组的名称。

【例 4-13】　创建一个以课程号 c_id 为主键的课程表。

```
CREATE TABLE course
(    c_id char(3) NOT NULL primary key, /＊定义主键约束＊/
   cname nvarchar(10) NULL, cp_id char(3) NULL,
   credit int CHECK (学分 >＝0 AND 学分<＝10) NULL, /＊ CHECK 子句定义约束条件 ＊/
   chours int NULL
)
GO
```

4.6.2　外键约束

外键约束定义了表之间的关系。当一个表中的一个列或多个列的组合和其他表中的主键定义相同时，就可以将这些列或列的组合定义为外键，通过它可以实施参照完整性。这样，当在定义主键约束的表中更新列值时，其他表中有与之相联的外键约束的列也将被相应地做相同的更新。外键约束的作用还体现在限制插入到表中被约束列的值必须在被参照表中已经存在。与主键相同，不能使用一个定义为 TEXT 或 IMAGE 数据类型的列创建外键。实施外键约束时，要求被参照表中定义了主键约束或者唯一性约束。

定义外键约束的语法如下：

```
CONSTRAINT constraint_name
FOREIGN KEY (column_name1[, column_name2, …, column_name16 ])
REFERENCES ref_table [ (ref_column1[,ref_column2, …, ref_column16] )]
    [ ON DELETE { CASCADE|NO ACTION }]
    [ ON UPDATE { CASCADE|NO ACTION} ]
    [ NOT FOR REPLICATION ]
```

参数含义说明如下。

- REFERENCES：指定被参照表的信息。
- Ref_table：指定被参照表的名称。
- ref_column：指定参照表中被参照列的名称，须具有主键约束或者唯一性约束。
- ON DELETE{CASCADE|NO ACTION}：表示在删除与外键约束相对应的主键所在行时级联删除(CASCADE)外键所在行的数据或不做任何操作(NO ACTION)，NO ACTION 是默认值。
- ON UPDATE{ CASCADE|NO ACTION }：表示在修改与外键约束相对应的主键所在行时级联修改(CASCADE)外键所在行的数据或不做任何操作(NO ACTION)，NO ACTION 是默认值。
- NOT FOR REPLICATION：指出在复制代理操作期间，暂停对插入或修改数据的外键约束参照检查。

【例 4-14】　创建表 grade，要求表中所有的学生学号都必须出现在 student 表中，假设已经使用学号列作为主键创建了 student 表。

```
USE stu_info
CREATE TABLE grade
(      s_id char(10) NOT NULL FOREIGN KEY grade(s_id) REFERENCES student (s_id),
       c_id char(3) NOT NULL,
grade int,
)
GO
```

4.6.3　唯一性约束

唯一性约束指定一个或多个列的组合的值具有唯一性，以防止在列中输入重复的值，可以通过它实施数据实体完整性。每个唯一性约束要建立一个唯一索引。

由于主键值是具有唯一性的，因此主键列不能再实施唯一性约束。与主键约束不同的是一个表可以定义多个唯一性约束，但是只能定义一个主键约束；另外唯一性约束指定的列可以设置为 NULL，但是不允许有一行以上的值同时为空，而主键约束不能用于允许空值的列。

定义唯一性约束的语法如下：

```
CONSTRAINT constraint_name
UNIQUE [CLUSTERED | NONCLUSTERED]
( column_name1 [, column_name2, …, column_name16 ])
     [WITH FILLFACTOR = fillfactor] [ON {filegroup|DEFAULT}]
```

参数含义说明如下。

- constraint_name：要创建的唯一性约束的名称。
- CLUSTERED|NONCLUSTERED：分别要求 SQL Server 对 UNIQUE 分别自动创建唯一簇索引和非簇索引。
- WITH 和 ON 这两个关键字的含义和前面介绍的相同。

【例 4-15】　对 stu_info 数据库中课程表的课程名字段创建唯一性约束。

ALTER TABLE course

```
ADD
CONSTRAINT u_course_name UNIQUE NONCLUSTERED (cname)
```

4.6.4 检查约束

检查约束限制输入到一列或多列中的可能值，只有符合特定条件和格式的数据才能存到字段中，从而保证 SQL Server 数据库中数据的完整性。在检查约束中，可以包含搜索条件和逻辑表达式，但不能包含子查询。

定义检查约束的语法如下：

```
CONSTRAINT constraint_name
    CHECK [ NOT FOR REPLICATION]
        ( logical_expression)
```

参数含义说明如下。

- constraint_name：指定要创建的检查约束的名称。
- NOT FOR REPLICATION：指定检查约束在把从其他表中复制的数据插到表中时不发生作用，只对用户输入数据进行检查。
- Logical_expression：指定逻辑条件表达式，可以是 AND 或者 OR 连接的多个简单表达式构成的复合表达式。返回值为 TRUE 或 FALSE。返回 TRUE 值时可写入字段中。

【例 4-16】 通过修改 stu_info 数据库的 grade 表，增加成绩字段的 CHECK 约束。

```
USE XSCJ
ALTER TABLE grade
    ADD CONSTRAINT cj_constraint CHECK (成绩> = 0 and 成绩< = 100)
```

【例 4-17】 删除 stu_info 数据库中 grade 表成绩字段的 CHECK 约束。

```
USE XSCJ
ALTER TABLE grade
    DROP CONSTRAINT cj_constraint
GO
```

除了使用 Transact-SQL 创建检查约束，还可以使用 Management Studio 添加 CHECK 约束。在【表设计器】中，单击鼠标右键，在弹出的快捷菜单中选择【CHECK 约束】命令。在【CHECK 约束】对话框中，单击【添加】按钮，如图 4-14 所示。

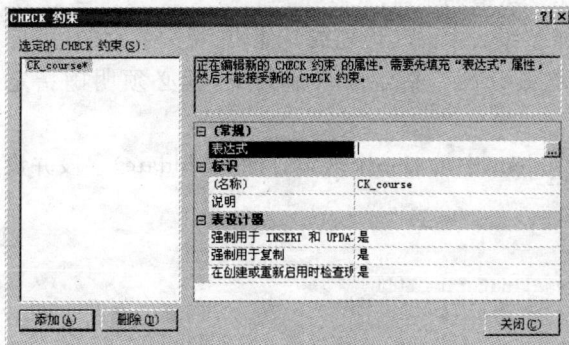

图 4-14 【CHECK 约束】对话框

在常规内的"表达式"字段中,输入 CHECK 约束的 SQL 表达式,或单击 ⋯ 按钮,在
【CHECK 约束表达式】对话框中输入 SQL 表达式(ccredit>=0 and ccredit<=10),如
图 4-15 所示,即可创建一个新的 CHECK 约束。在此在课程表 course 上创建一个名为 CK_
course 的 CHECK 约束,限制学分字段(ccredit)的范围是 0~10。

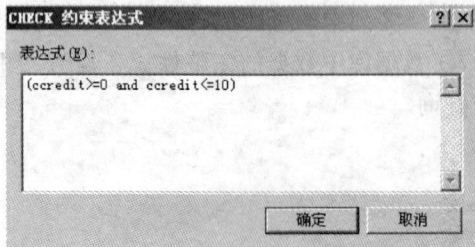

图 4-15 【CHECK 约束表达式】对话框

使用检查约束应注意以下一些问题:

- 一个表可以定义多个检查约束,但是每个 CREATE TABLE 语句只能为每列定义一个检查约束。
- 当用户执行 INSERT 或 UPDATE 命令时,检查约束便会进行检验,以便检查添加或修改后字段中的数据是否符合指定的条件。
- 自动编号字段、timestamp 和 uniqueidentifier 数据类型字段不能应用检查约束。

4.6.5 默认值约束

使用默认值约束后,用户在插入新的数据行时,如果没有为某一列指定数据,那么系统将
默认值赋给该列,默认值约束所提供的默认值可以是常量、函数、空值(NULL)等。SQL
Server 推荐使用默认值约束,而不是使用定义默认值的方式来指定列的默认值。

定义默认约束的语法如下:

```
[CONSTRAINT constraint_name]
DEFAULT constant_expression [for column_name]
```

在使用默认值约束时,还应该注意以下一些问题:

- 每一列中只能定义一个默认值约束,默认值约束只能用于 INSERT 语句。
- 默认值约束表达式不能用于数据类型为 timestamp 的列和 IDENTITY 属性的列上。
- 对于用户自定义数据类型列,如果已经将默认数据库对象与该数据类型相关联时,对此列也不能使用默认值约束。
- 约束表达式不能参照表中的其他列或其他表、视图或存储过程。
- 如果不允许为空值且没有指定默认值约束,就必须明确指定列值。否则返回错误信息。

【例 4-18】 向表 student 中填加一个入学日期(sadddate)字段并设置默认值约束。

```
USE sti_info
ALTER TABLE student
    ADD sadddate smalldatetime NULL
        CONSTRAINT AddDate                    /*默认值约束名*/
        DEFAULT getdate()
```

【例 4-19】　删除上例定义的默认值约束。

```
USE sti_info
ALTER TABLE student
        DROP CONSTRAINT AddDate
GO
```

4.7　规则的创建和管理

规则就是创建一套准则，并将其结合到表的列或用户自定义数据类型上，添加完之后它会检查添加的数据或者对表所作的修改是否满足所设值的条件。规则也是一种独立的数据库对象，正是由于它的独立性，可以将它用在用户自定义数据类型上，而不仅仅是表的列上。规则可以绑定到一列或者多列上，也可以绑定到用户自定义数据类型上。其作用类似于检查约束，两者在使用上的区别是：

- 检查约束可以对一列或多列定义多个约束，而列或用户定义数据类型只能绑定一个规则。
- CHECK 约束不能直接作用于用户自定义数据类型。
- 规则与其作用的表或用户自定义数据类型是相互独立的，即表或用户自定义对象的删除修改不会对与之相连的规则产生影响。但是检查约束是与作用的对象相连的。

4.7.1　创建规则

Transact-SQL 中用于创建规则的语句为 CREATE RULE 命令，其语法如下：

```
CREATE RULE rule_name AS condition_expression
```

参数含义说明如下。

Rule_name：要创建的规则的名称。

Condition_expression：该子句是定义规则的条件或确切含义。Condition_expression 子句可以是能用于 WHERE 条件子句中的任何表达式，它可以包含算术运算符、关系运算符和谓词，如（IN，LIKE，BETWEEN 等）。Condition_expression 子句中的表达式必须以字符"@"开头。

【例 4-20】　创建学生出生日期规则 birth_rule。

```
CREATE RULE birth_rule
        AS @birth>= '1987_01_01' and @birth<= '1970_01_01'
```

【例 4-21】　如下程序创建一个规则，用于限制课程号的输入范围。

```
CREATE RULE kc_rule
        AS @range like '[1-5][0-9][0-9]'
GO
```

4.7.2　绑定规则

创建规则后，规则仅仅只是一个存在于数据库中的对象，并未发生作用。需要将规则与数据库表或用户自定义数据类型进行绑定,才能使规则生效。所谓绑定就是指定规则作用于哪个表的哪一列或哪个用户自定义数据类型,此后列或用户自定义数据类型的所有数值必须满足此规则。

绑定规则一般使用两种方法:使用 Transact_SQL 与使用 Management Studio 绑定规则。

使用 Transact_SQL 绑定规则:

Transact_SQL 中的存储过程 sp_bindrule 可以绑定一个规则到表的一个列或一个用户自定义数据类型上,其语法如下:

```
sp_bindrule [ @rulename = ] 'rule', [ @objname = ] 'object_name' [ , 'futureonly' ]
```

参数含义如下:

[@rulename=]'rule':指定要绑定的规则名称。

[@objname=]'object_name':指定规则绑定的对象,表的列或用户自定义数据类型。

Futureonly:此选项仅在绑定到用户自定义数据类型上时才可以使用。当指定此选项时,仅以后使用此用户自定义数据类型的列会应用新规则,而当前已经使用此数据类型的列则不受影响。

【例 4-22】　绑定规则 birth_rule 到学生表 student 的"sbirthday"字段。

```
sp_bindrule birth_rule, 'student.sbirdhday'
```

【例 4-23】　如下程序定义一个用户数据类型 course_num,然后将前面定义的规则"kc_rule"绑定到用户数据类型 course_num 上,最后定义表 kcourse,其课程号的数据类型为 course_num。

```
USE stu_info
EXEC sp_addtype 'course_num','char(3)','not null'    /* 调用系统存储过程 */
EXEC sp_bindrule 'kc_rule', 'course_num'
GO
CREATE TABLE kcourse
(     课程号 course_num                        /* 将学号定义为 student_num 类型 */
         课程名 char(16) NOT NULL,
         开课学期 tinyint ,
         学时 tinyint,
         学分 tinyint
)
GO
```

规则与表的列绑定后,表 syscolumns 中保存有绑定规则的列和 ID。规则与用户自定义数据类型绑定后,表 systypes 保存有绑定的用户自定义数据类型和规则的 ID。

使用规则应该注意以下几点:

- 规则对已经输入到表中的数据不起作用。
- 规则所指定的数据类型必须与所绑定的对象的数据类型一致,且规则不能绑定一个数据类型为 Text、Image、或 Timestamp 的列。
- 与表的列绑定的规则优先于与用户自定义数据类型的列。因此,如果表列的数据类型与规则 A 绑定,同时列又与规则 B 绑定,则以规则 B 为列的规则。
- 用户可以直接使用一个新的规则来绑定列或用户自定义数据类型,而不需要先将原来

    绑定的规则解除,系统会将旧规则覆盖。

- 表的一列或一个用户自定义数据类型只能与一个规则相绑定,而一个规则可以绑定多个对象。
- sp_bindrule 只能将规则绑定到当前数据库中的列或用户自定义数据类型上,不能绑定到其他数据库中或者 SQL Server 系统数据库中。

4.7.3 解除与删除规则

(1) 解除规则。Transact_SQL 语言中的存储过程 sp_unbindrule 可解除规则与列或用户自定义数据类型的绑定。其语法如下:

```
sp_unbindrule [@objname = ] 'object_name'[,'futureonly']
```

(2) 删除规则。可用 DROP RULE 命令删除当前数据库中的一个或多个规则。其语法如下:

```
DROP RULE {rule_name} [, … n]
```

在删除一个规则前,必须先将与其绑定的对象解除绑定。

【例 4-24】 删除规则 birth_rule。

```
EXEC sp_unbindrule 'student.sbirdhday'
go
DROP RULE birth_rule
```

【例 4-25】 解除课程号列与 kc_rule 之间的绑定关系,并删除规则对象 kc_rule。

```
USE stu_info
IF EXISTS (SELECT name FROM sysobjects
WHERE name = 'kc_rule' AND type = 'R')
    BEGIN
        EXEC sp_unbindrule 'kcourse..课程号'
        DROP RULE kc_rule
    END
GO
```

小结

    本章重点介绍了 SQL Server 数据库中的表管理以及约束和规则的管理两部分内容。在表管理部分,读者应该能够熟练地使用 SQL Server Management Studio 和 Transact-SQL 来创建表、修改表和删除表;了解修改表的一些属性和名称的方法;重点掌握使用 Transact-SQL 进行表数据的插入、修改和删除。最后学习了使用约束、规则实施数据完整性的方法,重点掌握约束、规则的创建、绑定、解除和删除。

习题

1. 选择题

(1) 某字段希望存放电话号码,该字段应选用(　　)数据类型。

　　　A. char(10)　　　　　B. varchar(13)　　　C. text　　　　　　D. int

(2) 下列数据删除语句在执行时不会产生错误信息的是(　　　)。

　　A. DELETE ＊ FROM student WHERE s_id＝'2010190027'

　　B. DELETE FROM student WHERE s_id＝'2010190027'

　　C. DELETE s_name FROM student WHERE s_id＝'2010190027'

　　D. DELETE s_name SET s_id＝'2010190027'

(3) 用来维护两个表之间的一致性关系的约束是(　　　)。

　　A. FOREIGN KEY 约束　　　　　　　　B. CHECK 约束

　　C. UNIQUE 约束　　　　　　　　　　　D. DEFAULT 约束

2. 简答题

(1) 简要说明空值的概念及其作用。

(2) 什么是约束? 有哪几种常用的约束?

(3) SQL Server 2008 系统数据类型有哪些?

(4) 可以使用哪些方式创建数据表?

(5) 在 SQL Server 2008 的"Management Studio"中对数据进行修改,与使用 T-SQL 语言修改数据,两种方法相比较,哪一种功能更强大、更为灵活? 试举例说明。

实验

【实验名称】

创建和管理数据表。

【实验目的】

(1) 熟悉使用 Management Studio 界面方式和使用 T-SQL 方式创建、编辑及删除数据表。

(2) 熟悉使用 Management Studio 界面方式和使用 T-SQL 方式管理数据表数据。

【实验内容】

(1) 请使用 Management Studio 界面方式创建数据表 student,数据表具体结构见表 4-2使用 T-SQL 方式创建数据表 course 及 grade 数据表具体结构见表 4-3 和 4-4。

(2) 使用 T-SQL 语句方式修改表结构

① 在表 student 中增加新字段"班级名称(sclass)"字符类型为 varchar(10)。

② 在表 student 中删除字段"班级名称(sclass)"。

③ 修改表 student 中字段名为 sname 的字段长度由原来的 5 改为 8。

④ 修改表 student 中 ssex 字段默认值为"男"。

⑤ 修改表 course 中 cname 字段为强制唯一性字段。

⑥ 修改表 grade 中 grade 字段的值域为 0～100。

⑦ 将 grade 表中 s_id 列设置为引用 student 表中 s_id 列的外键。

⑧ 将 grade 表中 c_id 列设置为引用 course 表中 c_id 列的外键。

⑨ 删除数据表 course 的唯一性约束。

(3) 请使用 Management Studio 界面方式或 T-SQL 方式向表 student、course 及 grade 中插入数据,如表 4-5～表 4-7 所示。

表 4-5　student 表

s_id	sname	ssex	sbirthday	sdepartment	smajor	spoliticalStatus
2010190001	赵青	女	1988/5/21	信息工程学院	计算机科学	共青团员
2010190002	李华	男	1987/6/24	经济管理学院	经济管理	中共党员
2010190003	张三	男	1987/9/18	外语学院	日语	共青团员
2010190004	张华	女	1989/2/3	物理科学学院	核子物理	共青团员
2010190005	庄向丽	女	1990/6/20	外语学院	英语	群众
2010190006	杨晨	男	1989/5/20	生命科学学院	生物学	共青团员
2010190007	王晓晓	男	1991/8/23	数学工程学院	数学教育	中共党员
2010190008	杨磊	男	1990/3/15	物理科学学院	核子物理	共青团员
2010190009	刘星	男	1987/6/12	外语学院	英语	中共党员
2010190010	张祥	男	1989/6/4	信息工程学院	软件工程	共青团员
2010190011	杨丽	女	1988/1/2	经济管理学院	经济管理	群众
2010190012	马翔	男	1989/7/12	生命科学学院	生物学	中共党员
2010190013	朱华	女	1989/5/3	信息工程学院	计算机科学	中共党员
2010190014	李贵	男	1990/5/1	外语学院	日语	中共党员
2010190015	王玲玲	女	1990/4/23	生命科学学院	生物学	共青团员
2010190016	欧阳夏凌	女	1985/6/4	信息工程学院	软件工程	共青团员
2010190017	张凯固	男	1986/7/9	外语学院	英语	共青团员
2010190018	李玲婷	女	1988/7/2	信息工程学院	软件工程	共青团员
2010190019	牛晓丽	女	1987/5/5	生命科学学院	生物学	中共党员
2010190020	严如玉	女	1988/5/7			群众
2010190021	李小雷	男	1987/12/21	数学工程学院	数学教育	共青团员
2010190022	谷小春	男	1988/7/13	信息工程学院	计算机科学	群众
2010190023	张宜	男	1989/5/23	信息工程学院	软件工程	共青团员
2010190024	刘文玉	女	1988/12/25	外语学院	日语	中共党员
2010190025	朱娟娟	女	1986/4/5			共青团员

表 4-6　course 表

c_id	cname	cp_id	ccredit	chours
1	数据结构	3	4	72
2	高等数学		5	90
3	C 语言		3	54
4	软件工程	1	4	72
5	大学英语		6	108
6	英语写作	5	3	54
7	物理学		4	72
8	生物学		4	72
9	计算机网络	3	4	72
10	离散数学	2	4	72
11	日语		3	54
12	数据库	1	4	72
13	经济管理	14	3	54
14	经济学概论		3	54
15	操作系统	1	5	90
16	人工智能	2	3	54

表 4-7   grade 表

s_id	c_id	grade	s_id	c_id	grade
2010190001	1	78	2010190010	2	79
2010190001	15	52	2010190010	3	76
2010190001	2	67	2010190010	4	90
2010190001	3	89	2010190010	5	63
2010190002	13	56	2010190011	13	78
2010190002	14	96	2010190012	8	52
2010190003	11	87	2010190013	1	93
2010190004	2	65	2010190013	2	92
2010190004	7	71	2010190016	4	81
2010190005	5	68	2010190019	8	82
2010190005	6	87	2010190021	2	74
2010190006	8	69	2010190022	5	67
2010190008	7	45	2010190023	5	82
2010190009	5	76	2010190024	5	71
2010190010	1	87			

(4) 使用 T-SQL 语句方式修改数据表数据。

① 向 grade 表加入数据 2010190025、5、63。

② 修改 student 表,将外语学院姓名为"张三"的学生姓名修改为"张山"。

③ 修改 grade 表,将选修 1 号课程的同学成绩加 5 分。

④ 删除数据表 course 中学分低于 1 学分的课程信息。

第 5 章

数据查询

创建数据库、数据表的最终目的就是为了能够很好地利用数据表中的数据，数据查询就是根据客户端的要求从数据库中查询出用户所需要的数据返回给用户。数据查询是数据库的核心操作，是 SQL Server 中进行得最频繁的操作。

本章的学习目标：

- 熟练掌握数据查询语句的基本语法结构；
- 了解并掌握数据查询语句各子句的执行顺序及功能；
- 熟练掌握数据查询语句相关子句的使用方法；
- 熟练利用数据查询语句进行简单查询、连接查询、嵌套查询以及集合查询。

5.1　查询语句

SQL Server 提供了 SELECT 语句用于进行数据库的查询，该语句具有强大的查询功能和丰富的查询方法。它由一系列灵活的子句组成，SELECT 语句能够通过这些子句的各种组合从数据库表或视图中查询所需要的数据。SELECT 语句可以从一个或多个表/视图中选择一个或多个行/列；对查询列进行筛选、计算；对查询进行分组、排序；甚至可以在一个 SELECT 语句中嵌套另一个 SELECT 语句。由于 SELECT 语句的使用较为灵活，因此为了能让大家更好地掌握它的使用方法，下面介绍 SELECT 语句的语法结构。

5.1.1　SELECT 语句的语法结构

SELECT 查询语句的完整语法结构比较复杂，总地来说其主要子句包括：SELECT 子句、FROM 子句、WHERE 子句、GROUP BY 子句、HAVING 子句、ORDER BY 子句。在查询与查询之间还可以使用 UNION，EXCEPT 和 INERSECT 运算符进行集合查询，将各个查询的结果合并或比较到一个结果集中。SELECT 语句的基本语法格式如下：

```
SELECT select_list              -- SELECT 子句
[ INTO new_table ]              -- INTO 子句
[ FROM table_source ]          -- FROM 子句
[ WHERE search_condition ]     -- WHERE 子句
[ GROUP BY group_by_expression ]  -- GROUP BY 子句
[ HAVING search_condition]     -- HAVING 子句
[ ORDER BY order_expression ]  -- ORDER BY 子句
```

参数说明：

SELECT 子句的作用:指定查询结果返回的列。

select_list:指定要显示的列名或表达式。若显示多列则以逗号进行分隔,最大列数为4096 列。

INTO 子句的作用:将查询结果存储到新表 new_table 中。

FROM 子句的作用:用于指定要查数据的来源。若有多个数据来源则用逗号分隔。

table_source:数据表或视图等查询来源的名称。

WHERE 子句的作用:用来设置查询条件。

search_condition:指定要在 SELECT 语句查询的结果集中返回的记录行要满足的条件。

GROUP BY 子句的作用:将数据依据设置的条件分成各个群组,如果在 SELECT 子句中使用了聚合函数,则对每组分别进行汇总。聚合即汇总,分别对每组使用聚合函数。

group_by_expression:用于指定进行分组依据的表达式。

HAVING 子句:指定组或聚合函数的搜索条件。通常在 GROUP BY 子句中使用。HAVING 与 WHERE 都是指定搜索条件的,其区别在于:

(1) 聚合函数只能在 HAVING 子句中使用。

(2) 在查询过程中聚合语句(sum,min,max,avg,count)要比 HAVING 子句优先执行,而 WHERE 子句在查询过程中执行优先级别优先于聚合语句(sum,min,max,avg,count),即先执行 WHERE 子句来筛选 FROM 子句中指定的数据表中满足 WHERE 条件所产生的行,接着 GROUP BY 子句用来分组满足 WHERE 子句而筛选输出的行,再接着执行 HAVING 子句中的聚合函数,最后执行 HAVING 子句的条件用来从分组的结果中筛选行。

ORDER BY 子句:指定结果集的排序方式。

order_by_expression:指定要排序的列名。

注意:这里,SELECT 语句的基本语法格式中的方括号[ ]表示可选项。

5.1.2　SELECT 各子句的顺序及功能

在 SELECT 查询语句中,各子句之间的顺序非常重要。虽然有些可选子句可以省略,但一旦使用这些子句就必须按照适当的顺序来安排它们的前后。如果在同一个 SELECT 查询语句中用到了多个子句,则正确的子句排列顺序应如表 5-1 所示,按序号由低到高进行编写。

表 5-1　SELECT 查询语句各子句的编写顺序

序号	子句关键词	子 句 功 能
1	SELECT	从指定表中取出指定列的数据
2	INTO	将查询结果存储到新表中
3	FROM	指定要查询操作的表或视图
4	WHERE	用来限定选择查询的条件
5	GROUP BY	对结果集进行分组,常与聚合函数一起使用
6	HAVING	用来限定分组的查询条件
7	ORDER BY	用来对结果集进行排序

5.1.3　SELECT 语句各子句的执行

T-SQL 语法与其他程序语言较大的区别在于其执行的逻辑处理流程。大部分程序码执行流程都是依照程序码编写的先后顺序执行,但在 SELECT 查询语句的逻辑处理过程中,第一个处理的顺序为 FROM 子句,而 SELECT 子句则是最后一个步骤,具体执行顺序如表 5-2所示。

表 5-2 SELECT 查询语句各子句的执行顺序

步骤	子句关键词	子 句 功 能
1	FROM	DBMS 根据 FROM 子句中的一个或多个表创建工作表
2	WHERE	DBMS 将 WHERE 子句列出的搜索条件作用于第 1 步中生成的工作表,保留那些满足搜索条件的行,删除那些不满足搜索条件的行
3	GROUP BY	DBMS 将第 2 步生成的结果表中的行按要求分成多个组,然后将每组减少到单行,并添加到新的结果表中,用以代替第 1 步的工作表
4	HAVING	DBMS 将 HAVING 子句列出的搜索条件作用于第 3 步生成的表,保留那些满足搜索条件的行,删除那些不满足搜索条件的行
5	SELECT	删除结果表中不包含在 select_list 中的列。如果 SELECT 子句包含 DISTINCT 关键字,DBMS 将从结果中删除重复的行
6	ORDER BY	按指定的排序规则对结果进行排序
7	INTO	将查询结果存储到用户指定的新表中

由于 SELECT 查询语句中每个子句的功能各不相同,用法灵活多变,因此下面就从简单查询开始,详细介绍 SELECT 语句各个子句的具体使用方法。

5.2 简单查询

5.2.1 查询列

所谓查询列就是将表中用户指定的若干列查询并显示在查询结果集中的过程。SQL Server 为我们提供的列查询语句就是 SELECT 子句,无论用户需要查询单列、多列、全部的列或者经过计算的列,SELECT 子句都可以轻松地完成。SELECT 子句的语法格式如下:

```
SELECT [ALL|DISTINCT]
[TOP expression [PERCENT][WITH TIES]]
```

参数说明:

ALL:指定在结果集中可以包含所有行,此参数为默认值,可省略。

DISTINCT:指定在结果集中只能包含唯一行(无重复行),在此关键字中 NULL 值是相等的。

TOP expression [PERCENT]:指定只返回查询结果集中的前几行或结果集中的百分比数的行。expression 可以是指定的行数或百分比数。

WITH TIES 指定从基本结果集中返回额外的行,对于 ORDER BY 列中指定的排序方式参数,这些额外的返回行的参数值与 TOPn(PERCENT)行中的最后一行的该参数值相同。只能在 SELECT 语句中且只有在指定了 ORDER BY 子句之后,才能指定 TOP⋯WITH TIES。

注意:返回的记录关联顺序是任意的。ORDER BY 不影响此规则。

如果指定了要返回前 10 行数据,然而在 ORDER BY 指定的列上,第 11 行与第 10 行的值相同,那么也将返回第 11 行,对后续的行也是如此,直至到达一个具有不同数值的行为止。

注意:SELECT 子句是所有查询语句中不可缺少的子句,通常情况都配合 FROM 子句一起使用。

1. 查询表中指定列

数据表中含有许多属性列,在很多情况下,用户只对表中的一部分属性列感兴趣。这时我们就可以通过在 SELECT 子句中的 select_list 指定要在结果集中显示的属性列。

【例 5-1】 查询数据表 student 中全体学生的学号与姓名。

```
SELECT s_id,sname
FROM student
```

在查询过程中若要查询多列,则列名之间用","隔开。其查询结果如图 5-1 所示。

【例 5-2】 查询数据表 student 中全体学生的专业、姓名和性别。

```
SELECT smajor,sname,ssex
FROM student
```

各列显示的顺序可与表中顺序不一致,由用户写入列名的先后次序来决定,如本例先显示专业再显示姓名和性别,执行结果如图 5-2 所示。

	结果	消息	
	s_id	sname	
1	2010190001	赵青	
2	2010190002	李华	
3	2010190003	张三	
4	2010190004	张华	
5	2010190005	庄向丽	
6	2010190006	杨晨	
7	2010190007	王晓晓	
8	2010190008	杨磊	
9	2010190009	刘星	

	结果	消息		
	smajor	sname	ssex	
1	计算机科学	赵青	女	
2	经济管理	李华	男	
3	日语	张三	男	
4	核子物理	张华	女	
5	英语	庄向丽	女	
6	生物学	杨晨	男	
7	数学教育	王晓晓	男	
8	核子物理	杨磊	男	
9	英语	刘星	男	

图 5-1 查询全体学生的学号与姓名 　　　图 5-2 查询全体学生的专业、姓名和性别

2. 查询表中所有列

若需要将表中所有的属性列都显示出来,除了可以将所有列名全部依次写入 SELECT 子句中以外,还可以使用通配符 * 来代替所有列名。

【例 5-3】 查询数据表 student 中全体学生的所有记录。

```
SELECT *
FROM student
```

这里显示的属性列的顺序是按照表中的顺序来显示的。执行结果如图 5-3 所示。

3. 查询经过计算的列

SELECT 子句中的 select_list 不仅可以是属性列,也可以是表达式,用来显示某些需要经过计算的属性列的值。

图 5-3　查询全体学生的所有记录

【**例 5-4**】　查询数据表 student 中所有学生的姓名和出生年份。

```
SELECT sname,year(sbirthday)
FROM student
```

本例中查询结果中的第 2 列不是列名，而是一个用函数计算过的表达式，year()函数为系统函数，用来获取参数日期中的年份，其执行结果如图 5-4 所示。

由于本例中第 2 列是经过计算的列，因此列标题无法按表的属性名命名，故显示为"无列名"。当然用户也可以通过指定别名的方式来修改查询结果的列标题，这对于含有算术表达式、常量、函数名的目标列表达式尤为有用。方法是在 select_list 中用"列标题＝表达式"或"表达式 AS 列标题"的方式指定查询结果集中的列的别名（标题）。

【**例 5-5**】　查询数据表 student 中所有学生的姓名和年龄，并将结果中各列标题分别指定为姓名，年龄。

```
SELECT 姓名 = sname, 年龄 = YEAR(GETDATE()) - YEAR(sbirthday)
FROM student
```

或者：

```
SELECT sname AS 姓名, YEAR(GETDATE()) - YEAR(sbirthday) AS 年龄
FROM student
```

也可以将 AS 省略直接用空格来代替，如：

```
SELECT sname 姓名, YEAR(GETDATE()) - YEAR(sbirthday) 年龄
FROM student
```

GETDATE()函数为系统函数，用来获取当前的日期和时间。查询结果如图 5-5 所示。

图 5-4　用表达式显示属性列

图 5-5　重命名列名

注意：当自定义的标题中含有空格时，必须用单引号将标题括起来。

4. 查看结果集中不重复的记录

在一些查询中,经过了查询指定列所得到的查询结果中会存在一些重复的记录,这些重复的记录对我们来说是没有必要的,所以可使用 DISTINCT 关键字来消除重复项。

【例 5-6】 查询 grade 表中所有选修了课程的学生的学号。

```
SELECT s_id
FROM grade
```

查询结果如图 5-6 所示。

若使用 DISTINCT 关键字,则该程序段可以改写为:

```
SELECT DISTINCT s_id
FROM grade
```

此时查询结果就无重复项出现了,如图 5-7 所示。

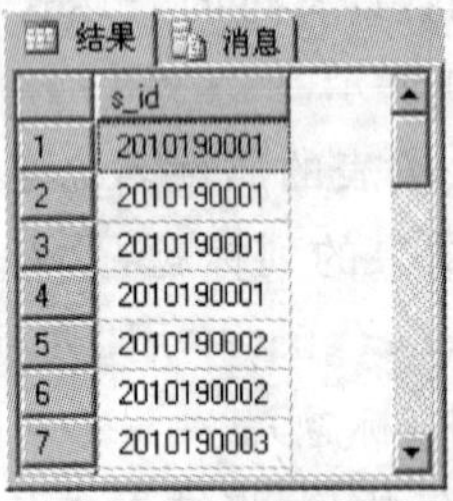

	s_id
1	2010190001
2	2010190001
3	2010190001
4	2010190001
5	2010190002
6	2010190002
7	2010190003

图 5-6　有重复记录的结果

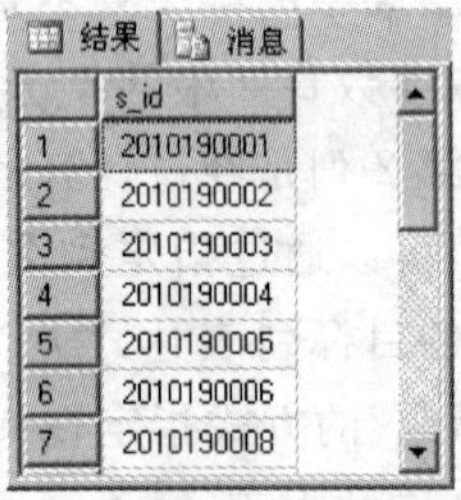

	s_id
1	2010190001
2	2010190002
3	2010190003
4	2010190004
5	2010190005
6	2010190006
7	2010190008

图 5-7　删除重复记录的结果

注意:使用 DISTINCT 关键字来消除的重复项是经过 SELECT 语句查询后的结果集中的项,若结果集中有多列则只有记录中的所有列属性都重复时才进行消除。另外,多个 NULL 值是被当成重复项来处理的。

5. 查看结果集中的前几条记录

我们知道数据表的信息量可能非常庞大,在使用 SELECT 语句进行查询的时候有时不需要将所有的信息全部查询出来,这时可以使用 TOP 关键字来显示查询结果集中的前若干条记录,这样既可以查看更方便还可节约大量的查询时间。如果 TOP 后面直接跟的是具体的数值,则代表显示前若干条记录。如果 TOP 后面跟的是"… PERCENT"语句,则表示结果中显示前百分之几条记录。

【例 5-7】 查询 course 数据表中前 5 门课程的所有信息。

```
SELECT TOP 5 *
FROM course
```

查询结果中只显示了数据表 course 中前 5 条记录的内容,其他信息省略,如图 5-8 所示。

【例 5-8】 查询 course 数据表中前 10%课程的所有信息。

```
SELECT TOP 10 PERCENT *
FROM course
```

course 表中所有记录的 10%取整为 2,所以查询结果如图 5-9 所示。

结果 | 消息

	c_id	cname	cp_id	ccredit	chours
1	1	数据结构	3	4	72
2	10	离散数学	2	4	72
3	11	日语	NULL	3	54
4	12	数据库	1	4	72
5	13	经济管理	14	3	54

图 5-8　查询前 5 门课程信息

结果 | 消息

	c_id	cname	cp_id	ccredit	chours
1	1	数据结构	3	4	72
2	10	离散数学	2	4	72

图 5-9　查询前 10%课程信息

TOP 关键词若与 ORDER BY 子句相结合，则在显示某列前几方面很有优势，即可以快速显示某列的最大或最小的前几名。具体用法可参见例 5-30。

5.2.2　查询行

所谓查询行其实就是在查询的过程对记录行进行条件限定，在查询的结果集中只显示符合条件的记录行。SQL Server 中为我们提供这种行有条件查询的就是 WHERE 子句。WHERE 子句在使用时必须紧跟在 FROM 子句后面。WHERE 子句可以限定的查询条件很多，可以是单个条件也可以是多个条件的组合，可以进行比较运算、限定范围、限定集合、进行字符匹配，也可以在条件里使用函数，等等。

WHERE 子句的语法格式如下：

```
WHERE < search_condition >
```

参数说明：

search_condition：用于指定要在 SELECT 语句、查询表达式或子查询的结果集中返回的行的条件。

1. 单个条件查询

1) 使用比较表达式进行单个条件查询

在 WHERE 子句中可用于比较表达式的比较运算符有：=（等于）、<（小于）、>（大于）、<>（不等于）、! =（不等于）、! >（不大于）、! <（不小于）、>=（大于等于）、<=（小于等于）。

【例 5-9】 查询 student 表中姓名为“张三”的学生的学号、性别及出生日期。

```
SELECT s_id, ssex ,sbirthday FROM student
WHERE sname = '张三'
```

【例 5-10】 查询 grade 表中所有考试成绩不及格的学生的学号。

```
SELECT DISTINCT s_id FROM grade
WHERE grade < 60
```

而对于如<、<=等比较运算符不但可以对数值型字段进行比较，也可以对字符类型字段进行比较。比较的依据是字符排列的顺序。如两个字符串比较：先比较首字符，如果首字符相同，则比较下一个字符以此类推。英文字符串按英文字母顺序排前后，而中文字符串按汉语拼音的首字母进行比较。

【例 5-11】 查询 student 表中姓名小于"刘星"的学生的学号、性别及出生日期。

```
SELECT s_id, ssex ,sbirthday FROM student
WHERE sname < '刘星'
```

本例中先比较"刘星"第一个汉字的汉语拼音首字母 L,依次向后比较,当首个字拼音相同时,比较第二个字汉字汉语拼音首字母 X,以此类推。其查询结果如图 5-10 所示。

	s_id	sname	ssex	sbirthday
1	2010190002	李华	男	1987-06-24
2	2010190014	李贵	男	1990-05-01
3	2010190018	李玲婷	女	1988-07-02
4	2010190021	李小雷	男	1987-12-21
5	2010190022	谷小春	男	1988-07-13
6	2010190024	刘文玉	女	1988-12-25

图 5-10 字符类型的比较查询

2) 使用逻辑表达式进行单个条件查询

在 WHERE 子句中用于逻辑表达式的运算符有:AND(与)、OR(或)、NOT(非)。

【例 5-12】 查询 student 表中不是中共党员的学生的姓名、政治面貌。

```
SELECT sname, spoliticalStatus FROM student
WHERE NOT spoliticalStatus = '中共党员'
```

或者用比较表达式也可以完成,即:

```
SELECT sname, spoliticalStatus FROM student
WHERE spoliticalStatus <> '中共党员'
```

逻辑比较运算符多数情况不在单个条件的查询中使用,而是将多个单独条件连接在一起,形成一个多条件的查询。

注意,AND、OR、NOT 三个运算符中优先级的高低顺序为 NOT>AND>OR。

2. 多个条件查询

【例 5-13】 查询 student 表中信息工程学院所有中共党员的所有信息。

```
SELECT * FROM student
WHERE sdepartment = '信息工程学院' AND spoliticalStatus = '中共党员'
```

如果查询的条件比较多,可以用 AND、OR 来连接不同的查询条件,如果查询条件比较复杂,还可以用小括号来指明 AND、OR 的顺序。

【例 5-14】 查询 student 表中所有信息工程学院和外语学院的女学生的所有信息。

```
SELECT * FROM student
WHERE ( sdepartment = '信息工程学院' OR sdepartment = '外语学院' )
AND ssex = '女'
```

3. 区间型条件的记录查询

在查询数据时我们经常要查询某个区间内的数据,这时可以使用 BETWEEN…AND…和

NOT BETWEEN…AND…表达式来限定数据的查找范围,其中 BETWEEN 后的条件是区间的下限,AND 后的条件是区间的上限,得到的区间是闭区间。

【例 5-15】 查询 grade 表中成绩在 60～69 分(包括 60 分和 69 分)之间的学生的学号、课程号及成绩。

```
SELECT s_id,c_id,grade FROM grade
WHERE grade BETWEEN 60 AND 69
```

【例 5-16】 查询 grade 表中成绩不在 60～69 分之间的学生的学号,课程号及成绩。

```
SELECT s_id,c_id,grade FROM grade
WHERE grade NOT BETWEEN 60 AND 69
```

其实 BETWEEN…AND…表达式也可以用含有＞＝和＜＝的逻辑表达式来代替,NOT BETWEEN 可以用含有"＞"和"＜"的逻辑表达式来代替。如本例可以如下表达得到同样查询结果:

```
SELECT s_id,c_id,grade FROM grade
WHERE grade < 60 AND grade > 69
```

4. 某个集合内的记录查询

如果要查询的数据不在一个连续的取值区间,而是一些离散的数据组成的集合,我们就需要使用关键字 IN 来限制查询的条件了。关键字 IN 可以方便查找属性值属于指定集合的记录,使用较为灵活。

【例 5-17】 查询 student 表中所有计算机科学、生物学和经济管理专业的学生的姓名和性别。

```
SELECT sname,ssex FROM student
WHERE smajor IN ('计算机科学', '生物学', '经济管理')
```

与 IN 相对的关键词是 NOT IN,用于查找属性值不属于指定集合的记录。

【例 5-18】 查询 student 表中既不是计算机科学专业、生物学专业,也不是经济管理专业的学生的姓名和性别。

```
SELECT sname,ssex FROM student
WHERE smajor NOT IN ('计算机科学', '生物学', '经济管理')
```

当然是 OR 运算符也可以做到同样效果,但不如 IN 简洁。

5. 字段内容为 NULL 的记录查询

所谓 NULL,就是空值。在数据库中 NULL 不同于 0 或空格,其长度为 0,是一种特殊的数值。因此在查询过程中对 NULL 的查询需要区别于其他数值,必须要用 IS NULL 或 IS NOT NULL 来设置查询条件,而不能使用"＝NULL"等表达方式,因为 NULL 是不能比较的。

【例 5-19】 查询 course 表中先修课程为空的课程的课程号和课程名。

```
SELECT c_id,cname FROM course
WHERE cp_id IS NULL
```

6. 使用 LIKE 关键字进行字符匹配查询

在实际的应用中,用户对字符类型的字段进行查询时经常遇到一些难题,那就是不能给出精确的查询条件。因此,我们可以使用 LIKE 关键字来进行字符串的匹配,LIKE 关键字不但能根据精确的查询条件进行查询,还可以根据一些并不确切的线索来搜索信息。在条件不明确的情况下 LIKE 关键字会与通配符配合使用,实现复杂的模糊查询条件。

1) 使用 LIKE 关键字进行精确查询

【例 5-20】 查询 student 表中学号为 2010190020 的学生的姓名。

```
SELECT sname FROM student
WHERE s_id LIKE '2010190020'
```

使用 LIKE 关键字进行精确查找相当于用=运算符进行简单的比较查询。同理也可以用<>或!=来代替 NOT LIKE。

2) 使用 LIKE 关键字进行模糊查询

要进行模糊查询,LIKE 关键字必须配合通配符一起使用。LIKE 可以使用的通配符有%、_、[]、[^] 4 种,所有通配符都只有在 LIKE 关键字使用时才有意义,否则通配符会被当作普通字符处理。LIKE 的通配符说明如表 5-3 所示。

表 5-3 LIKE 的通配符及说明

通配符	说　明
_(下划线)	任何单个字符(如 a_c 表示以 a 开头 c 结尾长度为 3 的字符串)
%(百分号)	包含 0 个或多个字符的任意字符串
	(如 a%c 表示以 a 开头 c 结尾的任意长度的字符串)
[ ]	在指定范围(如[a-f]或[abcdef]内)的任何单个字符
[^]	不在指定范围(如[^a-f]或[^abcdef]内)的任何单个字符

通配符的具体实例效果如表 5-4 所示。

表 5-4   通配符效果实例

实　例	效　果
Like '张%'	搜索以"张"开头的所有字符串,如"张三"、"张三毛"等
Like '%三'	搜索以"三"结尾的所有字符串,如"王三"、"张三"
Like '%三%'	搜索任何位置包含"三"的所有字符串,如"王三"、"张三"、"张三毛"
Like 'v_abc'	搜索以 abc 结尾的 4 个字母的字符串
Like '[a-f]st'	搜索以 st 结尾,以 a~f 中的任意一个字母开头的仅含 3 个字母的字符串
Like 'm[^a]%'	搜索以 m 开头,并且第二个字母不是 a 的仅含两个字母的字符串

【例 5-21】 查询 student 表中所有姓"李"的学生的所有信息。

```
SELECT * FROM student
WHERE sname LIKE '李%'
```

与 LIKE 关键字作用相反的是 NOT LIKE,可以表示不符合的条件。

【例 5-22】 查询 student 表中所有不姓刘的学生的姓名。

```
SELECT sname FROM student
WHERE sname NOT LIKE '刘%'
```

【例5-23】　查找student表中姓名第二个字为"小"字且全名为3个汉字的学生的姓名、学号和性别。

```
SELECT sname,s_id,ssex FROM student
WHERE sname LIKE '_小_'
```

【例5-24】　查找student表中所有姓"张"或姓"王"的学生的所有信息。

```
SELECT * FROM student
WHERE sname LIKE '[张王]%'
```

【例5-25】　查找student表中学号的倒数第二个字符不是1或2的所有学生的所有信息。

```
SELECT * FROM student
WHERE s_id LIKE '%[^12]_'
```

3）在模糊查询中查询含有%或_的字符串

如果在使用LIKE和通配符进行模糊查询时，用户要查询的字符串本身就含有%或_，则系统就会误将字符串中的%或_当作真正的通配符进行处理，那么查询就会发生错误。因此为了防止这种错误的发生，系统提供了两种方法来解决这种问题。

方法一：将%或_放在方括号中，将%或_作为普通文本字符使用。

【例5-26】　假设course表中的课程名有DB_Design的课程名，则如果要在此表中查找这门课程的课程名和课程号，可以使用如下语句：

表5-5　通配符作为普通文字使用实例

LIKE 语句	匹配的字符
LIKE 'abc[_]'	abc_
LIKE 'abc[%]'	abc%
LIKE '[[]'	[
LIKE '[]]abc'	]abc

```
SELECT c_id,ccredit FROM course
WHERE cname LIKE 'DB[_]Design'
```

在表5-5中举了几个例子，帮助大家理解。

方法二：使用关键字ESCAPE用来定义一个转义字符，对通配符进行转义。

如下面的语句：

```
LIKE '%a%'ESCAPE 'a'
```

其中a被ESCAPE定义成了转义字符，所以在a字符后面的%就被转义了，变成了普通字符，而a前面的字保持通配符性质不变。

注意：转义字符可以是任意字符，只要通过ESCAPE的转义就能在程序中发挥转义通配符的效果。

同样例5-26也可以使用查询语句进行通配符转义。

【例5-27】　使用ESCAPE来对通配符进行转义。

```
SELECT c_id,ccredit FROM course
WHERE cname LIKE 'DB\_Design' ESCAPE '\'
```

这里用了一个转义字符\,_前面有转义字符\,所以它被转义为普通的字符。

5.2.3　查询结果的排序

前面我们通过 SELECT 语句查询出来的结果集一般没有经过排序,而是按照记录在数据表中的存储顺序输出的。在实际应用中为了方便阅读,经常要对查询的结果排序输出,例如按学号对学生排序、按成绩对学生排序等等。这时,我们可以使用 ORDER BY 子句来完成以上的要求。

ORDER BY 子句的语法格式如下:

```
ORDER BY order_by_expression
[ASC|DESC]
```

参数说明:

order_by_expression:指定要排序的列。

ASC:指定排序方式为升序,默认值,可省略。

DESC:指定排序方式为降序。

1. 对单列进行排序

【例 5-28】　查询 grade 表中所有选修 1 号课程的学生的学号和成绩,按成绩的降序排列。

```
SELECT s_id,grade FROM grade
WHERE c_id = '1'
ORDER BY grade DESC
```

排序结果如图 5-11 所示,我们可以看出结果集中的记录是按照成绩的降序排列的。

在排序过程中,对于时间、数值类型的字段排序的规则是按照时间的早晚,数值的大小进行的;对于字符型字段,则是依照其 ASCⅡ 码的先后顺序进行的。

【例 5-29】　查询 course 表中所有课程的信息,并按先修课程号的升序排列。

```
SELECT * FROM course
ORDER BY cp_id
```

排序结果如图 5-12 所示。当 ORDER BY 子句进行升序排列时,可以省略 ASC 关键字,因为升序为默认排序方式。如果排序列中出现空值(NULL),则 NULL 参与排序时总是作为最小值存在,即升序时排在最前面,降序时排在最后面。如本例中所有先修课程为 NULL 的记录都被排在了前面。

	c_id	cname	cp_id	ccredit	chours
3	2	高等数学	NULL	5	90
4	3	C语言	NULL	3	54
5	5	大学英语	NULL	6	108
6	7	物理学	NULL	4	72
7	8	生物学	NULL	4	72
8	4	软件工程	1	4	72
9	15	操作系统	1	5	90
10	12	数据库	1	4	72

	s_id	grade
1	2010190013	93
2	2010190010	87
3	2010190001	78

图 5-11　按照成绩降序排列　　　　　　图 5-12　按先修课程号升序排列

参与排序的不但可以是具体的属性名，也可以是别名。

【例 5-30】　查询 student 表中年龄最小的前 5 位女学生的姓名、性别、专业信息。

```
SELECT TOP 5 sname,ssex,smajor,年龄 = year(getdate()) - year(sbirthday) FROM student
WHERE ssex = '女'
ORDER BY 年龄
```

本查询配合 TOP 关键字只显示了年龄最小的 5 位女学生信息，排序结果如图 5-13 所示。

排序列可以包含表达式(当数据库处于 SQL Server(90)兼容模式时除外)。另外参与排序的列可以在结果中显示出来，也可以不显示，其结果集都是按该列排序后的结果显示的。但如果已指定了 SELECT DISTINCT 或该语句包含 GROUP BY 子句，或者 SELECT 语句包含 UNION 运算符，则排序列必须显示在选择列表中。

所以例 5-30 也可以用如下语句表示：

```
SELECT TOP 5 sname,ssex,smajor FROM student
WHERE ssex = '女'
ORDER BY year(getdate()) - year(sbirthday)
```

排序结果如图 5-14 所示，可以看出不显示排序列的排序结果集与显示排序列的结果集相比，顺序是一样的。

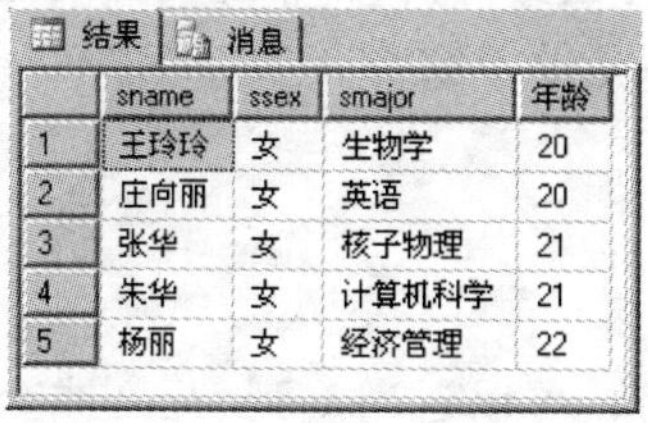

	sname	ssex	smajor	年龄
1	王玲玲	女	生物学	20
2	庄向丽	女	英语	20
3	张华	女	核子物理	21
4	朱华	女	计算机科学	21
5	杨丽	女	经济管理	22

图 5-13　使用别名进行排序的结果

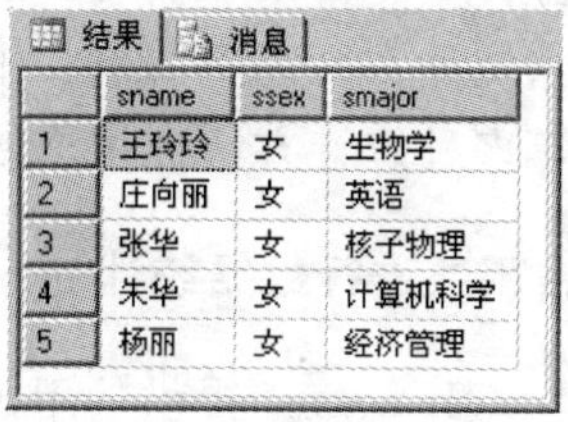

	sname	ssex	smajor
1	王玲玲	女	生物学
2	庄向丽	女	英语
3	张华	女	核子物理
4	朱华	女	计算机科学
5	杨丽	女	经济管理

图 5-14　不显示排序列的排序结果

2. 对多列进行排序

当需要对多个属性列排序时，只需要用逗号分隔开不同的排序关键字就可以了。而各列的排序优先级，取决于在 ORDER BY 子句中列名书写的顺序。

【例 5-31】　查询 student 表中信息工程学院学生的所有信息，查询结果先按性别的升序排列，当性别相同时按姓名的升序排列。

```
SELECT * FROM student
WHERE sdepartment = '信息工程学院'
ORDER BY ssex,sname
```

排序结果如图 5-15 所示，ssex 列写在 sname 前面，因此先按 ssex 列进行升序排序(汉语拼音的首字母先比较，如果首字母相同再比较第二个字母，以此类推)，只有当 ssex 列出现相同值时才按 sname 列排序。

ORDER BY 子句除了可以根据列名进行排序外，还支持根据列的相对位置(即序号)进行排序。

【例 5-32】　查询 course 表中所有课程的相关信息，并通过使用序号的方式对结果按照学分的降序和课程名的升序顺序排序。

```
SELECT * FROM course
ORDER BY 4 DESC, 2
```

排序结果如图 5-16 所示,先按第 4 列 ccredit 的降序排列,当第 4 列相同时再按第 2 列 cname 的升序排列。

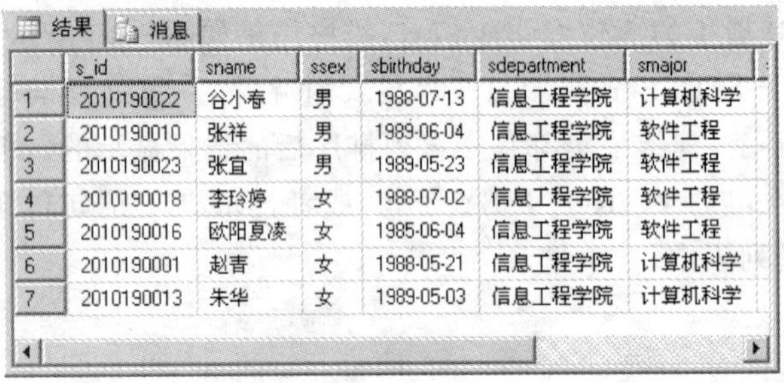

	s_id	sname	ssex	sbirthday	sdepartment	smajor
1	2010190022	谷小春	男	1988-07-13	信息工程学院	计算机科学
2	2010190010	张祥	男	1989-06-04	信息工程学院	软件工程
3	2010190023	张宜	男	1989-05-23	信息工程学院	软件工程
4	2010190018	李玲婷	女	1988-07-02	信息工程学院	软件工程
5	2010190016	欧阳夏凌	女	1985-06-04	信息工程学院	软件工程
6	2010190001	赵青	女	1988-05-21	信息工程学院	计算机科学
7	2010190013	朱华	女	1989-05-03	信息工程学院	计算机科学

图 5-15　多列排序结果

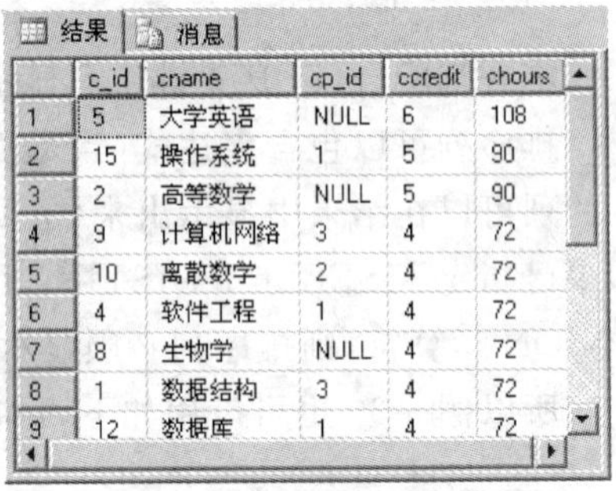

	c_id	cname	cp_id	ccredit	chours
1	5	大学英语	NULL	6	108
2	15	操作系统	1	5	90
3	2	高等数学	NULL	5	90
4	9	计算机网络	3	4	72
5	10	离散数学	2	4	72
6	4	软件工程	1	4	72
7	8	生物学	NULL	4	72
8	1	数据结构	3	4	72
9	12	数据库	1	4	72

图 5-16　按列序号进行排序

5.2.4　查询结果的分组与汇总

在实际的应用中,有时候不仅需要按照指定条件进行数据查询,常常还需要对查询所得到的数据进行分类、统计和汇总等操作,因此 SQL Server 提供了聚合函数、GROUP BY 子句、HAVING 子句等多种统计方法供用户使用。

1. 使用聚合函数进行数据统计

聚合函数是 SQL Server 提供的用于汇总的系统函数,可以返回一列、几列或全部列的汇总数据。常见的聚合函数如表 5-6 所示。

表 5-6　常见聚合函数

函　数	说　明
COUNT(*)	统计符合查询条件的总记录行数(包括 null 值)
COUNT([DISTINCT|ALL] expression)	统计非 NULL 值的记录的行数
SUM([DISTINCT|ALL] expression)	计算一列值的总和(此列必须是数值型)
AVG([DISTINCT|ALL] expression)	计算一列值的平均值(此列必须是数值型)
MAX([DISTINCT|ALL] expression)	取得一列中的最大值
MIN([DISTINCT|ALL] expression)	取得一列中的最小值

函数说明:参数 ALL 指对所有的值进行聚合函数运算,ALL 是默认值。DISTINCT 指对所有不重复非空值进行聚合函数运算。Expression 可以是除 text、image 或 ntext 以外的任何类型的表达式。其中 COUNT(*)不需要任何参数,不能与 DISTINCT 一起使用。在聚集函数遇到空值时,除 COUNT(*)外,都跳过空值而只处理非空值。

【例 5-33】 统计 student 表中所有学生的人数。

```
SELECT COUNT(*)
FROM student
```

统计结果如图 5-17 所示。用聚合函数求出的统计结果是没有列名的,所以一般我们都使用指定别名的方式为新生成的结果列命名。

【例 5-34】 统计 grade 表中选修了课程的学生的人数。

```
SELECT COUNT(DISTINCT s_id) AS 选课学生个数
FROM grade
```

统计结果如图 5-18 所示。在 COUNT 内指定 DISTINCT 参数,则表示在统计人数时要取消 s_id 列中的重复项。如果不指定 DISTINCT 参数(系统会默认为 ALL)或指定 ALL 参数,则将统计不取消重复项的非空记录的个数。

【例 5-35】 统计 grade 表中选修 1 号课程的学生的最高分、最低分、平均成绩。

```
SELECT 最高分 = MAX(grade),最低分 = MIN(grade),平均成绩 = AVG(grade)
FROM grade
WHERE c_id = '1'
```

统计结果如图 5-19 所示。在一个查询语句中不但可以使用单个聚合函数进行统计,也可以使用多个聚合函数一起使用,从而简化查询语句。

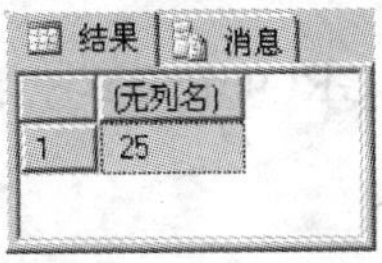

图 5-17 统计所有学生人数 　　图 5-18 重命名列名 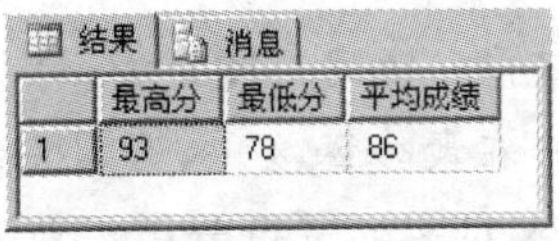　　图 5-19 多个聚合函数一起使用

2. 使用 GROUP BY 子句进行分组汇总

SELECT 语句的 GROUP BY 子句用于将查询结果表按某一列或多列的值进行分组,值相等的为一组。通常情况下可与聚合函数配合使用。在使用聚合函数时,若未对查询结果分组,汇总结果作用于整个查询结果;若对查询结果使用分组后,汇总结果将作用于每一个组。我们经常用 GROUP BY 子句来汇总诸如各门课程的平均分,选修某门课程的人数等。

GROUP BY 子句的语法格式如下:

```
GROUP BY[ALL]group_by_expression[, … n]
```

参数说明:

ALL:表示对所有列和结果集(包括不满足 WHERE 子句的列)进行分组。

group_by_expression:指定进行分组所依据的表达式,也称组合列。在选择列表内定义的列的别名不能用于指定分组列,text、ntext 和 image 类型的列不能用于分组列。

1) 对单列进行分组汇总

【例 5-36】 统计 grade 表中每门课程的平均分。

```
SELECT c_id,AVG(grade) AS 平均分
FROM grade
GROUP BY c_id
```

统计结果如图 5-20 所示,该语句对结果集按照 c_id 进行分组,具有相同 c_id 值的记录分为一组,然后对每一组用 AVG 聚合函数进行统计,最终得到每组的平均分。

【例 5-37】 将 student 表中的所有学生按出生年份分组,并统计人数。

```
SELECT YEAR(sbirthday) AS 出生年份,COUNT( * ) AS 人数
FROM student
GROUP BY YEAR(sbirthday)
```

汇总结果如图 5-21 所示。通过本例我们可以看出,GROUP BY 子句中也可以使用表达式作为分组的依据。系统先用 YEAR 函数求出所有学生出生的年份,然后按照年份进行分组,最后对每一组用 COUNT(*)统计人数。

结果	消息	
	c_id	平均分
1	1	86
2	11	87
3	13	67
4	14	96
5	15	52
6	2	75
7	3	82
8	4	81

图 5-20　统计每门课程的平均分

结果	消息
	出生年份	人数
1	1985	1
2	1986	2
3	1987	5
4	1988	6
5	1989	6
6	1990	4
7	1991	1

图 5-21　用表达式进行汇总

注意:使用 GROUP BY 子句后,SELECT 子句中的列只能是 GROUP BY 中指出的列或包含在聚合函数中,否则系统将弹出错误提示,而无法运行。

2) 对多列进行分组汇总

【**例 5-38**】 统计 student 表中各院系男生和女生的人数。

```
SELECT sdepartment,ssex,COUNT( * ) AS 人数
FROM student
GROUP BY sdepartment,ssex
```

汇总结果如图 5-22 所示,该语句对结果集先按照 sdepartment 进行分组,在此基础上又对 ssex 列进行分组,并对每个小组进行 COUNT(*)聚合运算,得到每个院系的男女生人数。

在上例中我们发现院系为空的学生也被单独分成一组,如果我们只希望统计有院系的而不统计无院系的学生人数则可以借助 WHERE 子句,先将不符合条件的记录进行筛选,然后再进行分组汇总。故代码可修改为:

结果	消息		
	sdepartment	ssex	人数
1	NULL	女	2
2	经济管理学院	男	1
3	经济管理学院	女	2
4	生命科学学院	男	2
5	生命科学学院	女	2
6	数学工程学院	男	2
7	外语学院	男	4
8	外语学院	女	2

图 5-22　多列分组汇总

```
SELECT sdepartment,ssex,COUNT( * ) AS 人数 FROM student
WHERE sdepartment IS NOT NULL
GROUP BY sdepartment,ssex
```

如果语句中包含有 WHERE 子句,则 GROUP BY 的分组汇总一定是在满足 WHERE 条件的基础上,对满足条件的行进行分组的。但如果查询语句中有 WHERE 子句,分组时又不想受到 WHERE 条件的限制,则可以使用 GROUP BY ALL 子句。例如,例 5-37 的查询语句做如下修改,就不会受到 WHERE 条件的限制。

```
SELECT sdepartment,ssex,COUNT( * ) AS 人数 FROM student
WHERE sdepartment IS NOT NULL
GROUP BY ALL sdepartment,ssex
```

3. 使用 HAVING 子句在分组中设置查询条件

WHERE 子句可以在分组前进行查询条件的设置，但如果想在分组中设置查询条件则必须使用 HAVING 子句。HAVING 子句用于指定组或聚合的搜索条件，通常与 GROUP BY 子句配合使用。HAVING 子句的作用与 WHERE 子句相似，区别是聚合函数只能在 HAVING 子句中使用。

HAVING 子句的语法格式如下：

```
HAVING < search condition >
```

参数说明：

search_condition：用于指定组或汇总应满足的搜索条件。

【例 5-39】 统计 grade 表中平均成绩在 80 以上的课程号。

```
SELECT c_id , AVG(grade) as '平均成绩' FROM grade
GROUP BY c_id
HAVING AVG(grade) > = 80
```

统计结果中只将分组汇总后平均成绩在 80 分以上的记录显示出来了，如图 5-23 所示。

【例 5-40】 查找男生人数超过 3 人的专业名。

```
SELECT sdepartment FROM student
WHERE ssex = '男'
GROUP BY sdepartment
HAVING COUNT( * ) > = 3
```

统计结果如图 5-24 所示。符合男生人数大于等于 3 的院系只有两个。

注意：如果 HAVING 子句与 GROUP BY ALL 子句一起使用，ALL 的功效将会被取消。

结果 | 消息

	c_id	平均成绩
1	1	86
2	11	87
3	14	96
4	3	82
5	4	81
6	6	87

图 5-23 统计平均成绩在 80 以上的课程号

结果 | 消息

	sdepartment
1	外语学院
2	信息工程学院

图 5-24 统计男生人数超过 3 人的专业名

4. 使用 COMPUTE 关键字进行明细汇总

使用 GROUP BY 子句对查询数据进行分组汇总，为每一个组产生一个汇总结果，每个组只返回一行，无法看到详细信息。如果想看到详细信息可以使用 COMPUTE 子句。COMPUTE 用于分组统计，生成的统计结果作为附加的汇总列出现在结果集的最后。与 BY 子句一起使用时则按照指定的列对结果集进行分组汇总，可以得到详细或总的记录。它把数据分成较小的组，然后为每组建立详细记录结果的数据集(如 SELECT 子句)，它也可为每组产生总的记录(如 GROUP BY 子句)。

COMPUTE 子句的语法格式如下:

```
COMPUTE
{{AVG|COUNT|MAX|MIN|STDEV|STDEVP|VAR|VARP|SUM} (expression)}[, … n]
[BY expression[, … n]]
```

参数说明:

AVG|COUNT|MAX|MIN|STDEV|STDEVP|VAR|VARP|SUM:聚合函数,除了前面介绍的常用聚合函数外,还包含如下几个聚集函数:

- STDEV:标准偏差。
- STDEVP:总体标准偏差。
- VAR:方差。
- VARP:总体方差。

expression:要用来汇总函数处理的字段或表达式,在此不能用字段别名。

BY expression:指明要进行分类的字段(别名)或表达式。

COMPUTE 子句与 COMPUTE BY 子句使用注意事项:

- 如果使用 COMPUTE 子句指定的聚合函数,则不允许它们使用 DISTINCT 关键字。
- COMPUTE 子句中引用的所有列必须出现在 SELECT 的列清单中。
- 不能在含有 COMPUTE BY 子句的语句中使用 SELECT INTO 子句,因为包括 COMPUTE 子句的语句会产生不规则的行。
- 在使用 COMPUTE BY 子句时必须同时使用 ORDER BY 子句,并且 COMPUTE BY 中出现的列必须具有与 ORDER BY 后出现的列相同的顺序,且不能跳过其中的列。
- 不能在 COMPUTE 或 COMPUTE BY 子句中指定 ntext、text 或 image 数据类型。

【例 5-41】　使用 COMPUTE 子句查看 grade 表中所有选修 2 号课程的学生的成绩明细及平均分。

```
SELECT * FROM grade
WHERE c_id = '2'
COMPUTE AVG(grade)
```

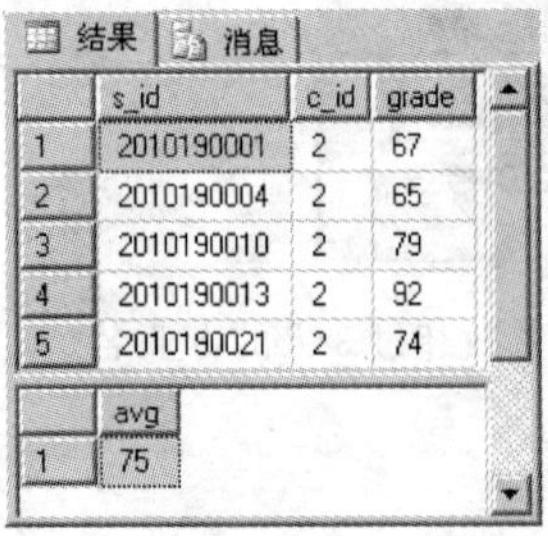

图 5-25　明细汇总查询

运行结果如图 5-25 所示。在图中显示了两个结果集,一个是成绩明细结果集,另一个是成绩平均分结果集。

【例 5-42】　使用 COMPUTE BY 子句在 student 表中统计所有院系学生的人数及学生明细。

```
SELECT * FROM student
WHERE sdepartment IS NOT NULL
ORDER BY sdepartment
COMPUTE COUNT(s_id) BY sdepartment
```

运行结果如图 5-26 所示。通过图示可以看出,系统将所有学生按照院系分成多个组,每个组中建立了两个结果集,一个显示该院系的所有学生明细,另一个显示该院系的人数。此查询类似于用 GROUP BY 将院系进行分组又使用 HAVING 对每组求人数,只不过同时将每组的具体学生明细显示在人数之上。

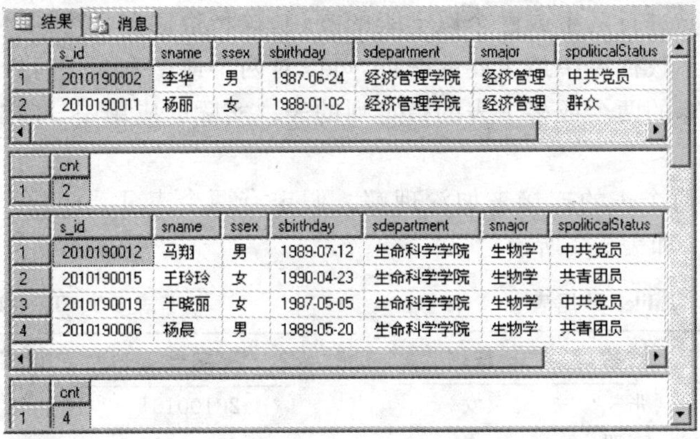

结果 | 消息

	s_id	sname	ssex	sbirthday	sdepartment	smajor	spoliticalStatus
1	2010190002	李华	男	1987-06-24	经济管理学院	经济管理	中共党员
2	2010190011	杨丽	女	1988-01-02	经济管理学院	经济管理	群众

	cnt
1	2

	s_id	sname	ssex	sbirthday	sdepartment	smajor	spoliticalStatus
1	2010190012	马翔	男	1989-07-12	生命科学学院	生物学	中共党员
2	2010190015	王玲玲	女	1990-04-23	生命科学学院	生物学	共青团员
3	2010190019	牛晓丽	女	1987-05-05	生命科学学院	生物学	中共党员
4	2010190006	杨晨	男	1989-05-20	生命科学学院	生物学	共青团员

	cnt
1	4

图 5-26 明细分组汇总查询

5.2.5 为查询结果建立新表

在查询语句执行完毕以后，查询的结果集通常是暂时显示在查询语句的下方，无法保存。如果想要保留查询的结果集，并把它保存成表的形式，可以使用 INTO 子句来完成。INTO 子句的作用是将查询结果存储到新表中。

INTO 子句是与 SELECT 子句配合使用的，所以其语法格式如下：

```
SELECT <select_list>
[INTO new_table]
[FROM {<table_source>}[,… n]]
[WHERE <search_condition>]
```

参数说明：

new_table：新表的表名，中英文都支持。

【例 5-43】 从 student 表中查询所有中共党员的学生基本信息，并生成一个新的"党员信息"表。

```
SELECT *
INTO 党员信息
FROM student
WHERE spoliticalStatus = '中共党员'
```

本语句执行完毕后，在数据库中会增加一个名为"党员信息"的数据表。表里的记录为 student 表中政治面貌为中共党员的学生的所有基本信息。

5.3 连接查询

5.3.1 连接概述

前面我们介绍的查询都是针对一个表进行，但当检索数据时，往往在一个表中不能够得到想要的所有信息。例如想得到张三同学的某门课程成绩，这时我们发现在存储成绩的 grade 表中只有学号、课程号，并没有具体学生姓名以及课程名，因此无法同时显示姓名、课程名和成绩这三项。因此就要进行两个或两个以上表的查询,这种查询称之为连接查询。

连接查询是关系数据库中最主要的查询,可以对两个或多个表进行查询,其查询结果通常是含有参加连接运算的两个或多个表的指定列的表。实际的应用中,多数情况下,用户查询的列都来自多个表。

下面通过设定两个表的连接来加深理解。假定有两个表 Table1 和 Table2,其包含的列和数据分别如表 5-7 和表 5-8 所示。

<table>
<tr><th colspan="3">表 5-7　Table1 数据表</th></tr>
<tr><th>学号</th><th>姓名</th><th>性别</th></tr>
<tr><td>20100101</td><td>张三</td><td>女</td></tr>
<tr><td>20100002</td><td>李四</td><td>男</td></tr>
<tr><td>20100003</td><td>王五</td><td>男</td></tr>
<tr><td>20100004</td><td>赵六</td><td>女</td></tr>
</table>

<table>
<tr><th colspan="3">表 5-8　Table2 数据表</th></tr>
<tr><th>学号</th><th>课程号</th><th>成绩</th></tr>
<tr><td>20100101</td><td>1</td><td>89</td></tr>
<tr><td>20100002</td><td>2</td><td>65</td></tr>
<tr><td>20100003</td><td>1</td><td>71</td></tr>
</table>

若要连接 Table1 和 Table2 表,首先可以发现两表有共有的列——学号,然后选择连接条件,如等值条件 Table1.学号=Table2.学号,将 Table1 与 Table2 中学号列值相等的行连接起来,不相等的舍去,此时就得到了我们所需要的连接结果,如表 5-9 所示。

<table>
<tr><th colspan="5">表 5-9　连接 Table1 和 Table2 表</th></tr>
<tr><th>学号</th><th>姓名</th><th>性别</th><th>课程号</th><th>成绩</th></tr>
<tr><td>20100101</td><td>张三</td><td>女</td><td>1</td><td>89</td></tr>
<tr><td>20100002</td><td>李四</td><td>男</td><td>2</td><td>65</td></tr>
<tr><td>20100003</td><td>王五</td><td>男</td><td>1</td><td>71</td></tr>
</table>

在 SELECT 语句中实现的多表连接,并不是一个物理存在的实体,换句话说,连接运算所生成的表在数据库中并不存在。它只是由数据库系统在需要的时候创建的,只在查询、检索数据期间有效。

5.3.2　连接的类型

表的连接有多种类型,当连接表时,创建的连接类型影响出现在结果集内的行。在 SQL中,表的连接类型主要有下面几种。

内部连接(inner join):内部连接为典型的连接运算,使用类似于“=”或“<>”的比较运算符,它是组合两个表的常用方法。内部连接使用比较运算符根据每个表的公共列中的值匹配两个表中的行,如 5.3.1 节中 Table1 和 Table2 表之间的连接就属于此种连接。

外部连接(outer join):在内部连接中,只有在两个表中匹配的行才能在结果集中出现。而在外部连接中可以只限制一个表,而对另外一个表不加限制(即所有的行都出现在结果集中)。外部连接分为左外连接、右外连接和全外连接。左外连接是对连接条件中左边的表不加限制,结果表中除了包括满足连接条件的行外,还包括左表中的所有行;右外连接是对右边的表不加限制,结果表中除了包括满足连接条件的行外,还包括右表中的所有行;全外连接对两个表都不加限制,结果表中除了包括满足连接条件的行外,还包括两个表中的所有行。

交叉连接(cross join):交叉连接实际上是对两个表进行笛卡儿积运算,将一个表中的每一条记录和另一个表中的每一条记录拼接搭配成新的记录后形成结果表,不添加任何条件限制,结果表的行数等于两个表的行数之积。

5.3.3 连接查询的实现

表的连接的实现最简单的方法就是在 SELECT 语句的 FROM 子句中，罗列出要连接的表即可。而要进一步实现复杂的多表连接，则需要在 FROM 子句中使用 WHERE 或 JOIN（INNER JOIN、CROSS JOIN、OUTER JOIN、LEFT OUTER JOIN、FULL OUTER JOIN 等）关键字。

1. 使用 FROM 子句和 WHERE 子句实现多表查询

实现多表的连接，最简单的方法就是在 SELECT 语句的 FROM 子句中，直接列出所要连接的表。需要指定连接条件时，可以在 SELECT 语句的 WHERE 子句中指出，从而实现简单的多表查询功能。

（1）使用 FROM 子句直接实现表连接。

【例 5-44】 将 student 表和 grade 表直接连接起来。

```
SELECT student.s_id,student.sname,grade.grade
FROM student,grade
ORDER BY student.s_id
```

执行结果如图 5-27 所示，生成的结果有 750 条记录。从结果可以看出，系统将 student 表中的数据和 grade 表中的每一条记录和另一个表中的所有记录进行了匹配连接，列出这两个表中行所有可能的组合。所以生成的结果集中的数据行等于第一个表中符合查询条件的数据行乘以第二个表中符合查询条件的数据行，即 25×30＝750 条记录。

由于连接是涉及两个表之间的引用，所以列的引用必须明确指出，尤其是重复的列名必须用表名限定，即[表名.列名]的完整表达方式。例如本例中的 s_id 学号，此列在 student 表中和 grade 表中都存在，所以必须用 student.s_id 的方式来表示这是 student 表中的学号字段。

（2）使用 WHERE 子句实现条件连接。

直接使用 FROM 子句连接表，返回的结果集称为两个表的笛卡儿积。在实际应用中并没有太大的作用，因为我们往往只是寻找在这结果集中满足一定条件的很少一部分记录。因此我们通常要在此种连接的后面用 WHERE 子句指定连接的条件。

【例 5-45】 查询所有选修课程的学生的学号、姓名和成绩。

```
SELECT student.s_id, student .sname,grade. grade
FROM student,grade
WHERE student.s_id = grade.s_id                    --连接条件
```

WHERE 子句给出了 student 和 grade 表进行连接的依据，即根据两表中的 s_id 字段进行匹配连接。查询结果如图 5-28 所示。

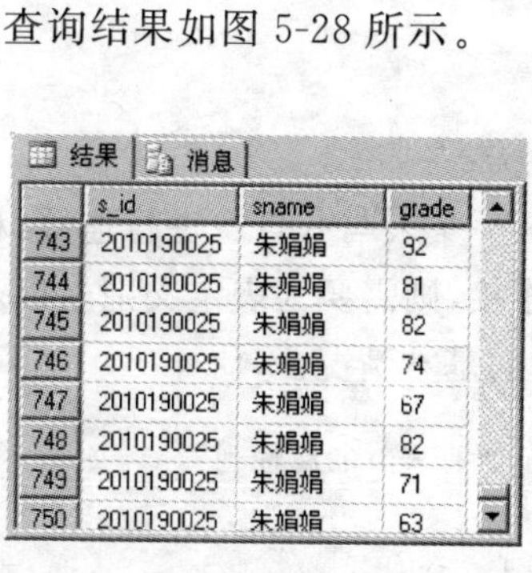

	s_id	sname	grade
743	2010190025	朱娟娟	92
744	2010190025	朱娟娟	81
745	2010190025	朱娟娟	82
746	2010190025	朱娟娟	74
747	2010190025	朱娟娟	67
748	2010190025	朱娟娟	82
749	2010190025	朱娟娟	71
750	2010190025	朱娟娟	63

图 5-27 用 FROM 实现直接连接

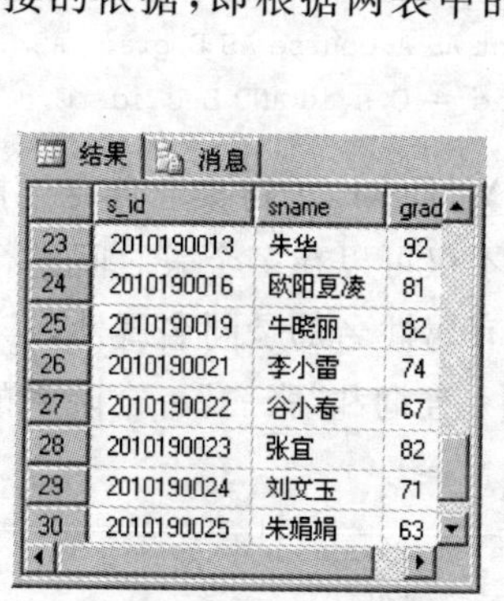

	s_id	sname	grad
23	2010190013	朱华	92
24	2010190016	欧阳夏凌	81
25	2010190019	牛晓丽	82
26	2010190021	李小雷	74
27	2010190022	谷小春	67
28	2010190023	张宜	82
29	2010190024	刘文玉	71
30	2010190025	朱娟娟	63

图 5-28 用 WHERE 实现连接

在进行连接查询过程中，WHERE 子句后面不仅可以添加单个连接条件，也可以添加多个条件进行符合条件连接。

【例 5-46】 查询学号为“2010190002”的学生的姓名、院系、课程号及成绩。

```
SELECT sname,sdepartment,c_id,grade
FROM student,grade
WHERE student.s_id = '2010190002'          -- 查询条件
AND student.s_id  =  grade.s_id            -- 连接条件
```

在引用表中列名时，除两表重复的列名必须用完整表达方式以外，其他不重复的列名可以用简单方式表达。查询结果如图 5-29 所示。

使用 WHERE 子句进行条件连接操作，不仅可以两表连接，还可以多表连接。

【例 5-47】 查询每个学生的学号、姓名、院系及选修课程的课程号、课程名和课程成绩。

本查询涉及 3 个表，所以必须将 3 个表连接起来进行查询，SQL 语句如下：

```
SELECT student.s_id, sname,sdepartment,course.c_id,cname,grade
FROM student,course,grade
WHERE student.s_id  =  grade.s_id AND course.c_id = grade.c_id
```

查询结果如图 5-30 所示。

结果 | 消息

	sname	sdepartment	c_id	grade
1	李华	经济管理学院	13	56
2	李华	经济管理学院	14	96

图 5-29 用 WHERE 实现有条件连接

结果 | 消息

	s_id	sname	sdepartment	c_id	cname	grade
1	2010190001	赵青	信息工程学院	1	数据结构	78
2	2010190001	赵青	信息工程学院	15	操作系统	52
3	2010190001	赵青	信息工程学院	2	高等数学	67
4	2010190001	赵青	信息工程学院	3	C语言	89
5	2010190002	李华	经济管理学院	13	经济管理	56
6	2010190002	李华	经济管理学院	14	经济学概论	96
7	2010190003	张三	外语学院	11	日语	87

图 5-30 用 WHERE 实现多表连接

在编写查询语句时我们发现，列名的完整表达方式需要写入表名，而有些表名比较长，书写起来比较麻烦，因此我们可以使用别名作为表名的简写。给表起别名的方法与给列名起别名的方法相似，也是使用 AS 关键字(AS 可省略)，不同之处在于给表起别名是在 FROM 子句中完成的。如例 5-47 的 SQL 语句也可以如下表达，得到相同的查询结果。

```
SELECT A.s_id, sname,sdepartment,B.c_id,cname,grade
FROM student AS A,course AS B,grade AS C
WHERE A.s_id  =  C.s_id AND B.c_id = C.c_id
```

(3) 使用 WHERE 子句实现自身连接。

连接操作不仅可以在多个表之间进行，也可以是一个表与其自身进行连接，称为表的自身连接。由于所有属性名都是同名属性，若想要自身连接，则需要为表定义别名以示区别。

【例 5-48】 查询和“张三”一个院系的其他学生的基本情况。

```
SELECT b.*                                  -- 显示所有表 b 的属性列
FROM student a,student b
WHERE a.sname = '张三'
AND a.sdepartment =  b.sdepartment
```

在 SQL 语句中，FROM 引用的两张表都是表 student。为了能够独立地使用它们，采用了表别名的方法。系统把这两张相同的表进行连接操作，这样就可以在 WHERE 子句中执行查询条件和连接条件，从而得到如图 5-31 所示的结果。

	s_id	sname	ssex	sbirthday	sdepartment	smajor	spoliticalStatus
1	2010190003	张三	男	1987-09-18	外语学院	日语	共青团员
2	2010190005	庄向丽	女	1990-06-20	外语学院	英语	群众
3	2010190009	刘星	男	1987-06-12	外语学院	英语	中共党员
4	2010190014	李贵	男	1990-05-01	外语学院	日语	中共党员
5	2010190017	张凯固	男	1986-07-09	外语学院	英语	共青团员
6	2010190024	刘文玉	女	1988-12-25	外语学院	日语	中共党员

图 5-31 自身连接

2. 使用 JOIN 关键字实现多表查询

前面我们介绍了如何通过 FROM 子句和 WHERE 子句完成多表的连接查询，但这些查询多半都是内连接，若想完成多种不同的连接方式，可以在 FROM 子句中通过连接关键字 JOIN 来实现。

FROM 子句中的 JOIN 连接查询格式如下：

```
<table_source><join_type><table_source>
ON <search_condition>
```

参数说明：

table_source：需要连接的源表。

join_type：指定连接操作的类型，有以下几种。

- [INNER]JOIN：内部连接，默认为 JOIN 方式，INNER 可省略。
- LEFT[OUTER]JOIN：左外连接。
- RIGHT[OUTER]JOIN：右外连接。
- FULL[OUTER]JOIN：全外连接。
- CROSS JOIN：交叉连接。

ON <search_condition>：指定连接条件。

(1) 使用[INNER]JOIN 实现内部连接查询。

所谓内部连接查询就是指在表连接后结果集中只显示符合连接条件的记录。在前面我们介绍了用 FROM 子句配合 WHERE 子句实现的等值连接查询其实就是实现了内部连接。用 JOIN 子句也可以实现内部连接，其连接类型为[INNER]JOIN。

【例 5-49】 查询所有选修课程的学生的学号、姓名和成绩。

```
SELECT student.s_id, student .sname,grade. grade
FROM student INNER JOIN grade
ON student.s_id = grade.s_id
```

其执行结果如图 5-28 所示，与例 5-45 程序的执行结果完全相同。

使用[INNER]JOIN 除了可以完成 WHERE 子句所完成的等值连接查询，也可以完成自连接查询。

【例 5-50】 查询比“张三”年龄小的学生的学号，姓名，出生日期。

```
SELECT b.s_id,b.sname,b.sbirthday
FROM student a JOIN student b
ON a.sname = '张三' AND a.sbirthday < b.sbirthday
```

INNER 在代码中可以省略，得到的查询结果如图 5-32 所示。

(2) 使用 LEFT[OUTER]JOIN 进行左外部连接查询。

左外部连接的连接结果包含左边表中所有的记录，以及右边表中符合条件的记录。也可以理解为所有内部连接符合连接条件的记录与左边表中不符合连接条件的记录之并集。其中，缺少的右边表中的列值用 NULL 表示。

【例 5-51】 查询所有学生的学号，姓名及他们选修课程的成绩（包括没选修任何课的学生）。

```
SELECT student.s_id,sname,grade
FROM student LEFT OUTER JOIN grade
ON student.s_id = grade.s_id
```

以上代码中的 OUTER 可以省略，查询结果如图 5-33 所示。从该图中可以看出，查询结果中包含了内部连接符合连接条件的所有记录，还显示出了左边表中不符合连接条件的记录（即显示了左表中的全部记录），所以结果集中的“严如玉”后面的成绩栏内容为 NULL，说明此记录没有与之相匹配的 grade 表的行，系统将内容补充为空值。

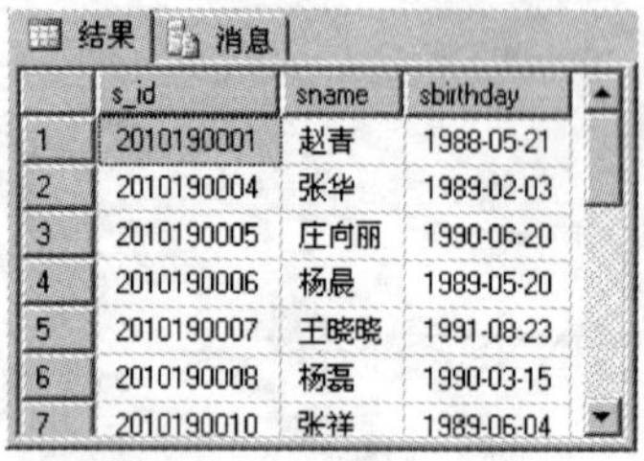

结果 | 消息

	s_id	sname	sbirthday
1	2010190001	赵青	1988-05-21
2	2010190004	张华	1989-02-03
3	2010190005	庄向丽	1990-06-20
4	2010190006	杨晨	1989-05-20
5	2010190007	王晓晓	1991-08-23
6	2010190008	杨磊	1990-03-15
7	2010190010	张祥	1989-06-04

图 5-32 用 JOIN 实现自连接

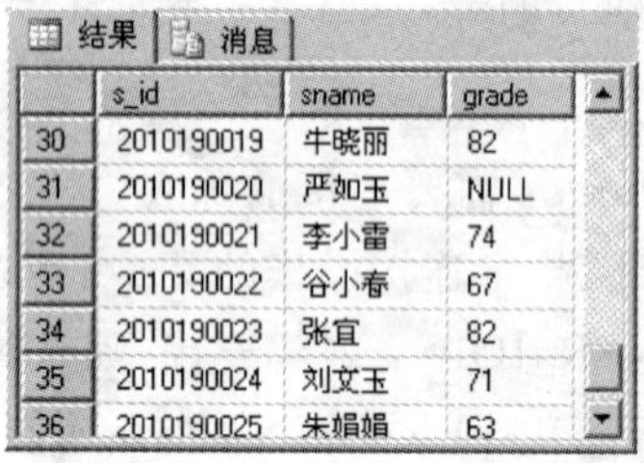

结果 | 消息

	s_id	sname	grade
30	2010190019	牛晓丽	82
31	2010190020	严如玉	NULL
32	2010190021	李小雷	74
33	2010190022	谷小春	67
34	2010190023	张宜	82
35	2010190024	刘文玉	71
36	2010190025	朱娟娟	63

图 5-33 用 LEFT JOIN 实现左外连接

(3) 使用 RIGHT[OUTER]JOIN 进行右外部连接查询。

与左外部连接相反，右外部连接的连接结果包含右边表中所有的记录，以及左边表中符合条件的记录。也可以理解为所有内部连接符合连接条件的记录与右边表中不符合连接条件的记录之和。其中，缺少的左边表中的列值用 NULL 表示。

【例 5-52】 查询所有选修课程的课程号、课程名及成绩（包括没有被选修的课程）。

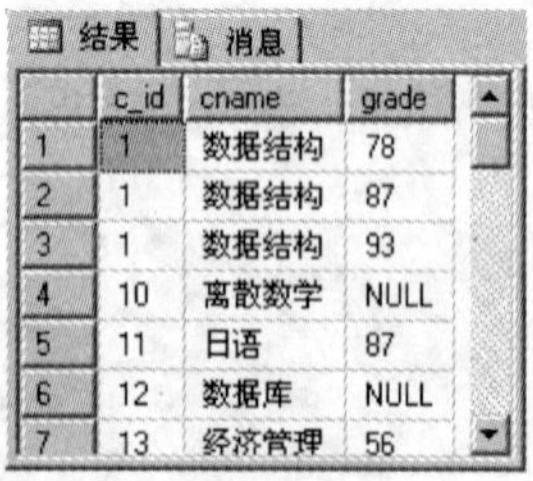

结果 | 消息

	c_id	cname	grade
1	1	数据结构	78
2	1	数据结构	87
3	1	数据结构	93
4	10	离散数学	NULL
5	11	日语	87
6	12	数据库	NULL
7	13	经济管理	56

图 5-34 用 RIGHT JOIN 实现右外连接

```
SELECT course.c_id,cname,grade
FROM grade RIGHT OUTER JOIN course
ON course.c_id = grade.c_id
```

以上代码中的 OUTER 可以省略，查询结果如图 5-34 所示。从该图中可以看出，查询结果中包含了内部连接符合连接条件的所有记录，还显示出了右边表中不符合连接条件的记录（即显示了右表中的全部记录），所以结果集中成绩栏内容为 NULL 的都是系统补充的左表中没有的值。

（4）使用 FULL[OUTER]JOIN 进行全外部连接查询。

全外部连接显示表中所有的记录,包括符合条件的记录与不符合条件的记录。其中,缺少左表和右表中的列值用 NULL 表示。典型的外部连接示意图如图 5-35 所示。

（5）使用 CROSS JOIN 进行交叉连接。

所谓交叉连接其实就是求两个表的笛卡儿积。在没有 WHERE 子句的 FROM 子句中直接写入需要连接的表名所得到的结果集就是笛卡儿积,如例 5-44。笛卡儿积结果集的大小为第一个表的行数乘以第二个表的行数。与其他连接方式不同,交叉连接没有 ON 子句指明连接条件,但可以使用 WHERE 子句定义连接条件。

实际上,下面两个表达式是完全等价的。

```
SELECT * FROM table1,table2
SELECT * FROM table1 CROSS JOIN table2
```

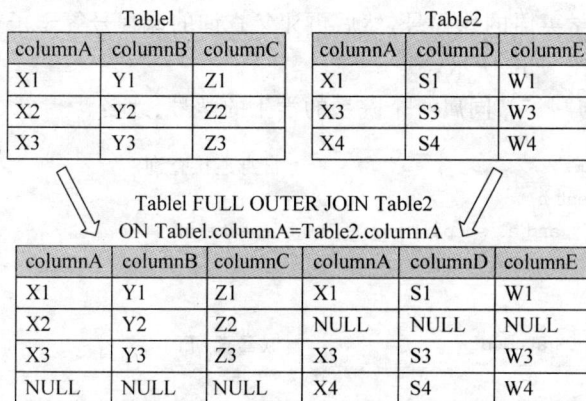

Table1

columnA	columnB	columnC
X1	Y1	Z1
X2	Y2	Z2
X3	Y3	Z3

Table2

columnA	columnD	columnE
X1	S1	W1
X3	S3	W3
X4	S4	W4

Table1 FULL OUTER JOIN Table2
ON Table1.columnA=Table2.columnA

columnA	columnB	columnC	columnA	columnD	columnE
X1	Y1	Z1	X1	S1	W1
X2	Y2	Z2	NULL	NULL	NULL
X3	Y3	Z3	X3	S3	W3
NULL	NULL	NULL	X4	S4	W4

图 5-35　全外连接示意图

5.4　嵌套查询

在一个 SELECT 语句的 WHERE 子句或 HAVING 子句中嵌套另一个 SELECT 语句的查询称为嵌套查询。其中,外层的 SELECT 查询语句叫外层查询或父查询,内层的 SELECT 查询语句叫内层查询或子查询。在实际应用中往往一个 SELECT 语句构成的简单查询无法满足用户全部的要求,而嵌套查询可以将多个简单查询构成复杂的查询,从而增强查询语句的查询能力,最终完成一些查询条件较为复杂的查询任务。

SQL 语言允许多层嵌套查询,即一个子查询中还可以嵌套其他子查询。特别要注意,子查询的 SELECT 语句中不能使用 ORDER BY 子句,ORDER BY 子句只能对最终查询结果即最外层查询的结果集进行排序。

子查询又分为不相关子查询和相关子查询。当子查询的查询条件不依赖于父查询时,这类子查询称为不相关子查询;当子查询的查询条件依赖于父查询时,这类子查询称为相关子查询。

5.4.1　单列单值嵌套查询

如果子查询的查询字段只有一列,且符合条件的结果只有一个,即单列单值,这样的查询称为单列单值嵌套查询。

单列单值嵌套查询是一种最简单的嵌套查询,因为在此种查询的子查询中仅返回单列单值,所以父查询的查询条件也就相对简单。因此,对于单列单值嵌套查询来说,我们用>、<、=、>=、<=、!=或<>等比较运算符来连接父查询与子查询。

【例 5-53】 查询选修"大学英语"的学生的学号与成绩。

```
SELECT s_id,grade                       --外层查询或父查询
FROM grade
WHERE c_id =
(SELECT c_id FROM course                --内层查询或子查询
WHERE cname = '大学英语')
```

子查询要嵌套在 WHERE 子句或 HAVING 子句中,并且用小括号括起来。

本例中,子查询的查询条件不依赖于父查询,称为不相关子查询。此查询的执行顺序是先执行子查询,查询出大学英语的课程号,然后再让父查询的课程号等于子查询的查询结果进行父查询,得到的结果如图 5-36 所示。

【例 5-54】 查询与"张三"同属一个院系的学生的学号、姓名。

```
SELECT b.s_id,b.sname                   --自身连接查询
FROM student a,student b
WHERE a.sname = '张三' and a.sdepartment = b.sdepartment
```

或:

```
SELECT s_id,sname FROM student          --嵌套查询
WHERE sdepartment =
(SELECT sdepartment FROM student
WHERE sname = '张三')
```

在本例中既可以用自身连接查询完成也可以用单列单值嵌套查询完成。二者的表达意义相同,结果如图 5-37 所示。

	s_id	grade
1	2010190005	68
2	2010190009	76
3	2010190010	63
4	2010190022	67
5	2010190023	82
6	2010190024	71
7	2010190025	63

	s_id	sname
1	2010190003	张三
2	2010190005	庄向丽
3	2010190009	刘星
4	2010190014	李贵
5	2010190017	张凯固
6	2010190024	刘文玉

图 5-36　简单单列单值嵌套查询　　　图 5-37　单列单值嵌套查询实现自身查询

【例 5-55】 查询成绩高于学号为 2010190002 号学生的学生的学号、课程号。

单列单值嵌套查询只适用于子查询结果为单列单值的查询情况。而在本例中由于学号"2010190002"的学生选修了两门课程,有两个成绩,因此子查询的结果不唯一。

```
SELECT s_id,c_id FROM grade
WHERE grade >
(SELECT grade FROM grade
WHERE s_id = '2010190002')
```

如果使用以上代码则系统将返回如下错误提示："子查询返回的值不止一个。当子查询跟随在=、！=、<、<=、>、>= 之后，或子查询用作表达式时，这种情况是不允许的"。

5.4.2 单列多值嵌套查询

如果子查询的查询字段只有一列，且符合条件的结果是一个集合，即单列多值，这样的查询称为单列多值嵌套查询。

由于子查询返回单列多值，因此，我们通常用关键词 IN，ANY 或 ALL 来连接父查询与子查询。

1. 带有 IN 关键词的嵌套查询

IN 关键词或 NOT IN 关键词是用来确定查询条件是否在或不在查询条件的集合中。在带有 IN 关键词的嵌套查询中，子查询的结果可以不唯一。

【例 5-56】 查询选修 2 号课程的学生的学号和姓名。

```
SELECT s_id, sname FROM student
WHERE s_id IN
(SELECT s_id FROM grade
WHERE c_id = '2')
```

通过本例我们可以看出选修 2 号课程的学生有很多，因此用 IN 关键词来限定范围，查询执行顺序为：先执行子查询，在 grade 表中得到所有选修 2 号课程的学生的学号，然后执行父查询，在 student 表中查找所在子查询结果中出现的学生的学号和姓名，结果如图 5-38 所示。

【例 5-57】 查询没有选修课程的学生的姓名和院系。

```
SELECT sname, sdepartment FROM student WHERE s_id NOT IN
(SELECT s_id FROM grade)
```

查询结果如图 5-39 所示。

【例 5-58】 查询选修"高等数学"课程的学生的学号和姓名。

```
SELECT s_id, sname FROM student WHERE s_id IN
    (SELECT s_id FROM grade WHERE c_id IN
        (SELECT c_id FROM course WHERE cname = '高等数学'));
```

本查询涉及学号、姓名和课程名 3 个属性，这 3 个属性分别属于 student 和 course 两张表中，而这两个表之间的联系是 grade 表，因此本查询涉及 3 个表的关系，需要进行两重嵌套，即先从 course 表中获得需要的课程号，再通过课程号在 grade 表中查到选修该课程的学生的学号，最后将结果传给最外层查询，得到学生的姓名信息。查询结果如图 5-40 所示。

结果 | 消息

	s_id	sname
1	2010190001	赵吉
2	2010190004	张华
3	2010190010	张祥
4	2010190013	朱华
5	2010190021	李小雷

图 5-38 带有 IN 的嵌套查询

结果 | 消息

	sname	sdepartment
1	王晓晓	数学工程学院
2	李贵	外语学院
3	王玲玲	生命科学学院
4	张凯固	外语学院
5	李玲婷	信息工程学院
6	严如玉	NULL

图 5-39 带有 NOT IN 的嵌套查询

结果 | 消息

	s_id	sname
1	2010190001	赵吉
2	2010190004	张华
3	2010190010	张祥
4	2010190013	朱华
5	2010190021	李小雷

图 5-40 两重 IN 嵌套查询

2. 带有 ANY 或 ALL 关键字的嵌套查询

在进行单列多值的嵌套查询时,如果想要进行比较操作可以用 ANY 或 ALL 关键字配合比较运算符来实现。其使用格式为:

```
expression {< <= = >>= != } { ANY | ALL }( subquery )
expression{<|<=|=|>|>=|!=|<>|!<|!>}{ALL|SOME\ANY}{subquery}
```

参数说明:

expression:要进行比较的表达式。

subquery:子查询。

ANY:是对比较运算的限制,指任意一个值。

ALL 指定表达式要与子查询结果集中的每个值都进行比较,当表达式与每个值都满足比较关系时,才返回 true,否则返回 false。

SOME 或 ANY 表示表达式只要与子查询结果集中的某个值满足比较的关系时,就返回 TRUE,否则返回 FALSE。

ALL:对比较运算的限制,指所有值。ANY 或 ALL 关键字可以配合的比较运算符如表 5-10 所示。

表 5-10　ANY 或 ALL 与比较运算符配合使用的含义

关键字	ANY/ALL 与运算符组合	含　　义
ANY	> ANY	大于子查询结果中的某个值
	< ANY	小于子查询结果中的某个值
	>= ANY	大于等于子查询结果中的某个值
	<= ANY	小于等于子查询结果中的某个值
	= ANY	等于子查询结果中的某个值
	! =(或<>)ANY	不等于子查询结果中的某个值
ALL	> ALL	大于子查询结果中的所有值
	< ALL	小于子查询结果中的所有值
	>= ALL	大于等于子查询结果中的所有值
	<= ALL	小于等于子查询结果中的所有值
	=ALL	等于子查询结果中的所有值(通常没实际意义)
	! =(或<>)ALL	不等于子查询结果中的任何一个值

【例 5-59】　查询选修课程成绩高于某个 1 号选修课程成绩的学生姓名、成绩和院系(不包含选修 1 号课程的学生)。

```
SELECT sname , grade , sdepartment
FROM student, grade
WHERE grade > ANY
(SELECT grade FROM grade
WHERE c_id = '1')
AND c_id <>'1' AND student.s_id = grade.s_id
```

成绩大于某个 1 号课程成绩相当于大于所有 1 号课程成绩中的最小值。所以本查询也可以如下编写,得到相同的执行结果。

```
SELECT sname , grade , sdepartment
FROM student , grade
WHERE grade >
( SELECT MIN( grade ) FROM grade
WHERE c_id = '1' )
AND c_id <>'1' AND student.s_id = grade.s_id
```

【例 5-60】 查询选修课程成绩高于所有 1 号选修课程成绩的学生姓名、成绩和院系。

```
SELECT sname , grade , sdepartment
FROM student , grade
WHERE grade > ALL
( SELECT grade FROM grade
WHERE c_id = '1' )
AND student.s_id = grade.s_id
```

成绩大于所有 1 号课程成绩相当于大于所有 1 号课程成绩中的最大值。所以本查询也可以使用 MAX(grade) 聚合函数来代替 ALL，得到相同的执行结果。

具体还有哪些 ANY 或 ALL 关键字与比较运算符的配合可以用聚合函数代替，见表 5-11。

表 5-11 ANY、ALL、IN 关键字与聚合函数的等价关系

ANY 与运算符组合	等价聚合函数	ALL 与运算符组合	等价聚合函数
> ANY	>MIN	> ALL	>MAX
< ANY	<MAX	< ALL	<MIN
>= ANY	>=MIN	>= ALL	>=MAX
<= ANY	<=MAX	<= ALL	<=MIN
= ANY	IN	! =（或<>）ALL	NOT IN

5.4.3 多列多值嵌套查询

如果子查询的结果集是一个多行多列的表，这样的查询称为多列多值嵌套查询。由于子查询返回多列多值，因此，在父查询中只能够使用关键字 EXISTS 或 NOT EXISTS 进行匹配筛选。

带有 EXISTS 谓词的子查询不返回任何数据，只产生逻辑真值"TRUE"或逻辑假值"FALSE"。若内层查询结果非空，则外层的 WHERE 子句返回真值。若内层查询结果为空，则外层的 WHERE 子句返回假值。

【例 5-61】 查询参加选修的学生的姓名、性别。

```
SELECT sname , ssex FROM student
WHERE EXISTS
( SELECT * FROM grade
WHERE student.s_id = grade.s_id )
```

由 EXISTS 引出的子查询，其目标列表达式通常都用 * ，因为带 EXISTS 的子查询只返回真值或假值，给出列名无实际意义。

本例中子查询的查询条件依赖于外层父查询的某个属性值（在本例中是 student.s_id

值),因此是相关子查询。

　　在本例中查询过程是这样的:首先取外层查询 student 表中第一个元组,根据它与内层查询相关的属性值 grade. s_id 处理内层查询,若外层查询的 WHERE 子句返回值为 TRUE,则取外层查询中该元组的 sname 和 ssex 值放入外层查询的结果集中;然后再取外层查询 student 表中的下一个元组;重复这一过程,直到外层 student 表中的元组全部检查完为止。

　　具体执行过程如下:

　　(1) 从外层查询中取出 student 的第一个元组 t,将元组 t 的 s_id(2010190001)值传送给内层查询。

```
SELECT * FROM grade
WHERE '2010190001' = grade.s_id
```

　　(2) 执行内层查询,得到值"78,52,67,89",用该值代替内层查询,得到外层查询:

```
SELECT sname,ssex FROM student
WHERE EXISTS(78,52,67,89)
```

　　(3) 执行这个查询,得到值"赵青,女"。然后再在外层查询中取出下一个元组,重复上述的步骤(1)～(3),直到外层 student 的元组全部处理完毕为止。结果集为

```
赵青,女
李华,女
张三,男
… ,…
```

　　【例 5-62】　查询没有选修 1 号课程的学生姓名。

```
SELECT sname FROM student
WHERE NOT EXISTS
    (SELECT * FROM grade
    WHERE s_id = student.s_id AND c_id = '1')     /*相关子查询*/
```

　　所有的单列单值和单列多值的嵌套查询都能用多列多值嵌套查询等价替换,但一些多值多列嵌套查询却不能被其他形式的嵌套查询等价替换。例如,例 5-56"查询选修 2 号课程的学生的学号和姓名"就可以等价替换为:

```
SELECT s_id,sname FROM student
WHERE EXISTS
(SELECT * FROM grade
WHERE student.s_id = grade.s_id AND c_id = '2')
```

5.4.4　带有 EXISTS 谓词的子查询

1. EXISTS 谓词

　　(1) EXISTS 代表存在量词∃。

　　(2) 带有 EXISTS 谓词的子查询不返回任何数据,只产生逻辑真值 true 或逻辑假值 false。

　　· 若内层查询结果非空,则外层的 WHERE 子句返回真值;

- 若内层查询结果为空,则外层的 WHERE 子句返回假值。

（3）由 EXISTS 引出的子查询,其目标列表达式通常都用 ＊ ,因为带 EXISTS 的子查询只返回真值或假值,给出列名无实际意义。

2. NOT EXISTS 谓词

- 若内层查询结果非空,则外层的 WHERE 子句返回假值；
- 若内层查询结果为空,则外层的 WHERE 子句返回真值。

【例 5-63】 查询所有选修了 1 号课程的学生姓名。

思路分析：

（1）本查询涉及 student 和 grade 关系。

（2）在 student 中依次取每个元组的 s_id 值,用此值去检查 grade 关系。

（3）若 grade 中存在这样的元组,其 s_id 值等于此 student. s_id 值,并且其 c_id = '1',则取此 student. sname 送入结果关系。

用嵌套查询实现,如下所示：

```
SELECT sname
FROM student
WHERE EXISTS(
        SELECT *
        FROM grade
        WHERE s_id = student.s_id AND c_id = '1');      /＊相关子查询＊/
```

也可用连接运算来实现：

```
SELECT sname
FROM student, grade
WHERE student.s_id = grade.s_id AND grade.c_id = '1';
```

一些带 EXISTS 或 NOT EXISTS 谓词的子查询不能被其他形式的子查询等价替换,但所有带 IN 谓词、比较运算符、ANY 和 ALL 谓词的子查询都能用带 EXISTS 谓词的子查询等价替换。例如带有 IN 谓词的例 5-57(查询选修"高等数学"课程的学生的学号和姓名)可以用如下带 EXISTS 谓词的子查询替换：

```
SELECT s_id, sname FROM student WHERE EXISTS
    (SELECT *
     FROM grade
     WHERE grade.s_id = student.s_id AND EXISTS
        (SELECT *
         FROM course
         WHERE course.c_id = grade.c_id AND cname = '高等数学'));
```

3. 用 EXISTS/NOT EXISTS 实现全称量词

SQL 语言中没有全称量词 ∀(for all),可以把带有全称量词的谓词转换为等价的带有存在量词的谓词：$(\forall x)P \equiv \neg(\exists x(\neg P))$。

【例 5-64】 查询选修了全部课程的学生姓名。

```
SELECT sname
```

```
FROM student
WHERE NOT EXISTS
            (SELECT *
             FROM course
             WHERE NOT EXISTS
                        (SELECT *
                         FROM grade
                         WHERE s_id = student.s_id
                              AND c_id = course.c_id
                        )
            );
```

4. 用 EXISTS/NOT EXISTS 实现逻辑蕴函

SQL 语言中没有蕴函(Implication)逻辑运算,可以利用谓词演算将逻辑蕴函谓词等价转换为 $p \rightarrow q \equiv \neg p \vee q$。

【例 5-65】 查询至少选修了学生 2010190001 选修的全部课程的学生号码。

解题思路:

(1) 用逻辑蕴函表达:查询学号为 x 的学生,对所有的课程 y,只要 2010190001 学生选修了课程 y,则 x 也选修了 y。

(2) 形式化表示:

• 用 p 表示谓词"学生 2010190001 选修了课程 y";

• 用 q 表示谓词"学生 x 选修了课程 y"。

则上述查询为 $(\forall y)p \rightarrow q$。

(3) 等价变换:$(\forall y)p \rightarrow q \equiv \neg (\exists y (\neg(p \rightarrow q)) \equiv \neg (\exists y (\neg(\neg p \vee q))) \equiv \neg \exists y(p \wedge \neg q)$。

(4) 变换后语义:不存在这样的课程 y,学生 2010190001 选修了 y,而学生 x 没有选。

(5) 用带有 NOT EXISTS 谓词的 SQL 语句表示如下:

```
SELECT DISTINCT s_id
FROM grade gradeX
WHERE NOT EXISTS
            (SELECT *
             FROM grade gradeY
             WHERE gradeY.s_id = '2010190001' AND NOT EXISTS
                        (SELECT *
                         FROM grade gradeZ
                         WHERE gradeZ.s_id = gradeX.s_id AND gradeZ.c_id = gradeY.c_id));
```

5.5　集合查询

如果有多个不同的查询结果数据集,但又希望将它们按照一定的关系连接在一起,组成一组数据,这时我们可以将多个查询结果进行集合运算。集合运算符主要包括:并运算符 UNION、差运算符 EXCEPT、交运算符 INTERSECT。需要注意的是:参加集合操作的各查询结果集的列数及列的顺序必须相同,对应项的数据类型也必须相同。

集合查询运算符使用的语法格式如下：

```
<query_specification> | (<query_expression>)
UNION [ ALL ]
<query_specification | (<query_expression>)
 [ UNION [ ALL ] <query_specification> | (<query_expression>) [ …n ] ]

<query_specification> | (<query_expression>)
EXCEPT | INTERSECT
<query_specification> | (<query_expression>)
```

参数说明：

<query_specification> | (<query_expression>)：查询规范或查询表达式，用以返回要与另一个查询规范或查询表达式所返回的数据合并的数据，即结果集。

UNION：将多个结果集合并，并将其作为单个结果集返回。

ALL：将多个查询结果合并起来时，系统保留重复记录，包括空值。如未指定该参数，则系统自动删除重复记录。

EXCEPT：计算两个或多个结果集之间的差集，并将其作为单个结果集返回。

INTERSECT：计算两个或多个结果集之间的交集，并将其作为单个结果集返回。

5.5.1　集合并运算 UNION

集合并运算符 UNION 的作用是将多个查询结果集合并为单个结果集。

【例 5-66】　查询"信息工程学院"和"外语学院"所有学生的姓名。

```
SELECT sname FROM student
WHERE sdepartment = '信息工程学院'
UNION
SELECT sname FROM student
WHERE sdepartment = '外语学院'
```

本查询可以理解为查询"信息工程学院"的学生和"外语学院"学生的并集。系统会先求出"信息工程学院"的学生姓名的结果集，再求出"外语学院"学生姓名的结果集，最后将两个集合按照列的顺序合并起来，将两个集合中的所有记录放在一个结果集中。

【例 5-67】　查询选修了课程 1 或者选修了课程 3 的学生的学号。

```
SELECT s_id FROM grade
WHERE c_id = '1'
UNION
SELECT s_id FROM grade
WHERE c_id = '3'
```

本查询可以理解为查询选修 1 号课程的学生和选修 3 号课程学生的并集。选修 1 号课程的学生也可能选修 3 号课程，所以在本查询结果中系统自动删除了重复的学号，查询结果如图 5-41 所示。

如果不想自动删除重复项，可以使用 UNION ALL 运算符。如例 5-67 中不省略重复学号的 SQL 语句为：

```
SELECT s_id FROM grade
```

```
WHERE c_id = '1'
UNION ALL
SELECT s_id FROM grade
WHERE c_id =  '3'
```

查询结果如图 5-42 所示。

	s_id
1	2010190001
2	2010190010
3	2010190013

图 5-41　自动删除重复项的并运算结果

	s_id
1	2010190001
2	2010190010
3	2010190013
4	2010190001
5	2010190010

图 5-42　有重复项的并运算结果

5.5.2　集合差运算 EXCEPT

集合差运算 EXCEPT 运算符的作用是计算两个或多个结果集之间的差集。

【例 5-68】　查询“信息工程学院”年龄大于等于 22 岁的学生的学号、姓名。

```
SELECT s_id 学号,sname 姓名,YEAR(GETDATE()) - YEAR(sbirthday) 年龄
FROM student
WHERE sdepartment = '信息工程学院'
EXCEPT
SELECT s_id 学号,sname 姓名,YEAR(GETDATE()) - YEAR(sbirthday) 年龄
FROM student
WHERE YEAR(GETDATE()) - YEAR(sbirthday)< 20
```

本查询可以理解为查询“信息工程学院”的学生与年龄小于 22 岁的学生的差集。系统会先求出“信息工程学院”的学生的结果集,再求出年龄小于 22 岁的学生的结果集,最后将两个集合按照列的顺序取差集,将第一个集合中的两个集合中相同的记录删除。查询结果如图 5-43 所示。

	学号	姓名	年龄
1	2010190001	赵青	22
2	2010190016	欧阳夏凌	25
3	2010190018	李玲婷	22
4	2010190022	谷小春	22

图 5-43　集合差运算结果

5.5.3　集合交运算 INTERSECT

集合交运算 INTERSECT 运算符的作用是计算两个或多个结果集之间的交集。

【例 5-69】　查询“信息工程学院”的政治面貌为“共青团员”的所有学生的学号、姓名。

```
SELECT s_id, sname
FROM student
WHERE sdepartment = '信息工程学院'
INTERSECT
SELECT s_id, sname
FROM student
WHERE spoliticalStatus = '共青团员'
```

本查询可以理解为查询“信息工程学院”的学生与政治面貌等于中共党员的学生的交集。系统会先求出“信息工程学院”的学生的结果集,再求出政治面貌等于中共党员的学生的结果

集,最后将两个集合按照列的顺序取交集,将删除两个集合中不相等的记录。

【例 5-70】　查询"信息工程学院"的政治面貌为"共青团员"且年龄大于等于 22 岁的所有学生的学号、姓名。

```
SELECT s_id, sname
FROM student
WHERE sdepartment = '信息工程学院'
INTERSECT
SELECT s_id, sname
FROM student
WHERE spoliticalStatus = '共青团员'
EXCEPT
SELECT s_id, sname
FROM student
WHERE YEAR(GETDATE()) - YEAR(sbirthday) < 22
```

查询结果如图 5-44 所示。本例为集合查询中交运算符 INTERSECT 和差运算符 EXCEPT 的组合使用,需要注意的是当 UNION、EXCEPT、INTERSECT 组合使用时 EXCEPT 的优先级要高于 UNION 和 INTERSECT,一般情况下如果多个关键字混合使用最好使用括号。

图 5-44　集合交运算结果

5.6　PIVOT 和 UNPIVOT 关系运算符

在查询的 FROM 子句中使用 PIVOT 和 UNPIVOT,可以对一个输入表值表达式执行某种操作,以获得另一种形式的表。PIVOT 运算符将输入表的行旋转为列,并能同时对行执行聚合运算。而 UNPIVOT 运算符则执行与 PIVOT 运算符相反的操作,它将输入表的列旋转为行。

在 FROM 子句中使用 PIVOT 和 UNPIVOT 关系运算符时的语法格式如下:

```
[ FROM { <table_source> } [ , …n ] ]

<table_source> ::= {
                    table_or_view_name [ [ AS ] table_alias ] |
                    <pivoted_table> | <unpivoted_table>
                  }

< pivoted_table > ::= table_source PIVOT < pivot_clause > [ AS ] table_alias

< pivot_clause > ::= (
                    aggregate_function ( value_column [ [ , ] …n ] )
                    FOR pivot_column
                    IN ( <column_list> )
                  )

< unpivoted_table > ::= table_source UNPIVOT < unpivot_clause > [ AS ] table_alias

< unpivot_clause > ::= ( value_column FOR pivot_column IN ( <column_list> ) )
```

```
<column_list>::= column_name [ ,…n ]
```

各参数的含义如下：

(1) <table_source>：指定要在 Transact-SQL 语句中使用的表、视图、表变量或派生表源(有无别名均可)。

(2) table_or_view_name：表或视图的名称。如果表或视图存在于 SQL Server 的同一实例的另一个数据库中，要按照 database. schema. object_name 的形式使用完全限定名称。如果表或视图不在 SQL Server 的同一实例中，要按照 linked_server. catalog. schema. object 的形式使用由 4 个部分组成的名称。

(3) [AS] table_alias：table_source 的别名，别名可带来使用上的方便，也可用于区分自联接或子查询中的表或视图。别名往往是一个缩短了的表名，用于在联接中引用表的特定列。如果联接中的多个表中存在相同的列名，SQL Server 要求使用表名、视图名或别名来限定列名。如果定义了别名，则不能使用表名。

(4) table_source PIVOT <pivot_clause>：指定对 table_source 表中的 pivot_column 列进行透视，该透视的输出是包含 table_source 中除了 pivot_column 列和 value_column 列之外的所有列的表。table_source 可以是一个表或表表达式。

(5) aggregate_function：系统或用户定义的聚合函数。注意：不允许使用 COUNT(*)系统聚合函数。聚合函数应该对 Null 值固定不变。对 Null 值固定不变的聚合函数在求聚合值时不考虑要聚合的组中的 Null 值。

(6) value_column：PIVOT 运算符的值列。与 UNPIVOT 一起使用时，value_column 不能是 table_source 中的现有列的名称。

(7) FOR pivot_column：PIVOT 运算符的透视列。pivot_column 的数据类型必须是可隐式或显式转换为 nvarchar() 的类型。pivot_column 不能为 image 或 rowversion 数据类型。使用 UNPIVOT 时，pivot_column 是从 table_source 中提取输出的列的名称，table_source 中不能有该名称的现有列。

(8) IN (column_list)：在 PIVOT 子句中，column_list 列出 pivot_column 中将成为输出表的列名的值。在 UNPIVOT 子句中，column_list 列出 table_source 中将被提取到单个 pivot_column 中的所有列。

(9) UNPIVOT <unpivot_clause>：指定将输入表 table_source 中由 column_list 指定的多个列缩减为名为 pivot_column 的单个列。

下面是带批注的 PIVOT 语法。为了对比理解，分别列出了 PIVOT 语法的中英文形式。

```
SELECT <non - pivoted column>,
  [first pivoted column] AS <column name>,
  [second pivoted column] AS <column name>,
  …
  [last pivoted column] AS <column name>
FROM
  (<SELECT query that produces the data>)
  AS <alias for the source query>
PIVOT
(
  <aggregation function>(<column being aggregated>)
```

```
FOR
[<column that contains the values that will become column headers>]
  IN ( [first pivoted column], [second pivoted column],
  … [last pivoted column])
) AS <alias for the pivot table>
<optional ORDER BY clause>;
```

PIVOT 语法的中文格式如下：

```
SELECT <非透视的列>,
[第一个透视的列] AS <列名称>,
[第二个透视的列] AS <列名称>,
…
[最后一个透视的列] AS <列名称>
FROM
(<生成数据的 SELECT 查询>)
AS <源查询的别名>
PIVOT
(
<聚合函数>(<要聚合的列>)
FOR
[<包含要成为列标题的值的列>]
IN ( [第一个透视的列], [第二个透视的列],
… [最后一个透视的列])
) AS <透视表的别名>
<可选的 ORDER BY 子句>;
```

UNPIVOT 的完整语法如下：

```
SELECT <其他列>,<虚拟列别名>,<列值别名>
UNPIVOT(
<列值别名>
FOR <虚拟列别名>
IN(<第一个真实列>,<第二个真实列>…)
) AS <表别名>
```

常见的可能会用到 PIVOT 的情形是，需要生成"交叉表"形式的报表以汇总数据。如图 5-45 所示的产品销售表就是一个典型的交叉表，其中的月份和产品种类都可以继续添加。但是，这种格式在进行数据表存储的时候却并不容易管理，要存储图 5-45 这样的表格数据，数据表通常需要设计如图 5-46 所示的结构。这样就带来一个问题，用户既希望数据容易管理，又希望能够生成一种能够容易阅读的表格数据。好在 PIVOT 为这种转换提供了便利。

产品＼销量	1月	2月	3月	4月	…
产品 1					
产品 2					
产品 3					
…					

图 5-45　产品销售表

产品	销售日期	销售额
产品 1		
产品 2		
产品 3		
...		

图 5-46   数据表结构

假设 Orders 表中包含有 ProductID(产品 ID)、OrderMonth(销售月份)和 SubTotal(销售额)列,并存储有如表 5-12 所示的内容。

表 5-12   Orders 表

ProductID	OrderMonth	SubTotal
1	5	100.00
1	6	100.00
2	5	200.00
2	6	200.00
2	7	200.00
3	5	400.00
3	5	400.00

执行下面的语句:

```
-- 建立 Orders 表
CREATE TABLE Orders (ProductID int, OrderMonth int, SubTotal float );
GO

-- 将表 5-12 中所示的值插入到 Orders 表中
INSERT INTO Orders VALUES (1,5,100);
INSERT INTO Orders VALUES (1,6,100);
INSERT INTO Orders VALUES (2,5,200);
INSERT INTO Orders VALUES (2,6,200);
INSERT INTO Orders VALUES (2,7,200);
INSERT INTO Orders VALUES (3,5,400);
INSERT INTO Orders VALUES (3,5,400);

-- 执行 PIVOT
SELECT ProductID, [5] AS 五月, [6] AS 六月, [7] AS 七月
FROM
        Orders PIVOT (
                SUM (Orders.SubTotal)
                FOR Orders.OrderMonth
                IN( [5], [6], [7] )
              ) AS pvt
ORDER BY ProductID;
```

在上面的语句中,Orders 是输入表,Orders. OrderMonth 是透视列(pivot_column),Orders. SubTotal 是值列(value_column)。上面的语句将按下面的步骤获得输出结果集:

(1) PIVOT 首先按值列之外的列(ProductID 和 OrderMonth)对输入表 Orders 进行分组

汇总,类似执行下面的语句:

```
SELECT ProductID, OrderMonth, SUM (Orders.SubTotal) AS SumSubTotal
FROM Orders
GROUP BY ProductID, OrderMonth;
```

这时,将得到一个如表 5-13 所示的中间结果集。其中,只有 ProductID 为 3 的产品由于在 5 月有 2 笔销售记录,被累加到了一起(值为 800)。

表 5-13　Orders 表经分组汇总后的结果表

ProductID	OrderMonth	SumSubTotal
1	5	100.00
1	6	100.00
2	5	200.00
2	6	200.00
2	7	200.00
3	5	800.00

(2) PIVOT 根据 FOR Orders.OrderMonth IN 指定的值 5、6、7,首先在结果集中建立名为 5、6、7 的列,然后从如图 5-13 所示的中间结果中取出 OrderMonth 列,再从中取出相符合的值,分别放置到 5、6、7 的列中。此时得到的结果集的别名为 pvt(见语句中 AS pvt 的指定)。结果集的内容如表 5-14 所示。

表 5-14　使用 FOR Orders.OrderMonth IN([5],[6],[7])后得到的结果集

ProductID	5	6	7
1	100.00	100.00	NULL
2	200.00	200.00	200.00
3	800.00	NULL	NULL

(3) 最后根据"SELECT ProductID,[5] AS 五月,[6] AS 六月,[7] AS 七月 FROM 的指定",从别名 pvt 结果集中检索数据,并分别将名为 5、6、7 的列在最终结果集中重新命名为五月、六月、七月。这里需要注意的是 FROM 的含义,其表示从经 PIVOT 关系运算符得到的pvt 结果集中检索数据,而不是从 Orders 中检索数据。最终得到的结果集如表 5-15 所示。

表 5-15　由表 5-12 所示的 Orders 表将行转换为列得到的最终结果集

ProductID	五月	六月	七月
1	100.00	100.00	NULL
2	200.00	200.00	200.00
3	800.00	NULL	NULL

UNPIVOT 与 PIVOT 执行几乎完全相反的操作,将列转换为行。但是,UNPIVOT 并不完全是 PIVOT 的逆操作,由于在执行 PIVOT 过程中,数据已经被进行了分组汇总,所以使用UNPIVOT 并不会重现原始表值表达式的结果。假设表 5-15 的结果集存储在一个名为MyPvt 的表中,现在需要将列标识符"五月"、"六月"和"七月"转换到对应于相应产品 ID 的行值(即返回到表 5-13 中的格式)。这意味着必须另外标识两个列,一个用于存储月份,一个用

于存储销售额。为了便于理解,仍旧分别将这两个列命名为 OrderMonth 和 SumSubTotal。参考下面的语句:

```
-- 建立 MyPvt 表
CREATE TABLE MyPvt (ProductID int, 五月 int, 六月 int, 七月 int);
GO

-- 将表 5-15 中所示的值插入到 MyPvt 表中
INSERT INTO MyPvt VALUES (1, 100, 100, 0);
INSERT INTO MyPvt VALUES (2, 200, 200, 200);
INSERT INTO MyPvt VALUES (3, 800, 0, 0);

-- 执行 UNPIVOT
SELECT ProductID, OrderMonth, SubTotal
FROM
    MyPvt UNPIVOT (SubTotal FOR OrderMonth
                   IN (五月, 六月, 七月)
                  )AS unpvt;
```

上面的语句将按下面的步骤获得输出结果集:

(1) 首先建立一个临时结果集的结构,该结构中包含 MyPvt 表中除 IN (五月,六月,七月)之外的列,以及 SubTotal FOR OrderMonth 中指定的值列(SubTotal)和透视列(OrderMonth)。

(2) 将在 MyPvt 中逐行检索数据,将表的列名称(在 IN (五月,六月,七月)中指定)放入 OrderMonth 列中,将相应的值放入到 SubTotal 列中。最后得到的结果集如表 5-16 所示。

表 5-16　使用 UNPIVOT 得到的结果集

ProductID	OrderMonth	SubTotal
1	五月	100
1	六月	100
1	七月	0
2	五月	200
2	六月	200
2	七月	200
3	五月	800
3	六月	0
3	七月	0

5.7　在 TOP 中使用 PERCENT 和 WITH TIES

【例 5-71】　获取所有雇员中薪金最高的 10 个百分比的雇员,并根据基本薪金按降序返回。指定 WITH TIES 可确保结果集中同时包含其薪金与返回的最低薪金相同的所有雇员,即使这样做会超过雇员总数的 10 个百分比。

```
USE AdventureWorks2008R2;
GO
SELECT TOP(10) PERCENT WITH TIES
```

```
pp.FirstName, pp.LastName, e.JobTitle, e.Gender, r.Rate
FROM Person.Person AS pp
    INNER JOIN HumanResources.Employee AS e
        ON pp.BusinessEntityID = e.BusinessEntityID
    INNER JOIN HumanResources.EmployeePayHistory AS r
        ON r.BusinessEntityID = e.BusinessEntityID
ORDER BY Rate DESC;
```

【例 5-72】 获取所有雇员中薪金最高的雇员。

```
USE AdventureWorks2008R2;
GO
SELECT TOP 1
pp.FirstName, pp.LastName, e.JobTitle, e.Gender, r.Rate
FROM Person.Person AS pp
    INNER JOIN HumanResources.Employee AS e
        ON pp.BusinessEntityID = e.BusinessEntityID
    INNER JOIN HumanResources.EmployeePayHistory AS r
        ON r.BusinessEntityID = e.BusinessEntityID
ORDER BY Rate DESC;
```

但是如果有几个人薪金并列第一,这样就只能取到一个记录。用下面的代码的话,就可以正确地取出薪金最高的所有记录:

```
USE AdventureWorks2008R2;
GO
SELECT TOP 1 WITH TIES
pp.FirstName, pp.LastName, e.JobTitle, e.Gender, r.Rate
FROM Person.Person AS pp
    INNER JOIN HumanResources.Employee AS e
        ON pp.BusinessEntityID = e.BusinessEntityID
    INNER JOIN HumanResources.EmployeePayHistory AS r
        ON r.BusinessEntityID = e.BusinessEntityID
```

小结

本章介绍了 SELECT 查询语句的相关知识,包括 SELECT 语句的语法结构,SELECT 语句各子句的执行和书写顺序,SELECT 语句的简单查询、连接查询、嵌套查询及集合查询的查询方法,并结合实例介绍查询时的注意事项。SELECT 是所有 SQL 语言中使用频率最高的语句,它是 SQL 语言的灵魂,因此熟练地掌握 SELECT 语句的基本使用方法是学习 SQL Server 数据库的基础。由于 SELECT 语句的用法相当灵活,所以希望读者在掌握 SELECT 语句的基本使用方法的同时,能够在实际运用中融会贯通,得到更好的查询效果。

习题

1. 选择题

(1) 能够让查询结果按指定的顺序输出的子句是( )。

A. SELECT 子句 B. WHERE 子句

C. ORDER BY 子句 D. GROUP BY

(2) HAVING 子句作为条件限制一般写在(　　)子句之后,与之配合使用。

A. FROM 子句 B. WHERE 子句

C. ORDER BY 子句 D. GROUP BY

(3) 以下对 DISTINCT 关键字理解正确的是(　　)。

A. DISTINCT 关键字可以在 SELECT 查询结果中显示所有重复的行。

B. DISTINCT 关键字可以在 SELECT 查询结果中显示所有重复的列。

C. DISTINCT 关键字可以在 SELECT 查询结果中显示所有不重复的行。

D. DISTINCT 关键字可以在 SELECT 查询结果中显示所有不重复的列。

(4) 在使用逻辑运算符进行条件查询时优先级最高的逻辑运算符是(　　)。

A. AND B. NOT C. OR D. 优先级相等

(5) 要想查询条件为空的记录,则应在 WHERE 后面写入的条件是(　　)。

A. IS NULL B. =NULL C. =' ' D. = *

2. 填空题

(1) 模糊查询中 Like '张[^华]% '的含义是_____。

(2) 在 ORDER BY 子句中_____关键字表示升序,_____关键字表示降序,_____是默认值。

(3) 常用的聚合函数有以下_____、_____、_____、_____、_____、_____ 6 种,其中_____不需要任何参数,不能与 DISTINCT 一起使用。

(4) 集合运算符主要包括_____、_____、_____。

3. 简答题

(1) WHERE 子句与 HAVING 子句都是条件限定子句,它们有什么区别?

(2) 请简述连接的类型及含义。

(3) 什么是嵌套查询? 为什么要使用嵌套查询?

实验

【实验名称】

数据查询。

【实验目的】

(1) 掌握 SELECT 语句的基本语法和查询条件表示方法。

(2) 掌握 GROUP BY 子句、HAVING 子句的作用和使用方法。

(3) 掌握 ORDER BY 子句的作用和使用方法。

(4) 掌握连接查询、嵌套查询、集合查询的表示及查询方法。

【实验内容】

以第 4 章实验创建的数据表数据为基础,请使用 T-SQL 语句实现以下查询:

（1）列出所有姓"李"且全名为3个汉字学生的姓名、性别、出生日期。

（2）显示在1989年以后出生的学生的基本信息、选修课程号及课程成绩。

（3）列出选修了1号课程学生的学号，并按成绩的降序排列。

（4）显示student表中的学生总人数，在结果集中列标题中显示为"学生总人数"。

（5）显示所有专业（要求不能重复，不包括空值），并在结果集中增加一列字段"专业规模"用来记录每个专业的学生个数。

（6）显示选修的课程门数大于3的各个学生的选修课的课程号和课程数。

（7）列出有两门以上课程（含两门）不及格的学生的学号及该学生的平均成绩。

（8）列出同时选修1号课程和2号课程所有学生的学号。

（9）查询所选课程的平均成绩大于学号2010190001学生平均成绩的学号、平均成绩。

（10）按照"学号，姓名，院系，已修学分"的顺序列出学生学分的获得情况。其中已修学分为考试已经及格的课程学分之和。

（11）查询只被一名学生选修的课程的课程号、课程名。

（12）使用嵌套查询查询其他院系中年龄小于"信息工程学院"的某个学生的学生姓名、年龄和院系。

（13）使用集合查询列出"信息工程学院"的学生以及性别为女的学生学号及姓名。

（14）使用集合查询列出"信息工程学院"的学生与年龄不大于20岁的学生的交集、差集。

第6章

视图

视图是从一个或多个表(或视图)中导出的虚拟的表,其本身不包含任何数据,表中的数据是来自一个查询语句的查询结果。视图在简化查询语句、增加查询结果的可读性以及数据的维护、安全等方面有非常良好的效果。本章将全面介绍视图的概念和特点及其使用方法。

本章的学习目标:

- 了解视图的概念和优缺点;
- 掌握创建和管理视图的方法;
- 掌握利用视图简化查询操作的方法;
- 掌握通过视图访问数据的方法。

6.1 概述

视图(View)是一种虚拟数据库对象,是从用户使用数据库观点出发,为用户提供一种从一个特定的角度来查看数据库中数据的方法。也就是说用户可以根据各自的需求在同一个数据库中定义不同的操作要求,形成各种符合要求的自定义数据结构——视图。

从数据库系统观点来看,视图只是由 SELECT 语句组成的查询定义的虚拟表,因此数据库在存储视图时只存储视图的定义,虽然与普通的表一样视图由字段和记录组成,但其本身不存储数据,其数据存储在被它引用的数据表中,这种被引用的表称为基表。

对用户来说,视图使用起来几乎同真实的表一样,可以进行查询、插入、修改、删除等一系列操作。事实上用户对视图的操作最终都被系统根据视图的定义转换成了对视图相关的基表的操作。所以当对通过视图看到的数据进行修改时,与其相关的基表的数据也要发生变化,反而言之,若基表的数据发生变化,则视图中的数据也会随之改变。

使用视图有很多优点,主要表现在:

(1)视图简化了用户对数据的查询和处理。有时用户所需要的数据分散在多个表中,定义视图可将它们集中在一起,方便用户进行数据查询和处理。另外视图本身就是一个已经保存的查询定义,因此在执行相同查询时只需要一条简单的查询视图语句即可,使编写查询的过程更简单。

(2)视图使用户集中视点,增加数据的可读性。视图可以筛选和过滤掉一些用户不需要或敏感的列和行,只允许用户查看特定范围的数据,这样既增加了数据的可读性又提高了数据的安全性。

(3)视图有利于数据的共享。通过视图多个用户可以共享数据库中的数据而不用单独定义和存储自己所需的数据,节约存储空间。

（4）视图可以保证数据的逻辑独立性。有时候我们会根据表的设计过程进行一些合并或分割,这些对应用程序会造成影响。但如果使用视图,就可在数据重新组织的时候保持原有的结构关系,从而使外模式保持不变。即只更改视图定义不更改程序,从而方便程序维护,保证数据的逻辑独立性。

（5）视图增加了数据的安全性。视图可以作为一种安全机制。通过视图用户只能查看和修改他们所能看到的数据,其他数据库或表既不可见也不可以访问。如果某一用户想要访问视图的结果集,必须授予其访问权限。

6.2 创建视图

创建视图与创建数据表一样,可以使用 SQL Server Management Studio 中的对象资源管理器和 T-SQL 语句两种方法。

6.2.1 利用对象资源管理器创建视图

下面以在 stu_info 数据库中建立 view_grade 视图为例,介绍如何通过"对象资源管理器"创建视图。

（1）启动 SQL Server Management Studio,连接到本地默认实例,在【对象资源管理器】窗格里,选择【数据库】→stu_info→【视图】。右击【视图】,在弹出的快捷菜单里选择【新建视图】选项,如图 6-1 所示。

（2）打开如图 6-2 所示的【添加表】对话框,在显示出来的表格名称中选中要引用的表,然后单击【添加】按钮。例如,添加 student、course、grade 三个表。

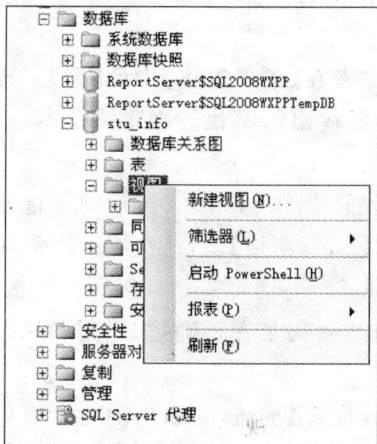

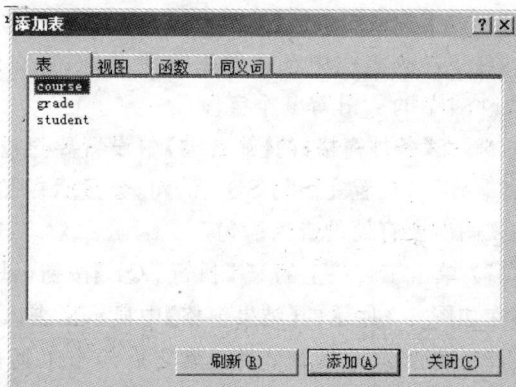

图 6-1 选择视图　　　　　　　　　　图 6-2 视图设计及添加表对话框

（3）添加完数据表之后,单击【关闭】按钮,返回到【视图设计】窗口,如图 6-3 所示。如果还要添加新的数据表,可以右击如图 6-3 所示【关系图窗格】的空白处,在弹出的快捷菜单里选择【添加表】选项,则会再次弹出图 6-2 所示的【添加表】对话框,然后继续为视图添加引用表或视图。如果要移除已经添加的数据表或视图,可以在【关系图窗格】里右击要移除的数据表或视图,在弹出的快捷菜单里选择【移除】选项,或选中要移除的数据表或视图后,直接单击【Delete】按钮移除。

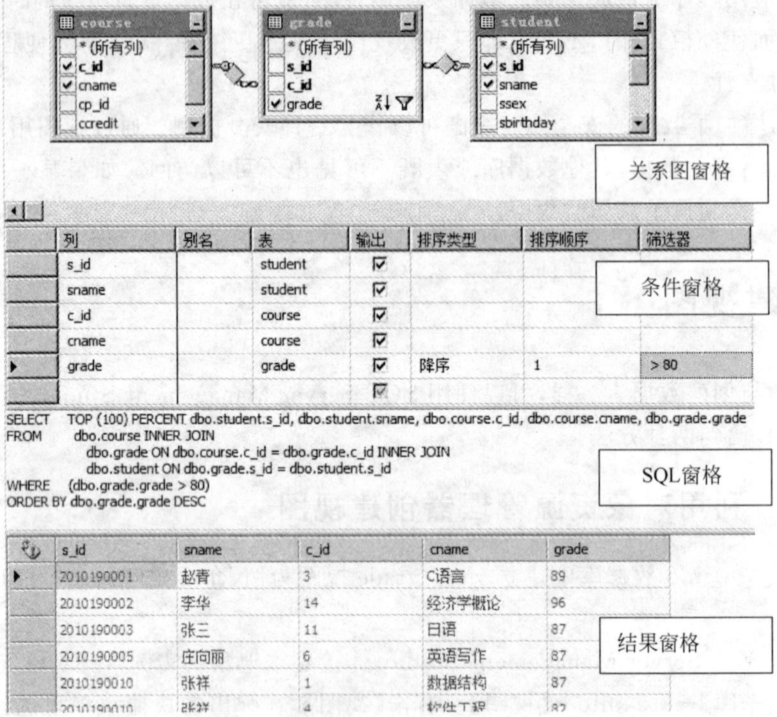

图 6-3 视图设计窗口

(4) 在【关系图窗格】里建立表与表之间的关系,如要将 student 表的 s_id 与相等的 grade 表中的 s_id 相关系,那么只要将 student 表中的 s_id 字段拖曳到 grade 表中的 s_id 字段上即可,关系成功后两个表之间会有一根线连着。

(5) 在【关系图窗格】里选择数据表字段前的复选框,或者在【条件窗格】中的【列】字段中单击,在下拉列表框中选择数据字段名称,可以设置视图要输出的字段。在图 6-3 中,选中 student 表中的 s_id 等 5 个字段。

(6) 在【条件窗格】的【筛选器】中设置要过滤的查询条件,如在 grade 字段后的筛选器中写入">80"。设置完后的 SQL 语句,会显示在图 6-3 中的【SQL 窗格】里,这个 Select 语句也就是视图所要存储的查询语句。

(7) 单击工具栏上的 ▮【执行 SQL】按钮,试运行 Select 语句是否正确,如果正确执行结果将在如图 6-3 所示的【结果窗格】中显示出来。

(8) 最后,在一切测试都正常之后单击工具栏中的 ▮【保存】按钮,在弹出的对话框里输入视图名称 view_grade,单击【确定】按钮完成视图的创建。

6.2.2 利用 T-SQL 语句创建视图

用 T-SQL 的 create view 语句可以创建视图,其语法为:

```
CREATE VIEW [ schema_name . ] view_name
[ (column [ , …n ] ) ]
```

```
[ WITH < view_attribute > [ , … n ] ]
AS select_statement [ ; ]
[ WITH CHECK OPTION ]
< view_attribute > :: =
{
[ ENCRYPTION ]
    [ SCHEMABINDING ]
[VIEW_METADATA]
}
```

参数说明：

（1）schema_name：视图所属架构名。

（2）view_name：视图名称。

（3）column：视图中所使用的列名，一般只有列是从算术表达式、函数或常量派生出来的或者列的指定名称不同于来源列的名称时，才需要使用。

（4）WITH <view_attribute>：指出视图的属性。view_attribute 的值可以取以下几个：

① ENCRYPTION：加密视图。

② SCHEMABINDING：将视图绑定到基础表的架构。

③ VIEW_METADATA：指定为引用视图的查询请求浏览模式的元数据时，SQL Server 实例将向 DB-Library、ODBC 和 OLE DB API 返回有关视图的元数据信息，而不返回基表的元数据信息。

（5）select_statement：用来创建视图的 SELECT 查询语句。

（6）WITH CHECK OPTION：强制针对视图执行的所有数据修改语句都必须符合在 select_statement 中设置的条件。

注释：CREATE VIEW 语句必须是批处理中的第一条语句。

【例 6-1】 创建一个名称为 st1_degree 的视图，其中包括所有学生的姓名、课程和成绩。

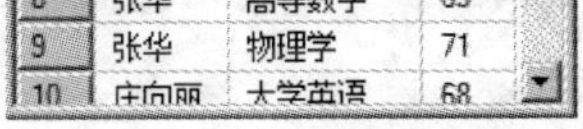

	姓名	课程	成绩
1	赵青	数据结构	78
2	赵青	操作系统	52
3	赵青	高等数学	67
4	赵青	C语言	89
5	李华	经济管理	56
6	李华	经济学概论	96
7	张三	日语	87
8	张华	高等数学	65
9	张华	物理学	71
10	庄向丽	大学英语	68

图 6-4 创建视图执行结果

```
CREATE VIEW st1_degree              -- 创建视图
AS
SELECT student.sname AS '姓名', course.cname AS '课程', grade.grade
AS '成绩'
FROM student , course, grade
WHERE student.s_id = grade.s_id AND course.c_id = grade.c_id
GO
SELECT * from st1_degree             -- 查看视图
GO
```

其运行结果如图 6-4 所示：

6.3 管理视图

视图定义后就可以查看了，查看视图定义的方式与查看数据表定义的方法很类似，只是在修改视图方面有一些区别。

6.3.1 查看视图定义

1. 在 SQL Server Management Studio 中查看视图定义

下面以查看视图 st1-degree 为例介绍如何查看视图定义:

(1) 启动 SQL Server Management Studio,连接到本地默认实例,在【对象资源管理器】窗格里,选择【数据库】→stu_info→【视图】,展开【视图】前面的⊞,右击视图 st1_degree,在弹出的快捷菜单里选择【设计】选项,打开【视图设计】窗口。

(2) 在【视图设计】窗口中可以查看视图 st1-degree 的定义信息,如图 6-5 所示。

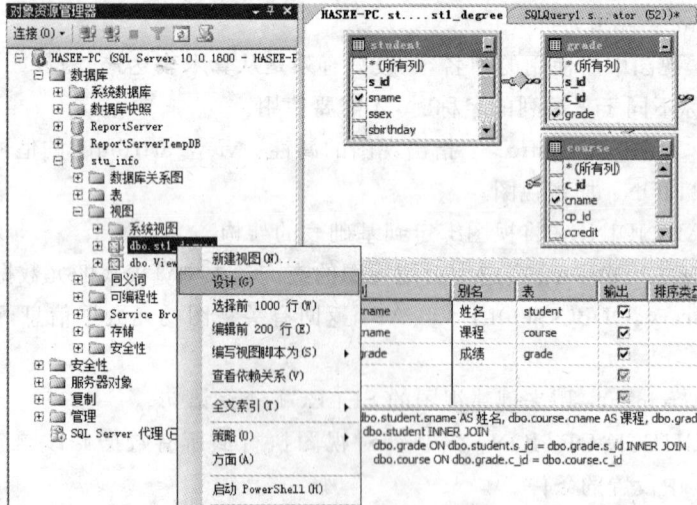

图 6-5　Management Studio 中查看视图定义

2. 利用 T-SQL 语言查看视图定义

视图的定义信息保存在系统数据库中,所以可以通过系统提供的存储过程来查看视图的定义信息。下面以查看 st1-degree 视图为例介绍查看的方法。

单击工具栏上的【新建查询】按钮,打开查询设计器,并输入如下命令:

```
Exec sp_helptext st1_degree
```

则可以在【结果】窗口中看到该视图的定义信息,如图 6-6 所示。

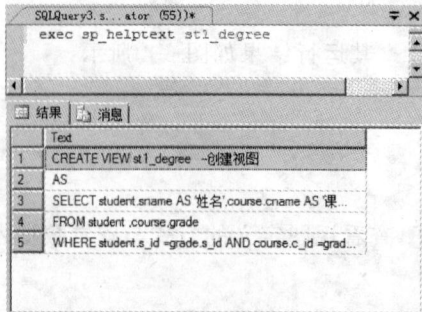

图 6-6　命令方式查看视图定义

6.3.2 修改视图定义

1. 使用 SQL Server Management Studio 修改视图定义

使用 SQL Server Management Studio 修改视图事实上只是修改该视图所存储的 T-SQL 语句,下面以修改视图 st1_degree 为例介绍如何在 SQL Server Management Studio 中修改视图,使其降序显示学生成绩。

(1)启动 SQL Server Management Studio,连接到本地默认实例,在【对象资源管理器】窗格里展开树形目录,选择【数据库】→stu_info→【视图】→【st1_degree】。

(2)右击 st1_degree,在弹出的快捷菜单里选择【设计】选项,打开如图 6-7 所示的【视图设计】窗口。在【条件窗格】中将 grade 字段的【排序类型】修改为降序。

(3)修改完成后单击工具栏中的 ! 按钮,测试新视图的运行情况,其结果会在【结果窗格】中显示,最后单击【保存】按钮,完成视图修改。

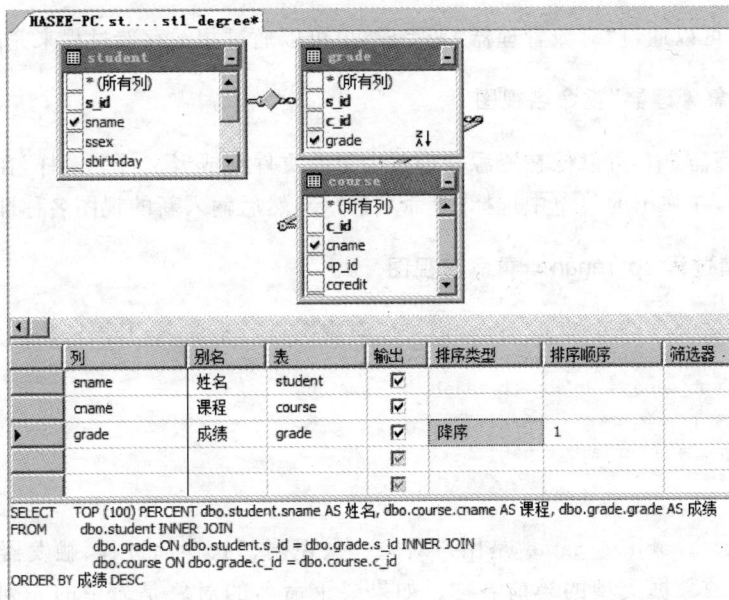

图 6-7 在 Management Studio 中修改视图

注意:视图是个查询结果集,是没有排序的,如果你使用了 ORDER BY 那么你必须与 TOP 关键字一起使用,这里 ORDER BY 并不是对视图的结果进行排序,只是为了让 TOP 提取结果。当使用视图做查询,并且查询结果集需要排序时,要重新使用 ORDER BY。

2. 使用 T-SQL 语言修改视图定义

使用 T-SQL 语句的 ALTER VIEW 可以修改视图,其语法格式如下:

```
ALTER VIEW [ schema_name . ] view_name [ ( column [ , … n ] ) ]
[ WITH < view_attribute > [ , … n ] ]
AS select_statement [ ; ]
[ WITH CHECK OPTION ]
< view_attribute > ::=
```

```
{
    [ ENCRYPTION ]
    [ SCHEMABINDING ]
    [ VIEW_METADATA ]      }
```

从上面代码可以看出,ALTER VIEW 语句的语法和 CREATE VIEW 语句完全一样,只不过是以 ALTER VIEW 开头,下面举例说明 ALTER VIEW 的用法:

【例 6-2】　修改视图 st1_degree,使结果集中包含学号、姓名、课程和成绩 4 个字段。

```
ALTER VIEW st1_degree
AS
SELECT student.s_id AS '学号', student.sname AS '姓名',course.cname AS '课程',grade.grade AS '成绩'
FROM student ,course,grade
WHERE student.s_id = grade.s_id and course.c_id = grade.c_id
```

6.3.3　重命名视图

重命名视图可以通过"对象管理器"来完成,也可以通过相关存储过程来完成。

1. 使用"对象管理器"重命名视图

在【对象管理器】中,可以像在资源管理器中更改文件夹或者文件名一样,在需要重命名的视图上右击鼠标,在弹出的菜单中选择【重命名】命令,然后输入新的视图名称即可。

2. 使用存储过程 sp_rename 重命名视图

利用系统提供的存储过程 sp_rename 可以对视图进行重命名,其语法格式为:

```
sp_rename [ @objname = ] 'object_name',
[ @newname = ] 'new_name'
[ , [ @objtype = ] 'object_type' ]
```

参数说明:

[@objname=]'object_name'是用户对象(表、视图、列、存储过程、触发器、默认值、数据库、对象或规则)或数据类型的当前名称。如果要重命名的对象是表中的一列,那么 object_name 必须为 table.column 形式。如果要重命名的是索引,那么 object_name 必须为 table.index 形式。object_name 为 nvarchar(776) 类型,无默认值。

[@newname=]'new_name'是指定对象的新名称。new_name 必须是名称的一部分,并且要遵循标识符的规则。newname 是 sysname 类型,无默认值。

[@objtype=]'object_type'是要重命名的对象的类型。object_type 为 varchar(13) 类型,其默认值为 NULL,可取如表 6-1 所示的值。

表 6-1　object_type 的取值及其含义

取　　值	说　　明
COLUMN	要重命名的列
DATABASE	用户定义数据库。重命名数据库时需要此对象类型
INDEX	用户定义索引

取　值	说　明
OBJECT	在 sys.objects 中跟踪的类型的项目。例如，OBJECT 可用于重命名约束（CHECK、FOREIGN KEY、PRIMARY/UNIQUE KEY）、用户表和规则等对象
USERDATATYPE	通过执行 CREATE TYPE 或 sp_addtype 添加 CLR 用户定义类型

【例 6-3】　将视图 view_grade 更名为 view_score。

```
USE stu_info
Go
EXEC sp_rename 'view_grade', 'view_score '
Go
```

重命名视图时还需要注意以下几点：

（1）重命名的视图必须位于当前数据库中。

（2）新名称必须遵守标识符规则。

（3）只能命名自己拥有的视图。

（4）数据库所有者可以更改任何用户视图的名称。

6.3.4　删除视图

当一个视图不再需要使用时，可以将其删除。删除视图同样也可以通过 SQL Server Management Studio 和 T-SQL 语言两种方式实现。

1. 在 Management Studio 中删除视图

下面以删除"view_score"为例介绍如何在 SQL Server Management Studio 中删除视图。

（1）启动 SQL Server Management Studio，连接到本地数据库默认实例。

（2）在【对象资源管理器】窗格里展开树形目录，选择【数据库】→stu_info→【视图】→view_score。右击 view_score，在弹出的快捷菜单里选择【删除】。

（3）在弹出的【删除对象】对话框里可以看到要删除的视图名称。单击【确定】按钮完成删除操作。

2. 使用 T-SQL 语言删除视图

在 T-SQL 语言里，可以使用 DROP VIEW 语句来删除视图，其语法格式为：

```
DROP VIEW [ schema_name . ] view_name [ …, n ] [ ; ]
```

【例 6-4】　请将 view_score 视图删除。

```
DROP VIEW view_score
```

注释：如果需要一次删除多个视图，只需要在 DROP VIEW 语句后面加入多个视图的名称并用","隔开即可。

6.4　利用视图管理数据

6.4.1　利用视图查询数据

1. 在 Management Studio 中查询视图

在 SQL Server Management Studio 中查询视图内容的方法与查询数据表内的方法几乎一致,下面以查询视图 st1-degree 为例介绍如何查询视图。

(1) 启动 SQL Server Management Studio,连接到本地默认实例,在【对象资源管理器】窗格里,选择【数据库】→stu_info→【视图】→st1_degree。

(2) 右击 st1_degree,在弹出的快捷菜单里选择【选择前 1000 行】选项,如图 6-8 所示。打开【查看视图】窗口,如图 6-9 所示,该窗口界面与查看数据表的窗口界面十分相似。

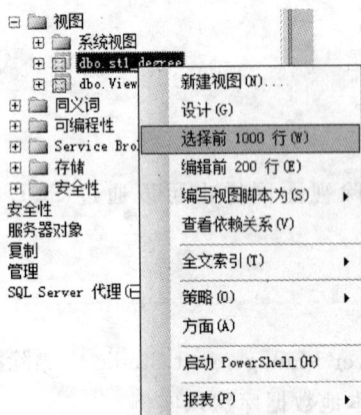

图 6-8　选择前 1000 行

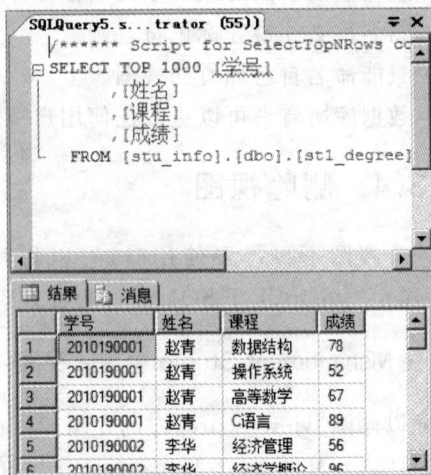

图 6-9　查看视图窗口

2. 使用 T-SQL 语言查询视图

在 T-SQL 语句里,查询视图的方法和查询数据表内容方法一致,可以使用 SELECT 语句查看视图的内容。

【例 6-5】　请查看 st1_degree 视图的内容。

```
SELECT * FROM st1_degree
```

查询结果如图 6-10 所示。

【例 6-6】　请使用视图 st1_degree 查看"赵青"选修的课程和成绩。

```
SELECT 姓名,课程,成绩 FROM st1_degree
WHERE 姓名 = '赵青'
```

查询结果如图 6-11 所示。

在本例中可以看出查询字段使用的是"姓名"、"课程"和"成绩",这 3 个字段来自于 st1_

degree 视图的结果集。因此说明视图可以向最终用户隐藏复杂查询过程,简化了用户的 SQL 程序设计。

视图还可以作为数据库的一种安全措施用来限制用户对基表的访问。例如,若限定某用户只能查询 st1_degree 视图,实际上就是限制该用户只能访问"学号"、"姓名"、"课程"和"成绩"这 4 个字段,从而保证了其他字段的安全。

注意:如果与视图相关联的表或视图被删除,则该视图将不能再使用。

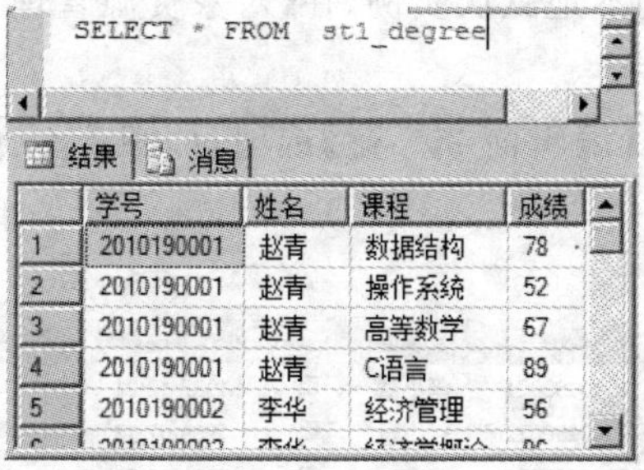

图 6-10　例 6-5 查询结果

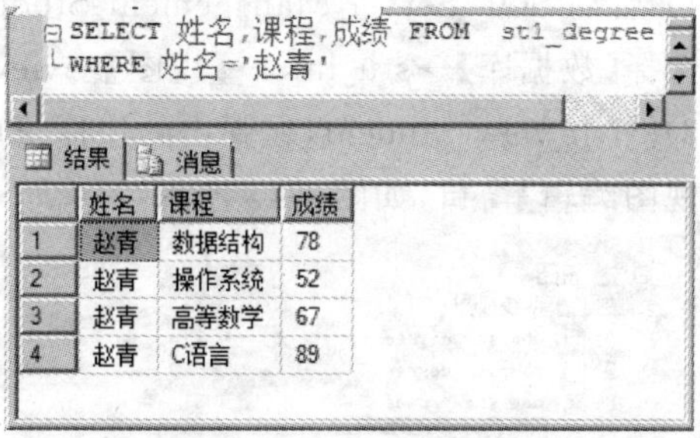

图 6-11　例 6-6 查询结果

6.4.2　利用视图修改数据

由于视图使用起来与数据表相似,因此可以通过视图修改基表的数据,包括插入、更新和删除。但是使用视图对数据进行修改有一定的限制,就是要求所使用的视图必须是可更新的。可更新视图需要满足的条件为:

(1) 在视图中修改的列必须直接引用表列中的基础数据。它们不能通过其他方式派生,例如通过聚合函数(AVG、COUNT、SUM、MIN、MAX 等)或者通过表达式并使用列计算出其他列的情况。使用集合运算符(UNION、UNION ALL、CROSSJOIN、EXCEPT 和 INTERSECT)形成的列得出的计算结果不可更新。

(2) 被修改的列不受 GROUP BY、HAVING 或 DISTINCT 子句的影响。

(3) 创建视图的 SELECT 语句的 FROM 子句中至少要包含一个基表。

上述限制应用于视图的 FROM 子句中的任何子查询,就像其应用于视图本身一样。

注释:除了满足上述条件的视图是可更新的外,也可以创建可更新分区视图和使用 INSTEAD OF 触发器创建可更新视图。

【例 6-7】　分析以下列两个视图是否可更新。

```
CREATE VIEW view_student          -- 新建视图 view_student
AS
SELECT s_id,sname,ssex,sbirthday
FROM student
GO
CREATE VIEW st2_degree(学号,平均成绩)  -- 新建视图 st2_degree
AS
SELECT student.s_id,AVG(grade.grade)
FROM student,course,grade
WHERE student.s_id = grade.s_id and course.c_id = grade.c_id
GROUP BY student.s_id
GO
```

view_student 视图符合以上条件,是可更新的;而 st2_degree 视图中包含有聚合函数 AVG,所以是不可更新的。

1. 利用视图插入数据

下面介绍如何在 SQL Server Management Studio 中和 T-SQL 语句中实现数据插入。

1) 使用 Management Studio 插入数据

(1) 启动 SQL Server Management Studio,连接到本地默认实例,在【对象资源管理器】窗口里,选择【数据库】→stu_info→【视图】→view_student。

(2) 右击 view_student,在弹出的快捷菜单里选择【编辑前 200 行】选项,如图 6-12 所示。打开【视图编辑】窗口,如图 6-13 所示。

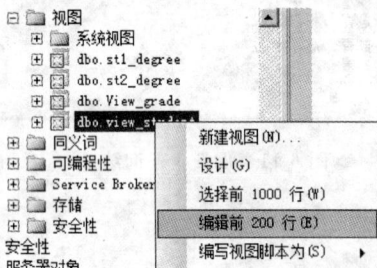

图 6-12　选择【编辑前 200 行】

图 6-13　【视图编辑】窗口

(3) 在【视图编辑】窗口中定位到在最后一条记录下面,有一条所有字段都为 NULL 的记录,在此可以输入新记录的内容。

2) 使用 INSERT 语句插入数据

【例 6-8】　向 view_student 视图中插入以下记录"2010190030、梁飞龙、男、1989-3-5"

```
INSERT INTO view_student
VALUES('2010190030','梁飞龙','男','1989 - 3 - 5')
```

执行成功后查 view_student 视图可以看到记录已经成功添加到视图结果集中,如图 6-14 所示最后一条记录。再次查看 view_student 视图的基表 student 表可以发现,上述记录插入到数据表中,并且除题中给定的 4 个字段外其他字段都为系统默认值 NULL,如图 6-15 所示最后一条记录。

图 6-14　view_student 视图结果集

一般来说,不建议在视图中插入新记录,因为在视图中往往显示的是表中的某几个字段,

结果 | 消息

	s_id	sname	ssex	sbirthday	sdepartment	smajor	spoliticalStatus	photo	smemo
13	2010190013	朱华	女	1989-05-03	信息工程学院	计算机科学	中共党员	NULL	NULL
14	2010190014	李贵	男	1990-05-01	外语学院	日语	中共党员	NULL	NULL
15	2010190015	王玲玲	女	1990-04-23	生命科学学院	生物学	共青团员	NULL	NULL
16	2010190016	欧阳...	女	1985-06-04	信息工程学院	软件工程	共青团员	NULL	NULL
17	2010190017	张凯固	男	1986-07-09	外语学院	英语	共青团员	NULL	NULL
18	2010190018	李玲婷	女	1988-07-02	信息工程学院	软件工程	共青团员	NULL	NULL
19	2010190019	牛晓丽	女	1987-05-05	生命科学学院	生物学	中共党员	NULL	NULL
20	2010190020	严如玉	女	1988-05-07	NULL	NULL	群众	NULL	NULL
21	2010190021	李小雷	男	1987-12-21	数学工程学院	数学教育	共青团员	NULL	NULL
22	2010190022	谷小春	男	1988-07-13	信息工程学院	计算机科学	群众	NULL	NULL
23	2010190023	张宜	男	1989-05-23	信息工程学院	软件工程	共青团员	NULL	NULL
24	2010190024	刘文玉	女	1988-12-25	外语学院	日语	中共党员	NULL	NULL
25	2010190025	朱娟娟	女	1986-04-05	NULL	NULL	共青团员	NULL	NULL
26	2010190030	梁飞龙	男	1989-03-05	NULL	NULL	NULL	NULL	NULL

图 6-15 student 数据表内容

而如果通过视图插入新记录，则视图中没有指定的字段内容将自动置空。如果视图中不包含基表中的主键，则插入操作就会因主键不能置空而失败。而且当视图所依赖的基表有多个时，也不能向该视图插入数据，因为这将影响多个基表。例如，不能向 stu1_degree 视图中插入数据，因为该视图依赖 student、course 和 grade 三张基表。

2. 利用视图更新数据

1）使用 Management Studio 更新数据

(1) 启动 SQL Server Management Studio，连接到本地默认实例，在【对象资源管理器】窗口里，选择【数据库】→stu_info→【视图】→view_student。

(2) 右击 view_student，在弹出的快捷菜单里选择【编辑前 200 行】选项，打开【视图编辑】窗口，在【视图编辑】窗口中找到要修改的记录，在记录上直接修改字段内容，修改完毕之后，只需将光标从该记录上移开，定位到其他记录上，SQL Server 就会将修改的记录保存。

2）使用 UPDATE 语句更新数据

【例 6-9】 将视图 view_student 中学号为 2010190030 的学生的出生日期改为“1989 年 6 月 3 日”。

```
UPDATE view_student
SET sbirthday = '1989 - 6 - 3'
WHERE s_id = '2010190030'
```

本例实际上是将 view_student 视图所依赖的基表 student 中的 2010190030 号学生的出生日期进行了修改。也就是说更新视图实际上是更新该视图所对应的基表。

【例 6-10】 将视图 st1_degree 中姓名为“张祥”的学生“软件工程”课程成绩改为 90。

```
UPDATE st1_degree
SET 成绩 = 90
WHERE 姓名 = '张祥 ' and 课程 = '软件工程'
```

虽然 st1_degree 视图依赖 student、course 和 grade 三张基表，但在本例中进行更新的内容只涉及其中的一张基表，所以更新可以实现。

【例 6-11】 将视图 st1_degree 中姓名为“张祥”的学生“软件工程”课程名更改为“软件测试工程”，成绩改为 90。

```
UPDATE st1_degree
```

```
SET 课程 = '软件测试工程', 成绩 = 90
WHERE 姓名 = '张祥' and 课程 = '软件工程'
```

在本例中通过视图更新的内容涉及 course 和 grade 两张基表,因此系统拒绝此次更新,同时会在【消息】窗口中弹出如图 6-16 所示的提示信息。

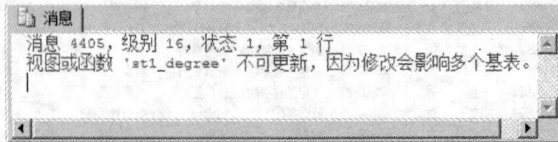

图 6-16　消息提示信息

3. 利用视图删除数据

• 使用 Management Studio 删除数据

(1) 启动 SQL Server Management Studio,连接到本地默认实例,在【对象资源管理器】窗口里,选择【数据库】→stu_info→【视图】→view_student。

(2) 右击 view_student,在弹出的快捷菜单里选择【编辑前 200 行】选项,打开【视图编辑】窗口,在【视图编辑】窗口中右击要删除的记录,在弹出的快捷菜单里选择【删除】选项,如图 6-17 所示。

(3) 弹出如图 6-18 所示警告对话框,单击【是】按钮,完成删除操作。

• 使用 DELETE 语句删除数据

【例 6-12】　删除视图 view_student 中姓名为"梁飞龙"的学生记录。

```
DELETE FROM view_student
WHERE sname = '梁飞龙'
```

图 6-17　删除选项

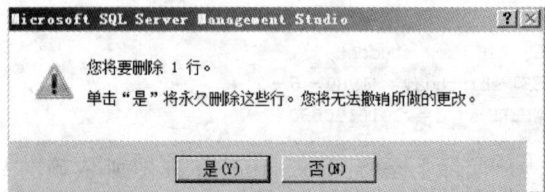

图 6-18　警告对话框

本例中删除视图 view_student 中的记录实际上是删除了该视图所依赖的基表 student 中的记录。由于 view_student 视图只对应了一张基表,所以删除能够成功,如果视图依赖的基表涉及多张(不包括分区视图),则不能通过视图进行删除。

小结

本章全面讲述了视图的创建及其使用方法。首先,介绍视图的概念,视图是一个虚拟的表,该表中的记录是由一个查询语句执行后所得到的查询结果所构成。因此视图中存储的只是一个查询语句,视图中的数据并不是存在于视图中,而是存在于被引用的数据表中,当被引用的数据表中的记录内容改变时,视图中的记录内容也会随之改变。然后,介绍了创建视图、管理视图和利用视图管理数据的方法,包括使用对象资源管理器创建的方法和使用 T-SQL 语言创建的方法。

视图的使用方法和数据表相似,但是在使用时有很多限制,所以应该认真掌握这两者之间的区别,从而更熟练地使用视图。

习题

(1) 基表和视图有什么区别和联系?

(2) 什么是视图? 使用视图的优点和缺点是什么?

(3) 在什么情况下视图可以更新?

(4) 将创建视图的基表从数据库中删除掉,视图也会一并删除吗?

(5) 在 stu_info 数据库中创建一个视图 avg_stud,包含每个学生姓名及平均分,并输出该视图的所有记录,请写出 T-SQL 语句。

实验

【实验名称】

创建和管理视图。

【实验目的】

(1) 掌握通过对象资源管理器和 T-SQL 语言创建视图的方法。

(2) 掌握通过对象资源管理器和 T-SQL 语言管理视图的方法。

(3) 掌握利用对象资源管理器和 T-SQL 语言通过视图管理数据的方法。

【实验内容】

创建、管理视图,并使用视图对数据进行管理。

【实验步骤】

1. 创建视图

(1) 使用对象资源管理器创建视图。

在 stu_info 数据库中以"student"表为基础,建立一个名为"V_IT"的视图,包含所有计算机系的学生的所有信息,并打开视图查看结果集。

(2) 使用 SQL 语句创建视图。

* 创建 V_IT_age 视图,包括计算机科学系各学生的学号、姓名及年龄;
* 创建 V_JP_age 视图,包括日语系 1989 年以后出生的学生基本信息;
* 建立计算机科学系选修了 2 号课程的学生视图 V_IT_c2;
* 创建一个视图 V_stu_grade,用于查看所有学生学号、姓名、课程和成绩信息,并用 WITH ENCRYPTION 加密;
* 创建一个视图 V_stu_count,用于查看选修各门课程的学生的人数;

- 建立一个显示各系学生平均年龄的视图 V_stu_avgage。

2. 管理视图

(1) 利用对象资源管理器查询以上所建的视图结果。

(2) 利用 V_IT 视图查看计算机科学系中年龄大于该系平均年龄的学生的基本信息。

(3) 修改视图 V_JP_age 为 1987 年以后出生的学生基本信息。

(4) 重命名视图 V_IT_c2 为 V_ITCOURSE。

3. 修改视图

(1) 向视图 V_IT_age 中插入一个新的学生记录,学号为 2010190026,姓名为"赵红平",年龄 21 岁,并查询视图及基表结果。

(2) 利用视图 V_IT_age 修改学号为 2010190026 的学生姓名为"赵青青",并查询视图及基表结果。

(3) 利用视图 V_JP_age20 删除学号为 2010190003 的记录,并查询视图及基表结果。

(4) 要通过视图 V_stu_avgage,将计算机科学系学生的平均成绩改为 90 分,是否可以实现? 并说明原因。

4. 删除视图

(1) 用企业管理器删除视图 V_IT。

(2) 使用 SQL 语句删除视图 V_JP_age20。

第7章

索引和查询优化

索引(index)是除表之外另一重要的、用户定义的存储在物理介质上的数据结构,其作用相当于书中的目录。索引使数据库引擎执行速度更快,有针对性地进行数据检索,而不是简单地整表扫描(full table scan)。索引是有效使用数据库系统的基础,当数据表中的数据量很少时,通过扫描数据表所占用的所有分页来存取数据的性能或许还可以接受,但当表中的数据量极大时,就一定需要有索引的辅助才能有效地存取数据。一般来说索引建立的适当与否,是性能好坏的成功要素。

本章的学习目标:

* 了解 SQL Server 中索引的概念;
* 掌握使用 SQL Server 管理控制器创建聚集索引和非聚集索引的方法;
* 掌握使用 T-SQL 语句创建聚集索引和非聚集索引的方法;
* 掌握使用 SQL Server 管理控制器维护索引的方法;
* 掌握使用 T-SQL 语句维护索引的方法。

7.1 数据库对象的存储

为了使用有效的索引,我们必须对索引的构成有所了解,对数据库的文件结构有所了解,进而对整个数据库对象的存储结构有所了解。只有这样我们才能从全局出发,衡量添加索引是否能提高数据库系统的查询性能。

数据库是由数据文件组成的,每个文件由一个或多个区组成,每个区又由 8 个物理上连续的页组成。在 SQL Server 中数据存储的基本单位是页,磁盘 I/O 操作也在页级执行。也就是说,每次读取或写入数据的最少数据单位是数据页(日志文件除外)。区是 SQL Server 分配给表和索引的基本单位,所有页都存储在区中。下面我们具体介绍数据库文件的组成结构。

7.1.1 文件和文件组

在 SQL Server 中,通过文件组这个逻辑对象对存放数据的文件进行管理。如图 7-1 所示在顶层是数据库,由于数据库是由一个或多个文件组组成,而文件组是由一个或多个文件组成的逻辑组,所以我们可以把文件组分散到不同的磁盘中,使用户数据尽可能跨越多个设备,多个 I/O 运转,避免 I/O 竞争,从而均衡 I/O 负载,克服访问瓶颈。

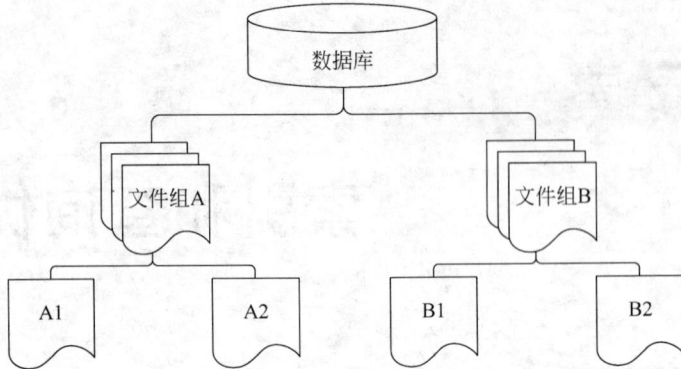

图 7-1　数据页示意图

7.1.2　页

在 SQL Server 中,数据库的数据文件从逻辑层面被分成若干逻辑页面,并且在每个文件中所有页面都被连续地从 0 到 x 进行编号,其中 x 是由文件的大小决定的。我们可以通过指定一个数据库 ID、一个文件 ID、一个页码来引用任何一个数据页。当我们使用 ALTER DATABASE 命令来扩大一个文件时,新的空间会被加到文件的末尾。也就是说,我们所扩大文件的新空间第一个数据页的页码是 $x+1$。当我们使用 DBCC SHRINKDATABASE 或 DBCC SHRINKFILE(详见第 13 章"高级管理")命令来收缩一个数据库时,将会从数据库中页码最高的页面(文件末尾)开始移除页面,并向页码较低的页面移动。这保证了一个文件中的页码总是连续的。

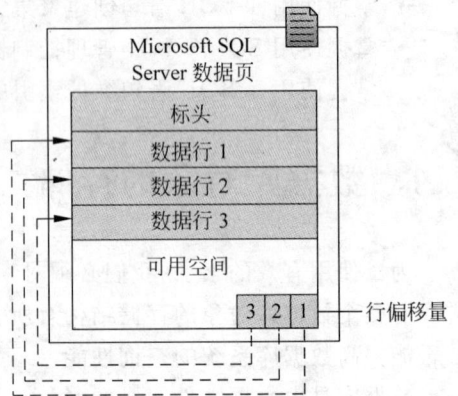

图 7-2　数据页示意图

在 SQL Server 中,页的大小为 8 KB。这意味着 SQL Server 数据库中每 MB 有 128 页。那么根据数据库的文件大小,我们可以算出数据库有多少数据页。每页的开头是 96 字节的标头,用于存储有关页的系统信息。此信息包括页码、页类型、页的可用空间以及拥有该页的对象的分配单元 ID。SQL Server 数据库的数据文件中所使用的页类型如图 7-2 所示。

7.1.3　区

区是管理空间的基本单位。一个区是 8 个物理上连续的页(即 64KB)组成的,这意味着 SQL Server 数据库中每 MB 有 16 个区。

为了使空间分配更有效,当数据对象包含少量数据时,SQL Server 不会将一整个区全部分配给这个对象。因此 SQL Server 有两种类型的区,如图 7-3 所示。

- 统一区:由单个对象所有。区中的所有 8 页只能由所属对象使用。
- 混合区:最多可由 8 个对象共享。区中 8 页的每页可由不同的对象所有。

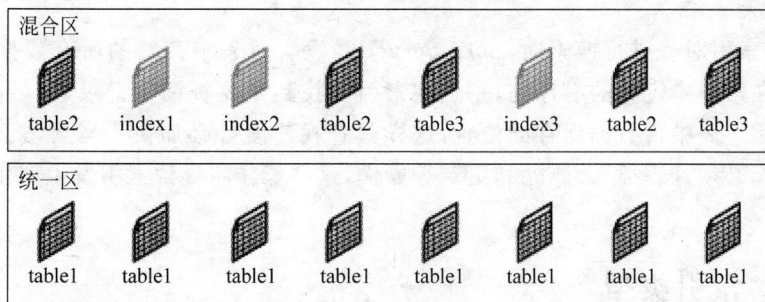

图 7-3 区示意图

通常从混合区向新表或索引分配页。当表或索引增长到 8 页时,将该区更改为统一区,进行后续分配。如果对现有表创建索引,并且该表包含的行足以在索引中生成 8 页,则对该索引的所有分配都使用统一区进行。

在数据页上,数据行紧接着标头按顺序放置。页的末尾是行偏移表,对于页中的每一行,每个行偏移表都包含一个条目。每个条目记录对应行的第一个字节与页首的距离。行偏移表中的条目的顺序与页中行的顺序相反。

7.2 索引及其分类

7.2.1 什么是索引

在前面我们学习过,表本质上是一个存储库,主要是用来保存数据以及同数据有关的信息。然而,表的定义并不能保证其中的数据能够被快速获取。因此,需要某种特殊的结构,在该结构中记录着表中一列或多列按照一定顺序建立的排序,以及与这些排序列值与记录之间的对应关系,这样就可以通过此结构快速找到要查询的记录了,而这种结构就是索引。例如,如果将一个表看成一本书,那么用于这本书的目录,就是表的索引。如果想在这本书中查找一段具体的信息内容,则可以通过目录找到该信息所对应的具体目录项,再根据目录项所对应的页码找到信息内容所在的页。在数据库中引用索引主要有以下作用:

(1) 快速存取数据;

(2) 保证数据记录的唯一性;

(3) 实现表与表之间的参照完整性;

(4) 在使用 ORDER BY、GROUP BY 子句进行数据检索时,利用索引可以减少排序和分组的时间。

如果在数据库中不建立索引,那么 SQL Server 就只能在数据库中对表的每一行都进行检查,即整表扫描(full table scan)以确定其中是否存在要查询的信息。很显然,这在很多时候都增加了提取数据操作的开销。

注意:并不是所有表扫描的开销都大于设置索引的开销。例如,如果 SQL Server 要对数据表中的行的合理部分进行处理,有时候会对大约 10% 或更多的数据进行处理,那么你会发现,使用表扫描会比使用索引更好。另外当数据库的表数据比较少时,建立索引的开销有时反而还会大于不建立的情况。这表明表扫描并不全是坏事,但是在大型的表上,表扫描的时间开销可能会比较大。

　　而在使用索引对表进行搜索时,SQL Server 并没有对表中存储的所有数据进行遍历,相反,它只查看在索引中定义的有序列,一旦在索引中找到了要查询的记录,就可以得到一个指针,它指向在相应表中行数据保存的位置,这样其查找速度势必加快。当然,索引目录更为复杂,因为数据库必须处理插入、删除和更新等操作,这些操作将导致索引发生变化,所以还要对它进行维护。

7.2.2　索引类型

　　在 SQL Server 2008 中可以在表中的任何列上定义索引,索引的类型按照组织方式来分主要是聚集索引和非聚集索引两种;按照数据的唯一性来分,可以分为唯一索引和非唯一索引两种;按照索引键的列数来分,可以分为单一索引和组合索引两种。下面我们分别详细介绍这几种索引类型。

1. 聚集索引

　　聚集索引的数据页是物理有序存储的,也就是说数据页的物理顺序是按照聚集索引的顺序排列的。因此聚集索引查找数据的速度很快,不但高于无索引时表的扫描速度,也高于非聚集型索引的查找速度。由于数据页的物理顺序只可能有一种,因此一个表只能定义一个聚集索引。如果一张表建立了主键,那么 SQL Server 就会自动建立一个以主键为序的聚集型索引。

　　SQL Server 是按照 B 树方式组织聚集索引的,所谓 B 树即二叉搜索树。树的顶部的节点构成了索引的根节点,每个非叶子节点都至多拥有两个子节点。在聚集索引中数据页是聚集索引的叶节点,数据页之间通过双向链表的形式连接起来。实际的数据就存储在这些叶节点上,这样就可以根据索引值直接找数据所在行。

　　聚集索引与物理数据页的顺序一致,因此在对数据表进行插入、删除和更新操作时,必然会导致数据发生变化,如果要保证数据的连续和有序,就需要移动数据的物理位置。因此不要将聚集索引放置到一个会进行大量更新的列上,因为这意味着 SQL Server 会不得不经常改变数据的物理位置,这样会导致过多的处理开销。

2. 非聚集索引

　　非聚集索引是索引完全独立于数据行的结构。SQL Server 也是按照 B 树方式组织聚集索引的,与聚集索引不同的是非聚集索引的 B 树叶节点不存放数据页信息,只存放索引的键值。非聚集索引的叶节点包含着指向具体数据行的指针,数据页之间没有连接,是相对独立的页。因此,在一个表中同时可以存在多个非聚集索引。SQL Server 默认情况下建立的是非聚集索引。

　　非聚集索引内部用来指向数据行的指针有两种结构,一种是建立在无聚集索引的堆表结构(按照磁盘的物理顺序存放数据的结构)上的指向行的指针;一种是有聚集索引的索引结构中的索引键值。如果一个表有聚集索引,那么它的所有非聚集索引都会依照聚集索引的顺序来建立索引。如果一个数据表只有非聚集索引,则它的数据行就会按无序的堆表方式存储。

　　因为非聚集索引以与基表分开的结构保存,所以可以在与基表不同的文件组中创建非聚集索引。如果文件组被保存在不同的磁盘上,在查询和提取数据时可以得到性能上的提升,这是因为 SQL Server 可以进行并行的 I/O 操作,从索引和基表中同时提取数据。

注意:非聚集索引越多,在往带有索引的行中插入或更新数据时,SQL Server 进行索引修改操作所花费的时间就越多。因此在建立非聚集索引时,要权衡索引对查询速度加快与降低修改速度之间的利弊,同时还要考虑索引需要使用多少空间、索引键如何选择以及是否有许多重复值等问题。

在实际数据库管理中,聚集索引或非聚集索引的使用可以参考表 7-1。

表 7-1　聚集索引与非聚集索引的使用

动作描述	使用聚集索引	使用非聚集索引
列经常被分组排序	应使用	应使用
返回某范围内的数据	应使用	不应使用
一个或极少不同值	不应使用	不应使用
小数目的不同值	应使用	不应使用
大数目的不同值	不应使用	应使用
频繁更新的列	不应使用	应使用
外键列	应使用	应使用
主键列	应使用	应使用
频繁修改索引列	不应使用	应使用

3. 唯一索引和非唯一索引

唯一索引中的索引值在整个表中只能出现一次。加入唯一索引后,SQL Server 会自动对带有唯一索引的列强制其唯一性。如果试图在表中插入一个已经存在的值,就会产生错误,导致插入操作的失败。创建唯一索引的方法除了可以使用主键约束外,还可以使用 UNIQUE 约束。

非唯一索引在提取数据的时候,由于允许出现重复的值,因此 SQL Server 需要检查是否返回了多个项,并同 SQL Server 所知道的唯一索引进行比较,以便在找到第一个行之后停止搜索。而唯一索引省去了这个步骤,所以唯一索引会比非唯一索引开销更小。

4. 单一索引和组合索引

所谓单一索引是指索引列为一列的情况,即创建索引的语句只实施在一列上。组合索引是指索引列为多列的情况,即创建索引时根据多列组合而成的索引,也叫复合索引。组合索引的创建方法与创建单一索引的方法完全一样。但组合索引在数据库操作期间所需的开销更小,可以代替多个单一索引。当表的行数远远大于索引键的数目时,使用这种方式可以明显加快表的查询速度。

7.3　索引的创建

索引的创建方式有两种,分别是系统自动创建和手动创建。在创建数据表时,如果设定了主键或 UNIQUE 约束,则系统会自动创建与主键名相同的聚集索引或与 UNIQUE 键名相同的唯一索引。本节主要介绍索引的手动创建方式。

7.3.1 通过对象管理器创建索引

1. 利用图形化界面向导方式创建索引

使用 SQL Server Management Studio 可以对索引进行全面的管理,包括创建索引、查看索引、删除索引和重新组织索引等。下面我们以在 stu_info 数据库中 student 表的 sname 列上创建一个升序的非聚集索引 IDX_sname 为例,介绍索引的创建方法。其操作步骤如下:

(1) 启动 SQL Server Management Studio,连接到本地默认实例,在【对象资源管理器】窗格里,选择【数据库】→stu_info→dbo. student→【索引】。

(2) 右击【索引】,在弹出如图 7-4 所示的快捷菜单里选择【新建索引】选项。

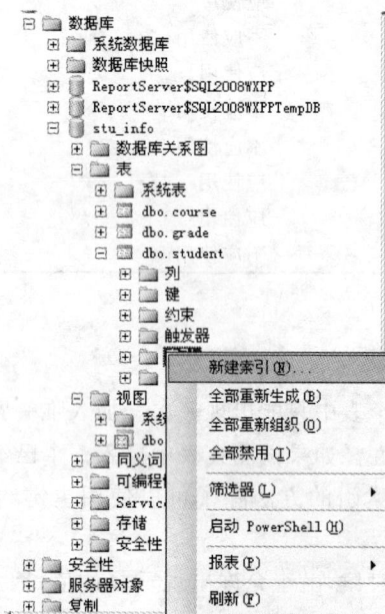

图 7-4 新建索引

(3) 打开【新建索引】对话框,进入【新建索引】的【常规】选项卡,如图 7-5 所示。其中各项说明和设置如下:

- "表名"文本框:指出表的名称,用户不可更改。
- "索引名称"文本框:输入所建索引的名称,由用户决定。这里输入索引名称为 IDX_sname。
- "索引类型"组合框:用户可以选择聚集、非聚集等索引类型。这里选择"非聚集"选项。
- "唯一值"复选框:选中表示创建唯一性索引。这里不选中。

注释:如果创建的是聚集索引,而且被创建的列已经创建为主键,则在将"索引类型"选择为"聚集"时,会弹出【是否删除现有索引】对话框。因为创建主键时会自动创建一个主键列的聚集索引,由于聚集索引一个表中只能有一个,所以需要删除原有的才能创建新的聚集索引。

(4) 设置完成后,单击【添加】按钮创建一个新的索引,出现如图 7-6 所示的【从 dbo. student 中选择列】对话框,从【表列】列表中勾选要建立索引的列,一次可以选择一列或多列;

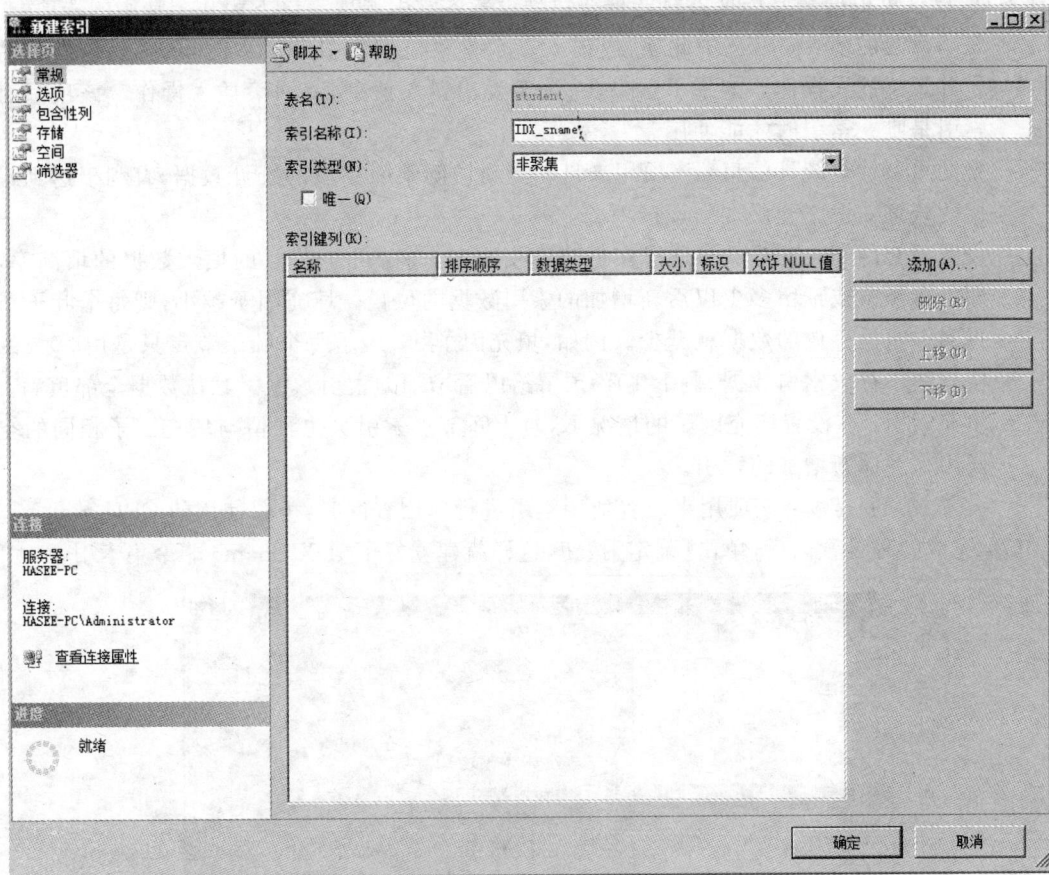

图 7-5 【新建索引】对话框

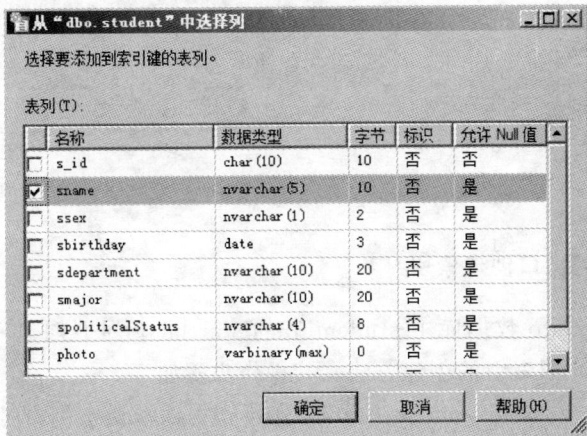

图 7-6 选择列对话框

这里勾选 sname 列,单击【确定】按钮。

（5）返回到如图 7-5 所示的【新建索引】对话框,单击【索引键列】中的【排序顺序】,从中选择索引键的排序顺序。这里选择"升序"项。

（6）在图 7-5 所示的【新建索引】对话框中单击左侧【选择页】的【选项】,可以打开如图 7-7

的标签页,在这里根据需要选择各复选框按钮来设置各索引选项。以下为几个常用的选项:

- 忽略重复的值:如果选中此项,当插入一个重复值到索引字段中时,系统将会发出警告并忽略插入操作。如果不选,则系统会发出错误信息,并回滚插入操作。该项只有索引是唯一索引时才能使用。
- 自动重新计算统计信息:该项用来自动更新访问索引字段的统计数据,有利于达到最优的查询效率。建议选中该选项。
- 设置填充因子:填充因子是指在创建索引页时,每个叶子节点的填入数据的填满率,即是否预留或预留多少以后新增加的索引数据的位置。填充因子越小,则每个叶子节点索引页里存放的数据就越少。例如,填充因子90,表示每个叶子节点只是用90%的空间用于存放索引数据,剩下10%预留给以后增加的索引数据。默认数据全部填满。
- 填充索引:在设置填充因子的情况下,对中间节点索引页也预留与填充因子相同的空间用来存储新增加的索引。
- 设置最大并行度:该项用来设置使用索引进行单个查询时,可以使用的 CPU 数量。

(7) 完成各种设置以后,单击【确定】按钮,这样就建立好了 IDX_sname 非聚集索引。

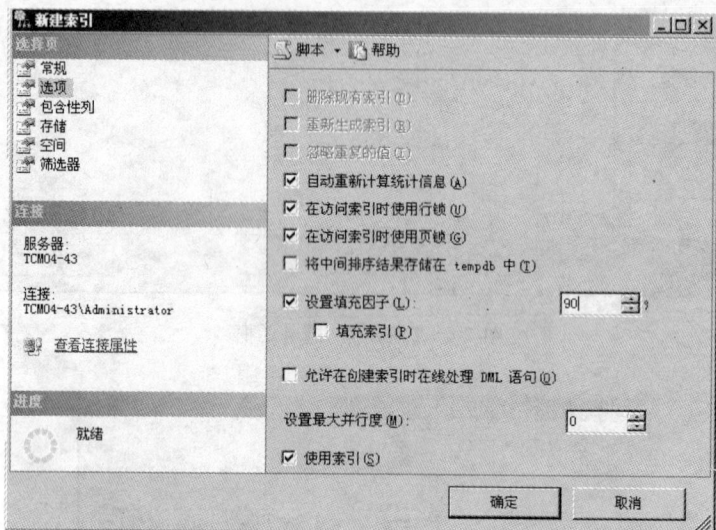

图 7-7　索引选项标签页

2. 利用【表设计器】窗口创建索引

下面我们以在 stu_info 数据库中 student 表的 sbirthday 列上创建一个升序的非聚集索引 IX_sbirthday 为例,介绍索引的创建方法。其操作步骤如下:

(1) 启动 SQL Server Management Studio,连接到本地默认实例,在【对象资源管理器】窗口里,选择【数据库】→stu_info→dbo.student。

(2) 右击 dbo.student,在弹出的快捷菜单里选择【设计】选项,打开【表设计器】窗口。

(3) 在【表设计器】窗口中,选择 sbirthday 属性列,右击,在弹出的快捷菜单中选择【索引/键】选项,如图 7-8 所示。

(4) 打开【索引/键】窗口,单击【添加】按钮,单击右侧常规属性区【列】一栏后面的 按钮,在打开的【索引列】窗口中选择 sbirthday 列,排序为"升序",然后单击【确定】按钮。在标识

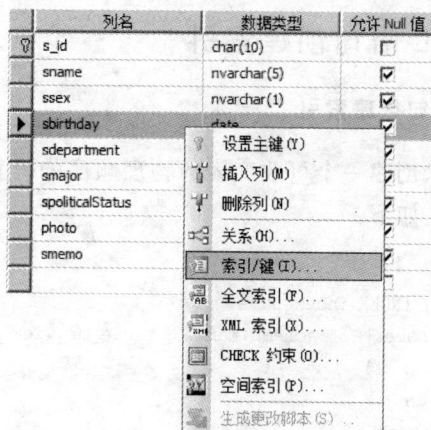

图 7-8 【索引/键】选项

属性区的【名称】一栏中修改系统默认名称为 IDX_sbirthday，如图 7-9 所示。

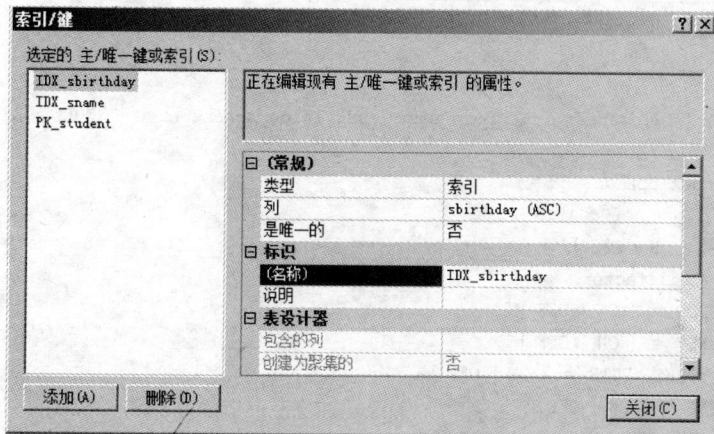

图 7-9 【索引/键】窗口

注释：在【索引/键】窗口中的【是唯一的】一栏可以设置索引的唯一性，【创建为聚集的】选项中可以设置索引是否为聚集索引。

（5）单击【关闭】，关闭【索引/键】窗口，单击面板上的【保存】按钮，在弹出的对话框中单击【是】按钮，完成创建。展开 student 表中的【索引】项，可以看到建立成功的所有索引，如图 7-10 所示。

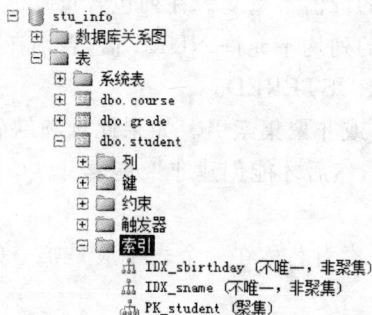

图 7-10 student 表索引列表

7.3.2　利用 T-SQL 语句创建索引

1. 用 CREATE INDEX 语句创建索引

CREATE INDEX 既可以创建一个可改变表的物理顺序的聚集索引,又可以创建提高查询性能的非聚集索引。其语法如下:

```
CREATE [ UNIQUE ]
[ CLUSTERED | NONCLUSTERED ] INDEX index_name
ON database_name. [ schema_name ] . | schema_name. ] table_or_view_name
 (column [ ASC | DESC ] [ , …n ] )
[ INCLUDE (column_name [ , …n ] ) ]
[ WHERE column_name IN (constant , …n )
| column_name < comparison_op > constant]
   [ WITH ( < relational_index_option > [ , …n ] ) ]
   [ ON { partition_scheme_name (column_name)
      | filegroup_name
      | default
      }
   ]
[ FILESTREAM_ON { filestream_filegroup_name | partition_scheme_name | "NULL" } ]
[ ; ]
< relational_index_option > :: =
{
   PAD_INDEX = { ON | OFF }
 | FILLFACTOR = fillfactor
 | SORT_IN_TEMPDB = { ON | OFF }
 | IGNORE_DUP_KEY = { ON | OFF }
 | STATISTICS_NORECOMPUTE = { ON | OFF }
 | DROP_EXISTING = { ON | OFF }
 | ONLINE = { ON | OFF }
 | ALLOW_ROW_LOCKS = { ON | OFF }
 | ALLOW_PAGE_LOCKS = { ON | OFF }
 | MAXDOP = max_degree_of_parallelism
 }
```

各参数说明如下:

(1) UNIQUE。

创建一个唯一索引,即索引的键值不重复。在列包含重复值时,不能建唯一索引。如要使用此选项,则应确定索引所包含的列均不允许 NULL 值,否则在使用时会经常出错。

(2) CLUSTERED| NONCLUSTERED。

指明创建的索引为聚集索引或非聚集索引。如果此选项缺省,则创建的索引为非聚集索引。必须先创建唯一的聚集索引,然后才能创建非聚集索引。

(3) index_name。

指定所创建的索引的名称。索引名称在一个表中应是唯一的,但在同一数据库或不同数据库中可以重复。

(4) column。

指定被索引的列。如果使用两个或两个以上的列组成一个索引,则称为复合索引。一个索引中最多可以指定 16 个列，但列的数据类型的长度和不能超过 900 个字节。

（5）［ASC | DESC］。

确定特定索引列的升序或降序排序方向，ASC 为升序（默认），DESC 为降序。

（6）INCLUDE（column［,…n］）。

指定要添加到非聚集索引的叶级别的非键列。非聚集索引可以唯一，也可以不唯一。在 INCLUDE 列表中列名不能重复，且不能同时用于键列和非键列。如果对表定义了聚集索引，则非聚集索引始终包含聚集索引列。

（7）WHERE 子句。

通过指定索引中要包含哪些行来创建筛选索引。筛选索引只能是非聚集索引，能够为筛选索引中的数据行创建筛选统计信息。筛选谓词使用简单比较逻辑且不能引用计算列、UDT 列、空间数据类型列或 hierarchyID 数据类型列。比较运算符不允许使用 NULL 文本的比较，请改用 IS NULL 和 IS NOT NULL 运算符。只能使用 AND 运算符合并比较和 IN 列表。

（8）WITH 子句。

<relational_index_option>：指定创建索引时要使用的选项。

PAD_INDEX：指定填充索引的内部节点的行数，至少应大于等于两行。PAD_INDEX 选项只有在 FILLFACTOR 选项指定后才起作用。因为 PAD_INDEX 使用与 FILLFACTOR 相同的百分比。默认时，SQL Server 确保每个索引页至少有能容纳一条最大索引行数据的空闲空间。如果 FILLFACTOR 指定的百分比不够容纳一行数据 SQL Server 会自动内部更改百分比。

FILLFACTOR＝fillfactor：称为填充因子，它指定创建索引时，每个索引页的数据占索引页大小的百分比，fillfactor 的值为 1～100。它其实同时指出了索引页保留的自由空间占索引页大小的百分比，即 100－fillfactor。对于那些频繁进行大量数据插入或删除的表在建索引时应该为将来生成的索引数据预留较大的空间，即将 fillfactor 设得较小，否则，索引页会因数据的插入而很快填满，并产生分页，而分页会大大增加系统的开销。但如果设得过小，又会浪费大量的磁盘空间，降低查询性能。因此，对于此类表通常设一个大约为 10 的 fillfactor。而对于数据不更改的、高并发的、只读的表，fillfactor 可以设到 95 以上乃至 100。

SORT_IN_TEMPDB ＝ { ON | OFF }：指定用于创建索引的分类排序结果将被存储到 Tempdb 临时数据库中。如果 Tempdb 数据库和用户数据库位于不同的磁盘设备上，那么使用这一选项可以减少创建索引的时间，但它会增加创建索引所需的磁盘空间。默认值为 OFF。"ON"在 tempdb 中存储用于生成索引的中间排序结果。"OFF"中间排序结果与索引存储在同一数据库中。

IGNORE_DUP_KEY：此选项控制了当往包含于一个唯一约束中的列中插入重复数据时 SQL Server 所作的反应。当选择此选项时，SQL Server 返回一个错误信息，跳过此行数据的插入，继续执行下面的插入数据的操作；当没选择此选项时，SQL Server 不仅会返回一个错误信息，还会回滚（roll back）整个 INSERT 语句（关于回滚，请参见第 12 章）。

STATISTICS_NORECOMPUTE ＝ { ON | OFF}：指定是否重新计算分发统计信息。默认值为 OFF。

DROP_EXISTING：指定要删除并重新创建簇索引。删除簇索引会导致所有的非簇索引被重建,因为需要用行指针来替换簇索引键。如果再重建簇索引,那么非簇索引又会再重建一次,以便用簇索引键来替换行指针。使用 DROP_EXISTING 选项可以使非簇索引只重建一次。

ONLINE = { ON | OFF }:指定在索引操作期间基础表和关联的索引是否可用于查询和数据修改操作。默认值为 OFF。

ALLOW_ROW_LOCKS = { ON | OFF }:指定是否允许行锁。默认值为 ON。

ALLOW_PAGE_LOCKS = { ON | OFF }:指定是否允许使用页锁。默认值为 ON。

MAXDOP = max_degree_of_parallelism:在索引操作期间覆盖最大并行度配置选项。使用 MAXDOP 可以限制在执行并行计划的过程中使用的处理器数量。最大数量为 64 个处理器。

ON partition_scheme_name(column_name):指定分区方案,该方案定义要将分区索引的分区映射到的文件组。column_name 指定将作为分区索引的分区依据的列。该列必须与 partition_scheme_name 使用的分区函数参数的数据类型、长度和精度相匹配。column_name 不限于索引定义中的列。ON filegroup_name 为指定文件组创建指定索引。如果未指定位置且表或视图尚未分区,则索引将与基础表或视图使用相同的文件组。该文件组必须已存在。ON "default"为默认文件组创建指定索引。

注意:数据类型为 TEXT、NTEXT、IMAGE 或 BIT 的列不能作为索引的列。由于索引的宽度不能超过 900 个字节,因此数据类型为 CHAR、VARCHAR、BINARY 和 VARBINARY 的列的列宽度超过了 900 字节,或数据类型为 NCHAR、NVARCHAR 的列的列宽度超过了 450 个字节时也不能作为索引的列。

【例 7-1】 在 stu_info 数据库中 student 表 sname 列上创建一个非聚集索引。

```
USE stu_info
GO
CREATE INDEX IDX_sname
ON student(sname)
WITH(DROP_EXISTING = ON)              -- 如果已经存在同名索引则删除
```

注释:在创建本索引时,由于前期已经建立一个同名索引,所以为了成功建立可以使用 WITH 子句中的"DROP_EXISTING=ON"直接删除掉同名索引。

【例 7-2】 为 course 表的 c_id 列创建唯一聚集索引。在执行 INSERT 或 UPDATE 语句时,如果输入了重复的值,将忽略此次操作。

```
CREATE UNIQUE CLUSTERED INDEX IDX_cid
ON course(c_id)
WITH IGNORE_DUP_KEY
```

注释:在创建本索引时,由于 c_id 列为主键,也就是已经存在一个聚集索引了,因此无法直接创建成功,所以要创建本索引需要先删除 course 表的主键后再建立。

【例 7-3】 为 student 表的 ssex 列和 smajor 列创建复合索引,填充因子为 60。

```
CREATE INDEX IDX_sexmajor
ON student(ssex,smajor)
WITH FILLFACTOR = 60
```

【例 7-4】 创建一个视图 view_degree,并为视图创建索引。

```
CREATE VIEW view_degree WITH SCHEMABINDING
AS
SELECT a.s_id '学号',a.sname '姓名',b.c_id '课程号',b.cname '课程',c.grade '成绩'
FROM dbo.student a ,dbo.course b,dbo.grade c
WHERE a.s_id = c.s_id AND b.c_id = c.c_id
GO
CREATE UNIQUE CLUSTERED INDEX IDX_no1
ON view_degree(学号,课程号)
```

执行结果如图 7-11 所示。

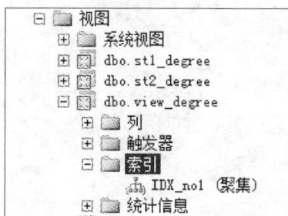

图 7-11 在视图上创建索引

注意:对视图创建索引要求创建索引的视图必须绑定到基础表的架构,即使用"WITH SCHEMABINDING"子句。使用该语句后在定义视图时 SELECT 语句中的表名就必须用"架构名.表名"的形式出现,例如"dbo.student"。另外,对视图创建索引要求先创建唯一聚集索引。

2. 使用 CREATE TABLE 语句创建索引

使用 CREATE TABLE(或 ALTER TABLE)语句创建表时,如果指定 PRIMARY KEY 约束或者 UNIQUE 约束,则 SQL Server 自动为这些约束创建索引,其语法见第 4 章相关内容。

7.4 查看和删除索引

在索引建好后,有时需要查看和修改索引属性,其方法主要有两种:使用 SQLServer 控制管理器和 T-SQL 语句。

7.4.1 使用 SQL Server Management Studio 查看和修改索引信息

下面以查看 stu_info 数据库中 student 表上已建立的索引 IDX_sbirthday 为例介绍如何使用 SQL Server Management Studio 查看和修改索引信息的。具体操作步骤如下:

(1) 启动 SQL Server Management Studio,连接到本地默认实例,在【对象资源管理器】窗格里,选择【数据库】→stu_info→dbo.student→【索引】。

(2) 展开【索引】列表,右击 IDX_sbirthday 索引,在弹出的快捷菜单中选择【属性】命令,打开如图 7-12 所示的【索引属性】对话框,在其中对索引的各选项进行查看和修改。

(3) 单击【确定】按钮完成查看和修改操作。

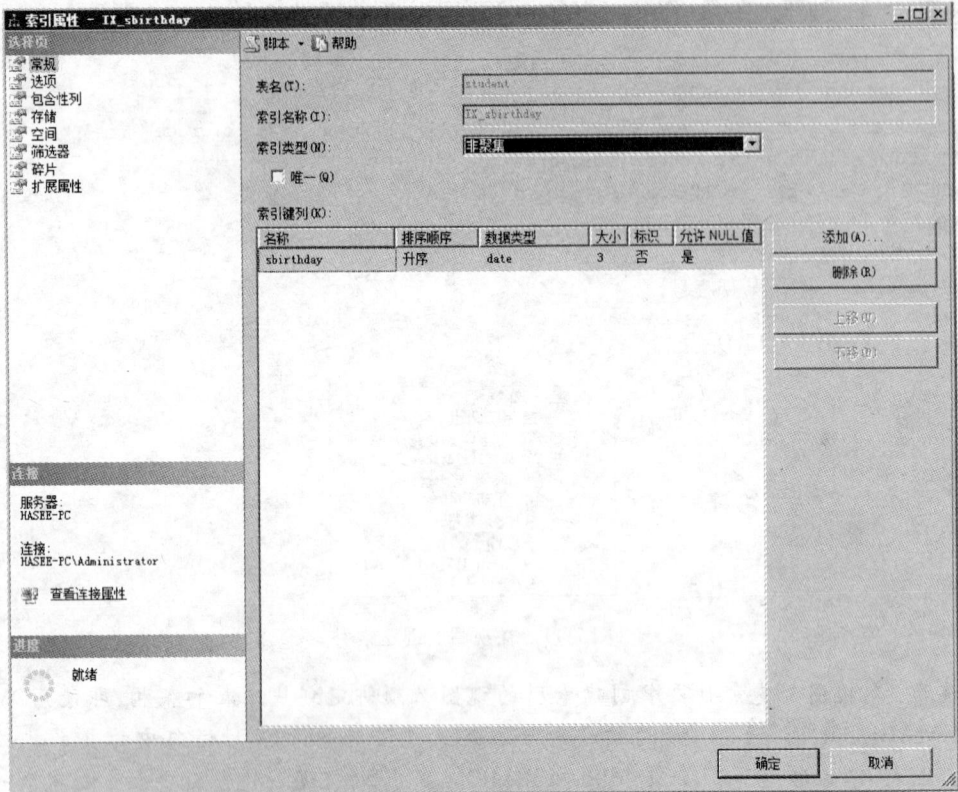

图 7-12 【索引属性】对话框

7.4.2 使用 T-SQL 语句查看和修改索引信息

1. 使用 T-SQL 语句查看索引信息

为查看索引属性信息,可使用存储过程 sp_helpindex,其使用语法如下:

sp_helpindex [@objname =] 'object_name'

在这里指定[@objname=] 'object_name'为需查看其索引的表的名称。

【例 7-5】 采用 sq_helpindex 存储过程查看 student 表上所建的索引。

```
USE stu_info
GO
EXEC sp_helpindex student
```

执行结果如图 7-13 所示。

	index_name	index_description	index_keys
1	IDX_sbirthday	nonclustered located on PRIMARY	sbirthday
2	idx_sexmajor	nonclustered located on PRIMARY	ssex, smajor
3	idx_sname	nonclustered located on PRIMARY	sname
4	PK_student	clustered, unique, primary key located on PRIMARY	s_id

图 7-13 查看 student 表的索引信息

2. 使用 T-SQL 语句修改索引信息

修改索引属性信息使用 ALTER INDEX 语句,其基本语法格式如下:

```
ALTER INDEX { index_name | ALL }
    ON [ database_name. [ schema_name ] . | schema_name. ] table_or_view_name
    { REBUILD
      [ [PARTITION = ALL]
        [ WITH ( <rebuild_index_option> [ ,…n ] ) ]
            | [ PARTITION = partition_number
                [ WITH ( <single_partition_rebuild_index_option>
                    [ ,…n ] ) ] ] ]
      | DISABLE
      | REORGANIZE
          [ PARTITION = partition_number ]
          [ WITH ( LOB_COMPACTION = { ON | OFF } ) ]
    | SET ( <set_index_option> [ ,…n ] )
      }
[ ; ]
```

参数说明:

index_name|ALL:可以重建某个或所有索引。index_name 是需要重建索引的名称。ALL 表示指定与表或视图相关的所有索引。

REBUILD:重建索引。PARTITION 指定只重新生成或重新组织索引的一个分区。PARTITION = ALL 重新生成所有分区。partition_number 要重新生成或重新组织已分区索引的分区数。WITH(<rebuild_index_option>)与 WITH (<single_partition_rebuild_index_option>)同 CREATE INDEX 语句中_index_option 类似。

DISABLE:将索引标记为已禁用,从而不能由数据库引擎使用。

REORGANIZE:指定将重新组织的索引叶级。此子句等同于 DBCC INDEXDEFRAG。WITH (LOB_COMPACTION = { ON | OFF })指定压缩所有包含大型对象 (LOB)数据的页。LOB 数据类型包括 image、text、ntext、varchar(max)、nvarchar(max)、varbinary(max)和 xml。压缩此数据可以改善磁盘空间使用情况。默认值为 ON 表示压缩所有包含大型对象数据的页,OFF 表示不压缩。

SET (<set_index option> [,…n]):指定不重新生成或重新组织索引的索引选项。不能为已禁用的索引指定 SET。

【例 7-6】 创建的索引 IDX_sexmajor,将 FILLFACTOR 改为 90。

```
USE stu_info
ALTER index IDX_sexmajor
ON student
REBUILD
WITH(PAD_INDEX = ON ,FILLFACTOR = 90)
```

7.5　重命名索引

7.5.1　使用 SQL Server Management Studio 重命名索引

下面以将 stu_info 数据库中 student 表上建立的 IDX_sexmajor 索引重命名为 IDX_FH

为例,介绍使用 SQL Server Management Studio 重命名索引的方法。其操作步骤如下:

(1) 启动 SQL Server Management Studio,连接到本地默认实例,在【对象资源管理器】窗格里,选择【数据库】→stu_info→dbo. student→【索引】。

(2) 展开【索引】列表,右击 IDX_sexmajor 索引,在弹出的快捷菜单中选择【重命名】选项。

(3) 重新输入新的索引名称 IDX_FH,按 Enter 键完成操作。

7.5.2 使用 T-SQL 语句重命名索引

重命名索引可使用存储过程 sp_rename,其使用语法格式与重命名视图相同,详见第 6 章。

【例 7-7】 将 stu_info 数据库中 student 表上建立的 IDX_sexmajor 索引重命名为 IDX_FH。

```
EXEC sp_rename 'stu_info. IDX_sexmajor', 'IDX_FH'
```

7.6 禁用索引

禁用索引可以防止用户在查询记录时访问指定索引。对于聚集索引,还可防止用户访问聚集索引所在的数据表。禁用的索引要重新生成后才能使用。

7.6.1 使用 SQL Server Management Studio 禁用索引

下面以禁用 stu_info 数据库中 student 表上建立的 IDX_sname 索引为例,介绍使用 SQL Server Management Studio 禁用索引的方法。其操作步骤如下:

(1) 启动 SQL Server Management Studio,连接到本地默认实例,在【对象资源管理器】窗格里,选择【数据库】→stu_info→dbo. student→【索引】。

(2) 展开【索引】列表,右击 IDX_sname 索引,在弹出的快捷菜单中选择【禁用】选项。

(3) 打开【禁用索引】对话框。单击【确定】按钮,完成操作。

注释:如果需要重新启用已禁用的索引,则可以在以上步骤(2)中的快捷菜单中选择【重新生成】选项。

7.6.2 使用 T-SQL 语句禁用索引

禁用索引可以通过 ALTER INDEX 语句中的 DISABLE 参数完成。

【例 7-8】 禁用 stu_info 数据库中 student 表的主键索引。

```
ALTER INDEX PK_student ON student DISABLE
GO
SELECT * FROM student
GO
```

其运行结果如图 7-14 所示。由于聚集索引被禁用,因此 student 表中的所有非聚集索引也被禁用,而且 SELECT 语句也无法使用了。

注释:若要重新生成并启用已禁用的索引,请使用 ALTER INDEX REBUILD 语句或 CREATE INDEX WITH DROP_EXISTING 语句。

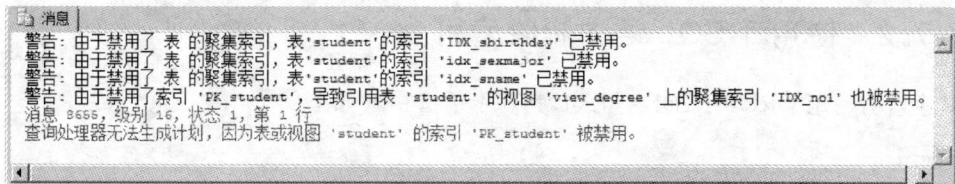

图 7-14 禁用索引后结果

7.7 删除索引

7.7.1 使用 SQL Server Management Studio 删除索引

下面以删除 stu_info 数据库中 student 表上建立的 IDX_sname 索引为例,介绍使用 SQL Server Management Studio 删除索引的方法。其操作步骤如下:

(1) 启动 SQL Server Management Studio,连接到本地默认实例,在【对象资源管理器】窗格里,选择【数据库】→stu_info→dbo. student→【索引】。

(2) 展开【索引】列表,右击 IDX_sname 索引,在弹出的快捷菜单中选择【删除】选项。

(3) 在弹出的【删除对象】对话框中单击【确定】按钮,如图 7-15 所示,完成索引删除。

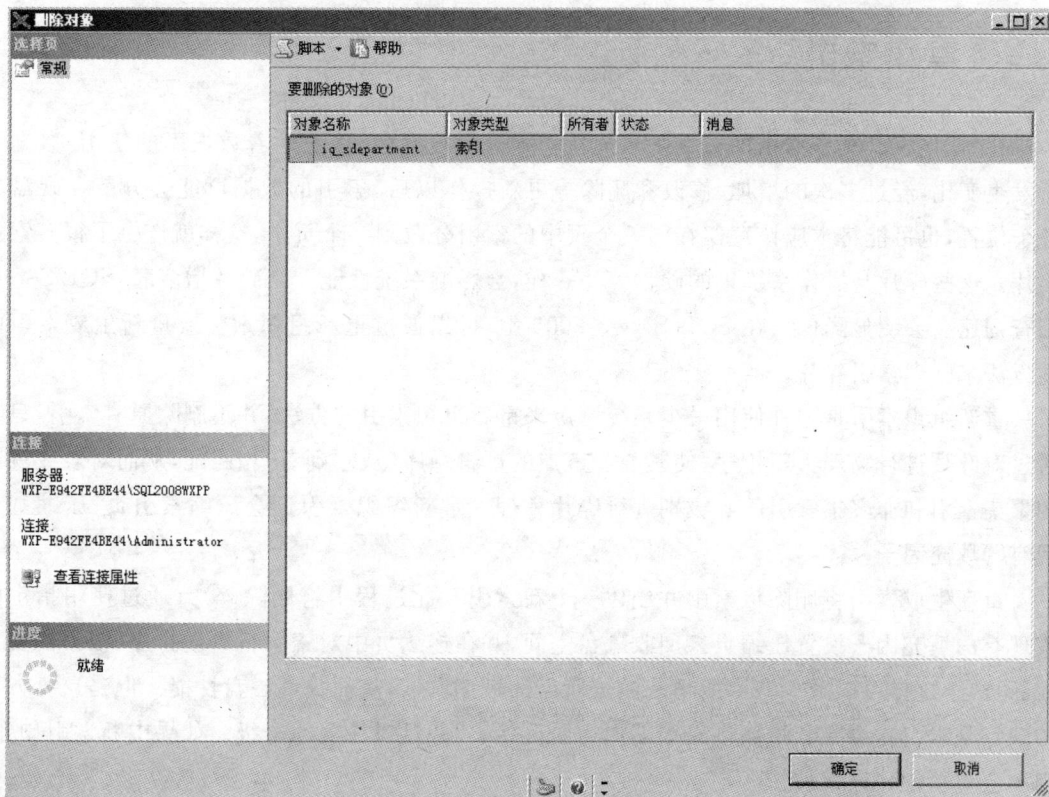

图 7-15 【删除对象】对话框

7.7.2 使用 T-SQL 语句删除索引

删除索引使用 DROP INDEX 语句,其基本语法格式如下:

```
DROP INDEX
{ index_name ON table_or_view_name[, … n]
 |table_or_view_name.index_name[, … n]}
```

参数说明:

index_name:要删除的索引名称。

table_or_view_name:与该索引关联的表或视图的名称。

DROP INDEX 语句一次可以删除多个索引,但是该语句只能删除通过 CREATE INDEX 语句所建立的索引,而不能删除通过定义 PRIMARY KEY 或 UNIQUE 约束创建的索引。

【例 7-9】 删除 stu_info 数据库中 student 表中的索引 IDX_sexmajor。

```
USE stu_info
IF EXISTS (SELECT name FROM sysindexes WHERE name = 'IDX_sexmajor')
DROP INDEX stu_info IDX_sexmajor
```

注释:在建立索引后,在系统表 sysindexes 中的 name 列会保存该索引的名称,通过搜索名称可以判断索引是否存在。

7.8 重建索引

在 SQL Server 中索引的数据是系统自动维护的,这就意味着随着数据库的使用,数据不断发生变化,经过多次的增加、修改和删除等更新操作以后,索引的数据可能会分散在硬盘的各个位置,也可能将本应该存储在同一个页中的索引分散到多个页中,这样就产生了很多索引碎片。这些碎片与操作系统里的硬盘碎片一样,会影响系统性能。当碎片增多时,SQL Server 的查询速度会明显降低。在 SQL Server 2008 中,可以通过重新组织索引或重新生成索引两种方法来整理索引碎片。

重新组织索引是一种使用最少系统资源来重新组织索引的方法,并不删除原有索引,只是通过对叶页进行物理重新排序,使其与叶节点的逻辑顺序(从左到右)相匹配,从而对表或视图的聚集索引和非聚集索引的叶级别进行碎片整理。重新组织索引还会压缩索引页,压缩基于现有的填充因子。

重新生成索引将删除该索引并创建一个新索引。此过程中将删除碎片,通过使用指定的或现有的填充因子设置压缩页来回收磁盘空间,并在连续页中对索引行重新排序(根据需要分配新页)。这样可以减少获取所请求数据所需的页读取数,从而提高磁盘性能。但是这种方法的缺点是索引在删除和重新创建周期内为脱机状态,并且操作属原子级。如果中断索引创建,则不会重新创建该索引。

7.8.1 使用 SQL Server Management Studio 重建索引

1. 重新组织索引

下面以重新组织 stu_info 数据库的 student 表中的索引 IDX_sbirthday 为例，介绍如何使用 SQL Server Management Studio 重新组织索引。具体步骤如下：

（1）启动 SQL Server Management Studio，连接到本地默认实例，在【对象资源管理器】窗格里，选择【数据库】→stu_info→dbo. student→【索引】。

（2）展开【索引】列表，右击 IDX_sbirthday 索引，在弹出的快捷菜单中选择【重新组织】选项。

（3）弹出如图 7-16 所示【重新组织索引】对话框。在【碎片总计】栏可以看到索引逻辑碎片在索引页中所占的比例。如果比例很小，则不需要重新组织索引。在【压缩大型对象列数据】复选框中选择，表示在重新组织索引时将压缩包含大型对象数据的页。大型数据对象包括 image、text、ntext、varbinary(max)、varchar(max)、nvarchar(max)和 XML 数据类型。压缩这些数据可以提高磁盘空间的利用率。

（4）设置完成后，单击【确定】按钮，完成操作。

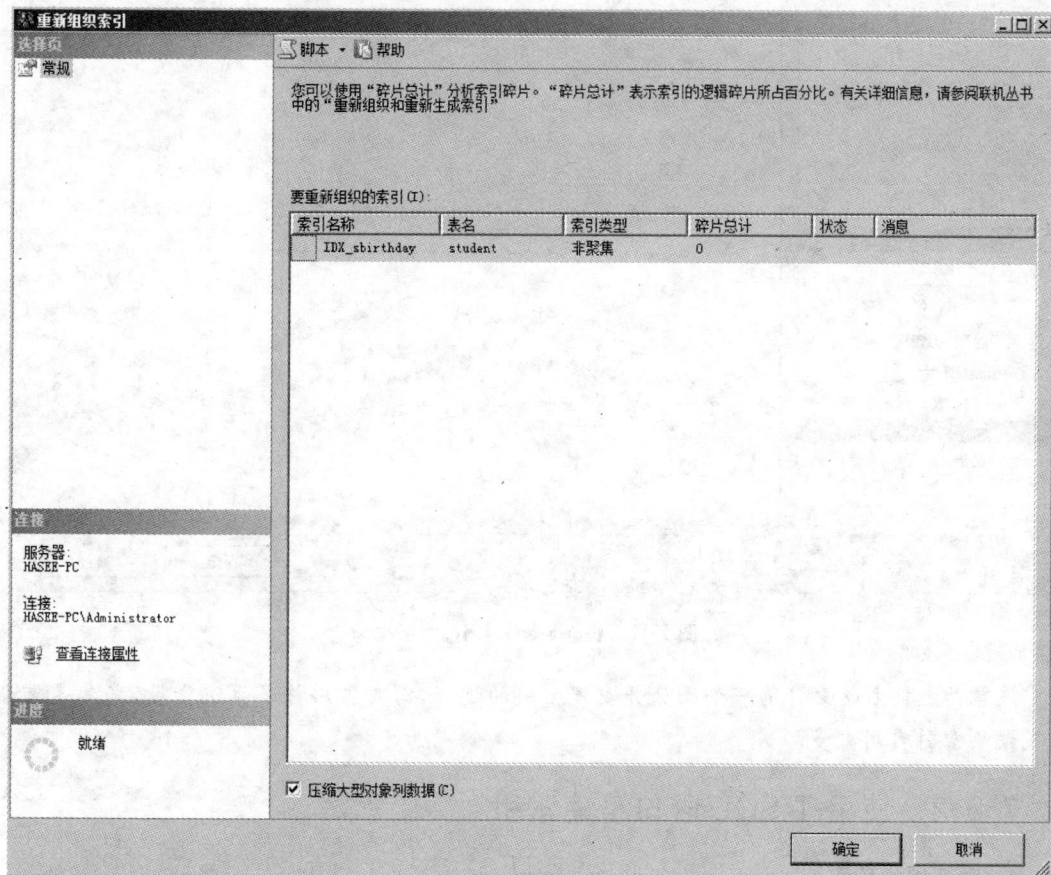

图 7-16 【重新组织索引】对话框

2. 重新生成索引

下面以重新生成 stu_info 数据库的 student 表中的索引 IDX_sname 为例,介绍如何使用 SQL Server Management Studio 重新组织索引。具体步骤如下:

(1) 启动 SQL Server Management Studio,连接到本地默认实例,在【对象资源管理器】窗格里,选择【数据库】→stu_info→dbo. student→【索引】。

(2) 展开【索引】列表,右击 IDX_sname 索引,在弹出的快捷菜单中选择【重新生成】选项。

(3) 弹出如图 7-17 所示【重新生成索引】对话框。

(4) 单击【确定】按钮,完成操作。

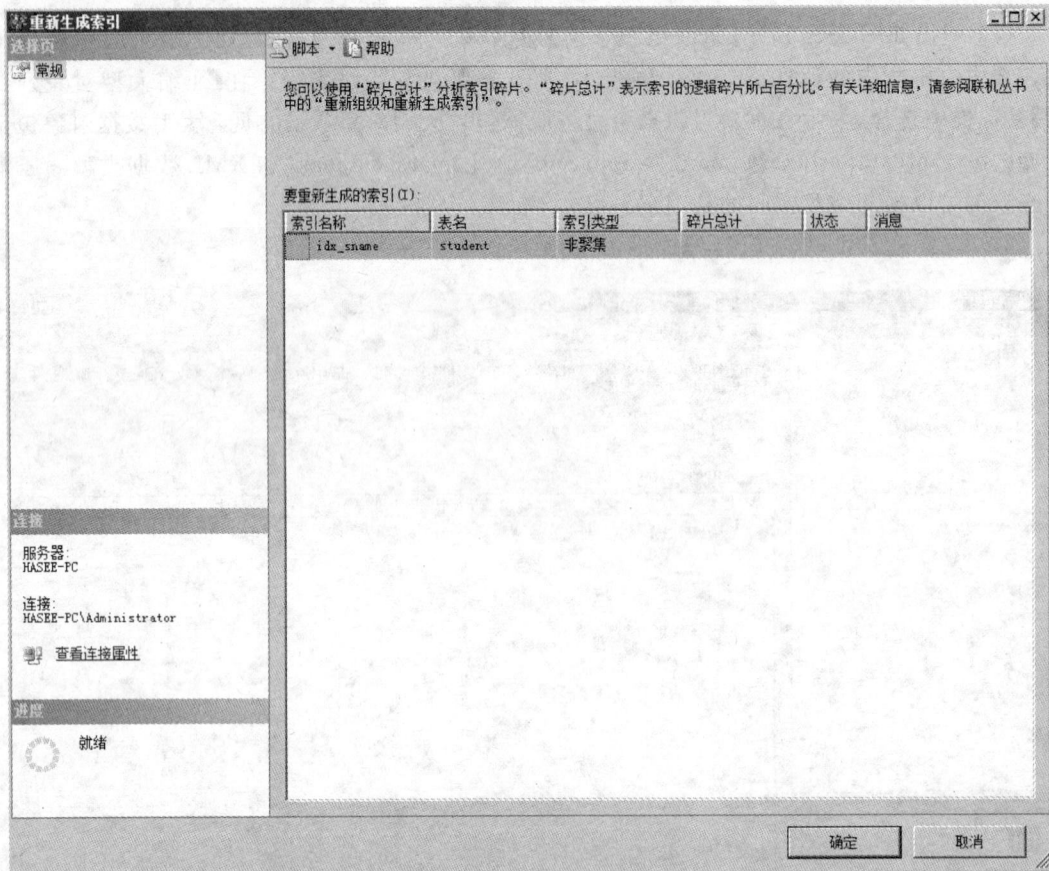

图 7-17 【重新生成索引】对话框

注意:重新生成索引是一个删除并重建索引的过程,需要占用许多系统资源,尤其是重新生成聚集索引占用更多。

7.8.2 使用 T-SQL 语句重建索引

1. 重新组织索引

使用 ALTER INDEX 语句中的 REORGANIZE 参数可以重新组织索引。

【例 7-10】 重新组织 stu_info 数据库的 student 表中的索引 IDX_sbirthday。

```
ALTER INDEX IDX_sbirthday ON student REORGANIZE
```

2. 重新生成索引

使用 ALTER INDEX 语句中的 REBUILD 参数可以重新生成索引。

【例 7-11】　重新组织 stu_info 数据库的 student 表中的索引 IDX_sname。

```
ALTER INDEX IDX_sname ON student REBUILD
```

小结

本章全面讲述了索引的相关知识，介绍了索引的分类方法及类型，使用索引的优越性，以及建立索引、管理索引、删除索引的方法。索引可以帮助用户快速找到表或索引视图中的特定信息。索引可以减少为返回查询结果集而必须读取的数据量，通过创建设计良好的索引以支持查询，可以显著提高数据库查询和应用程序的性能。索引还可以强制表中的行具有唯一性，从而确保表数据的数据完整性。因此在正确的时间选择正确的索引类型，可以让工作高效地完成。

习题

(1) 什么是索引？

(2) 索引分为哪几种？

(3) 创建索引有什么优点和缺点？

(4) 一个数据表中可以定义几个聚集索引几个非聚集索引？

(5) 为什么要重建索引？重建索引的方法有哪些？

实验

【实验名称】

创建和管理索引。

【实验目的】

(1) 掌握索引的使用方法。

(2) 掌握在对象资源管理器中创建和管理索引。

(3) 掌握 T-SQL 语句创建和管理索引。

【实验内容】

(1) 启动 SQL Server Management Studio，在对象资源管理器中，利用图形化的方法创建和管理下列索引：

① 对数据表 student 中字段 sname 建立非聚集索引 idx_name。

② 针对 student 表的 s_id 和 sname 列创建复合索引 idx_id_name。

③ 修改索引 idx_name，使其成为唯一索引。

④ 删除数据表 student 的唯一索引 idx_name。

(2) 利用 T-SQL 语句创建和管理以下索引：

① 对 course 表的 cname 列创建非聚集索引 idx_cname。

② 对 grade 表的 s_id 和 c_id 列创建复合索引 idx_sid_cid。

③ 将 idx_cname 进行修改，使其成为唯一索引。

④ 利用系统存储过程 sp_helpidex 查看索引 idx_cname 信息。

⑤ 删除索引 idx_cname。

第 8 章

Transact-SQL语言

SQL(structured query language)结构化查询语言,是一种数据库查询和程序设计语言,用于存取数据以及查询、更新和管理关系数据库系统。Transact-SQL 即事务 SQL,也简称为 T-SQL,它是微软公司对 SQL 语言的扩充,是 SQL 语言的超集,是应用程序与 SQL-Server 数据库引擎沟通的主要语言。T-SQL 提供标准 SQL 的 DDL 和 DML 功能,加上延伸的函数、系统预存程序以及程序设计结构(例如 IF 和 WHILE)让程序设计更有弹性。

本章的学习目标:

- 常量与变量;
- 运算符与表达式;
- 流程控制语句;
- 函数的使用。

8.1 概述

1970 年 6 月,IBM 圣约瑟研究实验室的高级研究员埃德加·考特(Edgar Frank Codd)在 Communications of ACM 上发表了《大型共享数据库数据的关系模型》一文。首次明确而清晰地为数据库系统提出了一种崭新的模型,即关系模型。1970 年以后,考特继续致力于完善与发展关系理论。1972 年,他提出了关系代数和关系演算的概念,定义了关系的并、交、投影、选择、连接等各种基本运算,为 SQL 语言的形成和发展奠定了理论基础。1979 年,SQL 在商业数据库中成功地得到了应用。

1986 年,美国国家标准学会(ANSI)正式发表了编号为 X3.135-1986 的 SQL 标准,并且在 1987 年获得了 ISO 组织的认可,被命名为 ISO9075-1987。后来这个标准在 1992、1999、2001、2003、2005、2006 年等不断地得到了扩充和完善。

T-SQL 是 SQL Server 2008 提供的查询语言。使用 T-SQL 编写应用程序可以完成所有的数据库管理工作。任何应用程序,只要目的是向 SQL Server 2008 的数据库管理系统发出命令以获得数据库管理系统的响应,最终都必须体现为以 T-SQL 语句为表现形式的指令。对用户来说,T-SQL 是唯一可以和 SQL Server 2008 的数据库管理系统进行交互的语言。

8.1.1 T-SQL 语言的特点

尽管 SQL Server 2008 提供了使用方便的图形化用户界面,但各种功能的实现基础是

T-SQL 语言,只有 T-SQL 语言可以直接和数据库引擎进行交互。T-SQL 语言是基于商业应用的结构化查询语言,是标准 SQL 语言的增强版本。

由于 T-SQL 语言直接来源于 SQL 语言,因此它也具有 SQL 语言的几个特点。

1. 一体化

T-SQL 语言集数据定义语言、数据操纵语言、数据控制语言和附加语言元素为一体。其中附加语言元素不是标准 SQL 语言的内容,但是它增强了用户对数据库操作的灵活性和简便性,从而增强了程序的功能。

2. 两种使用方式,统一的语法结构

两种使用方式,即联机交互式和嵌入高级语言的使用方式。统一的语法结构使 T-SQL 语言可用于所有用户的数据库活动模型,包括系统管理员、数据库管理员、应用程序员、决策支持系统管理人员以及许多其他类型的终端用户。

3. 高度非过程化

T-SQL 语言一次处理一个记录,对数据提供自动导航;允许用户在高层的数据结构上工作,可操作记录集,而不是对单个记录进行操作;所有的 SQL 语句接受集合作为输入,返回集合作为输出,并允许一条 SQL 语句的结果作为另一条 SQL 语句的输入。另外,Transact-SQL 语言不要求用户指定对数据的存放方法,所有的 Transact-SQL 语句使用查询优化器,用以指定数据以最快速度存取的手段。

4. 类似人的思维方式,容易理解和掌握

SQL 语言易学易用,而 T-SQL 语言是对 SQL 语言的扩展,因此也是非常容易理解和掌握的。如果对 SQL 语言比较了解,在学习和掌握 T-SQL 语言及其高级特性时就更游刃有余了。

8.1.2   T-SQL 中的语法约定

T-SQL 与传统 SQL 稍有不同,SQL 是结构化查询语言,是目前关系型数据库管理系统中使用最广泛的查询语言。T-SQL 是在 SQL 上发展而来的,T-SQL 在 SQL 的基础上添加了流程控制,是 SQL 语言的扩展。SQL 是几乎所有关系型数据库都支持的语言,而 T-SQL 是 Microsoft SQL Server 支持的语言。

任何一种语言都会有其语法约定,T-SQL 也不例外,下面简单介绍 T-SQL 的语法约定。

表 8-1 列出了 Transact-SQL 参考的语法关系图中使用的约定,并进行了说明。

表 8-1   Transact-SQL 参考的语法关系图中使用的约定

约　　定	用　　于
大写	T-SQL 的关键字。例如,CREATE DATABASE database_name,其中的 CREATE DATABASE 就是关键字
斜体	用户提供的 T-SQL 语法的参数

续表

约　定	用　于
粗体	数据库名、表名、列名、索引名、存储过程、实用工具、数据类型名以及必须按所显示的原样输入的文本
下划线	指示当语句中省略了包含带下划线的值的子句时应用的默认值。例如，"[, SIZE = size [KB | MB | GB | TB]]"，说明 SIZE 的单位默认是 MB
|（竖线）	分隔括号或大括号中的语法项，只能选择其中一项。例如，"[, SIZE = size [KB | MB | GB | TB]]"，说明 KB,MB,GB 和 TB 是可选单位，但只能选其中的一项
[ ]（方括号）	可选语法项。使用时不要输入方括号。例如，"[, SIZE = size [KB | MB | GB | TB]]"，说明 SIZE 是可选项，如果不写这一项，就使用默认的参数
{ }（大括号）	必选语法项，使用时不要输入大括号，如"LOG ON { <filespec> [,…n] }"，说明要用 LOG ON 设置日志文件，一定要输入文件名
[,…n]	指示前面的项可以重复 n 次。各项之间以逗号分隔。例如，"LOG ON { <filespec> [,…n] }"，说明日志文件可以是多个，每个之间用逗号隔开
[…n]	指示前面的项可以重复 n 次。每一项由空格分隔
;	Transact-SQL 语句终止符
<label> ::=	语法块的名称。此约定用于对可在语句中的多个位置使用的过长语法段或语法单元进行分组和标记。可使用语法块的每个位置由括在尖括号内的标签指示：<标签>。集是表达式的集合，如 <分组集>；列表是集的集合，如 <组合元素列表>

Transact-SQL 中，所有的数据库对象的名称采用多部分名称格式表示。

除非另外指定，否则，所有对数据库对象名的 Transact-SQL 引用将是由 4 部分组成的名称，格式如下：

server_name .[database_name].[schema_name].object_name
| database_name .[schema_name].object_name
| schema_name . object_name
| object_name

（1）server_name。

指定链接的服务器名称或远程服务器名称。

（2）database_name。

如果对象驻留在 SQL Server 的本地实例中，则指定 SQL Server 数据库的名称。如果对象在链接服务器中，则 database_name 将指定 OLE DB 目录。

（3）schema_name。

如果对象在 SQL Server 数据库中，则指定包含对象的架构的名称。如果对象在链接服务器中，则 schema_name 将指定 OLE DB 架构名称。

（4）object_name。

对象的名称。

引用某个特定对象时，不必总是指定服务器、数据库和架构供 SQL Server 数据库引擎标识该对象。但是，如果找不到该对象，将返回错误。

注意，为了避免名称解析错误，建议只要指定了架构范围内的对象时就指定架构名称。若要省略中间节点，请使用句点来指示这些位置。表 8-2 显示了对象名的有效格式。

表 8-2　对象名的有效格式

对象引用格式	说　　明
server . database . schema . object	4 个部分的名称
server . database .. object	省略架构名称
server .. schema . object	省略数据库名称
server … object	省略数据库和架构名称
database . schema . object	省略服务器名
database .. object	省略服务器和架构名称
schema . object	省略服务器和数据库名称
object	省略服务器、数据库和架构名称

除非专门说明,否则,本书的 Transact-SQL 语句都已使用 SQL Server Management Studio 及其以下选项的默认设置进行测试:

- ANSI_NULLS;
- ANSI_NULL_DFLT_ON;
- ANSI_PADDING;
- ANSI_WARNINGS;
- CONCAT_NULL_YIELDS_NULL;
- QUOTED_IDENTIFIER。

注释:以上选项含义请参考 SQL Server 联机丛书。

本书的 Transact-SQL 语句都已在运行区分大小写排序顺序的服务器上进行了测试。测试服务器通常运行 ANSI/ISO 1252 代码页。

许多代码中用字母 N 作为 Unicode 字符串常量的前缀。如果没有 N 前缀,则字符串被转换为数据库的默认代码页。此默认代码页可能不识别某些字符。

8.1.3　T-SQL 语言要素

T-SQL 通常用于数据库管理任务,如创建、删除表和列,也可以用于编写触发器和存储过程,或修改 SQL Server 的配置,或与 SQL Server 的 Graphical Query Analyzer 交互使用来执行查询语句。

T-SQL 对使用 SQL Server 非常重要。与 SQL Server 通信的所有应用程序都通过向服务器发送 T-SQL 语句来进行通信,而与应用程序的用户界面无关。

执行 T-SQL 语句的最主要的工具是"SQL 查询分析器",所有 T-SQL 语句都可以在该工具中执行,如图 8-1 所示。

在 SQL Server 数据库中,T-SQL 语言由以下几部分组成。

1. 数据定义语言(data definition language,DDL)

DDL 语言用于执行数据定义任务,对数据库以及数据库中的各种对象(如数据表,存储过程,函数或自定义类型等)进行创建、删除、修改等操作。DDL 语言包含的主要语句及功能如表 8-3 所示。

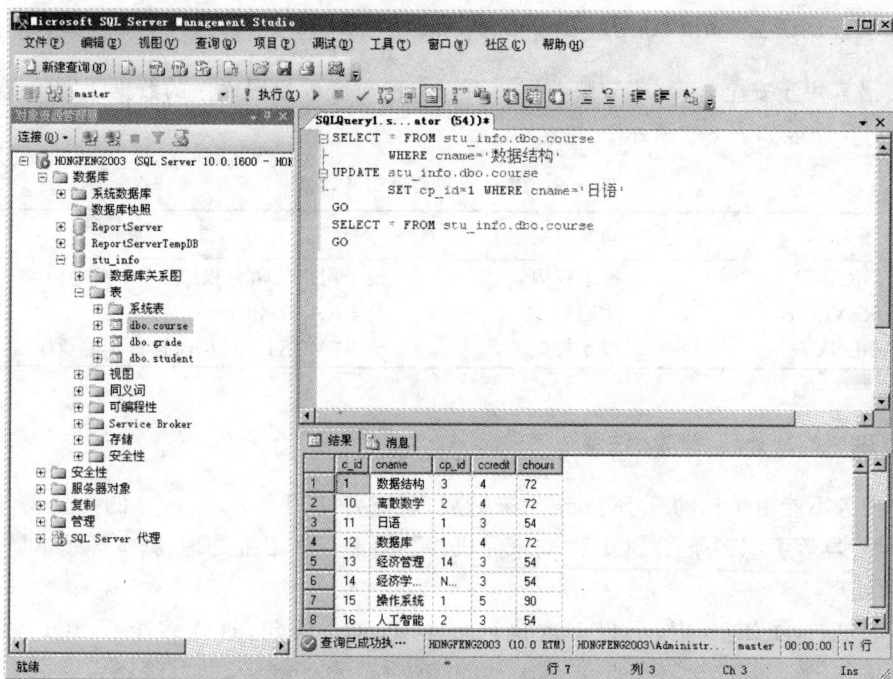

图 8-1　SQL 查询分析器

表 8-3　DDL 的主要语句及功能

语　句	功　　能	说　　明
CREATE	创建数据库或数据库对象	不同的对象语法不同
ALTER	修改数据库或数据库对象	不同的对象语法不同
DROP	删除数据库或数据库对象	不同的对象语法不同

2. 数据操纵语言（data manipulation language，DML）

DML 是一般开发人员简称的 CRUD（create/retrieve/update/delete）功能，意指数据的新增/提取/修改/删除 4 个数据操纵功能。

- INSERT 新增；
- SELECT 提取；
- UPDATE 修改；
- DELETE 删除。

DML 语言包含的主要语句及功能如表 8-4 所示。

表 8-4　DML 的主要语句及功能

语　句	功　　能	说　　明
SELECT	从表或视图中查询数据	使用最频繁的 SQL 语句
INSERT	插入数据到表或视图中	一次插入一行数据
UPDATE	修改表或视图中的数据	可修改一行、一组或全部数据
DELETE	删除表或视图中的数据	可根据条件删除指定数据

3. 数据控制语言(data control language,DCL)

DCL 语言用于安全管理,确定哪些用户可以查看或修改数据库中的数据。DCL 语言包含的主要语句及功能如表 8-5 所示。

表 8-5 DCL 的主要语句及功能

语句	功　能	说　　明
GRANT	授予权限	授予用户或角色权限
REVOKE	收回权限	与 GRANT 相反
DENY	拒绝权限	与 REVOKE 相似,而且禁止继承权限

4. 程序中的批处理、脚本、注释

有些任务不能由单独的 T-SQL 语句来完成,就需要使用 SQL Server 的批处理、脚本、存储过程、触发器等组织多条 T-SQL 语句来完成。下面重点介绍批处理、脚本等基本概念。

1) 批处理

在 SQL Server 2008 中,可以一次执行多个 T-SQL 语句,这样多个 T-SQL 语句称为"批"。SQL Server 2008 会将一批 T-SQL 语句当成一个执行单元,将其编译后一次执行,而不是将一个个 T-SQL 语句编译后再一个个执行。

SQL Server 中使用 GO 语句作为批处理的结束标记,即 SQL Server 把两个 GO 语句之间的一条或多条语句当作一个批处理。当编译器读取到 GO 语句时,它会把 GO 语句前的所有语句当作一个批处理,并将这些语句打包发送给服务器。

【例 8-1】 查看数据表中的信息并更新部分信息。

```
SELECT * FROM stu_info.dbo.course
    WHERE cname = '数据结构'
UPDATE stu_info.dbo.course
    SET cp_id = 1 WHERE cname = '日语'
GO
SELECT * FROM stu_info.dbo.course
GO
```

GO 语句本身不是 T-SQL 语句的组成部分,它只是一个用于表示批处理结束的指令。如果在一个批处理中包含语法错误,如引用了一个不存在的对象等,则整个批处理就不能被成功地编译和执行;如果一个批处理中某条语句执行错误,如违反了约束,则它仅影响该语句的执行,而并不影响批处理中其他语句的执行。

2) 脚本

脚本是以文件存储的一系列 T-SQL 语句,即一系列按顺序提交的批处理。T-SQL 脚本中可以包含一个或多个批处理。

查询分析器是建立、编辑和执行脚本的一个最好的环境。在查询分析器中,不仅可以新建、保存、打开脚本文件,而且可以输入和修改 T-SQL 语句,还可以通过执行 T-SQL 语句来查看脚本的运行结果,从而检验脚本内容是否正确。

3) 注释

在 T-SQL 程序里加入注释语句,可以增加程序的可读性。SQL Server 不会对注释的内

容进行编译和执行。在 T-SQL 中支持两种形式的注释语句。

- --(双连字符)：这些注释字符可与要执行的代码处在同一行，也可另起一行。从双连
  字符开始到行尾均为注释。对于多行注释，必须在每个注释行的开始使用双连字符。

【例 8-2】　查看女同学的信息并更新记录内容。

```
-- 查看所有女同学的信息
SELECT * FROM stu_info.dbo.student
    WHERE ssex = '女'
GO
-- 更新记录内容
UPDATE stu_info.dbo.student
    SET sdepartment = '信息工程学院' WHERE sname = '严如玉'
GO
```

- /* … */(正斜杠-星号对)：这些注释字符可与要执行的代码处在同一行，也可另起
  一行，甚至在可执行代码内。从开始注释对（/*）到结束注释对（*/）之间的全部内
  容均视为注释部分。对于多行注释，必须使用开始注释字符对（/*）开始注释，使用
  结束注释字符对（*/）结束注释。注释行上不应出现其他注释字符。

【例 8-3】　查看女生信息并更改个别记录。

```
/*

下面代码可以完成以下操作：
(1) 查看 student 表中所有女生的记录内容。
(2) 将 student 表中姓名为"严如玉"的系别字段内容改为"信息工程学院"。
(3) 查看修改后的结果。

*/
SELECT * FROM stu_info.dbo.student
    WHERE ssex = '女'
GO
UPDATE stu_info.dbo.student
    SET sdepartment = '信息工程学院' WHERE sname = '严如玉'
GO
SELECT * FROM stu_info.dbo.student
GO
```

注意：整个注释必须包含在一个批处理中，多行注释不能跨越批处理。

8.2　常量与变量

8.2.1　常量

常量也称文字值或标量值，是一个代表特定值的符号，是一个不变的值。常量的格式取决
于它所表示的值的数据类型，数据类型不同，常量也会有不同的表达方式。SQL Server 中常
量包括字符串常量、整型常量、实型常量、日期时间型常量、货币型常量等。

1. 常量的类型

(1) 字符串常量：字符串常量是定义在单引号内的一串字符。如果字符串内容本身含有

单引号,可以用连续两个单引号来表示。例如:

```
'abc'
'123'
'I''m back'                        -- 当字符串中有单引号时,则用两个单引号来表示
''                                 -- 空字符串
```

(2) Unicode 常量:Unicode 常量的表示方法与字符串常量的表示方法相同,只是 Unicode 常量必须有一个大写的 N 来区别字符串常量。例如:

```
N'abc'
N'123'
N'I''m back'
N''
```

(3) 二进制常量:二进制常量必须是以 0x 开头的十六进制数字字符串,这些常量可以不用引号括起来。例如:

```
0xAE
0x12384
0x12AF
```

(4) bit 常量:bit 常量只能使用数据 0 或 1 表示,并且不能放在引号中。如果使用一个大于 1 的数字来定义 bit 常量,那么这个数据会被强制转换成 1。

虽然在 SQL Server Management Studio 中打开数据表看到的 bit 类型的字段内容为 TRUE 或 FALSE,但是在 T-SQL 中使用 bit 常量时,还是用 1 或 0 来表示 TRUE 或 FALSE。

(5) 日期时间型常量:日期时间常量是用单引号括起来的日期或时间字符的字符串,只要输入的日期能明显分辨出年月日,不论用哪种年月日的表达式都可以视为正确的输入,例如:

```
'August 3,2009'
'2009 - 5 - 12'
'090406'
'09/04/06'
'06:35 PM'
'4/6/09 6:35:52 PM'
```

(6) 整型常量:整型常量是没有用引号括起来的、不包括小数点的数字。例如:

```
1234
67
+ 95
- 12
```

(7) decimal 常量:decimal 常量是没有用括号括起来的、包含小数点的数字。例如:

```
1234.5678
67.0
+ 214.12
- 45.2
```

(8) float 和 real 常量:float 和 real 常量是用科学记数法来表示数字。例如:

```
123.4E5
```

```
0.12E-2
+12.34E2
-0.56E-2
```

（9）货币型常量：货币型常量是以货币符号（例如$）开头的数值。例如：

```
$12
$123.45
+$12.3
-$34.5
```

2. 在 T-SQL 中使用常量

在 T-SQL 中，可以用多种方式来使用常量。

（1）作为表达式中的常量：

```
SELECT sname as 姓名,'系别: ' + sdepartment FROM stu_info.dbo.student
```

（2）在 WHERE 子句中，作为比较字段的数据值：

```
SELECT * FROM stu_info.dbo.course WHERE chours > 72
```

（3）为变量赋值：

```
DECLARE @abc int
SET @abc = 123
```

（4）在 UPDATE 的 SET 子句或者 INSERT 的 VALUES 子句里指定字段的数据值：

```
UPDATE stu_info.dbo.course SET chours = 108 WHERE cname = N'大学英语'
INSERT stu_info.dbo.course(c_id,cname) VALUES(17,N'Java 程序设计')
```

（5）在 PRINT 或 RAISERROR 语句里指定输出的消息文本：

```
PRINT '操作已经全部完成'
```

（6）作为条件语句（例如 IF 语句和 CASE 函数）中要判断的值：

```
IF @abc > 0
    PRINT N'变量 abc 大于'
```

8.2.2　变量

变量用于临时存放数据，变量中的数据随着程序的运行而变化，是 SQL Server 用来在语句之间传递数据的方式之一。T-SQL 中的变量可以分为局部变量和全局变量两种，局部变量是以@开头命名的变量，全局变量是以@@开头命名的变量。

1. 局部变量

局部变量是由用户自定义的变量，这些变量可以用来存储数值型、字符串型等数据，也可以存储函数或存储过程返回的值。使用 DECLARE 语句可以声明局部变量，其语法代码如下：

```
DECLARE
{ @local_variable [AS] data_type}
[ , … n ]
```

其中的参数说明如下。

- @local_variable：局部变量名称；
- data_type：局部变量的数据类型，但不能是 text,ntext 或 image 类型。

用 Set 语句和 Select 语句可以为变量赋值，其语法代码如下：

```
SET @local_variable = value
SELECT @local_variable = value
```

用 Select 语句和 Print 语句可以显示变量内容，其语法代码如下：

```
SELECT @local_variable
PEINT @local_variable
```

【例 8-4】 定义局部变量并对其赋值，然后显示其内容。代码如下：

```
DECLARE @name varchar(20)
DECLARE @age int,@sex bit
SET @name = '张三'
SET @age = 20
SELECT @sex = 1

SELECT @name
SELECT @age
SELECT @sex

PRINT @name
PRINT @age
PRINT @sex
```

注意：局部变量的有效范围为当前批处理中，也就是从 DECLARE 开始，到 GO 结束。如果没有 GO 语句，则有效范围可以扩展到所有代码结束。

2. 全局变量

全局变量是由系统提供的，用于存储一些系统信息。只可以使用全局变量，不可以自定义全局变量。

【例 8-5】 查看 SELECT 后的记录集里的记录数，并查看 SQL Server 2008 自启动以来的连接数，其代码如下：

```
SELECT * FROM stu_info.dbo.student
PRINT '一共查询了' + CAST(@@ROWCOUNT AS varchar(5)) + '条记录'
SELECT 'SQL SERVER 2008 启动以来尝试的连接数：' +
    CAST(@@CONNECTIONS AS varchar(10))
```

其运行结果如图 8-2 所示，@@ROWCOUNT 记录了上次运行 T-SQL 所影响的记录数，@@CONNECTIONS 记录的是 SQL Server 自上次启动以来尝试的连接数，无论连接时成功还是失败。

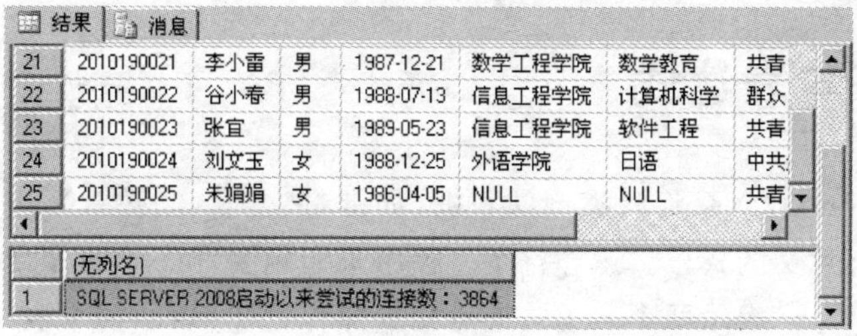

图 8-2　SQL 全局变量查询结果

T-SQL 中提供的全局变量比较多,表 8-6 列出了一些常用的全局变量。

表 8-6　T-SQL 常用全局变量

全 局 变 量	说　明
@@CONNECTIONS	自 SQL Server 最近一次启动以来登录或试图登录的次数
@@CPU_BUSY	自 SQL Server 最近一次启动以来 CPU Server 的工作时间
@@CURSOR_ROWS	返回在本次连接最新打开的游标中的行数
@@DATEFIRST	返回 SET DATEFIRST 参数的当前值
@@DBTS	数据库的唯一时间标记值
@@ERROR	系统生成的最后一个错误,若为 0 则成功
@@FETCH_STATUS	最近一条 FETCH 语句的标志
@@IDENTITY	保存最近一次的插入身份值
@@IDLE	自 CPU 服务器最近一次启动以来的累计空闲时间
@@IO_BUSY	服务器输入输出操作的累计时间
@@LANGID	当前使用的语言的 ID
@@LANGUAGE	当前使用语言的名称
@@LOCK_TIMEOUT	返回当前锁的超时设置
@@MAX_CONNECTIONS	同时与 SQL Server 相连的最大连接数量
@@MAX_PRECISION	十进制与数据类型的精度级别
@@NESTLEVEL	当前调用存储过程的嵌套级,范围为 0~16
@@OPTIONS	返回当前 SET 选项的信息
@@PACK_RECEIVED	所读的输入包数量
@@PACKET_SENT	所写的输出包数量
@@PACKET_ERRORS	读与写数据包的错误数
@@RPOCID	当前存储过程的 ID
@@REMSERVER	返回远程数据库的名称
@@ROWCOUNT	最近一次查询涉及的行数
@@SERVERNAME	本地服务器名称
@@SERVICENAME	当前运行的服务器名称
@@SPID	当前进程的 ID
@@TEXTSIZE	当前最大的文本或图像数据大小
@@TIMETICKS	每一个独立的计算机报时信号的间隔(ms)数,报时信号为 31.25ms 或 1/32s
@@TOTAL_ERRORS	读写过程中的错误数量
@@TOTAL_READ	读磁盘次数(不是高速缓存)
@@TOTAL_WRITE	写磁盘次数
@@TRANCOUNT	当前用户的活动事务处理总数
@@VERSION	当前 SQL Server 的版本号

8.3 运算符与表达式

表达式(expression)就是将同类型的数据(如常量、变量、函数等),用运算符号按一定的规则连接起来的,有意义的式子。运算符是一种用来指定要在一个或多个表达式中执行某种操作的符号。例如,"+"表示两个表达式进行相加操作,"*"表示两个表达式进行相乘操作。T-SQL 所使用的运算符可以分为算术运算符、赋值运算符、位运算符、比较运算符、逻辑运算符、字符串串联运算符和一元运算符 7 种。

8.3.1 运算符

1. 算术运算符

算术运算符是对两个表达式执行数学运算,这两个表达式可以是精确数字型或近似数字型。表 8-7 列出了所有算术运算符,其中,"+"和"-"运算符也可以用 datetime 和 smalldatetime 值进行算术运算。

表 8-7 算术运算符

运算符	说　　明
+	加法
-	减法
*	乘法
/	除法
%	取模,返回一个除法运算的整数余数

2. 赋值运算符

T-SQL 中只有一个赋值运算符:等号(=)。赋值运算符的作用是给变量赋值,也可以使用赋值运算符在列标题和定义列值的表达式之间建立关系。

3. 位运算符

位运算符用于在两个表达式之间按位进行逻辑运算,这两个表达式可以是整数或二进制数据类型。位运算符如表 8-8 所示。

表 8-8 位运算符

运算符	说　　明
&	逻辑与运算
|	逻辑或运算
^	逻辑异或运算

4. 比较运算符

比较运算符用来比较两个表达式之间的差别。比较运算符有:=(相等)、>(大于)、<

（小于）、＞＝（大于等于）、＜＝（小于等于）、＜＞（不等于）、！＝（不等于）、！＜（不小于）、！＞（不大于）。

例如，下面语句选出总学时大于72的课程。

```
SELECT * FROM stu_info.dbo.course WHERE chours > 72
```

5. 逻辑运算符

逻辑运算符用来对某个条件进行测试，运算结果为 TRUE 或 FALSE。表 8-9 列出了所有的逻辑运算符。

表 8-9　逻辑运算符

运算符	说　　明
ALL	如果参与运算的表达式都为 TRUE，则返回 TRUE
AND	如果两个布尔表达式都为 TRUE，则返回 TRUE
ANY	如果参与运算的表达式中任何一个为 TRUE，则返回 TRUE
BETWEEN	如果操作数在该范围内，则返回 TRUE
EXISTS	如果子查询不为空，则返回 TRUE
IN	如果操作数等于表达式列表中的一个，则返回 TRUE
LIKE	如果操作数与一种搜索模式相匹配，则返回 TRUE
NOT	对该布尔运算值取反
OR	如果两个布尔表达式中的一个为 TRUE，则返回 TRUE
SOME	如果参与运算的表达式中，有些为 TRUE，则返回 TRUE

6. 字符串串联运算符

通过运算符"＋"实现两个字符串的连接运算。
比如，下面的字符串用"＋"实现连接。

```
'xy' + '26'
```

表达式的结果为'xy26'。

7. 一元运算符

一元运算符只能对一个表达式进行操作。一元运算符有"＋"（数值为正）、"－"（数值为负）、"～"（返回数字的非，也就是补码）。

8.3.2　运算符的优先级

当一个复杂的表达式里有多个运算符时，运算符的优先级将决定运算的先后次序。例如"1＋2＊3"，是先算乘法后算加法，而不是先算加法后算乘法。如果希望某部分能够优先运算，可以用括号括起来，在有多层括号存在时，内层的运算优先。在 T-SQL 中运算符的处理顺序如下所示，如果相同层次的运算出现在一起时则处理顺序为从左到右。

- 位运算符 ～；
- 算术运算符 ＊、／、％；

- 算术运算符 ＋、－；
- 位运算符 ^；
- 位运算符 &；
- 位运算符 |；
- 逻辑运算符 NOT；
- 逻辑运算符 AND；
- 逻辑运算符 OR。

8.4 流程控制语句

T-SQL 在 SQL 的基础上添加了流程控制。在 T-SQL 中可以使用 If 或 While 等流程控制语句来对条件进行判断，再依照判断的结果决定下一步的操作是什么。T-SQL 中的流程控制语句包括 IF，WHILE，CASE，GOTO，WAITFOR 和 RETURN 等几种。

8.4.1 BEGIN…END 语句

在条件和循环等流程控制语句中，要执行两个或两个以上的 T-SQL 语句时就需要用到语句块。由 BEGIN…END 语句将多条 T-SQL 语句封装起来，就构成一个语句块。BEGIN…END 语句块允许嵌套。BEGIN…END 语句的语法格式为：

```
BEGIN
{
SQL 语句|语句块
}
END
```

【例 8-6】 判断学号为 2010190006 的学生的年龄是否大于 20 岁。

```
DECLARE @age int
SELECT @age = DATEDIFF(YEAR,sbirthday,GETDATE()) FROM stu_info.dbo.student
    WHERE s_id = '2010190006'
IF @age > 20
  BEGIN
    PRINT '班里学号为 2010190006 的学生年龄大于 20 岁'
    PRINT '学号为 2010190006 的学生年龄为：'
    PRINT @age
END
```

8.4.2 IF…ELSE 语句

在程序中如果要对给定的条件实行判定，当条件为真或假时分别执行不同的 T-SQL 语句，可用 IF…ELSE 语句实现。IF…ELSE 语句的语法格式如下：

```
IF 条件表达式
    SQL 语句或语句块 1
[ ELSE
    SQL 语句或语句块 2]
```

其中条件表达式可以是各种表达式的组合,但表达式的值必须是逻辑值"真"或"假",IF…ELSE用来判断当条件表达式成立时执行某段程序(SQL语句或语句块1),条件不成立时执行另一段程序(SQL语句或语句块2)或不执行(当无ELSE选项时)。

【例8-7】 判断价格是否大于190。

```
DECLARE @price int
SET @price = 170
IF @price > = 190
  PRINT '价格大于或等于190'
ELSE
  PRINT '价格小于190'
GO
```

语句执行结果如图8-3所示。

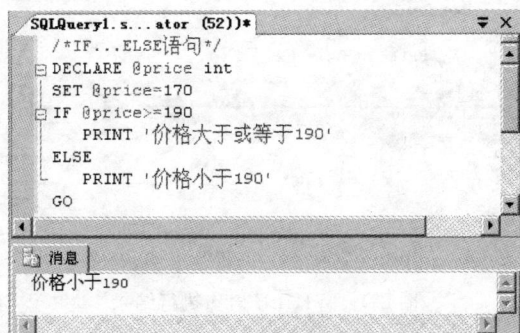

图8-3 IF…ELSE语句执行结果

注意:可在IF区或ELSE区嵌套另一个IF语句,T-SQL中最多可嵌套32层。

8.4.3 WHILE、BREAK和CONTINUE语句

在程序中如果需要重复执行其中的一部分语句,可使用WHILE循环语句来实现。WHILE语句根据所指定的条件重复执行语句或语句块。只要指定的条件为真,就重复执行语句。可以使用BREAK和CONTINUE在循环内部控制WHILE循环中语句的执行,BREAK语句使程序从循环中跳出,而CONTINUE语句使程序跳过循环体内CONTINUE后面的SQL语句,立即进行下次条件测试。

1. WHILE语句

语法格式如下:

```
        WHILE 条件表达式
  BEGIN
        SQL 语句或语句块 1
  [ BREAK]
    SQL 语句或语句块 2
  [ CONTINUE ]
    SQL 语句或语句块 3
  END
```

【例 8-8】 打印输出 1 2 3 4 5,用 WHILE 语句实现。程序清单如下:

```
DECLARE @x int
SELECT @x = 1
WHILE @x < 6
BEGIN
PRINT @x
SELECT @x = @x + 1
   END
```

运行结果如图 8-4 所示。

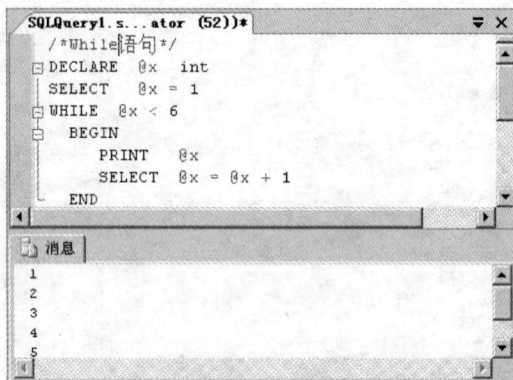

图 8-4　WHILE 语句执行结果

2. BREAK 语句

一般用在循环语句中,用于退出本层循环。当程序中有多层循环嵌套时,使用 BREAK 语句只能退出其所在的这一层循环。

3. CONTINUE 语句

一般用在循环语句中,结束本次循环,重新转到下一次循环条件的判断。

8.4.4　CASE 语句

CASE 语句也是条件判断语句的一种,可以完成比 IF 语句更强的判断。在 IF 语句中,如果需要判断的条件越多,将会用到大量的 IF 嵌套,这样代码看起来就越乱、越复杂,可读性就越差。使用 CASE 语句可以轻松解决该问题。CASE 语句的语法代码有两种格式:一种是简单的 CASE 代码,用于将某个表达式与一组简单的表达式进行比较以确定结果;另一种是搜索的 CASE 代码,用于计算一组布尔表达式以确定结果。其语法代码分别介绍如下。

简单的 Case 语法代码:

```
CASE input_expression
    WHEN when_expression THEN result_expression
    [ … n ]
    [
    ELSE else_result_expression
    ]
```

```
END
```

搜索的 Case 语法代码：

```
CASE
    WHEN Boolean_expression THEN result_expression
    [ … n ]
    [
    ELSE else_result_expression
    ]
END
```

在简单的 CASE 语法代码中，系统会将 input_expression 的值与每一个 when_expression 的值进行比较，如果相同的话，返回 THEN 语句之后的表达式，如果都不同相等的话，返回 ELSE 语句之后的表达式。

【例 8-9】

```
DECLARE @courcename varchar(10),@outstr varchar(100)
SELECT @courcename = cname from stu_info.dbo.course
    WHERE c_id = 15
SET @outstr = CASE @courcename
    WHEN '数据结构' THEN '课程：数据结构'
    WHEN '离散数学' THEN '课程：'
    WHEN '数据库' THEN '课程：数据库'
    WHEN '操作系统' THEN '课程：操作系统'
    WHEN '人工智能' THEN '课程：人工智能'
    ELSE '其他课程'
END
PRINT @outstr
```

从以上代码可以看出，简单的 CASE 语句在条件成立时会返回一个表达式的值，而不是去执行 T-SQL 语句，此时 CASE 语句更像一个函数。

搜索的 CASE 语句可以用于多条件的判断。用于多条件判断时，在 CASE 关键字后不带任何表达式，而 WHEN 之后必须为一个逻辑表达式，当表达式为真是返回 THEN 之后的值。

【例 8-10】

```
DECLARE @courcename varchar(10),@outstr varchar(100)
SELECT @courcename = cname from stu_info.dbo.course
    WHERE c_id = 15
SET @outstr = CASE
    WHEN @courcename = '数据结构' THEN '课程：数据结构'
    WHEN @courcename = '离散数学' THEN '课程：'
    WHEN @courcename = '数据库' THEN '课程：数据库'
    WHEN @courcename = '操作系统' THEN '课程：操作系统'
    WHEN @courcename = '人工智能' THEN '课程：人工智能'
    ELSE '其他课程'
END
PRINT @outstr
```

8.4.5　GOTO 语句

GOTO 语句将执行流程无条件地转移到指定的标签处，跳过 GOTO 之后的语句，在标签

处继续处理。GOTO 语句和标签可在过程、批处理或语句块中的任何位置使用。GOTO 语句可嵌套使用,语法格式如下:

定义标签:

```
label :
```

改变执行:

```
GOTO label
```

label,若有 GOTO 语句指向此标签,则其为处理的起点。标签必须符合标识符规则。标签还可作为注释方法使用。

GOTO 可用在条件控制流语句、语句块或过程中,但不可跳转到批处理之外的标签处。GOTO 分支可跳转到定义在 GOTO 之前或之后的标签处。将执行流程转移到标号指定的位置。

【例 8-11】 下面的语句打印输出 1 2 3 4 5。程序清单如下:

```
DECLARE @x int
SELECT @x = 1
label_1:
PRINT @x
SELECT @x = @x + 1
IF @x < 6
GOTO label_1
```

8.4.6 WAITFOR 语句

WAITFOR 语句用于延迟后续的代码执行,或等到指定的时间后再执行后续的代码。其语法格式如下:

```
WAITFOR {DELAY 'time_to_pass' | TIME 'time_to_execute' }
```

说明:

(1) DELAY 'time_to_pass':用于指定必须等待的时间,最长可达 24 小时。'time_to_pass' 可以用 datetime 数据格式指定,用单引号括起来,但在值中不允许有日期部分,也可以用局部变量指定参数。

(2) TIME 'time_to_execute':指定等待到某一时刻,'time_to_execute'值的指定同上。

【例 8-12】 使用 WAITEFOR 语句先执行一个查询语句,然后等待 10 秒再执行一个查询语句,其代码如下:

```
SELECT cname AS 课程名 FROM stu_info.dbo.course WHERE c_id = 12
GO
WAITFOR DELAY '00:00:10'
SELECT cname AS 课程名 FROM stu_info.dbo.course WHERE c_id = 12
GO
```

【例 8-13】 先执行一个查询语句,然后在指定的时间再执行另一个查询语句,其代码如下:

```
SELECT cname AS 课程名 FROM stu_info.dbo.course WHERE c_id = 12
GO
WAITFOR TIME '17:10:20'
SELECT cname AS 课程名 FROM stu_info.dbo.course WHERE c_id = 12
GO
```

8.4.7　RUTURN 语句

RUTURN 语句会终止当前 T-SQL 语句的执行,从查询或过程中无条件的退出来,并且可以返回一个整数值给调用该代码的程序。与 BREAK 和 GOTO 语句不同,RUTURN 可以在任何时候从过程、批处理或语句块中退出,而不是跳出某个循环或跳到某个位置。

RUTURN 一般用于存储过程或自定义的函数中,其语法格式如下:

```
RETURN [ integer_expression ]
```

8.4.8　TRY…CATCH 语句

TRY…CATCH 语句类似 C♯ 或 C++ 语句中的异常处理,当执行 TRY 语句块中的代码出现错误时,系统将会把控制传递给 CATCH 语句块去处理。其语法代码为:

```
BEGIN TRY
    { sql_statement | statement_block }
END TRY
BEGIN CATCH
    { sql_statement | statement_block }
END CATCH
```

8.4.9　EXECUTE 语句

EXECUTE 语句可以用来执行存储过程、用户自定义函数或批处理中的命令字符串。在 SQL SERVER 2008 中,EXECUTE 语句还可以像链接服务器发送传递命令。严格来说,EXECUTE 语句不属于 T-SQL 流程控制语句,但它在 T-SQL 程序中使用的频率很高。EXECUTE 运行存储过程或函数的语法代码如下:

```
[ { EXEC | EXECUTE } ]
  {
  [ @return_status = ]
  { module_name [ ;number ] | @module_name_var }
  [ [ @parameter = ] { value
      | @variable [ OUTPUT ]
      | [ DEFAULT ]
      }
  ]
  [ , … n ]
  [ WITH RECOMPILE ]
  }
[;]
```

8.5 函数

SQL Server 2008 为 T-SQL 提供了很多函数,每个函数都能实现不同的功能,如 Count 函数和 Sum 函数等。SQL Server 2008 将函数分为聚合函数、配置函数、游标函数、日期和时间函数、数学函数、元数据函数、行集函数、安全函数、字符串函数、系统统计函数、文本和图像函数以及其他函数 12 类。下面介绍一些常用的函数。

8.5.1 聚合函数

聚合函数可以将多个值合并为一个值,其作用是对一组值进行计算,并返回计算后的值,常与 SELECT 语句的 GROUP BY 子句一起使用。除了 COUNT 之外,其他聚合函数都会忽略 NULL。常用的聚合函数如表 8-10 所示。

表 8-10　常用的聚合函数

函　　数	说　　明
AVG	返回平均值
CHECKSUM	返回按照表的某一行或一组表达式计算出来的校验和值
CHECKSUM_AGG	返回组中各值的校验和。空值将被忽略
COUNT	返回组中的项数
MAX	返回表达式中的最大值
MIN	返回表达式中的最小值
SUM	返回表达式中所有值的和或仅非重复值的和

【例 8-14】　求出课程的平均学时数。

SELECT AVG(chours) AS 平均学时数 FROM stu_info.dbo.course

执行结果如图 8-5 所示。

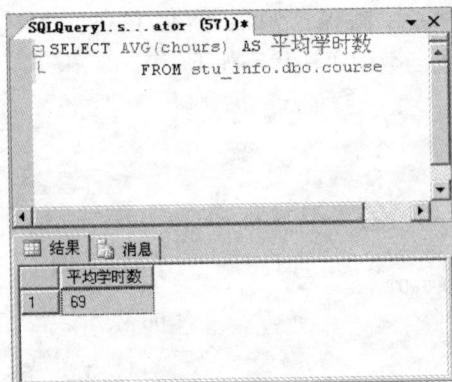

图 8-5　聚合函数语句执行结果

8.5.2　日期和时间函数

日期和时间函数可以用来更改日期和时间的值,其作用是对日期和时间型的数据进行处理,并返回一个字符串、数字或日期和时间的值。常用的日期和时间函数如表 8-11 所示。

表 8-11　常用的日期和时间函数

函　　数	参　　数	说　　明
DATEADD	(datepart，number，date)	向 date 的 datepart 部分加上 number 时间
DATEDIFF	(datepart，date1，date2)	返回 date2 和 date1 之间 datepart 部分的差值
DATENAME	(datepart，date)	返回 date 的 datepart 部分的字符串
DATEPART	(datepart，date)	返回 date 的 datepart 部分的整数
DAY	(date)	返回 date 中的日
MONTH	(date)	返回 date 中的月
YEAR	(date)	返回 date 中的年
GETDATE	()	返回当前系统的日期和时间

【例 8-15】　从 GETDATE 函数返回的日期中提取月份数。

```
SELECT DATEPART(month, GETDATE()) AS 'Month Number'
```

执行结果为:

```
Month Number
8
```

8.5.3　数学函数

数学函数实现各种数学运算,如三角运算、指数运算、对数运算等。SQL Server 所提供的常用数学函数如表 8-12 所示。

表 8-12　常用的数学函数

函　　数	参　　数	说　　明
SIN、COS、TAN、COT	(float_expr)	求 float_expr 的正弦、余弦、正切、余切
ASIN、ACOS、ATAN	(float_expr)	求 float_expr 的反正弦、反余弦、反正切
CEILING	(numeric_expr)	返回大于或等于 numeric_expr 的最小整数
FLOOR	(numeric_expr)	返回小于或等于 numeric_expr 的最大整数
ROUND	(numeric_expr，length)	返回 numeric_expr 四舍五入的结果
EXP	(float_expr)	求 float_expr 的指数值
POWER	(numeric_expr，y)	求 numeric_expr 的 y 次方
SQRT	(float_expr)	求 float_expr 的平方根
LOG	(float_expr)	求 float_expr 的自然对数
ABS	(numeric_expr)	求 numeric_expr 的绝对值
RAND	(［seed］)	返回 0 到 1 之间的随机浮点数

【例 8-16】　比较 CEILING()、FLOOR()和 ROUND()函数。

```
select ceiling(13.4), floor(13.4), round(13.4567,3)
```

运行结果为:

无列名	无列名	无列名
14	13	13.4570

8.5.4 字符串函数

字符串函数实现字符串的转换、查找等操作。SQL Server 中提供的常用字符串函数如表 8-13 所示。

表 8-13 字符串函数

函　　数	参　　数	说　　明
ASCII	(char_expr)	返回 char_expr 最左端字符的 ASCII 值
CHAR	(integer_expr)	返回 integer_expr 代表的 ASCII 值对应的字符
LOWER	(char _expr)	将大写字母转换成小写字母
UPPER	(char _expr)	将小写字母转换成大写字母
LTRIM	(char _expr)	删除字符串开始部分的空格
RTRIM	(char _expr)	删除字符串尾部的空格
LEN	(str_expr)	返回 str_expr 中的字符个数,不包含尾随空格
SUBSTRING	(expression,start,length)	从 expression 的第 start 个字符处返回 length 个字符
REPLACE	(str1 , str2 , str3)	用 str3 代替 str1 中出现的 str2
STR	(float_expr [,length [, decimal]])	将 float_expr 转换为字符串,length 为字符串的长度,decimal 为小数点后的位数

【例 8-17】 如下语句返回学生表中的姓氏。

```
SELECT DISTINCT SUBSTRING(sname,1,1) AS 学生姓氏
    FROM stu_info.dbo.student
```

运行结果如图 8-6 所示。

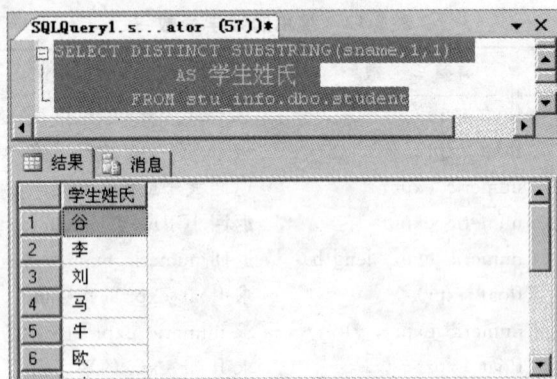

图 8-6 字符串函数语句执行结果

8.5.5 用户自定义函数

除了使用系统提供的函数外,用户还可以根据需要自定义函数。根据用户自定义函数返

回值的类型,可将用户定义函数分为以下三个类别。

- 返回值为标量值的函数。用户定义函数返回值为标量值,这样的函数称为标量函数。
- 返回值为可更新表的函数。若用户定义函数包含单个 SELECT 语句且该语句可更新,则该函数返回的表也可更新,这样的函数称为内嵌表值函数。
- 返回值为不可更新数据表的函数。若用户定义函数包含多个 SELECT 语句,则该函数返回的表不可更新,这样的函数称为多语句表值函数。

下面分别介绍这三类用户定义函数。

1. 标量函数

定义标量函数的语法格式:

```
CREATE FUNCTION [所有者名.]函数名
( @参数 1 [AS] 类型 1 [ = 默认值] [, … @参数 n [AS] 类型 n [ = 默认值] ] )
RETURNS 返回值类型
[ AS ]
BEGIN
    函数体
    RETURN 标量表达式
END
```

例如,计算某门课程学生的平均成绩。程序清单如下:

```
CREATE FUNCTION averagecourse(@cnum as char(20)) RETURNS int
AS
BEGIN
    DECLARE @aver int
    SELECT @aver = (SELECT AVG(grade)
        FROM stu_info.dbo.grade
        WHERE c_id = @cnum
        GROUP BY c_id)
    RETURN @aver
END
GO
```

标量函数的调用可用 SELECT 和 EXEC 两种形式:

SELECT 的调用形式为:

所有者名.函数名(实参 1, … ,实参 n)

EXEC 的调用形式为:

所有者名.函数名 实参 1, … ,实参 n

或

所有者名.函数名 形参名 1 = 实参 1, … , 形参名 n = 实参 n

注意:EXEC 调用的前者实参顺序应于函数定义的形参顺序一致,后者则可以不一致。

【例 8-18】 对上例定义的函数进行 SELECT 调用。程序清单如下:

```
SELECT dbo.average('501')
```

运行结果为：

```
无列名
75
```

2. 内嵌表值函数

定义内嵌表值函数的语法格式：

```
CREATE FUNCTION [所有者名.]函数名
( @参数 1 [AS] 类型 1 [ = 默认值] [, … @参数 n [AS] 类型 n [ = 默认值] ] )
RETURNS TABLE
[ AS ]
RETURN
  (SELECT 查询)
```

【例 8-19】 查询某学生各科成绩。程序清单如下：

```
CREATE FUNCTION st_score(@student_ID char(12)) RETURNS TABLE
AS RETURN (
        SELECT * FROM stu_info.dbo.grade WHERE s_id = @student_ID
    )
```

内嵌表值函数只能通过 SELECT 语句调用。

调用 st_score()函数,查询学号为 2010190001 学生的各科成绩。程序清单如下：

```
SELECT * FROM dbo.st_score('2010190001')
```

执行结果如图 8-7 所示。

结果 | 消息

	s_id	c_id	grade
1	2010190001	1	78
2	2010190001	15	52
3	2010190001	2	67
4	2010190001	3	89

图 8-7 内嵌表值函数语句执行结果

3. 多语句表值函数

定义多语句表值函数的语法格式：

```
CREATE FUNCTION [所有者名.]函数名
( @参数 1 [AS] 类型 1 [ = 默认值] [, … @参数 n [AS] 类型 n [ = 默认值] ] )
RETURNS @表变量名 TABLE 表定义
[ AS ]
BEGIN
  函数体
  RETURN
END
```

【例 8-20】 在 stu_info 数据库中创建返回 table 的函数,查询某学生各科成绩及学分。程序清单如下：

```
CREATE FUNCTION score_table(@xsid AS char(12)) RETURNS @score TABLE
(
     xs_ID char(12),
     xs_Name char(8),
     kc_Name char(16),
     cj tinyint,
xf tinyint
)
AS
BEGIN
     INSERT @score
        SELECT S.s_id, O.sname, P.cname, S.grade, P.ccredit
          FROM stu_info.dbo.grade AS S
             JOIN stu_info.dbo.student AS O ON O.s_id = S.s_id
             JOIN stu_info.dbo.course AS P ON P.c_id = S.c_id
             WHERE S.s_id = @xsid
     RETURN
END
```

多语句嵌表值函数也只能通过 SELECT 语句调用。

调用 score_table()函数,查询学号为 2010190001 学生的各科成绩和学分。

```
SELECT *
  FROM dbo.score_table('2010190001')
GO
```

该语句的执行结果如图 8-8 所示。

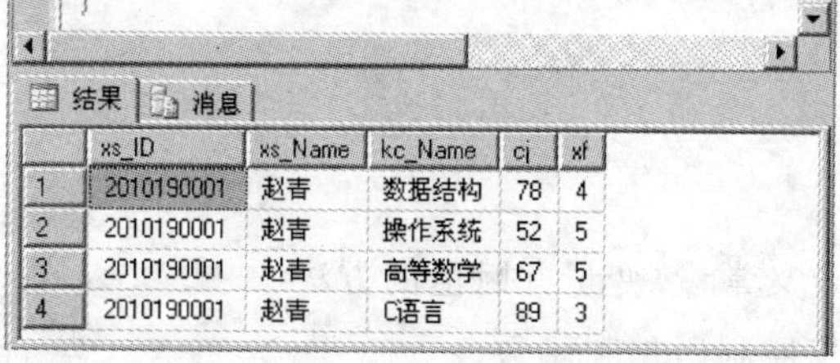

图 8-8 多语句嵌表值函数语句执行结果

利用 ALTER FUNCTION 对用户定义函数修改,用 DROP FUNCTION 删除。如 DROP FUNCTION dbo.score_table 即可删除函数。

小结

T-SQL 是 SQL Server 的核心,所有与 SQL Server 实例通信的应用程序都是通过发送 T-SQL 语句到服务器来完成对数据库的操作。T-SQL 在 SQL 的基础上添加了流程控制,是

SQL 语言的扩展。

本章深入细致地讲解了 Microsoft SQL Server 2008 系统的 T-SQL 的语言,该语言是微软公司对标准 SQL 语言的扩展。具体介绍了常量与变量,运算符与表达式,流程控制语句,系统内置函数和用户自定义函数。

习题

(1) 说明系统内置函数的分类及各类函数的作用。

(2) 举例说明用户自定义函数的使用方法。

(3) 假如说有一个产品表,包含字段为产品 ID、产品名称和单价,请分别利用 T-SQL 的流程控制 CASE 语句和 GOTO 语句,输出"番茄酱"的单价数值所在范围对应的信息,对应关系如下表:

单价范围	输出信息
小于 20 元	番茄酱的单价低于 20 元,比较便宜
20 至 39 元	番茄酱的单价在 20 元与 40 元之间
40 至 80 元	番茄酱的单价在 40 元与 80 元之间
大于 80 元	番茄酱的单价大于 80 元,比较贵

(4) 假如说有一个订单表,其中有一个日期时间型字段"订购日期",请写出 T-SQL 语句,将订单表里 2001 年到 2010 年的订单分别放在一个新建的数据表中。

实验

【实验名称】

T-SQL 语言。

【实验目的】

(1) 掌握 T-SQL 中定义常量、变量并赋值的方法。

(2) 掌握 T-SQL 流程控制语句和函数。

【实验内容】

(1) 通过下面三个简单脚本了解并简单应用 T-SQL 语言。

① 下面的脚本创建一个表并利用循环向表中添加 26 条记录:

```
USE AdventureWorks
CREATE TABLE MYTB( ID INT, VAL CHAR(1))
GO
DECLARE @COUNTER INT;                  /*定义循环控制变量*/
SET @COUNTER = 0                       /*给循环控制变量赋值*/
WHILE( @COUNTER < 26)
```

```
BEGIN
    /*向表中增加一条记录*/
    INSERT INTO MYTB VALUES(@COUNTER,CHAR(@COUNTER + ASCII('A')))
    SET @COUNTER = @COUNTER + 1              /*循环控制变量加*/
END
```

在 Microsoft SQL Server Management Studio 中新建一个查询,输入并执行上面的脚本,然后在 Microsoft SQL Server Management Studio 的对象资源管理器中查看 MYTB 表以及其中的数据。

② 下面的脚本查询 Employee 表中的雇员信息,包括 EmployeeID 和 Gender,Gender 属性根据其值相应地显示为"男"或"女":

```
USE AdventureWorks
SELECT EmployeeID,Gender =
    CASE Gender
        WHEN 'M' THEN '男'
        WHEN 'F' THEN '女'
    END
FROM HumanResources.Employee
```

在 Microsoft SQL Server Management Studio 中新建一个查询,输入并执行上面的脚本,观察执行结果。

③ 下面的脚本显示了 T_SQL 中的错误处理。

```
BEGIN TRY
    SELECT 5/0
END TRY
BEGIN CATCH
    SELECT ERROR_NUMBER() AS 错误号,ERROR_MESSAGE() AS 错误信息
END CATCH
```

在 Microsoft SQL Server Management Studio 中新建一个查询,输入并执行上面的脚本,观察执行结果。

(2) 现有"亚洲"号的 4 颗卫星,卫星编号如表 Pinfo,卫星的数据(观看地址、空气质量)如表 Ptest。请使用变量方式,查询"亚洲 1 号"卫星的测试数据。

Pinfo表

	Pid	Pname
1	1	亚洲1号
2	2	亚洲2号
3	3	亚洲3号
4	4	亚洲4号

Ptest表

	iID	viewAddress	pressure	Pid
1	1	西安	30	1
2	2	北京	20	2
3	3	上海	35	3
4	4	广州	75	4

① 使用 WHILE 语句实现:凡是空气质量(pressure 字段)<60 的记录,都分别提升 5,直到全部 pressure 数据的结果超过 60。

② 根据空气质量(pressure 字段),使用 CASE 语句,按优、良、中、差等级显示。

pressure 范围	级　　别
<60	环境质量差
60~69	环境质量中
70~79	环境质量良
>=80 以上	环境质量优

(3) 写一个 T-SQL 程序,查询 student 表中是否存在年龄(old)大于 20 岁并且系别为"计算机系"的学生,如果存在则显示前两条记录,否则输出该学生不存在。

(4) 在数据库 pubs 的 viewprice 表中,假如说存在价格字段 price(货币型),请利用 T-SQL 语句统计并计算平均价格,如果平均价格在 15 元以上,显示"价格高",并显示价格前五高的信息;如果在 13.5 元以下,显示"价格适中",并显示价格在后五位的信息,除去价格为空的。(**注意**:价格中存在 NULL 的字段,要做空字符串处理。)

(5) 假如说有如下学生信息表(student),sbirthday 字段为学生的出生日期,请写出 T-SQL 程序,判断 student 表中哪些学生今天过生日,如果过生日,请列出该学生姓名,并列出 "今天是您生日,祝您生日快乐!"字样。

HONGFENG200... dbo.student		
列名	数据类型	允许 Null 值
s_id	char(10)	☐
sname	nvarchar(5)	☑
ssex	nvarchar(1)	☑
sbirthday	date	☑
sdepartment	nvarchar(10)	☑
smajor	nvarchar(10)	☑
spoliticalStatus	nvarchar(4)	☑
photo	varbinary(MAX)	☑
smemo	nvarchar(MAX)	☑

学生信息表

第9章

存储过程和触发器

存储过程(stored procedure)是一组为了完成特定功能的 SQL 语句集,经编译后存储在数据库中。用户通过指定存储过程的名字并给出参数(如果该存储过程带有参数)来执行它。存储过程是数据库中的一个重要对象,任何一个设计良好的数据库应用程序都应该用到存储过程。

触发器(trigger)是个特殊的存储过程,它的执行不是由程序调用,也不是手工启动,而是由事件来触发,比如当对一个表进行操作(Insert,Delete,Update)时就会激活它执行。触发器经常用于加强数据的完整性约束和业务规则等。

存储过程是利用 SQL Server 所提供的 Transact-SQL 语言所编写的程序。存储过程的运用范围比较广,可以包含几乎所有的 T-SQL 语句,例如数据库存取语句、流程控制语句、错误处理语句等,使用起来十分有弹性。触发器是在执行某些特定的 T-SQL 语句时自动执行的一种存储过程。在 SQL Server 2008 中,根据 SQL 语句的不同,可以把触发器分为两类:一类是 DML 触发器,另一类是 DLL 触发器。

本章的学习目标:
- 存储过程的创建与管理;
- 触发器的创建与管理。

9.1 存储过程

存储过程是一种数据库对象,是为了实现某个特定任务的一组 T-SQL 语句和可选控制流语句的预编译集合,这些语句在一个名称下存储并作为一个单元进行处理。存储过程在第一次执行时进行编译,然后将编译好的代码保存在高速缓存中供以后调用,以提高代码的执行效率。

9.1.1 使用存储过程的优点

使用存储过程有以下几个优点。
- 执行速度快、效率高;
- 因为 SQL Server 2008 会事先将存储过程编译成二进制可执行代码,在运行存储过程时不需要再对存储过程进行编译,可以加快执行的速度;
- 模块式编程;
- 存储过程在创建完毕后,可以在程序中多次被调用,而不必重新编写该 T-SQL 语句。

在创建存储过程之后,也可以对其进行修改,而且一次修改之后,所有调用该存储过程的程序所得到的结果都会被修改,提高了程序的可移植性;

- 减少网络流量;
- 由于存储过程是保存在数据库服务器上的一组 T-SQL 代码,在客户端调用时,只需要使用存储过程名及参数即可,在网络上传送的流量比传送这一组完整的 T-SQL 程序要小得多,所以可以减少网络流量,提高运行速度;
- 安全性;
- 存储过程可以作为一种安全机制来使用,当用户要访问一个或多个数据表,但没有存取权限时,可以设计一个存储过程来存取这些数据表中的数据。而当一个数据表没有设权限,而对该数据表的操作又需要进行权限控制时,也可以使用存储过程来作为一个存取通道,对不同权限的用户使用不同的存储过程。

9.1.2　存储过程的分类

SQL Server 支持 5 种类型的存储过程:系统存储过程、本地存储过程、临时存储过程、远程存储过程和扩展存储过程。在不同的情况下需要执行不同的存储过程。

(1) 系统存储过程:由系统提供的存储过程,可以作为命令执行各种操作。系统存储过程定义在系统数据库 master 中,其前缀是 sp_,例如常用的显示系统信息的 sp_help 存储过程。

(2) 本地存储过程:是指在用户数据库中创建的存储过程,这种存储过程完成特定数据库操作任务,其名称不能以 sp_为前缀。

(3) 临时存储过程:属于本地存储过程,如果本地存储过程的名称前面有一个"♯",该存储过程就称为临时存储过程,这种存储过程只能在一个用户会话中使用。

(4) 远程存储过程:是指从远程服务器上调用的存储过程。

(5) 扩展存储过程:在 SQL Server 环境之外执行的动态链接库称为扩展存储过程,其前缀是 sp_或 xp_。使用时需要先加载到 SQL Server 系统中,并且按照使用存储过程的方法执行。

9.1.3　创建存储过程

在 SQL Server 2008 中,可以用 SQL Server Management Studio 和 T-SQL 语言来创建存储过程。在创建存储过程时,要确定存储过程的三个组成部分。

- 输入参数和输出参数;
- 在存储过程中执行的 T-SQL 语句;
- 返回的状态值,指明执行存储过程是成功还是失败。

1. 在 SQL Server Management Studio 中创建存储过程

在 SQL Server Management Studio 中可以创建存储过程,下面举例介绍如何用 SQL Server Management Studio 来创建存储过程。

【例 9-1】 使用 SQL Server Management Studio 创建一个存储过程,其作用是查看 stu_info 数据库中某学生的记录。

（1）启动 SQL Server Management Studio，连接到本地默认实例，在"对象资源管理器"窗格里，选择本地数据库实例→"数据库"→stu_info→"可编程性"→"存储过程"选项。

（2）右键单击"存储过程"选项，在弹出的快捷菜单里选择"新建存储过程"选项，出现如图 9-1 所示的创建存储过程的查询编辑器窗格，其中已经加入了一些创建存储过程的代码。

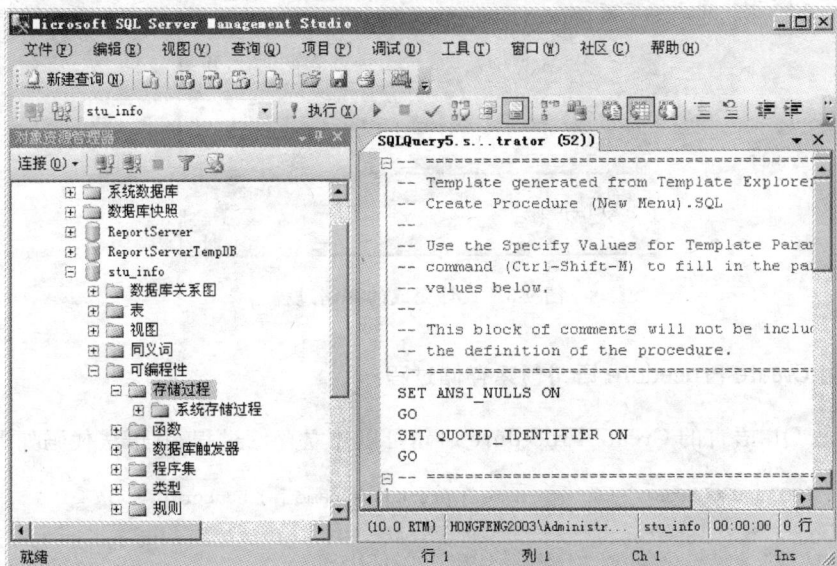

图 9-1　创建存储过程

（3）单击菜单栏上的【查询】→【指定模板参数的值】选项，弹出如图 9-2 所示的对话框。

其中 Author（作者）、Create Date（创建时间）、Description（说明）为可选项，内容可以为空，Procedure_Name 为存储过程名，@Param1 为第一个输入参数名，Datatype_For_Param1 为第一个输入参数的类型，Default_Value_For_Param1 为第一个输入参数的默认值。@Param2、Datatype_For_Param2 和 Default_Value_For_Param2 分别为第二个参数的相关设置。

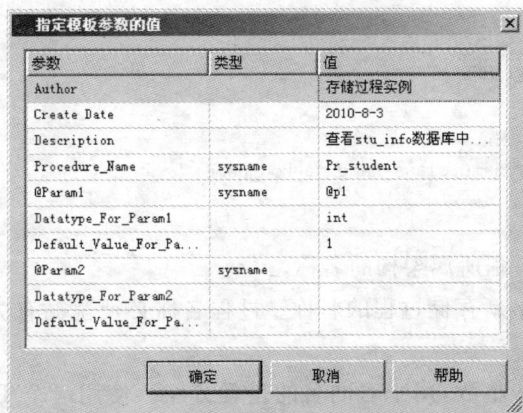

图 9-2　指定模板参数

（4）设置完毕后，单击"确定"按钮，返回到创建存储过程的查询编辑器窗格，此时代码已经改变。

（5）将"--Add the parameters for the stored procedure here"下面第一行最后的逗号和第

二行删除(因为没有参数,只有一个等号)。在"--Insert statements for procedure here"下输入
T-SQL 代码,这里输入"SELECT ＊ FROM stu_info.dbo.student WHERE s_id＝@p1"。

(6) 单击"执行"按钮完成操作,最后的结果如图 9-3 所示。

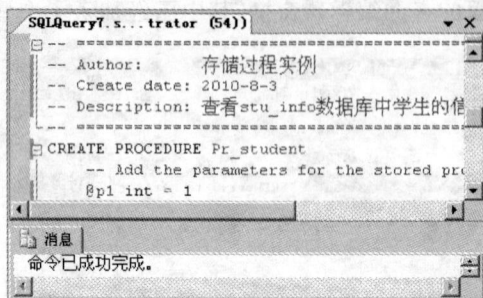

图 9-3　设计完成的存储过程

2. 使用 Create Procedure 语句创建存储过程

使用 T-SQL 语言的 Create Procedure 语句可以建立存储过程,其语法代码如下:

```
CREATE { PROC | PROCEDURE } [schema_name.] procedure_name [ ; number ]
  [ { @parameter [ type_schema_name. ] data_type }
    [ VARYING ] [ = default ] [ OUT | OUTPUT ] [READONLY]
  ] [ , … n ]
[ WITH < procedure_option > [ , … n ] ]
[ FOR REPLICATION ]
AS { < sql_statement > [;][ … n ] | < method_specifier > }
[;]
< procedure_option > :: =
  [ ENCRYPTION ]
  [ RECOMPILE ]
  [ EXECUTE AS Clause ]

< sql_statement > :: =
{ [ BEGIN ] statements [ END ] }

< method_specifier > :: =
EXTERNAL NAME assembly_name.class_name.method_name
```

其参数解释如下:

- schema_name:过程所属架构的名称。
- procedure_name:新存储过程的名称。过程名称必须遵循有关标识符的规则,并且在架构中必须唯一。
- ;number:是可选整数,用于对同名的过程分组。使用一个 DROP PROCEDURE 语句可将这些分组过程一起删除。
- @parameter:过程中的参数。在 CREATE PROCEDURE 语句中可以声明一个或多个参数。
- [type_schema_name.]data_type:参数以及所属架构的数据类型。
- VARYING:指定作为输出参数支持的结果集。该参数由存储过程动态构造,其内容

可能发生改变。仅适用于 cursor 参数。

- default：参数的默认值。如果定义了 default 值，则无须指定此参数的值即可执行过程。默认值必须是常量或 NULL。
- OUTPUT：指示参数是输出参数。此选项的值可以返回给调用 EXECUTE 的语句。
- ENCRYPTION：指示 SQL Server 将 CREATE PROCEDURE 语句的原始文本转换为加密格式。
- RECOMPILE：指示数据库引擎不缓存该过程的计划，该过程在运行时编译。
- EXECUTE_AS_Clause：指定在其中执行存储过程的安全上下文。
- FOR REPLICATION：指定不能在订阅服务器上执行为复制创建的存储过程。
- <sql_statement>：存储过程执行的 T-SQL 语句。
- <method_specifier>：指定 .NET Framework 程序集的方法，以便 CLR 存储过程引用。

【例 9-2】 创建一个存储过程，查看 student 表里的所有记录，并运行该存储过程。其代码如下：

```
CREATE PROC pr_studentCodes
  AS
    SELECT * FROM stu_info.dbo.student
GO

EXEC pr_studentCodes
```

执行结果如图 9-4 所示。

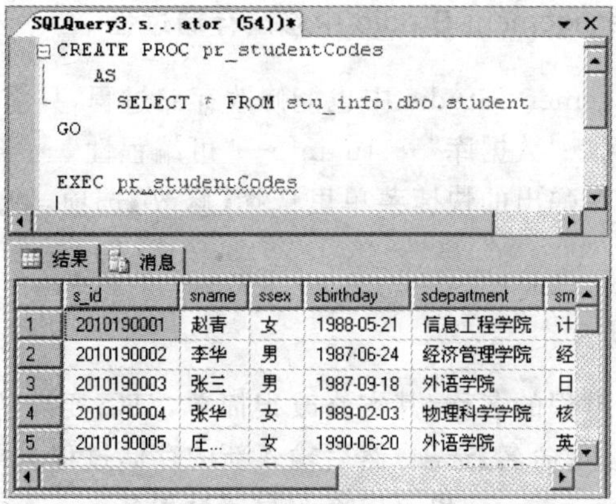

图 9-4 运行存储过程的结果

9.1.4 修改存储过程

存储过程是一段 T-SQL 代码，在使用过程中，一旦发现存储过程不能完成需要的功能或者功能需求有所改变，则需要修改原有的存储过程。

1. 使用 Alter Procedure 语句修改存储过程

T-SQL 语言提供了 Alter Procedure 语句用来修改存储过程，其语法代码如下：

```
ALTER { PROC | PROCEDURE } [schema_name.] procedure_name [ ; number ]
```

```
    [ { @parameter [ type_schema_name. ] data_type }
    [ VARYING ] [ = default ] [ [ OUT [ PUT ]
    ] [ , … n ]
[ WITH < procedure_option > [ , … n ] ]
[ FOR REPLICATION ]
AS
    { < sql_statement > [ … n ] | < method_specifier > }
< procedure_option > :: =
    [ ENCRYPTION ]
    [ RECOMPILE ]
    [ EXECUTE_AS_Clause ]

< sql_statement > :: =
{ [ BEGIN ] statements [ END ] }

< method_specifier > :: =
EXTERNAL NAME
assembly_name.class_name.method_name
```

其中,各参数的含义与 CREATE PROC 语句相同。

【例 9-3】　修改 pr_student 存储过程,使其按照学号排序,其代码为:

```
ALTER PROC pr_studentCodes
  AS
    SELECT * FROM stu_info.dbo.student ORDER BY s_id
```

2. 在 SQL Server Management Studio 中修改存储过程

在 SQL Server Management Studio 中也能修改存储过程,只需要在【对象资源管理器】窗格里,选择本地数据库实例→"数据库"→stu_info→"可编程性"→"存储过程"→选择需要修改的存储过程,在其上右击,在弹出的快捷菜单里选择【修改】选项,然后在查询编辑器窗格里进行代码修改即可。

3. 修改存储过程名称

有时候需要修改存储过程的名称,其实修改很简单,只需要在待修改的存储过程上右击,在弹出的快捷菜单里选择【重命名】选项,然后输入新的存储过程名即可。

不过,使用存储过程 sp_rename 也可以修改存储过程名。

【例 9-4】

```
EXEC sp_rename pr_studentCodes , pr_stu
```

以上代码将存储过程 pr_studentCodes 名称改为 pr_stu。

9.1.5　执行存储过程

若要执行存储过程,可以使用 Transact-SQL EXECUTE 语句。如果存储过程是批处理中的第一条语句,那么不使用 EXECUTE 关键字也可以执行存储过程。

EXEC 是 Execute 的简写,Execute 命令可以用来执行存储过程或函数,其语法代码为:

```
[ { EXEC | EXECUTE } ]
```

```
    {
      [ @return_status = ]
      { module_name [ ;number ] | @module_name_var }
      [ [ @parameter = ] { value
                           | @variable [ OUTPUT ]
                           | [ DEFAULT ]
                         }
      ]
      [ , … n ]
      [ WITH RECOMPILE ]
    }
[ ; ]
```

其常用参数如下：

@return_statuts：可选的整型变量，存储模块的返回状态。这个变量在用于 EXECUTE 语句前，必须在批处理、存储过程或函数中声明过。

@parameter：参数名。

value：参数值。

@variable：用来存储参数或返回参数的变量。

OUTPUT：指定模块或命令字符串返回一个参数。该模块或命令字符串中的匹配参数也必须已使用关键字 OUTPUT 创建。使用游标变量作为参数时使用该关键字。

DEFAULT：根据模块的定义，提供参数的默认值。

在 SQL Server Management Studio 中也可以执行存储过程，例如利用上面所建的存储过程 pr_student 查看 stu_info 数据库中某学生记录，其步骤如下：

（1）启动 SQL Server Management Studio，连接到本地默认实例，在【对象资源管理器】窗格里，选择本地数据库实例→"数据库"→stu_info→"可编程性"→"存储过程"→pr_student 选项。

（2）右击 pr_student 选项，在弹出的快捷菜单里选择【执行存储过程】选项，弹出如图 9-5 所示的执行过程对话框，这里可以看到该存储过程有哪些参数。在"值"文本框里输入@p1 的值 2010190001，然后单击【确定】按钮。

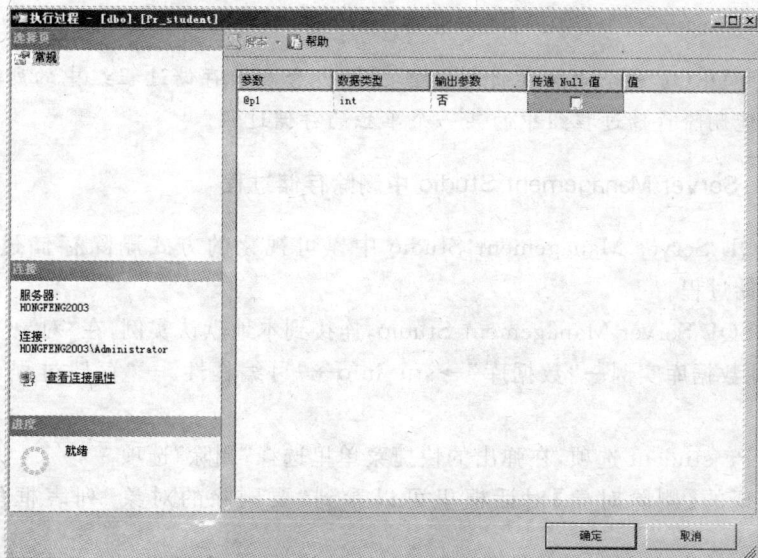

图 9-5　执行过程对话框

（3）系统弹出如图 9-6 所示的运行存储过程的窗格。窗格上半部分是 SQL Server 2008 自动添加的运行存储过程的代码，下面是运行的结果集。

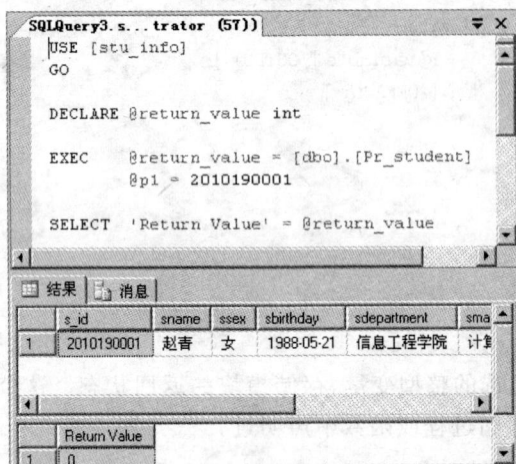

图 9-6　在 SQL Server Management Studio 中执行存储过程

9.1.6　删除存储过程

对于不再需要的存储过程，可以将其删除。下面介绍删除存储过程的方法。

1. 使用 DROP PROCEDURE 语句删除存储过程

T-SQL 语言里提供了 DROP PROCEDURE 语句来删除存储过程，其语法代码如下：

```
DROP { PROC | PROCEDURE } { [ schema_name. ] procedure } [ , … n ]
```

其中，schema_name 为架构名，procedure 为存储过程或存储过程组的名称。

【例 9-5】　删除存储过程 Pr_student，其代码如下：

```
DROP PROC Pr_student
```

注意：使用 DROP 命令删除存储过程组之后，包含在该存储过程组中的所有存储过程都会被删除。不能删除存储过程组中的某一个单独的存储过程。

2. 在 SQL Server Management Studio 中删除存储过程

可以在 SQL Server Management Studio 中以可视化的方式删除存储过程，例如删除 Pr_student 存储过程。

（1）启动 SQL Server Management Studio，连接到本地默认实例，在"对象资源管理器"窗格里，选择本地数据库实例→"数据库"→stu_info→"可编程性"→"存储过程"→Pr_student 选项。

（2）右击 Pr_student 选项，在弹出的快捷菜单里选择"删除"选项。

（3）在出现的【删除对象】对话框里可以看到"要删除的对象"列表框里的存储过程 Pr_student。

（4）单击【确定】按钮完成删除操作。

9.1.7　常用的系统存储过程

SQL Server 中的许多管理活动都是通过一种特殊的存储过程执行的,这种存储过程被称为系统存储过程。例如,sys. sp_changedbowner 就是一个系统存储过程。从物理意义上讲,系统存储过程存储在源数据库中,并且带有 sp_ 前缀。从逻辑意义上讲,系统存储过程出现在每个系统定义数据库和用户定义数据库的 sys 构架中。在 SQL Server 2008 中,可将 GRANT、DENY 和 REVOKE 权限应用于系统存储过程。

根据系统存储过程的作用不同,系统存储过程一共分为 18 类,如表 9-1 所示。

表 9-1　SQL Server 2008 系统存储过程

类　　别	说　　明
Active Directory 存储过程	用于在 Microsoft Windows 2000 Active Directory 中注册 SQL Server 实例和 SQL Server 数据库
目录存储过程	用于实现 ODBC 数据字典功能,并隔离 ODBC 应用程序,使之不受基础系统表更改的影响
变更数据捕获存储过程	用于启用、禁用或报告变更数据捕获对象
游标存储过程	用于实现游标变量功能
数据库引擎存储过程	用于 SQL Server 数据库引擎的常规维护
数据库邮件和 SQL Mail 存储过程	用于从 SQL Server 实例内执行电子邮件操作
数据库维护计划存储过程	用于设置管理数据库性能所需的核心维护任务
分布式查询存储过程	用于实现和管理分布式查询
全文搜索存储过程	用于实现和查询全文索引
日志传送存储过程	用于配置、修改和监视日志传送配置
自动化存储过程	用于使标准自动化对象能够在标准 Transact-SQL 批处理中使用
基于策略的管理存储过程	用于基于策略的管理
复制存储过程	用于管理复制
安全性存储过程	用于管理安全性
SQL Server Profiler 存储过程	由 SQL Server Profiler 用于监视性能和活动
SQL Server 代理存储过程	由 SQL Server 代理用于管理计划的活动和事件驱动的活动
XML 存储过程	用于 XML 文本管理
常规扩展存储过程	用于提供从 SQL Server 实例到外部程序的接口,以便进行各种维护活动

下面简单介绍几种系统存储过程。

1. sp_help:查看对象信息

sp_help 用于查看数据库对象、用户定义数据类型或 SQL Server 2008 提供的数据类型的信息,其语法代码为:

```
sp_help [ [ @objname = ] 'name']
```

例如,exec sp_help:返回当前数据库中所有对象。exec sp_help 数据表名:返回该数据表中的所有对象,例如字段名、主键、约束、索引、外键等。

2. sp_helpindex：查看索引信息

sp_helpindex 用于返回表或视图上的索引信息，其语法代码如下：

```
sp_helpindex [ @objname = ] 'name'
```

例如，exec sp_helpindex courses：返回 courses 表中的索引信息。

3. sp_helpsort：查看排序及字符集信息

sp_helpsort 用于显示 SQL Server 2008 实例的排序顺序和字符集，该存储过程没有参数。

4. sp_lock：查看锁信息

sp_lock 用于返回有关锁的信息，其语法代码如下：

```
sp_lock [ [ @spid1 = ] 'spid1'] [, [@spid2 = ] 'spid2']
```

例如，exec sp_lock：返回所有锁的信息。

5. sp_monitor：查看系统统计信息

sp_monitor 用于显示 SQL Server 2008 的统计信息，包括 CPU 工作的时间、输入输出的时间、读取和写入数据的包数等，该存储过程没有参数。

6. sp_rename：在当前数据库中更改用户创建对象的名称

此对象可以是表、索引、列、别名数据类型或 Microsoft .NET Framework 公共语言运行 (CLR)时用户定义的类型。其语法代码如下：

```
sp_rename [ @objname = ] 'object_name', [ @newname = ] 'new_name' [ , [ @objtype = ] 'object_
type' ]
```

例如，exec sp_rename student,stu：将数据表 student 改名为 stu。

7. sp_renamedb：修改数据库名

sp_renamedb 用于修改数据库的名称，其语法代码为：

```
sp_renamedb [ @dbname = ] 'old_name', [ @newname = ] 'new_name'
```

例如，exec sp_renamedb stu_info,student_info：将数据库 stu_info 的名字改为 student_info。

8. sp_who：查看用户和进程信息

sp_who 用于显示当前用户和进程的信息，包括系统进程 ID、进程状态、登录名、主机名、正在使用的数据库等，其语法代码为：

```
sp_who [ [@login_name = ] 'login']
```

例如，exec sp_who：显示当前所有用户和进程信息。

9. sp_columns：查看列信息

sp_columns 用于返回指定表或视图的列信息，包括列的数据类型、长度等，其语法代码为：

```
sp_columns [ @table_name = ] object [ , [ @table_owner = ] owner ]
   [ , [ @table_qualifier = ] qualifier ]
   [ , [ @column_name = ] column ]
   [ , [ @ODBCVer = ] ODBCVer ]
```

其中，@table_name 为表或者视图名，@table_owner 为表或视图的对象所有者，@column_name 为列名，@ODBCVer 为当前使用的 ODBC 版本。

例如，exec sp_columns student：返回 student 表的所有列信息。exec sp_columns student，@column_name＝sname：返回 student 表中列名为 sname 的信息。

10. sp_databases：查看数据库信息

sp_databases 用于显示所有数据库信息，包括数据库名和数据大小，该存储过程没有参数。

11. sp_pkeys：查看主键信息

sp_pkeys 用于显示指定表的主键信息，其语法代码如下：

```
sp_pkeys [ @table_name = ] 'name'
   [ , [ @table_owner = ] 'owner' ]
  [ , [ @table_qualifier = ] 'qualifier' ]
```

例如，exec sp_pkeys student：返回 student 表的主键信息。

12. sp_server_info：查看 SQL Server 信息

sp_server_info 用于显示 SQL Server 2008 的信息，包括数据库版本号、字符集排序方式、数据表名的最大字符数等，其语法代码如下：

```
sp_server_info [[@tattribute_id = ] 'attribute_id']
```

例如，exec sp_server_info 返回 SQL Server 2008 的信息。

13. sp_tables：查看表或视图的信息

sp_tables 用于返回当前环境中可以查询的数据表或视图，其语法代码如下：

```
sp_tables [ [ @table_name = ] 'name' ]
   [ , [ @table_owner = ] 'owner' ]
   [ , [ @table_qualifier = ] 'qualifier' ]
   [ , [ @table_type = ] "type" ]
   [ , [@fUsePattern = ] 'fUsePattern'];
```

其中，@table_name 为数据表名，@table_owner 为数据表的所有者，@table_type 为数据表的类型。

例如，exec sp_tables：返回当前数据库中所有的数据表和视图信息。exec sp_tables @table_type＝"'table'"：返回当前数据库中所有数据表的信息。

14. sp_stored_procedures：查看存储过程信息

sp_stored_procedures 用于显示存储过程的列表,其语法代码为:

```
sp_stored_procedures [ [ @sp_name = ] 'name' ]
   [ , [ @sp_owner = ] 'schema' ]
   [ , [ @sp_qualifier = ] 'qualifier' ]
   [ , [ @fUsePattern = ] 'fUsePattern' ]
```

其中,@sp_name 为存储过程名,@sp_owner 为存储过程所属的架构,@fUsePattern 确定是否将下划线 (_)、百分号 (%) 或方括号 (〔 〕) 解释为通配符。

例如,exec sp_stored_procedures：返回所有存储过程信息。exec sp_stored_procedures Pr_student：返回存储过程 Pr_student 的信息。

9.2　触发器

从本质上说,触发器就是一种特殊的存储过程,因为它也包含了一组 T-SQL 语句。但是,触发器又与一般的存储过程明显不同,触发器可以自动执行,不可以用 EXECUTE 语句直接调用执行。触发器与表的关系密切,用于保护表中的数据。当有操作影响到触发器保护的数据时,触发器自动执行,例如,通过触发器实现多个表间数据的一致性。

触发器是针对数据库(表)的特殊存储过程,当这个表发生了 Insert,Update 或 Delete 操作时,会自动激活执行,可以处理各种复杂的操作。在 SQL Server 2008 中,触发器有了更进一步的功能,在数据库(表)发生 Create,Alter 和 Drop 操作时,也会自动激活执行。

9.2.1　触发器简介

在 SQL Server 2008 中,触发器与约束不同,约束直接设置于数据表内,只能实现一些比较简单的功能操作,例如实现字段有效性和唯一性检查、自动填入默认值、确保字段不重复(即主键)、确保数据表对应的完整性(即外键)等功能。

在使用触发器时,应该考虑下列一些规则和因素:

- 触发器在操作发生之后执行,约束在操作发生之前起作用;
- 约束优先于触发器检查,如果在触发器表上有约束,那么这些约束在触发器执行前进行检查。如果约束和触发器有冲突,那么不执行触发器;
- 一个表可以有用于任意操作的多个触发器;
- 触发器不需要返回结果集。建议不要在触发器中包含返回数据值的语句。

在 SQL Server 2008 中,触发器可以分为两大类：DML 触发器和 DDL 触发器。

DML(数据操纵语言)触发器是在数据库服务器中发生数据操作语言事件时执行的存储过程。DML 触发器是在执行一个 Insert、Update 或 Delete 语句时触发。DML 触发器又分为两类,After 触发器和 Instead Of 触发器。

DDL(数据定义语言)触发器是在响应数据定义语言事件时执行的存储过程。DDL 触发器一般用于执行数据库中的管理任务,例如审核和规范数据库操作、防止数据库表结构被修改等。

9.2.2 DML 触发器

1. DML 触发器分类

SQL Server 2008 的 DML 触发器分为两类：After 触发器和 Instead Of 触发器。After 触发器是在记录已经改变完成之后，才会被激活执行，它主要用于记录变更后的处理或检查，一旦发现错误，也可以用 Rollback Transaction 语句来回滚本次操作。Instead Of 触发器一般用于取代原本的操作，在记录变更之前发生，它并不去执行原来的 SQL 语句里的操作，而去执行触发器本身所定义的操作。

2. DML 触发器工作原理

在 SQL Server 2008 里，为每个 DML 触发器都定义了两个特殊的表，一个是插入表（inserted 表），一个是删除表（deleted 表）。这两个表是建在数据库服务器的内存中的，是由系统管理的逻辑表，而不是真正存储在数据库中的物理表。对于这两个表，用户只有读取的权限，没有修改的权限。

这两个表的结构与触发器所在数据表的结构是完全一致的，当触发器的工作完成之后，这两个表也将会从内存中删除。

插入表里存放的是更新前的记录：对于插入记录操作来说，插入表里存放的是要插入的数据；对于更新记录操作来说，插入表里存放的是要更新的记录。

删除表里存放的是更新后的记录：对于更新记录操作来说，删除表里存放的是更新前的记录（更新完后即被删除）；对于删除记录操作来说，删除表里存入的是被删除的旧记录。

After 触发器是在记录变更完之后才被激活执行的。以删除记录为例：当 SQL Server 接收到一个要执行删除操作的 SQL 语句时，SQL Server 先将要删除的记录存放在删除表里，然后把数据表里的记录删除，再激活 After 触发器，执行 After 触发器里的 SQL 语句。执行完毕之后，删除内存中的删除表，退出整个操作。

例如，在产品库存表里，如果要删除一条产品记录，在删除记录时，触发器可以检查该产品库存数量是否为零，如果不为零则取消删除操作。看一下数据库是怎么操作的：

（1）接收 SQL 语句，将要从产品库存表里删除的产品记录取出来，放在删除表里。

（2）从产品库存表里删除该产品记录。

（3）从删除表里读出该产品的库存数量字段，判断是不是为零，如果为零的话，完成操作，从内存里清除删除表；如果不为零的话，用 Rollback Transaction 语句来回滚操作。

Instead Of 触发器与 After 触发器不同。After 触发器是在 Insert、Update 和 Delete 操作完成后才激活的，而 Instead Of 触发器，是在这些操作进行之前就激活了，并且不再去执行原来的 SQL 操作，而去运行触发器本身的 SQL 语句。

使用 DML 触发器的注意事项：

* After 触发器只能用于数据表中，Instead Of 触发器可以用于数据表和视图上，但两种触发器都不可以建立在临时表上；
* 一个数据表可以有多个触发器，但是一个触发器只能对应一个表；
* 在同一个数据表中，对每个操作（如 Insert、Update、Delete）而言可以建立许多个 After 触发器，但 Instead Of 触发器针对每个操作只能建立一个；

- 如果针对某个操作即设置了 After 触发器又设置了 Instead Of 触发器,那么 Instead Of 触发器一定会激活,而 After 触发器就不一定会激活了;
- Truncate Table 语句虽然类似于 Delete 语句可以删除记录,但是它不能激活 Delete 类型的触发器。因为 Truncate Table 语句是不记入日志的;
- WRITETEXT 语句不能触发 Insert 和 Update 型的触发器;
- 不同的 SQL 语句,可以触发同一个触发器,如 Insert 和 Update 语句都可以激活同一个触发器。

3. 设计 DML 触发器

1) 设计 After 触发器

先使用图形用户界面 SQL Server Management Studio 设计一个 After 触发器,这个触发器的作用是:在更新一条记录的时候,发出"学生信息已经更新"的友好提示。步骤如下:

(1) 启动到 SQL Server Management Studio,并登录到指定的服务器上。在【对象资源管理器】窗格中选择【数据库】选项,定位到 stu_info→"表"→dbo.student 选项,展开加号,找到"触发器"选项。

(2) 右击"触发器"选项,在弹出的快捷菜单中选择"新建触发器"选项,此时会自动弹出查询编辑器窗格。在查询编辑器窗格的编辑区里,SQL Server 已经自动写入了一些创建触发器相关的 SQL 语句,如图 9-7 所示。

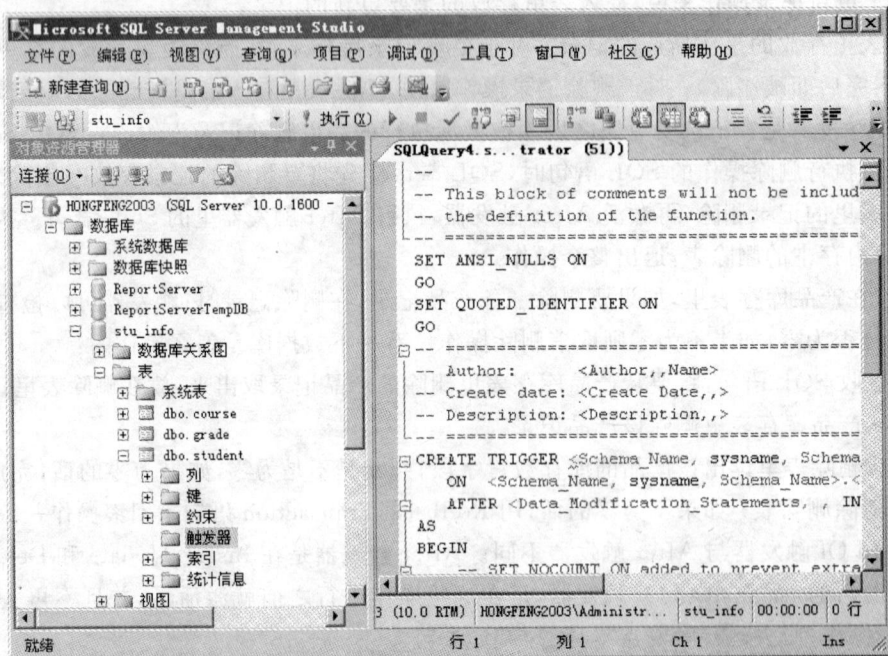

图 9-7　SQL Server 2008 预写的触发器代码

(3) 修改查询编辑器窗格里的代码,将从 CREATE 开始到 GO 结束的代码改为以下内容。

```
CREATE TRIGGER student_update
  ON stu_info.dbo.student
```

```
    AFTER UPDATE
AS
BEGIN
  PRINT '学生信息已经更新'
END
GO
```

(4) 进行语法检查无误后,单击"执行"按钮,生成触发器。关闭查询编辑器窗格,刷新"触发器"选项,可以看到刚才建立的 student_update 触发器。

(5) 测试触发器功能。建好 After Update 触发器之后,现在来测试触发器是如何被激活的。在 SQL Server Management Studio 里新建一个查询,在弹出的查询编辑器里输入以下代码:

```
UPDATE stu_info.dbo.student
  SET sname = '刘德华' WHERE s_id = N'2010190001'
```

单击"执行"按钮,可以看到"消息"窗格里显示了提示"学生信息已经更新",如图 9-8 所示,说明 After Update 触发器被激活,并且运行成功。

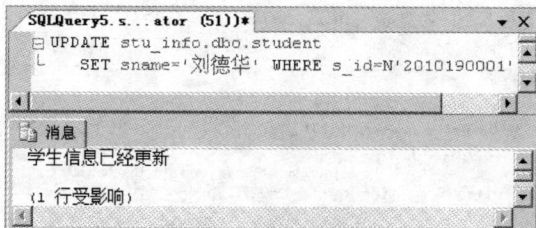

图 9-8 查看触发器的运行结果

然后,再使用 After 触发器的语法规则代码,建立触发器的 SQL 语句,从而建立触发器。触发器的语法代码如下:

```
CREATE TRIGGER <Schema_Name, sysname, Schema_Name>.<Trigger_Name, sysname, Trigger_Name>
  ON <Schema_Name, sysname, Schema_Name>.<Table_Name, sysname, Table_Name>
  AFTER <Data_Modification_Statements, , INSERT,DELETE,UPDATE>
AS
BEGIN
    SET NOCOUNT ON;
END
GO
```

- CREATE TRIGGER Trigger_Name:建立一个触发器,触发器名在所在的数据库里必须是唯一的。trigger_name 必须遵循标识符规则,但 trigger_name 不能以♯或♯♯开头。
- ON Table_Name:指定触发器所在的数据表或视图。视图只能被 INSTEAD OF 触发器引用。不能对局部或全局临时表定义 DML 触发器。

AFTER Insert、Delete 或 Update:指定数据修改语句,这些语句可在 DML 触发器对此表或视图进行尝试时激活该触发器。必须至少指定一个选项。在触发器定义中允许使用上述选项的任意顺序组合。

【例 9-6】 在 student 表中插入记录激活触发器,并且当插入记录的学生年龄大于 25 岁时,则进行回滚操作。

```
CREATE TRIGGER student_insert
  ON stu_info.dbo.student
  AFTER INSERT
AS
BEGIN
    IF (SELECT DATEDIFF(YEAR,sbirthday,GETDATE()) FROM inserted)>25
  BEGIN
  PRINT '学生年龄不能大于 25 岁'
  ROLLBACK TRANSACTION
  END
END
GO
```

运行触发器,然后用下面的 SQL 语句来进行 Insert 操作,插入记录的操作将不会成功。

```
INSERT INTO stu_info.dbo.student(s_id,sname,ssex,sbirthday,
sdepartment,smajor,spoliticalStatus,photo,smemo)
VALUES ('201019031','刘若英','女','1980-5-21',
'信息工程学院','软件工程','中共党员',null,null)
```

运行结果如图 9-9 所示。

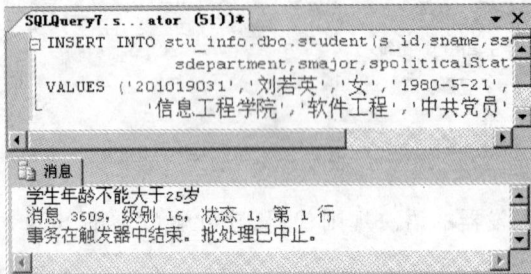

图 9-9　插入记录不符合约束的触发器运行

2) 设计 Instead Of 触发器

Instead Of 触发器与 After 触发器的工作流程是不一样的。After 触发器在 SQL Server 服务器接到执行 SQL 语句的请求之后,先建立临时的 Inserted 表和 Deleted 表,然后实际更改数据,最后才激活触发器。而 Instead Of 触发器在 SQL Server 服务器接到执行 SQL 语句的请求后,先建立临时的 Inserted 表和 Deleted 表,然后就触发了 Instead Of 触发器,至于那个 SQL 语句是插入数据、更新数据还是删除数据,就一概不管了,把执行权全权交给了 Instead Of 触发器,由它去完成之后的操作。

Instead Of 触发器可以同时在数据表和视图中使用,通常在以下几种情况下,使用 Instead Of 触发器。

- 数据库里的数据禁止修改;
- 有可能要回滚修改的 SQL 语句;
- 在视图中使用触发器:因为 After 触发器不能在视图中使用,如果想在视图中使用触发器,只能用 Instead Of 触发器;
- 用自己的方式去修改数据:如果不满意 SQL 直接修改数据的方式,可用 Instead Of 触发器来控制数据的修改方式和流程。

Instead Of 触发器的语法如下:

```
CREATE TRIGGER < Schema_Name, sysname, Schema_Name >.< Trigger_Name, sysname, Trigger_Name >
 ON < Schema_Name, sysname, Schema_Name >.< Table_Name, sysname, View_Name, Table_Name >
    Instead Of < Data_Modification_Statements, , INSERT, DELETE, UPDATE >
AS
BEGIN
    SET NOCOUNT ON;
END
GO
```

【例 9-7】 对上面的当插入记录的学生年龄大于 25 岁时,则进行回滚操作的例子,如果使用 Instead Of 触发器,在判断学生年龄大于 25 岁时,就终止了更新操作,避免在修改数据之后再进行回滚操作,减少服务器负担。代码如下:

```
CREATE TRIGGER student_insert
   ON stu_info.dbo.student
   INSTEAD OF INSERT
AS
BEGIN
    SET NOCOUNT ON; -- 屏蔽在触发器里 Insert 语句执行完之后返回的影响行数消息
    DECLARE
    @s_id char,
    @sname nvarchar,
    @ssex nvarchar,
    @sbirthday date,
    @sdepartment nvarchar,
    @smajor nvarchar,
    @spoliticalStatus nvarchar,
    @photo varbinary,
    @smemo nvarchar

    set @s_id = (select s_id from inserted)
    set @sname = (select sname from inserted)
    set @ssex = (select ssex from inserted)
    set @sbirthday = (select sbirthday from inserted)
    set @sdepartment = (select sdepartment from inserted)
    set @smajor = (select smajor from inserted)
    set @spoliticalStatus = (select spoliticalStatus from inserted)
    set @photo = (select photo from inserted)
    set @smemo = (select smemo from inserted)

    IF (SELECT DATEDIFF(YEAR, sbirthday, GETDATE()) FROM inserted) > 25
        PRINT '学生年龄不能大于 25 岁'
    ELSE
    BEGIN
        INSERT INTO student(s_id, sname, ssex, sbirthday,
        sdepartment, smajor, spoliticalStatus, photo, smemo)
    VALUES (@s_id, @sname, @ssex, @sbirthday,
        @sdepartment, @smajor, @spoliticalStatus, @photo, @smemo)
    END
END
```

4. 查看 DML 触发器

查看已经设计好的 DML 触发器可以利用系统存储过程来查看。使用系统存储过程 sp_help 可以了解触发器的名称、类型、创建时间等基本信息，其语法格式为：

```
sp_help '触发器名'
```

例如，exec sp_help 'student_insert'，可以看到触发器 student_insert 的基本情况。

使用 sp_helptext 可以查看触发器的文本信息，其语法格式为：

```
sp_helptext '触发器名'
```

例如，exec sp_helptext 'student_insert'，可以看到触发器 student_insert 的具体文本内容。

5. 修改 DML 触发器

修改 DML 触发器的内容可以使用 SQL Server Management Studio 图形界面，在触发器名上右击，选择修改即可。修改完毕后，单击【执行】按钮运行。

如果只要修改触发器的名称，也可以使用系统存储过程 sp_rename。

6. 删除 DML 触发器

删除 DML 触发器可以使用 SQL Server Management Studio 图形界面，在触发器名上点击右键，选择删除，此时会弹出删除对象对话框，在该对话框中单击"确定"按钮，删除操作完成。也可使用 SQL 语句删除触发器：

```
DROP TRIGGER 触发器名
```

注意：如果一个数据表被删除，那么 SQL Server 会自动将与该表相关的触发器删除。

9.2.3　DDL 触发器

DDL 触发器是 SQL Server 2005 开始新增的一个触发器类型，是一种特殊的触发器，它在响应数据定义语言(DDL)语句时触发，一般用于在数据库中执行管理任务。

DDL 触发器并不在响应对表或视图的 UPDATE、INSERT 或 DELETE 语句时执行存储过程。它们主要在响应数据定义语言 (DDL)语句执行存储过程。这些语句包括 CREATE、ALTER、DROP、GRANT、DENY、REVOKE 和 UPDATE STATISTICS 等语句。执行 DDL 式操作的系统存储过程也可以激发 DDL 触发器。

DDL 触发器与 DML 触发器的不同之处如下：

- DML 触发器在 INSERT、UPDATE 和 DELETE 语句上操作；
- DDL 触发器在 CREATE、ALTER、DROP 和其他 DDL 语句上操作；
- 只有在完成 Transact-SQL 语句后才运行 DDL 触发器。DDL 触发器无法作为 INSTEAD OF 触发器使用；
- DDL 触发器不会创建插入(Inserted)的和删除(Deleted)的表，但是可以使用 EVENTDATA 函数捕获有关信息。

1. 设计 DDL 触发器

建立 DDL 触发器的语法代码如下:

```
CREATE TRIGGER trigger_name
ON { ALL SERVER | DATABASE }
[ WITH < ddl_trigger_option > [ , … n ] ]
{ FOR | AFTER } { event_type | event_group } [ , … n ]
AS { sql_statement [ ; ] [ , … n ] | EXTERNAL NAME < method specifier > [ ; ] }
```

其中:

- ALL SERVER: 将 DDL 或登录触发器的作用域应用于当前服务器。如果指定了此参数, 则只要当前服务器中的任何位置上出现 event_type 或 event_group, 就会激发该触发器。
- DATABASE: 将 DDL 触发器的作用域应用于当前数据库。如果指定了此参数, 则只要当前数据库中出现 event_type 或 event_group, 就会激发该触发器。
- FOR | AFTER: AFTER 指定 DML 触发器仅在触发 SQL 语句中指定的所有操作都已成功执行时才被触发。所有的引用级联操作和约束检查也必须在激发此触发器之前成功完成。如果仅指定 FOR 关键字, 则 AFTER 为默认值。
- event_type: 执行之后将导致激活 DDL 触发器的 Transact-SQL 语言事件的名称。

激活 DDL 触发器的事件包括两种: 一种是在 DDL 触发器作用在当前数据库情况下可以使用的事件, 另一种是在 DDL 触发器作用在当前服务器情况下可以使用的事件。这两种激活 DDL 触发器的事件如表 9-2 和表 9-3 所示。

【例 9-8】 建立一个 DDL 触发器, 用于保护数据库中的数据表不被修改、不被删除。

由于是对数据库中的数据表进行处理, 所以应该触发的事件是表 9-2 里面的 ALTER_TABLE 和 DROP_TABLE 事件。代码如下:

```
CREATE TRIGGER NOTChangeTable
ON DATABASE
FOR ALTER_TABLE, DROP_TABLE
AS
  PRINT '对不起,您不能对数据表进行操作'
  ROLLBACK;
```

使用 SQL 语句测试一下这个触发器的功能。

```
DROP table student
```

运行结果如图 9-10 所示。

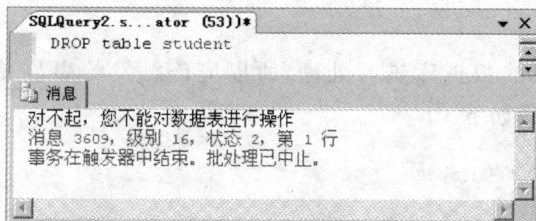

图 9-10 不允许删除表的触发器运行结果

表 9-2　DDL 触发器作用在当前数据库情况下可用事件

CREATE_APPLICATION_ROLE	ALTER_APPLICATION_ROLE	DROP_APPLICATION_ROLE
CREATE_ASSEMBLY	ALTER_ASSEMBLY	DROP_ASSEMBLY
ALTER_AUTHORIZATION _DATABASE		
CREATE_CERTIFICATE	ALTER_CERTIFICATE	DROP_CERTIFICATE
CREATE_CONTRACT	DROP_CONTRACT	
GRANT_DATABASE	DENY_DATABASE	REVOKE_DATABASE
CREATE_EVENT_NOTIFICATION	DROP_EVENT_NOTIFICATION	
CREATE_FUNCTION	ALTER_FUNCTION	DROP_FUNCTION
CREATE_INDEX	ALTER_INDEX	DROP_INDEX
CREATE_MESSAGE_TYPE	ALTER_MESSAGE_TYPE	DROP_MESSAGE_TYPE
CREATE_PARTITION_FUNCTION	ALTER_PARTITION_FUNCTION	DROP_PARTITION_FUNCTION
CREATE_PARTITION_SCHEME	ALTER_PARTITION_SCHEME	DROP_PARTITION_SCHEME
CREATE_PROCEDURE	ALTER_PROCEDURE	DROP_PROCEDURE
CREATE_QUEUE	ALTER_QUEUE	DROP_QUEUE
CREATE_REMOTE_SERVICE _BINDING	ALTER_REMOTE_SERVICE _BINDING	DROP_REMOTE_SERVICE _BINDING
CREATE_ROLE	ALTER_ROLE	DROP_ROLE
CREATE_ROUTE	ALTER_ROUTE	DROP_ROUTE
CREATE_SCHEMA	ALTER_SCHEMA	DROP_SCHEMA
CREATE_SERVICE	ALTER_SERVICE	DROP_SERVICE
CREATE_STATISTICS	DROP_STATISTICS	UPDATE_STATISTICS
CREATE_SYNONYM	DROP_SYNONYM	CREATE_TABLE
ALTER_TABLE	DROP_TABLE	
CREATE_TRIGGER	ALTER_TRIGGER	DROP_TRIGGER
CREATE_TYPE	DROP_TYPE	
CREATE_USER	ALTER_USER	DROP_USER
CREATE_VIEW	ALTER_VIEW	DROP_VIEW
CREATE_XML_SCHEMA _COLLECTION	ALTER_XML_SCHEMA _COLLECTION	DROP_XML_SCHEMA _COLLECTION

表 9-3　DDL 触发器作用在当前服务器情况下可用事件

ALTER_AUTHORIZATION_SERVER		
CREATE_DATABASE	ALTER_DATABASE	DROP_DATABASE
CREATE_ENDPOINT	DROP_ENDPOINT	
CREATE_LOGIN	ALTER_LOGIN	DROP_LOGIN
GRANT_SERVER	DENY_SERVER	REVOKE_SERVER

　　【例 9-9】　建立一个 DDL 触发器,用于保护当前 SQL Server 服务器里的所有数据库不被删除。

　　由于是对服务器里的数据库进行处理,所以应该触发的事件是表 9-3 里面的 DROP_DATABASE 事件。代码如下:

```
CREATE TRIGGER NOTDeleteDatabase
ON all server
FOR DROP_DATABASE
AS
    PRINT '对不起,您不能删除数据库'
```

```
  ROLLBACK;
GO
```

使用 SQL 语句测试一下这个触发器的功能。

```
DROP DataBase stu_info
```

运行结果如图 9-11 所示。

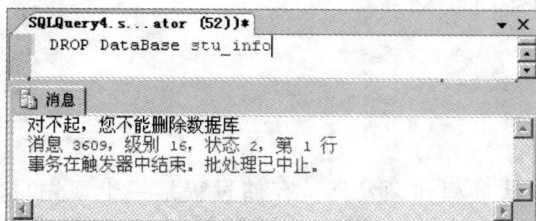

图 9-11 不允许删除数据库的触发器运行结果

2. 查看与修改 DDL 触发器

DDL 触发器有两种,一种是作用在当前 SQL Server 服务器上的,一种是作用在当前数据库中的。这两种 DDL 触发器在 Management Studio 中所在的位置是不同的。

作用在当前 SQL Server 服务器上的 DDL 触发器所在位置是:"对象资源管理器",选择所在 SQL Server 服务器,定位到"服务器对象"→"触发器",展开"触发器"前面的加号就可以看到所有的作用在当前 SQL Server 服务器上的 DDL 触发器。

作用在当前数据库中的 DDL 触发器所在位置是:"对象资源管理器",选择所在 SQL Server 服务器,"数据库",所在数据库,定位到"可编程性"→"数据库触发器",展开"数据库触发器"前面的加号就可以看到所有的当前数据库中的 DDL 触发器。

右击触发器,在弹出的快捷菜单中选择"编写数据库触发器脚本为"→"CREATE 到"→"新查询编辑器"对话框,然后在新打开的"查询编辑器"对话框里可以看到该触发器的内容。

在 Management Studio 如果要修改 DDL 触发器内容,就只能先删除该触发器,再重新建立一个 DDL 触发器。

虽然在 Management Studio 中没有直接提供修改 DDL 触发器的对话框,但在"查询编辑器"对话框里依然可以用 SQL 语句来进行修改。下面给出几个对 DDL 触发器操作常用的 SQL 代码,由于对 DDL 触发器的操作和对 DML 触发器的操作类似,因此不再详细说明用法。

创建 DDL 触发器:

```
CREATE TRIGGER 触发器名
```

删除 DDL 触发器:

```
DROP TRIGGER 触发器名
```

修改 DDL 触发器:

```
ALTER TRIGGER 触发器名
```

重命名 DDL 触发器:

sp_name '旧触发器名','新触发器名'

禁用 DDL 触发器：

DISABLE TRIGGER 触发器名

启用 DDL 触发器：

ENABLE TRIGGER 触发器名

小结

本章主要介绍了存储过程和触发器。存储过程是一组预先写好的能实现某种功能的 T-SQL 程序，指定一个程序名并由 SQL Server 编译后将其保存在 SQL Server 中。使用存储过程可以提高执行效率、方便修改、增加安全性。触发器是与数据库和数据表相结合的特殊存储过程，在数据表中进行 Insert、Update 和 Delete 操作，或进行 Create、Alter 和 Drop 操作时，可以激活触发器，并运行其中的 T-SQL 语句。

学习本章可以了解如何使用 SQL Server Management Studio 创建、修改、删除以及执行存储过程。在 T-SQL 语言里使用 Create procedure 语句可以创建存储过程，使用 Alter procedure 语句可以修改存储过程，使用 Drop procedure 语句可以删除存储过程，使用 exec 执行存储过程。在 SQL Server 2008 中，触发器分为 DML 触发器和 DDL 触发器两种。其中 DML 触发器又分为 After 触发器和 Instead Of 触发器两种。After 触发器先修改记录后激活触发器，Instead Of 触发器是"取代"触发器。After 触发器只能用在数据表中，而 Instead Of 触发器既可以用在数据表中，也可以用在视图中。DDL 触发器根据作用范围分为作用在数据库的触发器和作用在服务器的触发器两种类型。

习题

1. 简答题

（1）说明存储过程的定义与调用方法。

（2）如何理解 inserted 表和 deleted 表？

（3）举例说明触发器类别和各种类型触发器的建立和使用方法。

2. 程序题

已知有 course（课程表）、grade（成绩表）和 student（学生表）。各表的信息如下：

（1）请写一个存储过程，根据用户键入的学生学号（s_id）和课程号（c_id），查询学生成绩（grade）。

（2）建立一个存储过程 Sel_Course，使用户输入系别（sdepartment），查询该系学生选择各课程的情况。列出系别（sdepartment）、课程号（c_id）以及对应的人数，并按系别排序。

（3）建立一个存储过程 Sel_Stu，使用户输入课程名（cname）时，列出该课程名、对应的课程号（c_id）、选择该课程的学生总人数和平均分。

HONGFENG200... dbo.course		
列名	数据类型	允许 Null 值
c_id	char(3)	☐
cname	nvarchar(10)	☑
cp_id	char(3)	☑
ccredit	int	☑
chours	int	☑

HONGFENG200... dbo.student		
列名	数据类型	允许 Null 值
s_id	char(10)	☐
sname	nvarchar(5)	☑
ssex	nvarchar(1)	☑
sbirthday	date	☑
sdepartment	nvarchar(10)	☑
smajor	nvarchar(10)	☑
spoliticalStatus	nvarchar(4)	☑
photo	varbinary(MAX)	☑
smemo	nvarchar(MAX)	☑

HONGFENG200... - dbo.grade		
列名	数据类型	允许 Null 值
s_id	char(10)	☐
c_id	char(3)	☐
grade	int	☑

（4）建立一个触发器 sc_ins_60,当向 grade 表插入记录时,若对应的课程号（c_id）的选课人数小于等于 60 人,则可插入,否则发出出错信息"该课程选课人数已满:请另选其他课程。"

（5）建立一个触发器 Ins_Up_100,当修改某学生的系别（sdepartment）时或向表 student 插入记录时,判断该系学生人数是否小于等于 100,如果是,则允许修改或插入,否则发出出错信息"该系人数已满!!"

（6）建立一个触发器 Del_s_sc,当删除 student 表中某学生记录时,同时删除 grade 表中所有该学生的选课记录。

（7）建立一个触发器 Del_database,当试图删除服务器上的数据库 stu_info 时,发出警告提示"不允许删除数据库 stu_info"。

实验

【实验 9-1】
存储过程和触发器。

【实验目的】
（1）掌握存储过程的概念和使用方法。
（2）掌握触发器的概念和使用方法。

【实验内容】
（1）存储过程的创建及调用。

(2) 触发器的创建。

【实验步骤】

(1) 实验准备：创建实验所需要的数据库表。

```
/* 创建 course 表 */
CREATE TABLE course(
    c_id char(3) NOT NULL PRIMARY KEY,
    cname nvarchar(10) NULL,
    cp_id char(3) NULL,
    ccredit int NULL,
    chours int NULL,
)
/* 创建 grade 表 */
CREATE TABLE grade(
    s_id char(10) NOT NULL,
    c_id char(3) NOT NULL PRIMARY KEY(s_id,c_id),
    grade int NULL,
)
/*
   创建 student 表
*/
CREATE TABLE student1(
    s_id char(10) NOT NULL PRIMARY KEY,
    sname nvarchar(5) NULL,
    ssex nvarchar(1) NULL,
    sbirthday date NULL,
    sdepartment nvarchar(10) NULL,
    smajor nvarchar(10) NULL,
    spoliticalStatus nvarchar(4) NULL,
    photo varbinary(max) NULL,
    smemo nvarchar(max) NULL,
)
```

(2) 存储过程的创建及调用。

① 创建添加学生记录的存储过程 STUDENTAdd。

```
CREATE PROCEDURE STUDENTAdd
    @s_id char(10),
    @sname nvarchar(5),
    @ssex nvarchar(1),
    @sbirthday date,
    @sdepartment nvarchar(10),
    @smajor nvarchar(10),
    @spoliticalStatus nvarchar(4),
    @photo varbinary(max),
    @smemo nvarchar(max)
AS
BEGIN
  INSERT INTO stu_info.dbo.student VALUES(
    @s_id,@sname,@ssex,@sbirthday,@sdepartment,
      @smajor,@spoliticalStatus,@photo,@smemo)
END
```

```
GO
```

② 修改学生记录的存储过程 STUDENTUpdate。

```
CREATE PROCEDURE STUDENTUpdate
   @s_id char(10),
   @sname nvarchar(5),
   @ssex nvarchar(1),
   @sbirthday date,
   @sdepartment nvarchar(10),
   @smajor nvarchar(10),
   @spoliticalStatus nvarchar(4),
   @photo varbinary(max),
   @smemo nvarchar(max)
AS
BEGIN
 UPDATE stu_info.dbo.student
  SET
   s_id = @s_id, sname = @sname, ssex = @ssex,
sbirthday = @sbirthday, sdepartment = @sdepartment,  smajor = @smajor, spoliticalStatus =
@spoliticalStatus,
photo = @photo, smemo = @smemo
 WHERE s_id = @s_id
END
GO
```

③ 删除学生记录的存储过程 STUDENTDelete。

```
CREATE PROCEDURE STUDENTDelete
   @s_id char(10)
AS
BEGIN
 DELETE FROM stu_info.dbo.student WHERE s_id = @s_id
END
GO
```

④ 建立一个带输入参数的存储过程,用于查看某个同学的所有选课信息。

```
CREATE PROCEDURE STUDENTSelect
   @s_id char(10)
AS
BEGIN
 SELECT sname AS 学生姓名, cname AS 课程名 FROM grade
JOIN course ON grade.c_id = course.c_id
JOIN student ON grade.s_id = student.s_id
  WHERE grade.s_id = @s_id
END
GO
```

⑤ 调用上述 4 个存储过程。

```
Exec STUDENTAdd '2010190001', 'Tom', '男', '1988 - 2 - 11', '信息工程学院', '软件工程', '中共党员', null,
null
Exec STUDENTUpdate '2010190001', '2010190001', 'Jackson', '男', '1989 - 5 - 15', '信息工程学院', '计算
```

机应用技术','共青团员',null,null
Exec STUDENTDelete '2010190001'
Exec STUDENTSelect '2010190001'

（3）触发器的创建。

① 向 grade 表插入一条记录时，通过触发器检查记录的 s_id 值和 c_id 值在 student 表和 course 表中是否存在，若不存在，则取消插入或修改操作。

```
CREATE TRIGGER studentins on stu_info.dbo.grade
FOR INSERT,UPDATE
AS
BEGIN
  IF(((SELECT c_id FROM INSERTED)NOT IN(SELECT c_id FROM stu_info.dbo.course))OR
    ((SELECT s_id FROM INSERTED)NOT IN(SELECT s_id FROM stu_info.dbo.student)))
  ROLLBACK
END
```

② 修改 course 表的 c_id 字段值时，该字段在 grade 表中的对应值也做相应修改。

```
CREATE TRIGGER courseupdate on stu_info.dbo.course
FOR UPDATE
AS
BEGIN
 IF(COLUMNS_UPDATED()&01 > 0)
 UPDATE stu_info.dbo.grade
   SET c_id = (SELECT c_id FROM INSERTED) WHERE c_id = (SELECT c_id FROM DELETED)
END
GO
```

③ 删除 student 表中一条记录的同时删除该条记录 s_id 字段值在 grade 表中对应的记录。

```
CREATE TRIGGER studentdelete on stu_info.dbo.student
FOR DELETE
AS
BEGIN
  DELETE FROM grade
     WHERE s_id = (SELECT s_id FROM DELETED)
END
GO
```

④ 编写一个触发器，禁止删除当前服务器上的所有数据库。

```
CREATE TRIGGER NOTDELETEDATABASE
ON all server
FOR DROP_DATABASE
AS
  PRINT '不允许删除数据库'
  ROLLBACk;
GO
```

【实验 9-2】

使用存储过程，实现分页检索。

【实验目的】

掌握存储过程的高级使用。

【实验内容】

使用存储过程,实现分页检索。

实验步骤如下:

(1) 创建存储过程。

```
USE [adageOfEncouragement]
GO
/ * * Object: StoredProcedure [dbo].[MyProcedure] Script Date: 06/11/2013 00:25:49 * * */
SET ANSI_NULLS ON
GO
SET QUOTED_IDENTIFIER ON
GO
-- SQL2008 版分页存储过程
-- ROW_NUMBER (Transact - SQL)
-- --返回结果集分区内的数据记录行的序列号,每个分区的第一行从 1 开始.
-- Returns the sequential number of a row within a partition of a result set,
-- starting at 1 for the first row in each partition.
-- 2008 提供了新的语句 row_number(),这为编写分页存储过程提供了新的思路
IF EXISTS
(
 SELECT *
 FROM sysobjects WHERE name = N'PagerShow'
)
 DROP PROCEDURE [PagerShow]
GO


Create PROCEDURE PagerShow
@QueryStr varchar(max),        -- 表名、视图名可以运行正常,但用查询语句就报错了
@PageSize int = 10,            -- 每页的大小(行数)
@PageCurrent int = 1,          -- 要显示的页
@FieldsdShow VarChar(max),     -- 要显示的字段列表(为空列出所有字段)
@FieldsOrder NVarChar(max),    -- 排序字段列表
@FieldsOrderDirec int,         -- 设置排序顺序; 0: 升序; 1: 降序
@Rows int OUTPUT               -- 输出记录数, 如果@rows 为 null, 则输出记录数, 否则不要输出
AS
    set nocount on;
    declare @strSQL varchar(max)    -- 主语句
    declare @strTmp varchar(max)    -- 临时变量
    declare @strOrder varchar(400)  -- 排序类型
    declare @head VarChar(max)
    declare @Sql varchar(max)
    declare @datediff datetime

    begin
    select @datediff = GetDate()
    if (@FieldsdShow = '')
        set @FieldsdShow = '*'

    if (@FieldsOrderDirec = 0)
```

```
            set @strOrder = 'Order by ' + @FieldsOrder + 'asc'
        else
            set @strOrder = 'Order by ' + @FieldsOrder + 'desc'

    -- set @QueryStr = '( ' + @QueryStr + ')abc'
    set @QueryStr = @QueryStr

    declare @lbuseidentity nvarchar(max)
    set @lbuseidentity = 'select @rows = count( * ) from '+ @QueryStr
    exec sp_executesql @lbuseidentity, N'@Rows int out', @Rows out

    declare @StartNums varchar(20)
    declare @EndNums varchar(20)

    set @StartNums = (@PageSize * (@PageCurrent - 1)) + 1
    set @EndNums = (@PageSize * @PageCurrent)

    set @Sql = '
    with t_rowtable
    as
        ( select row_number() over(' + @strOrder + ') as row_number,' + @FieldsdShow + '
from ' + @QueryStr + ')
    select ' + @FieldsdShow +
    ' from t_rowtable
    where row_number > = '+ @StartNums + ' and row_number < = ' + @EndNums + @strOrder
    end

    begin
        exec (@Sql)
        -- execute sp_executesql @Sql -- 用这个会报错的.
        select datediff(ms,@datediff,GetDate()) as 运行时间
        set nocount off;
    end
 go
```

(2) 测试分页存储过程。

```
declare @totalRows int ;
EXEC dbo.PagerShow @QueryStr = N'dbo.adage',@PageSize = 2,@PageCurrent = 2,
@FieldsdShow = 'id',@FieldsOrder = 'id', @FieldsOrderDirec = 0, @Rows = @totalRows OUTPUT;

-- exec PagerShow 'dbo.adage',2,2,'id','id',0,@Rows OUTPUT;
exec PagerShow 'adage',2,2,'id,adage','id,adage',0,@totalRows OUTPUT;
```

(3) 测试公用表表达式。

```
with t_rowtable as(select row_number() over(Order by id asc ) as row_number, id, author from dbo.
adage )select id ,author from t_rowtable      where row_number > = 3 and row_number < = 4 Order by id
asc
```

上面的 SQL 语句使用了公用表表达式(cte)简化嵌套 sql。

另外要注意的是,如果将 row_number 函数用于分页处理,over 子句中的 order by 与排序记录的 order by 应相同,否则生成的序号可能不是有序的。

（4）新建数据表，测试分页存储过程，创建测试表。

```
if exists(select * from sysobjects where type = 'U' and name = N'Test_Students')
 drop table Test_Students
go
create table Test_Students(
 id int IDENTITY(1,1) not null,
 name nvarchar(100) not null
)
```

（5）创建测试数据。

```
declare @i int
set @i = 100
while @i > 0
begin
insert into Test_Students values('姓名')
set @i = @i - 1
end
```

（6）执行存储过程。

```
declare @totalRows int ;
exec PagerShow 'Test_Students',10,1,'id,name','id,name',0,@totalRows OUTPUT; -- 执行
```

（7）删除测试表。

```
if exists(select * from sysobjects where type = 'U' and name = N'Test_Students')
drop table Test_Students
go
```

第10章

安全管理和透明加密

为了防止非法用户对数据库进行操作,以保证数据库的安全运行,SQL Server 2008 提供了强大的内置的安全性和数据保护。SQL Server 2008 提供了从操作系统、SQL Server 服务器、数据库到对象的多级别的安全保护。其中也涉及角色、数据库用户、权限、数据库透明加密等多个与安全有关的概念。

本章将详细介绍 SQL Server 2008 的安全管理和透明加密技术。其中在安全管理中将会讲到 SQL Server 的安全概述,登录账号管理,数据库用户管理,权限管理。具体包括身份验证模式、服务器角色、数据库角色、权限设置和 DCL 语句等。在透明加密中将会讲到透明数据加密概述和透明数据加密实例等具体的实例操作。

本章的学习目标:

- 了解 SQL Server 安全管理概述;
- 了解 SQL Server 2008 的身份验证模式;
- 掌握服务器角色管理、数据库角色管理;
- 掌握账号管理、权限管理及权限设置;
- 了解 SQL Server 2008 的权限类型;
- 掌握 DCL 语句及透明数据加密的设置。

10.1　SQL Server 安全管理概述

在 SQL Server 2008 中,数据库中的所有对象都是位于架构内的。每一架构的所有者是角色,而不是独立的用户,它允许多用户管理数据库对象。这解决了在以前 SQL Server 版本中的一个问题,就是没有重新指派每一个对象的所有者就不能从数据库删除用户。现在,用户仅需更改架构的所有权,而不是去更改每一个对象的所有权。

SQL Server 2008 中广泛使用安全主体和安全对象管理安全。一个请求服务器、数据库或架构资源的实体称为安全主体。每一个安全主体都有唯一的安全标识符(security identifier,SID)。安全主体在 3 个级别上管理:Windows、SQL Server 和数据库。安全主体的级别决定了安全主体的影响范围。

通常,Windows 和 SQL Server 级别的安全主体具有实例级别的范围,而数据级别的主体其影响范围是特定的数据库。如表 10-1 中所示列出了每一级别的安全主体。这些安全主体包括 Windows 组、数据库角色和应用程序角色。这些安全主体也称为集合,每个数据库用户属于公共数据库角色。当一个用户在安全对象上没有被授予或被拒绝授予特定权限的时候,用户继承了该安全对象上授予公共角色的权限。

表 10-1 安全主体级别和所包括的主体

主 体 级 别	包括的主体
SQL Server 级别	服务器角色、SQL Server 登录 SQL Server 登录映射为非对称密钥 SQL Server 登录映射为证书 SQL Server 登录映射为 Windows 登录
数据库级别	数据库用户、应用程序角色、数据库角色、公共数据库角色 数据库映射为非对称密钥 数据库映射为证书 数据库映射为 Windows 登录
Windows 级别	Windows 域登录、Windows 本地登录、Windows 组

最常使用的有两种加密方式：对称加密和非对称加密。对称加密使用相同的密钥加密和解密数据,使用的算法相对于非对称加密的算法比较简单。非对称加密使用两个具有数学关系的不同密钥加密和解密数据。这两密钥分别称为私钥和公钥,它们合称为密钥对。非对称加密被认为比对称加密更安全,因为数据的加密密钥与解密密钥不同。

安全主体能在分等级的实体集合(也称为安全对象)上分配特定的权限。如表 10-2 所示,最顶层的三个安全对象是服务器、数据库和架构。这些安全对象的每一个都包含其他的安全对象,后者依次又包含其他的安全对象,这些嵌套的层次结构称为范围。因此,也可以说在 SQL Server 2008 中的安全对象范围是数据库、架构和服务器。

表 10-2 安全对象范围及包含的安全对象

安全对象范围	包含的安全对象
数据库	应用程序角色、程序集、非对称密钥证书、合同、数据库角色、全文目录、消息类型、远程服务绑定路由、架构、服务、对称密钥、用户
架构	聚合、函数、过程、队列、同义词、表类型、视图、XML 架构集合
服务器	服务器(当前实例)、数据库、端点、登录、服务器角色

10.2 登录账号管理

账户是配置 SQL Server 服务器安全中的最小单位,通过使用登录账号可以为不同的用户配置不同的访问级别。本节将详细介绍 SQL Server 2008 服务器内置的系统登录账号。

10.2.1 身份验证模式

身份验证模式是指 SQL Server 如何处理用户名和密码。SQL Server2008 提供了两种身份验证模式：Windows 身份验证模式(Windows authentication mode)和混合模式(mixed mode)。每一种身份验证都有一个不同类型的登录账户。无论哪种模式,SQL Server 2008 都需要对用户的访问进行两个阶段的检验:验证阶段和许可阶段。

(1) 验证阶段。

用户在 SQL Server 2008 上获得对任何数据库的访问权限之前,必须登录到 SQL Server 上,并且被认为是合法的。SQL Server 或 Windows 对用户进行验证。如果验证通过,用户就可以连接到 SQL Server 2008 上;否则,服务器将拒绝用户登录。

(2) 许可确认阶段。

用户验证通过后会登录到 SQL Server 2008 上,此时系统将检查用户是否有访问服务器上数据的权限。

1. Windows 身份验证

当用户通过 Windows 用户账户即使用 Windows 身份验证连接时,SQL Server 使用操作系统中的 Windows 主体标记(Windows principal token)来验证账户名和密码。也就是说,用户身份(user identity)由 Windows 进行确认。SQL Server 不要求提供密码,也不执行身份验证。或者,如果该服务器是活动目录域的一个成员,则可以使用 Microsoft Windows 活动目录数据库中的账户。Windows 身份验证(authentication)是默认身份验证模式,并且比 SQL Server 身份验证更为安全。Windows 身份验证使用 Kerberos 安全协议,提供有关强密码复杂性验证的密码策略强制,还支持账户锁定(account lockout)、密码过期等。通过 Windows 身份验证完成的连接有时也称为可信连接(trusted connection),这是因为 SQL Server 信任由 Windows 提供的凭据(credentials)。

在默认的情况下,SQL Server 2008 使用本地账户来配置。这些账户包括:本地管理员组账户和本地管理员用户账户(包括管理员是因为在默认的情况下,他是管理员组的成员)。

本地账户在 SQL Server Management Studio 窗口中显示了 BUILTIN\<AccountName>或 <ComputerName>\<AccountName>,如在这里管理员显示为 LZXY\Administrator,如图 10-1 所示。

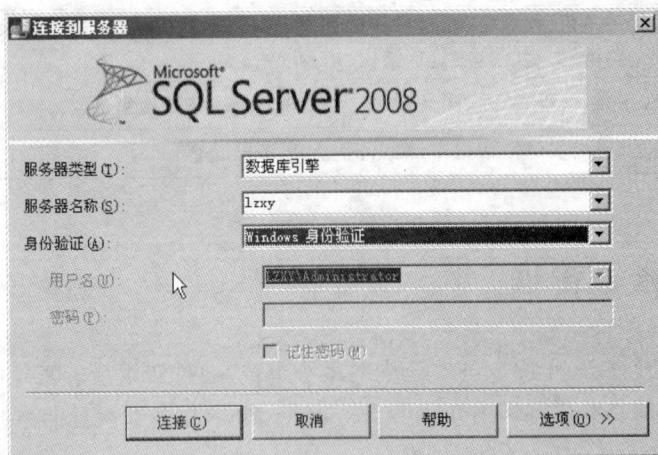

图 10-1 Windows 身份验证模式

用户名中 lzxy 代表当前的计算机名称;Administrator 是指登录该计算机时使用的 Windows 账户名称,这也是 SQL Server 默认的身份验证模式。

当使用 Windows 身份验证连接到 SQL Server 时,Windows 将完全负责对客户端进行身份验证。在这种情况下,将按其 Windows 用户账户来识别客户端。当用户通过 Windows 用户账户进行连接时,SQL Server 使用 Windows 操作系统中的信息验证账户名和密码。

注意:用户在平时管理和维护数据库时,使用 Windows 身份验证连接到 SQL Server 2008 服务器。

在 Windows 身份验证模式下,SQL Server 检测当前使用 Windows 的用户账户,并在系统注册中查找该用户,以确定该用户账户是否有权限登录。在这种方式下,用户不必提交登录名和密码让 SQL Server 验证。

Windows 身份验证模式有以下主要优点:

(1) 数据库管理员的工作可以集中在管理数据库上面,而不是管理用户账户。对用户账户的管理可以交给 Windows 去完成。

(2) Windows 有着更强的用户账户管理工具。可以设置账户锁定、密码期限等。如果不是通过定制来扩展 SQL Server,SQL Server 是不具备这些功能的。

(3) Windows 的组策略支持多个用户同时被授权访问 SQL Server。

2. 混合安全身份验证

使用混合安全的身份验证模式,可以同时使用 Windows 身份验证和 SQL Server 登录。SQL Server 登录主要用于外部的用户,如那些可能从 Internet 访问数据库的用户。可以配置从 Internet 访问 SQL Server 2008 的应用程序以自动地使用指定的账户或提示用户输入有效的 SQL Server 用户账户和密码。

当使用 SQL 登录名时,SQL Server 将用户名和密码信息存储在 master 数据库中,它负责对这些凭据进行身份验证。

使用混合安全模式时,SQL Server 2008 首先确定用户的连接是否使用有效的 SQL Server 用户账户登录。如果是用户有有效的登录和正确的密码,则接受用户的连接;如果用户有效的登录,但是使用了不正确的密码,则用户的连接被拒绝。仅当用户没有有效的登录时,SQL Server2008 才检查 Windows 账户的信息。在这样的情况下,SQL Server 2008 确定 Windows 账户是否有连接到服务器的权限。如果账户有权限,连接被接受;否则,连接被拒绝。

图 10-2 所示为使用 SQL Server 身份验证的界面。在使用 SQL Server 身份验证模式时,用户必须提供登录名称和密码,SQL Server 通过检查是否注册了该 SQL Server 登录账户或指定的密码时是否与以前记录的密码相匹配来自己进行身份验证。如果 SQL Server 未设置登录账户,则身份验证将失败,而且用户会收到错误信息。混合身份验证模式具有如下优点:

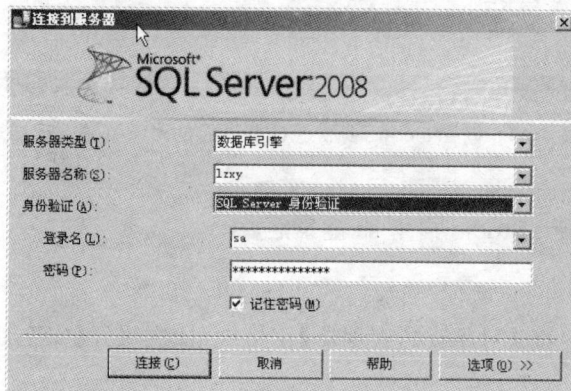

图 10-2　SQL Server 身份验证

- 创建了 Windows NT/2000 之上的另外一个安全层次;
- 支持更大范围的用户,如非 Windows 客户等;
- 一个应用程序可以使用单个的 SQL Server 登录和口令。

提示:所有 SQL Server 2008 服务器都有内置的 sa 登录账户,也可能还会有 Network Service 和 System 登录(依赖于服务器实例的配置)。此外,所有数据库也有内置的 SQL Server 用户账户,如 dbo 和 sys 等。

10.2.2　登录到 SQL Server 2008

用户登录到 SQL Server 2008 有两种身份验证方式：Windows 身份验证和 SQL Server 身份验证。下面通过实例进行演示。

1. 采用"Windows 身份验证"登录到 SQL Server 2008

(1) 选择【开始】→【程序】→ Microsoft SQL Server 2008 → SQL Server Management Studio 命令,打开【连接到服务器】对话框。

(2) 在【连接到服务器】对话框中,【身份验证】选择【Windows 身份验证】,单击【连接】按钮,即可打开 SQL Server Management Studio 管理工具,如图 10-3 所示。

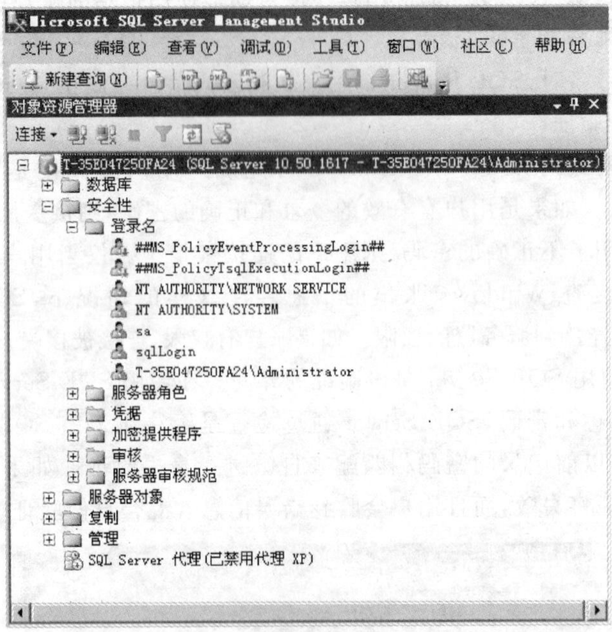

图 10-3　以 Windows 身份验证登录后的对象资源管理器

2. 使用 Management Studio 启用 sa 登录账户

(1) 采用"Windows 身份验证"登录到 SQL Server 2008。

(2) 如图 10-4 所示,在【对象资源管理器】窗格中,依次展开【安全性】、【登录名】,右键单击【sa】,再单击【属性】。

(3) 在【常规】页上,可能需要为 sa 登录名创建密码并确认该密码。

（4）在【状态】页上的【登录】部分中，单击【启用】，然后单击【确定】。

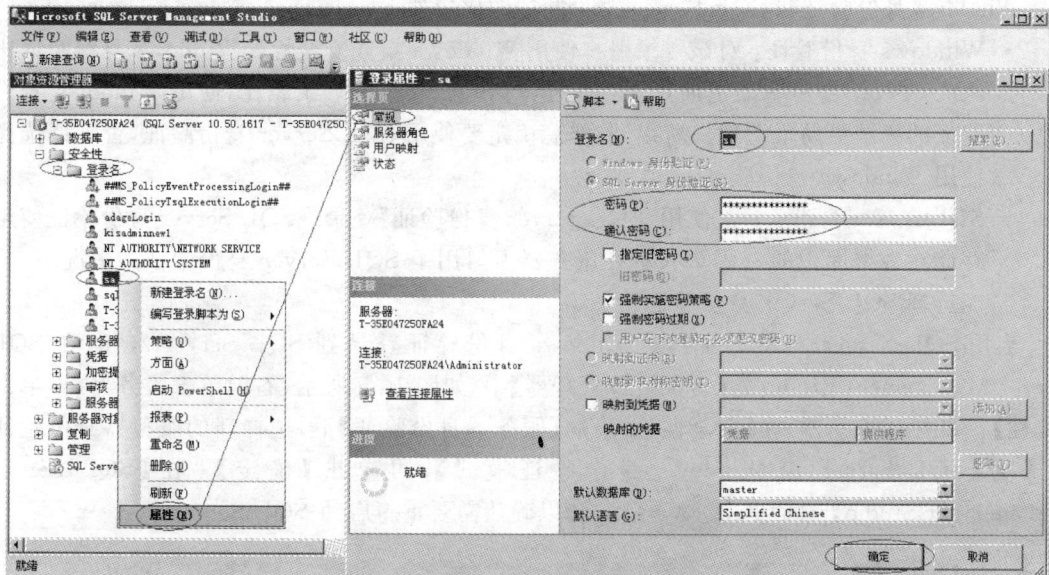

图 10-4　"登录属性-sa 设置"对话框

3. 采用"SQL Server 身份验证"以 sa 账户登录到 SQL Server

这里，在 SQL Server 2008 的安装过程中，SQL Server 数据库引擎设置为 SQL Server 和 Windows 身份验证模式。sa 账户的密码设为 sa123。

（1）选择【开始】→【程序】→Microsoft SQL Server 2008→SQL Server Management Studio 命令，打开【连接到服务器】对话框。

（2）在【连接到服务器】对话框中，【身份验证】选择【SQL Server 身份验证】，【登录名】文本框中输入 sa，【密码】文本框中输入 sa123，单击【连接】按钮，即可打开 SQL Server Management Studio 管理工具，如图 10-5 所示。

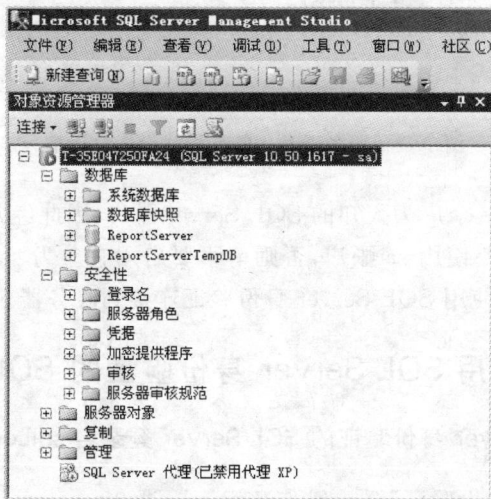

图 10-5　以 sa 登录名登录后的对象资源管理器

使用任何图形管理工具或从命令提示符处,都可以登录到 Microsoft SQL Server 实例。

Windows 身份验证和 SQL Server 身份验证的比较如下:

- Windows 身份验证:对该登录账户使用 Windows 集成安全性。Windows 身份验证比 SQL Server 身份验证更加安全。此外,与 SQL Server 登录相比,使用 Windows 身份验证的登录更易于管理。所以,除非您确定要使用 SQL Server 身份验证,否则请选择使用 Windows 身份验证。

- SQL Server 身份验证:使用"SQL Server 身份验证"登录。SQL Server 身份验证使用存储在数据库中的密码。只有在服务器上启用了 SQL Server 身份验证的情况下,才能选择 SQL Server 身份验证。

启用 SQL Server 身份验证:以 Windows 身份验证登录到 SQL Server 2008,在 SQL Server Management Studio 的【对象资源管理器】中,如图 10-5 所示,右键单击服务器,再单击【属性】。如图 10-6 所示,在【安全性】页上的【服务器身份验证】下,选择新的服务器身份验证模式为【SQL Server 和 Windows 身份验证模式】,再单击【确定】。在【SQL Server Management Studio】对话框中,单击【确定】以确认需要重新启动 SQL Server。

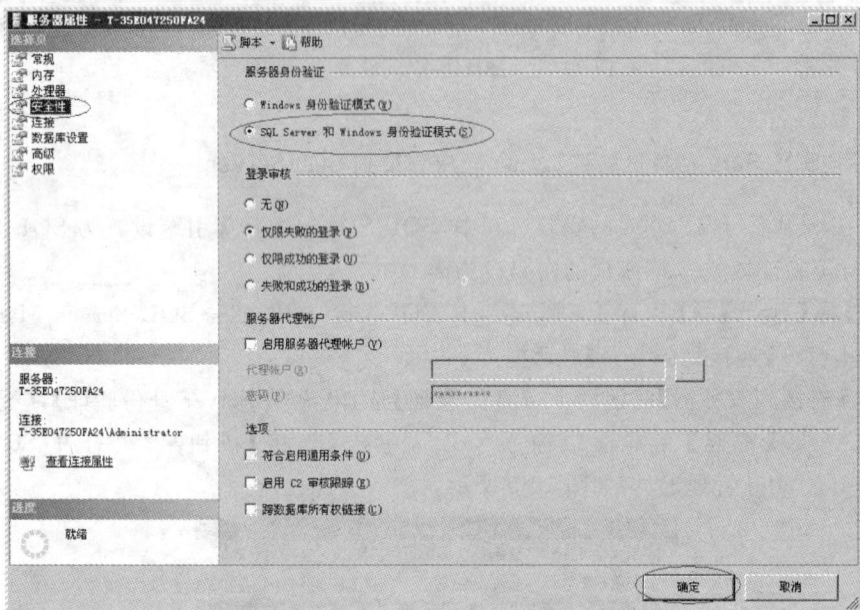

图 10-6　服务器身份验证模式设置对话框

安全说明:sa 账户是一个广为人知的 SQL Server 账户,因此经常成为恶意用户的攻击目标。除非您的应用程序需要使用 sa 账户,否则请不要启用它。为 sa 登录名使用一个强密码非常重要。sa 登录名只能使用 SQL Server 身份验证连接到服务器。

10.2.3　创建使用 SQL Server 身份验证的 SQL Server 登录名

1. 创建使用 SQL Server 身份验证的 SQL Server 登录名 sqlLogin

(1) 采用"Windows 身份验证"登录到 SQL Server 2008。

(2) 在【SQL Server Management Studio】中,打开【对象资源管理器】并展开要在其中创建新登录名的服务器实例的文件夹。

（3）右键单击【安全性】文件夹，指向【新建】，然后单击【登录名】。

（4）如图 10-7 所示在【常规】页上的【登录名】框中输入一个新登录名 sqlLogin。

（5）选择【SQL Server 身份验证】。Windows 身份验证是更安全的选择。

（6）输入登录名的密码 sa123。

（7）选择应当应用于新登录名的密码策略选项。通常，强制密码策略是更安全的选择。

（8）其他【选项页】（服务器角色、用户映射、安全对象、状态）均保持默认值不变。单击【确定】按钮，完成登录名的新建。

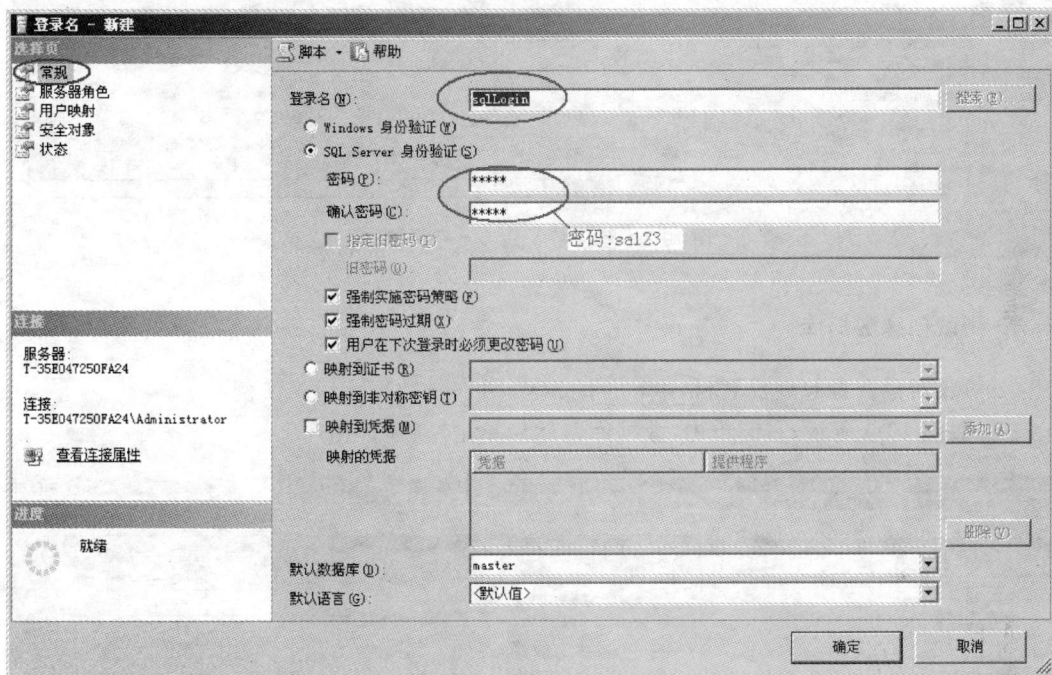

图 10-7 "登录名－新建"对话框

备注：服务器角色用于向用户授予服务器范围内的安全特权，即操作数据库对象的权限。其中，public 服务器级角色的说明如表 10-3 所示。

表 10-3 public 服务器级角色

服务器级角色名称	说　　明
public	每个 SQL Server 登录名都属于 public 服务器角色。如果未向某个服务器主体授予或拒绝对某个安全对象的特定权限，该用户将继承授予该对象的 public 角色的权限。只有在希望所有用户都能使用对象时，才在对象上分配 public 权限。

备注：public 角色拥有 VIEW ANY DATABASE 权限。

2. 登录名 sqlLogin 登录测试

在图 10-8 中，【身份验证】选择【SQL Server 身份验证】，【登录名】文本框中输入 sqlLogin，【密码】文本框中输入 sa123，单击【连接】按钮，即可打开 SQL Server Management Studio 管理工具。

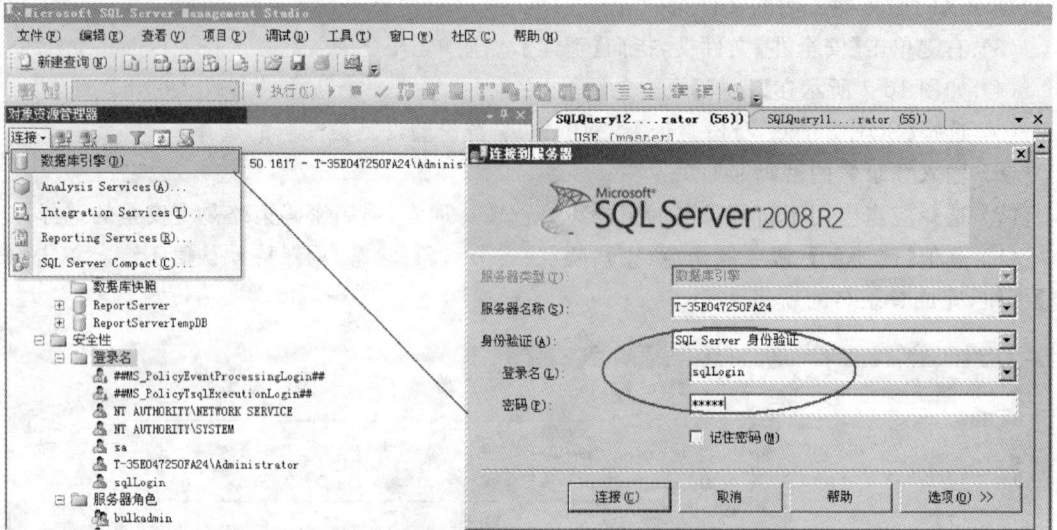

图 10-8　登录名 sqlLogin 登录测试

3. 测试创建数据库

（1）在【对象资源管理器】窗格中，展开 SQL Server 数据库引擎实例。

（2）如图 10-9 所示，右键单击"数据库"，然后单击"新建数据库"。

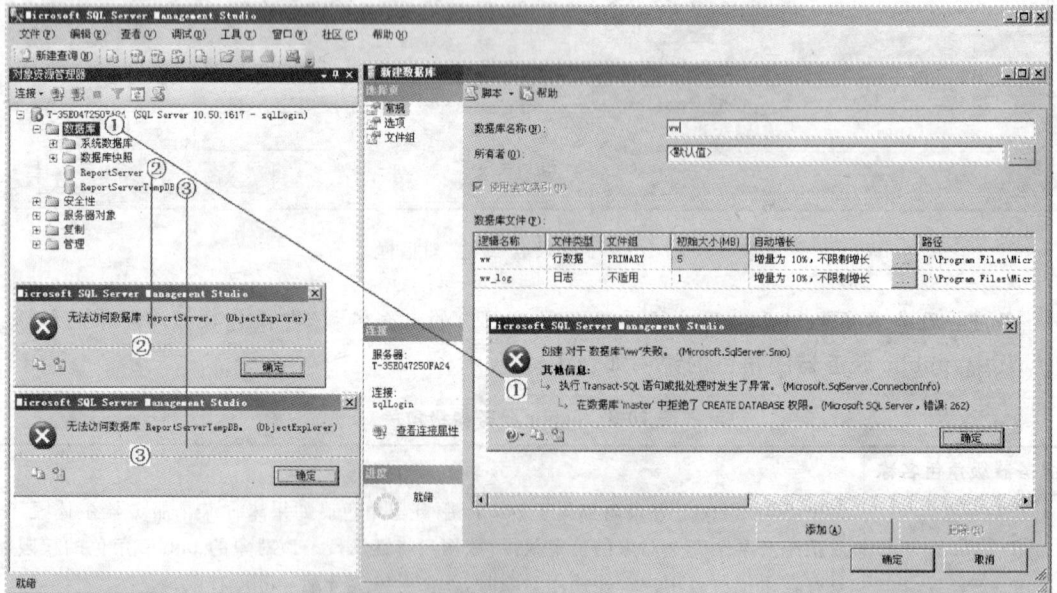

图 10-9　登录名 sqlLogin 操作权限测试

（3）在"新建数据库"中，输入数据库名称 ww。

（4）保持所有默认值不变，单击"确定"，弹出【创建数据库"ww"失败】；这是因为在数据库 master 中拒绝了 sqlLogin 登录名 CREATE DATABASE 的权限。

（5）双击数据库 ReportServer 和 ReportServerTempDB，弹出"无法访问数据库"的对话

框。这是因为 sqlLogin 登录名只被分配了固定服务器角色 public,没有创建新数据库和访问其他数据库的权限。登录名 sqlLogin 目前只有登录到数据库引擎实例的权限,还没有访问非数据库和创建数据库的权限。

4．为登录名 sqlLogin 增加创建数据库的权限

dbcreator 为固定服务器角色的成员,可以创建、更改、删除和还原任何数据库。

（1）采用"Windows 身份验证"登录到 SQL Server 2008。

（2）在【对象资源管理器】窗格中,依次展开【安全】、【登录名】,右击 sqlLogin 项,再选择【属性】选项。

（3）如图 10-10 所示,在【服务器角色】页上,为 sqlLogin 登录名指定服务器角色 dbcreator。然后单击【确定】按钮。

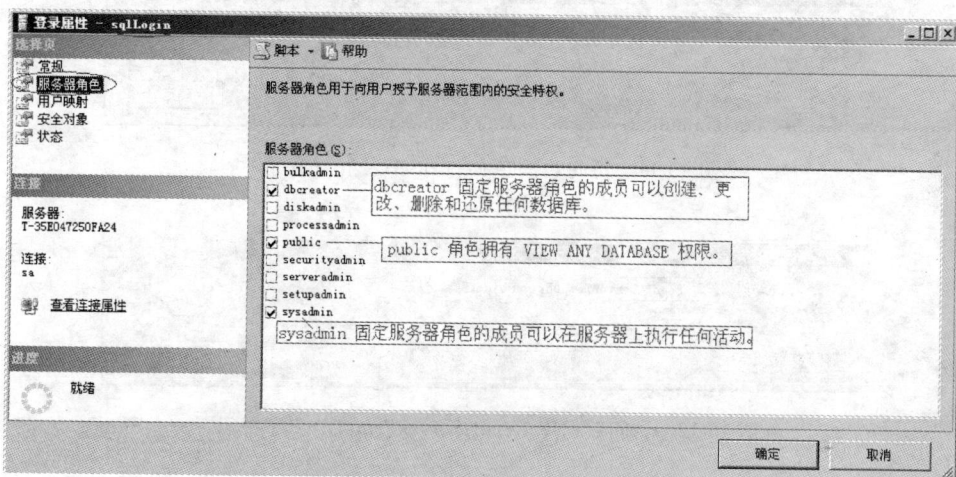

图 10-10　登录名 sqlLogin 的服务器角色设置对话框

（4）以 sqlLogin 重新登录到登录到 SQL Server 2008,在数据库引擎【查询编辑器】运行如下 Transact-SQL 语句,成功新建数据库 adageOfEncouragement 和数据表。

```
USE [master]
GO
CREATE DATABASE [ adageOfEncouragement] ON  PRIMARY
( NAME = N' adageOfEncouragement', FILENAME = N'E:\MSSQLexperiment\ adageOfEncouragement.mdf',
SIZE = 5120KB , MAXSIZE = UNLIMITED, FILEGROWTH = 10 % )
 LOG ON
( NAME = N' adageOfEncouragement_log', FILENAME = N'E:\MSSQLexperiment\ adageOfEncouragement_
log.ldf', SIZE = 1024KB , MAXSIZE = 2048GB , FILEGROWTH = 10 % )
GO

USE [ adageOfEncouragement]
GO

CREATE TABLE [dbo].[ adage](
[id] [int] IDENTITY(1,1) NOT NULL,
[ adage] [nvarchar](max) NULL,
[author] [nchar](20) NULL
) ON [PRIMARY]
```

```
GO

INSERT INTO [ adageOfEncouragement].[dbo].[ adage]([ adage],[author])
    VALUES('好好学习,天天向上!','毛泽东')
INSERT INTO [ adageOfEncouragement].[dbo].[ adage]([ adage],[author])
    VALUES('志不强者智不达.','墨翟')
INSERT INTO [ adageOfEncouragement].[dbo].[ adage]([ adage],[author])
    VALUES('One today is worth two tomorrow.',' ')
GO
```

（5）双击数据库 ReportServer 和 ReportServerTempDB,仍弹出"无法访问数据库"的对话框。这是因为 sqlLogin 登录名只被分配了固定服务器角色 public,没有创建新数据库和访问其他数据库的权限。如图 10-11 和图 10-12 所示。

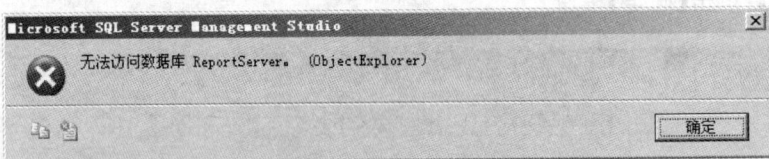

图 10-11　访问数据库 ReportServer 出错提示

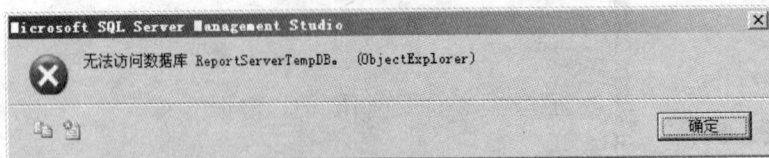

图 10-12　访问数据库 ReportServerTempDB 出错提示

（6）采用"Windows 身份验证"登录到 SQL Server 2008。在【对象资源管理器】窗格中,依次展开【安全】、【登录名】,右击 sqlLogin 项,再单击【属性】选项。在【服务器角色】页上,为 sqlLogin 登录名指定服务器角色 sysadmin。然后单击【确定】按钮。

（7）以 sqlLogin 重新登录到 SQL Server 2008,在【对象资源管理器】中双击数据库 ReportServer 和 ReportServerTempDB,就可访问了。因为已经赋予了 sqlLogin 可以在数据库服务器上执行任何活动(操作)的权限。

5. 创建 SQL Server 身份验证的数据库新登录名 adageLogin

注意在下面的操作中理解登录名和用户名的区别和关系。

（1）用 sa 账户登录到 SQL Server 2008。

（2）完全按照 10.2.3 节中"1. 创建使用 SQL Server 身份验证的 SQL Server 登录名"的步骤(2)-(8),创建 SQL Server 身份验证的登录名 adageLogin,密码也为 sa123。如图 10-13 所示。

如图 10-14 所示,选择【用户映射】页,【映射到此登录名的用户】的作用是选择此登录名可以访问的数据库。先不要单击【确定】按钮。

如图 10-15 所示,在【选项卡】的常规、服务器角色、用户映射、安全对象、状态选项卡中,分别选择【脚本】→【将操作脚本保存到"新建查询"窗口】,最后单击【确定】按钮,回到【查询】窗口查看新生成的代码如下。

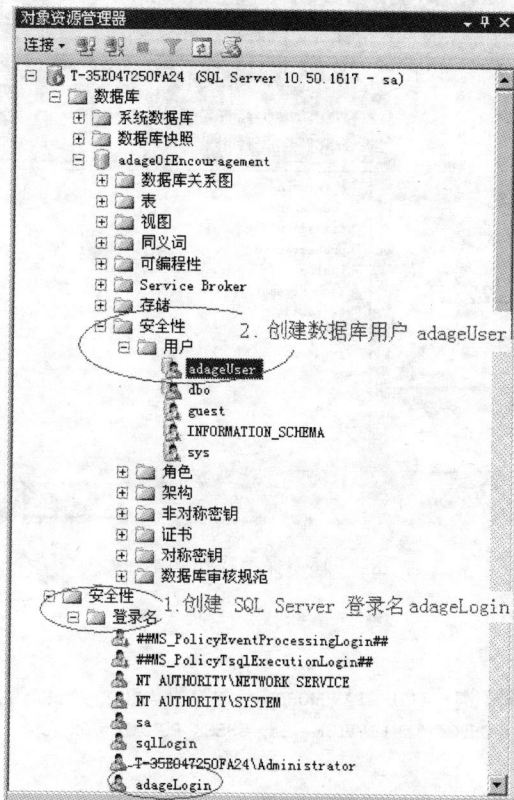

图 10-13　创建登录名和用户名

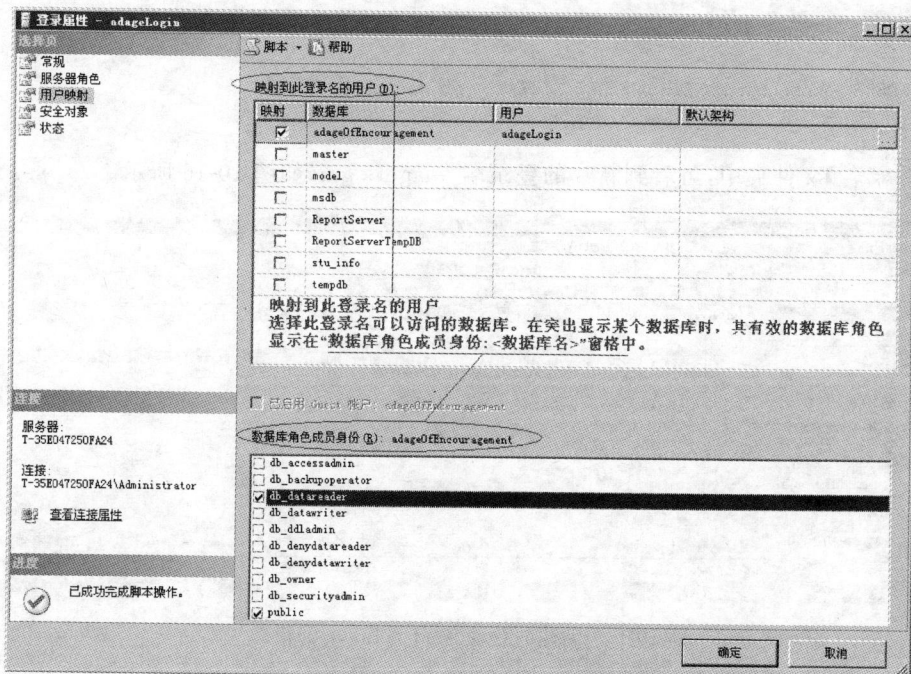

图 10-14　登录名和用户名的映射

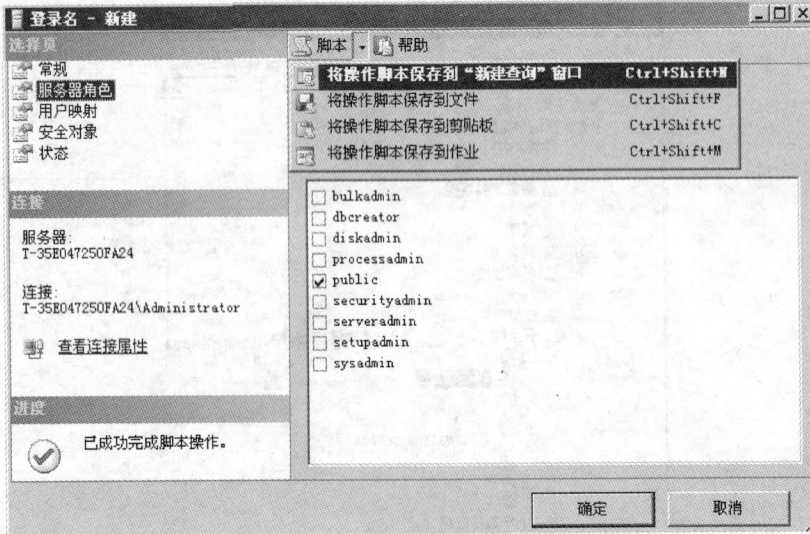

图 10-15　保存操作脚本

```
USE [master]
GO
CREATE LOGIN [adageLogin] WITH PASSWORD = N'' MUST _ CHANGE, DEFAULT _ DATABASE =
[adageOfEncouragement], CHECK_EXPIRATION = ON, CHECK_POLICY = ON
GO
USE [adageOfEncouragement]
GO
CREATE USER [adageLogin] FOR LOGIN [adageLogin]
GO
USE [adageOfEncouragement]
GO
ALTER USER [adageLogin] WITH DEFAULT_SCHEMA = [db_datareader]
GO
```

在【登录名】文件夹中,可看到新建的登录名 adageLogin,如图 10-16 所示。

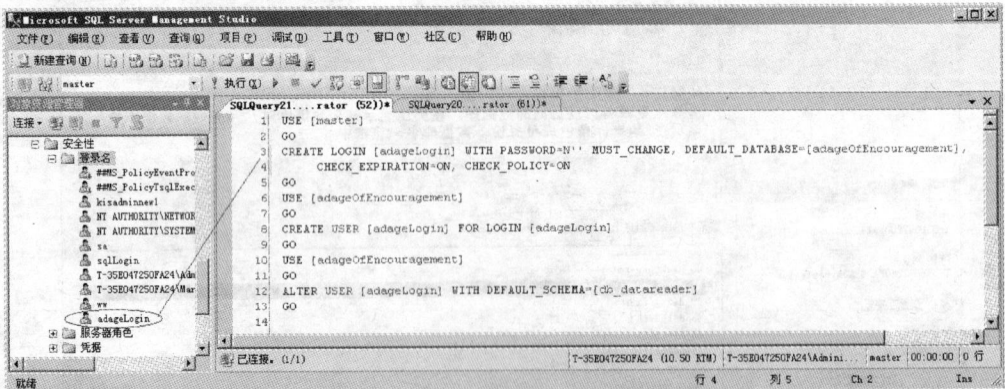

图 10-16　新建的登录名 adageLogin 的代码

(3) 在 SQL Server Management Studio 中,打开【对象资源管理器】,然后展开【数据库】文件夹。

(4) 展开要在其中创建新数据库用户的数据库 adageOfEncouragement。

（5）右键单击【安全性】文件夹，指向【新建】，在弹出的快捷菜单中选择【用户】菜单项。

（6）在【常规】页的【用户名】框中输入新用户的名称 adageUser。

（7）在【登录名】框中，输入要映射到数据库用户的 SQL Server 登录名的名称 adageLogin。如图 10-17 所示。

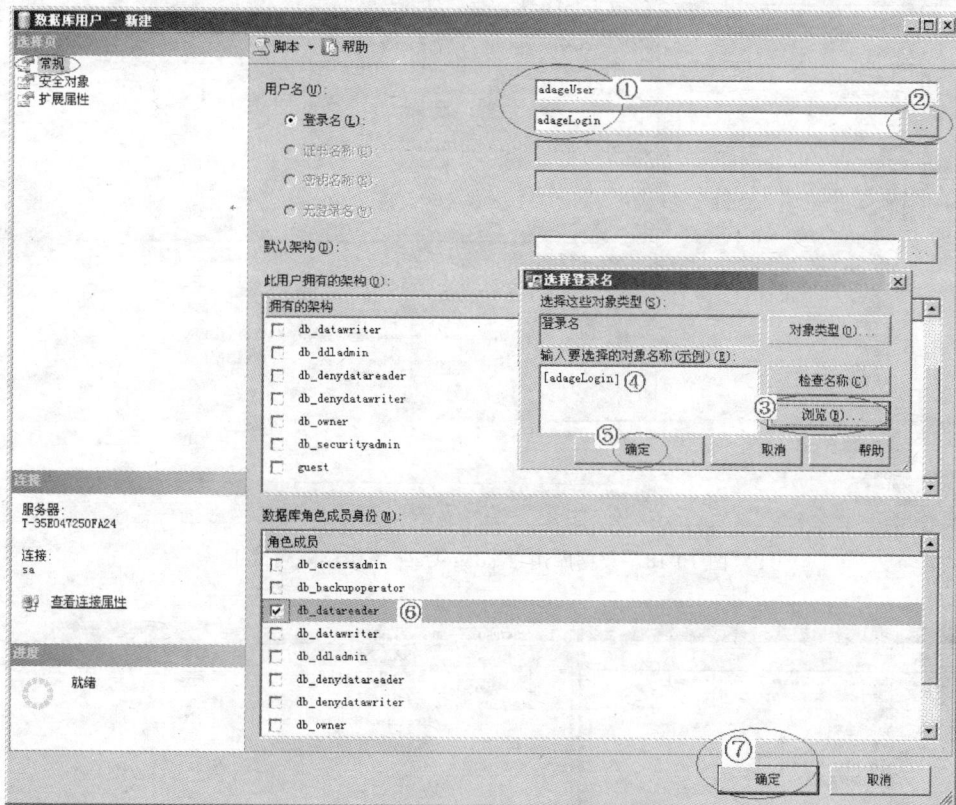

图 10-17 "数据库用户-新建"对话框

（8）从所有可用的数据库角色列表中为用户 adageUser 选择数据库角色成员身份 db_datareader，如图 10-17 所示。

（9）单击【确定】按钮。

（10）用 adageLogin 登录到 SQL Server 2008。

（11）在【查询分析器】窗口中执行如下代码，观察执行结果。

```
SELECT [id],[adage],[author] FROM [adageOfEncouragement].[dbo].[adage]
GO

INSERT INTO [adageOfEncouragement].[dbo].[adage]([adage],[author])
    VALUES ('上善若水,水利万物而不争','')
GO

UPDATE [adageOfEncouragement].[dbo].[adage]
  SET [author] = '墨子' WHERE [author] = '墨翟'
GO

delete from  [adageOfEncouragement].[dbo].[adage]
```

因为只对数据库用户 adageUser 赋予了 db_datareader 角色,只能对数据库从所有用户表中读取所有数据,即只有 select 权限,没有 insert、update 和 delete 权限,所以会看到图 10-18 和图 10-19 所示的结果,select 语句成功执行,而 insert、update 和 delete 语句失败。

图 10-18　数据库用户 adageUser 操作权限测试 1

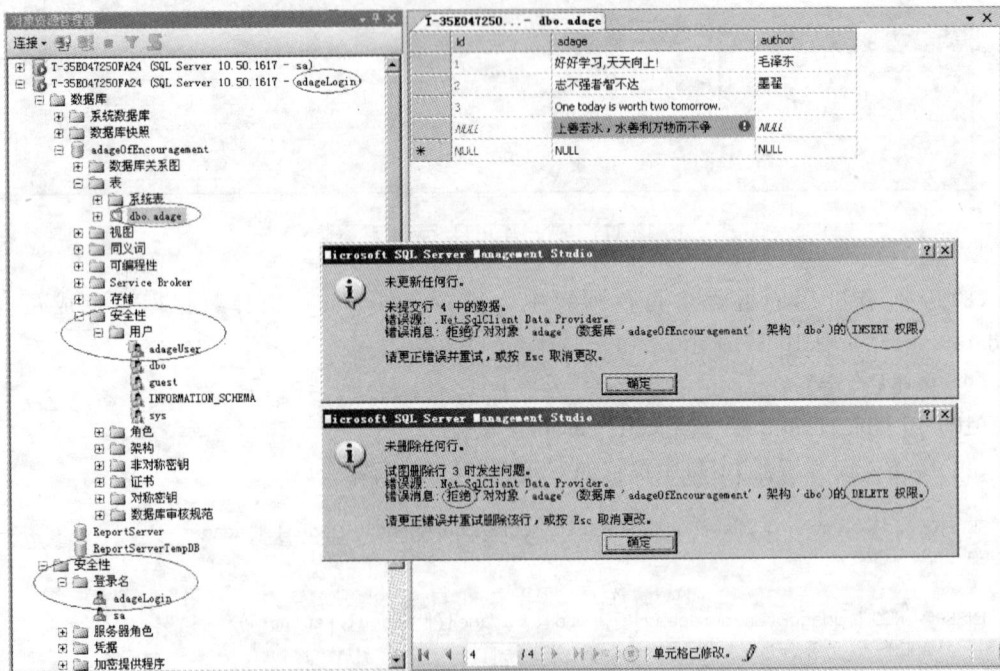

图 10-19　数据库用户 adageUser 操作权限测试 2

(12) 若要获取对数据库的访问权限,必须将一个登录标识为数据库用户。数据库用户通常与登录具有相同的名称,但也可以使用不同的名称来创建数据库用户(为登录)。将对登录执行身份验证;因此,需要在"登录属性"(常规页)中配置域标识(用于 Windows 登录)或密码

（用于 SQL Server 登录）等属性。从对象资源管理器的服务器"安全性"文件夹而非数据库"安全性"文件夹可以访问此页。

登录名是一个可由安全系统进行身份验证的安全主体或实体。用户需要使用登录名连接到 SQL Server。可使用基于 Windows 主体（如域用户或 Windows 域组）创建的登录名，也可使用一个基于非 Windows 主体创建的登录名（如 SQL Server 登录名）。

数据库用户是连接到数据库时的登录名的标识。数据库用户可以使用与登录名相同的名称，但这不是必需的。

用户是数据库级别安全主体。用户的作用域是数据库。可以作为安全主体的用户授予权限。一个登录名可以作为不同用户映射到不同的数据库，但在每个数据库中只能作为一个用户进行映射。

登录名若要连接 SQL Server 实例上的特定数据库，登录名必须映射到数据库用户后才能连接到数据库。数据库内的权限是向数据库用户而不是登录名授予和拒绝授予的。

如果在数据库中启用了 guest 用户，未映射到数据库用户的登录名可作为 guest 用户进入该数据库。

安全说明：guest 用户通常处于禁用状态。除非有必要，否则不要启用 guest 用户。

在每个数据库中，sa 是映射到特殊"用户"账户 dbo（数据库所有者）的登录账户。

数据库用户名是不能登录数据库的，如图 10-20 所示。这里，可以加强理解登录名和数据库用户名的区别和关系。

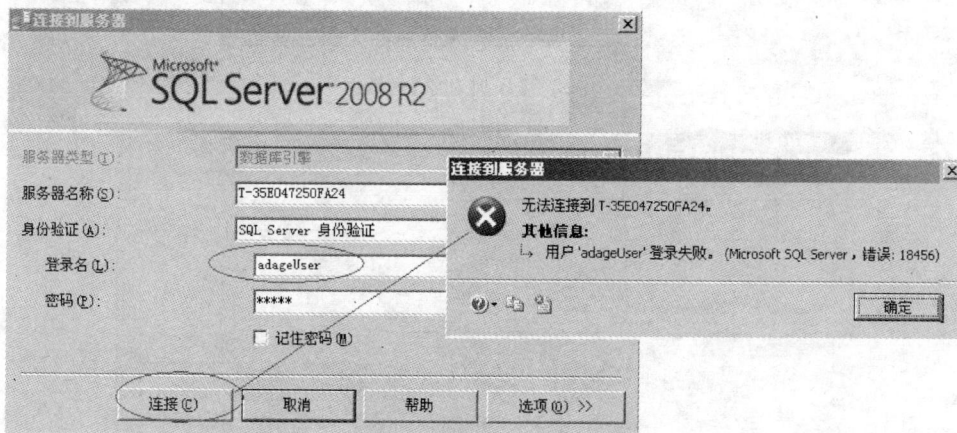

图 10-20 数据库用户 adageUser 登录测试

（13）数据库用户的作用域是数据库

数据库用户的作用域是数据库。"数据库用户"只在本数据库内有效。下面的测试表明了数据库用户只能对自己的数据库操作，不能操作非自己的数据库。

① 在【数据库用户-adageUser】对话框的【安全对象】选项页，单击【搜索】按钮，如图 10-21 所示。

② 如图 10-22 所示，在【添加对象】对话框中，选择【特定对象】单选项，单击【确定】按钮。

③ 如图 10-23 所示，在接下来的【选择对象】对话框中，单击【对象类型】按钮。

④ 如图 10-24 所示，在【选择对象类型】对话框中，选择【对象类型】为【数据库】，单击【确定】按钮。

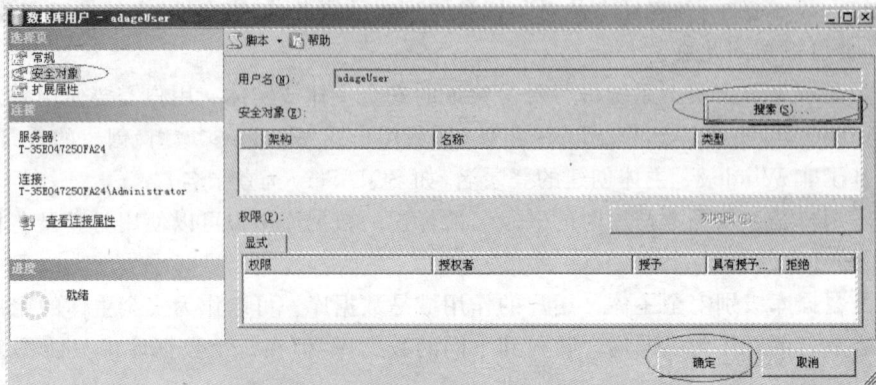

图 10-21　【数据库用户-adageUser】对话框

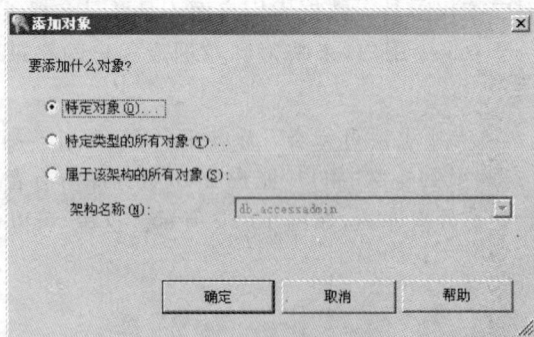

图 10-22　【添加对象】对话框

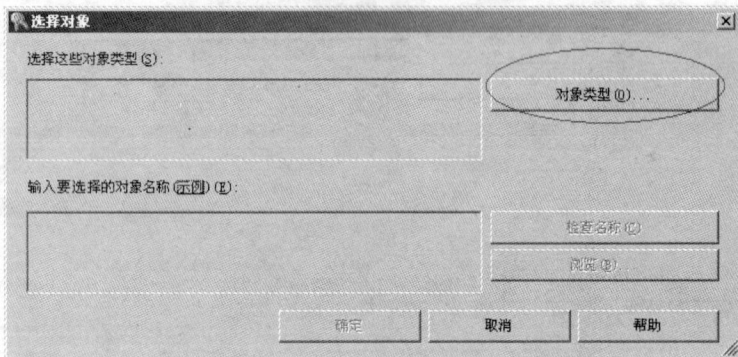

图 10-23　【选择对象】对话框 1

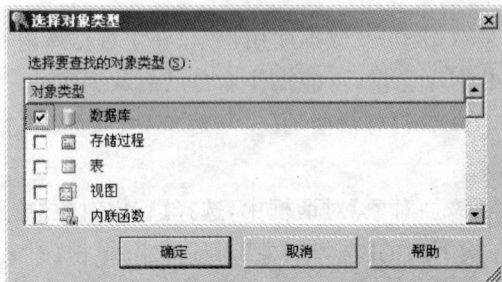

图 10-24　【选择对象类型】对话框

⑤ 在接下来的【选择对象】对话框中(如图 10-25 所示),单击【浏览】按钮。

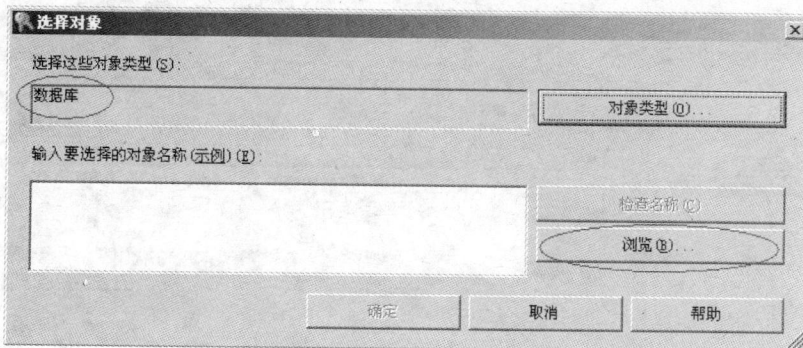

图 10-25 【选择对象】对话框 2

⑥ 在接下来的【查找对象】对话框中,如图 10-26 所示选择两个数据库。

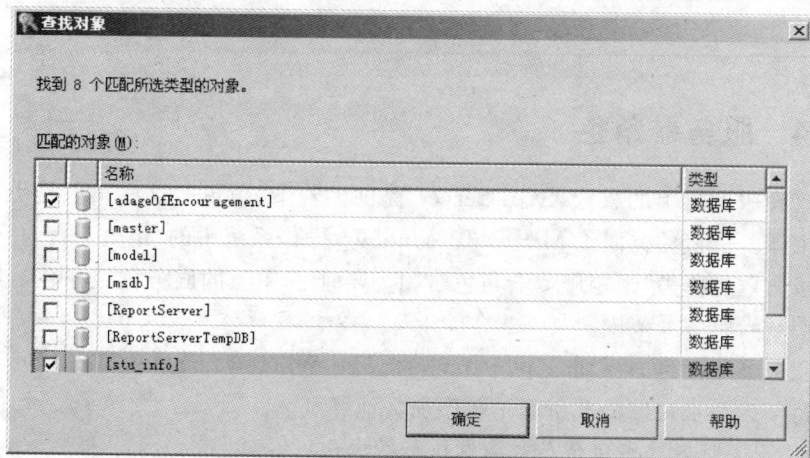

图 10-26 【查找对象】对话框

⑦ 在【选择对象】对话框中,单击【确定】按钮,如图 10-27 所示。

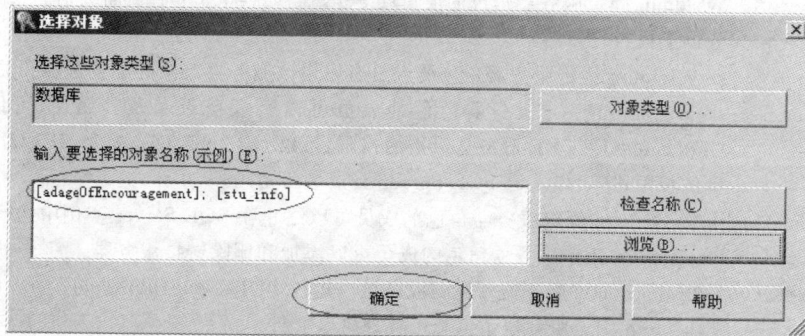

图 10-27 【选择对象】对话框 3

⑧ 在数据库用户对话框中,如图 10-28 所示,单击 stu_info 数据库,可看到出错提示:"服务器主题 adageLogin 无法在当前安全上下文访问数据库 stu_info"。这说明数据库用户只能

访问自己所有的数据库。

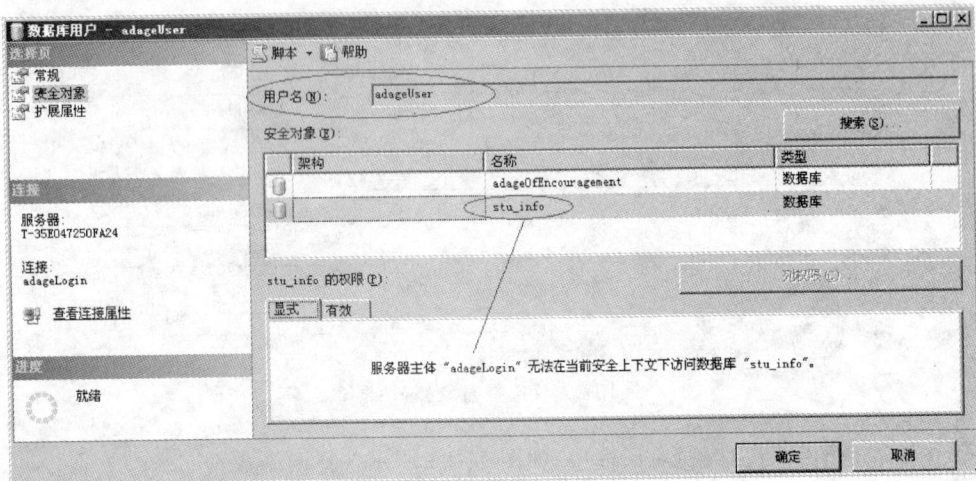

图 10-28 【数据库用户-adageUser】对话框

10.2.4 服务器角色

为便于管理服务器上的权限,SQL Server 提供了若干"角色",这些角色是用于分组其他主体的安全主体。"角色"类似于 Microsoft Windows 操作系统中的"组"。

服务器级角色也称为"固定服务器角色",因为不能创建新的服务器级角色。服务器级角色的权限作用域为服务器范围。

可以向服务器级角色中添加 SQL Server 登录名、Windows 账户和 Windows 组。固定服务器角色的每个成员都可以向其所属角色添加其他登录名。

表 10-4 显示了服务器级角色及其能够执行的操作。

表 10-4 服务器级角色能够执行的操作

服务器级角色名称	说　　明
sysadmin	sysadmin 固定服务器角色的成员在 SQL Server 2008 上有最高级别的权限,可以在服务器上执行任何活动。
serveradmin	serveradmin 固定服务器角色的成员可以更改服务器范围的配置选项和关闭服务器。
securityadmin	securityadmin 固定服务器角色的成员可以管理登录名及其属性,可以 GRANT、DENY 和 REVOKE 服务器级别的权限,可以 GRANT、DENY 和 REVOKE 数据库级别的权限,还可以重置 SQL Server 登录名的密码。
processadmin	processadmin 固定服务器角色的成员可以终止在 SQL Server 实例中运行的进程。
setupadmin	setupadmin 固定服务器角色的成员可以添加和删除链接服务器。
bulkadmin	bulkadmin 固定服务器角色的成员可以运行 BULK INSERT 语句。
diskadmin	diskadmin 固定服务器角色用于管理磁盘文件。
dbcreator	dbcreator 固定服务器角色的成员可以创建、更改、删除和还原任何数据库。
public	每个 SQL Server 登录名都属于 public 服务器角色。如果未向某个服务器主体授予或拒绝对某个安全对象的特定权限,该用户将继承予该对象的 public 角色的权限。只有在希望所有用户都能使用对象时,才在对象上分配 public 权限。

表 10-5 说明了用于服务器级角色的 Transact-SQL 命令、视图和函数。

表 10-5　用于服务器级角色的命令、视图和函数

功　能	类型	说　明
sp_helpdbfixedrole	元数据	返回固定数据库角色的列表。
sp_dbfixedrolepermission	元数据	显示固定数据库角色的权限。
sp_helprole	元数据	返回当前数据库中有关角色的信息。
sp_helprolemember	元数据	返回有关当前数据库中某个角色的成员的信息。
sys. database_role_members	元数据	为每个数据库角色的每个成员返回一行。
IS_MEMBER	元数据	指示当前用户是否为指定 Microsoft Windows 组或 Microsoft SQL Server 数据库角色的成员。
CREATE ROLE	命令	在当前数据库中创建新的数据库角色。
ALTER ROLE	命令	更改数据库角色的名称。
DROP ROLE	命令	从数据库中删除角色。
sp_addrole	命令	在当前数据库中创建新的数据库角色。
sp_droprole	命令	从当前数据库中删除数据库角色。
sp_addrolemember	命令	为当前数据库中的数据库角色添加数据库用户、数据库角色、Windows 登录名或 Windows 组。
sp_droprolemember	命令	从当前数据库的 SQL Server 角色中删除安全账户。

　　服务器角色应用于服务器级别,并且需要预定义它们。这意味着,这些权限影响整个服务器,并且不能更改权限集。使用系统存储过程 sp_helpsrvrole 可以查看预定义服务器角色的内容,如图 10-29 所示。

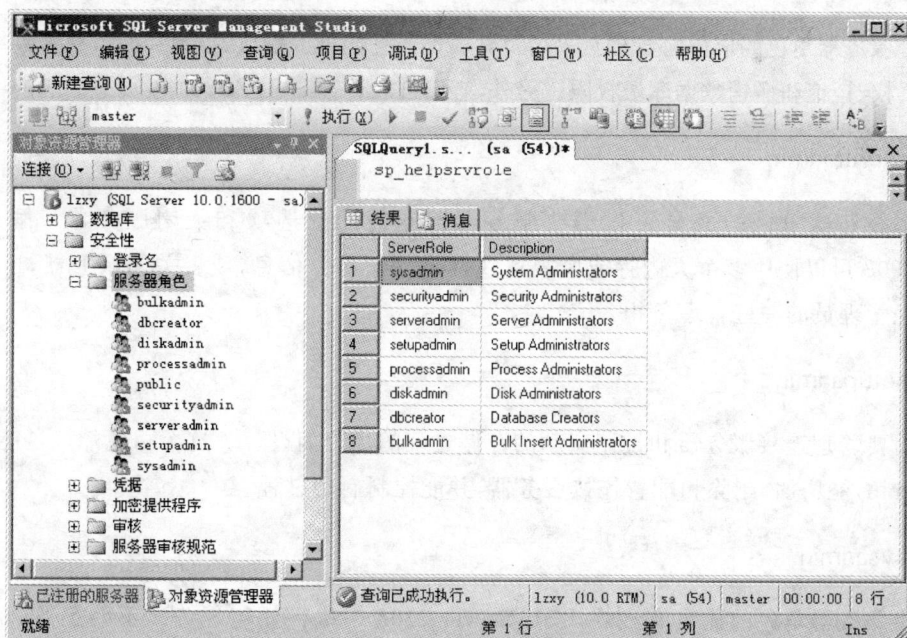

图 10-29　预定义服务器角色

　　提示:可以通过 SQL Server Management Studio 来浏览服务器角色。方法是从【对象资源管理器】窗格中展开【安全性】→【服务器角色】节点。

下面按照从最低级别的角色(bulkadmin)到最高级别角色(sysadmin)的顺序,对图 10-29 中所示的角色进行描述。

1. bulkadmin

这个服务器角色的成员可以运行 BULK INSERT 语句。这条语句允许从文本文件中将数据导入到 SQL Server 2008 数据库中,为需要执行大容量插入到数据库的域账户而设计。

2. dbcreator

这个服务器角色的成员可以创建、更改、删除和还原任何数据库。这不仅是适合助理 DBA 的角色,也可能是适合开发人员的角色。

3. diskadmin

这个服务器角色用于管理磁盘文件,比如镜像数据库和添加备份设备。它适合助理 DBA。

4. processadmin

SQL Server 2008 能够多任务化,也就是说可以通过执行多个进程做多个事件。例如, SQL Server 2008 可以生成一个进程用于向高速缓存写数据,同时生成另一个进程用于从高速缓存中读取数据。这个角色的成员可以结束(在 SQL Server 2008 中称为删除)进程。

5. securityadmin

这个服务器角色的成员将管理登录名及其属性。它们可以授权、拒绝和撤销服务器级权限。也可以授权、拒绝和撤销数据库级权限。另外,它们可以重置 SQL Server 2008 登录名的密码。

6. serveradmin

这个服务器角色的成员可以更改服务器范围的配置选项和关闭服务器。例如 SQL Server 2008 可以使用多个大内存或监视通过网络发送多少信息,或者关闭服务器,这个角色可以减轻管理员的一些管理负担。

7. setupadmin

为需要管理连接服务器和控制启动的存储过程的用户而设计。这个角色的成员能添加到 setupadmin,能增加、删除和配置连接服务器,并能控制启动过程。

8. sysadmin

这个服务器角色的成员有权在 SQL Server 2008 中执行任何任务。不熟悉 SQL Server 2008 的用户可能会意外地造成严重问题,所以给这个角色指派用户时应该特别小心。通常情况下,这个角色仅适合数据库管理员(DBA)。

固定服务器角色可以映射到 SQL Server 包含的更具体的权限。表 10-6 列出了固定服务器角色与权限的映射,即这些预定义角色能够执行的权限。

表 10-6 权限列表

固定服务器角色	服务器级权限
bulkadmin	已授予：ADMINISTER BULK OPERATIONS
dbcreator	已授予：ALTER ANY DATABASE
diskadmin	已授予：ALTER RESOURCES
processadmin	已授予：ALTER ANY CONNECTION、ALTER SERVER STATE
securityadmin	已授予：ALTER ANY LOGIN
serveradmin	已授予：ALTER ANY ENDPOINT、ALTER RESOURCES、ALTER SERVER STATE、ALTER SETTINGS、SHUTDOWN、VIEW SERVER STATE
setupadmin	已授予：ALTER ANY LINKED SERVER
sysadmin	已使用 GRANT 选项授予：CONTROL SERVER

备注：public 角色拥有 VIEW ANY DATABASE 权限。securityadmin 固定服务器角色的成员可以授予服务器级权限和数据库级权限。

10.2.5 创建 Windows 登录账号管理

SQL Server 默认的身份验证类型为 Windows 身份验证，如果使用 Windows 身份验证登录 SQL Server，该登录账户必须存在于 Windows 系统的账户数据库中。创建 Windows 登录时，必须选择将该登录名映射到服务器系统中下列 Windows 用户类型中的一项。

- 单个用户；
- 管理员已创建的 Windows 组；
- Windows 内部组（比如 Administrator）。

在创建 Windows 登陆之前，必须先确认希望这个登录映射到上述 3 项之中的哪一项。通常情况下，应该映射到已创建的 Windows 组。创建 Windows 账户登录的第一步是在操作系统中创建用户账户。具体步骤如下所示。

（1）打开【控制面板】→【管理工具】中的【计算机管理】窗口，展开【系统工具】→【本地用户和组节点】，如图 10-30 所示。

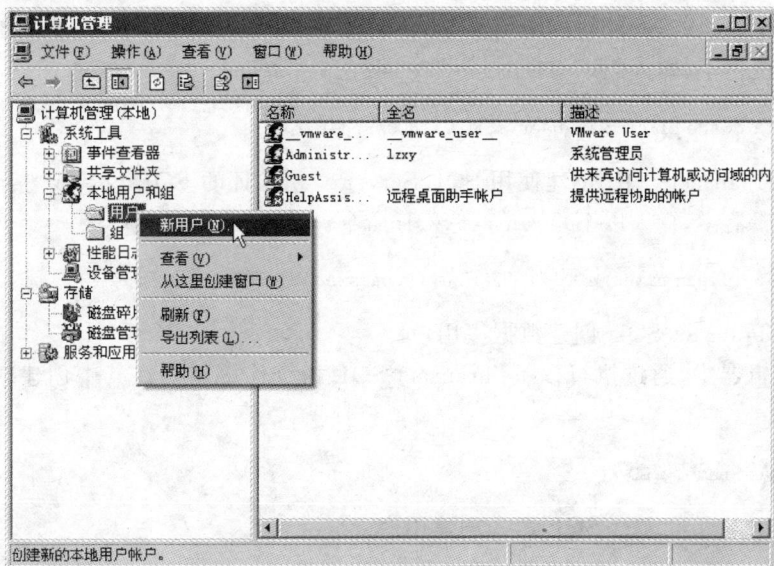

图 10-30 【计算机管理】窗口

（2）右击【用户】节点选择【新用户】命令，在弹出的【新用户】对话框中输入相应信息，设置"用户名"为 Suny，"描述"为 stu_info，设置相应的密码并且启用"密码永不过期"选项，如图 10-31 所示。

（3）设置完成后，单击【创建】按钮完成新用户的创建。

（4）在创建了用户账户与组之后，就可以创建要映射到这些账户的 Windows 登录。打开 SQL Server Management Studio，并展开【服务器】节点，然后展开【安全性】→【登录名】节点。

（5）右击【登录名】节点，从弹出菜单中选择【新建登录名】命令，打开【登录名-新建】窗口。

（6）单击【搜索】按钮，在弹出的【选择用户或组】对话框中依次单击【高级】和【立即查找】按钮。从用户列表对话框中把刚刚创建的 LZXY\Suny 添加进来，如图 10-32 所示。

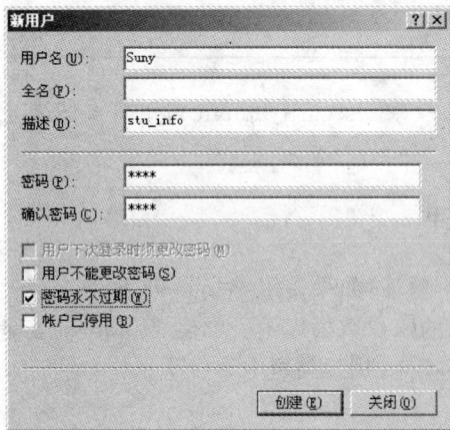

图 10-31 【新用户】对话框   图 10-32 【选择用户或组】对话框

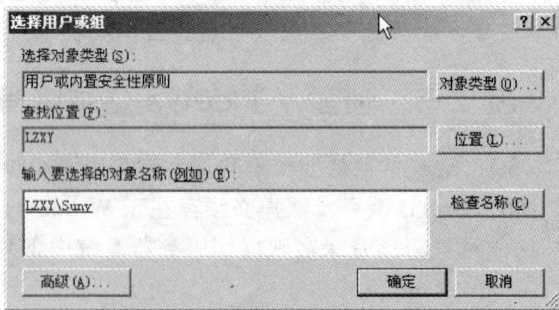

（7）单击【确定】按钮返回。在【登录名-新建】窗口中，选择【Windows 身份验证】单选按钮；并且选择 stu_info 为默认数据库，如图 10-33 所示。

（8）最后，单击【确定】按钮完成创建 Windows 登录名。

小结 1：

使用 Transact-SQL 创建登录名和用户。

（1）通过 Transact-SQL 创建使用 Windows 身份验证的 SQL Server 登录名。

在查询编辑器中，输入以下 Transact-SQL 命令：

```
CREATE LOGIN < name of Windows User > FROM WINDOWS; GO
```

（2）通过 Transact-SQL 创建使用 SQL Server 身份验证的 SQL Server 登录名。

在查询编辑器中，输入以下 Transact-SQL 命令：

```
CREATE LOGIN < login name > WITH PASSWORD = '< password >'; GO
```

（3）使用 Transact-SQL 创建数据库用户。

在查询编辑器中，通过执行以下 Transact-SQL 命令连接至要在其中创建新数据库用户的数据库：

```
USE < database name >; GO
```

通过执行以下 Transact-SQL命令创建用户：

```
CREATE USER < new user name > FOR LOGIN < login name > ; GO
```

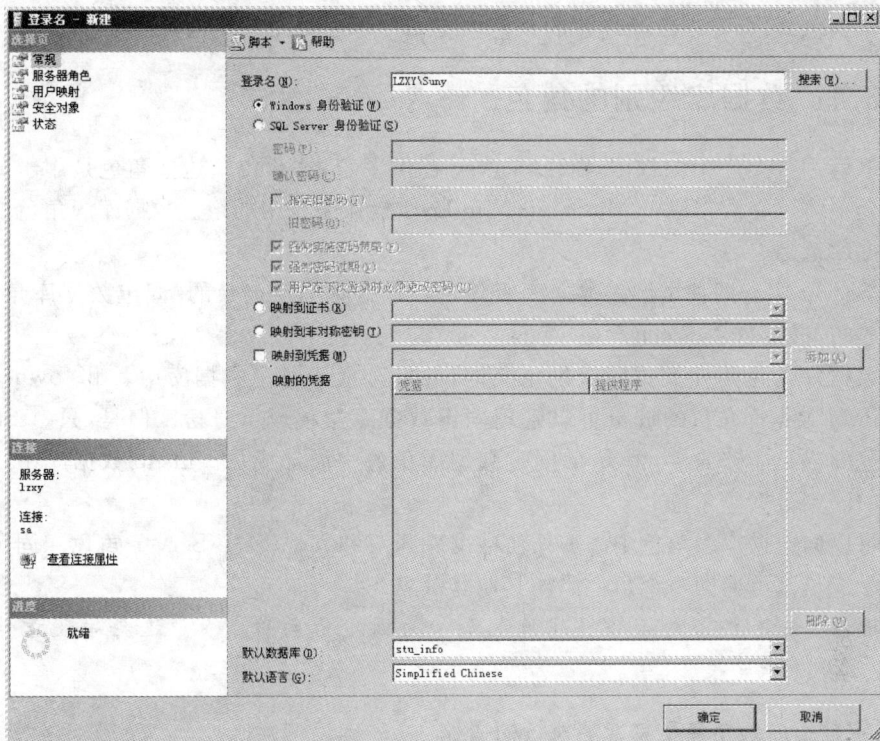

图 10-33 新建 Windows 登录

小结 2：

登录名是服务器方的一个实体。使用一个登录名只能进入服务器，但是不能让用户访问服务器中的数据库资源。每个登录名的定义存放在 master 数据库的视图-系统视图的 sys. syslogins 表中。

用户名是一个或多个登录对象在数据库中的映射。可以对用户对象进行授权，以便为登录对象提供对数据库的访问权限。用户定义信息存放在每个数据库的 sys. sysusers 表中。

SQL Server 把登录名与用户名的关系称为映射。用登录名登录 SQL Server 后，在访问各个数据库时，SQL Server 会自动查询此数据库中是否存在与此登录名关联的用户名，若存在就使用此用户的权限访问此数据库，若不存在就使用 guest 用户访问此数据库。

一个登录名可以被授权访问多个数据库，但一个登录名在每个数据库中只能映射一次。一个登录名能映射到多个数据库的用户，但同一个数据库的用户只能有一个登录名的映射。好比 SQL Server 就像一栋大楼，里面的每个房间都是一个数据库，登录名只是进入大楼的钥匙，而用户名则是进入房间的钥匙。一个登录名可以有多个房间的钥匙，但一个登录名在一个房间只能拥有此房间的一把钥匙。

连接或登录 SQL Server 服务器时用的是登录名而非用户名，程序里面的连接字符串中的用户名也是指登录名。

10.3 数据库用户管理

在 SQL Server 2008 中使用角色来集中管理数据库或服务器的权限。有两种类型的角色可用，在数据库级提供了数据库级角色。用户可以修改固定的数据库级角色，也可以自己创建新的数据库角色,再分配权限给新建的角色。

10.3.1　数据库级别的角色

为便于管理数据库中的权限,SQL Server 提供了若干"角色",这些角色是用于分组其他主体的安全主体。它们类似于 Microsoft Windows 操作系统中的组。数据库级角色的权限作用域为数据库范围。

SQL Server 中有两种类型的数据库级角色:数据库中预定义的"固定数据库角色"和用户可以创建的"灵活数据库角色"。

固定数据库角色是在数据库级别定义的,并且存在于每个数据库中。db_owner 和 db_securityadmin 数据库角色的成员可以管理固定数据库角色成员身份。但是,只有 db_owner 数据库角色的成员能够向 db_owner 固定数据库角色中添加成员。msdb 数据库中还有一些特殊用途的固定数据库角色。

用户可以向数据库级角色中添加任何数据库账户和其他 SQL Server 角色。固定数据库角色的每个成员都可向同一个角色添加其他登录名。

重要提示:请不要将灵活数据库角色添加为固定角色的成员。这会导致意外的权限升级。

1. 固定数据库级角色及其能够执行的操作

表 10-7 显示了固定数据库级角色及其能够执行的操作。所有数据库中都有这些角色。

表 10-7　固定数据库级角色及其能够执行的操作

数据库级角色名称	说　　明
db_owner	db_owner 固定数据库角色的成员可以执行数据库的所有配置和维护活动,还可以删除数据库
db_securityadmin	db_securityadmin 固定数据库角色的成员可以修改角色成员身份和管理权限。向此角色中添加主体可能会导致意外的权限升级
db_accessadmin	db_accessadmin 固定数据库角色的成员可以为 Windows 登录名、Windows 组和 SQL Server 登录名添加或删除数据库访问权限
db_backupoperator	db_backupoperator 固定数据库角色的成员可以备份数据库
db_ddladmin	db_ddladmin 固定数据库角色的成员可以在数据库中运行任何数据定义语言(DDL)命令
db_datawriter	db_datawriter 固定数据库角色的成员可以在所有用户表中添加、删除或更改数据
db_datareader	db_datareader 固定数据库角色的成员可以从所有用户表中读取所有数据
db_denydatawriter	db_denydatawriter 固定数据库角色的成员不能添加、修改或删除数据库内用户表中的任何数据
db_denydatareader	db_denydatareader 固定数据库角色的成员不能读取数据库内用户表中的任何数据
public	在 SQL Server 2008 中每个数据库用户都属于 public 数据库角色。当尚未对某个用户授予或拒绝安全对象的特定权限时,该用户将继承授予该安全对象的 public 角色的权限。这个数据库角色不能被删除

技巧:与服务器角色类似,也可以使用 SQL Server Management Studio 和系统存储过程 sp_helpdbfixederole 来浏览所有的固定数据库角色的相关内容。

固定数据库角色映射到 SQL Server 中包含的更详细的权限,如表 10-8 所示。

表 10-8   固定数据库角色到权限的映射

固定数据库角色	数据库级权限	服务器级权限
db_accessadmin	已授予:ALTER ANY USER、CREATE SCHEMA	已授予: VIEW ANY DATABASE
db_accessadmin	已使用 GRANT 选项授予:CONNECT	
db_backupoperator	已授予:BACKUP DATABASE、BACKUP LOG、CHECKPOINT	已授予: VIEW ANY DATABASE
db_datareader	已授予:SELECT	已授予: VIEW ANY DATABASE
db_datawriter	已授予:DELETE、INSERT、UPDATE	已授予: VIEW ANY DATABASE
db_ddladmin	已授予:ALTER ANY ASSEMBLY、ALTER ANY ASYMMETRIC KEY、 ALTER ANY CERTIFICATE、ALTER ANY CONTRACT、 ALTER ANY DATABASE DDL TRIGGER、 ALTER ANY DATABASE EVENT、 NOTIFICATION、ALTER ANY DATASPACE、 ALTER ANY FULLTEXT CATALOG、ALTER ANY MESSAGE TYPE、ALTER ANY REMOTE SERVICE BINDING、ALTER ANY ROUTE、 ALTER ANY SCHEMA、ALTER ANY SERVICE、ALTER ANY SYMMETRIC KEY、 CHECKPOINT、CREATE AGGREGATE、 CREATE DEFAULT、CREATE FUNCTION、 CREATE PROCEDURE、CREATE QUEUE、 CREATE RULE、CREATE SYNONYM、CREATE TABLE、CREATE TYPE、CREATE VIEW、 CREATE XML SCHEMA COLLECTION、REFERENCES	已授予: VIEW ANY DATABASE
db_denydatareader	已拒绝:SELECT	已授予: VIEW ANY DATABASE
db_denydatawriter	已拒绝:DELETE、INSERT、UPDATE	
db_owner	已使用 GRANT 选项授予:CONTROL	已授予: VIEW ANY DATABASE
db_securityadmin	已授予:ALTER ANY APPLICATION ROLE、ALTER ANY ROLE、CREATE SCHEMA、VIEW DEFINITION	已授予: VIEW ANY DATABASE
dbm_monitor	已授予:VIEW 数据库镜像监视器中的最新状态 重要提示:在数据库镜像监视器中注册了第一个数据库时,将在 msdb 数据库中创建 dbm_monitor 固定数据库角色。在系统管理员为新的 dbm_monitor 角色分配用户之前,该角色没有任何成员	已授予: VIEW ANY DATABASE

2. msdb 角色

msdb 数据库中包含表 10-9 所示的特殊用途的角色。

表 10-9　msdb 角色名称

msdb 角色名称	说　　明
db_ssisadmin db_ssisoperator db_ssisltduser	这些数据库角色的成员可以管理和使用 SSIS。从早期版本升级的 SQL Server 实例可能包含使用 Data Transformation Services（DTS）（而不是 SSIS）命名的旧版本角色。有关详细信息，请参阅使用 Integration Services 角色
dc_admin dc_operator dc_proxy	这些数据库角色的成员可以管理和使用数据收集器。有关详细信息，请参阅数据收集器的安全性
PolicyAdministratorRole	db_ PolicyAdministratorRole 数据库角色的成员可以对基于策略的管理策略和条件执行所有配置和维护活动。有关详细信息，请参阅使用基于策略的管理来管理服务器
ServerGroupAdministratorRole ServerGroupReaderRole	这些数据库角色的成员可以管理和使用注册的服务器组。有关详细信息，请参阅创建服务器组

重要提示：db_ssisadmin 角色和 dc_admin 角色的成员也许可以将其权限提升到 sysadmin。之所以会发生此权限提升，是因为这些角色可以修改 Integration Services 包，而 SQL Server 可以使用 SQL Server 代理的 sysadmin 安全上下文来执行 Integration Services 包。若要防止在运行维护计划、数据收集组和其他 Integration Services 包时出现此权限提升，请将运行包的 SQL Server 代理作业配置为使用拥有有限权限的代理账户，或只将 sysadmin 成员添加到 db_ssisadmin 和 dc_admin 角色。

10.3.2　用户管理

数据库用户是数据库级的主体，是登录名在数据库中的映射，是在数据库中执行操作和活动的行动者。在 SQL Server 2008 系统中，数据库用户不能直接拥有表、视图等数据库对象，而是通过架构拥有这些对象。要管理数据库用户，首先，要了解有哪些数据库用户。

1. 数据库用户

使用数据库用户账户可限制用户访问数据库的范围，默认的数据库用户有：dbo 用户、guest 用户和 sys 用户等。

1) dbo 用户

数据库所有者或 dbo 是一特殊类型的数据库用户，并且被授予特殊的权限。一般来说，创建数据库的用户是数据库的所有者。dbo 被隐式授予对数据库的所有权限，并且能将这些权限授予其他用户。因为 sysadmin 服务器角色的成员被自动映射为特殊用户 dbo，以 sysadmin 角色登录能执行 dbo 执行的任何任务。

在 SQL Server 数据库中创建的对象也有所有者，这些所有者是指数据库对象所有者。通过 sysadmin 服务器角色成员创建的对象自动属于 dbo 用户。通过非 sysadmin 服务器角色成员创建的对象属于创建对象的用户，当其他用户引用它们的时候必须以用户的名称来限定。

例如,SUA 是 sysadmin 服务器角色的成员,并创建了一个名为 Product 的表,Product 表属于 dbo,因此用 dbo. Product 来限定,或者简化为 Product。然而,如果 SUA 不是 sysadmin 服务器角色的一个成员,并创建一个名为 Product 的表,则 Product 属于 SUA,因此用 SUA. Product 来限定。

提示:严格地说,dbo 是一特殊用户账户,并不是特殊目的的登录。但是,它仍然可以视为登录,因为用户不能以 dbo 登录到服务器或数据库,但可以用它创建数据库或一组对象。

2)guest 用户

guest 用户是一个使用户能加到数据库并允许具有有效 SQL Server 登录的任何人访问数据库的特殊用户。以 guest 账户访问数据库的用户账户被认为是 guest 用户的身份并且继承 guest 账户的所有权限和许可。例如,如果配置为域账户 ZHHT 访问 SQL Server,那么 ZHHT 能使用 guest 登录访问任何数据库,并且当 ZHHT 登录后,该用户授予 guest 账户所有的权限。

在默认情况下,guest 用户存在于 model 数据库中,并且被授予 guest 的权限。由于 model 是创建所有数据库的模板,这意味着所有新的数据库将包括 guest 账户,并且该账户将授予 guest 权限。

提示:除 master 和 tempdb 数据库外的所有数据库都能添加/删除 guest。因为,有许多用户以 guest 访问 master 和 tempdb 数据库,而且 guest 账户在 master 和 tempdb 数据库中有被限制的许可和权限。

在使用 guest 账户之前,应该注意以下几点关于 guest 账户的信息:

- guest 用户是公共服务器角色的一个成员,并且继承这个角色的权限;
- 在任何人以 guest 访问数据库以前,guest 必须存在于数据库中;
- guest 用户仅用于用户账户具有访问 SQL Server 的权限,但是不能通过这个用户账户访问数据库。

3)sys 和 INFORMATION_SCHEMA 用户

所有系统对象包含于 sys 或 INFORMATION_SCHEMA 的架构中。这是创建在每一个数据库中的两个特殊架构,但是它们仅在 master 数据库中可见。相关的 sys 和 INFORMATION_SCHEMA 架构的视图提供存储在数据库里所有数据对象的元数据的内部系统视图。

2. 创建数据库用户

创建数据库用户可分为两个过程,首先,创建数据库用户使用 SQL Server 2008 登录名,如果使用内置的登录名则可省略这一步。然后,再为数据库创建用户,指定到创建的登录名。

下面通过使用 SQL Server Management Studio 来创建数据库用户账户,然后给用户授予访问数据库【stu_info】的权限。具体步骤如下所示。

(1)打开 SQL Server Management Studio,展开【服务器】→【数据库】→stu_info 节点。

(2)再展开【安全性】→【用户】节点并右击,从弹出菜单中选择【新建用户】命令,打开【数据库用户-新建】窗口。

(3)在【用户名】文本框中输入"Suny_dbu"来指定要创建的数据库用户名称。

(4)单击【登录名】文本框旁边的【选项】按钮,打开【选择登录名】窗口,然后单击【浏览】按钮,打开【查找对象】窗口。

（5）选中 Suny 旁边的复选框，单击【确定】按钮，返回【选择登录名】窗口，然后单击【确定】按钮，返回【数据库用户-新建】窗口。

（6）用同样的方式，选择【默认架构】为 dbo 结果，如图 10-34 所示。

（7）单击【确定】按钮，完成 Suny 登录名指定数据库中用户 Suny_dbu 创建。

（8）为了验证是否创建成功，可以刷新【用户】节点，此时在【用户】节点列表中就可以看到刚才创建的 Suny_dbu 用户账户。

技巧：展开【安全性】→【用户】节点后，右击一个用户名可以进行很多日常操作，例如删除用户、查看该用户的属性及新建一个用户等。

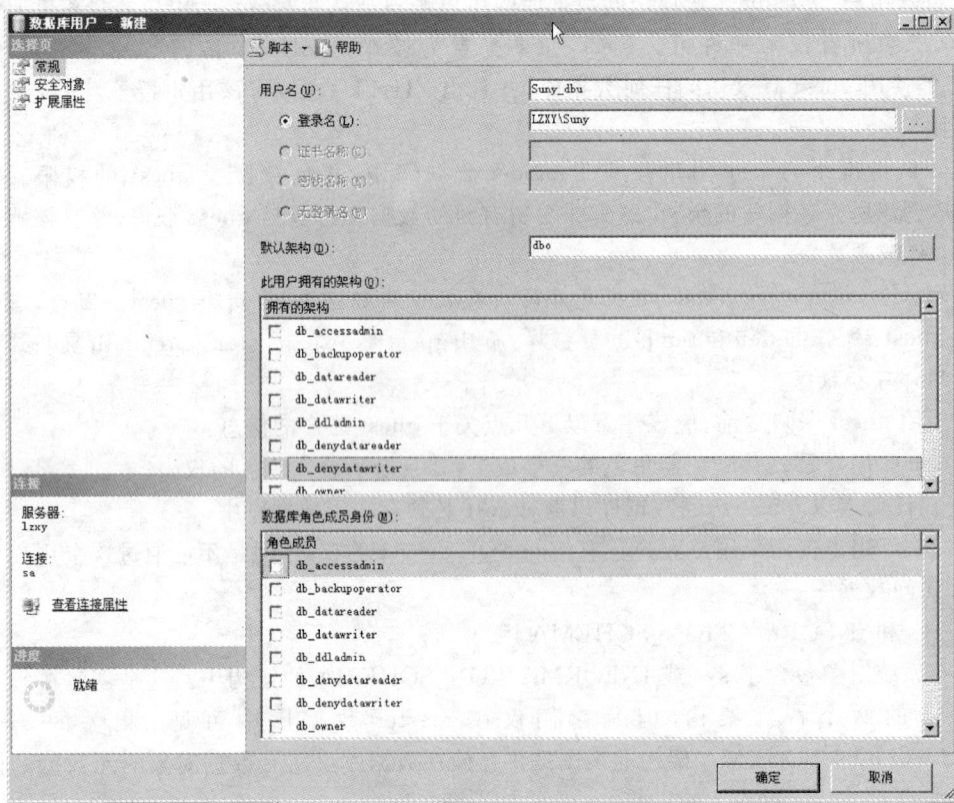

图 10-34 【数据库用户-新建】窗口

添加数据库用户也可以用系统存储过程 sp_grantdbaccess 来实现，语法是：

```
Sp_grantdbaccess [@loginname = ]'login'
[,[@name_in_db = ]'name_in_db']
```

其中语法中的参数介绍如下：

- @loginname：映射到新数据库用户的 Windows 组、Windows 登录名或 SQL Server 登录名的名称。

- @name_in_db：新数据库用户的名称。@name_in_db 是 OUTPUT 变量，其数据类型为 sysname，默认值为 NULL。如果不指定，则使用 login。如果指定值为 NULL 的 OUTPUT 的变量，则@name_in_db 将设置为 login。@name_in_db 不能存在于当前数据库中。

例如,在下面的例子中首先使用 SP_ADDLOGIN 系统存储过程创建了一个到 stu_info 数据库的登录名 Suny_pro,然后使用 sp_grantdbaccess 系统存储过程将该登录名作为数据库用户进行添加。

```
EXEC SP_ADDLOGIN 'Suny_pro', 'atsuny', 'stu_info'
GO
USE stu_info
GO
EXEC SP_GRANTDBACCESS Suny_pro
```

10.4 权限管理

权限是执行操作、访问数据的通行证。只有拥有了针对某种安全对象的指定权限,才能对该对象执行相应的操作。在 SQL Server 2008 中,不同的对象有不同的权限,为了更好地理解权限管理的内容,下面从权限类型、常用的权限和权限的操作等几个方面分别做介绍。

10.4.1 权限类型

权限确定了用户能在 SQL Server 2008 或数据库中执行的操作,并根据登录 ID、组成员关系和角色成员关系对用户授予相应权限。在用户执行更改数据库定义或访问数据库的任何操作之前,他们必须有适当的权限。在 SQL Server 2008 中可以使用的权限分为 3 种类型,即对象权限、语句权限和隐式权限。

1. 对象权限

在 SQL Server 2008 中,所有对象权限都是可授予的。可以为特定的对象、特定类型的所有对象和所有属于特定架构的对象管理权限。用户可以管理权限的对象依赖于作用范围。在服务器级别上,可以为服务器、站点、登录和服务器角色授予对象权限,也可以为当前服务器实例管理权限。

在数据库级别上,可以为应用程序角色、程序集、非对称密钥、凭据、数据库角色、数据库、全文目录、函数、架构、存储过程、对称密钥、同义词、表、用户定义的数据类型、用户、视图和 XML 架构集管理对象的权限。

通过授予、拒绝或撤销执行特殊语句或存储过程的操作来控制对这些对象的访问。例如,可以授予用户在表中选择(SELECT)信息的权限,但是拒绝在表中插入(INSERT)、更新(UPDATE)或删除(DELETE)信息的权限。

2. 语句权限

语句权限是用于控制创建数据库或数据库中对象所涉及的权限。例如,如果用户需要在数据库中创建表,则应该向该用户授予(CREATE TABLE)语句权限。某些语句权限(如 CREATE DATABASE)适用于语句自身,而不适用于数据库中定义的特定对象。只有 sysadmin、db_owner 和 db_securityadmin 角色的成员才能够授予用户语句权限。

在表 10-10 中列出了 SQL Server 2008 中可以授予、拒绝或撤销的语句权限。

表 10-10　语句权限

语 句 权 限	描　　述
CREATE DATABASE	确定登录是否能创建数据库,要求用户必须在 master 数据库中或必须是 sysadmin 服务器角色的成员
CREATE DEFAULT	确定用户是否具有创建表的列默认值的权限
CREATE FUNCTION	确定用户是否具有在数据库中创建用户自定义函数的权限
CREATE PROCEDURE	确定用户是否具有创建存储过程的权限
CREATE RULE	确定用户是否具有创建表的列规则的权限
CREATE TABLE	确定用户是否具有创建表的权限
CREATE VIEW	确定用户是否具有创建视图的权限
BACKUP DATABASE	确定用户是否具有备份数据库的权限
BACKUP LOG	确定用户是否具有备份事务日志的权限

3. 隐式权限

仅预定义系统角色的成员或数据库和数据库对象所有者有隐式的权限。角色的隐式权限不能被更改,而且可以让角色成员的其他账户给予相关的隐式权限。例如,sysadmin 服务器角色的成员能在 SQL Server 2008 中执行任何的活动。它们能扩展数据库、终止进程等。任何添加到 sysadmin 角色的账户都能执行这些任务。

数据库和数据库对象所有者也有隐式的权限。这些权限允许它们执行的是数据库,或者是数据库拥有对象,或者两者的活动。例如,拥有表的用户可以查看、增加、更改和删除数据库,该用户可具有修改表的定义和控制表的权限。

10.4.2　设置权限

使用界面方式授予语句权限的方法如下:

1. 授予数据库上的权限

以给数据库用户 Suny_dbu(假设该用户已经使用 SQL Server 登录名 Suny_dbu 创建)授予 stu_info 数据库的 CREATE TABLE 语句的权限(即创建表的权限)为例,在 SQL Server Management Studio 中授予用户权限的步骤如下:

① 以系统管理员身份登录到 SQL Server 服务器,在对象资源管理器中单击【数据库】按钮找到 stu_info 项,右击鼠标,选择【属性】菜单项进入 stu_info 数据库的属性窗口,选择"权限"页。

② 在【用户或角色】栏中选择需要授予权限的用户或角色 Suny_dbu,在窗口下方列出的权限列表中找到相应的权限,如"创建表",在复选框中打钩,单击"确定"按钮即可完成,如图 10-35 所示。

③ 如果需要授予权限的用户在列出的用户列表中不存在,则可以单击【搜索】按钮将该用户添加到列表中再选择。选择用户后在如图 10-35 所示窗口中单击【有效】选项卡可以查看该用户在当前数据库中有哪些权限。

2. 授予数据库对象上的权限

以给数据库用户 Suny_dbu 授予 course 表上的 SELECT、INSERT 的权限为例,步骤如下。

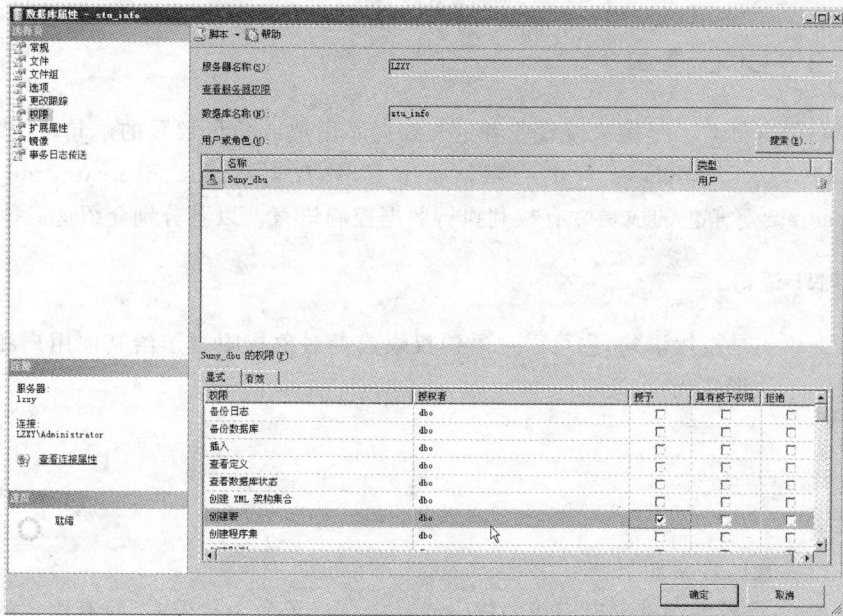

图 10-35 【数据库属性-stu_info】页面

① 以系统管理员身份登录到 SQL Server 服务器,在对象资源管理器中展开【数据库】→stu_info→【表】,右击 course,选择【属性】菜单项进入 course 表的属性窗口,选择【权限】选项卡。

② 单击【搜索】按钮,在弹出的【选择用户或角色】窗口中单击【浏览】按钮,选择需要授权的用户或角色,如 Suny_dbu,选择后单击【确定】按钮返回到 course 表的属性窗口。

③ 在该窗口中选择用户 Suny_dbu,在【权限】列表中选择需要授予的权限,如"插入(INSERT)"、"选择(SELECT)",单击【确定】按钮完成授权,如图 10-36 所示。

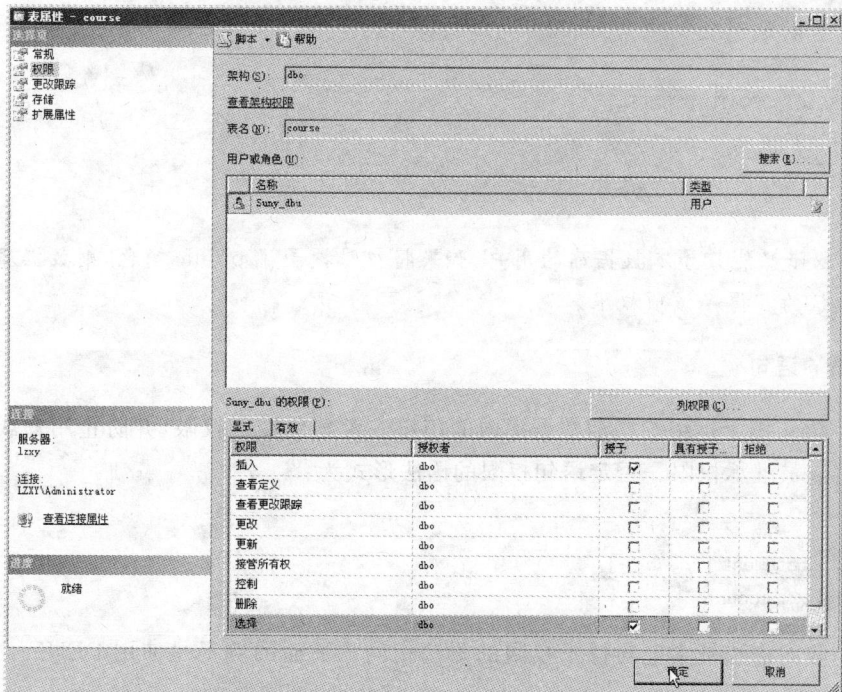

图 10-36 【表属性-course】页面

10.4.3 DCL 语句

数据控制语言(DCL)是用来设置或者更改数据库用户或角色权限的语句,这些语句包括 GRANT、DENY、REVOKE 等语句,在默认状态下,只有 sysadmin、dbcreator、db_owner 或 db_securityadmin 等角色的成员才有权利执行数据控制语言。以下分别介绍这三种语句:

1. GRANT 语句

GRANT 语句是授权语句,它可以把语句权限或者对象权限授予给其他用户和角色。授予语句权限的语法形式为:

```
GRANT
 {ALL | statement[,…n]}
TO security_account [ ,…n ]
```

其中各个参数的含义如下:

* ALL:表示授予所有可以应用的权限。其中在授予命令权限时,只有固定的服务器角色成员 sysadmin 可以使用 ALL 关键字;而在授予对象权限时,固定服务器角色成员 sysadmin、固定数据库角色成员 db_owner 和数据库对象拥有者都可以使用关键字 ALL。
* statement:表示可以授予权限的命令,例如,CREATE DATABASE。
* security_account:定义被授予权限的用户单位。security_account 可以是 SQL Server 2008 的数据库用户,可以是 SQL Server 的角色,也可以是 Windows 的用户或工作组。

例如,在下面的例子中使用 GRANT 语句授予角色 Suny_Role 对 stu_info 数据库"dbo. student"表的 INSERT、UPDATE 和 DELETE 权限:

```
USE stu_info
GO
GRANT SELECT,UPDATE,DELETE
ON dbo. student
TO Suny_Role
GO
```

警告:权限只能授予本数据库的用户,如果将权限授予了 public 角色,则数据库里的所有用户都将默认为获得了该项权限。

2. DENY 语句

DENY 语句用于拒绝给当前数据库内的用户或者角色授予权限,并防止用户或角色通过其组或角色成员继承权限。否定语句权限的语法形式为:

```
DENY
 { ALL | statement [ ,…n ] }
TO security_account [ ,…n ]
```

拒绝访问的语法基本上与授予权限的语法相同。下面的例子是使用 DENY 命令最常用的例子:

```
USE stu_info
GO
GRANT INSERT
ON dbo.student
TO public
GO
DENY INSERT
ON dbo.student
TO guest
```

这个例子是首先将在 stu_info 的 dbo.student 表中执行 INSERT 操作的权限授予了 public 角色,这样,所有的数据库用户都拥有了该项权限;然后,又拒绝了用户 guest 拥有该项权限。

警告:如果使用了 DENY 命令拒绝某用户获得某项权限,即使该用户后来又加入了具有该项权限的某工作组或角色,该用户将仍然无法使用该项权限。

3. REVOKE 语句

REVOKE 语句是与 GRANT 语句相反的语句,它能够将以前在当前数据库内的用户或者角色上授予或拒绝的权限删除,但是该语句并不影响用户或者角色从其他角色中作为成员继承过来的权限。撤销语句权限的语法形式为:

```
REVOKE { ALL | statement [ , … n ] }
FROM security_account [ , … n ]
```

撤销权限的语法要素与授予权限和拒绝权限的语法要素意义完全一致。例如,下面的语句在 stu_info 数据库中使用 REVOKE 语句撤销 Suny_Role 角色对 dbo.student 所拥有的 SELECT、UPDATE 和 DELETE 权限:

```
USE stu_info
GO
REVOKE SELECT,UPDATE,DELETE
ON OBJECT::dbo.student
FROM Suny_Role CASCADE
```

10.4.4 权限层次结构(数据库引擎)

数据库引擎可以通过权限保护实体。这些实体称为"安全对象"。在安全对象中,最突出的是服务器和数据库,但可以在更细的级别上设置离散权限。SQL Server 通过验证主体是否已获得适当的权限来控制主体对安全对象执行的操作。

图 10-37 显示了数据库引擎权限层次结构之间的关系。

架构(schema)是单个用户所拥有的数据库对象的集合,是数据库对象的容器,这些对象形成单个命名空间。命名空间是一组名称不重复的对象。例如,只有当两个表位于不同的架构中时才可以具有相同的名称。数据库对象(如表)由架构所拥有,而架构由数据库用户或角色所拥有。当架构所有者离开单位时,会在删除离开的用户之前将该架构的所有权移交给新的用户或角色。

在 SQL Server 2000 中,用户和架构是隐含关联的,即每个用户拥有与其同名的架构。因

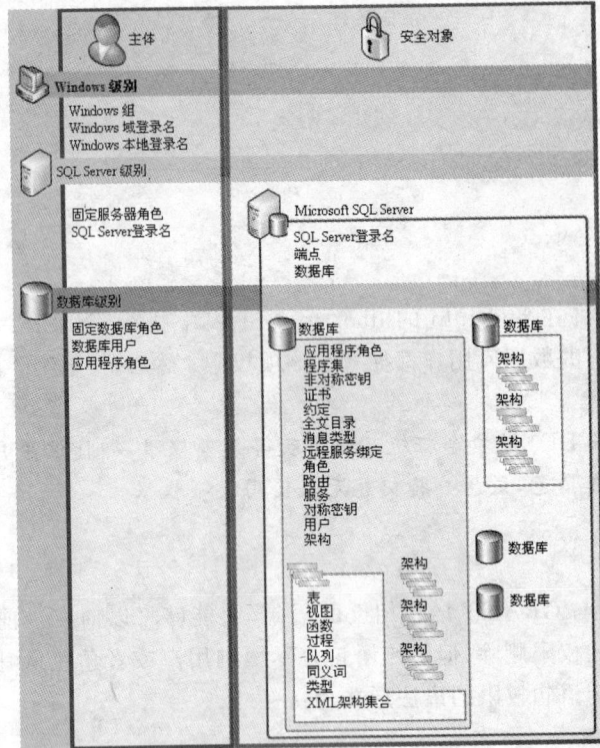

图 10-37　数据库引擎权限层次结构

此要删除一个用户，必须先删除或修改这个用户所拥有的所有数据库对象。在 SQL Server 2005 和 2008 中，架构和创建它的数据库用户不再关联，完全限定名（fully-qualified name）现在包含 4 个部分：server. database. schema. object。

10.5　故障排除——系统管理员被锁定时连接到 SQL Server

作为系统管理员如何可以重新获得对 SQL Server 数据库引擎的访问权限？系统管理员可能会由于下列原因之一失去对 SQL Server 实例的访问权限：

（1）作为 sysadmin 固定服务器角色成员的所有登录名都已经被误删除。

（2）作为 sysadmin 固定服务器角色成员的所有 Windows 组都已经被误删除。

（3）作为 sysadmin 固定服务器角色成员的登录名用于已经离开公司或者无法找到的个人。

（4）sa 账户被禁用或者没有人知道密码。

可以让系统管理员重新获得访问权限的一种方法是重新安装 SQL Server 并将所有数据库附加到新实例。但这种解决方案很耗时，并且若要恢复登录名，可能还需要从备份中还原 master 数据库。如果 master 数据库的备份较旧，则它可能未包含所有信息。如果 master 数据库的备份较新，则它可能与前一个实例具有同样的登录名，因此系统管理员仍将被锁定。

解决方法如下：

使用-m 或-f 选项在单用户模式下启动 SQL Server 的实例。因为在单用户模式下启动

SQL Server，可使计算机本地 Administrators 组的任何成员作为 sysadmin 固定服务器角色的成员连接到 SQL Server 实例。当成功连接到 SQL Server 实例后，就可以重新设定 sa 账户的密码，可以重新建立登录账户、删除已有账户或更改已有账户的密码了。

在某些情况下，可能必须使用启动选项 -m 在单用户模式下启动 SQL Server 实例。例如，您可能要更改服务器配置选项或恢复已破坏的 master 数据库或其他系统数据库。两个操作都需要在单用户模式下启动 SQL Server 的实例。

在单用户模式下启动 SQL Server 实例时，请注意下列事项：

（1）在单用户模式下启动 SQL Server 实例时，请首先停止 SQL Server Agent 服务。否则，SQL Server 代理可能会首先连接，并阻止您作为第二个用户连接。

（2）只有一个用户可以连接到服务器。

（3）不执行 CHECKPOINT 进程。默认情况下，启动时自动执行此进程。

重要提示：不要将此选项作为安全功能使用。客户端应用程序提供客户端应用程序名称，并且可以提供假名称来作为连接字符串的一部分。

1. 使用 SQL Server 配置管理器配置 SQL Server 服务启动选项为单用户模式启动

使用 SQL Server 配置管理器配置 SQL Server 服务启动选项为单用户模式启动具体步骤如下。

（1）如图 10-38 所示，单击【开始】→【程序】→Microsoft SQL Server 2008 R2→【配置工具】→【SQL Server 配置管理器】，打开 SQL Server 配置管理器窗口。

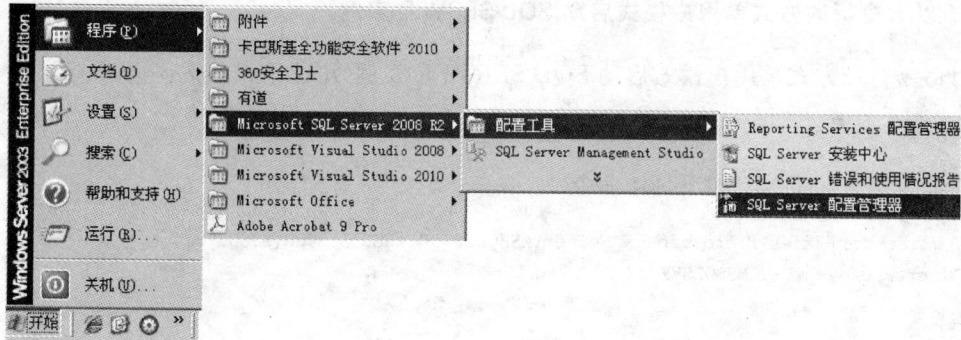

图 10-38　打开【SQL Server 配置管理器】

（2）如图 10-39 所示，在 SQL Server 配置管理器（SQL Server Configuration Manager）中，单击【SQL Server 服务】。

（3）在右窗格中，右击 SQL Server（＜实例名＞），即 SQL Server（MSSQLSERVER），再在右键菜单中选择【属性】选项。

（4）在【高级】选项卡的【启动参数】框中，输入以分号";"分隔的参数。

这里，要以单用户模式启动，所以在现有启动选项之前插入"-m;"，然后重新启动数据库即可。（以单用户模式启动 SQL Server 时，请首先停止 SQL Server 代理。否则，SQL Server 代理可能会首先连接，并阻止您作为第二个用户连接。）

重要提示：结束单用户模式的使用之后，若要以正常的多用户模式重新启动服务器实例，必须先从【启动参数】框中删除"-m;"。

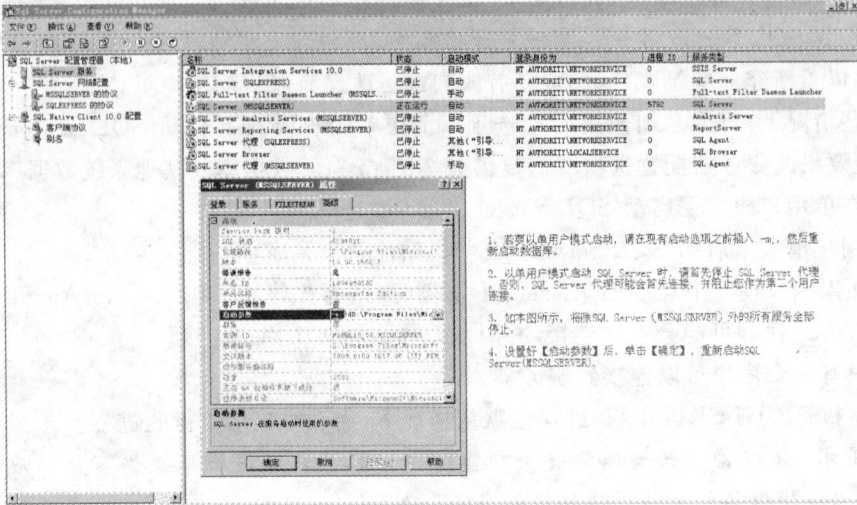

图 10-39　设置属性

(5) 单击【确定】按钮。

(6) 重新启动数据库引擎。

(7) 以计算机管理员身份登录到 SQL Server 2008 ssme 中,重新设置 sa 等账户的密码。最后,要把单模式启动参数去掉,恢复原启动参数。

2. 以命令行的方式单用户模式启动 SQL SERVER 实例

以命令行的方式单用户模式启动 SQL SERVER 实例,语法格式如下:

sqlservr.exe－m－s<instancename>

在命令行方式下执行如下具体命令:

```
CD D:\Program Files\Microsoft SQL Server\MSSQL10_50.MSSQLSERVER\MSSQL\Binn\
sqlservr.exe－m－s MSSQLSERVER
```

10.6　透明数据加密

SQL Server 2008 推出了一个新的级别的加密——透明数据加密。TDE 是全数据库级别的加密,它不局限于字段和记录,而是保护数据文件和日志文件的。在一个数据库上的 TDE 执行对于连接到所选数据库的应用程序来说是非常简单而透明的,它不需要对现有应用程序做任何改变,这个保护是应用于数据文件和日志文件以及备份文件的。

10.6.1　透明数据加密概述

对于数据库的安全性,最常被遗漏的部分,就是数据库的实体档案或是备份文件,在没有加密的情况下,只要取得数据库实体档案或是备份文件,将数据库附加或还原,就可以取得数据库中的重要机密数据。

SQL Server 提供了透明数据加密(transparent data encryption,TDE)的方法,运用此方

法,您无须修改应用程序,也可以加密保护整个数据库,透明数据加密会在进行数据文件和记录文件的 I/O 时执行实时的加密和解密,它所保护的加密单位是用户的数据库。在数据库层级它会使用数据库加密密钥(DEK)对数据文件和交易记录文件进行写入加密和读出解密的动作,而密钥会被储存于数据库启动记录中,以便在复原期间可供使用。所谓的 DEK(database encryption key)是数据库加密密钥。通过这样的方式 TDE 就可以保护数据文件和记录文件。它可让软件开发人员选择使用 AES 和 3DES 加密算法加密数据,而不需要变更现有的应用程序。

TDE 提供了对数据和日志文件的实时加密。数据在它写到磁盘之前进行加密,当它从磁盘读出来时进行解密。TDE 的"透明"是指加密是由数据库引擎来执行的,而 SQL Server 客户端对此完全不知道。要进行加密和解密不必编写任何代码。只要执行两个步骤将数据库为 TDE 准备好,然后加密就通过一个 ALTER DATBASE 命令在数据库级别开启了。

当启用 TDE 时,建议用户应该立即备份凭证以及与此凭证有关的私钥。用户必须同时拥有此凭证和私钥的备份才可以在另一部服务器上还原或附加数据库,否则将无法开启数据库。即使数据库上不再启用 TDE,还是应该保留加密凭证或非对称密钥。即使数据库并未加密,数据库加密密钥还是可能会保留在数据库内,而且可能必须针对某些作业来存取。

虽然在进行数据透明加密的时候,会增加 CPU 的 loading,对实际使用的效能冲击不大,也不会增加数据库的使用空间,当然执行数据库备份时无须另外处理透明数据加密使用一个数据加密密钥(DEK)来加密数据库,它存储在数据库启动记录中。DEK 由一个存储在主数据库中的证书来保护。DEK 也可以由一个放置在硬件安全模块(HSM)中的非对称密钥以及外部密钥管理(EKM)的支持来保护。证书的私钥由对称密钥的数据库主密钥来加密,它通常由一个强密码来保护。注意,尽管这个证书可以由一个密码来保护,但是 TDE 要求这个证书由数据库主密钥来保护。数据库主密钥由服务主密钥来保护,而服务主密钥由数据保护 API 来保护。透明数据加密的架构图如图 10-40 所示。

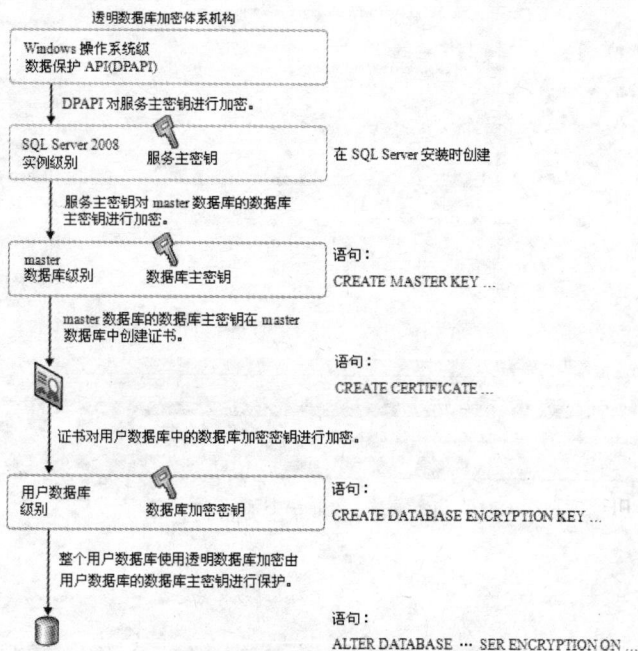

图 10-40 透明数据库加密体系结构

10.6.2 透明数据加密实例

要在 SQL Server 实现透明数据加密,需要的步骤如下所示:

(1) 建立主要密钥。

(2) 建立或取得受到主要密钥保护的凭证,也称作证书。

(3) 建立数据库加密密钥,并使用证书保护它。

(4) 设定数据库使用加密。

1. 建立主要密钥

要使用透明数据加密的第一步,就是要先建立主要密钥,这里的主要密钥是指 DMK (database master key),当建立 DMK 的时候,会利用三重 DES 算法和用户提供的密码来加密主要密钥,主要密钥是用来保护凭证私钥和数据库中非对称密钥的对称密钥。执行下列范例,用来产生主要密钥:

```
USE master;
GO
CREATE MASTER KEY ENCRYPTION BY PASSWORD = '<UseStrongPasswordHere>';
GO
```

在上列范例中,用户可以将<UseStrongPasswordHere>替换为您所要设定的密码,如下列执行结果,就是将密码设定为 123456,如图 10-41 所示。

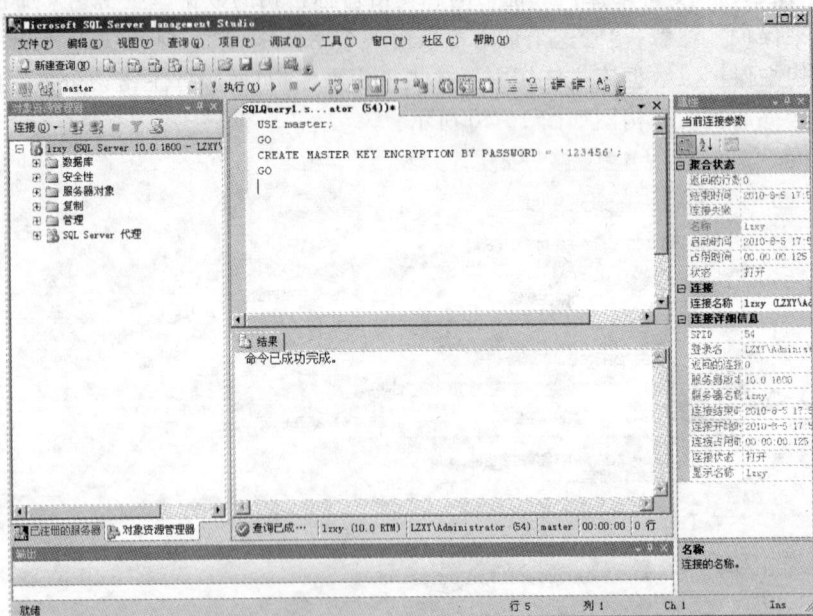

图 10-41 建立主要密钥

2. 建立主要证书

建立了主要密钥之后,然后要建立受到主要密钥保护的证书,执行下列范例,用来产生证书:

```
USE master;
```

```
GO
CREATE CERTIFICATE MyServerCert WITH SUBJECT = 'My DEK Certificate';
GO
```

如同前一个范例,用户可以将'My DEK Certificate'替换为所要设定的主题名称,或是将证书名称 MyServerCert 置换,下列就是程序代码执行结果,如图 10-42 所示。

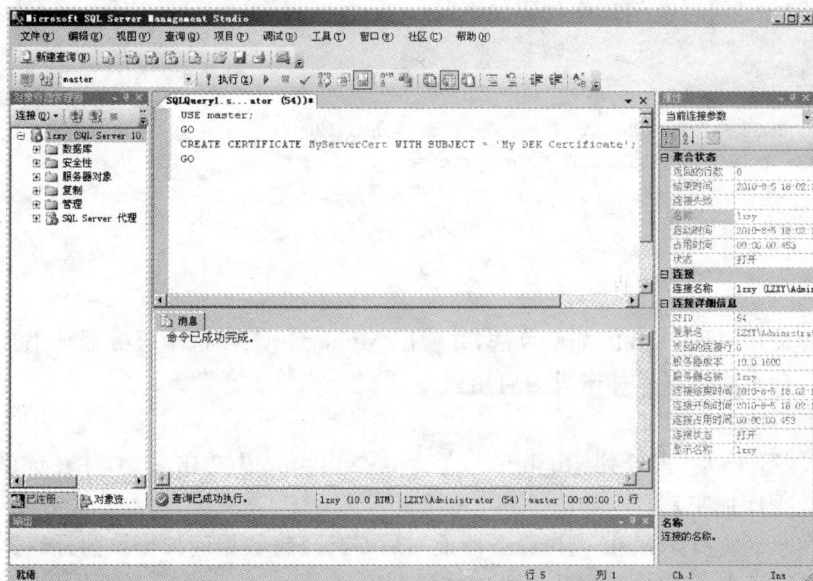

图 10-42 建立主要证书

执行完成后,用户可以在【对象资源管理器】中,展开 master 数据库→【安全性】→【证书】,就可以看到刚创建的证书,如图 10-43 所示。

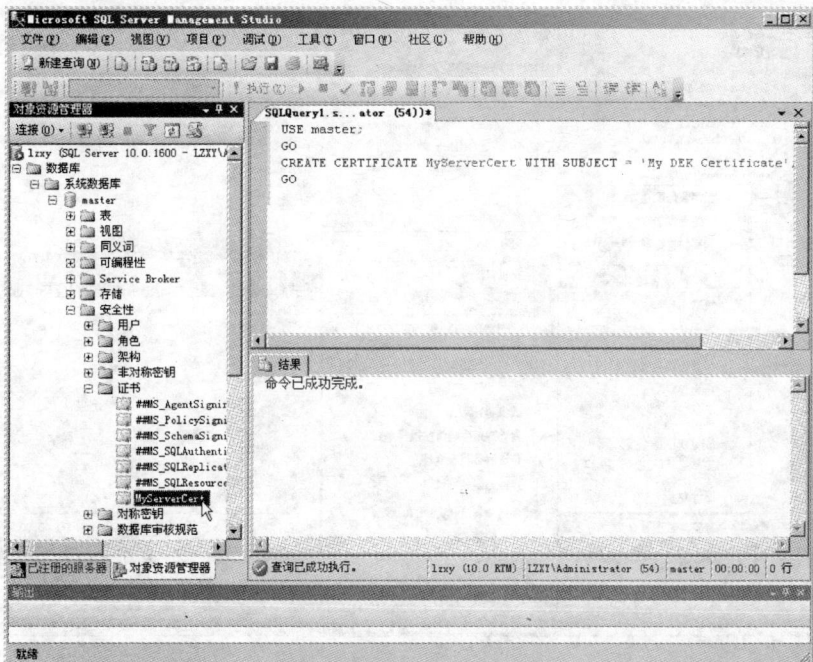

图 10-43 已创建的证书

3. 建立数据库加密密钥并设定数据库使用加密

接下来就可以建立数据库加密密钥并设定数据库使用加密,由于步骤在 SSMS 中可以在同一个画面完成,虽然程序代码分为两个部分,但本例集中在一步说明。此范例中,将对"stu_info"数据库进行透明数据加密,通过与上列范例的相同方式使用程序代码来执行,或是通过 SSMS 的图形画面操作,范例程序代码如下:

```
USE stu_info;
GO
CREATE DATABASE ENCRYPTION KEY WITH ALGORITHM = AES_128
ENCRYPTION BY SERVER CERTIFICATE MyServerCert;
GO
ALTER DATABASE stu_info
SET ENCRYPTION ON
GO
```

此范例中使用 AES 128 的加密算法,并使用 MyServerCert 这个服务器证书加以保护,最后一段程序代码是将数据库加密设为启用。

对应到 SSMS 操作如下。

(1) 进入 SSMS 后,展开到 stu_info 数据库,在 stu_info 上单击右键,并在选单上选择【任务】→【管理数据库加密】选项,如图 10-44 所示。

(2) 然后设定加密算法,并选择服务器证书后,勾选【将数据库加密设为开启】,如图 10-45 所示就是 SSMS 上的设定与程序代码的对应说明。

图 10-44　打开【管理数据库加密】

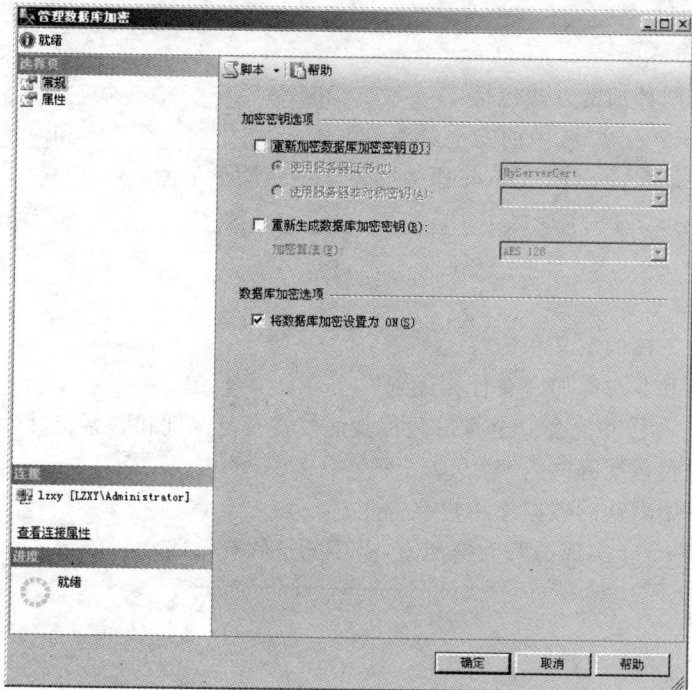

图 10-45　【管理数据库加密】页面

小结

本章详细介绍了 SQL Server 2008 的安全管理和透明加密技术。其中在安全管理中讲到了 SQL Server 的安全概述，登录账号管理，数据库用户管理，权限管理等内容，具体包括身份验证模式、服务器角色、数据库角色、权限设置和 DCL 语句等。在透明加密中讲到了透明数据加密概述和透明数据加密实例等具体的实例操作。希望读者在学习本章内容后对 SQL Server 2008 的安全管理和透明加密技术有深刻的理解，从而更好地保护自己的数据库文件不受外界的干扰。

习题

1. 选择题

（1）下列选项中不属于安全主体级别的是（　　）。

A. SQL Server 级别　B. 数据库级别　　C. Windows 级别　D. 用户级别

（2）在下列选项中 SQL Server 2008 可以使用的权限不包括（　　）。

A. 对象权限　　　　B. 用户权限　　　C. 隐式权限　　D. 语句权限

（3）数据控制语言（DCL）是用来设置或者更改数据库用户或角色权限的语句，下列选项中不属于 DCL 的语句为（　　）。

A. GRANT 语句　　B. DENY 语句　　C. CREAT 语句　D. REVOKE 语句

2. 填空题

(1) 最常用的两种加密方式包括：_____和_____。

(2) 在 SQL Server 2008 中的安全对象范围是_____、_____和_____。

(3) _____是配置 SQL Server 服务器安全中的最小单位。

(4) SQL Server 2008 中提供了_____、_____和_____3 种类型的数据库角色。

3. 简答题

(1) 简述安全主体的定义和内容。

(2) 对称加密和非对称加密有什么区别？

(3) Windows 身份和混合安全身份两种验证模式有何区别和联系？

(4) 服务器角色包括哪些内容？

(5) 在数据库中默认的数据库用户有哪些？

(6) 在 SQL Server 实现透明数据加密，需要的步骤有哪些？

实验

【实验 10-1】 创建使用"SQL Server 身份验证"的 SQL Server 登录名。

【实验目的】

掌握 SQL Server 登录名的创建方法。

【实验内容】

创建使用"SQL Server 身份验证"的 SQL Server 登录名。

【实验步骤】

(1) 打开 SQL Server Management Studio，展开【服务器】节点，展开【安全性】节点。

(2) 右击【登录名】节点，从弹出的菜单中选择【新建登录名】命令，将打开【登录名-新建】窗口，然后在【登录名】文本框中输入"Suny"。

(3) 在下方选择【SQL Server 身份验证】单选按钮，并输入登录名密码及确认密码，这里注意密码区分大小写。

(4) 在【默认数据库】下拉列表中设置使用 Suny 会进入 stu_info。再根据需要设置其他选项，或者保持默认值，如图 10-46 所示。

(5) 单击【用户映射】选项，打开【用户映射】选项页面，选中 stu_info 数据库前的复选框，其他项保持如图 10-47 所示。

(6) 设置完成后，单击【确定】按钮完成新登录名的创建。

(7) 还可以通过使用 SP_ADDLOGIN 系统存储过程创建一个新的 SQL Server 登录名。例如，创建一个 SQL Server 身份验证连接，用户名为 sun，密码为 sun000，默认数据库为 stu_info：

```
EXECUTE SP_ADDLOGIN 'sun','sun000','stu_info'
```

使用 SP_DROPLOGIN 系统存储过程可以删除有 SP_ADDLOGIN 添加的 SQL Server 登录名。如果要删除 SP_ADDLOGIN 添加的 SQL Server 登录名 sun，使用下面的语句：

```
EXECUTE SP_DROPLOGIN 'sun'
```

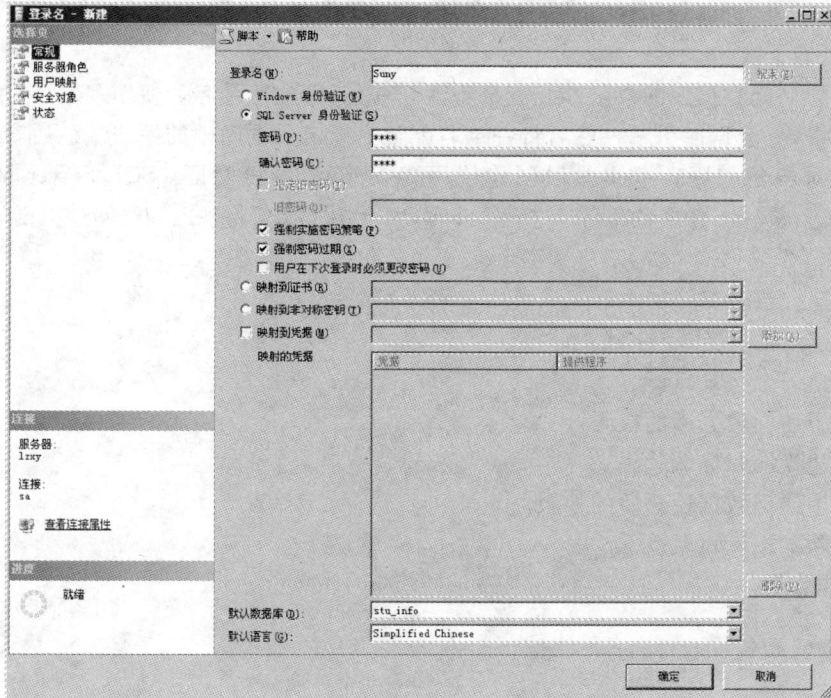

图 10-46 【登录名-新建】窗口

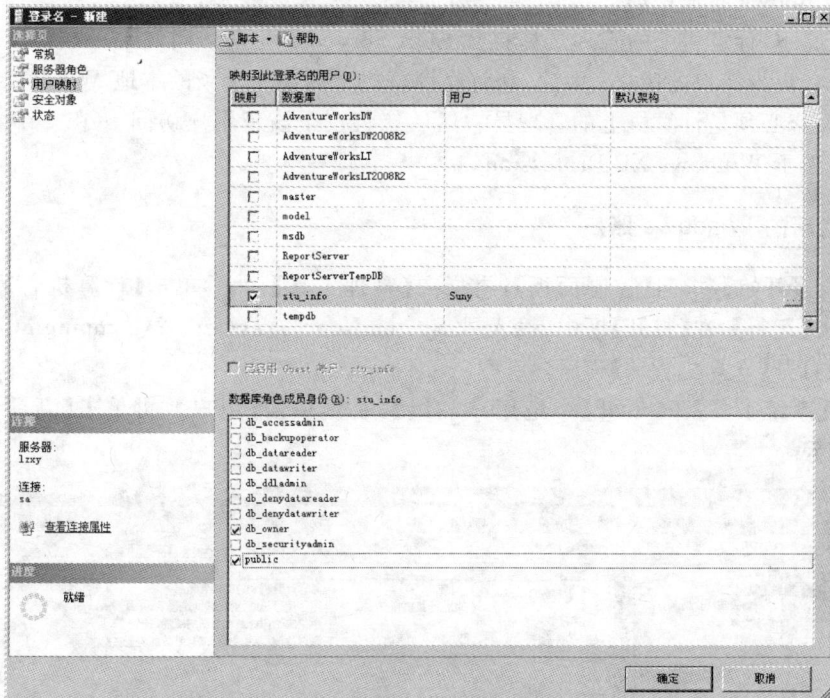

图 10-47 【用户映射】页

注释：展开【登录名】节点后，在列表中右击一个登录名可以进行很多日常操作，如重命名登录名、删除或新建登录名及查看该登录名的属性等。

【实验 10-2】 创建使用 Windows 身份验证的 SQL Server 登录名。

【实验内容】

授予用户访问数据库的权限涉及三个步骤。首先,创建登录名。使用登录名,用户可以连接到 SQL Server 数据库引擎。然后将登录名配置为指定数据库中的用户。最后,授予该用户访问数据库对象的权限。本实验以创建使用 Windows 身份验证(SQL Server Management Studio)的 SQL Server 登录名介绍了这三个步骤,并介绍了如何将视图和存储过程创建为对象。

本实验包含:

(1) 创建登录名。

(2) 创建新的 Windows 账户。

(3) 创建安全登录名。

(4) 授予访问数据库的权限。

(5) 创建视图和存储过程。

(6) 授予访问数据库对象的权限。

(7) 删除数据库对象。

【实验步骤】

1. 创建登录名

若要访问数据库引擎,用户需要有登录名。登录名可以按 Windows 账户或 Windows 组成员表示用户身份,登录名也可以是仅存在于 SQL Server 中的 SQL Server 登录名。应该尽可能使用 Windows 身份验证。

默认情况下,计算机上的管理员具有对 SQL Server 的完全访问权限。在本实验中,我们需要一个具有更少特权的用户;因此,您将在计算机上创建一个新的本地 Windows 身份验证账户。为此,您必须是计算机上的管理员。然后您将授予该新用户访问 SQL Server 的权限。下列说明适用于 Windows XP Professional。

2. 创建新的 Windows 账户

(1) 单击【开始】,指向【控制面板】,再指向【管理工具】,然后单击【计算机管理】。(单击【开始】,单击【运行】,在【打开】框中,输入 %SystemRoot%\system32\compmgmt. msc /s,再单击【确定】打开【计算机管理】程序。)

(2) 在【系统工具】下,展开【本地用户和组】,右键单击【用户】,再单击【新建用户】。如图 10-48 所示。

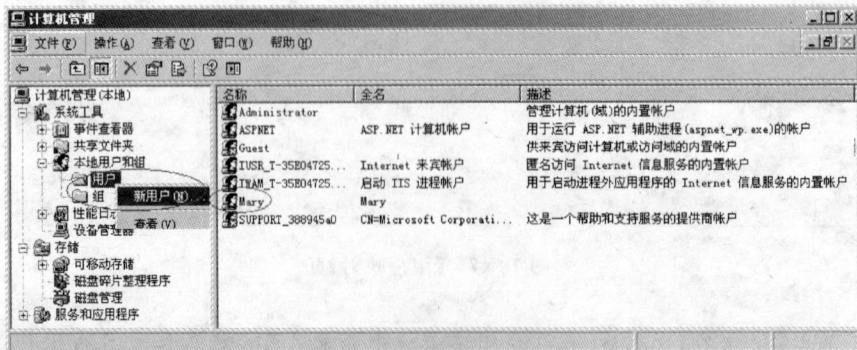

图 10-48 【计算机管理】窗口

（3）在【用户名】框中，输入 Mary。

（4）在【密码】和【确认密码】框中，输入密码 sa123，删除【用户在下次登录时必须更改密码】复选框，再单击【创建】以创建新的本地 Windows 用户。

注意：为了确保您的计算机更加安全，应始终使用强密码。强密码的长度至少应为 7 个字符，且包含下列三个组中的字符：字母、数字和符号。

3. 创建安全登录名

（1）以命令方式创建登录名

以 Windows 身份验证模式登录到 SQL Server。在 SQL Server Management Studio 的查询编辑器窗口中，键入并执行以下代码（将 computer_name 替换为计算机的名称），如图 10-49 所示。

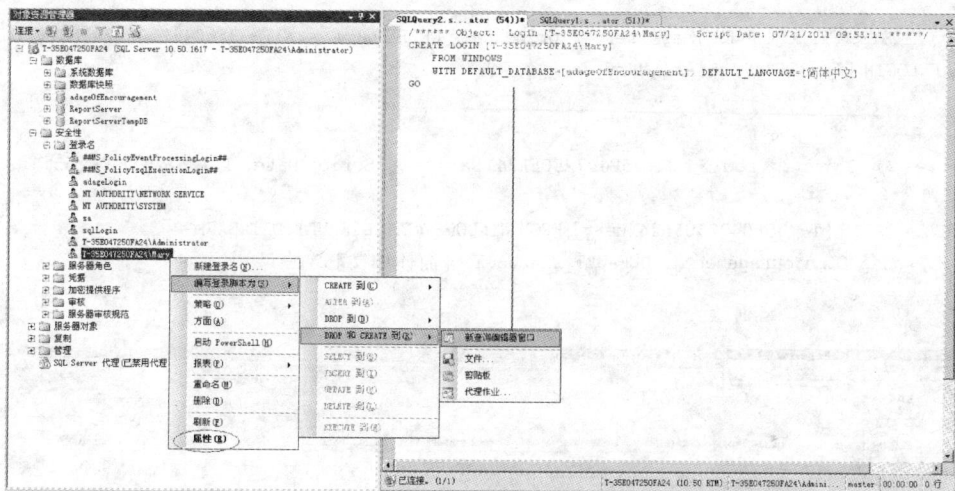

图 10-49　查询窗口

```
CREATE LOGIN [computer_name\Mary]
    FROM WINDOWS WITH DEFAULT_DATABASE = [ adageOfEncouragement];
-- FROM WINDOWS 指示 Windows 将对用户进行身份验证
-- 分号是 Transact-SQL 语句的可选结束符
-- DEFAULT_DATABASE 参数将 Mary 连接到 adageOfEncouragement 数据库
GO
CREATE LOGIN [T-35E047250FA24\Mary] FROM WINDOWS WITH DEFAULT_DATABASE =
    [ adageOfEncouragement], DEFAULT_LANGUAGE = [简体中文]
GO
```

这将授权通过计算机的身份验证的用户名 Mary 访问此 SQL Server 实例。如果在计算机上存在多个 SQL Server 实例，则您必须在 Mary 必须访问的每个实例上创建该登录名。

注意：因为 Mary 不是域账户，所以此用户名只能在此计算机上进行身份验证。

（2）以菜单操作方式创建安全登录名

① 以 Windows 身份验证模式登录到 SQL Server。在 SQL Server Management Studio 的【对象资源管理器】中，展开指定服务器的（注意，不是某数据库的）【安全性】节点。

② 右键单击【登录】，再选择【新建登录名】，将打开【登录名-新建】对话框。

③ 单击【登录名】框右侧【搜索】按钮,单击弹出的对话框【选择用户或组】下方的【高级】按钮,再单击【立即查找】按钮,在【搜索结果】列表框中,找到并单击 Mary,再单击对话框中的【确定】按钮,再次单击接下来的对话框中的【确定】按钮,返回【登录名-新建】对话框,可以看到"<您的计算机名>\Mary"样的字符串出现在【登录名】框中。

④ 选择【Windows 身份验证】选项。

⑤ 在【默认数据库】下拉列表中,选择 adageOfEncouragement。

⑥ 单击【确定】按钮。右击【登录名】选择【刷新】,即可看到 Mary 已添加到【登录名】列表中。

⑦ 如图 10-50 所示,右击【Mary】,选择【编写登录脚本为】→【DROP 和 CREATE 到】→【新查询编辑器窗口】,可得到如下代码:

```
/****** Object:  Login [T-35E047250FA24\Mary]      Script Date: 10/06/2011 09:55:10 ******/
IF  EXISTS (SELECT * FROM sys.server_principals WHERE name = N'T-35E047250FA24\Mary')
DROP LOGIN [T-35E047250FA24\Mary]
GO


/****** Object:  Login [T-35E047250FA24\Mary]      Script Date: 10/06/2011 09:55:10 ******/
CREATE LOGIN [T-35E047250FA24\Mary] FROM WINDOWS WITH DEFAULT_DATABASE =
    [adageOfEncouragement], DEFAULT_LANGUAGE = [简体中文]
GO
```

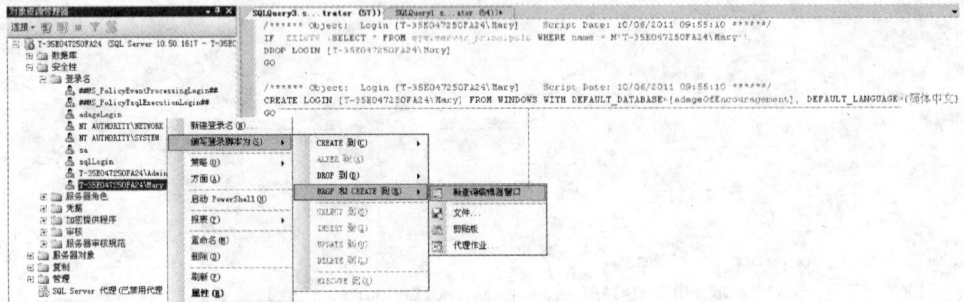

图 10-50　脚本导出

4. 授予访问数据库的权限

现在 Mary 具有访问此 SQL Server 实例的权限,但是没有访问数据库的权限。在您授权她作为数据库用户之前,她甚至无权访问其默认数据库 adageOfEncouragement。重新启动计算机,以 Mary 用户登录到计算机系统,再以 Windows 身份验证模式登录到 SQL Server 2008,以进行访问权限的测试。

若要授予 Mary 访问权限,请切换到 adageOfEncouragement 数据库,再使用 CREATE USER 语句将她的登录名映射到名为 Mary 的用户。

(1) 以命令方式创建数据库用户

键入并执行下列语句(将 computer_name 替换为您计算机的名称),以授予 Mary 访问 adageOfEncouragement 数据库的权限。

```
USE [ adageOfEncouragement];
GO
-- 在数据库中创建用户
CREATE USER [Mary] FOR LOGIN [computer_name\Mary];
GO
```

现在,对于 SQL Server 和 adageOfEncouragement 数据库,Mary 都具有访问权限。

（2）以菜单方式创建数据库安全用户

① 在对象资源管理器中,展开指定服务器的"数据库"节点。

② 展开 adageOfEncouragement 的数据库节点。

③ 双击【安全性】。

④ 右键单击【用户】→【新建用户】,将打开【数据库用户-新建】对话框。

⑤ 在【用户名】框中,输入"Mary"。

⑥ 在【登录名】框中,输入"computer_name\Mary",或通过【搜索】按钮找到 computer_name\Mary。

⑦ 在【默认架构】框中,输入 db_datareader。

⑧ 在【数据库角色成员身份】区域中,选中 db_datareader 复选框。

⑨ 单击【确定】按钮。

5. 创建视图和存储过程

既然 Mary 可以访问 adageOfEncouragement 数据库,您可能希望创建一些数据库对象（如视图和存储过程）,再将它们的访问权限授予 Mary。视图是存储的 SELECT 语句,而存储过程是以批处理方式执行的一条或多条 Transact-SQL 语句。

视图像表那样进行查询,但不接受参数。存储过程比视图更复杂。存储过程可以同时具有输入参数和输出参数,并可以包括控制代码流的语句,如 IF 和 WHILE 语句。将存储过程用于数据库中的所有重复操作,是一个良好的编程做法。

在此实验中,您将使用 CREATE VIEW 创建一个视图,该视图仅选择 adage 表中的两列。然后,您将使用 CREATE PROCEDURE 创建一个存储过程,该存储过程接受作者名字参数,并仅返回出自该作者的那些格言。

（1）创建视图

执行以下语句创建一个非常简单的视图,该视图执行 SELECT 语句,并将格言的信息返回给用户。

```
CREATE VIEW vw_adage
  AS
  SELECT [id],[ adage],[author]
 FROM [ adageOfEncouragement].[dbo].[ adage] ;
GO
-- 测试视图
SELECT * FROM vw_adage;
GO
```

（2）创建存储过程

以下语句创建一个名为 pr_author 的存储过程,接受名为 @ VarAuthor、数据类型为

nchar(20)的输入参数。该存储过程打印与输入参数(已从 nchar(20),数据类型更改为 varchar(20)字符数据类型)串联的语句'查询出自' + CAST(@VarAuthor AS varchar(20)) +'的励志格言'。然后,该存储过程对视图执行 SELECT 语句,将输入参数作为 WHERE 子句的一部分进行传递。这将返回 author 等于输入参数值的所有格言。

```
CREATE PROCEDURE pr_author @VarAuthor nchar(20)
    AS
    BEGIN
       -- The print statement returns text to the user
       PRINT '查询出自' + CAST(@VarAuthor AS varchar(20)) + '的励志格言';
       -- A second statement starts here
       SELECT  [id],[ adage],[author] FROM vw_adage
             WHERE author = @VarAuthor;
    END
GO
-- 测试存储过程
EXECUTE pr_author '墨翟';
GO
```

6. 授予访问数据库对象的权限

作为管理员,您可以从 adage 表和 vw_adage 视图执行 SELECT 语句,以及执行 pr_author 过程;但是 Mary 不能执行。若要授予 Mary 必要的权限,请使用 GRANT 语句。

执行以下语句将 pr_author 存储过程的 EXECUTE 权限授予 Mary。

```
GRANT EXECUTE ON pr_author TO Mary;
GO
```

在这种情况下,Mary 只能通过使用存储过程访问 adage 表。如果您希望 Mary 能够对视图执行 SELECT 语句,则您还必须执行 GRANT SELECT ON vw_adage TO Mary。若要删除对数据库对象的访问权限,请使用 REVOKE 语句。

关于 GRANT ,必须具有 EXECUTE 权限才能执行存储过程。必须具有 SELECT、INSERT、UPDATE 和 DELETE 权限才能访问和更改数据。GRANT 语句还用于其他权限,如创建表的权限。

7. 删除数据库对象

若要删除在本实验中创建的所有对象,只需删除数据库 adageOfEncouragement 即可。但是,在本实验中,将完成下列步骤执行与本实验中每项操作相反的操作。

删除权限和对象

(1)在删除对象之前,请确保使用正确的数据库:

```
USE adageOfEncouragement;
GO
```

(2)使用 REVOKE 语句删除 Mary 对存储过程的执行权限:

```
REVOKE EXECUTE ON pr_author FROM Mary;
GO
```

（3）使用 DROP 语句删除 Mary 对 adageOfEncouragement 数据库的访问权限：

```
DROP USER Mary;
GO
```

（4）使用 DROP 语句删除 Mary 对此 SQL Server 2008 实例的访问权限：

```
DROP LOGIN [<computer_name>\Mary];
GO
```

（5）使用 DROP 语句删除存储过程 pr_author：

```
DROP PROC pr_author;
GO
```

（6）使用 DROP 语句删除视图 vw_adage：

```
DROP View vw_adage;
GO
```

（7）使用 DELETE 语句删除 adage 表中的所有行：

```
DELETE FROM adage;
GO
```

（8）使用 DROP 语句删除 adage 表：

```
DROP Table adage;
GO
```

（9）正使用 adageOfEncouragement 数据库时，无法删除该数据库；因此，请首先将上下文切换到其他数据库，再使用 DROP 语句删除 adageOfEncouragement 数据库：

```
USE MASTER;
GO
DROP DATABASE adageOfEncouragement;
GO
```

第11章

数据导入和导出

在建立一个数据库之后，将分散在各处的不同类型的数据汇总在这个新建的数据库中时，就需要对数据进行导入与导出操作。作为数据库的基本操作之一，导入/导出对 DBA 来说是一项极具挑战性的工作。SQL Server 作为一款主流数据库平台，提供了强大、丰富的数据导入导出功能。

Microsoft SQL Server 允许在 SQL Server 表和数据文件之间大容量导入和导出数据，这对在 SQL Server 和异类数据源之间有效传输数据是非常重要的。"大容量导出"是指将数据从 SQL Server 表导出到数据文件，"大容量导入"是指将数据从数据文件加载到 SQL Server 表。例如，您可以将数据从 Microsoft Excel 应用程序导出到数据文件，然后将这些数据大容量导入到 SQL Server 表中。

在 SQL Server 中可以使用 Transact-SQL 对数据导入导出，也可调用命令行工具 BCP 导入导出数据。

本章的学习目标：

- 了解有关数据导入导出的基本概念；
- 掌握使用 Transact-SQL 对数据导入导出；
- 掌握使用命令行工具 BCP 处理数据。

11.1 使用 Transact-SQL 进行数据导入导出

使用 Transact-SQL 进行数据导入导出就是通过 SQL 语句将相同或不同类型的数据库中的数据互相导入导出或者汇集在一起。如果是在不同的 SQL Server 数据库之间进行数据导入导出，那将是非常容易做到的，一般可使用 SELECT INTO FROM 和 INSERT INTO。使用 SELECT INTO FROM 时 INTO 后跟的表必须存在，即在导入数据之前先建立一个空表，然后再将源表中的数据导入到新建的空表中，这就相当于表的复制（但不会复制表的索引等信息）。而 INSERT INTO 的功能是将源数据插入到已经存在的表中，可以使用它进行数据合并，如果要更新已经存在的记录，须使用 UPDATE。

11.1.1 同构数据库之间进行数据导入导出

1. SELECT INTO 语法格式

```
SELECT *
INTO new_table_name
```

```
FROM old_tablename -- new_table_name 和 old_tablename 的表结构相同
```

功能：

- 使用 SELECT INTO 插入行。
- SELECT INTO 语句用于创建一个新表，并用 SELECT 语句的结果集填充该表。SELECT INTO 可将几个表或视图中的数据组合成一个表。也可用于创建一个包含选自链接服务器的数据的新表。
- 新表的结构由选择列表中表达式的属性定义。

【例 11-1】　制作 student 表的备份。

在【查询】窗口中输入如下代码，并【执行】之以查看结果。

```
USE stu_info;
GO
SELECT *                          -- 把所有的列插入新表
INTO student_backup
FROM student;
GO
```

【例 11-2】　从 student、course、grade 三表中选择 6 列来创建所有选修课程的学生的成绩表 dbo.score。

在【查询】窗口中输入如下代码，并【执行】之以查看结果。

```
USE stu_info;
GO
SELECT s.s_id as 学号, s.sname as 姓名,s.ssex as 性别,c.c_id  as 课程号,c.cname as 课程名,
g.grade   AS [成绩]
INTO dbo.score
FROM student AS s
JOIN grade AS g ON s.s_id   = g.s_id
JOIN course AS c ON c.c_id   = g.c_id
GO
```

注意，即使源表已分区，也不能使用 SELECT INTO 创建已分区的表。SELECT INTO 不使用源表的分区方案。相反，新表是在默认文件组中创建的。若要将行插入已分区的表中，必须首先创建已分区的表，然后使用 INSERT INTO…SELECT FROM 语句。

2. INSERT INTO…SELECT FROM 语法格式

```
INSERT INTO table2 SELECT * FROM table3      -- table2 和 table3 的表结构相同
```

【例 11-3】　使用 INSERT INTO…SELECT FROM 语句提取 student 表中男生的学号、姓名、出生日期到新表 stu 中。

在【查询】窗口中输入如下代码，并【执行】之以查看结果。

```
USE stu_info;
GO
CREATE TABLE stu(
    s_id char(10)NOT NULL,
    sname nvarchar(5),
```

```
    sbirthday datetime);
GO
INSERT INTO stu
    SELECT s_id , sname , sbirthday
    FROM student
    WHERE ssex   = N'男';
GO
SELECT s_id , sname , sbirthday
FROM stu;
GO
```

11.1.2　异构数据库之间进行数据导入导出

当在异构数据库间进行数据导入导出时,情况会变得复杂得多。首先要解决的是如何打开非 SQL Server 数据库的问题。

在 SQL Server 中提供了两个函数可以根据各种类型数据库的 OLE DB Provider 打开并操作这些数据库,这两个函数是 OPENDATASOURCE 和 OPENROWSET。它们的功能基本上相同,不同之处主要有两点。

1. 调用方式不同

OPENDATASOURCE 的参数有两个,分别是 OLE DB Provider 和连接字符串。使用 OPENDATASOURCE 只相当于引用数据库或者是服务(对于 SQL Server、Oracle 等数据库来说)。要想引用其中的数据表或视图,必须在 OPENDATASOURCE(…)后进行引用。

【例 11-4】 OPENDATASOURCE 和 OPENROWSET 的使用对比。

(1) SQL Server 数据库和 Access 数据库之间的数据导入导出。

① 导入 Access 数据库数据到 SQL Server 数据库表。

如图 11-1 和图 11-2 所示,创建 Access 数据库 C:\abc. mdb,然后创建表 LectureTable,并输入图 11-2 中的数据。

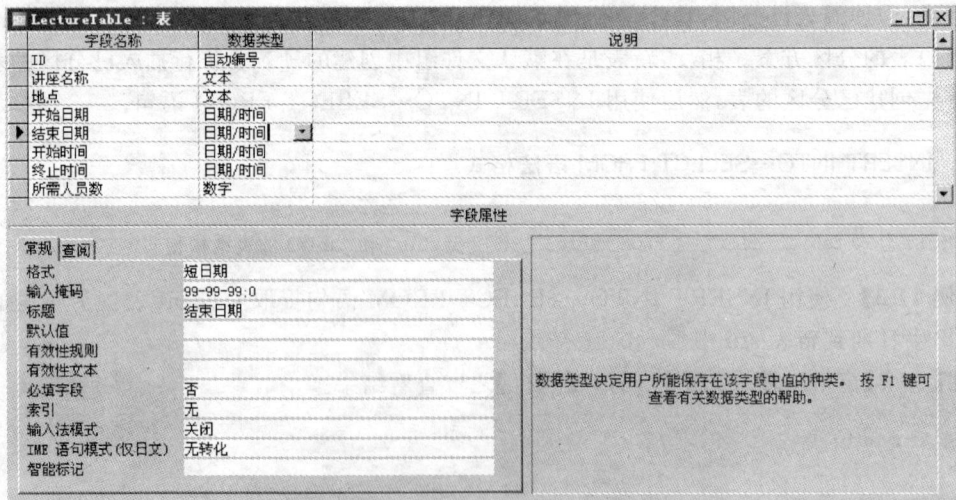

图 11-1　LectureTable 的结构

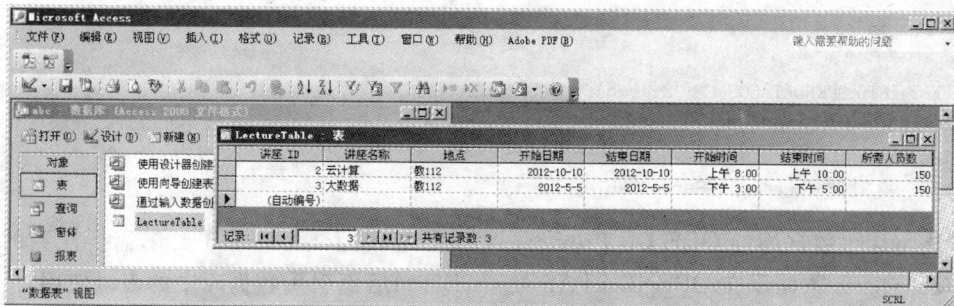

图 11-2　LectureTable 表的数据

在 SQL Server 中通过 OPENDATASOURCE 查询 Access 数据库 abc. mdb 中的
LectureTable 表。在【Microsoft SQL Server Management Studio】的【查询】窗口输入如下语
句,然后执行并查看新导入的表 lectureSqlServerTable。

```
USE stu_info;
GO
SELECT * INTO lectureSqlServerTable
FROM OPENDATASOURCE('Microsoft.Jet.OLEDB.4.0', 'Provider = Microsoft.Jet.OLEDB.4.0;
      Data Source = C:\abc.mdb; Persist Security Info = false')...LectureTable
```

注意,上面"…LectureTable"中的"…"是英文状态下的三个点。

或使用 OPENROWSET。OPENROWSET 相当于一个记录集,可以将直接当成一个表
或视图使用。

在 SQL Server 中通过 OPENROWSET 查询 Access 数据库 abc. mdb 中的 LectureTable
表。在【Microsoft SQL Server Management Studio】的【查询】窗口输入如下语句,然后执行、
并查看结果。

```
USE stu_info;
GO
SELECT * FROM OPENROWSET('Microsoft.Jet.OLEDB.4.0', 'C:\abc.mdb';
'admin';'','SELECT * FROM LectureTable')
```

② 导出 SQL Server 数据库表数据到 Access 数据库。

导出 SQL Server 数据库 stu_info 中的表 lectureSqlServerTable 的数据到 Access 数据库
C:\abc. mdb 中的 LectureTable 中。表 lectureSqlServerTable 的结构如图 11-3 所示,语句如
下所示。

列名	数据类型	允许 Null 值
ID	int	☑
讲座名称	nvarchar(50)	☑
地点	nvarchar(255)	☑
开始日期	datetime	☑
结束日期	datetime	☑
开始时间	datetime	☑
终止时间	datetime	☑
所需人员数	smallint	☑
		☐

图 11-3　表 lectureSqlServerTable 的结构

```
USE stu_info;
GO
INSERT INTO OPENDATASOURCE('Microsoft.Jet.OLEDB.4.0',
'Provider = Microsoft.Jet.OLEDB.4.0;Data Source = C:\abc.mdb;Persist Security Info = False')
…LectureTable
SELECT * FROM lectureSqlServerTable;
```

打开 access 数据库的 OLE DB Provider 叫 Microsoft.Jet.OLEDB.4.0,需要注意的是操作非 SQL Server 数据库在 OPENDATASOURCE(…)后面引用数据库中的表时使用"…",而不是".。"

(2) SQL Server 数据库和文本文件之间的数据导入导出。

① 导入.txt 文件数据到 SQL Server 数据库表。

新建一个文本文件 C:\data.txt,如图 11-4 所示。

```
-- 导入.txt 文件到 SQL Server 数据库中
USE stu_info;
GO
SELECT * INTO text1 FROM    OPENDATASOURCE('MICROSOFT.JET.OLEDB.4.0',
        'Text;HDR = Yes;DATABASE = C:\') … [data♯txt]
```

这条 SQL 语句的功能是将 C 盘根目录的 data.txt 文件导入到 SQL Server 数据库表 text1 表中,在这里文件名中的.要使用♯代替。

图 11-4　data.txt 文件内容

② 导出 SQL Server 数据库表到.txt 文件。

在向文本导出时,不仅文本文件要存在,而且第一行必须和要导出表的字段一致。

如果要用下面的语句插入的话,文本文件 data.txt 必须存在,而且有一行:

讲座 ID,讲座名称,地点,开始日期,结束日期,开始时间,终止时间,所需人员数

然后就可以用下面的语句进行插入。注意文件名和自录根据实际情况进行修改。

```
USE stu_info;
GO
insert into opendatasource('MICROSOFT.JET.OLEDB.4.0','Text;HDR = Yes;
                    DATABASE = C:\') … [data♯txt]
SELECT * FROM lectureSqlServerTable
```

如果要导出 SQL Server 表的部分字段到文本文件.txt,可使用

```
USE stu_info;
GO
INSERT INTO OPENROWSET('MICROSOFT.JET.OLEDB.4.0','Text;HDR = Yes;DATABASE = C:\',
    'SELECT ID,讲座名称 FROM  [data♯txt]')
SELECT CONVERT(varbinary(255),ID),讲座名称 ID
```

```
FROM text1;
```

（3）SQL Server 数据库和 Excel 文件之间的数据导入导出。

```
-- excel <----> SQL Server
-- 32 - bit, using the Microsoft.Jet.OLEDB.4.0 driver with OPENDATASOURCE:
 -- insert into an excel spreadsheet file - file must exist with proper column names and be closed
```

① 导出 SQL Server 数据库表到 Excel 文件。

执行命令前，C:\Temp\LectureExcelSheet.xls 文件必须存在，且工作表 Sheet1 的第一行如图 11-5 所示。

```
USE stu_info;
GO
INSERT INTO OPENDATASOURCE('Microsoft.Jet.OLEDB.4.0',
          'Data Source = C:\Temp\LectureExcelSheet.xls;
          Extended Properties = Excel 8.0')…[Sheet1 $ ](ID, 讲座名称)
SELECT ID, 讲座名称
FROM lectureSqlServerTable;
```

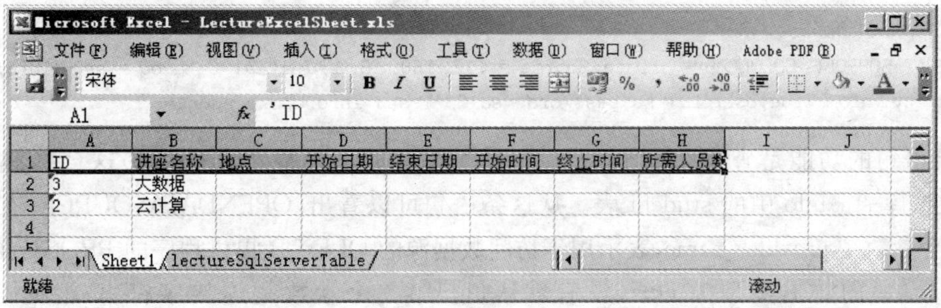

图 11-5 LectureExcelSheet.xls 的内容

也可用下面的格式：

```
INSERT INTO OPENDATASOURCE('Microsoft.Jet.OLEDB.4.0',
     'Excel 8.0;Database = C:\Temp\LectureExcelSheet.xls')… [Sheet1 $ ](ID, 讲座名称)
SELECT ID, 讲座名称
FROM lectureSqlServerTable;
```

② 导入 excel 文件到 SQL Server 数据库表。

Select 查询代码如下所示。

```
-- select from excel spreadsheet file
SELECT * FROM OPENDATASOURCE('Microsoft.Jet.OLEDB.4.0',
        'Data Source = C:\Temp\test.xls;Extended Properties = Excel 8.0')…[Sheet1$ ]
SELECT * FROM OPENROWSET('Microsoft.Jet.OLEDB.4.0',
        'Excel 8.0;Database = C:\Temp\LectureExcelSheet.xls', 'select * from [Sheet1 $ ]');

SELECT * FROM OPENROWSET('Microsoft.Jet.OLEDB.4.0',
      'Excel 8.0;Database = C:\Temp\LectureExcelSheet.xls', [Sheet1 $ ]);
```

Insert into 代码如下所示。

```
-- 32 - bit, using the Microsoft.Jet.OLEDB.4.0 driver with OPENROWSET:
-- works with spaces in the worksheet name
```

```
-- 执行此语句时 Excel 文件必须关闭
INSERT INTO OPENROWSET('Microsoft.Jet.OLEDB.4.0',
        'Excel 8.0;Database = C:\Temp\LectureExcelSheet.xls', 'select * from [Sheet1 $ ]')(ID,
讲座名称)
SELECT ID, 讲座名称
FROM lectureSqlServerTable;
```

(4) 异构的数据库之间进行数据传输。

在异构的数据库之间进行数据传输,可以使用 SQL Server 提供的两个系统函数 OPENDATASOURCE 和 OPENROWSET。

OPENDATASOURCE 可以打开任何支持 OLE DB 的数据库,并且可以将 OPENDATASOURCE 作为 SELECT、UPDATE、INSERT 和 DELETE 后所跟的表名。例如:

```
SELECT * FROM
OPENDATASOURCE('SQLOLEDB', 'Data Source = T - 35E047250FA24;Initial Catalog = stu_info;Persist
Security Info = True;User ID = sa;password = sa123').stu_info.dbo.student
```

或

```
SELECT * FROM
OPENDATASOURCE('SQLOLEDB', 'Data Source = 192.168.18.1;Initial Catalog = stu_info;Persist
Security Info = True;User ID = sa;password = sa123').stu_info.dbo.student
```

这条语句的功能是查询 192.168.18.1(单机测试时可换成 127.0.0.1)这台机器中 SQL Server 数据库 stu_info 中的 student 表。从这条语句可以看出,OPENDATASOURCE 有两个参数,第一个参数是 provider_name,表示用于访问数据源的 OLE DB 提供程序的 PROGID 的名称。provider_name 的数据类型为 char,没有默认值。第二个参数是连接字符串,根据 OLE DB Provider 不同而不同(如果不清楚自己所使用的 OLE DB Provider 的连接字符串,可以使用 Visual Studio 开发工具中的【服务器资源管理器】→【新建连接】来自动生成相应的连接字符串)。

SQL Server 数据库和 SQL Server 数据库之间的数据导入导出。

```
-- 导入数据
SELECT * INTO student1
FROM OPENDATASOURCE('SQLOLEDB', 'Data Source = 192.168.18.1;Initial Catalog = stu_info;Persist
Security Info = True;User ID = sa;password = sa123').stu_info.dbo.student
```

```
导出数据
INSERT INTO OPENDATASOURCE('SQLOLEDB', 'Data Source = 192.168.18.1;Initial Catalog = stu_info;
Persist Security Info = True;User ID = sa;password = sa123').stu_info.dbo.student
 select * from adageOfEncouragement.dbo.student1;
```

在这条语句中,OPENDATASOURCE(…)可以理解为 SQL Server 的一个服务,. pubs. dbo. authors 是这个服务管理的一个数据库的一个表 authors。使用 INSERT INTO 时 OPENDATASOURCE(…)后跟的表必须存在。

也可以将以上的 OPENDATASOURCE 换成 OPENROWSET。

```
INSERT INTO OPENROWSET ('SQLOLEDB', '192.168.18.1';'sa';'sa123', 'select * from
adageOfEncouragement.dbo.student1')
SELECT * FROM  stu_info.dbo.student
```

使用 OPENROWSET 要注意一点，'192.168.18.252';'sa';'abc'中间是";"，而不是","。
OPENDATASOURCE 和 OPENROWSET 都不接受参数变量。

2. 灵活度不同

OPENDATASOURCE 只能打开相应数据库中的表或视图，如果需要过滤的话，只能在
SQL Server 中进行处理。而 OPENROWSET 可以在打开数据库的同时对其进行过滤，如上
面的例子，在 OPENROWSET 中可以使用 SELECT ＊ FROM table1 对 abc.mdb 中的数据
表进行查询，而 OPENDATASOURCE 只能引用 LectureTable，而无法查询 LectureTable。
因此，OPENROWSET 比 OPENDATASOURCE 更加灵活。

11.2　使用命令行 BCP 导入导出数据

很多大型的系统不仅提供了友好的图形用户接口，同时也提供了命令行方式对系统进行
控制。在 SQL Server 中除了可以使用 SQL 语句对数据进行操作外，还可以使用一个命令行
工具 BCP 对数据进行同样的操作。BCP 是基于 DB-Library 客户端库的工具。它的功能十分
强大，BCP 能够以并行方式将数据从多个客户端大容量导入到单个表中，从而大大提高了装
载效率。但在执行并行操作时要注意的是只有使用基于 ODBC 或 SQL OLE DB 的 API 的应
用程序才可以执行将数据并行装载到单个表中的操作。

BCP 可以将 SQL Server 中的数据导出到任何 OLE DB 所支持的数据库中，本节包含以
下示例：

(1) 将表中记录导入到数据文件（使用可信连接）。
(2) 将文件中的数据导入到数据库表中。
(3) 将特定的列导出到数据文件中。
(4) 将特定的行导出到数据文件中。
(5) 将查询中的数据导出到数据文件中。
(6) 创建 XML 格式化文件。
(7) 使用格式化文件进行 BCP 大容量导入。
(8) 使用格式化文件大容量导入数据。

11.2.1　将表中记录导入到数据文件（使用可信连接）

1. 将表中记录导入到数据文件（使用可信连接）

下面的例题假定您使用 Windows 身份验证，并且与运行 BCP 命令所针对的服务器实例
之间具有可信连接。

【例 11-5】　BCP 的 OUT 选项的使用。创建一个名为 Student.dat 的数据文件，并使用字
符格式将 Stu_info.dbo.student 表数据导入该文件中。

在命令提示符处输入以下命令：

```
BCP Stu_info.dbo.student OUT Student.dat － T － c
```

【例 11-6】　使用 BCP 可信连接形式将 student 表数据导出到 excel 文件中。

在命令提示符处输入以下命令：

```
BCP  stu_info.dbo.student  OUT  C:\temp1.xls  -c -q -T
```

或

```
BCP stu_info.dbo.student OUT C:\temp2.xls -c -q -S"35178C38F4B34B1\SQLEXPRESS" -T
```

注意：使用了-T 选项，就不能用-U 和-P 选项。但要写-S 选项指定服务器名和实例名。注意这里需要使用 SQL Server 2008 的默认实例，否则会提示"SQLState = 08001，NativeError = 17，Error = [Microsoft][ODBC SQL Server Driver][Shared Memory]SQL Server 不存在或访问被拒绝"的报错信息。

2. 将表中记录导入到数据文件中(使用混合模式身份验证)

以下示例假定使用混合模式身份验证，必须使用-U 开关指定登录 ID，并且连接到本地计算机上 SQL Server 的默认实例。若非默认实例则请使用-S 开关指定系统名称和实例名称(可选)。

【例 11-7】 BCP 的 OUT 选项的使用。创建一个名为 Student.dat 的数据文件，并使用字符格式将 Stu_info.dbo.student 表数据导出到该文件中。语句如下：

```
bcp Stu_info.dbo.student out Student.dat -c -U<login_id> -S<server_name\instance_name>
```

系统将提示您输入密码。

【例 11-8】 使用 BCP 指定服务器名、用户名和密码的连接形式将 student 表导出到 EXCEL 文件中。

```
C:\Documents and Settings\datang > bcp stu_info.dbo.student out c:\temp2.xls -c -q -S"
35178C38F4B34B1\SQLEXPRESS" -U"sa" -P"sa123"
```

本例使用的语法格式：

```
bcp 数据库名.dbo.表名 out "c:test.xls" -c -S"服务器名" /U"用户名" -P"密码"
```

注意，在使用密码登录时需要将-U 后的用户名和-P 后的密码加上英文的双引号。

【例 11-9】 BCP 不仅能够通过命令行执行，同时也可以通过 SQL 执行，这需要调用一个系统扩展存储过程(extended stored procedure)xp_cmdshell 以 SQL 语句的方式来运行 BCP。

本例使用的语法格式：

```
EXEC master..xp_cmdshell 'bcp 数据库名.dbo.表名 out "c:test.xls" /c -/S"服务器名" /U"用户名"
-P"密码"'
```

例 11-9 的命令可改写为如下形式。

```
EXEC master..xp_cmdshell 'bcp stu_info.dbo.student out "C:\bcpTest\temp3.xls" -c -q -S"
35178C38F4B34B1\SQLEXPRESS" -T'
```

和

```
EXEC master..xp_cmdshell 'bcp stu_info.dbo.student out "C:\bcpTest\temp2.xls" -c -q -S"
35178C38F4B34B1\SQLEXPRESS" -U"sa" -P"sa123"'
```

具体执行 SQL 代码如下：

```
-- To allow advanced options to be changed(允许配置高级选项).
EXEC sp_configure 'show advanced options', 1
```

```
GO
-- To update the currently configured value for advanced options.
RECONFIGURE                                  -- 重新配置
GO
-- To enable xp_cmdshell feature.
EXEC sp_configure 'xp_cmdshell', 1          -- 启用 xp_cmdshell,默认情况下是禁用的
GO
-- To update the currently configured value for this feature.
RECONFIGURE                                  -- 重新配置
GO
-- 要确保"C:\bcpTest\"为共享文件夹且"允许网络用户更改我的文件"
-- 否则会报错"Error = [Microsoft][SQL Native Client]无法打开 BCP 主数据文件"
EXEC master..xp_cmdshell 'bcp stu_info.dbo.student out "C:\bcpTest\temp2.xls" -c -q -S"
35178C38F4B34B1\SQLEXPRESS" -U"sa" -P"sa123"'
GO
-- 用完后,要记得将 xp_cmdshell 禁用(从安全角度安全考虑)
-- 允许配置高级选项
EXEC sp_configure 'show advanced options', 1
GO
RECONFIGURE -- 重新配置
GO
EXEC sp_configure 'xp_cmdshell', 0 -- 禁用 xp_cmdshell
GO
RECONFIGURE
GO
```

在【查询】窗口单击【执行】以查看结果。

看到显示信息如下:

消息 15281,级别 16,状态 1,过程 xp_cmdshell,第 1 行

SQL Server 阻止了对组件 xp_cmdshell 的过程 sys.xp_cmdshell 的访问,因为此组件已作为此服务器安全配置的一部分而被关闭。系统管理员可以通过使用 sp_configure 启用 xp_cmdshell。也可通过【功能的外围应用配置器】启用 xp_cmdshell,如图 11-6 所示。

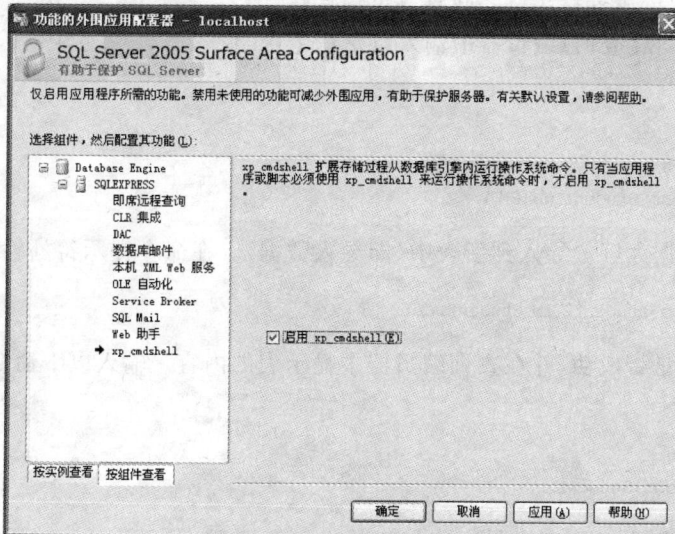

图 11-6　对象资源管理器

【例 11-10】 对要导出的表进行过滤。

BCP 不仅可以接受表名或视图名作为参数,也可以接受 SQL 作为参数。通过 SQL 语句可以对要导出的表进行过滤,然后导出过滤后的记录。

```
EXEC master..xp_cmdshell 'BCP "SELECT TOP 20 * FROM AdventureWorks.sales.student" queryout C:\
student2.txt -c -U"sa" -P"password"'
```

BCP 还可以通过简单地设置选项对导出的行进行限制。

```
EXEC master..xp_cmdshell 'BCP "SELECT TOP 20 * FROM AdventureWorks.sales.student" queryout C:\
student2.txt -F 10 -L 13 -c -U"sa" -P"password"'
```

这条命令使用了两个参数-F 10 和-L 13,表示从 SELECT TOP 20 * FROM AdventureWorks.sales.student 所查出来的结果中取第 10 到 13 条记录进行导出。

【例 11-11】 使用 bcp 实用程序导出数据的命令,将数据库 stu_info.dbo.student 表数据导入文本文件 C:\bcpTest\temp4.txt 中,该文本文件中各字段值用"Tab"分隔,每行以换行符结束。命令代码如下:

```
bcp stu_info.dbo.student4 out "C:\bcpTest\temp4.txt" -c -q -S"35178C38F4B34B1\SQLEXPRESS"
-T
```

和

```
EXEC master..xp_cmdshell 'bcp stu_info.dbo.student4 out "C:\bcpTest\temp4.txt" -c -q -S"
35178C38F4B34B1\SQLEXPRESS" -T'
```

注意: 必须在一个完整行中输入该命令,不能加入任何硬回车。

11.2.2　将文件中的数据导入到数据库表中

【例 11-12】 阐释 BCP 命令的 IN 选项。创建一个 Student 表的空副本 Student2,例中创建的文件(Student.dat)中的数据将被到该副本中。该例使用 Windows 身份验证,并且与运行 BCP 命令所针对的服务器实例之间具有可信连接。

(1) 创建空表,在【查询】编辑器中输入以下命令:

```
USE Stu_info;
GO
SELECT * INTO Stu_info.dbo.student2
FROM Stu_info.dbo.student WHERE 1 = 2
```

(2) 将字符数据大容量导入到新表中(即导入数据)。在命令提示符处输入以下命令:

```
BCP Stu_info.dbo.student2 in Student.dat -T -c
```

(3) 验证命令是否成功,并在查询编辑器中显示表的内容。输入以下命令:

```
USE Stu_info;
GO
SELECT * FROM dbo.Student2;
```

【例 11-13】 使用 BCP 实用程序导入数据的命令,将文件 C:\temp1.xls 数据导入数据库 stu_info.dbo.student 表中,命令代码如下:

（1）使用混合模式身份验证

```
C:\Documents and Settings\datang > bcp stu_info.dbo.student3 in C:\temp1.xls - c - q - S"
35178C38F4B34B1\SQLEXPRESS" - U"sa" - P"sa123"
```

（2）使用可信连接：

```
C:\Documents and Settings\datang > bcp stu_info.dbo.student4 in C:\temp1.xls - c - q
- S"35178C38F4B34B1\SQLEXPRESS" - T
```

【例 11-14】 使用 bcp 实用程序导入数据的命令，将文本文件 C:\bcpTest\temp4.txt 中的数据导入到数据库 stu_info.dbo.student4 表中，该文本文件中各字段值均按 Tab 键分隔，每行以换行符结束。命令代码如下：

```
bcp stu_info.dbo.student4 in "C:\bcpTest\temp4.txt" - c - q - S"35178C38F4B34B1\SQLEXPRESS" - T
```

和

```
EXEC master..xp_cmdshell 'stu_info.dbo.student4 in "C:\bcpTest\temp4.txt" - c - q - S"
35178C38F4B34B1\SQLEXPRESS" - T'
```

11.2.3　将特定的列导出到数据文件中

若要导出特定列，须使用 queryout 选项。

【例 11-15】 仅将 Student 表中的 sname 列导出到数据文件中。该例使用 Windows 身份验证，并且与运行 BCP 命令所针对的服务器实例之间具有可信连接。

在 Windows 命令提示符下，输入以下内容：

```
BCP "SELECT Name FROM stu_info.dbo.student" queryout "C:\bcpTest\Student.Name.dat" - c - S"
35178C38F4B34B1\SQLEXPRESS" - T
```

11.2.4　将特定的行导出到数据文件中

若要导出特定行，可以使用 queryout 选项。

【例 11-16】 将男生信息从 student 表中导出到数据文件（maleStudent.dat）中。该例使用 Windows 身份验证，并且与运行 BCP 命令所针对的服务器实例之间具有可信连接。

在 Windows 命令提示符下，输入以下内容：

```
BCP "SELECT * FROM stu_info.dbo.student WHERE ssex = '男'" queryout "maleStudent.dat" - T - c
```

11.2.5　将查询中的数据导出到数据文件中

若要将 Transact-SQL 语句的结果集导出到数据文件中，可使用 queryout 选项。

【例 11-17】 将 stu_info.dbo.student 表中的姓名导出到 Contacts.txt 数据文件中，这些姓名按升序排序。该例使用 Windows 身份验证，并且与运行 BCP 命令所针对的服务器实例之间具有可信连接。

在 Windows 命令提示符下，输入以下内容：

```
BCP "SELECT sname FROM stu_info.dbo.student ORDER BY sname " queryout Contacts.txt - c - T
```

11.2.6 创建 XML 格式化文件

【例 11-18】 为 stu_info. dbo. student 表创建一个名为 Student. xml 的 XML 格式化文件。该例使用 Windows 身份验证,并且与运行 BCP 命令所针对的服务器实例之间具有可信连接。

在 Windows 命令提示符下,输入以下内容:

```
BCP Stu_info.dbo.student format nul - T - c - x - f Student.xml
```

注意:若要使用-x 开关,则必须使用 BCP 9.0 客户端。

11.2.7 使用格式化文件进行 BCP 大容量导入

向 SQL Server 的实例中导入数据时,若要使用以前创建的格式化文件,请同时使用-f 开关和 in 选项。

【例 11-19】 使用例 11-16 创建的格式化文件(Student. xml),将数据文件 Student. dat 的内容大容量导入到 Sales. Student 表的副本(Student2)中。该例使用 Windows 身份验证,并且与运行 BCP 命令所针对的服务器实例之间具有可信连接。

在 Windows 命令提示符下,输入以下内容:

```
BCP Stu_info.dbo.student2 in Student.dat - T - f Student.xml
```

11.2.8 使用格式化文件大容量导入数据

在 SQL Server 2008 及更高版本中,大容量导入操作中可以使用格式化文件。格式化文件可将数据文件的各字段映射到 SQL Server 表的各列。当使用 BCP 命令或者 BULK INSERT 或 INSERT…SELECT * FROM OPENROWSET(BULK…)Transact-SQL 命令时,可以使用非 XML 或 XML 格式文件来大容量导入数据。

对于用于 Unicode 字符数据文件的格式化文件,所有输入字段必须为 Unicode 文本字符串(即固定大小 Unicode 字符串或字符终止 Unicode 字符串)。

表 11-1 汇总了各个大容量导入命令的格式化文件选项。

表 11-1 大容量导入命令的格式化文件选项

大容量加载命令	使用格式化文件选项
BULK INSERT	FORMATFILE = 'format_file_path'
INSERT . . SELECT * FROM OPENROWSET(BULK…)	FORMATFILE = 'format_file_path'
bcp … in	-f format_file

注意,若要大容量导出或导入 SQLXML 数据,请在格式文件中使用下列数据类型之一:SQLCHAR 或 SQLVARYCHAR(数据以客户端代码页或排序规则隐含的代码页的形式发送)、SQLNCHAR 或 SQLNVARCHAR(数据以 Unicode 的形式发送)或者 SQLBINARY 或 SQLVARYBIN(数据不经任何转换直接发送)。

【例 11-20】　本例说明了如何通过 bcp 命令和 BULK INSERT、INSERT… SELECT ∗ FROM OPENROWSET(BULK…)语句使用格式化文件大容量导入数据。运行这些大容量导入示例前,都必须先创建示例表、数据文件和格式化文件。

(1) 创建示例表。

在架构为 dbo 的 tempdb 数据库中创建一个名为 myTestFormatFiles 的表。请在 SQL Server Management Studio 查询编辑器中执行以下语句:

```
USE [tempdb]
GO

CREATE TABLE myTestFormatFiles(
    Col1 smallint,
    Col2 nvarchar(50),
    Col3 nvarchar(50),
    Col4 nvarchar(50)
    );
GO
```

(2) 创建示例数据文件 myTestFormatFiles-c.Dat。

打开 Microsoft Windows 自带的【记事本】程序,输入如下内容:

```
10,Field2,Field3,Field4
15,Field2,Field3,Field4
46,Field2,Field3,Field4
58,Field2,Field3,Field4
```

然后另存为 myTestFormatFiles-c.Dat,如图 11-7 所示。

图 11-7　myTestFormatFiles-c.Dat

注意,这里创建的文件 myTestFormatFiles-c.Dat 要存放到 D:\Documents and Settings\ Administrator\文件夹中。

本例使用的有 XML 格式化文件 myTestFormatFiles-f-x-c.Xml,和非 XML 格式化文件。这两种格式化文件都使用字符数据格式和非默认字段终止符","。

(3) 生成非 XML 格式化文件。

下面使用 BCP 基于 myTestFormatFiles 表生成一个 XML 格式文件 myTestFormatFiles. Fmt,文件包含以下信息,如图 11-8 所示。

使用带 format 选项的 BCP 语句创建此格式化文件,请在 Windows 命令提示符下输入以下内容:

```
bcp tempdb..MyTestFormatFiles format nul - c - t, - f myTestFormatFiles.Fmt - T
```

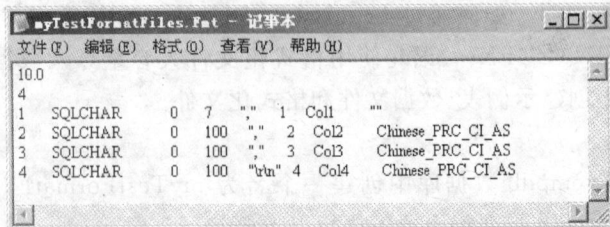

图 11-8　myTestFormatFiles. Fmt

命令执行结果如图 11-9 所示。

注意：创建的文件位于文件 D:\Documents and Settings\Administrator\文件夹中。

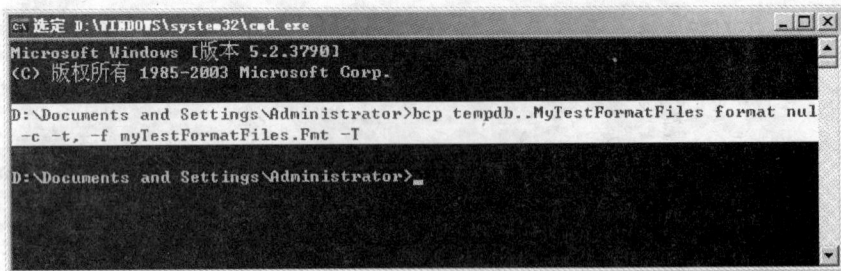

图 11-9　Windows 命令提示符窗口

(4) 生成 XML 格式化文件。

下面使用 BCP 进行创建，以基于 myTestFormatFiles 表生成一个 XML 格式化文件 myTestFormatFiles. Xml ，文件包含以下信息，如图 11-10 所示。

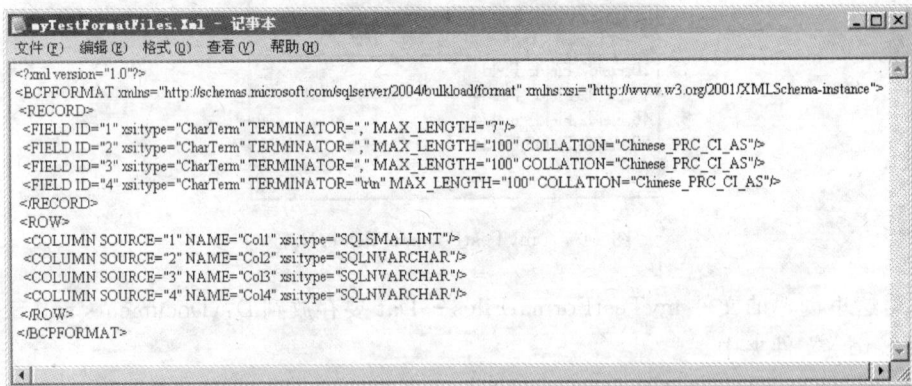

图 11-10　myTestFormatFiles. Xml

使用带 format 选项的 BCP 语句创建格式化文件 myTestFormatFiles. Xml，请在 Windows 命令提示符下输入以下内容，如图 11-11 所示。

```
BCP tempdb..MyTestFormatFiles format nul − c − t, − x − f myTestFormatFiles.Xml -T
```

注意：创建的文件位于文件 D:\Documents and Settings\Administrator\文件夹中。

(5) 使用 BCP 导入文本文件到 SQL Server 数据库表。

使用 BCP 将数据从 myTestFormatFiles. Dat 数据文件大容量导入到 tempdb tempdb.

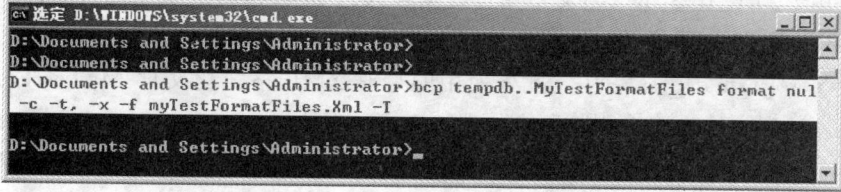

图 11-11　Windows 命令提示符窗口

myTestFormatFiles 表中。此示例使用一个名为 MyTestFormatFiles.Xml 的 XML 格式化文件。此示例在导入数据文件之前删除所有的现有表行。

在 Windows 命令提示符下，输入以下内容：

```
BCP tempdb..myTestFormatFiles in myTestFormatFiles.Dat - f  myTestFormatFiles.Xml - T
```

这里注意 myTestFormatFiles-c.Dat 和 myTestFormatFiles.Xml 文件都要位于如图 11-12 所示的 D:\Documents and Settings\Administrator\文件夹中。

图 11-12　Windows 命令提示符窗口

现在，可以看到数据已经导入，如图 11-13 所示。

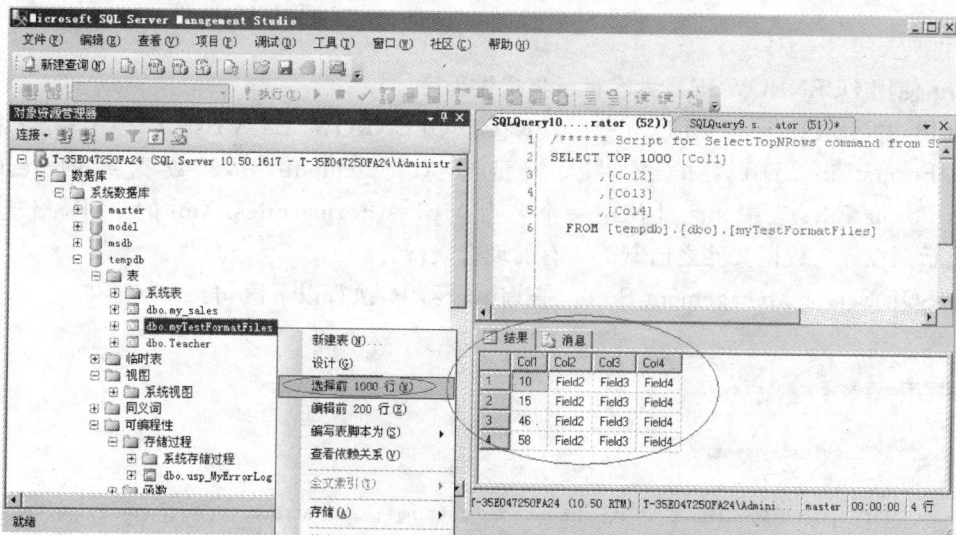

图 11-13　查看导入窗口

（6）使用 BULK INSERT 将文本文件数据导入到 SQL Server 数据库表中。

使用 BULK INSERT 将数据从 myTestFormatFiles. Dat 数据文件大容量导入到
tempdb. myTestFormatFiles 表中。此处使用的是非 XML 格式化文件 MyTestFormatFiles.
Fmt。此导入数据文件之前将删除所有的现有表行。

在 SQL Server Management Studio 查询编辑器中，如图 11-14 所示，执行以下语句：

```
USE tempdb;
GO
DELETE myTestFormatFiles;
GO
BULK INSERT myTestFormatFiles
    FROM 'D:\Documents and Settings\Administrator\myTestFormatFiles.Dat'
    WITH(FORMATFILE = 'D:\Documents and Settings\Administrator\myTestFormatFiles.Fmt');
GO
SELECT * FROM myTestFormatFiles;
GO
```

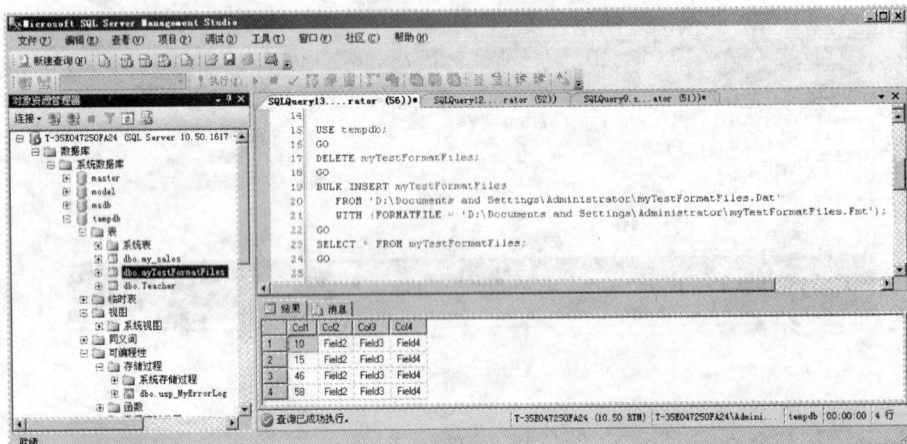

图 11-14　SQL Server Management Studio 查询编辑器

（7）使用 OPENROWSET 大容量行集提供程序。

使用 INSERT … SELECT * FROM OPENROWSET（BULK …）将数据从
myTestFormatFiles. Dat 数据文件大容量导入到 tempdb 示例数据库的 tempdb.
myTestFormatFiles 表中。此处使用一个名为 MyTestFormatFiles. Xml 的 XML 格式化文
件。此示例在导入数据文件之前删除所有的现有表行。

在 SQL Server Management Studio 查询编辑器中，执行以下语句：

```
USE tempdb;
DELETE myTestFormatFiles;
GO
INSERT INTO myTestFormatFiles
    SELECT *
        FROM OPENROWSET(BULK  'D:\Documents and Settings\Administrator\myTestFormatFiles.Dat',
        FORMATFILE = 'D:\Documents and Settings\Administrator\myTestFormatFiles.Xml'
        )as t1 ;
GO
```

```
SELECT * FROM myTestFormatFiles;
GO
```

用完示例表后,可以使用以下语句删除该表:

```
DROP TABLE myTestFormatFiles
```

补充知识:OLE DB

OLE DB(object linking and embedding Database,对象链接嵌入数据库,也写作 OLEDB 或 OLE-DB),是微软数据访问组件(MDAC)的一部分,是微软为以统一方式访问不同类型的数据存储设计的一种应用程序接口,是一组用组件对象模型(COM)实现的接口,而与对象连接与嵌入(OLE)无关。以框架的方式相互作用,为程序员开发访问几乎任何数据存储提供了一个统一并全面的方法。OLE DB 的提供者可以用于提供像文本文件和电子表格一样简单的非关系型数据存储的访问,也可以提供与 Oracle、SQL Server 和 Sybase ASE 一样复杂的关系型数据库的访问。OLE DB 同样可以提供对层次类型的数据存储(如电子邮件系统)的访问。

11.3 图形化导入导出数据向导

利用 SQL Server Management Studio 的数据导入导出功能可以方便地将 SQL Server 中的表中的数据导出到.txt、.xsl 等文件中,也可将非 SQL Server 的数据导入到 SQL Server 数据库中。

下面以导出数据到.txt 文件为例演示数据的导出,步骤如下。

(1) 启动 SQL Server Management Studio,如图 11-15 所示,在【对象资源管理器】窗格中,右击数据库名【stu_info】,选择【任务】,单击【导出数据】选项。

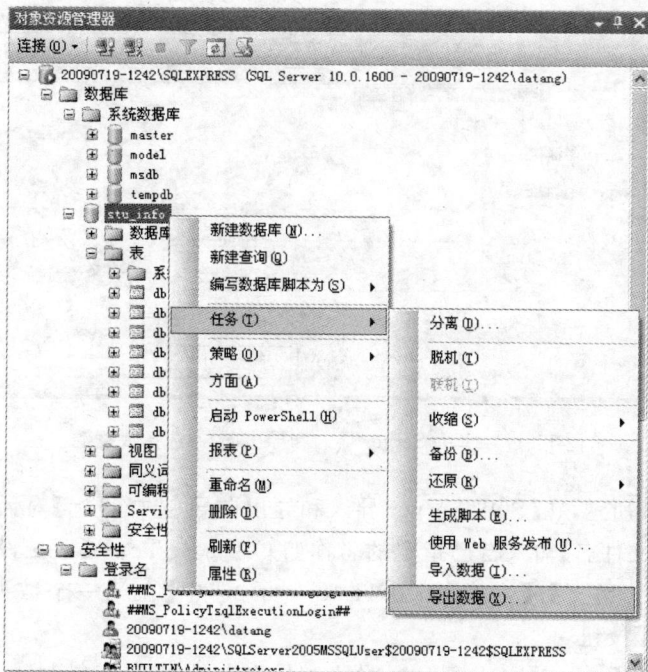

图 11-15 对象资源管理器

（2）如图 11-16 所示，系统弹出【SQL Server 导入和导出向导】对话框，单击【下一步】按钮。

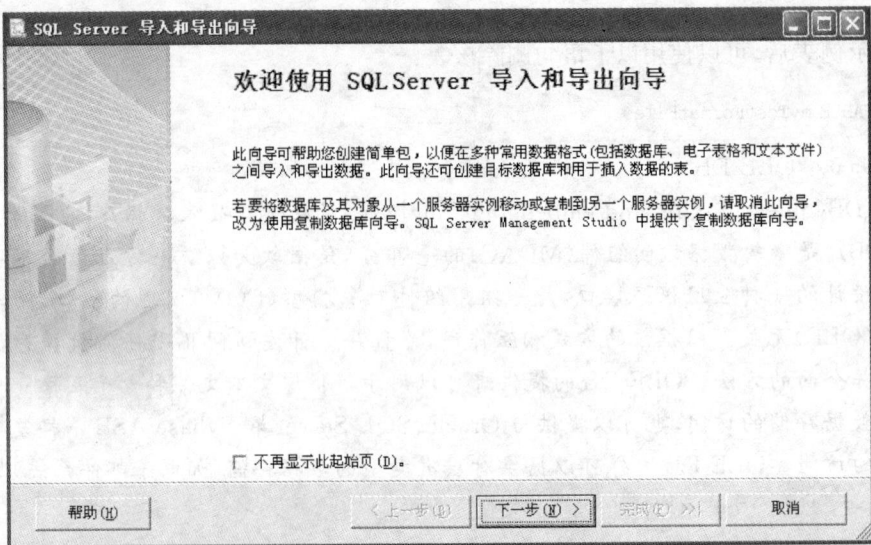

图 11-16　SQL Server 导入和导出向导

（3）如图 11-17 所示，在【SQL Server 导入和导出向导-选择数据源】对话框中，【数据源】选择 SQL Server Native Client 10.0 项，【服务器名称】选择自己的 SQL Server 数据库实例名，【身份验证】选择【使用 Windows 身份验证】，【数据库】选择 stu_info 项，单击【下一步】按钮。

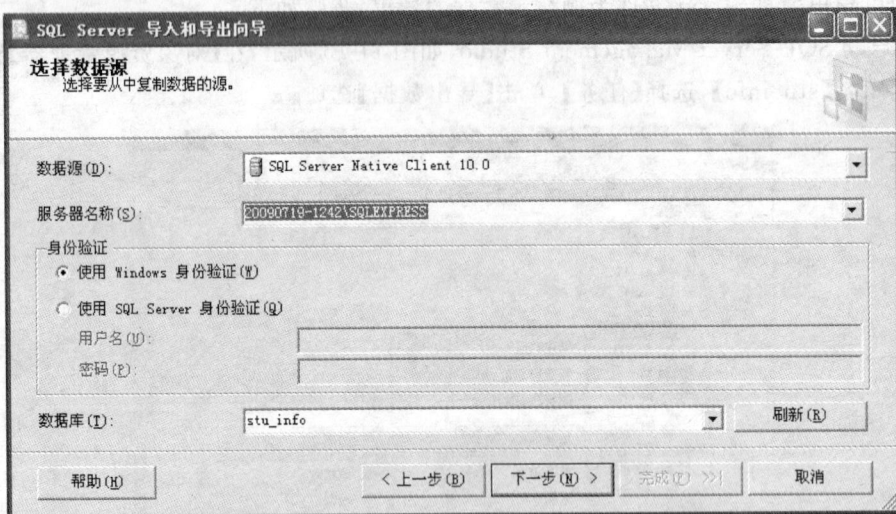

图 11-17　SQL Server 导入和导出向导-选择数据源

（4）如图 11-18 所示，在【SQL Server 导入和导出向导-选择目标】对话框中，【目标】选择【平面文件目标】，【文件名】输入自己指定的名称如 C:/score2.txt，【区域设置】选择【中文（中华人民共和国）】，【代码页】，【格式】如图 11-18 所示，选中【在第一个数据行中显示列名称（A）】，单击【下一步】按钮。

（5）如图 11-19 所示，在【SQL Server 导入和导出向导-指定表复制或查询】对话框中，选中【复制一个或多个表或视图的数据】，单击【下一步】按钮。

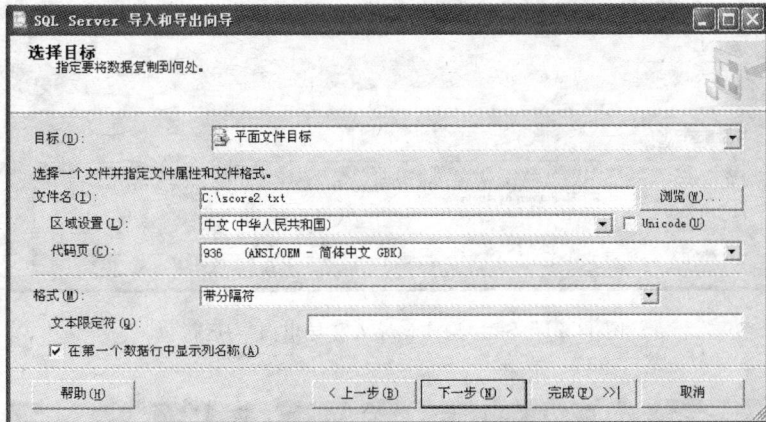

图 11-18 SQL Server 导入和导出向导-选择目标

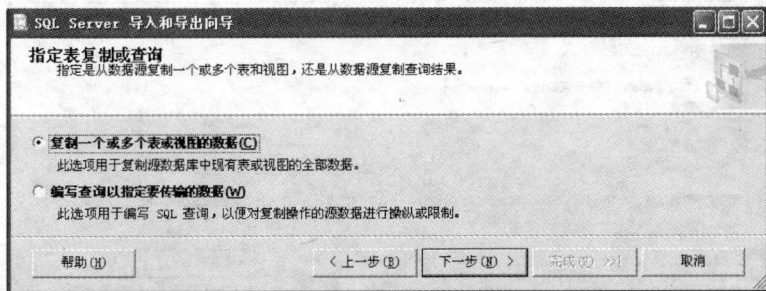

图 11-19 SQL Server 导入和导出向导-指定表复制或查询

（6）如图 11-20 所示，在【SQL Server 导入和导出向导-配置平面文件目标】对话框中，【源表或源视图】选择【[dbo].[score]】，单击【下一步】按钮。

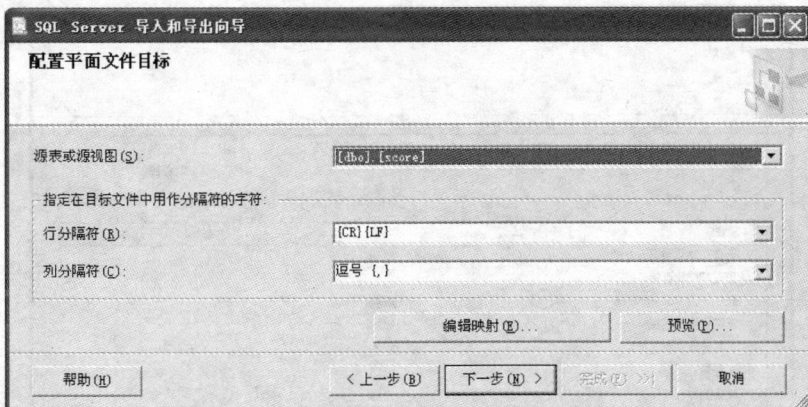

图 11-20 SQL Server 导入和导出向导-配置平面文件目标

（7）如图 11-21 所示，在【SQL Server 导入和导出向导-运行包】对话框中，选中【立即运行】复选框，单击【下一步】按钮。

（8）如图 11-22 所示，在【SQL Server 导入和导出向导-完成该向导】对话框中，单击【完成】按钮。

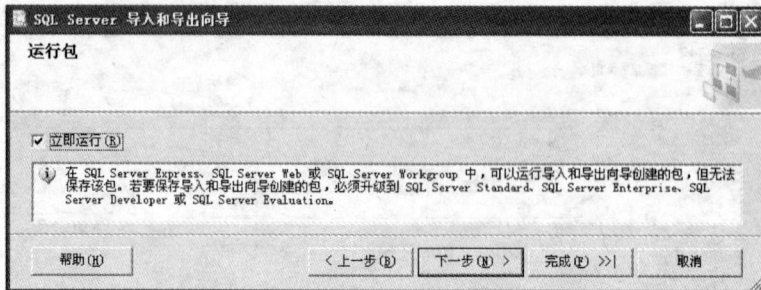

图 11-21　SQL Server 导入和导出向导-运行包

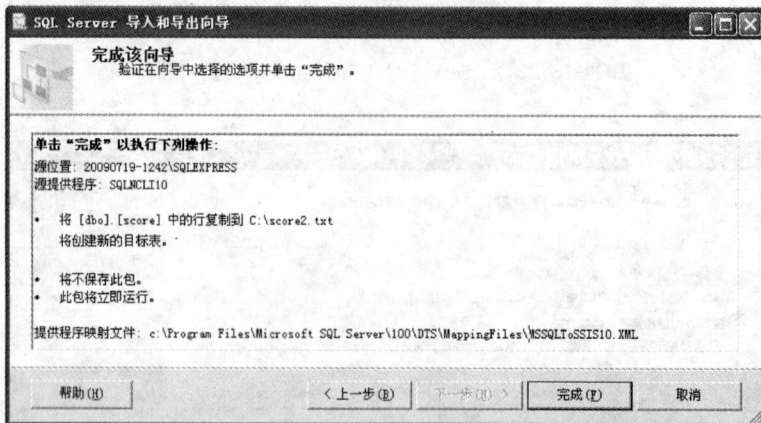

图 11-22　SQL Server 导入和导出向导-完成该向导

（9）如图 11-23 所示，在【SQL Server 导入和导出向导-执行成功】对话框中，查看执行成功显示的【详细信息】列表。

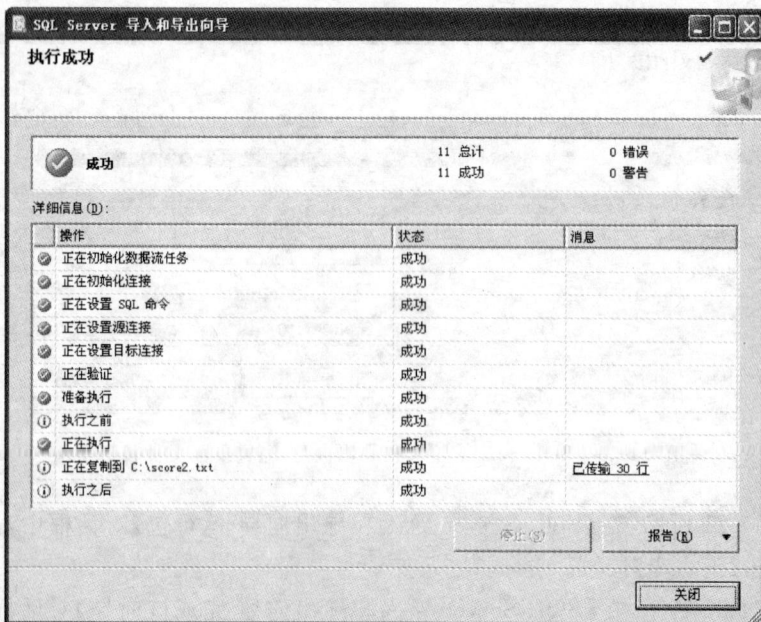

图 11-23　SQL Server 导入和导出向导-执行成功

（10）查看导出的 C:\score2.txt 文件的内容。

11.4　BCP 实用工具语法格式

批量数据导入导出工具 BCP(bulk copy program，BCP)能让数据库管理员将数据批量导入 SQL Server 表中或将数据从 SQL Server 表中批量导出文档中。它还支持一些定义数据如何导出、导入到什么地方、加载哪些数据等选项。BCP 实用工具可以在 Microsoft SQL Server 实例和用户指定格式的数据文件间大容量导入导出数据。

BCP 是 SQL Server 中负责导入导出数据的一个命令行工具，它是基于 DB-Library 的，并且能以并行的方式高效地导入导出大批量的数据。BCP 可以将数据库的表或视图直接导出，也能通过 SELECT FROM 语句对表或视图进行过滤后导出。在导入导出数据时，可以使用默认值或是使用一个格式文件将文件中的数据导入到数据库或将数据库中的数据导出到文件中。

BCP 的主要参数介绍如下：

BCP 共有 4 个动作可以选择。

（1）导入。

这个动作使用 in 命令完成，后面跟需要导入的文件名。

（2）导出。

这个动作使用 out 命令完成，后面跟需要导出的文件名。

（3）使用 SQL 语句导出。

这个动作使用 queryout 命令完成，它跟 out 类似，只是数据源不是表或视图名，而是 SQL 语句。

（4）导出格式文件。

这个动作使用 format 命令完成，后面跟格式文件名。

BCP 语法格式如下：

```
BCP {[[database_name.][schema].]{table_name | view_name} | "query"}
    {in | out | queryout | format} data_file
    [-m max_errors] [-f format_file] [-x] [-e err_file]
    [-F first_row] [-Llast_row] [-bbatch_size]
    [-d database_name] [-n] [-c] [-N] [-w] [-V(70 | 80 | 90 )]
    [-q] [-C { ACP | OEM | RAW | code_page } ] [-t field_term]
    [-r row_term] [-i input_file] [-o output_file] [-a packet_size]
    [-S [server_name[\instance_name]]] [-U login_id] [-P password]
    [-T] [-v] [-R] [-k] [-E] [-h"hint [,…n]"]
```

下面介绍一些常用的选项的含义。

- database_name

指定的表或视图所在数据库的名称。如果未指定，则使用用户的默认数据库。

- owner

表或视图所有者的名称。如果执行该操作的用户拥有指定的表或视图，则 owner 是可选的。如果未指定 owner，并且执行该操作的用户不是指定的表或视图的所有者，则 SQL Server 将返回错误消息，而且该操作将取消。

- table_name

将数据导入 SQL Server(in)时为目标表名称,将数据从 SQL Server(out)导出时为源表名称。

- view_name

将数据导入到 SQL Server(in)时为目标视图名称,从 SQL Server(out)中导出数据时为源视图名称。只有其中所有列都引用同一个表的视图才能用作目标视图。

- "query "

一个返回结果集的 Transact-SQL 查询。如果该查询返回多个结果集(如指定 COMPUTE 子句的 SELECT 语句),则只将第一个结果集复制到数据文件,而忽略后续的结果集。请将查询放在英文双引号中,将查询中嵌入的任何内容放在英文单引号中。从查询中大容量复制数据时,还必须指定 queryout。

只要在执行 BCP 语句之前存储过程内引用的所有表均存在,查询就可以引用该存储过程。例如,如果存储过程生成一个临时表,则 BCP 语句便会失败,因为该临时表只在运行时可用,而在语句执行时不可用。在这种情况下,应考虑将存储过程的结果插入表中,然后使用 bcp 将数据从表复制到数据文件中。

- in | out| queryout | format

指定大容量 BCP 的方向,具体如下:

in——从文件到数据库表或视图。

out——从数据库表或视图到文件。如果指定了现有文件,则该文件将被覆盖。提取数据时,请注意 BCP 实用工具将空字符串表示为 null,而将 null 字符串表示为空字符串。

queryout——从查询中复制,仅当从查询大容量复制数据时才必须指定此选项。

format——根据指定的选项(-n、-c、-w 或-N)以及表或视图的分隔符创建格式化文件。大容量复制数据时,BCP 命令可以引用一个格式化文件,从而避免以交互方式重复输入格式信息。format 选项要求指定-f 选项;创建 XML 格式化文件时还需要指定-x 选项。有关详细信息,请参阅创建格式化文件。

- data_file

数据文件的完整路径。将数据大容量导入 SQL Server 时,数据文件将包含要到指定的表或视图中的数据。从 SQL Server 中大容量导出数据时,数据文件将包含从表或视图中的数据。路径可以有 1~255 个字符。数据文件最多可包含 $2^{63}-1$ 行。

- -m max_errors

指定取消 BCP 操作之前可能出现的语法错误的最大数目。语法错误是指将数据转换为目标数据类型时的错误。max_errors 总数不包括只能在服务器中检测到的错误,如违反约束。

无法由 BCP 实用工具复制的行将被忽略,并计为一个错误。如果未包括此选项,则默认值为 10。

注意:-m 选项也不适用于转换 money 或 bigint 数据类型。

- -f format_file

指定格式化文件的完整路径。此选项的含义取决于使用它的环境,具体如下:

如果-f 与 format 选项一起使用,则将为指定的表或视图创建指定的 format_file。若要创建 XML 格式化文件,请同时指定-x 选项。

如果与 in 或 out 选项一起使用，则-f 需要一个现有的格式化文件。

如果 format_file 以连字符(一)或正斜杠(/)开头，则不要在-f 与 format_file 名称之间包含空格。

- -x

与 format 和-fformat_file 选项一起使用，可以生成基于 XML 的格式化文件，而不是默认的非 XML 格式化文件。在导入或导出数据时，-x 不起作用。如果不与 format 和-fformat_file 一起使用，则将生成错误。

- -e err_file

指定错误文件的完整路径，此文件用于存储 BCP 实用工具无法从文件传输到数据库的所有行。BCP 命令产生的错误消息将被发送到用户的工作站。如果不使用此选项，则不会创建错误文件。

如果 err_file 以连字符(一)或正斜杠(/)开头，则不要在-e 与 err_file 名称之间包含空格。

- -F first_row

指定要从表中导出或从数据文件导入的第一行的编号。此参数的值应大于($>$)0，小于($<$)或等于($=$)总行数。如果未指定此参数，则默认为文件的第一行。

first_row 可以是一个最大为 $2^{63}-1$ 的正整数值。-F first_row 从 1 开始。

- -L last_row

指定要从表中导出或从数据文件中导入的最后一行的编号。此参数的值应大于($>$)0，小于($<$)或等于($=$)最后一行的编号。如果未指定此参数，则默认为文件的最后一行。

last_row 可以是一个最大为 $2^{63}-1$ 的正整数值。

- -b batch_size

指定每批导入数据的行数。每个批次均作为一个单独的事务进行导入并记录，在提交之前会导入整批。默认情况下，数据文件中的所有行均作为一个批次导入。若要将行分为多个批次进行操作，请指定小于数据文件中的行数的 batch_size。如果任何批次的事务失败，则将只回滚当前批次中的插入，已经由已提交事务导入的批次不会受到将来失败的影响。

请不要将此选项与-h"ROWS_PER_BATCH ＝bb"选项一起使用。

- -d database_name

指定要连接到的数据库。默认情况下，bcp.exe 连接到用户的默认数据库。

如果指定了-ddatabase_name 以及一个由三个部分组成的名称(database_name. schema. table,作为第一个参数传递给 bcp.exe)，将发生错误。这是因为无法两次指定此数据库名称。

如果 database_name 以连字符(一)或正斜杠(/)开头，则不要在-d 与数据库名称之间添加空格。

- -n

使用数据的本机(数据库)数据类型执行大容量操作。此选项不提示输入每个字段，它将使用本机值。

- -c

使用字符数据类型执行该操作。此选项不提示输入每个字段；它使用 char 作为存储类型，不带前缀；使用\t(制表符)作为字段分隔符，使用\r\n(换行符)作为行终止符。

- -N

执行大容量操作时，对非字符数据使用本机(数据库)数据类型的数据，对字符数据使用

Unicode 字符。此选项是-w 选项的一个替代选项,并具有更高的性能。此选项主要用于通过数据文件将数据从一个 SQL Server 实例传送到另一个实例。此选项不提示输入每个字段。如果要传送包含 ANSI 扩展字符的数据,并希望利用本机模式的性能优势,则可使用此选项。

- -w

使用 Unicode 字符执行大容量操作。此选项不提示输入每个字段;它使用 nchar 作为存储类型,不带前缀;使用\t(制表符)作为字段分隔符,使用\n(换行符)作为行终止符。

- -V(70 | 80 | 90)

使用 SQL Server 早期版本中的数据类型执行大容量操作。此选项并不提示输入每个字段,它将使用默认值。

70 = SQL Server 7.0

80 = SQL Server 2000

90 = SQL Server 2005

- -q

在 BCP 实用工具和 SQL Server 实例之间的连接中,执行 SET QUOTED_IDENTIFIERS ON 语句。使用此选项可以指定包含空格或单引号的数据库、所有者、表或视图的名称。将由三部分组成的整个表名或视图名用英文双引号("")引起来。

若要指定包含空格或单引号的数据库名称,必须使用-q 选项。

-q 不适用于传递到-d 的值。

- -t field_term

指定字段终止符。默认值为\t(制表符)。使用此参数可以替代默认字段终止符。

- -r row_term

指定行终止符。默认值为\n(换行符)。使用此参数可替代默认行终止符。如果 row_term 以连字符"−"或正斜杠"/"开头,则不要在-r 与 row_term 值之间包含空格。

- -i input_file

指定响应文件的名称,其中包含在交互模式(未指定-n、-c、-w 或-N)下执行大容量时,对该命令要求输入每个数据字段的提示信息所作出的响应。

如果 input_file 以连字符"−"或正斜杠"/"开头,则不要在-i 与 input_file 名称之间包含空格。

- -o output_file

指定文件名称,该文件用于接收从命令提示符重定向来的输出。

如果 output_file 以连字符"−"或正斜杠"/"开头,则不要在-o 与 output_file 名称之间包含空格。

- -a packet_size

指定服务器发出或接收的每个网络数据包的字节数。可以使用 SQL Server Management Studio(或 sp_configure 系统存储过程)来设置服务器配置选项。但是,可以使用此选项逐个替代服务器配置选项。packet_size 的取值范围为 4096～65535 字节,默认为 4096 字节。

增大数据包可以提高大容量操作的性能。如果无法得到请求的较大数据包,则使用默认值。BCP 实用工具生成的性能统计信息可以显示所用的数据包大小。

- -S server_name[\instance_name]

指定要连接的 SQL Server 实例。如果未指定服务器,则 BCP 实用工具将连接到本地计算机上的默认 SQL Server 实例。如果从网络或本地命名实例上的远程计算机中运行 BCP 命令,则必须使用此选项。若要连接到服务器上的 SQL Server 默认实例,请仅指定 server_name。若要连接到 SQL Server 的命名实例,请指定 server_name\instance_name。

- -U login_id

指定用于连接到 SQL Server 的登录 ID。

安全说明:如果 BCP 实用工具通过使用集成安全性的受信任连接与 SQL Server 进行连接,则使用-T 选项(可信连接),而不要使用 user name 和 password 的组合。

- -P password

指定登录 ID 的密码。如果未使用此选项,BCP 命令将提示输入密码。如果在命令提示符的末尾使用此选项,但不提供密码,则 BCP 将使用默认密码(NULL)。

安全说明:不要使用空密码,请使用强密码。

若要屏蔽密码,请不要同时指定-P 和-U 选项。而应在指定 BCP 以及 -U 选项和其他开关(不指定-P)之后按 Enter,这时命令会提示输入密码。这种方法可以确保输入密码时对其屏蔽。

如果 password 以连字符"-"或正斜杠"/"开头,则不要在-P 与 password 之间添加空格。

- -T

指定 BCP 实用工具通过使用集成安全性的可信连接连接到 SQL Server。不需要网络用户的安全凭据、login_id 和 password。如果未指定-T,则需要指定-U 和-P 才能成功登录。

- -v

报告 BCP 实用工具的版本号和版权。

- -R

指定使用客户端计算机区域设置中定义的区域格式,将货币、日期和时间数据大容量复制到 SQL Server 中。默认情况下,将忽略区域设置。

- -k

指定在操作过程中空列应该保留 null 值,而不是所插入列的任何默认值。

- -E

指定导入数据文件中的标识值用于标识列。如果未指定-E,则将忽略所导入数据文件中此列的标识值,而且 SQL Server 将根据创建表期间指定的种子值和增量值自动分配唯一值。

如果数据文件不包含表或视图中的标识列的值,则可使用格式化文件指定,在导入数据时应跳过表或视图中的标识列;SQL Server 将自动为该列分配唯一值。

- -h " hint[,…n] "

指定向表或视图中大容量导入数据时要用到的提示。

```
ORDER(column[ASC | DESC] [, … n])
```

数据文件中的数据排序次序。如果根据表中的聚集索引(如果有)对要导入的数据排序,则可提高大容量导入的性能。如果数据文件以不同的次序(即不同于聚集索引键的次序)排序,或者表中不存在任何聚集索引,则将忽略 ORDER 子句。提供的列名必须是目标表中有效的列名。默认情况下,BCP 假定数据文件没有排序。对于经过优化的大容量导入,SQL Server 还将验证导入的数据是否已排序。

小结

本章全面讲述了 SQL Server 2008 的数据导入导出功能,介绍了命令方式和图形界面方式。BCP 命令是 SQL Server 提供的一个快捷的数据导入导出工具。使用它不需要启动任何图形管理工具就能以高效的方式导入导出数据。当然,也可以通过 xp_cmdshell 在 SQL 语句中执行,通过这种方式可以将其放到客户端程序中(如 Java、C♯等)运行,这也是使客户端程序具有数据导入导出功能的方法之一。

习题

简答题

(1) 简述 SQL Server 2008 中的数据导入导出概念。

(2) 简述 SQL Server 2008 中可以使用的数据导入导出方法有哪些?

实验

【实验名称】

数据的导入和导出。

【实验目的】

熟悉数据的导入导出。

【实验内容】

(1) SQL Server Management Studio 2008 将数据导出脚本数据。

① 打开 SQL Server Management Studio 2008 ,连接到你的数据库服务器,展开对象资源管理器到数据库节点。

② 选择需要将数据导出到脚本的数据库,这里选择的是 stu_info ,将包含所有的存储过程、表、视图、表里的数据等。

③ 右击选中的数据,按照以下路径选择生成脚本向导:stu_info→【任务】→【生成脚本】,如图 11-24 所示。

④ 当点击生成脚本,弹出一个向导【生成和发布脚本】对话框,如图 11-25 所示,单击【下一步】按钮。

在接下来的如图 11-26 所示窗口中选择【编写整个数据库及所有数据库对象的脚本】,并单击【下一步】按钮。

⑤ 下一步到达【设置脚本编写选项】,选择【保存到新建查询窗口】,单击【下一步】按钮,在接下来的弹出窗口中继续单击【下一步】按钮,直至单击【完成】按钮生成脚本,如图 11-27 所示。

执行完就可以看到如图 11-28 所示的结果了。

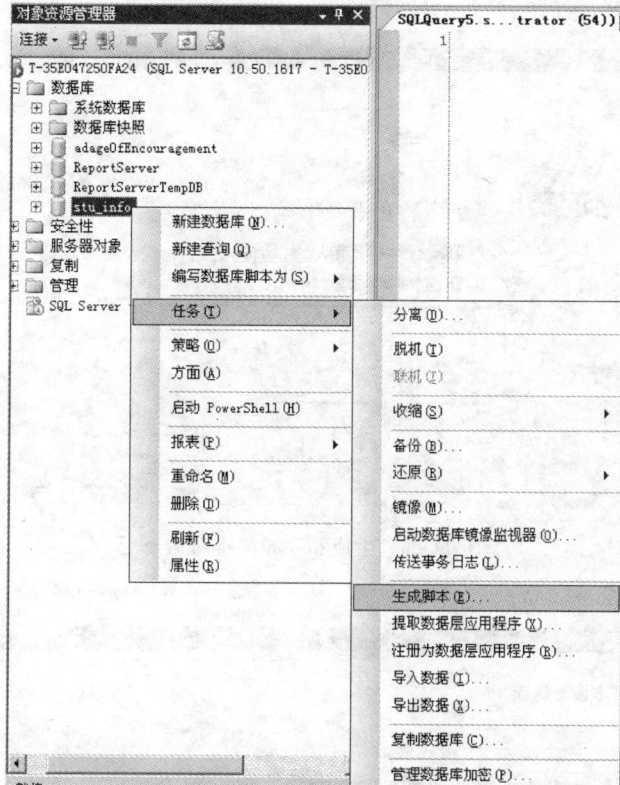

图 11-24 生成脚本菜单

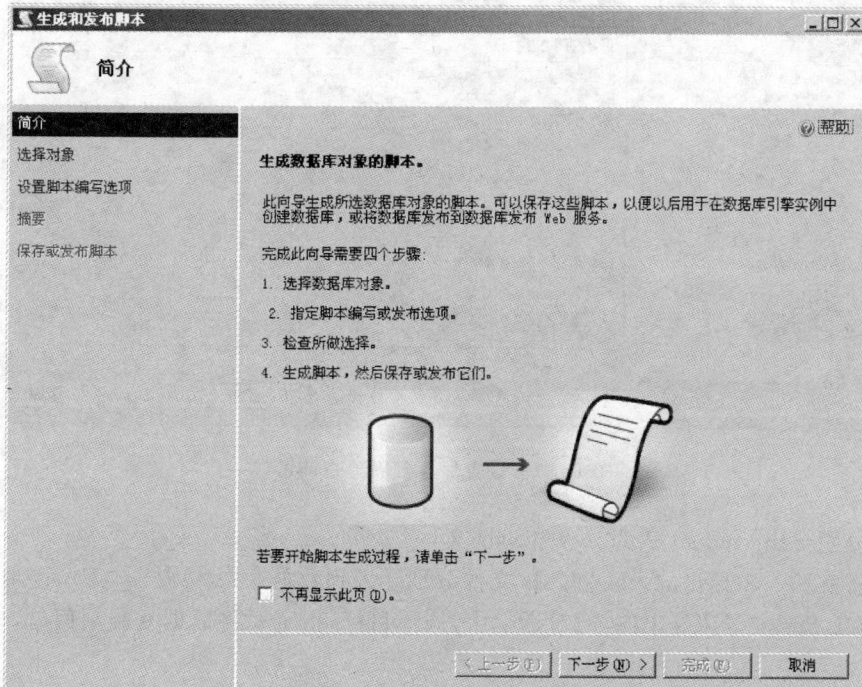

图 11-25 生成和发布脚本对话框

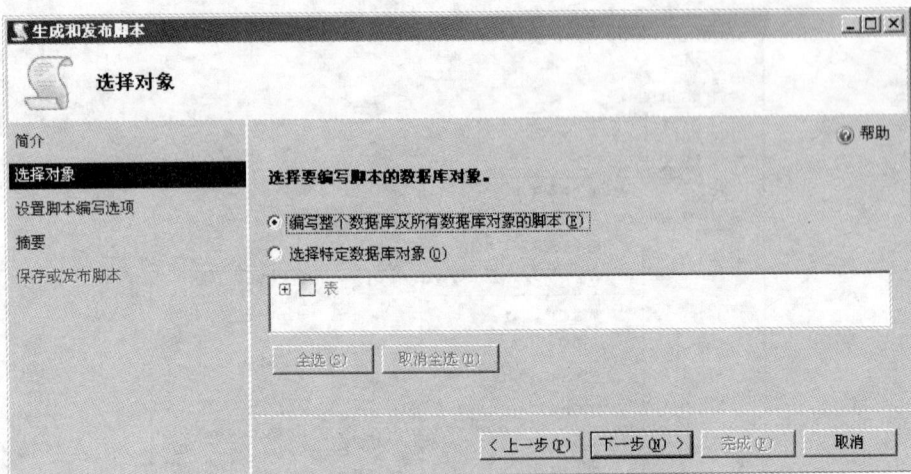

图 11-26　生成和发布脚本对话框

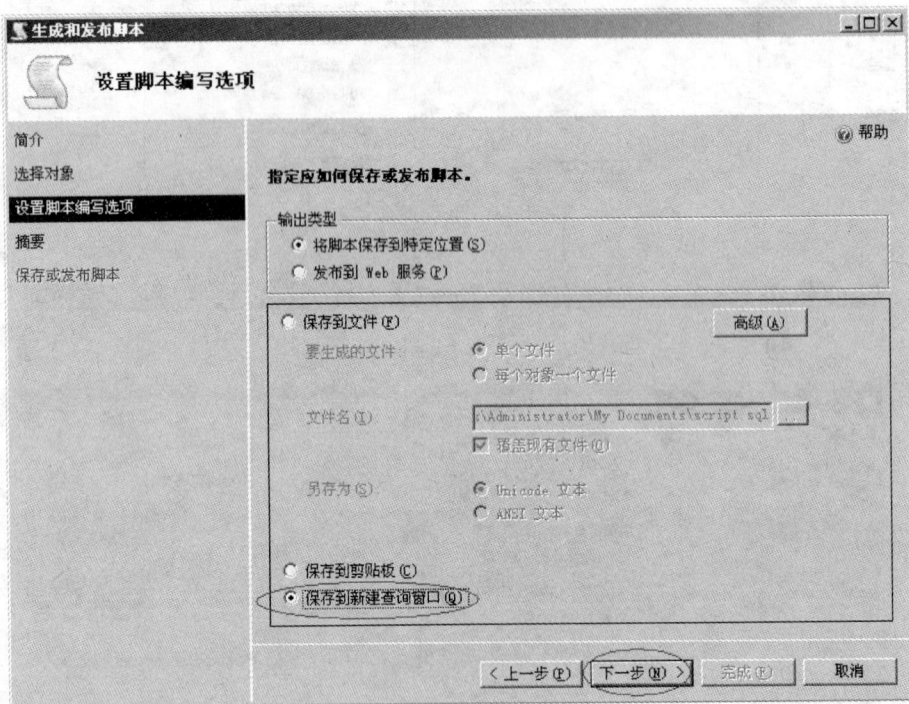

图 11-27　设置保存到新建查询窗口

（2）分别导出 student 表为.csv 和.xls 文件。

（3）将实验一中导出的.csv 和.xls 文件分别导入到数据库中。

在【SQL Server 导入导出向导】对话框中，选择目标，指定要将数据复制到何处，如图 11-29 所示。

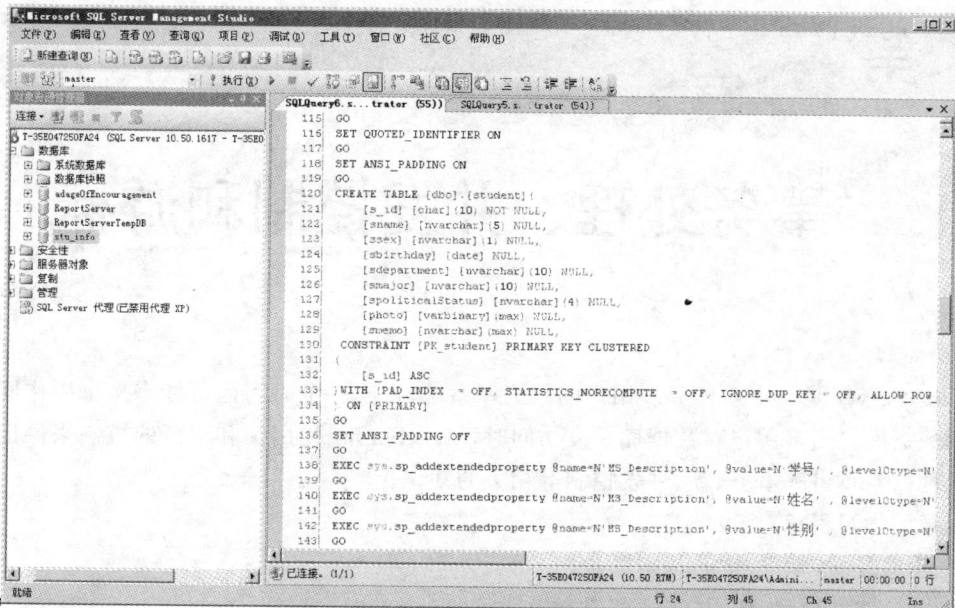

图 11-28 生成的脚本

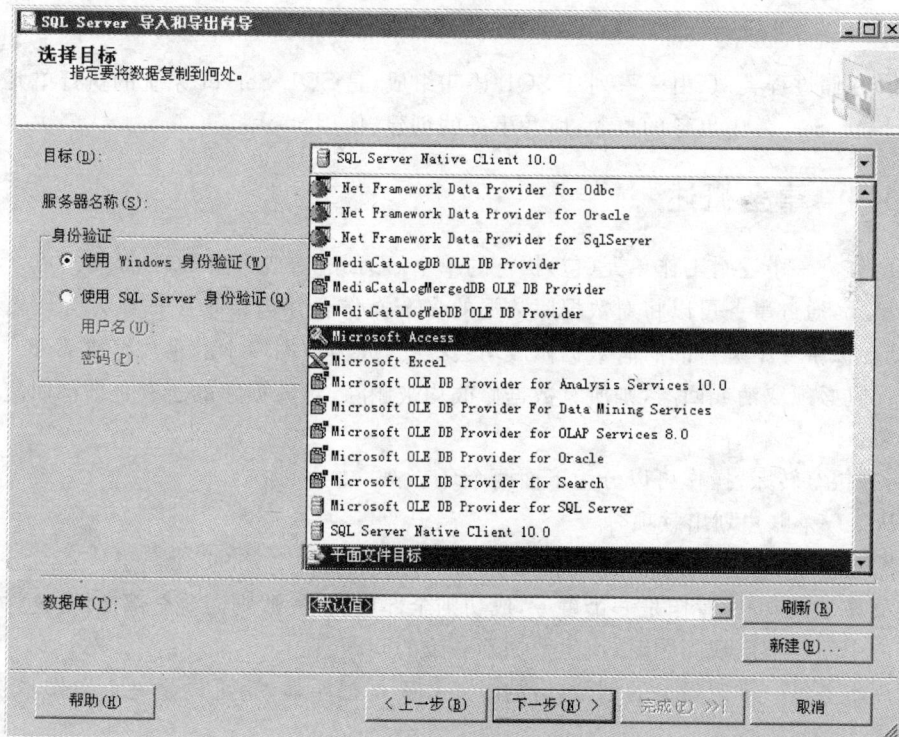

图 11-29 导入导出向导

第12章
事务处理、并发控制和游标

SQL Server 是一个多任务多用户的数据库系统,在同一个时间内可能有多个操作同时并发访问数据库。当多用户对数据库并发访问时,SQL Server 使用锁和事务的机制来保证数据的一致性。本章讲解事务、锁、并发控制等相关的知识。

本章的学习目标:
- 理解并发、事务、锁的基本概念;
- 掌握并发控制、加锁、解锁和事务操作。

12.1 事务

事务和存储过程类似,由一系列 T-SQL 语句组成,是 SQL Server 系统的执行单元。本节主要介绍 SQL Server 中事务的概念,以及事务的创建、使用。

12.1.1 事务概述

事务由作为一个逻辑工作单元(包)执行的单个 SQL 语句或一组 SQL 语句组成。事务是单个工作单元,通过事务可以将对数据库数据的多个操作合并为单个工作单元。如果某一事务成功,则在该事务中进行的所有数据修改均会提交,成为数据库中的永久组成部分。如果事务遇到错误且必须取消或回滚,则所有数据修改均被删除,对数据库的所有更新都回滚到其事务前的状态。

比如,去银行转账,操作可以分为下面两个环节:

(1) 从第一个账户划出款项。

(2) 将款项存入第二个账户。

整个交易过程,可以看作是一个事务,成功则全部成功,失败则需要全部撤销,这样可以避免当操作的中间环节出现问题时,产生数据不一致的问题。

数据库事务是一个逻辑上的划分,有的时候并不是很明显,它可以是一个操作步骤,也可以是多个操作步骤。

我们可以这样理解数据库事务:对数据库所做的一系列修改,在修改过程中,暂时不写入数据库,而是缓存起来,用户在自己的终端可以预览变化,直到全部修改完成,并经过检查确认无误后,一次性提交并写入数据库,在提交之前,必要的话所做的修改都可以取消。提交之后,就不能撤销,提交成功后其他用户才可以通过查询浏览数据的变化。

以事务的方式对数据库进行访问,有如下的优点:

- 把逻辑相关的操作分成了一个组；
- 在数据永久改变前,可以预览数据变化；
- 能够保证数据的读一致性。

12.1.2 事务的特性

事务是作为单个逻辑工作单元执行的一系列操作。一个逻辑工作单元必须有 4 个属性,即原子性、一致性、隔离性和持久性,简称 ACID 属性,只有这样才能成为一个事务。

事务的特性如下:

(1) 原子性(atomic):指整个数据库事务是不可分割的工作单位。事务中包括的诸操作要么都做,要么都不做。

(2) 一致性(consistency):指数据库事务不能破坏关系数据的完整性以及业务逻辑的一致性。事务执行的结果必须是使数据库从一个一致性状态变到另一个一致性状态。

一致性状态:数据库中只包含成功事务提交的结果。

不一致状态:数据库中包含失败事务的结果。

(3) 隔离性(isolation):指的是在并发环境中,当不同的事务同时操作相同的数据时,每个事务都有各自的完整数据空间,一个事务内部的操作及使用的数据对其他并发事务是隔离的,并发执行的各个事务之间不能互相干扰。

(4) 持久性(durability):指的是只要事务成功结束,它对数据库所做的更改就必须永久保存。接下来的其他操作或故障不应该对其执行结果有任何影响。

事务的这种机制保证了一个事务或者提交后成功执行,或者失败回滚,二者必居其一,因此,事务对数据的修改具有可恢复性,即当事务失败时,它对数据的修改都会恢复到该事务执行前的状态。而使用一般的批处理,则有可能出现有的语句被执行,而另一些语句没有被执行的情况,从而有可能造成数据不一致。

数据库采用日志来保证事务的原子性,一致性和持久性,日志记录了事务对数据库所做的更新,如果某个事务在执行过程中发生错误,就可以根据日志,撤销事务对数据库已做的更改,使数据库退回到执行事务前的初始状态。

事务开始之后,事务所有的操作都陆续写到事务日志中。这些任务操作在事务日志中记录一个标志,用于表示执行了这种操作,当取消这种事务时,系统自动执行这种操作的反操作,保证系统的一致性。系统自动生成一个检查点机制,这个检查点周期地发生。检查点的周期是系统根据用户定义的时间间隔和系统活动的频率由系统自动计算出来的时间间隔。检查点周期地检查事务日志,如果在事务日志中,事务全部完成,那么检查点将事务提交到数据库中,并且在事务日志中做一个检查点提交标记。如果在事务日志中,事务没有完成,那么检查点将事务日志中的事务不提交到数据库中,并且在事务日志中做一个检查点未提交标记。

12.1.3 指定和强制事务

SQL 程序员要负责启动和结束事务,同时强制保持数据的逻辑一致性。程序员必须定义数据修改的顺序,使数据相对于其组织的业务规则保持一致。程序员将这些修改语句包括到一个事务中,使 SQL Server 数据库引擎能够强制该事务的物理完整性。

企业数据库系统(如数据库引擎实例)有责任提供一种机制,保证每个事务的物理完整性。

数据库引擎提供：

(1) 锁定设备，使事务保持隔离；

(2) 记录设备，保证事务的持久性。即使服务器硬件、操作系统或数据库引擎实例自身出现故障，该实例也可以在重新启动时使用事务日志，将所有未完成的事务自动地回滚到系统出现故障的点；

(3) 事务管理特性，强制保持事务的原子性和一致性。事务启动之后，就必须成功完成，否则数据库引擎实例将撤销该事务启动之后对数据所做的所有修改。

12.1.4　控制事务

应用程序主要通过指定事务启动和结束的时间来控制事务。可以使用 Transact-SQL 语句或数据库应用程序编程接口(API)函数来指定这些时间。系统还必须能够正确处理那些在事务完成之前便终止事务的错误。

默认情况下，事务按连接级别进行管理。在一个连接上启动一个事务后，该事务结束之前，在该连接上执行的所有 Transact-SQL 语句都是该事务的一部分。但是，在多个活动的结果集(multiple active result sets，MARS)会话中，Transact-SQL 显式或隐式事务将变成批范围的事务，这种事务按批处理级别进行管理。当批处理完成时，如果批范围的事务还没有提交或回滚，SQL Server 将自动回滚该事务。

MARS 使数据库应用程序允许应用程序在单一连接中交错执行多个请求，能在单个连接上保持多个活动语句，具体而言，每个连接可以具有多个活动的默认结果集。应用程序可以同时打开多个默认结果集，并且交错读取它们。应用程序可以在默认结果集打开的同时执行如 INSERT、UPDATE、DELETE 和存储过程调用等语句。

1. 启动事务

使用 API 函数和 Transact-SQL 语句，可以在 SQL Server 数据库引擎实例中将事务作为显式、自动提交或隐式事务来启动。在 MARS 会话中，Transact-SQL 显式和隐式事务将变成批范围的事务。

根据运行模式，SQL Server 2008 将事务分为 4 种类型：自动提交事务、显式事务、隐式事务和批处理级事务。

1) 自动提交事务

数据库引擎的默认模式。每个单独的 Transact-SQL 语句都在其完成后提交。不必指定任何语句来控制事务。

2) 显式事务

通过 API 函数或通过发出 Transact-SQL BEGIN TRANSACTION 语句来显式启动事务。

3) 隐式事务

通过 API 函数或 Transact-SQL SET IMPLICIT_TRANSACTIONS ON 语句，将隐性事务模式设置为打开。下一个语句自动启动一个新事务。当该事务完成时，下一个 Transact-SQL 语句又将启动一个新事务。

4) 批处理级事务

只适用于多个活动的结果集(MARS)，在 MARS 会话中启动的 Transact-SQL 显式或隐式事务将变成批范围的事务。当批处理完成时,如果批范围的事务还没有提交或回滚,SQL Server 将自动回滚该事务。

事务模式按连接级别进行管理。一个连接的事务模式发生变化对任何其他连接的事务模式没有影响。

2. 结束事务

使用 COMMIT 或 ROLLBACK 语句,或者通过 API 函数来结束事务。

1) COMMIT

如果事务成功,则提交。COMMIT 语句保证事务的所有修改在数据库中都永久有效。COMMIT 语句还释放事务使用的资源(例如,锁)。

2) ROLLBACK

如果事务中出现错误,或用户决定取消事务,则回滚该事务。ROLLBACK 语句通过将数据返回到它在事务开始时所处的状态,来取消事务中的所有修改。ROLLBACK 还释放事务占用的资源。

注意,在为支持多个活动的结果集(MARS)而建立的连接中,只要还有待执行的请求,就无法提交通过 API 函数启动的显式事务。如果在未完成的操作还在运行时尝试提交此类事务,将导致出现错误。

3. 指定事务边界

可以使用 Transact-SQL 语句或 API 函数和方法来确定数据库引擎事务启动和结束的时间。

1) 方法一:使用"Transact-SQL 语句"指定事务边界

可以使用 BEGIN TRANSACTION、COMMIT TRANSACTION、COMMIT WORK、ROLLBACK TRANSACTION、ROLLBACK WORK 和 SET IMPLICIT_TRANSACTIONS 语句来描述事务。这些语句主要用于数据库应用程序和 Transact-SQL 脚本(如使用 osql 命令提示实用工具运行的脚本)中。

osql 工具是一个 Microsoft Windows 32 命令提示符工具,可以使用它运行 Transact-SQL 语句和脚本文件。

2) 方法二:使用"API 函数和方法"指定事务边界

数据库 API(如 ODBC、OLE DB、ADO 和 . NET Framework SQL Client 命名空间)包含用于描述事务的函数或方法。这些是数据库引擎应用程序中用于控制事务的主要机制。

每个事务都必须只由其中一种方法管理。在对同一事务使用两种方法会导致出现不确定的结果。例如,不应先使用 ODBC API 函数启动一个事务,再使用 Transact-SQL COMMIT 语句完成该事务。这样将无法向 SQL Server ODBC 驱动程序通知已提交该事务。在这种情况下,应使用 ODBC SQLEndTran 函数结束该事务。

4. 事务处理过程中的错误

如果某个错误使事务无法成功完成,SQL Server 会自动回滚该事务,并释放该事务占用的所有资源。如果客户端与数据库引擎实例的网络连接中断了,那么当网络向实例通知该中断后,该连接的所有未完成事务均会被回滚。如果客户端应用程序失败或客户端计算机崩溃或重新启动,也会中断连接,而且当网络向数据库引擎实例通知该中断后,该实例会回滚所有未完成的连接。如果客户端从该应用程序注销,所有未完成的事务也会被回滚。

如果批中出现运行时语句错误(如违反约束),那么数据库引擎中的默认行为是只回滚产生该错误的语句。可以使用 SET XACT_ABORT 语句更改此行为。在执行 SET XACT_ABORT ON 语句后,任何运行时语句错误都将导致自动回滚当前事务。编译错误(如语法错误)不受 SET XACT_ABORT 的影响。

出现错误时,纠正操作(COMMIT 或 ROLLBACK)应包括在应用程序代码中。一种处理错误(包括那些事务中的错误)的有效工具是 Transact-SQLTRY…CATCH 构造。

12.1.5 显式事务

显式事务就是可以显式地在其中定义事务的开始和结束的事务。

DB-Library 应用程序和 Transact-SQL 脚本使用 BEGIN TRANSACTION、COMMIT TRANSACTION、COMMIT WORK、ROLLBACK TRANSACTION 或 ROLLBACK WORK Transact-SQL 语句定义显式事务。

1. BEGIN TRANSACTION

标记显式连接事务的起始点。

2. COMMIT TRANSACTION 或 COMMIT WORK

如果没有遇到错误,可使用该语句成功地结束事务。该事务中的所有数据修改在数据库中都将永久有效。事务占用的资源将被释放。

3. ROLLBACK TRANSACTION 或 ROLLBACK WORK

用来清除遇到错误的事务。该事务修改的所有数据都返回到事务开始时的状态。事务占用的资源将被释放。

还可以在 OLE DB 中使用显式事务。调用 ITransactionLocal::StartTransaction 方法可启动事务。如果将 fRetainin 设置为 FALSE,通过调用 ITransaction::Commit 或 ITransaction::Abort 方法结束事务时不会自动启动另一事务。

在 ADO 中,对 Connection 对象使用 BeginTrans 方法可启动隐式事务。若要结束该事务,可调用该 Connection 对象的 CommitTrans 或 RollbackTrans 方法。

在 ADO.NET SqlClient 托管提供程序中,对 SqlConnection 对象使用 BeginTransaction 方法可以启动一个显式事务。若要结束事务,可以对 SqlTransaction 对象调用 Commit()或 Rollback()方法。

ODBC API 不支持显式事务,只支持自动提交和隐式事务。

显式事务模式持续的时间只限于该事务的持续期。当事务结束时,连接将返回到启动显式事务前所处的事务模式,或者是隐式模式,或者是自动提交模式。

注意,在多个活动的结果集(MARS)会话中,通过 Transact-SQL BEGIN TRANSACTION 语句启动的显式事务将变成批范围的事务。如果批范围的事务在批处理完成时还没有提交或回滚,SQL Server 将自动回滚该事务。

12.1.6　自动提交事务

自动提交模式是 SQL Server 数据库引擎的默认事务管理模式。每个 Transact-SQL 语句在完成时，都被提交或回滚。如果一个语句成功地完成，则提交该语句；如果遇到错误，则回滚该语句。只要没有显式事务或隐性事务覆盖自动提交模式，与数据库引擎实例的连接就以此默认模式操作。自动提交模式也是 ADO、OLE DB、ODBC 和 DB 库的默认模式。

在 BEGIN TRANSACTION 语句启动显式事务或隐性事务设置为开启之前，与数据库引擎实例的连接一直以自动提交模式操作。当提交或回滚显式事务或关闭隐性事务模式时，连接将返回到自动提交模式。

如果设置为 ON，SET IMPLICIT_TRANSACTIONS 会将连接设置为隐式事务模式。如果设置为 OFF，则使连接恢复为自动提交事务模式。

12.1.7　隐式事务

当连接以隐性事务模式进行操作时，SQL Server 数据库引擎实例将在提交或回滚当前事务后自动启动新事务。无须描述事务的开始，只需提交或回滚每个事务。隐性事务模式生成连续的事务链。

为连接将隐性事务模式设置为打开之后，当数据库引擎实例首次执行 ALTER TABLE、INSERT、CREATE、OPEN、DELETE、REVOKE、DROP、SELECT、FETCH、TRUNCATE TABLE、GRANT、UPDATE 这些语句的任何一个时，都会自动启动一个事务。

在发出 COMMIT 或 ROLLBACK 语句之前，该事务将一直保持有效。在第一个事务被提交或回滚之后，下次当连接执行以上任何语句时，数据库引擎实例都将自动启动一个新事务。该实例将不断地生成隐性事务链，直到隐性事务模式关闭为止。

隐性事务模式既可以使用 Transact-SQL SET 语句来设置，也可以通过数据库 API 函数和方法来设置。

注意，在多个活动的结果集（MARS）会话中，Transact-SQL 隐式事务将变成批范围的事务。如果批范围的事务在批处理完成时还没有提交或回滚，SQL Server 将自动回滚该事务。

将连接设置为隐式事务模式的语法如下：

```
SET IMPLICIT_TRANSACTIONS {ON|OFF}
```

说明：如果设置为 ON，SET IMPLICIT_TRANSACTIONS 将连接设置为隐式事务模式。如果设置为 OFF，则使连接恢复为自动提交事务模式。

如果连接处于隐式事务模式，并且当前不在事务中，则执行含有下列关键字的语句都可启动事务。

语句关键字：ALTER TABLE、FETCH、REVOKE、CREATE、GRANT、SELECT、DELETE、INSERT、TRUNCATE TABLE、DROP、OPEN、UPDATE。

如果连接已经在打开的事务中，则上述语句不会启动新事务。

对于因为此设置为 ON 而自动打开的事务，用户必须在该事务结束时将其显式提交或回滚。否则，当用户断开连接时，事务及其包含的所有数据更改将被回滚。事务提交后，执行上述任一语句即可启动一个新事务。

隐式事务模式将始终生效，直到连接执行 SET IMPLICIT_TRANSACTIONS OFF 语句使连接恢复为自动提交模式。在自动提交模式下,所有单个语句在成功完成时将被提交。

进行连接时,SQL Server Native Client OLE DB Provider for SQL Server 和 SQL Server Native Client ODBC 驱动程序会自动将 IMPLICIT_TRANSACTIONS 设置为 OFF。对于与 SQL Client 托管提供程序的连接以及通过 HTTP 端点接收的 SOAP 请求,SET IMPLICIT_TRANSACTIONS 默认为 OFF。

如果 SET ANSI_DEFAULTS 为 ON,则 SET IMPLICIT_TRANSACTIONS 也为 ON。

SET IMPLICIT_TRANSACTIONS 的设置是在执行或运行时设置的,而不是在分析时设置的。

12.1.8　分布式事务(数据库引擎)

分布式事务跨越两个或多个称为资源管理器的服务器。称为事务管理器的服务器组件必须在资源管理器之间协调事务管理。如果分布式事务由 Microsoft 分布式事务处理协调器 (MS DTC)之类的事务管理器或其他支持 Open Group XA 分布式事务处理规范的事务管理器来协调,则在这样的分布式事务中,每个 SQL Server 数据库引擎实例都可以作为资源管理器来运行。

跨越两个或多个数据库的单个数据库引擎实例中的事务实际上是分布式事务。该实例对分布式事务进行内部管理;对于用户而言,其操作就像本地事务一样。

对于应用程序而言,管理分布式事务很像管理本地事务。当事务结束时,应用程序会请求提交或回滚事务。不同的是,分布式提交必须由事务管理器管理,以尽量避免出现因网络故障而导致事务由某些资源管理器成功提交,但由另一些资源管理器回滚的情况。通过分两个阶段(准备阶段和提交阶段)管理提交进程可避免这种情况,这称为两阶段提交(Two-Phase Commit,2PC)。

1. 准备阶段

当事务管理器收到提交请求时,它会向该事务涉及的所有资源管理器发送准备命令。然后,每个资源管理器将尽力使该事务持久,并且所有保存该事务日志映像的缓冲区将被刷新到磁盘中。当每个资源管理器完成准备阶段时,它会向事务管理器返回准备成功或准备失败的消息。

2. 提交阶段

如果事务管理器从所有资源管理器收到准备成功的消息,它将向每个资源管理器发送一个提交命令。然后,资源管理器就可以完成提交。如果所有资源管理器都报告提交成功,那么事务管理器就会向应用程序发送一个成功通知。如果任一资源管理器报告准备失败,那么事务管理器将向每个资源管理器发送一个回滚命令,并向应用程序表明提交失败。

数据库引擎应用程序可以通过 Transact-SQL 或数据库 API 来管理分布式事务。

12.1.9　Transact-SQL 事务处理语句

SQL Server 提供以下事务语句。

(1) BEGIN TRANSACTION:标记一个显式本地事务的起始点。BEGIN

TRANSACTION 使@@TRANCOUNT 按 1 递增。

(2) BEGIN DISTRIBUTED TRANSACTION：指定一个由 Microsoft 分布式事务处理协调器(MS DTC)管理的 Transact-SQL 分布式事务的起始。

(3) COMMIT TRANSACTION：标志一个成功的隐性事务或显式事务的结束。如果@@TRANCOUNT 为 1,COMMIT TRANSACTION 使得自从事务开始以来所执行的所有数据修改成为数据库的永久部分,释放事务所占用的资源,并将@@TRANCOUNT 减少到 0。如果@@TRANCOUNT 大于 1,则 COMMIT TRANSACTION 使@@TRANCOUNT 按 1 递减并且事务将保持活动状态。

(4) COMMIT WORK：标志事务的结束。此语句的功能与 COMMIT TRANSACTION 相同,但 COMMIT TRANSACTION 接受用户定义的事务名称。

(5) ROLLBACK TRANSACTION：将显式事务或隐性事务回滚到事务的起点或事务内的某个保存点。

(6) ROLLBACK WORK ：将用户定义的事务回滚到事务的起点。此语句的功能与 ROLLBACK TRANSACTION 相同,但 ROLLBACK TRANSACTION 接受用户定义的事务名称。

(7) SAVE TRANSACTION ：在事务内设置保存点。

系统内置函数 @@TRANCOUNT 返回在当前连接上已发生的 BEGIN TRANSACTION 语句的数目。@@TRANCOUNT 有时也称为全局变量。

BEGIN TRANSACTION 语句将 @@TRANCOUNT 增加 1。ROLLBACK TRANSACTION 将 @@TRANCOUNT 递减到 0,但 ROLLBACK TRANSACTION savepoint_name 除外,它不影响 @@TRANCOUNT。COMMIT TRANSACTION 或 COMMIT WORK 将@@TRANCOUNT 递减 1。

【例 12-1】 事务的显式开始和显式回滚。

在 SQL Server Management Studio 的【标准】工具栏上,单击【新建查询】按钮。此时将使用当前连接打开一个查询编辑器窗口。输入如下代码,单击【SQL 编辑器】工具栏上的【执行】按钮,在【结果】→【消息】窗格中查看结果。

```
USE TempDB;                             /*使用 TempDB 作为当前数据库*/
GO
-- TempDB 数据库中若存在用户创建的表 TestTable,则删除
IF OBJECT_ID(N'TempDB..TestTable', N'U')IS NOT NULL
   DROP TABLE TestTable;
GO

CREATE TABLE TestTable([ID] int,[name] nchar(10))
GO
DECLARE @TransactionName varchar(20);   /*声明局部变量*/
set @TransactionName = 'Transaction1';  /*局部变量赋初值*/

PRINT @@TRANCOUNT              /*向客户端返回当前连接上已发生的 BEGIN TRANSACTION 语句数*/
BEGIN TRAN @TransactionName             /*显式开始事务*/
   PRINT @@TRANCOUNT
   INSERT INTO TestTable VALUES(1,'David')  /*插入记录到表*/
   INSERT INTO TestTable VALUES(2,'John')   /*插入记录到表*/
```

```
     ROLLBACK TRAN @TransactionName  /*显式回滚事务,取消插入操作,将表中数据恢复到初始状态*/
PRINT @@TRANCOUNT

BEGIN TRAN @TransactionName
  PRINT @@TRANCOUNT
  INSERT INTO TestTable VALUES(3,'Jone')
  INSERT INTO TestTable VALUES(4,'Rose')
  If @@error>0 --如果系统出现意外
      ROLLBACK TRAN @TransactionName        /*进行回滚操作*/
  Else
      COMMIT TRAN @TransactionName          /*显式提交事务*/
PRINT @@TRANCOUNT

SELECT * FROM TestTable                  /*查询表的所有记录*/
--Results
--ID name
------------
--3 Jone
--4 Rose

DROP TABLE TestTable                     /*删除表*/
```

【例 12-2】　为教师表插入一名教师的信息,如果正常运行则插入数据表中,反之则回滚。此题注意学习 SAVE TRANSACTION 语句。

```
USE TempDB;                              /*使用 TempDB 作为当前数据库*/
GO
--TempDB 数据库中若存在用户创建的表 Teacher,则删除之
IF OBJECT_ID(N'TempDB..Teacher', N'U')IS NOT NULL
    DROP TABLE Teacher;
GO

CREATE TABLE Teacher([ID] int,[name] nchar(10),[birthday]datetime,depatrment nchar(4),salary
int null)
GO

BEGIN TRANSACTION
INSERT INTO teacher VALUES('101','王伟',1990-03-02,'计算机系',1000)
INSERT INTO teacher VALUES('102','李红',1900-08-08,'计算机系',1000)
SELECT * FROM Teacher;

UPDATE teacher SET salary=salary+100     --给每名教师的薪水加 100 元
SAVE TRANSACTION savepoint1
INSERT INTO teacher VALUES('840','李强',1975-03-02,'计算机系',null)
IF @@error>0
    ROLLBACK TRANSACTION savepoint1
IF @@error>0
    ROLLBACK TRANSACTION
ELSE
    COMMIT TRANSACTION
SELECT * FROM Teacher;
```

注意：SAVE TRANSACTION 命令后面有一个名字，这就是在事务内设置的保存点的名字，这样在第一次回滚时，就可以回滚到这个存储点，就是 savepoint1，而不是回滚整个的事务。INSERT INTO teacher 会被取消，但是事务本身仍然将继续。也就是插入的教师信息将从事务中除去，数据表撤销该教师信息的插入，但是给每名教师的薪水加 100 元的操作正常地被保存到数据库之中；到了后一个回滚，由于没有给出回滚到的保存点名字，ROLLBACK TRANSACTION 将回滚到 BEGIN TRANSACTION 前的状态，即修改和插入操作都被撤销，就像没有发生任何事情一样。

事务的编写是 T-SQL 编程过程中非常重要的操作，因此数据库专家根据事务编程的特点，总结并归纳出以下几个要点，以期达到编写有效事务的目的：

（1）不要在事务处理期间要求用户输入数据。

（2）在事务启动之前，必须要获得所有需要的用户输入。

（3）在浏览数据的时候，尽量不要打开事务。

（4）在所有的数据检索分析完毕之前，不应该启动事务。

（5）事务的代码编写尽可能简短。

（6）在知道了必须要进行的修改之后，启动事务，执行修改语句，然后立即提交或者回滚。

（7）在事务中尽量使访问的数据量最小化。

（8）尽量减少锁定数据表的行数，从而减少事务之间的竞争。

12.1.10　事务的分类

根据系统的设置来分类，SQL Server 2008 将事务分为两种类型：系统提供的事务和用户定义的事务，分别简称为系统事务和用户定义事务。

1. 系统事务

系统提供的事务是指在执行某些语句时，一条语句就是一个事务。但是要明确，一条语句的对象既可能是表中的一行数据，也可能是表中的多行数据，甚至是表中的全部数据。

因此，只有一条语句构成的事务也可能包含了多行数据的处理。

系统提供的事务语句如下：

ALTER TABLE 、CREATE、DELETE、DROP、FETCH、GRANT、INSERT、OPEN、REVOKE、SELECT、UPDATE、TRUNCATE TABLE

这些语句本身就构成了一个事务。

【例 12-3】 使用 CREATE TABLE 创建一个表。

```
CREATE TABLE student( id CHAR(10), name CHAR(6), sex CHAR(2) )
```

说明：这条语句本身就构成了一个事务。这条语句由于没有使用条件限制，那么这条语句就是创建包含 3 个列的表。要么创建全部成功，要么全部失败。

2. 用户定义事务

在实际应用中，大多数的事务处理采用了用户定义的事务来处理。在开发应用程序时，可以使用 BEGIN TRANSACTION 语句来定义明确的用户定义事务。在使用用户定义事务时，一定要注意事务必须有明确的结束语句来结束。如果不使用明确的结束语句来结束，那么系统可能把从事务开始到用户关闭连接之间的全部操作都作为一个事务来对待。事务的明确结束可以使用两个语句中的一个：COMMIT 语句和 ROLLBACK 语句。COMMIT 语句是提交语句，将全部完成的语句明确地提交到数据库中。ROLLBACK 语句是取消语句，该语句将事务的操作全部取消，即表示事务操作失败。

还有一种特殊的用户定义事务，这就是分布式事务。例 12-3 的事务是在一个服务器上的操作，其保证的数据完整性和一致性是指一个服务器上的完整性和一致性。但是，如果一个比较复杂的环境，可能有多台服务器，那么要保证在多台服务器环境中事务的完整性和一致性，就必须定义一个分布式事务。在这个分布式事务中，所有的操作都可以涉及对多个服务器的操作，当这些操作都成功时，所有这些操作都提交到相应服务器的数据库中，如果这些操作中有一个操作失败，那么这个分布式事务中的全部操作都将被取消。

12.2　数据库并发控制

数据库是一个多用户使用的共享资源。多个用户或应用程序可能同时对数据库的同一数据对象进行读写操作，这种现象称为对数据库的并发操作。当多个用户事务并发地存取某数据库的同一数据时，若对并发操作不加控制就可能会读取和存储不正确的数据，破坏数据库的一致性。

12.2.1　并发控制概述

不同的多事务执行方式如下：

多事务的执行方式分为串行执行方式、交叉并发方式、同时并发方式，如图 12-1 所示。

1. 事务串行执行

特点：每个时刻只有一个事务运行，其他事务必须等到这个事务结束以后方能运行。

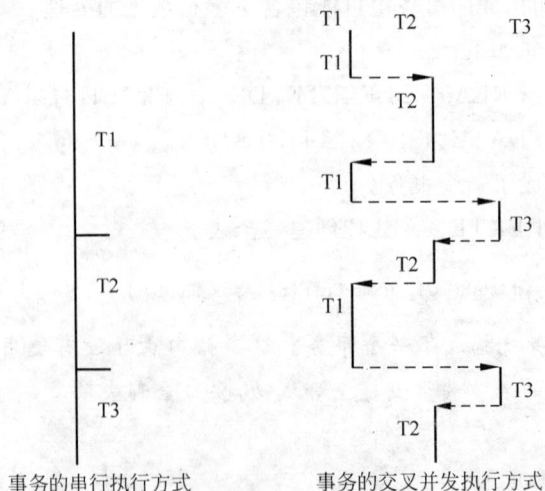

事务的串行执行方式　　　　事务的交叉并发执行方式

图 12-1　事务的串行执行和交叉并发执行示意图

缺点：不能充分利用系统资源，不能发挥数据库共享资源的特点。

2. 交叉并发方式（interleaved concurrency）

特点：在单处理机系统中，事务的并行执行使这些并行事务的并行操作轮流交叉运行。

优点：单处理机系统中的并行事务并没有真正地并行运行，但能够减少处理机的空闲时间，提高系统的效率。

3. 同时并发方式（simultaneous concurrency）

多处理机系统中，每个处理机可以运行一个事务，多个处理机可以同时运行多个事务，实现多个事务真正的并行运行。同时并发方式是最理想的并发方式，但受制于硬件环境。

12.2.2 并发操作带来的数据不一致性问题

修改数据的用户会影响同时读取或修改相同数据的其他用户。即这些用户可以并发访问数据。这里以库存管理为例，说明如果数据存储系统没有并发控制，对并发操作不加以限制，会产生数据不一致性问题，这种问题共有 3 类：丢失更新、读"脏"数据和不可重复读。

1. 丢失更新

当两个或多个事务选择同一行，然后基于最初选定的值更新该行时，会发生丢失更新问题。每个事务都不知道其他事务的存在。最后的更新将覆盖由其他事务所做的更新，这将导致数据丢失。

假设某产品库存量为 50，现在购入该产品 100 个，执行入库操作，库存量加 100；用掉 40 个，执行出库操作，库存量减 40。分别用 T1 和 T2 表示入库和出库操作任务。

例如，同时发生入库（T1）和出库（T2）操作，这就形成并发操作。T1 读取库存后，T2 也读取了同一个库存；T1 修改库存，回写更新后的值；T2 修改库存，也回写更新后的值。此时库存为 T2 回写的值，T1 对库存的更新丢失。如表 12-1 所示 T1 和 T2 的并发操作执行顺序，发生了"丢失更新"错误。

表 12-1 发生丢失更新的过程

顺 序	任 务	操 作	库 存 量
	1	读库存量	0
	2	读库存量	0
	1	库存量＝50＋100	
	2	库存量＝50－40	
	1	写库存量	50
	2	写库存量	0

2. 读"脏数据"

当第二个事务选择其他事务正在更新的行时，会发生未提交的依赖关系问题。第二个事务正在读取的数据还没有被提交并且可能由更新此行的事务所更改。

当 T1 和 T2 并发执行时，在 T1 对数据库更新的结果没有提交之前，T2 使用了 T1 的结果，而在 T2 操作之后 T1 又回滚，这时引起的错误是 T2 读取了 T1 的"脏数据"。表 12-2 所示的执行过程就产生了这种错误。

表 12-2　T2 使用 T1 的"脏数据"的过程

顺　序	任　务	操　作	库 存 量
	1	读库存量	0
	1	库存量＝50＋100	
	1	写库存量	50
	2	读库存量	50
	2	库存量＝150－40	
	1	ROLLBACK	0
	2	写库存量	10

3. 不可重复读

当第二个事务多次访问同一行而且每次读取不同的数据时,会发生不一致的分析问题。不一致的分析与未提交的依赖关系类似,因为其他事务也是正在更改第二个事务正在读取的数据。但是,在不一致的分析中,第二个事务读取的数据是由已进行了更改的事务提交的。此外,不一致的分析涉及多次(两次或更多)读取同一行,而且每次信息都被其他事务更改,因此我们称之为"不可重复读"。

当 T1 读取数据 A 后,T2 执行了对 A 的更新,当 T1 再次读取数据 A(希望与第一次是相同的值时),得到的数据与前一次不同,这时引起的错误称为"不可重复读"。表 12-3 所示的并发操作执行过程,发生了"不可重复读"错误。

并发操作之所以产生错误,是因为任务执行期间相互干扰造成的。当将任务定义成事务,事务具有的特性(特别是隔离性)得以保证时,就会避免上述错误的发生。但是,如果只允许事务串行操作会降低系统的效率。所以,多数 DBMS 采用事务机制和封锁机制进行并发控制,既保证了数据的一致性,又保障了系统效率。

表 12-3　T1 对数据 A"不可重复读"的过程

顺　序	任　务	操　作	库存量 A	入库量 B
	1	读 A＝50	0	00
	1	读 B＝100		
	1	求和＝50＋100		
	2	读 B＝100	0	
	2	B←B×4		
	2	回写 B＝400	0	00
	1	读 A＝50	0	
	1	读 B＝400		
	1	和＝450(验算不对)		

三类不可重复读的现象。

事务 1 读取某一数据后,可能产生:

(1) 事务 2 对其做了修改,当事务 1 再次读该数据时,得到与前一次不同的值。

（2）事务 2 删除了其中部分记录，当事务 1 再次读取数据时，发现某些记录神秘地消失了。

（3）事务 2 插入了一些记录，当事务 1 再次按相同条件读取数据时，发现多了一些记录。

后两种不可重复读有时也称为幻影现象（phantom row）或幻读。

分析以上三种错误的原因，不难看出，上述三个操作序列违背了事务的四个特性。在产生并发操作时如何确保事务的特性不被破坏，避免上述错误的发生？这就是并发控制要解决的问题。

12.3 封锁机制

12.3.1 封锁及锁的类型

封锁机制是并发控制的主要手段。封锁是使事务对它要操作的数据有一定的控制能力。封锁具有 3 个环节：

- 第一个环节是申请加锁，即事务在操作前要对它欲使用的数据提出加锁请求；
- 第二个环节是获得锁，即当条件成熟时，系统允许事务对数据加锁，从而事务获得数据的控制权；
- 第三个环节是释放锁，即完成操作后事务放弃数据的控制权。为了达到封锁的目的，在使用时事务应选择合适的锁，并要遵从一定的封锁协议。

基本的封锁类型有两种：排它锁（exclusive locks，简称 X 锁）和共享锁（share locks，简称 S 锁）。

1. 排它锁

排它锁也称为独占锁或写锁。一旦事务 T 对数据对象 A 加上排它锁（X 锁），则只允许 T 读取和修改 A，其他任何事务既不能读取和修改 A，也不能再对 A 加任何类型的锁，直到 T 释放 A 上的锁为止。

2. 共享锁

共享锁又称为读锁。如果事务 T 对数据对象 A 加上共享锁（S 锁），其他事务对 A 只能再加 S 锁，不能加 X 锁，直到事务 T 释放 A 上的 S 锁为止。

12.3.2 封锁协议

简单地对数据加 X 锁和 S 锁并不能保证数据库的一致性。在对数据对象加锁时，还需要约定一些规则。例如，何时申请 X 锁或 S 锁、持锁时间、何时释放等。这些规则称为封锁协议（locking protocol）。对封锁方式规定不同的规则，就形成了各种不同的封锁协议。封锁协议分三级，各级封锁协议对并发操作带来的丢失修改、不可重复读取和读"脏"数据等不一致问题，可以在不同程度上予以解决。

1. 一级封锁协议

一级封锁协议是：事务 T 在修改数据之前必须先对其加 X 锁，直到事务结束才释放。

根据该协议要求,将表12-1中的任务 T1、T2 作为事务,用 A 表示库存,重新执行各操作的过程见表12-4。

表 12-4 遵循一级封锁协议的事务执行过程

顺　序	T1	T2	库存 A 的值
1	Xlock A 获得		50
2	读 A＝50	Xlock A 等待	50
3	A←A＋100 写回 A＝150 Commit Unlock A	等待 等待 等待	150
4		获得 Xlock A 读 A＝150 A←A－40 回写 A＝110 Commit Ulock A	110

可见,一级封锁协议可有效地防止"丢失更新",并能够保证事务 T 的可恢复性。但是,由于一级封锁没有要求对读数据进行加锁,所以不能保证可重复读和不读"脏"数据。表12-5所示的操作过程遵从一级封锁协议,但仍然发生了读"脏"数据错误。读者可以用类似的操作实例,便会发现一级封锁协议也不能避免不可重复读的错误。

表 12-5 遵从一级封锁协议发生的读"脏"数据过程

顺　序	T1	T2	库存 A 的值
	Xlock A 获得 读 A＝50 A←A＋100 写回 A＝150 Ulock A		50 150
		读 A＝150	150
	ROLLBACK		50

2. 二级封锁协议

二级封锁协议是:事务 T 对要修改数据必须先加 X 锁,直到事务结束才释放 X 锁;对要读取的数据必须先加 S 锁,读完后即可释放 S 锁。

二级封锁协议不但能够防止丢失修改,还可进一步防止读"脏"数据。但是由于二级封锁协议对数据读完后即可释放 S 锁,所以不能避免"不可重复读"错误。例如,表12-6所示的并发操作执行过程,遵从二级封锁协议,但发生了"不可重复读"错误。

表 12-6 遵从二级封锁协议发生的"不可重复读"的过程

顺 序	T1	T2	A 的值	B 的值
1	Slock A,B 获得 读 A＝50 读 B＝100 Ulock A,B	Xlock B 等待 等待 等待 获得	50 150	100
2	求和＝150 Slock A 得到 Slock B 等待 等待 获得	读 B＝100 B←B×4 回写 B＝400 Commit Ulock B	50	400
3	读 A＝50 读 B＝400 和＝450 （验算错误）		50	400

3．三级封锁协议

三级封锁协议是事务 T 在读取数据之前必须先对其加 S 锁,在要修改数据之前必须先对其加 X 锁,直到事务结束后才释放所有锁。

由于三级封锁协议强调即使事务读完数据 A 之后也不释放 S 锁,从而使得别的事务无法更改数据 A。三级封锁协议不但防止了丢失修改和不读"脏"数据,而且防止了不可重复读。

一、二、三级封锁协议对比如表 12-7 所示。

表 12-7 一、二、三级封锁协议对比

	X 锁		S 锁		一致性保证		
	操作结 束释放	事务结 束释放	操作结 束释放	事务结 束释放	不丢失修改	不读脏数据	可重复读
一级封锁协议		√			√		
二级封锁协议		√	√		√	√	
三级封锁协议		√		√	√	√	√

12.3.3 封锁出现的问题及解决方法

和操作系统中一样,事务使用封锁机制后,可能会产生活锁、死锁等问题,DBMS 必须妥善地解决这些问题,才能保障系统的正常运行。

1．活锁

如果事务 T1 封锁了数据 R,T2 事务又请求封锁 R,于是 T2 等待。T3 也请求封锁 R,当 T1 释放了 R 上的封锁之后系统首先批准了 T3 的要求,T2 仍然等待。然后 T4 又请求封锁 R,当 T3 释放了 R 上的封锁之后系统又批准了 T4 的请求,……,T2 有可能永远等待。这种在多个事务请求对同一数据封锁时,使某一用户总是处于等待的状况称为活锁。如图 12-2 所示。

T_1	T_2	T_3	T_4
lock R			
⋮	lock R		
	等待	lock R	
unlock	等待	等待	lock R
⋮	等待	lock R	等待
	等待		等待
	等待	unlock	等待
	等待		lock R
	等待		

图 12-2 活锁示意图

解决活锁问题的方法是采用先来先服务的策略。当多个事务请求封锁同一数据对象时，封锁子系统按请求封锁的先后次序对事务排队，数据对象上的锁一旦释放就批准申请队列中第 1 个事务获得锁。

2. 死锁

在两个或多个任务中，如果每个任务锁定了其他任务试图锁定的资源，此时会造成这些任务永久阻塞，从而出现死锁。图 12-3 清楚地显示了死锁状态，其中：

- 任务 T1 具有资源 A 的锁（通过从 A 指向 T1 的箭头指示），并请求资源 B 的锁（通过从 T1 指向 B 的箭头指示）；
- 任务 T2 具有资源 B 的锁（通过从 B 指向 T2 的箭头指示），并请求资源 A 的锁（通过从 T2 指向 A 的箭头指示）。

因为这两个任务都需要有资源可用才能继续，而这两个资源又必须等到其中一个任务继续才会释放出来，所以陷入了死锁状态。

下面再从表 12-8 的执行序列上来进一步分析死锁的发生。

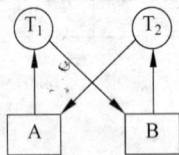

图 12-3 死锁示意图

表 12-8 死锁

T1	T2
Xlock A	.
.	.
.	Xlock B
Xlock B	
等待	Xlock A
等待	等待
等待	等待

表 12-8 中，事务 T1 和 T2 都需要数据 A 和 B，操作时 T1 封锁了数据 A，T2 封锁了数据 B；然后 T1 又请求封锁 B，T2 又请求封锁 A；因 T2 已封锁了 B，故 T1 等待 T2 释放 B 上的锁。同理，因 T1 已封锁了 A，故 T2 等待 T1 释放 A 上的锁。由于 T1 和 T2 都没有获得全部需要的数据，所以它们不会结束，只能继续等待。这种多事务交错等待的僵持局面就造成了死锁的发生。

12.3.4　死锁的预防和解除

一般来讲,死锁是不可避免的。数据库中解决死锁问题主要有两类方法:一类方法是采用一定措施来预防死锁的发生;另一类方法是允许发生死锁,然后采用一定手段定期诊断系统中有无死锁,若有则解除之。

1. 死锁的预防

在数据库系统中,产生死锁的原因是两个或多个事务都已封锁了一些数据对象,然后又都请求对已为其他事务封锁的数据对象加锁,从而出现死锁等待。防止死锁的发生其实就是要破坏产生死锁的条件。预防死锁通常有两种方法。

1) 一次封锁法

一次封锁法要求每个事务必须一次将所有要使用的数据全部加锁,否则就不能继续执行。例如,在上图的例子中,如果事务 T1 将数据对象 A 和 B 一次加锁,T1 就可以执行下去,而 T2 等待。T1 执行完后释放 A 和 B 上的锁,T2 继续执行。这样就不会发生死锁。

一次封锁法虽然可以有效地防止死锁的发生,但也存在问题。第一,一次就将以后要用到的全部数据加锁,势必扩大了封锁的范围,从而降低了系统的并发度。第二,数据库中数据是不断变化的,原来不要求封锁的数据,在执行过程中可能会变成封锁对象,所以很难实现精确地确定每个事务所要封锁的数据对象,只能采取扩大封锁范围,将事务在执行过程中可能要封锁的数据对象全部加锁,这就进一步降低了并发度。

2) 顺序封锁法

顺序封锁法是预先对数据对象规定一个封锁顺序,所有事务都按这个顺序执行封锁。在图 12-3 中,我们规定封锁顺序是 A、B、T1 和 T2,都按此顺序封锁,即 T2 也必须先封锁 A。当 T2 请求 A 的封锁时,由于 T1 已经封锁住 A,T2 就只能等待。T1 释放 A,B 上的锁后,T2 继续运行。这样就不会发生死锁。

顺序封锁法同样可以有效地防止死锁,但也同样存在问题。第一,数据库系统中可封锁的数据对象极其众多,并且随数据的插入、删除等操作而不断地变化,要维护这样极多而且变化的资源的封锁顺序非常困难,成本很高。第二,事务的封锁请求可以随着事务的执行而动态地决定,很难事先确定每一个事务要封锁哪些对象,因此也就很难按规定的顺序去施加封锁。例如,规定数据对象的封锁顺序为 A、B、C、D、E,事务 T3 起初要求封锁数据对象 B、C、E,但当它封锁 B、C 后,才发现还需要封锁 A,这样就破坏了封锁顺序。

可见,在操作系统中广为采用的预防死锁的策略并不很适合数据库的特点,因此 DBMS 在解决死锁的问题上更普遍采用的是诊断并解除死锁的方法。

2. 死锁的诊断

数据库系统中诊断死锁的方法与操作系统类似,一般使用超时法或事务等待图法。

1) 超时法

如果一个事务的等待时间超过了规定的时限,就认为发生了死锁。超时法实现简单,但其不足也很明显。一是有可能误判死锁,事务因为其他原因使等待时间超过时限,系统会误认为发生了死锁。二是时限若设置得太长,死锁发生后不能及时发现。

2) 等待图法

事务等待图是一个有向图 $G=(T,U)$。T 为结点的集合,每个结点表示正运行的事务;

U 为边的集合,每条边表示事务等待的情况。若 T1 等待 T2,则 T1,T2 之间划一条有向边,从 T1 指向 T2。事务等待图动态地反映了所有事务的等待情况。并发控制子系统周期性地(比如每隔 1 min)检测事务等待图,如果发现图中存在回路,则表示系统中出现了死锁。

图 12-4(a)中,事务 T1 等待 T2,T2 等待 T1,产生了死锁;

图 12-4(b)中,事务 T1 等待 T2,T2 等待 T3,T3 等待 T4,T4 又等待 T1,产生了死锁;

图 12-4(b)中,事务 T3 可能还等待 T2,在大回路中又有小的回路。

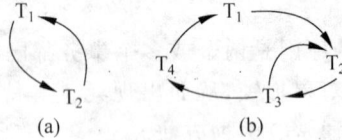

图 12-4　事务等待图

3. 死锁的解除

DBMS 的并发控制子系统一旦检测到系统中存在死锁,就要设法解除。通常采用的方法是选择一个处理死锁代价最小的事务,将其撤销,释放此事务持有的所有的锁,使其他事务得以继续运行下去。当然,对撤销的事务所执行的数据修改操作必须加以恢复。

SQL Server 数据库引擎自动检测 SQL Server 中的死锁循环。数据库引擎选择一个会话作为死锁牺牲品,然后终止当前事务(出现错误)来打断死锁。

12.3.5　封锁的粒度

封锁粒度(granularity)是指封锁对象的大小。封锁对象可以是逻辑单元,也可以是物理单元。以关系数据库为例,封锁对象可以是属性值、属性值的集合、元组、关系、直至整个数据库;也可以是一些物理单元,例如页(数据页或索引项)、块等。封锁粒度与系统的并发度和并发控制的开销密切相关。封锁的粒度越小,并发度越高,系统开销也越大;封锁的粒度越大,并发度越低,系统开销也越小。

一个系统应同时支持多种封锁粒度供不同的事务选择,这种封锁方法称为多粒度封锁(multiple granularity locking)。选择封锁粒度时应该综合考虑封锁开销和并发度两个因素,选择适当的封锁粒度以求得最优的效果。通常,需要处理大量元组的事务可以以关系为封锁粒度;需要处理多个关系的大量元组的事务可以以数据库为封锁粒度;而对于一个处理少量元组的用户事务,以元组为封锁粒度比较合适。

12.3.6　并发调度的可串行性

计算机系统对并发事务中并发操作的调度是随机的,而不同的调度可能会产生不同的结果。哪个结果是正确的,哪个是不正确的?

如果一个事务运行过程中没有其他事务同时运行,也就是说它没有受到其他事务的干扰,那么就可以认为该事务的运行结果是正常的或者预想的。因此将所有事务串行起来的调度策略一定是正确的调度策略。虽然以不同的顺序串行执行事务可能会产生不同的结果,但不会将数据库置于不一致状态,所以都是正确的。

多个事务的并发执行是正确的,当且仅当其结果与按某一次序串行地执行它们时的结果相同,我们称这种调度策略为可串行化(serializable)的调度。

可串行性(serializability)是并发事务正确性的准则。按这个准则规定,一个给定的并发调度,当且仅当它是可串行化的,才认为是正确调度。

例如,现在有两个事务,分别包含下列操作:

事务 T1:读 B;A=B+1;写回 A;

事务 T2:读 A;B=A+1;写回 B。

假设 A,B 的初值均为 2。按 T1→T2 次序执行结果为 A=3,B=4;按 T2→T1 次序执行结果为 B=3,A=4。图 12-5 给出了对这两个事务的三种不同的调度策略。图 12-5(a)和图 12-5(b)为两种不同的串行调度策略,虽然执行结果不同,但它们都是正确的调度;图 12-5(c)中两个事务是交错执行的,由于其执行结果与图 12-5(a)、图 12-5(b)的结果都不同,所以是错误的调度;图 12-5(d)中两个事务也是交错执行的,其执行结果与串行调度图 12-5(a)执行结果相同,所以是正确的调度。

为了保证并发操作的正确性,DBMS 的并发控制机制必须提供一定的手段来保证调度是可串行化的。

从理论上讲,在某一事务执行时禁止其他事务执行的调度策略一定是可串行化的调度,这也是最简单的调度策略,但这种方法实际上是不可取的,这使用户不能充分共享数据库资源。目前 DBMS 普遍采用封锁方法实现并发操作调度的可串行性,从而保证调度的正确性。两段锁(two-phase locking,简称 2PL)协议就是保证并发调度可串行性的封锁协议。除此之外还有其他一些方法,如时标方法、乐观方法等来保证调度的正确性。

T1	T2	T1	T2	T1	T2	T1	T2
Slock B			Slock A	Slock B		Slock B	
Y=B=2			X=A=3	Y=B=2		Y=B=2	
Unlock B			Unlock A		Slock A	Unlock B	
Xlock A			Xlock B		X=A=2	Xlock A	
A=Y+1			B=X+1	Unlock B			Slock A
写回 A(=3)			写回 B(=4)		Unlock A	A=Y+1	等待
Unlock A			Unlock B	Xlock A		写回 A(=3)	等待
	Slock A	Slock B		A=Y+1		Unlock A	等待
	X=A=3	Y=B=2		写回 A(=3)			X=A=3
	Unlock A	Unlock B			Xlock B		Unlock A
	Xlock B	Xlock A			B=X+1		Xlock B
	B=X+1	A=Y+1			写回 B(=3)		B=X+1
	写回 B(=4)	写回 A(=3)		Unlock A			写回 B(=4)
	Unlock B	Unlock A			Unlock B		Unlock B
(a) 串行调度		(b) 串行调度		(c) 不可串行化的调度		(d) 可串行化的调度	

图 12-5　并发事务的不同调度

12.3.7　两段锁协议

1. 两段锁协议

所谓两段锁协议是指所有事务必须分两个阶段对数据项加锁和解锁。第一阶段是获得封锁,也称为事务的扩展阶段。在这阶段,事务在对任何数据进行读、写操作之前,首先要申请并获得对该数据的封锁,事务可以申请获得任何数据项上的任何类型的锁,但是不能释放任何锁。第二阶段是释放封锁,也称为事务的收缩阶段。在这阶段,事务可以释放任何数据项上的任何类型的锁,但是在释放一个封锁之后,事务不再申请和获得任何其他封锁。

例如,

事务 1 的封锁序列是:

Slock A… Slock B… Xlock C… Unlock B… Unlock A… Unlock C;

事务 2 的封锁序列是:

Slock A… Unlock A… Slock B… Xlock C… Unlock C… Unlock B;

则事务 1 遵守两段锁协议,而事务 2 不遵守两段锁协议。

可以证明,若并发执行的所有事务均遵守两段锁协议,则对这些事务的任何并发调度策略都是可串行化的。

需要说明的是,事务遵守两段锁协议是可串行化调度的充分条件,而不是必要条件。也就是说,若并发事务都遵守两段锁协议,则对这些事务的任何并发调度策略都是可串行化的;若对并发事务的一个调度是可串行化的,不一定所有事务都符合两段锁协议。

在图 12-6 中,(a)和(b)都是可串行化的调度,但(a)中 T1 和 T2 都遵守两段锁协议,(b)中 T1 和 T2 不遵守两段锁协议。在图 12-6 中,(c)不是可串行化的调度,(c)中的 T1 和 T2 也遵守两段锁协议。又如图 12-5 中(d)是可串行化的调度,但 T1 和 T2 也不遵守两段锁协议。

另外要注意两段锁协议和防止死锁的一次封锁法的异同之处。一次封锁法要求每个事务必须一次将所有要使用的数据全部加锁,否则就不能继续执行,因此一次封锁法遵守两段锁协议;但是两段锁协议并不要求事务必须一次将所有要使用的数据全部加锁,因此遵守两段锁协议的事务可能发生死锁,如图 12-7 所示。

T1	T2	T1	T2	T1	T2
Slock B		Slock B			
读 B=2		读 B=2			Slock A
Y=B		Y=B			读 A=2
Xlock A		Unlock B			X=A
	Slock A	Xlock A			Unlock A
	等待		Slock A	Slock B	
A=Y+1	等待		等待	读 B=2	
写回 A=3	等待	A=Y+1	等待	Y=B	Xlock B
Unlock A	等待	写回 A=3	等待	Unlock B	等待
Unlock B	等待	Unlock A	等待		Xlock B
	Slock A		Slock A		B=X+1
	读 A=3		读 A=3		写回 B=3
	Y=A		X=A		Unlock B
	Xlock B		Unlock A		
	B=Y+1		Xlock B	Xlock A	
	写回 B=4		B=X+1	A=Y+1	
	Unlock B		写回 B=4	写回 A=3	
	Unlock A		Unlock B	Unlock A	
(a) 遵守两段锁协议		(b) 不遵守两段锁协议		(c) 不遵守两段锁协议	

图 12-6 可串行化调度

2. 两段锁协议与防止死锁的一次封锁法的比较

一次封锁法要求每个事务必须一次将所有要使用的数据全部加锁,否则就不能继续执行,因此一次封锁法遵守两段锁协议,但是两段锁协议并不要求事务必须一次将所有要使用的数据全部加锁,因此遵守两段锁协议的事务可能发生死锁。

T1	T2
Slock B	
读 B＝2	
	Slock A
	读 A＝2
Xlock A	
等待	XlockB
等待	等待

图 12-7 遵守两段锁协议的事务发生死锁

3. 两段锁协议与三级封锁协议的比较

两类不同目的的协议。

两段锁协议:保证并发调度的正确性。

三级封锁协议:在不同程度上保证数据一致性。

遵守三级封锁协议必然遵守两段锁协议。

12.4 SQL Server 的并发控制机制

12.4.1 并发控制的类型

当许多人试图同时修改数据库中的数据时,必须实现一个控制系统,使一个人所做的修改不会对他人所做的修改产生负面影响。这称为并发控制。并发控制理论根据建立并发控制的方法而分为 3 类:

- 悲观并发控制:一个锁定系统,可以阻止用户以影响其他用户的方式修改数据。如果用户执行的操作导致应用了某个锁,只有这个锁的所有者释放该锁,其他用户才能执行与该锁冲突的操作。这种方法之所以称为悲观并发控制,是因为它主要用于数据争用激烈的环境中,以及发生并发冲突时用锁保护数据的成本低于回滚事务的成本的环境中。
- 乐观并发控制:在乐观并发控制中,用户读数据时不锁定数据。在执行更新时,系统进行检查,查看另一个用户读过数据后是否更改了数据。如果另一个用户更新了数据,将产生一个错误。一般情况下,接收错误信息的用户将回滚事务并重新开始。该方法主要用在数据争夺少的环境内,以及偶尔回滚事务的成本超过读数据时锁定数据的成本的环境内,因此称该方法为乐观并发控制。
- 时标并发控制:时标和封锁技术之间的基本区别是封锁是使一组事务的并发执行(即交叉执行)同步,使用它等价于这些事务的某一串行操作;时标法也是使一组事务的交叉执行同步,但是使它等价于这些事务的一个特定的串行执行,即由时标的时序所确定的一个执行。如果发生冲突,是通过撤销并重新启动一个事务解决的。事务重新启动,则赋予新的时标。

Microsoft SQL Server 支持一定范围的并发控制。用户通过为游标上的连接或并发选项选择事务隔离级别来指定并发控制的类型。这些特性可以使用 Transact-SQL 语句或通过数据库应用程序编程接口(API,如 ADO、ADO.NET、OLE DB 和 ODBC)的属性和特性来定义。

12.4.2 锁定和行版本控制

当多个用户同时访问数据时,SQL Server 2008 数据库引擎使用以下机制确保事务的完整性和保持数据库的一致性:

1. 锁定

每个事务对所依赖的资源(如行、页或表)请求不同类型的锁。锁可以阻止其他事务以某种可能会导致事务请求锁出错的方式修改资源。当事务不再依赖锁定的资源时,它将释放锁。

2. 行版本控制

当启用了基于行版本控制的隔离级别时,数据库引擎将维护修改每一行的版本。应用程序可以指定事务使用行版本查看事务或查询开始时存在的数据,而不是使用锁保护所有读取。通过使用行版本控制,读取操作阻止其他事务的可能性将大大降低。

锁定和行版本控制可以防止用户读取未提交的数据,还可以防止多个用户尝试同时更改同一数据。如果不进行锁定或行版本控制,对数据执行的查询可能会返回数据库中尚未提交的数据,从而产生意外的结果。

应用程序可以选择事务隔离级别,为事务定义保护级别,以防被其他事务所修改。可以为各个 Transact-SQL 语句指定表级别的提示,进一步定制行为以满足应用程序的要求。

用户可以通过启用或禁用数据库选项来控制是否实现行版本控制。下面介绍启用基于行版本控制的隔离级别和使用基于行版本控制的隔离级别。

1) 启用基于行版本控制的隔离级别

数据库管理员可以通过在 ALTER DATABASE 语句中使用 READ_COMMITTED_SNAPSHOT 和 ALLOW_SNAPSHOT_ISOLATION 数据库选项来控制行版本控制的数据库级别设置。

将 READ_COMMITTED_SNAPSHOT 数据库选项设置为 ON 后,用于支持该选项的机制将立即激活。设置 READ_COMMITTED_SNAPSHOT 选项时,数据库中只允许存在执行 ALTER DATABASE 命令的连接。在 ALTER DATABASE 完成之前,数据库中不允许有其他打开的连接。数据库不必处于单用户模式。

下面的 Transact-SQL 语句将启用 READ_COMMITTED_SNAPSHOT:

```
ALTER DATABASE stu_info
    SET READ_COMMITTED_SNAPSHOT ON;
```

如果 ALLOW_SNAPSHOT_ISOLATION 数据库选项设置为 ON,则数据库中数据已修改的所有活动事务完成之前,Microsoft SQL Server 数据库引擎实例不会为已修改的数据生成行版本。如果存在活动的修改事务,SQL Server 将把该选项的状态设置为 PENDING_ON。所有修改事务完成后,该选项的状态更改为 ON。在该选项完全处于 ON 状态之前,用户无法在数据库中启动快照事务。数据库管理员将 ALLOW_SNAPSHOT_ISOLATION 选项设置为 OFF 后,数据库将跳过 PENDING_OFF 状态。

下面的 Transact-SQL 语句将启用 ALLOW_SNAPSHOT_ISOLATION:

```
ALTER DATABASE stu_info
    SET ALLOW_SNAPSHOT_ISOLATION ON;
```

2)使用基于行版本控制的隔离级别

行版本控制框架在 SQL Server 中始终处于启用状态,并被多个功能使用。它除了提供基于行版本控制的隔离级别之外,还用于支持对触发器和多个活动结果集(MARS)会话的修改,以及 ONLINE 索引操作的数据读取。

基于行版本控制的隔离级别是在数据库级别上启用的。访问已启用数据库对象的任何应用程序可以使用以下隔离级别运行查询:

(1)已提交读隔离级别,通过将 READ_COMMITTED_SNAPSHOT 数据库选项设置为 ON 来使用行版本控制,如下面的代码示例所示:

```
ALTER DATABASE AdventureWorks2008R2
    SET READ_COMMITTED_SNAPSHOT ON;
```

为 READ_COMMITTED_SNAPSHOT 启用数据库后,在已提交读隔离级别下运行的所有查询将使用行版本控制,这意味着读取操作不会阻止更新操作。

(2)快照隔离,通过将 ALLOW_SNAPSHOT_ISOLATION 数据库选项设置为 ON 实现,如下面的代码示例所示:

```
ALTER DATABASE AdventureWorks2008R2
    SET ALLOW_SNAPSHOT_ISOLATION ON;
```

12.4.3 SQL Server 锁的粒度

锁是为防止其他事务访问指定的资源,实现并发控制的主要手段。要加快事务的处理速度并缩短事务的等待时间,就要使事务锁定的资源最小。SQL Server 为使事务锁定资源最小化提供了多粒度锁。

1. 行级锁(ROW)

表中的行是锁定的最小空间资源。行级锁是指事务操作过程中,锁定一行或若干行数据。

2. 页和页级锁(PAGE)

在 SQL Server 中,除行外的最小数据单位是页。一个页有 8KB,所有的数据、日志和索引都放在页上。为了管理方便,表中的行不能跨页存放,一行的数据必须在同一个页上。

页级锁是指在事务的操作过程中,无论事务处理多少数据,每一次都锁定一页。

3. 簇(EXTENT)和簇级锁

页之上的空间管理单位是簇,一个簇有 8 个连续的页。

簇级锁指事务占用一个簇,这个簇不能被其他事务占用。簇级锁是一种特殊类型的锁,只用在一些特殊的情况下。例如在创建数据库和表时,系统用簇级锁分配物理空间。由于系统是按照簇分配空间的,系统分配空间时使用簇级锁,可防止其他事务同时使用一个簇。

4. 表级锁(TABLE)

表级锁是一种主要的锁。表级锁是指事务在操纵某一个表的数据时锁定了这些数据所在的整个表,其他事务不能访问该表中的数据。当事务处理的数量比较大时,一般使用表级锁。

5. 数据库级锁(DATABASE)

数据库级锁是指锁定整个数据库,防止其他任何用户或者事务对锁定的数据库进行访问。

这种锁的等级最高,因为它控制整个数据库的操作。数据库级锁是一种非常特殊的锁,它只用于数据库的恢复操作。只要对数据库进行恢复操作,就需要将数据库设置为单用户模式,防止其他用户对该数据库进行各种操作。

SQL Server 数据库引擎中可以锁定的资源如表 12-9 所示。

表 12-9　SQL Server 数据库引擎可以锁定的资源

序号	资　源	说　明
1	RID	用于锁定堆中的单个行的行标识符
2	KEY	索引中用于保护可序列化事务中的键范围的行锁
3	PAGE	数据库中的 8 KB 页,例如数据页或索引页
4	EXTENT	一组连续的 8 页,例如数据页或索引页
5	HoBT	堆或 B 树。用于保护没有聚集索引的表中的 B 树(索引)或堆数据页的锁
6	TABLE	包括所有数据和索引的整个表
7	FILE	数据库文件
8	APPLICATION	应用程序专用的资源
9	METADATA	元数据锁
10	ALLOCATION_UNIT	分配单元
11	DATABASE	整个数据库

12.4.4　锁模式

Microsoft SQL Server 数据库引擎使用不同的锁模式锁定资源,这些锁模式确定了并发事务访问资源的方式。表 12-10 显示了数据库引擎使用的资源锁模式。

表 12-10　数据库引擎使用的资源锁模式

锁　模　式	说　明
共享(S)	用于不更改或不更新数据的读取操作,如 SELECT 语句
更新(U)	用于可更新的资源中。防止当多个会话在读取、锁定以及随后可能进行的资源更新时发生常见形式的死锁
排他(X)	用于数据修改操作,例如 INSERT、UPDATE 或 DELETE。确保不会同时对同一资源进行多重更新
意向	用于建立锁的层次结构。意向锁包含三种类型:意向共享(IS)、意向排他(IX)和意向排他共享(SIX)

锁 模 式	说 明
架构	在执行依赖于表架构的操作时使用。架构锁包含两种类型：架构修改(Sch-M)和架构稳定性(Sch-S)
大容量更新(BU)	在向表进行大容量数据复制且指定了 TABLOCK 提示时使用
键范围	当使用可序列化事务隔离级别时保护查询读取的行的范围。确保再次运行查询时其他事务无法插入符合可序列化事务的查询的行

1. 共享锁

共享锁(S 锁)允许并发事务在封闭式并发控制下读取(SELECT)资源。资源上存在共享锁(S 锁)时,任何其他事务都不能修改数据。读取操作一完成,就立即释放资源上的共享锁(S 锁),除非将事务隔离级别设置为可重复读或更高级别,或者在事务持续时间内用锁定提示保留共享锁(S 锁)。

2. 更新锁

更新锁(U 锁)可以防止常见的死锁。在可重复读或可序列化事务中,此事务读取数据〔获取资源(页或行)的共享锁(S 锁)〕,然后修改数据〔此操作要求锁转换为排他锁(X 锁)〕。如果两个事务获得了资源上的共享模式锁,然后试图同时更新数据,则一个事务尝试将锁转换为排他锁(X 锁)。共享模式到排他锁的转换必须等待一段时间,因为一个事务的排他锁与其他事务的共享模式锁不兼容,发生锁等待,第二个事务试图获取排他锁(X 锁)以进行更新。由于两个事务都要转换为排他锁(X 锁),并且每个事务都等待另一个事务释放共享模式锁,因此发生死锁。

若要避免这种潜在的死锁问题,请使用更新锁(U 锁)。一次只有一个事务可以获得资源的更新锁(U 锁)。如果事务修改资源,则更新锁(U 锁)转换为排他锁(X 锁)。

3. 排他锁

排他锁(X 锁)可以防止并发事务对资源进行访问。使用排他锁(X 锁)时,任何其他事务都无法修改数据;仅在使用 NOLOCK 提示或未提交读隔离级别时才会进行读取操作。

数据修改语句(如 INSERT、UPDATE 和 DELETE)合并了修改和读取操作。语句在执行所需的修改操作之前首先执行读取操作以获取数据。因此,数据修改语句通常请求共享锁和排他锁。例如,UPDATE 语句可能根据与一个表的联接修改另一个表中的行。在此情况下,除了请求更新行上的排他锁之外,UPDATE 语句还将请求在联接表中读取的行上的共享锁。

4. 意向锁

数据库引擎使用意向锁来保护共享锁(S 锁)或排他锁(X 锁)放置在锁层次结构的底层资源上。意向锁之所以命名为意向锁,是因为在较低级别锁前可获取它们,因此会通知意向将锁放置在较低级别上。

意向锁有两种用途:

• 防止其他事务以会使较低级别的锁无效的方式修改较高级别资源;

- 提高数据库引擎在较高的粒度级别检测锁冲突的效率。

例如,在该表的页或行上请求共享锁(S锁)之前,在表级请求共享意向锁。在表级设置意向锁可防止另一个事务随后在包含那一页的表上获取排他锁(X锁)。意向锁可以提高性能,因为数据库引擎仅在表级检查意向锁来确定事务是否可以安全地获取该表上的锁,而不需要检查表中的每行或每页上的锁以确定事务是否可以锁定整个表。

意向锁包括意向共享(IS)、意向排他(IX)以及意向排他共享(SIX),如表12-11所示。

表 12-11　意向锁

锁 模 式	说 明
意向共享(IS)	保护针对层次结构中某些(而并非所有)低层资源请求或获取的共享锁
意向排他(IX)	保护针对层次结构中某些(而并非所有)低层资源请求或获取的排他锁。IX是IS的超集,它也保护针对低层级别资源请求的共享锁
意向排他共享(SIX)	保护针对层次结构中某些(而并非所有)低层资源请求或获取的共享锁以及针对某些(而并非所有)低层资源请求或获取的意向排他锁。顶级资源允许使用并发IS锁。例如,获取表上的SIX锁也将获取正在修改的页上的意向排他锁以及修改的行上的排他锁。虽然每个资源在一段时间内只能有一个SIX锁,以防止其他事务对资源进行更新,但是其他事务可以通过获取表级的IS锁来读取层次结构中的低层资源
意向更新(IU)	保护针对层次结构中所有低层资源请求或获取的更新锁。仅在页资源上使用IU锁。如果进行了更新操作,IU锁将转换为IX锁
共享意向更新(SIU)	S锁和IU锁的组合,作为分别获取这些锁并且同时持有两种锁的结果。例如,事务执行带有PAGLOCK提示的查询,然后执行更新操作。带有PAGLOCK提示的查询将获取S锁,更新操作将获取IU锁
更新意向排他(UIX)	U锁和IX锁的组合,作为分别获取这些锁并且同时持有两种锁的结果

5. 架构锁

数据库引擎在表数据定义语言(DDL)操作(例如添加列或删除表)的过程中使用架构修改(Sch-M)锁。保持该锁期间,Sch-M锁将阻止对表进行并发访问。这意味着Sch-M锁在释放前将阻止所有外围操作。

某些数据操作语言(DML)操作(例如表截断)使用Sch-M锁阻止并发操作访问受影响的表。

数据库引擎在编译和执行查询时使用架构稳定性(Sch-S)锁。Sch-S锁不会阻止某些事务锁,其中包括排他(X)锁。因此,在编译查询的过程中,其他事务(包括那些针对表使用X锁的事务)将继续运行。但是,无法针对表执行获取Sch-M锁的并发DDL操作和并发DML操作。

6. 大容量更新锁

数据库引擎在将数据大容量复制到表中时使用了大容量更新(BU)锁,并指定了TABLOCK提示或使用sp_tableoption设置了table lock on bulk load表选项。大容量更新锁(BU锁)允许多个线程将数据并发地大容量加载到同一表,同时防止其他不进行大容量加载数据的进程访问该表。

7. 键范围锁

在使用可序列化事务隔离级别时,对于 Transact-SQL 语句读取的记录集,键范围锁可以隐式保护该记录集中包含的行范围。键范围锁可防止幻读。通过保护行之间键的范围,它还防止对事务访问的记录集进行幻像插入或删除。

12.5 数据库引擎中的隔离级别

事务指定一个隔离级别,该隔离级别定义一个事务必须与其他事务所进行的资源或数据更改相隔离的程度。隔离级别从允许的并发副作用(例如,脏读或幻读)的角度进行描述。

12.5.1 数据库引擎中的隔离级别

事务隔离级别控制:

(1) 读取数据时是否占用锁以及所请求的锁类型。

(2) 占用读取锁的时间。

(3) 引用其他事务修改的行的读取操作是否:

- 在该行上的排他锁被释放之前阻塞其他事务;
- 检索在启动语句或事务时存在的行的已提交版本;
- 读取未提交的数据修改。

选择事务隔离级别不影响为保护数据修改而获取的锁。事务总是在其修改的任何数据上获取排他锁并在事务完成之前持有该锁,不管为该事务设置了什么样的隔离级别。对于读取操作,事务隔离级别主要定义保护级别,以防受到其他事务所做更改的影响。

较低的隔离级别可以增强许多用户同时访问数据的能力,但也增加了用户可能遇到的并发副作用(例如脏读或丢失更新)的数量。相反,较高的隔离级别减少了用户可能遇到的并发副作用的类型,但需要更多的系统资源,并增加了一个事务阻塞其他事务的可能性。应平衡应用程序的数据完整性要求与每个隔离级别的开销,在此基础上选择相应的隔离级别。最高隔离级别(可序列化)保证事务在每次重复读取操作时都能准确检索到相同的数据,但需要通过执行某种级别的锁定来完成此操作,而锁定可能会影响多用户系统中的其他用户。最低隔离级别(未提交读)可以检索其他事务已经修改、但未提交的数据。在未提交读中,所有并发副作用都可能发生,但因为没有读取锁定或版本控制,所以开销最少。

ISO 标准定义了下列隔离级别,SQL Server 数据库引擎支持所有这些隔离级别:

(1) 未提交读(read uncommitted)(隔离事务的最低级别,只能保证不读取物理上损坏的数据);

(2) 已提交读(read committed)(数据库引擎的默认级别);

(3) 可重复读(repeatable read);

(4) 可序列化(serializable)(隔离事务的最高级别,事务之间完全隔离)。

SQL Server 还支持使用行版本控制的两个事务隔离级别。一个是已提交读隔离的新实现,另一个是新事务隔离级别(快照)。

- 当 READ_COMMITTED_SNAPSHOT 数据库选项设置为 ON 时,已提交读隔离使用行版本控制提供语句级读取一致性。读取操作只需要 SCH-S 表级别的锁,不需要页锁或行锁。当 READ_COMMITTED_SNAPSHOT 数据库选项设置为 OFF(默认设置)时,已提交读隔离的行为方式与其在早期版本 SQL Server 中的行为方式相同。两个实现都满足已提交读隔离的 ANSI 定义。

- 快照隔离级别使用行版本控制来提供事务级别的读取一致性。读取操作不获取页锁或行锁,只获取 SCH-S 表锁。读取其他事务修改的行时,读取操作将检索启动事务时存在的行的版本。将 ALLOW_SNAPSHOT_ISOLATION 数据库选项设置为 ON 时,将启用快照隔离。默认情况下,用户数据库的此选项设置为 OFF。

表 12-12 显示了不同隔离级别导致的并发副作用。

表 12-12　不同隔离级别导致的并发副作用

隔 离 级 别	脏读(dirty read)	不可重复读(non-repeatable read)	幻读(phantom read)
未提交读	是	是	是
已提交读	否	是	是
可重复读	否	否	是
快照	否	否	否
可序列化	否	否	否

有关每个事务隔离级别控制的特定类型的锁或行版本控制的详细信息,请参阅 SET TRANSACTION ISOLATION LEVEL(Transact-SQL)。

(1) 读取未提交(read uncommitted)。

这是最低的事务隔离级别,读事务不会阻塞读事务和写事务,写事务也不会阻塞读事务,但是会阻塞写事务。这样造成的一个结果就是当一个写事务没有提交的时候,读事务照样可以读取,那么造成了脏读的现象。

(2) 读取已提交(read committed)。

采用此种隔离级别的时候,写事务就会阻塞读事务和写事务,但是读事务不会阻塞读事务和写事务,因为写事务会阻塞读取事务,那么读取事务就不能读到脏数据 ,但是因为读事务不会阻塞其他的事务,这样还是会造成不可重复读的问题。

(3) 可重复读(repeatable read)。

采用此种隔离级别,读事务会阻塞写事务,但是读事务不会阻塞读事务,而写事务会阻塞写事务和读事务 。因为读事务阻塞了写事务,这样就不会造成不可重复读的问题,但是这样还是不能避免幻影读问题。

(4) 序列化(serializable)。

此种隔离级别是最严格的隔离级别,如果设置成这个级别,那么就不会出现以上所有的问题(脏读,不可重复读,幻影读)。但是这样一来会极大地影响到系统的性能,因此应该避免设置成为这种隔离级别。

那么事务的隔离级别与锁有什么关系呢? 事务的隔离级别是通过锁的机制实现的,事务的隔离级别是数据库开发商根据业务逻辑的实际需要定义的一组锁的使用策略。当将数据库的隔离级别定义为某一级别后如仍不能满足要求,可以自定义 SQL 的锁来覆盖事务隔离级别默认的锁机制。

在实践中,一般采用读取已提交或者更低的事务隔离级别,配合各种并发访问控制策略来达到并发事务控制的目的。如果一个事务涉及同一个数据库或服务器中的多个表,则存储过程中的显式事务通常可以更好地执行。可以通过使用 Transact-SQL BEGIN TRANSACTION、COMMIT TRANSACTION 和 ROLLBACK TRANSACTION 语句在 SQL Server 存储过程中创建事务。涉及不同资源管理器的事务(如 SQL Server 和 Oracle 之间的事务)对需要分布式事务。

12.5.2 SET TRANSACTION ISOLATION LEVEL

SET TRANSACTION ISOLATION LEVEL(Transact-SQL)控制到 SQL Server 的连接发出的 Transact-SQL 语句的锁定行为和行版本控制行为。

Transact-SQL 语法约定:

```
SET TRANSACTION ISOLATION LEVEL
    { READ UNCOMMITTED
    | READ COMMITTED
    | REPEATABLE READ
    | SNAPSHOT
    | SERIALIZABLE
    }
[ ; ]
```

参数:

1. READ UNCOMMITTED

指定语句可以读取已由其他事务修改但尚未提交的行。

在 READ UNCOMMITTED 级别运行的事务,不会发出共享锁来防止其他事务修改当前事务读取的数据。READ UNCOMMITTED 事务也不会被排他锁阻塞,排他锁会禁止当前事务读取其他事务已修改但尚未提交的行。设置此选项之后,可以读取未提交的修改,这种读取称为脏读。在事务结束之前,可以更改数据中的值,行也可以出现在数据集中或从数据集中消失。该选项的作用与在事务内所有 SELECT 语句中的所有表上设置 NOLOCK 相同。这是隔离级别中限制最少的级别。

在 SQL Server 中,可以使用下列任意一种方法,在保护事务不脏读未提交的数据修改的同时尽量减少锁定争用:

- READ COMMITTED 隔离级别,并将 READ_COMMITTED_SNAPSHOT 数据库选项设置为 ON;
- SNAPSHOT 隔离级别。

2. READ COMMITTED

指定语句不能读取已由其他事务修改但尚未提交的数据。这样可以避免脏读。其他事务可以在当前事务的各个语句之间更改数据,从而产生不可重复读取和幻像数据。该选项是 SQL Server 的默认设置。

READ COMMITTED 的行为取决于 READ_COMMITTED_SNAPSHOT 数据库选项的设置:

如果将 READ_COMMITTED_SNAPSHOT 设置为 OFF(默认设置),则数据库引擎会使用共享锁防止其他事务在当前事务执行读取操作期间修改行。共享锁还会阻止语句在其他事务完成之前读取由这些事务修改的行。共享锁类型确定它将于何时释放。行锁在处理下一行之前释放,页锁在读取下一页时释放,表锁在语句完成时释放。

当 READ_COMMITTED_SNAPSHOT 数据库选项设置为 ON 时,可以使用READCOMMITTEDLOCK 表提示为 READ COMMITTED 隔离级别上运行的事务中的各语句请求共享锁,而不是行版本控制。

3. REPEATABLE READ

指定语句不能读取已由其他事务修改但尚未提交的行,并且指定,其他任何事务都不能在当前事务完成之前修改由当前事务读取的数据。

对事务中的每个语句所读取的全部数据都设置了共享锁,并且该共享锁一直保持到事务完成为止。这样可以防止其他事务修改当前事务读取的任何行。其他事务可以插入与当前事务所发出语句的搜索条件相匹配的新行。如果当前事务随后重试执行该语句,它会检索新行,从而产生幻读。由于共享锁一直保持到事务结束,而不是在每个语句结束时释放,因此并发级别低于默认的 READ COMMITTED 隔离级别。此选项只在必要时使用。

4. SNAPSHOT

指定事务中任何语句读取的数据都将是在事务开始时便存在的数据的事务上一致的版本。事务只能识别在其开始之前提交的数据修改。在当前事务中执行的语句将看不到在当前事务开始以后由其他事务所做的数据修改。其效果就好像事务中的语句获得了已提交数据的快照,因为该数据在事务开始时就存在。

除非正在恢复数据库,否则 SNAPSHOT 事务不会在读取数据时请求锁。读取数据的SNAPSHOT 事务不会阻止其他事务写入数据。写入数据的事务也不会阻止 SNAPSHOT 事务读取数据。

在数据库恢复的回滚阶段,如果尝试读取由其他正在回滚的事务锁定的数据,则SNAPSHOT 事务将请求一个锁。在事务完成回滚之前,SNAPSHOT 事务会一直被阻塞。当事务取得授权之后,便会立即释放锁。

必须将 ALLOW_SNAPSHOT_ISOLATION 数据库选项设置为 ON,才能开始一个使用SNAPSHOT 隔离级别的事务。如果使用 SNAPSHOT 隔离级别的事务访问多个数据库中的数据,则必须在每个数据库中将 ALLOW_SNAPSHOT_ISOLATION 都设置为 ON。

不能将通过其他隔离级别开始的事务设置为 SNAPSHOT 隔离级别,否则将导致事务中止。如果一个事务在 SNAPSHOT 隔离级别开始,则可以将它更改为另一个隔离级别,然后再返回 SNAPSHOT。事务在第一次访问数据时启动。

在 SNAPSHOT 隔离级别下运行的事务可以查看由该事务所做的更改。例如,如果事务对表执行 UPDATE,然后对同一个表发出 SELECT 语句,则修改后的数据将包含在结果集中。

5. SERIALIZABLE

指定语句不能读取已由其他事务修改但尚未提交的数据;指定任何其他事务都不能在当

前事务完成之前修改由当前事务读取的数据；指定在当前事务完成之前，其他事务不能使用当前事务中任何语句读取的键值插入新行。

范围锁处于与事务中执行的每个语句的搜索条件相匹配的键值范围之内。这样可以阻止其他事务更新或插入任何行，从而限定当前事务所执行的任何语句。这意味着如果再次执行事务中的任何语句，则这些语句便会读取同一组行。在事务完成之前将一直保持范围锁。这是限制最多的隔离级别，因为它锁定了键的整个范围，并在事务完成之前一直保持范围锁。因为并发级别较低，所以应只在必要时才使用该选项。该选项的作用与在事务内所有 SELECT 语句中的所有表上设置 HOLDLOCK 相同。

注意，一次只能设置一个隔离级别选项，而且设置的选项将对那个连接始终有效，直到显式更改该选项为止。事务中执行的所有读取操作都会在指定的隔离级别的规则下运行，除非语句的 FROM 子句中的表提示为表指定了其他锁定行为或版本控制行为。

事务隔离级别定义了可为读取操作获取的锁类型。针对 READCOMMITTED 或 REPEATABLE READ 获取的共享锁通常为行锁，尽管当读取引用了页或表中大量的行时，行锁可以升级为页锁或表锁。如果某行在被读取之后由事务进行了修改，则该事务会获取一个用于保护该行的排他锁，并且该排他锁在事务完成之前将一直保持。例如，如果 REPEATABLE READ 事务具有用于某行的共享锁，并且该事务随后修改了该行，则共享行锁便会转换为排他行锁。

在事务进行期间，可以随时将事务从一个隔离级别切换到另一个隔离级别，但有一种情况例外。即在从任一隔离级别更改到 SNAPSHOT 隔离时，不能进行上述操作。否则会导致事务失败并回滚。但是，可以将在 SNAPSHOT 隔离中启动的事务更改为任何其他隔离级别。

将事务从一个隔离级别更改为另一个隔离级别之后，便会根据新级别的规则对更改后读取的资源执行保护。在更改前读取的资源将继续按照以前级别的规则受到保护。例如，如果某事务从 READ COMMITTED 更改为 SERIALIZABLE，则在该事务结束前，更改后所获取的共享锁将一直处于保留状态。

如果在存储过程或触发器中发出 SET TRANSACTION ISOLATION LEVEL，则当对象返回控制时，隔离级别会重设为在调用对象时有效的级别。例如，如果在批处理中设置 REPEATABLE READ，并且该批处理调用一个将隔离级别设置为 SERIALIZABLE 的存储过程，则当该存储过程将控制返回给该批处理时，隔离级别就会恢复为 REPEATABLE READ。

SET TRANSACTION ISOLATION LEVEL 会在执行或运行时生效，而不是在分析时生效。

12.6　死锁的产生和解除实例代码

死锁（deadlock）指进程之间互相永久阻塞的状态，Microsoft SQL Server 数据库引擎实例可以检测到死锁，并选择终止其中一个事务以干预死锁状态。

12.6.1　死锁的产生实例代码

在两个或多个任务中，如果每个任务锁定了其他任务试图锁定的资源，此时会造成这些任

务永久阻塞,从而出现死锁。例如:

事务 A 获取了行 1 的共享锁。

事务 B 获取了行 2 的共享锁。

现在,事务 A 请求行 2 的排他锁,但在事务 B 完成并释放其对行 2 持有的共享锁之前被阻塞。

现在,事务 B 请求行 1 的排他锁,但在事务 A 完成并释放其对行 1 持有的共享锁之前被阻塞。

事务 B 完成之后事务 A 才能完成,但是事务 B 由事务 A 阻塞。该条件也称为循环依赖关系:事务 A 依赖于事务 B,事务 B 通过对事务 A 的依赖关系关闭循环。

除非某个外部进程断开死锁,否则死锁中的两个事务都将无限期等待下去。Microsoft SQL Server 数据库引擎死锁监视器定期检查陷入死锁的任务。如果监视器检测到循环依赖关系,将选择其中一个任务作为牺牲品,然后终止其事务并提示错误。这样,其他任务就可以完成其事务。对于事务以错误终止的应用程序,它还可以重试该事务,但通常要等到与它一起陷入死锁的其他事务完成后执行。

下面通过例题来动手来演示死锁的发生和检测,并通过 SQL Server Profiler 来监视分析死锁。

【例 12-4】 演示死锁的发生和检测,并通过 SQL Server Profiler 来监视分析死锁。

步骤如下:

(1) 在 SQL Server Management Studio 的【标准】工具栏上,单击【新建查询】按钮。此时将使用当前连接打开一个【查询编辑器】窗口。

(2) 在【查询编辑器】窗口输入如下脚本,并单击【执行】按钮来创建数据(因为不需要跟踪该代码)。将在 TempDB 数据库中创建 Teacher 表并填充 3 条数据,如图 12-8 所示。

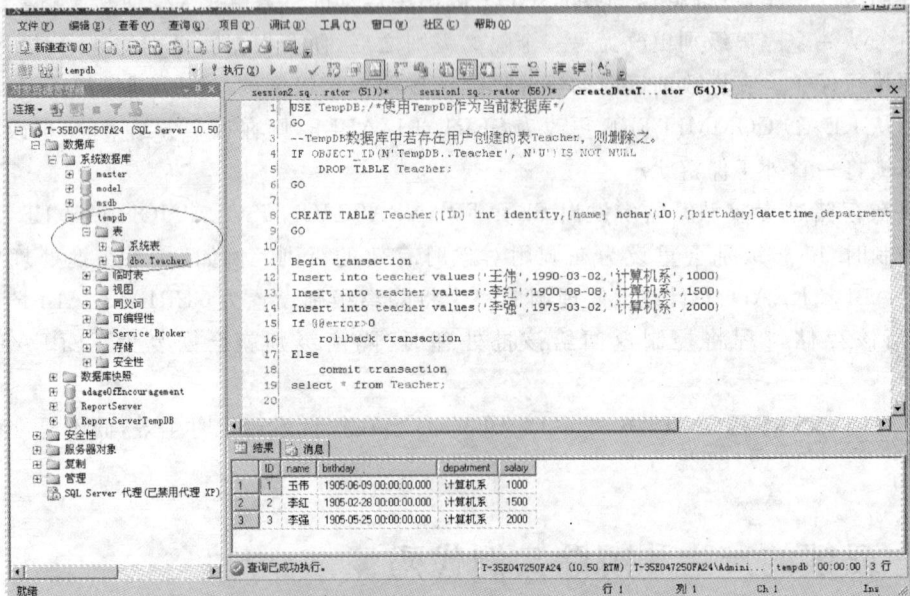

图 12-8　查询编辑器窗口-创建数据表

代码如下所示:

```
USE TempDB;                          /* 使用 TempDB 作为当前数据库 */
GO
-- TempDB 数据库中若存在用户创建的表 Teacher,则删除之
```

```
IF OBJECT_ID(N'TempDB..Teacher', N'U') IS NOT NULL
  DROP TABLE Teacher;
GO


CREATE TABLE Teacher([ID] int identity, [name] nchar(10), [birthday] datetime, depatrment nchar
(4), salary int null)
GO
BEGIN TRANSACTION
INSERT INTO teacher VALUES('王伟', 1990 - 03 - 02, '计算机系', 1000)
INSERT INTO teacher VALUES('李红', 1900 - 08 - 08, '计算机系', 1500)
INSERT into teacher VALUES('李强', 1975 - 03 - 02, '计算机系', 2000)
IF @@error > 0
    ROLLBACK TRANSACTION
ELSE
    COMMIT TRANSACTION
SELECT * FROM Teacher;
```

（3）在 SQL Server Management Studio 中新建一个【查询】窗口，输入会话 1 的代码，如图 12-9 所示。

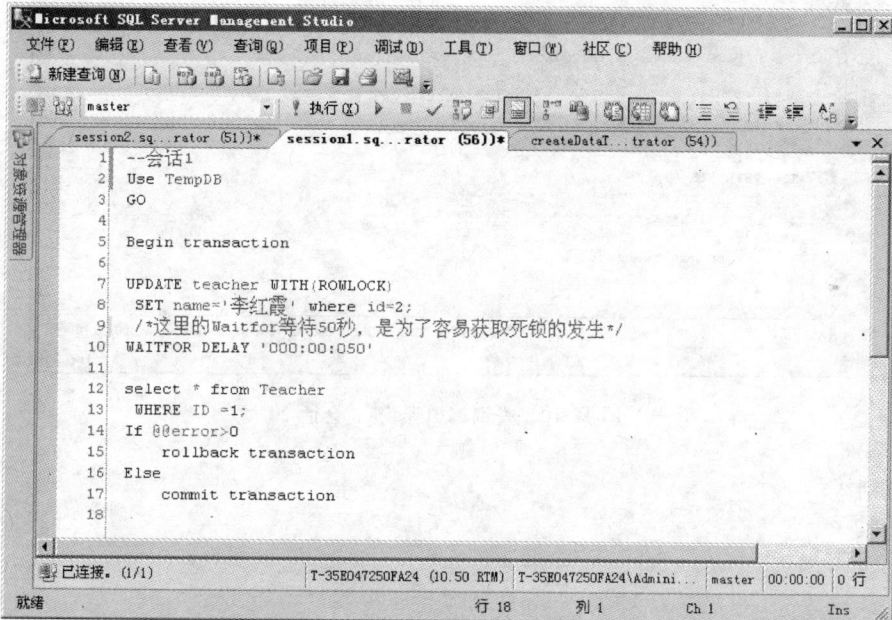

图 12-9　查询编辑器窗口-会话 1

```
-- 会话 1
Use TempDB
GO

Begin transaction

UPDATE teacher WITH(ROWLOCK)
  SET name = '李红霞' where id = 2;
  /* 这里的 Waitfor 等待 50 秒，是为了容易获取死锁的发生 */
WAITFOR DELAY '000:00:050'
```

```
select * from Teacher
 WHERE ID = 1;
If @@error > 0
    rollback transaction
Else
    commit transaction
```

会话 1,先更新 id=2 的行后,等待 50 秒钟,再读取 id=1 的行。

(4) 会话 1 的代码写好后,先不要执行,接下来在 SQL Server Management Studio 再新建一个【查询】窗口中输入会话 2 的代码,如图 12-10 所示。这样来模拟两个会话,一个会话里面包含一个事务。

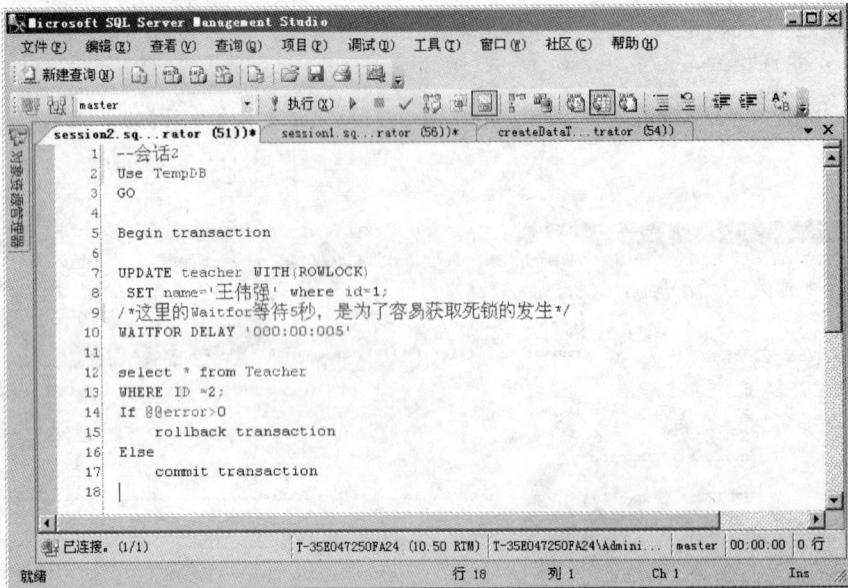

图 12-10　查询编辑器窗口-会话 2

```
-- 会话 2
Use TempDB
GO

Begin transaction

UPDATE teacher WITH( ROWLOCK)
 SET name = '王伟强' where id = 1;
/ * 这里的 Waitfor 等待 5 秒,是为了容易获取死锁的发生 * /
WAITFOR DELAY '000:00:005'

select * from Teacher
WHERE ID = 2;
If @@error > 0
    rollback transaction
Else
    commit transaction
```

会话 2,刚好与会话 1 相反,是更新 id=1 的行后,等待 5 秒钟,再读取 id=2 的行。会话 2 代码,也先不要执行。

(5) 启动 SQL Server Profiler,创建 Trace(跟踪)。

如图 12-11 和 12-12 所示,在 Microsoft SQL Server Management Studio 的【工具】菜单上,单击 SQL Server Profiler 项,在弹出的【连接到服务器】对话框中,选择【服务器类型】为【数据库引擎】,【服务器名称】为自己安装的 SQL Server 实例名,【身份验证】选【Windows 身份验证】,单击【连接】按钮。

图 12-11　SQL Server Profiler 菜单

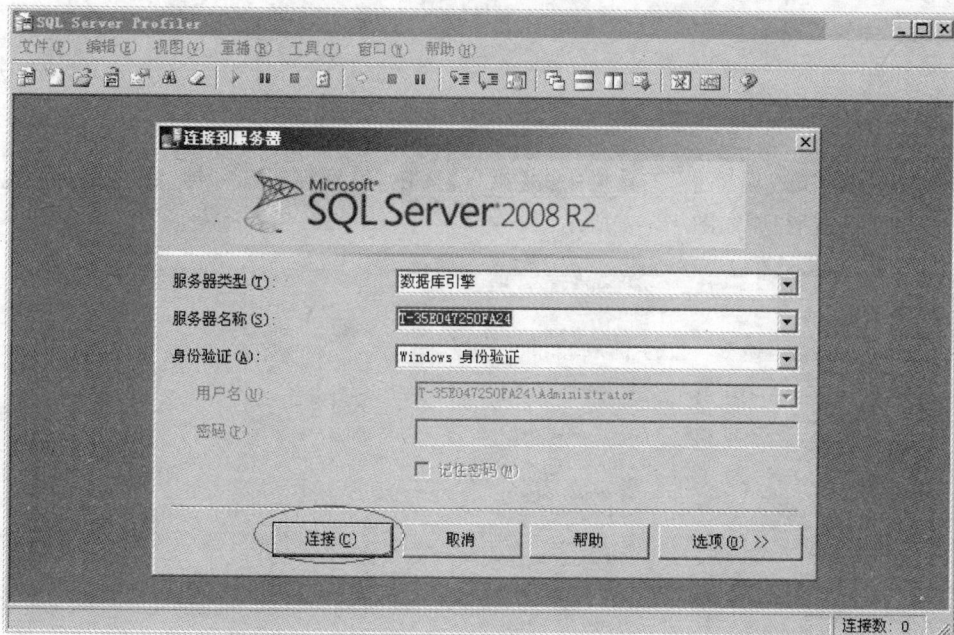

图 12-12　SQL Server Profiler-连接到服务器对话框

如图 12-13 所示,在弹出的【跟踪属性】对话框中,先在该对话框的右下部分选中【显示所有事件】复选框,再选择事件表中 Locks、Stored Procedures 和 TSQL Events 的下列属性:Deadlock graph,Lock：Deadlock,Lock：Deadlock Chain,RPC：Completed,SP：StmtCompleted,SQL：BatchCompleted,SQL：BatchStarting,以创建一个 Trace。

跟踪创建好后,单击【运行】按钮,启动跟踪。

(6) 执行测试代码,监视死锁。

转到 Microsoft SQL Server Management Studio 界面,分别切换到会话 1 和会话 2 的【查

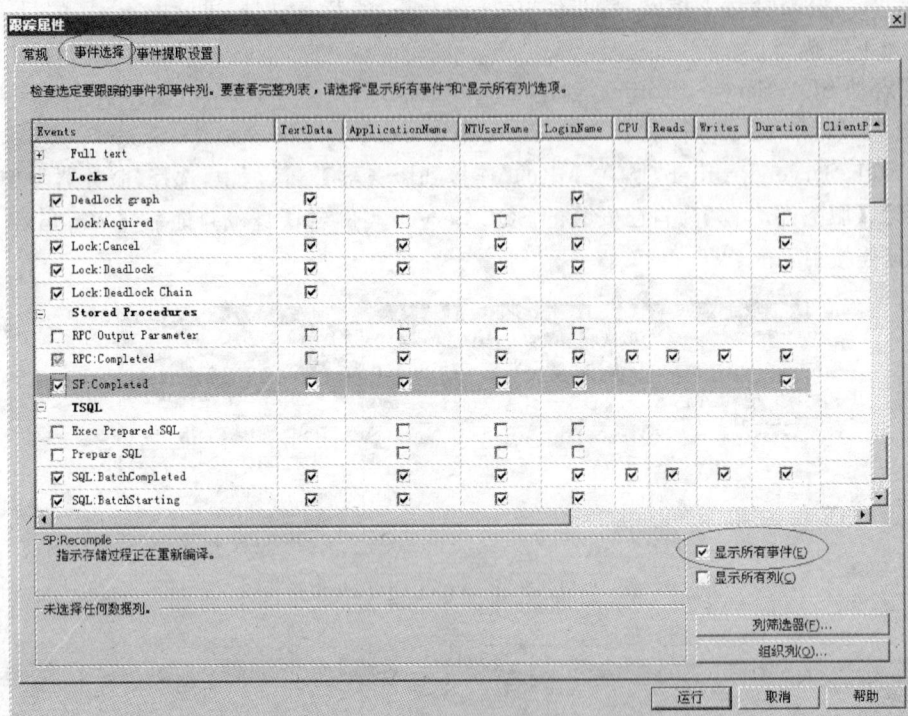

图 12-13　跟踪属性设置对话框

询】窗口，并单击"SQL 编辑器"工具栏中的【执行】按钮，稍稍等待几秒钟，我们就会发现其中一个会话收到报错消息，如图 12-14 所示。

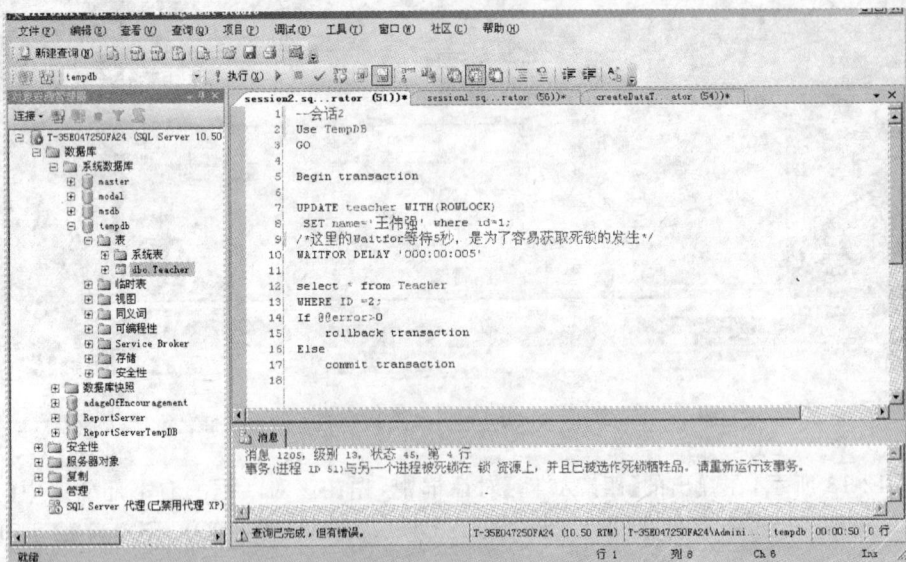

图 12-14　会话 2 执行结果报告

再继续等待，就会看到另一个会话成功执行，如图 12-15 所示。在等待的过程中，要随时切换到 SQL Server Profiler 界面，观察跟踪的过程。

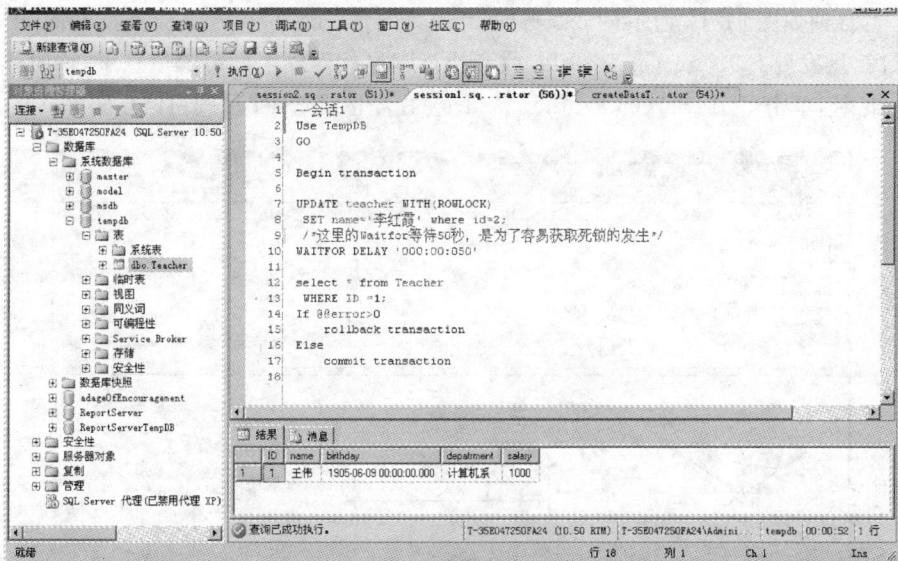

图 12-15 会话 1 执行结果报告

这段代码在默认的 READ COMMITTED 隔离级别下运行,两个进程(任务)分别在获取一个排它锁的情况下,申请对方的共享锁从而造成死锁。

如图 12-14 和图 12-15 所示,一个进程可以正常更新并显示结果,而另一个进程已经被回滚。在图 12-14 中可以看到如下提示:

消息 1205,级别 13,状态 45,第 4 行
事务(进程 ID 51)与另一个进程被死锁在锁资源上,并且已被选作死锁牺牲品.请重新运行该事务。

(7) 如图 12-16 所示,在 SQL Server Profiler 界面,看到跟踪的事件列表的 8～13 行所示的【--会话 1:Use TemDB】等时,就是两个会话都被启动执行了。

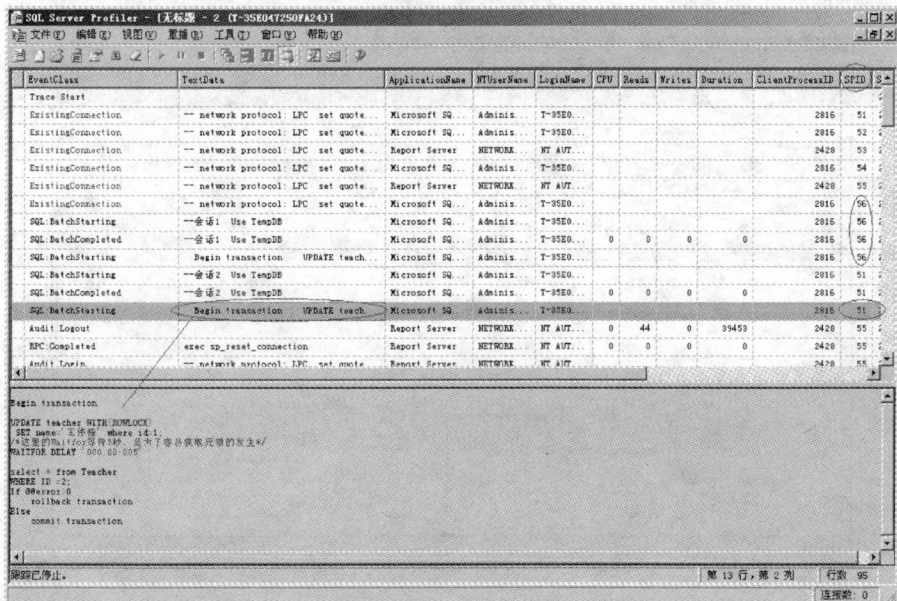

图 12-16 跟踪输出信息窗口

（8）当看到如图 12-17 所示的 5-8 行的 Lock:Deadlock Chains,Lock:Deadlock,Deadlock graph 时,就是发现 SQL Server Profiler 收到执行脚本过程发生死锁的信息了,说明死锁已经发生了。此时,单击 SQL Server Profiler 窗口上的【停止所选跟踪】按钮停止跟踪。

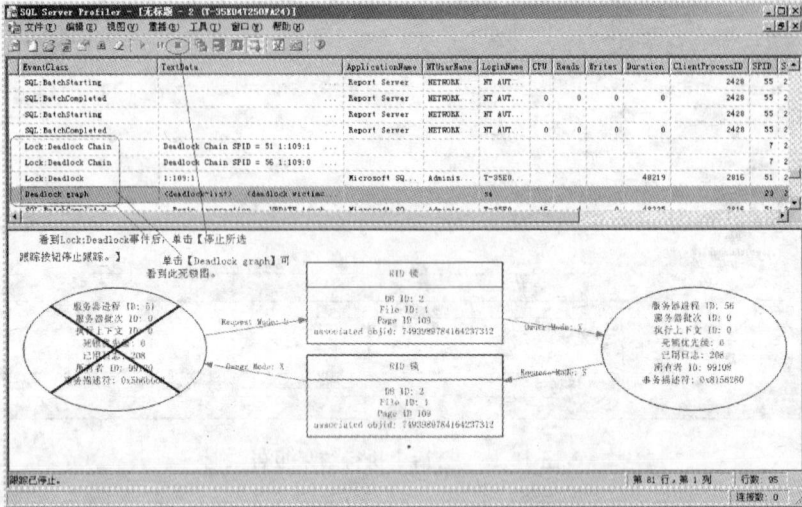

图 12-17　跟踪属性信息窗口-死锁发生

在图 12-17 中,单击 Deadlock graph 行,可看到如图 12-17 所示的死锁图。

（9）如图 12-18 所示,DeadLock graph 图中,左右两边的椭圆形分别表示一个处理节点 (process node),当鼠标移动到上面的时候,可以看到内部执行的代码,如 Insert、UPdate、Delete。有打叉的左边椭圆形就是牺牲者,没有打叉的右边椭圆形是优胜者。中间两个矩型分别表示一个资源节点(resource node),描述数据库中的对象,如一个表、一行或一个索引。在我们当前的实例中,资源节点描述的是,在聚集索引请求获得排它锁(X)。椭圆形与矩形之间,带箭头的连线表示处理节点与资源节点的关系,并在连线旁描述锁的模式。

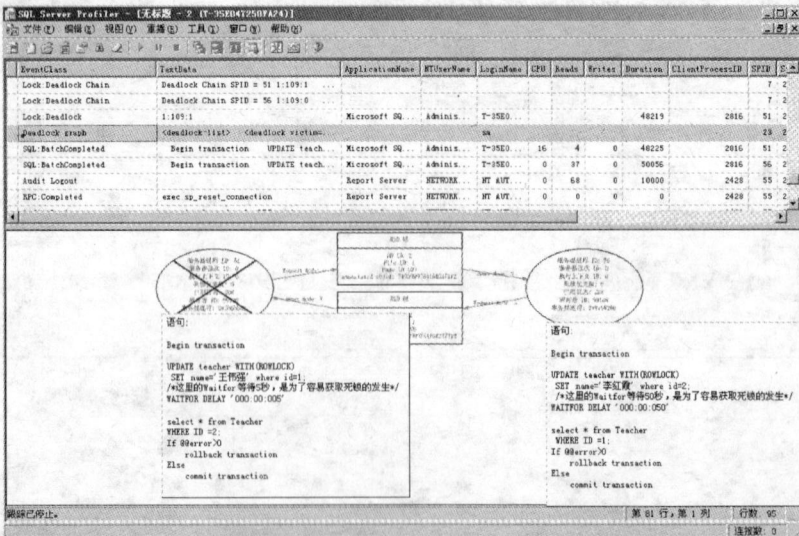

图 12-18　死锁图

接下来更详细地看图里面的数据说明。

先看右边作为优胜者的椭圆形，可以看到内容的有：

服务器进程 ID：服务器进程标识符（SPID），即服务器给拥有锁的进程分配的标识符。

服务器批 ID：服务器批标识符（SBID）。

执行上下文 ID：执行上下文标识符（ECID）。与指定 SPID 相关联的给定线程的执行上下文 ID。ECID = $\{0,1,2,3,\cdots,n\}$，其中 0 始终表示主线程或父线程，并且$\{1,2,3,\cdots,n\}$表示子线程。

死锁优先级：进程的死锁优先级，请参阅 SET DEADLOCK_PRIORITY（Transact-SQL）。

已用日志：进程所使用的日志空间量。

所有者 ID：正在使用事务并且当前正在等待锁的进程的事务 ID。

事务描述符：指向描述事务状态的事务描述符的指针。

下面来看左边作为牺牲品的椭圆形处理节点，它告诉我们以下信息：

① 它是一个失败的事务。（蓝色的叉号表示）。

② 它是作为牺牲品的 T-SQL 代码。

③ 它对右下方的资源节点占有一个排它锁（X）。

④ 它对右上方的资源节点请求一个排它锁（X）。

再来看中间两个矩形的资源节点，两个处理节点对它们都有使用权，来执行它们各自的代码，同时又有对对方独占资源的请求，从而发生了资源的竞争，造成了死锁的发生。

下面根据 SQL Server Profiler 监视到的数据来具体分析死锁发生的全过程。

（10）如图 12-19 所示，跟踪结果的第 10 行，SQL:BatchStarting，SPID 56，表示会话 1 的事务启动，对 1:109:1 即 id=2 的行获得一个排它锁，独占至少 50 秒（因为在这个实例中设置了 Waitfor Delay '00:00:050'）。

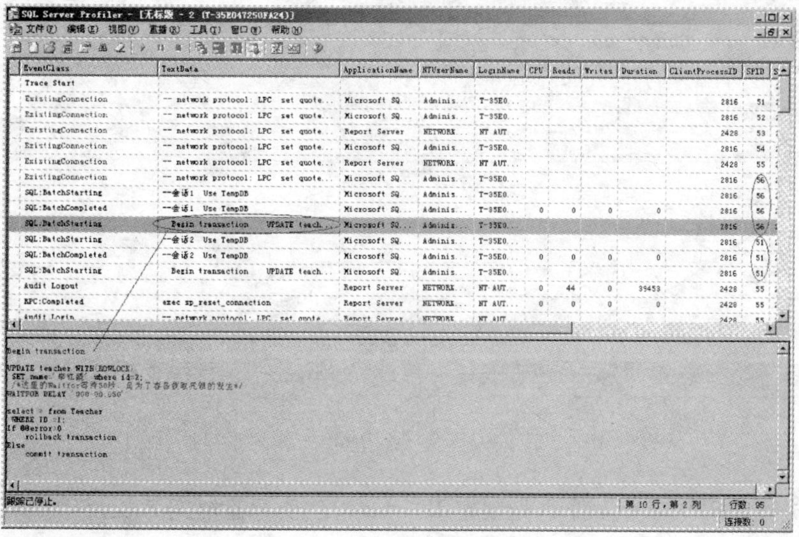

图 12-19 SQL Server Profiler 跟踪窗口

（11）如图 12-20 所示，在第 11 行 SQL:BatchStarting，进程 SPID 51（会话 2）启动，对"1:109:0"即 id=1 的行获得一个排它锁，独占至少 5 秒（因为在这个实例中设置了 Waitfor Delay '00:00:005'）。

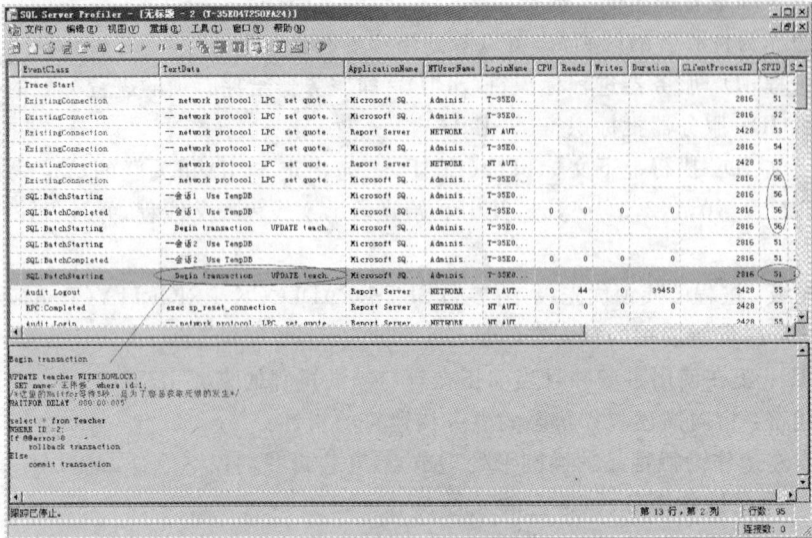

图 12-20　SQL Server Profiler 跟踪窗口

（12）两个进程都各自获得一个排它锁(X)，约 5 秒过去，SPID 51(会话 2)先对表的 ID ＝ 2 的行请求排它锁(X)，但 ID＝2 行当前已经给 SPID 56(会话 1)获得，还在独占，没有解锁。 SPID 51(会话 2)要等待。

再过若干秒后，SPID 56(会话 1)开始对 ID ＝1 的行请求一个排它锁(X)，但 ID ＝1 的行 当前已经给 SPID 51(会话 2)，还在独占。SPID 56(会话 1)要等待。

这里就出现了进程阻塞，从而发生死锁，如图 12-21 所示。

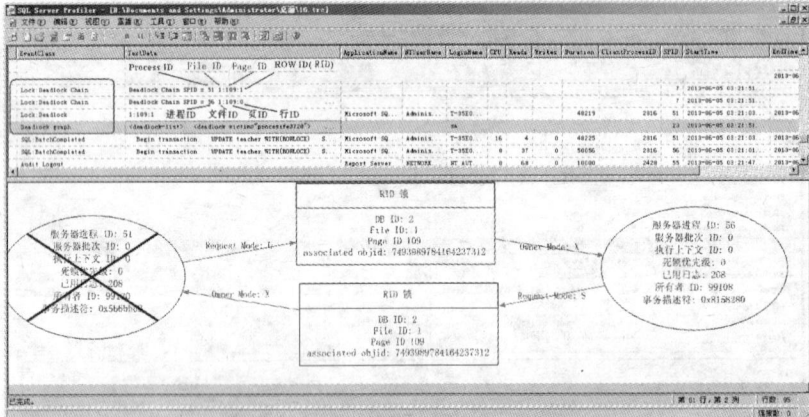

图 12-21　SQL Server Profiler 跟踪窗口

再继续执行，SPID 56(会话 1)先锁定 ID ＝2 行的资源且时间太长，SPID 51(会话 2)因 请求不到 ID ＝2 行的资源而先被 SQL Server 引擎按先来先服务优先级原则结束执行，被回 滚(rollback)并释放 ID ＝1 行的资源，SPID 56(会话 1)此后可以申请到欲独占的资源(ID ＝ 1)行而执行成功。

进程 51(会话 2)申请独占 id＝2(Deadlock Chain SPID ＝ 51，1：109：1)的行，进程 56(会 话 1)申请独占 id＝1(Deadlock Chain SPID ＝ 56，1：109：0)的行，Lock．Deadlock 表示引起死

锁的资源是行 id＝1(1:109:1)，所以申请(1:109:1)行的进程 51(会话 2)被撤销，回滚，如图 12-21 所示。

到这里已完成对死锁的监视和分析。

(13) 也可先在 SQL Server Profile 窗口导出死锁事件，再在 SQL Server Management Studio 查看生成的死锁图。

如图 12-22 所示，在 SQL Server Profile 窗口中，单击【文件】菜单，选【导出】→【提取 SQL Server 事件】→【提取死锁事件】选项。

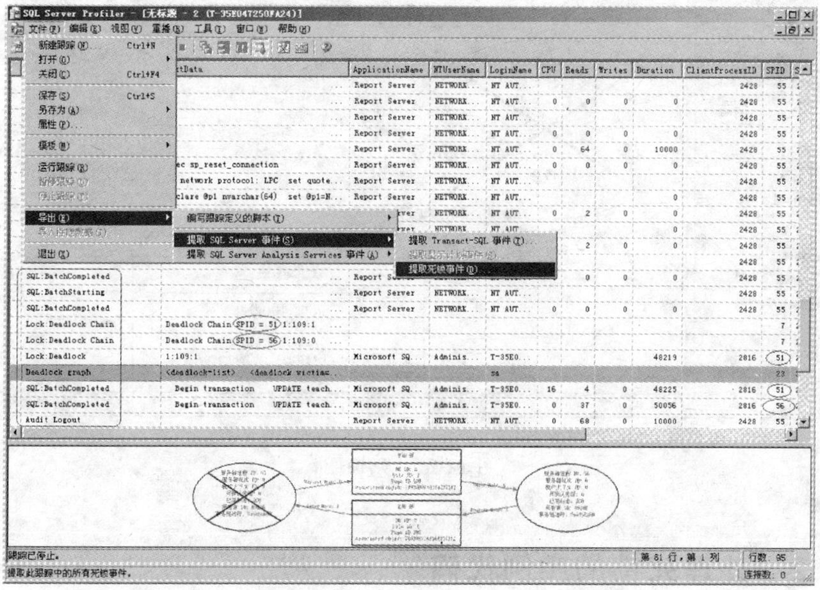

图 12-22 提取死锁事件菜单

在接下来的【另存为】对话框中，为要导出的死锁事件指定保存路径和文件名后，单击【保存】按钮，完成导出工作，如图 12-23 所示。

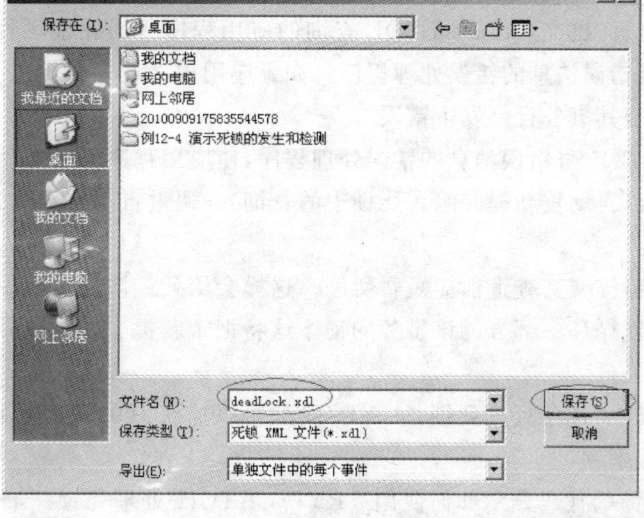

图 12-23 【另存为】对话框

双击保存的 deadLock. xdl 文件,在 SQL Server Management Studio 窗口可以看到生成的死锁图,如图 12-24 所示。

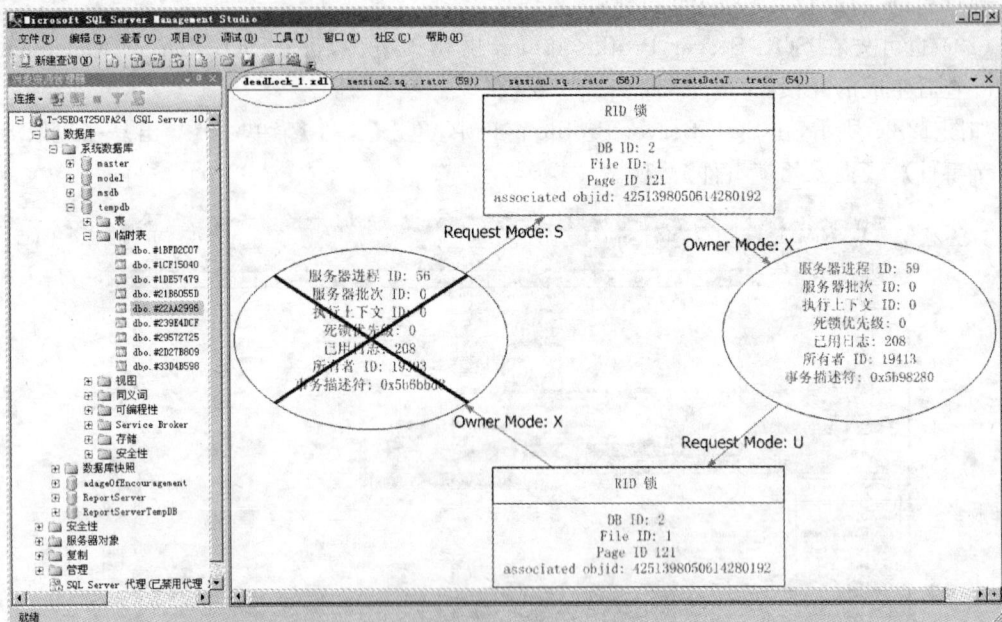

图 12-24　死锁图

12.6.2　处理死锁的实例代码

Microsoft SQL Server 数据库引擎实例选择某事务作为死锁牺牲品后,将终止当前批处理,回滚事务并将 1205 号错误消息返回应用程序:

Your transaction(process ID #52)was deadlocked on {lock | communication buffer | thread} resources with another process and has been chosen as the deadlock victim. Rerun your transaction.

由于可以选择任何提交 Transact-SQL 查询的应用程序作为死锁牺牲品,应用程序应该有能够捕获 1205 号错误消息的错误处理程序。如果应用程序没有捕获到错误,则会继续处理而未意识到已经回滚其事务且已发生错误。

通过实现捕获 1205 号错误消息的错误处理程序,使应用程序得以处理该死锁情况并采取补救措施(例如,可以自动重新提交陷入死锁中的查询)。通过自动重新提交查询,用户不必知道发生了死锁。

应用程序在重新提交其查询前应短暂暂停。这样会给死锁涉及的另一个事务一个机会来完成并释放构成死锁循环一部分的该事务的锁。这将把重新提交的查询请求其锁时死锁重新发生的可能性降到最低。

TRY…CATCH 可用于处理死锁。CATCH 块可以捕获 1205 死锁牺牲品错误,并且事务可以回滚,直至线程解锁。

【例 12-5】　下面的代码显示如何使用 TRY…CATCH 处理死锁。第一部分创建用于说明死锁状态的表和用于打印错误信息的存储过程。

（1）在第一个【查询】第一部分创建存储过程。

```sql
USE tempdb;
GO


-- Verify that the table does not exist.
IF OBJECT_ID(N'my_sales',N'U')IS NOT NULL
    DROP TABLE my_sales;
GO


-- Create and populate the table for deadlock simulation.
CREATE TABLE my_sales
    (
    Itemid        INT PRIMARY KEY,
    Sales         INT not null
    );
GO


INSERT my_sales(itemid, sales)VALUES(1, 1);
INSERT my_sales(itemid, sales)VALUES(2, 1);
GO


-- Verify that the stored procedure for error printing
-- does not exist.
IF OBJECT_ID(N'usp_MyErrorLog',N'P')IS NOT NULL
    DROP PROCEDURE usp_MyErrorLog;
GO


-- Create a stored procedure for printing error information.
CREATE PROCEDURE usp_MyErrorLog
AS
    PRINT
        'Error ' + CONVERT(VARCHAR(50), ERROR_NUMBER()) +
        ', Severity ' + CONVERT(VARCHAR(5), ERROR_SEVERITY()) +
        ', State ' + CONVERT(VARCHAR(5), ERROR_STATE()) +
        ', Line ' + CONVERT(VARCHAR(5), ERROR_LINE());
    PRINT
        ERROR_MESSAGE();
GO
```

单击【执行】，观察运行结果。

（2）会话 1 代码输入在第 2 个【查询】窗口。

```sql
USE tempdb;
GO


-- Declare and set variable
-- to track number of retries
-- to try before exiting.
DECLARE @retry INT;
SET @retry = 5;
```

```
-- Keep trying to update
-- table if this task is
-- selected as the deadlock
-- victim.
WHILE(@retry > 0)
BEGIN
    BEGIN TRY
        BEGIN TRANSACTION;

        UPDATE my_sales
        SET sales = sales + 1
        WHERE itemid = 1;

        WAITFOR DELAY '00:00:13';

        UPDATE my_sales
        SET sales = sales + 1
        WHERE itemid = 2;

        SET @retry = 0;

        COMMIT TRANSACTION;
    END TRY
    BEGIN CATCH
        -- Check error number.
        -- If deadlock victim error,
        -- then reduce retry count
        -- for next update retry.
        -- If some other error
        -- occurred, then exit
        -- retry WHILE loop.
        IF(ERROR_NUMBER() = 1205)
            SET @retry = @retry - 1;
        ELSE
            SET @retry = -1;

        -- Print error information.
        EXECUTE usp_MyErrorLog;

        IF XACT_STATE()<> 0
            ROLLBACK TRANSACTION;
    END CATCH;
END; -- End WHILE loop.
GO
```

（3）会话 2 代码输入在第 3 个【查询】窗口。

```
USE tempdb;
GO

-- Declare and set variable
-- to track number of retries
```

```
 --  to try before exiting.
DECLARE @retry INT;
SET @retry = 5;


 -- Keep trying to update
 -- table if this task is
 -- selected as the deadlock
 -- victim.
WHILE(@retry > 0)
BEGIN
    BEGIN TRY
        BEGIN TRANSACTION;

        UPDATE my_sales
        SET sales = sales + 1
        WHERE itemid = 2;

        WAITFOR DELAY '00:00:07';

        UPDATE my_sales
        SET sales = sales + 1
        WHERE itemid = 1;

        SET @retry = 0;

        COMMIT TRANSACTION;
    END TRY
    BEGIN CATCH
        -- Check error number.
        -- If deadlock victim error,
        -- then reduce retry count
        -- for next update retry.
        -- If some other error
        -- occurred, then exit
        -- retry WHILE loop.
        IF(ERROR_NUMBER() = 1205)
            SET @retry = @retry - 1;
        ELSE
            SET @retry = -1;

        -- Print error information.
        EXECUTE usp_MyErrorLog;

        IF XACT_STATE() <> 0
            ROLLBACK TRANSACTION;
    END CATCH;
END; -- End WHILE loop.
GO
```

（4）快速先后执行会话 1 和 2 的代码，观察执行情况和结果。如图 12-25～图 12-27 所示，会话 2 被选做死锁牺牲品，会话 1 成功执行。

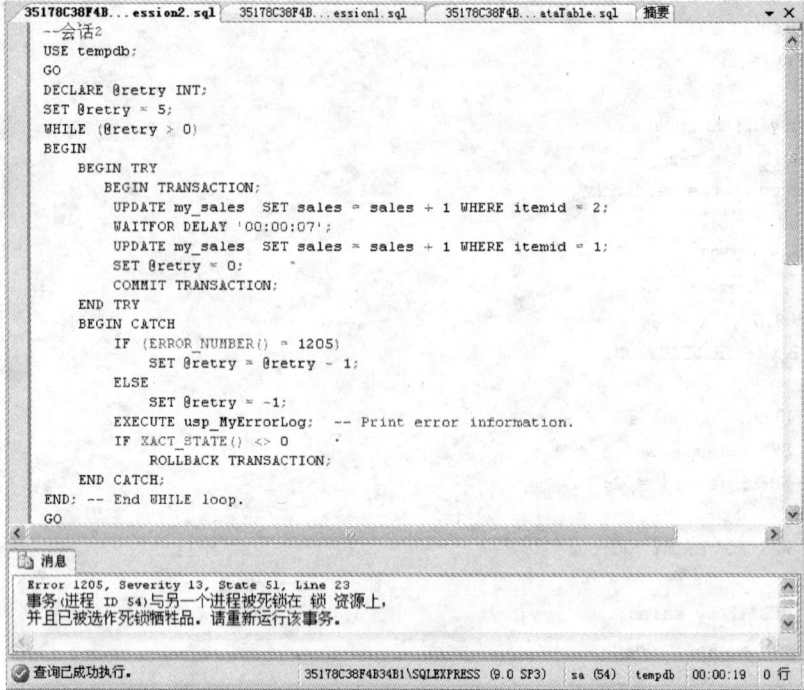

图 12-25 死锁

会话2被选做死锁牺牲品　　　　　会话1成功执行

图 12-26 死锁结果对比

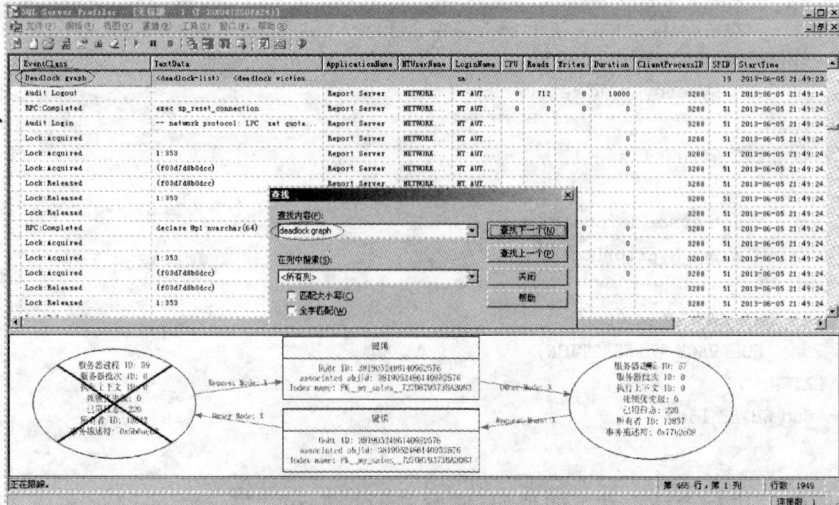

图 12-27 死锁图

12.7 游标

游标(cursor)提供了一种对 SQL Server 返回的 SELECT 结果集进行逐行处理的方法。

12.7.1 游标概述

使用游标的一个主要的原因就是把集合操作转换成单个记录处理方式。用 SQL 语言从数据库中检索数据后,结果放在内存的一块区域中,且结果往往是一个含有多个记录的集合。可以把游标当作一个指针,它可以指定 SELECT 结果集中任何记录行的位置,然后允许用户按照自己的意愿逐行来显示和处理这些记录。

1. 游标的组成

游标包含两个部分:一个是游标结果记录集,一个是游标指针的位置,如图 12-28 所示。
- 游标结果集:定义该游标的 SELECT 语句返回的数据记录行的集合。
- 游标位置:指向这个结果集中某一数据记录行的当前指针。

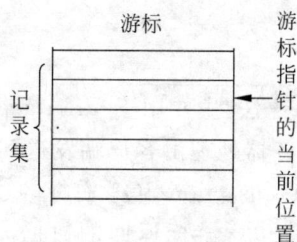

图 12-28 游标指针示意图

2. 游标的分类

游标共有 3 类:
- API 服务器游标;
- Transaction-SQL 游标;
- API 客户端游标。

其中前两种游标都是运行在服务器上的,所以又叫做服务器游标。

(1) API 服务器游标。

API 服务器游标主要应用在服务器上,当客户端的应用程序调用 API 游标函数时,服务器会对 API 函数进行处理。使用 API 函数和方法可以实现如下功能:

① 打开一个连接。

② 设置定义游标特征的特性或属性,API 自动将游标映射到每个结果集。

③ 执行一个或多个 Transaction-SQL 语句。

④ 使用 API 函数或方法提取结果集中的行。

API 服务器游标包含以下 4 种:

① 静态游标。

② 动态游标。

③ 只进游标。

④ 键集驱动游标(primary key)。

静态游标的完整结果集,是将打开游标时建立的结果集存储在临时表中(静态游标始终是只读的)。

静态游标具有以下特点:总是按照打开游标时的原样显示结果集;不反映数据库中作的任何修改,也不反映对结果集行的列值所做的更改;不显示打开游标后在数据库中新插入的行;组成结果集的行被其他用户更新,新的数据值不会显示在静态游标中;但是静态游标会显示打开游标以后从数据库中删除的行。

动态游标与静态游标相反,当滚动游标时动态游标反映结果集中的所有更改。结果集中的行数据值、顺序和成员每次提取时都会改变。

只进游标不支持滚动,它只支持游标从头到尾顺序提取数据行。注意:只进游标也反映对结果集所做的所有更改。

键集驱动游标同时具有静态游标和动态游标的特点。当打开游标时,该游标中的成员以及行的顺序是固定的,键集在游标打开时也会存储到临时工作表中,对非键集列的数据值的更改在用户游标滚动的时候可以看见,在游标打开以后对数据库中插入的行是不可见的,除非关闭游标再重新打开游标。

(2) Transaction-SQL 游标。

该游标是基于 Declare Cursor 语法,主要用于 Transaction-SQL 脚本、存储过程以及触发器中。Transaction-SQL 游标在服务器处理由客户端发送到服务器的 Transaction-SQL 语句。

在存储过程或触发器中使用 Transaction-SQL 游标的过程为:

① 声明 Transaction-SQL 变量包含游标返回的数据。为每个结果集列声明一个变量。声明足够大的变量来保存列返回的值,并声明变量的类型为可从数据类型隐式转换得到的数据类型。

② 使用 Declare Cursor 语句将 Transaction-SQL 游标与 SELECT 语句相关联。还可以利用 Declare Cursor 定义游标的只读、只进等特性。

③ 使用 Open 语句执行 SELECT 语句填充游标。

④ 使用 Fetch Into 语句提取单个行,并将每列中得数据移至指定的变量中。注意:其他Transaction-SQL 语句可以引用那些变量来访问提取的数据值。Transaction-SQL 游标不支持提取行块。

⑤ 使用 Close 语句结束游标的使用。注意:关闭游标以后,该游标还是存在,可以使用Open 命令打开继续使用,只有调用 Deallocate 语句才会完全释放。

(3) 客户端游标。

该游标将使用默认结果集,并把整个结果集高速缓存在客户端上,所有的游标操作都在客户端的高速缓存中进行。注意:客户端游标只支持只进和静态游标,不支持其他游标。

3. 游标的优点

从游标定义可以得到游标的如下优点,这些优点使游标在实际应用中发挥了重要作用:

(1) 允许程序对由查询语句 SELECT 返回的行集合中的每一行执行相同或不同的操作,而不是对整个行集合执行同一个操作。

（2）提供对基于游标位置的表中的行进行删除和更新的能力。

（3）游标实际上作为面向集合的数据库管理系统（RDBMS）和面向行的程序设计之间的桥梁，使这两种处理方式通过游标沟通起来。

12.7.2　游标使用的基本语法形式

1. 声明游标的语法

声明游标的语法如下：

```
Transact - SQL Extended Syntax
DECLARE cursor_name CURSOR [ LOCAL | GLOBAL ]
      [ FORWARD_ONLY | SCROLL ]
      [ STATIC | KEYSET | DYNAMIC | FAST_FORWARD ]
      [ READ_ONLY | SCROLL_LOCKS | OPTIMISTIC ]
      [ TYPE_WARNING ]
      FOR select_statement
      [ FOR UPDATE [ OF column_name [ , … n ] ] ]
[ ; ]
```

各参数的含义如下：

• cursor_name

是所定义的 Transact-SQL 服务器游标的名称。cursor_name 必须符合标识符规则。

• INSENSITIVE

定义一个游标，以创建将由该游标使用的数据的临时副本。对游标的所有请求都从 tempdb 中的这一临时表中得到应答；因此，在对该游标进行提取操作时返回的数据中不反映对基表所做的修改，并且该游标不允许修改。使用 ISO 语法时，如果省略 INSENSITIVE，则已提交的（任何用户）对基础表的删除和更新则会反映在后面的提取操作中。

• SCROLL

指定所有的提取选项（FIRST、LAST、PRIOR、NEXT、RELATIVE、ABSOLUTE）均可用。如果未在 ISO DECLARE CURSOR 中指定 SCROLL，则 NEXT 是唯一支持的提取选项。如果也指定了 FAST_FORWARD，则不能指定 SCROLL。

• select_statement

定义游标结果集的标准 SELECT 语句。在游标声明的 select_statement 中不允许使用关键字 FOR BROWSE 和 INTO。

如果 select_statement 中的子句与所请求的游标类型的功能有冲突，则 SQL Server 会将游标隐式转换为其他类型。

• READ ONLY

禁止通过该游标进行更新。在 UPDATE 或 DELETE 语句的 WHERE CURRENT OF 子句中不能引用游标。该选项优先于要更新的游标的默认功能。

• UPDATE [OF column_name [, … n]]

定义游标中可更新的列。如果指定了 OF column_name [, … n]，则只允许修改所列出的列。如果指定了 UPDATE，但未指定列的列表，则可以更新所有列。

• cursor_name

是所定义的 Transact-SQL 服务器游标的名称。cursor_name 必须符合标识符规则。

- LOCAL

指定该游标的范围对在其中创建它的批处理、存储过程或触发器是局部的。该游标名称仅在这个作用域内有效。在批处理、存储过程、触发器或存储过程 OUTPUT 参数中,该游标可由局部游标变量引用。OUTPUT 参数用于将局部游标传递回调用批处理、存储过程或触发器,它们可在存储过程终止后给游标变量分配参数使其引用游标。除非 OUTPUT 参数将游标传递回来,否则游标将在批处理、存储过程或触发器终止时隐式释放。如果 OUTPUT 参数将游标传递回来,则游标在最后引用它的变量释放或离开作用域时释放。

- GLOBAL

指定该游标的作用域对连接来说是全局的。在由连接执行的任何存储过程或批处理中,都可以引用该游标名称。该游标仅在断开连接时隐式释放。

注意,如果 GLOBAL 和 LOCAL 参数都未指定,则默认值由 default to local cursor 数据库选项的设置控制。

- FORWARD_ONLY

指定游标只能从第一行滚动到最后一行。FETCH NEXT 是唯一支持的提取选项。如果在指定 FORWARD_ONLY 时不指定 STATIC、KEYSET 和 DYNAMIC 关键字,则游标作为 DYNAMIC 游标进行操作。如果 FORWARD_ONLY 和 SCROLL 均未指定,则除非指定 STATIC、KEYSET 或 DYNAMIC 关键字,否则默认为 FORWARD_ONLY。STATIC、KEYSET 和 DYNAMIC 游标默认为 SCROLL。与 ODBC 和 ADO 这类数据库 API 不同,STATIC、KEYSET 和 DYNAMIC Transact-SQL 游标支持 FORWARD_ONLY。

- STATIC

定义一个游标,以创建将由该游标使用的数据的临时复本。对游标的所有请求都从 tempdb 中的这一临时表中得到应答;因此,在对该游标进行提取操作时返回的数据中不反映对基表所做的修改,并且该游标不允许修改。

- KEYSET

指定当游标打开时,游标中行的成员身份和顺序已经固定。对行进行唯一标识的键集内置在 tempdb 内一个称为 keyset 的表中。

注意,如果查询引用了至少一个无唯一索引的表,则键集游标将转换为静态游标。

对基表中的非键值所做的更改(由游标所有者更改或由其他用户提交)可以在用户滚动游标时看到。其他用户执行的插入是不可见的(不能通过 Transact-SQL 服务器游标执行插入)。如果删除某一行,则在尝试提取该行时返回值为-2 的@@FETCH_STATUS。从游标外部更新键值类似于删除旧行后再插入新行。具有新值的行不可见,且尝试提取具有旧值的行时返回的@@FETCH_STATUS 为-2。如果通过指定 WHERE CURRENT OF 子句来通过游标执行更新,则新值可见。

- DYNAMIC

定义一个游标,以反映在滚动游标时对结果集内的各行所做的所有数据更改。行的数据值、顺序和成员身份在每次提取时都会更改。动态游标不支持 ABSOLUTE 提取选项。

- FAST_FORWARD

指定启用了性能优化的 FORWARD_ONLY、READ_ONLY 游标。如果指定了 SCROLL 或 FOR_UPDATE,则不能也指定 FAST_FORWARD。

注意,在 SQL Server 2005 及更高版本中,FAST_FORWARD 和 FORWARD_ONLY 可以用在同一个 DECLARE CURSOR 语句中。

- READ_ONLY

禁止通过该游标进行更新。在 UPDATE 或 DELETE 语句的 WHERE CURRENT OF 子句中不能引用该游标。该选项优于要更新的游标的默认功能。

- SCROLL_LOCKS

指定通过游标进行的定位更新或删除一定会成功。将行读入游标时 SQL Server 将锁定这些行,以确保随后可对它们进行修改。如果还指定了 FAST_FORWARD 或 STATIC,则不能指定 SCROLL_LOCKS。

- OPTIMISTIC

指定如果行自读入游标以来已得到更新,则通过游标进行的定位更新或定位删除不成功。当将行读入游标时,SQL Server 不锁定行。它改用 timestamp 列值的比较结果来确定行读入游标后是否发生了修改,如果表不含 timestamp 列,它改用校验和值进行确定。如果已修改该行,则尝试进行的定位更新或删除将失败。如果还指定了 FAST_FORWARD,则不能指定 OPTIMISTIC。

- TYPE_WARNING

指定将游标从所请求的类型隐式转换为另一种类型时向客户端发送警告消息。

- select_statement

是定义游标结果集的标准 SELECT 语句。在游标声明的 select_statement 中不允许使用关键字 COMPUTE、COMPUTE BY、FOR BROWSE 和 INTO。

注意,可以在游标声明中使用查询提示;但如果还使用 FOR UPDATE OF 子句,请在 FOR UPDATE OF 之后指定 OPTION(query_hint)。

如果 select_statement 中的子句与所请求的游标类型的功能有冲突,则 SQL Server 会将游标隐式转换为其他类型。有关详细信息,请参阅"隐式游标转换"。

- FOR UPDATE [OF column_name [,…n]]

定义游标中可更新的列。如果提供了 OF column_name [,…n],则只允许修改所列出的列。如果指定了 UPDATE,但未指定列的列表,则除非指定了 READ_ONLY 并发选项,否则可以更新所有的列。

2. 打开游标

打开游标就是创建结果集。游标通过 DECLARE 语句定义,但其实际的执行是通过 OPEN 语句。语法如下:

```
OPEN { { [GLOBAL] cursor_name } | cursor_variable_name}
```

GLOBAL 指明一个全局游标。

cursor_name 是被打开的游标的名称。

cursor_variable_name 是所引用游标的变量名。该变量应该为游标类型。

在游标被打开之后,系统变量@@cursor_rows 可以用来检测结果集的行数。

@@cursor_rows 为负数时,表示游标正在被异步迁移,其绝对值(如果@@cursor_rows 为-5,则绝对值为 5)为当前结果集的行数。

异步游标使用户在游标被完全迁移时仍然能够访问游标的结果。

3. 从游标中取值

在从游标中取值的过程中,可以在结果集中的每一行上来回移动和处理。

如果游标定义成了可滚动的(在声明时使用 SCROLL 关键字),则任何时候都可取出结果集中的任意行。

对于非滚动的游标,只能对当前行的下一行实施取操作。结果集可以取到局部变量中。Fetch 命令的语法如下:

```
FETCH
        [ [ NEXT | PRIOR | FIRST | LAST
                 | ABSOLUTE { n | @nvar }
                 | RELATIVE { n | @nvar }
          ]
          FROM
        ]
{ { [ GLOBAL ] cursor_name } | @cursor_variable_name }
[ INTO @variable_name [ , … n ] ]
```

参数:
- NEXT

紧跟当前行返回结果行,并且当前行递增为返回行。如果 FETCH NEXT 为对游标的第一次提取操作,则返回结果集中的第一行。NEXT 为默认的游标提取选项。

- PRIOR

返回紧邻当前行前面的结果行,并且当前行递减为返回行。如果 FETCH PRIOR 为对游标的第一次提取操作,则没有行返回并且游标置于第一行之前。

- FIRST

返回游标中的第一行并将其作为当前行。

- LAST

返回游标中的最后一行并将其作为当前行。

- ABSOLUTE { n | @$nvar$ }

如果 n 或@$nvar$ 为正,则返回从游标起始处开始向后的第 n 行,并将返回行变成新的当前行。如果 n 或@$nvar$ 为负,则返回从游标末尾处开始向前的第 n 行,并将返回行变成新的当前行。如果 n 或@$nvar$ 为 0,则不返回行。n 必须是整数常量,并且@$nvar$ 的数据类型必须为 smallint、tinyint 或 int。

- RELATIVE { n | @$nvar$ }

如果 n 或@$nvar$ 为正,则返回从当前行开始向后的第 n 行,并将返回行变成新的当前行。如果 n 或@$nvar$ 为负,则返回从当前行开始向前的第 n 行,并将返回行变成新的当前行。如果 n 或@$nvar$ 为 0,则返回当前行。在对游标进行第一次提取时,如果在将 n 或@$nvar$ 设置为负数或 0 的情况下指定 FETCH RELATIVE,则不返回行。n 必须是整数常量,并且@$nvar$ 的数据类型必须为 smallint、tinyint 或 int。

- GLOBAL

指定 cursor_name 表示全局游标。

- cursor_name

要从中进行提取的开放游标的名称。如果全局游标和局部游标都使用 cursor_name 作为它们的名称，那么指定 GLOBAL 时，cursor_name 指的是全局游标；未指定 GLOBAL 时，则指的是局部游标。

- @cursor_variable_name

游标变量名，引用要从中进行提取操作的打开的游标。

- INTO @variable_name[,…n]

允许将提取操作的列数据放到局部变量中。列表中的各个变量从左到右与游标结果集中的相应列相关联。各变量的数据类型必须与相应的结果集列的数据类型匹配，或是结果集列数据类型所支持的隐式转换。变量的数目必须与游标选择列表中的列数一致。

直到下一次使用 FETCH 语句之前，变量中的值都会一直保持。

每一次 FETCH 的执行都存储在系统变量@@fetch_status 中。

如果 FETCH 成功，则@@FETCH_STATUS 被设置成 0。@@fetch_status 为-1 表示fetch 语句失败，-2 表示被提取的行不存在。

@@fetch_status 可以用来构造游标处理的循环。

4．关闭游标

CLOSE 语句用来关闭游标并释放结果集。游标关闭之后，不能再执行 FETCH 操作。如果还需要使用 FETCH 语句，则要重新打开游标。语法如下：

```
CLOSE [GLOBAL] cursor_name | cursor_variable_name
```

5．释放游标

游标使用不再需要之后，要释放游标。DEALLOCATE 语句释放数据结构和游标所加的锁。语法如下：

```
DEALLOCATE [GLOBAL] cursor_name | cursor_variable_name
```

12.7.3 游标的基本使用模板

1. DECLARE

定义一个游标，使之对应一个 SELECT 语句。

```
DECLARE 游标名[SCROLL] CURSOR FOR SELECT 语句[FOR UPDATE [OF 列表名]]
```

FOR UPDATE 任选项，表示该游标可用于对当前行的修改与删除。

2. OPEN

打开一个游标，执行游标对应的查询，结果集合为该游标的活动集。

```
OPEN 游标名
```

3. FETCH

在活动集中将游标移到特定的行,并取出该行数据放到相应的变量中。

FETCH [NEXT | PRIOR | FIRST | LAST | CURRENT | RELATIVE *n* | ABSOLUTE *m*]游标名 ONTO [变量表]

4. CLOSE

关闭游标,释放活动集及其所占资源。需要再使用该游标时,执行 OPEN 语句。

CLOSE 游标名

5. DEALLOCATE

删除游标,以后不能再对该游标执行 OPEN 语句

DEALLOCATE 游标名

【例 12-6】 声明了一个简单的游标,并使用 FETCH NEXT 逐个提取这些行。FETCH 语句以单行结果集形式返回在 DECLARE CURSOR 中指定的列的值。

```
USE [adageOfEncouragement]
GO
DECLARE @id    bigint
DECLARE @adage    nvarchar(26)
DECLARE @author    nvarchar(26)
DECLARE adage_Cursor CURSOR
 FOR SELECT id ,adage ,author
 FROM [adageOfEncouragement].[dbo].[adage];
OPEN adage_Cursor;
FETCH NEXT FROM adage_Cursor INTO @id ,@adage,@author;
WHILE @@FETCH_STATUS = 0
BEGIN
    -- select @id ,@adage,@author;
      FETCH NEXT FROM adage_Cursor;
END;
CLOSE adage_Cursor;
DEALLOCATE adage_Cursor;
GO
```

【例 12-7】 以存储过程表示的游标。

```
SET ANSI_NULLS ON
GO
SET QUOTED_IDENTIFIER ON
GO
USE [adageOfEncouragement]
GO
------------------------------------------------------------
IF EXISTS
(
    SELECT *
```

```
    FROM sysobjects WHERE   name = N'MyProcedure'
)
 DROP PROCEDURE [MyProcedure]
GO
    ----------------------------------------------------
-- 创建存储过程,将使用游标的过程封闭在存储过程中
CREATE PROCEDURE MyProcedure
-- Add the parameters for the stored procedure here
@id bigint --- 存储过程的参数
AS
BEGIN
    -- SET NOCOUNT ON added to prevent extra result sets from
    -- interfering with SELECT statements.
    SET NOCOUNT ON;
    -- 声明/创建编号
    declare @id_task    bigint
    declare @adage     nvarchar(26)

    -- 声明/创建游标
    DECLARE cursor_adage CURSOR local   scroll dynamic
 /** // * scroll 表示可随意移动游标指针(否则只能向前),dynamic 表示可以读写游标(否则游标只
读) * /
    for
    select id,adage from dbo.adage where id =  @id   ORDER BY id
    -- 打开游标
    OPEN cursor_adage
    Select @@CURSOR_ROWS -- 可以得到当前游标中存在的数据行数.
    -- 注意: 此变量为一个连接上的全局变量,因此只对应最后一次打开的游标
    -- 提取游标/遍历游标开始
    FETCH NEXT FROM cursor_adage INTO @id ,@adage WHILE @@FETCH_STATUS = 0
    BEGIN
    -- 测试游标
    select @id,@adage

    -- 删除当前游标所对应的记录,删除当前行的操作
    -- delete from adage where current of cursor_adage
    -- 修改当前游标所在行的列属性数据
    update adage set author = 'Hero' where current of cursor_adage
    -- 下一个
    FETCH NEXT FROM cursor_adage INTO @id,@adage
    END
    -- 关闭游标
    CLOSE cursor_adage
    -- 释放游标
    DEALLOCATE cursor_adage
END
GO
-- 测试.调用存储过程测试游标
exec MyProcedure 4
```

【例 12-8】 声明 SCROLL 游标并使用其他 FETCH 选项。

创建一个 SCROLL 游标,使其通过 LAST、PRIOR、RELATIVE 和 ABSOLUTE 选项支

持全部滚动功能。

```
USE [adageOfEncouragement];
GO
-- Execute the SELECT statement alone to show the
-- full result set that is used by the cursor.
SELECT id ,adage,author
    FROM [adageOfEncouragement].[dbo].[adage]
    ORDER BY id ,author;

-- Declare the cursor.
DECLARE adage_cursor SCROLL CURSOR FOR
SELECT adage ,author FROM [dbo].[adage]
ORDER BY id ,author;

OPEN adage_cursor;

-- Fetch the last row in the cursor.
FETCH LAST FROM adage_cursor;

-- Fetch the row immediately prior to the current row in the cursor.
FETCH PRIOR FROM adage_cursor;

-- Fetch the second row in the cursor.
FETCH ABSOLUTE 2 FROM adage_cursor;

-- Fetch the row that is three rows after the current row.
FETCH RELATIVE 3 FROM adage_cursor;

-- Fetch the row that is two rows prior to the current row.
FETCH RELATIVE - 2 FROM adage_cursor;

CLOSE adage_cursor;
DEALLOCATE adage_cursor;
GO
```

12.7.4　游标性能问题

最好的改进游标性能的技术就是：能避免时就避免使用游标，尽可能用对应的语句完成相同的功能。（一般情况下，考虑得当效率能大大提升。）

SQL Server 是关系数据库，其处理数据集比处理单行好得多，单独行的访问根本不适合关系 DBMS。

若有时无法避免使用游标，则可以用如下技巧来优化游标的性能。

（1）除非必要否则不要使用 static/insensitive 游标。打开 static 游标会造成所有的行都被复制到临时表。

这正是为什么它对变化不敏感的原因——它实际上是指向临时数据库表中的一个备份。

很自然，结果集越大，声明其上的 static 游标就会引起越多的临时数据库的资源争夺问题。

（2）除非必要否则不要使用 keyset 游标。和 static 游标一样，打开 keyset 游标会创建临时表。

虽然这个表只包括基本表的一个关键字列（除非不存在唯一关键字），但是当处理大结果集时还是会相当大的。

（3）当处理单向的只读结果集时，使用 fast_forward 代替 forward_only。使用 fast_forward 定义一个 forward_only，则 read_only 游标具有一定的内部性能优化。

（4）使用 read_only 关键字定义只读游标。这样可以防止意外的修改，并且让服务器了解游标移动时不会修改行。

（5）小心事务处理中通过游标进行的大量行修改。根据事务隔离级别，这些行在事务完成或回滚前会保持锁定，这可能造成服务器上的资源争夺。

（6）小心动态光标的修改，尤其是建在非唯一聚集索引键的表上的游标，因为它们会造成"Halloween"问题——对同一行或同一行的重复的错误的修改。

因为 SQL Server 在内部会把某行的关键字修改成一个已经存在的值，并强迫服务器追加下标，使它以后可以在结果集中移动。所以当从结果集的剩余项中存取时，又会遇到那一行，然后程序会重复，结果造成死循环。

（7）对于大结果集要考虑使用异步游标，尽可能地把控制权交给调用者。当返回相当大的结果集到可移动的表格时，异步游标特别有用。

（8）使用游标时的优化问题，要明确指出游标的用途：for read only 或 for update；在 for update 后指定被修改的列。

小结

本章全面讲述了事务的基本概念和 SQL Server 2008 事务处理和并发控制的基本概念，包括封锁、封锁协议、活锁、死锁等概念；讲解了 SQL Server 2008 的并发控制机制和游标。

习题

1. 名词解释

并发操作　　事务　　数据库一致性状态
封锁　　　　排他锁　共享锁
活锁　　　　死锁　　封锁粒度

2. 简答题

（1）为什么要对并发操作进行控制？
（2）实现并发控制的机制是什么？
（3）事务有哪些特性，含义是什么？
（4）SQL Server 有几种不同的封锁粒度？
（5）SQL Server 锁的自动控制方法。

实验

【实验名称】
事务处理、并发控制和游标。

【实验目的】
(1) 观察为会话设置的 TRANSACTION ISOLATION LEVEL。
(2) 掌握事务操作。
(3) 将多个操作定义为一个事务。

【实验内容】
(1) 设置 TRANSACTION ISOLATION LEVEL。
(2) 添加记录事务实验。
(3) 批量操作事务实验。

对于每个后续 Transact-SQL 语句,SQL Server 将所有共享锁一直保持到事务结束为止。
具体代码如下:

```
USE stu_nfo;
GO
SET TRANSACTION ISOLATION LEVEL REPEATABLE READ;
GO
BEGIN TRANSACTION;
GO
SELECT *
    FROM student;
GO
SELECT *
    FROM course;
GO
COMMIT TRANSACTION;
GO
```

定义一个事务,完成向学生表中添加记录。如果添加成功,则给每个分数加 10 分。否则不操作。

具体代码如下:

```
BEGIN  TRAN
INSERT INTO  学生表
VALUES('234','张','男','1980 - 10 - 28','1','3',null)
IF @@ error = 0
    BEGIN
PRINT '添加成功!'
UPDATE 成绩表
SET 分数 = 分数 + 10
WHERE 学号 = 111
COMMIT TRAN
END
    ELSE
```

```
BEGIN
 PRINT'添加失败!'
 ROLLBACK  TRAN
END
```

具体代码如下:

```
-- 将多个操作定义为一个事务
BEGIN  TRANSACTION
UPDATE 成绩表
SET 分数 = 分数 + 10
WHERE 课程号 = 5
INSERT INTO 学生表(学号,姓名)
VALUES(20123,'张全')
DELETE FROM 课程表
WHERE 课程表
WHERE 课程名 LIKE '数 % '
COMMIT TRANSACTION
```

本实验将多个 SQR 操作定义为一个事务,这时就形成了一个批处理,要么全部执行,要么都不执行。

第13章

SQL Server 2008数据库的高级管理

为了防止因软硬件故障而导致的数据丢失和破坏,需要对数据库采取一定的措施以保证数据库的安全性和完整性。SQL Server 2008 为用户提供了一系列高级管理,用以实现数据的安全性保护,这些管理包括数据库的备份与恢复、数据库的分离和附加以及数据库的快照。备份就是制作数据库结构、对象和数据的拷贝,以便在数据库遭到破坏的时候能够还原和恢复数据。分离就是将用户数据库从服务器的管理中分离出来,脱离服务器的管理,同时保持数据文件和日志文件的完整性和一致性,以便数据库可以附加到其他服务器中。数据库快照则是数据库的只读静态视图,是创建快照时数据库的一个静态形式,可将源数据库恢复到创建给定数据库快照时的状态。本章将着重介绍 SQL Server 2008 对数据安全性和完整性所提供的高级管理功能。

本章的学习目标:

- 理解数据库备份的概念、备份类型和恢复类型;
- 掌握 SQL Server 数据库的各种类型的备份和恢复的方法;
- 理解数据库分离和附加的原因及含义;
- 掌握 SQL Server 进行分离和附加操作的方法;
- 理解数据库快照的含义及作用;
- 掌握数据库快照的创建及使用方法。

13.1 备份和恢复数据库

13.1.1 备份和恢复基本概念

数据库备份就是为了最大限度地降低灾难性数据丢失的风险,从数据库中定期保存用户对数据所做的修改,用以将数据库从错误状态下恢复到某一正确状态的副本。需要备份的数据库包括系统数据库和用户数据库,备份的内容包括数据文件和日志文件两部分,由规定的拥有备份权限的数据库用户进行备份,备份到特定的位置上(在 SQL Server 中可以备份到两种介质上:硬盘或磁带)。备份操作可以在 SQL Server 2008 数据库正常运行时进行。

数据库恢复就是当数据库出现故障时,将已经做好的备份数据库加载到系统,从而使数据库恢复到备份时的正确状态。数据库的恢复是针对备份而言的,只有先有备份才能进行恢复。与备份操作相比,恢复操作是在系统发生故障时进行的,因此会较为复杂,需要执行一些备份时不必考虑的操作,例如系统安全性检查和备份介质验证。

13.1.2　备份类型

SQL Server 2008 数据库提供了以下多种备份类型，如表 13-1 所示。

表 13-1　SQL Server 2008 数据库的备份类型

备份类型	描　述
完整备份	包含特定数据库或者一组特定的文件组或文件中的所有数据，以及可以恢复这些数据的足够的日志
差异备份	基于完整数据库或部分数据库或一组数据文件或文件组（差异基准）的最新完整备份，并且仅包含自确定差异基准以来发生更改的数据
事务日志备份	包括以前日志备份中未备份的所有日志记录的事务日志备份
结尾日志备份	"结尾日志备份"捕获尚未备份的任何日志记录（"结尾日志"），以防丢失所做的工作并确保日志链完好无损
文件及文件组备份	一个或多个数据库文件或文件组的备份
部分备份	仅包含主文件组、每一个读写文件组和任何可选指定的只读文件中数据的备份
仅复制备份	独立于正常 SQL Server 备份序列的特殊用途备份

下面主要介绍完整备份、差异备份、事务日志备份和文件及文件组备份这 4 种备份类型。

1.　完整备份

备份整个数据库或者一组特定的文件组或文件中的所有内容，包括事务日志。完整备份是在某一时间点做数据库的备份，这一备份作为数据库恢复时的基线。使用这种方法进行定期备份，当系统出现故障时，可以恢复到最近一次数据库备份时的状态，但在该次备份后到数据库发生故障期间的事务都将丢失。

由于该备份要完整的备份数据库的全部内容，因此备份所需要的存储空间比较大，另外备份时间也比较长。但是这种备份的备份过程和恢复过程操作比较简单，因此如果数据库较小或数据库变化很小，就可以只使用完整备份。

2.　差异备份

差异备份是完整备份的补充，只备份上次完整备份后发生更改的数据，因此需要先进行完整备份后才能进行此种备份。差异备份比完整备份的工作量小，备份速度快，对系统的影响也小，可以经常使用。当用户在备份一个频繁修改的数据库时，为了减少备份时间和恢复时间，应使用差异备份。

但是这种备份在恢复时需要先恢复最近一次的完整备份，然后才能恢复最后一次所做的差异备份。

3.　事务日志备份

事务日志备份只备份事务日志里的内容，即记录所有数据库的变化。与差异备份相同，如果没有执行一次完整数据库备份，不能进行事务日志的备份。事务日志备份占用空间小、备份时间快，当系统发生故障时，能够恢复所有备份的事务，丢失未提交或未执行完的事务。

事务日志备份在执行恢复时也需要先恢复最近一次的完整备份，然后才能恢复最后一次所做的事务日志。

　　注释：事务日志的活动部分开始于最早打开事务的时间点，持续到事务日志的结束。

4．文件及文件组备份

　　对于非常庞大的数据库，有时执行完整备份并不可行，这时用户可以执行数据库的文件或文件组备份。因为大型的数据库通常都含有多个数据库文件或文件组，因此可以分开进行备份从而减少备份的工作量。

　　进行文件及文件组备份时通常还要定期备份事务日志，这样在恢复时可以只还原已损坏的文件，而不用还原数据库的其他部分，加快恢复速度。

　　注意：当用户执行文件及文件组备份时，必须使用逻辑文件或者文件组。必须执行事务日志备份，以确保备份文件各数据库的其他部分一致可用。一般情况下，使用文件和文件组备份，要求用户对备份体系的整体进行考虑。

13.1.3　恢复模式

　　事务日志是用来记录数据库中的每一次数据变动的，那么是否每次变动都有记录的必要呢？其实不然，如果记录得太频繁反而会降低数据库的性能，因此需要对事务日志的记录方式进行设置，而恢复模式就是用来设置事务日志的操作方法的。它控制如何记录事务，事务日志是否需要（以及允许）备份，以及可以使用哪些类型的还原操作。它可以理解为 SQL Server 2008 数据库备份和恢复的方案，它约定了备份和恢复之间的关系。SQL Server 2008 提供了三种恢复模式：简单恢复模式、完整恢复模式和大容量日志恢复模式。通常，数据库使用完整恢复模式或简单恢复模式。数据库可以随时切换为其他恢复模式。

1．简单恢复模式

　　在该种恢复模式下数据库不进行日志备份，这样可以节约事务日志空间及管理开销。但是这种模式存在风险，一旦数据库发生损坏，只能恢复到最新的备份点状态，在该备份以后发生的更改将会丢失。因此，在简单恢复模式下，备份间隔应尽可能短，以防止大量丢失数据，也可以加入差异备份用来减少备份的开销。

2．完整恢复模式

　　在这种恢复模式下将完整地记录所有事务，并将事务日志记录保留到对其备份完毕为止。如果能够在出现故障后备份日志尾部，则可以使用完整恢复模式将数据库恢复到故障点。完整恢复模式还支持还原单个数据页。

3．大容量日志

　　大容量日志恢复模式记录了大多数大容量操作，它只用作完整恢复模式的附加模式。该模式与完整恢复模式相同，也将事务日志记录保留到对其备份完毕为止。可以通过使用最小方式记录大多数大容量操作，从而减少日志空间使用量。对于某些大规模大容量操作（如大容量导入或索引创建），暂时切换到大容量日志恢复模式。但是大容量日志恢复模式不支持时间点恢复，因此必须在增大日志备份与增加工作丢失风险之间进行权衡。各种恢复模式支持的恢复操作如表13-2所示。

表 13-2　各种恢复模式所支持的恢复操作

恢复操作	简单恢复模式	完全恢复模式	大容量日志恢复模式
数据恢复	可以恢复上次完全备份或差异备份丢失的数据	如果日志可用，支持完全恢复	部分数据丢失
时间点恢复	不支持	日志的任何时间点	不支持
文件恢复	只支持只读次要文件	完全支持	有时支持
页面恢复	无	完全支持	有时支持
粉碎恢复	只支持只读次要文件	完全支持	有时支持

13.1.4　备份的策略

备份策略是指根据用户数据库的自身特点，制定的符合数据库要求的备份类型。例如对一般的事务性数据库，使用"完整备份"加"差异备份"相结合的方法等。

1．完全数据库备份策略

对于数据库数据量小，且数据变化少或数据库是只读类型的小型数据库来说，可以使用这种备份策略，即只对数据库进行定期"完整备份"。

该策略中的恢复模式可以使用"简单恢复模式"来简化操作。因为如果使用"完整恢复模式"还要定期清除事务日志，否则当事务日志变满时，SQL Server 2008 可能阻止数据库活动。

2．数据库和事务日志备份策略

对于经常进行修改操作的数据库来说，要求较严格的可恢复性，而由于时间和效率的原因，仅通过使用数据库的完整备份实现这样可恢复性并不可行时，可以考虑使用这种备份策略。即在"数据库完整备份"的基础上，增加"事务日志备份"，以记录全部数据库的活动。用户应备份从最近的"数据库完整备份"开始，使用"事务日志备份"。

该策略中的恢复模式应使用"完整恢复模式"。

3．差异备份策略

对于数据库变化比较频繁、要求备份时间尽可能短的数据库来说，可以使用这种备份策略。差异备份策略包括执行常规的数据库"完整备份"加"差异备份"，并且可以在"完整备份"和"差异备份"中间执行"事务日志备份"。

恢复数据库时，应首先恢复数据库的"完整备份"，其次是恢复最新一次的"差异备份"，最后恢复最新一次"差异备份"以后的每一个"事务日志备份"。该策略在日常工作中被大量使用。

4．文件或文件组备份策略

对于数据库非常庞大、完整备份耗时太长的情况来说，可以使用这种备份策略。文件或文件组备份策略主要包含备份单个文件或文件组的操作。通常这类策略用于备份读写文件组。备份文件和文件组期间，通常要备份事务日志，以保证数据库的可用性。这种策略虽然灵活，但是管理起来比较复杂，SQL Server 2008 不能自动地维护文件关系的完整性。

13.1.5　执行数据库备份

执行数据库备份首先要创建备份设备。备份设备就是用来存储备份数据的存储介质,可以是磁盘、磁带等。备份设备又分为逻辑备份设备和物理备份设备两种。创建好备份设备后,就可以进行数据库的备份了,可以使用 SQL Server Management Studio 中的对象资源管理器和 T-SQL 语句两种方法进行备份。下面介绍备份数据库的方法。

1. 创建备份设备

备份设备的名称分为物理名称和逻辑名称,物理名称是操作系统用来访问物理设备时所使用的名称,例如完整路径的操作系统文件名(D:\data\data_full. bak);逻辑名称是为物理备份设备指定的逻辑别名。使用逻辑名访问比物理设备更加方便,但是要想使用备份设备的逻辑名称进行备份,就必须先创建备份设备并起好名称;否则就只能用物理名访问备份设备。

(1) 创建逻辑备份设备

逻辑备份设备所创建的备份可以用作重用备份,也可以用来设置系统自动备份。创建过程如下:

① 启动 SQL Server Management Studio,连接到本地默认实例,在【对象资源管理器】窗口中,展开【服务器对象】节点,右击【备份设备】节点,在弹出的快捷菜单中选择【新建备份设备】选项。

② 打开【备份设备】对话框,如图 13-1 所示,在【设备名称】后面输入备份设备的名称,在【目标】后的文件中输入完整的路径名(这里只介绍磁盘的备份)。单击【确定】按钮,完成备份设备的创建。

当然也可以使用系统存储过程 sp_addumpdevice 来创建备份设备。具体格式为:

```
sp_addumpdevice[@devtype = ]'device_type',
[@logicalname = ]'logical_name',
[@physicalname = ]'physical_name'
```

参数说明:

device_type:备份设备的介质类型,可以是“DISK”硬盘文件或“TAPE”磁带设备。

logical_name:备份设备的逻辑名称。

physical_name:备份设备的物理名称。

【例 13-1】　在本地硬盘的 D 盘根目录下创建一个备份设备。

```
USE master
GO
EXEC sp_addumpdevice'disk','mybackup','D:\mybackup. bak'
```

(2) 创建物理备份设备

物理备份设备是用来临时存储使用的,这种设备只能使用物理名称来引用。在创建物理备份设备时,需要指定备份设备的介质类型和完整路径及文件名,使用 T-SQL 语句中的 BACKUP DATABASE 语句创建,具体备份方法在后面介绍。

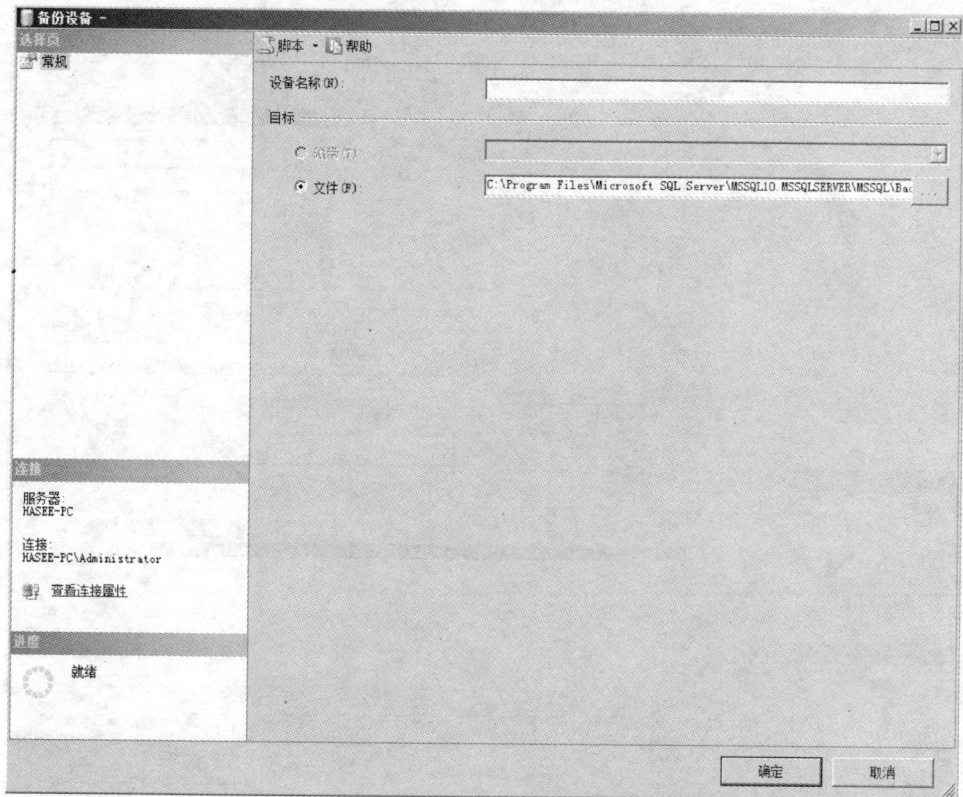

图 13-1 【设备备份】对话框

2. 利用对象资源管理器创建备份

下面以完整备份 stu_info 数据库为例，介绍使用 SQL Server Management Studio 工具来完成的完整备份的方法，具体操作过程如下。

（1）启动 SQL Server Management Studio，连接到本地默认实例，在【对象资源管理器】窗格中，展开【数据库】节点，右击 stu_info 数据库，在弹出的快捷菜单中选择【任务】→【备份】选项，如图 13-2 所示。

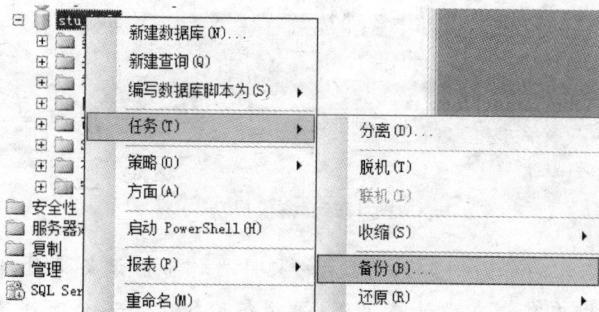

图 13-2 选择备份命令

（2）打开【备份数据库】对话框，默认选择【常规】选项，如图 13-3 所示。

（3）在【源】选项框中的【数据库】复选框中，选择 stu_info 数据库。在【备份类型】复选框

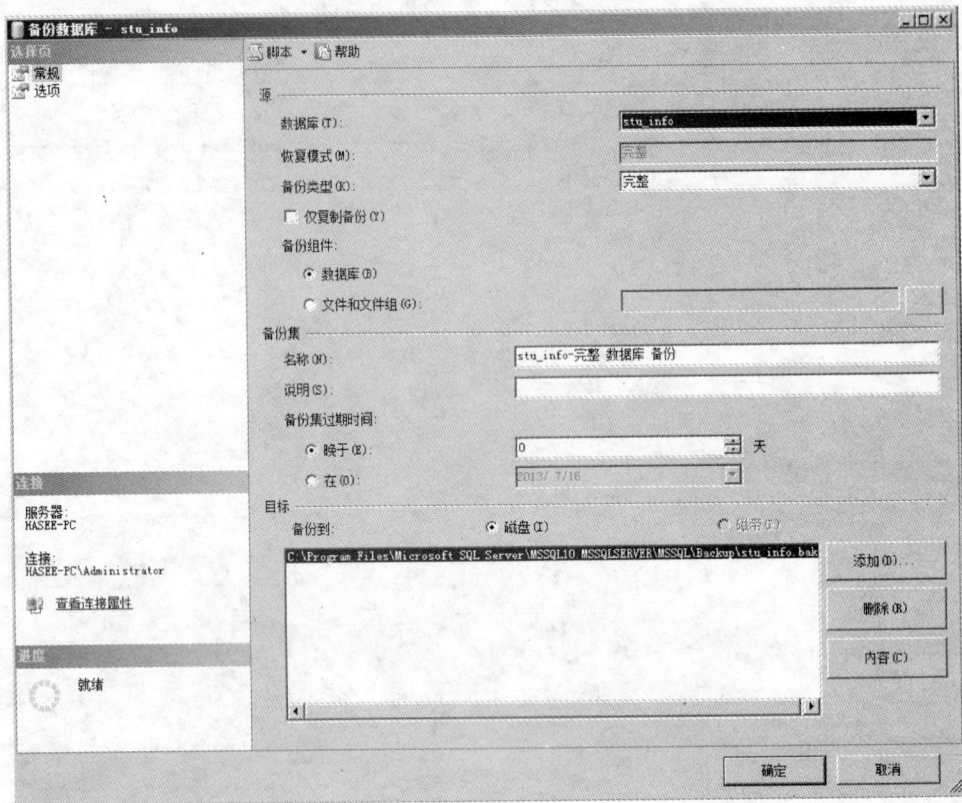

图 13-3　备份数据库对话框

中,选择【完整】类型。在【备份组件】选项框中,选择【数据库】单选按钮。

(4) 在【备份集】选项框中,可以为该备份集指定一个名称,并添加一些有实际意义的说明,还可以指定【备份集过期时间】选项,起到说明的作用。在【目标】列表框中,指定要备份到的设备,包括【磁盘】和【磁带】两种设备。如果选择【磁盘】单选按钮,那么可以指定要备份到的文件位置,可以是物理设备,也可以是逻辑设备。可以通过单击【添加】按钮,将一个数据库备份到多个文件。

(5) 单击【确定】按钮,得到 stu _info 数据库的一个完整备份,如图 13-4 所示。

图 13-4　备份成功

注意:在进行数据库的备份时,将磁盘上的文件当作备份设备来处理。在备份时,可以向这个设备添加多份备份内容。在默认情况下,再次备份的结果不会有冲突,也不会覆盖。如果希望再次备份时,直接将以前的备份结果覆盖。可以在备份时,切换到【备份数据库】对话框的【选项】选项,选择【覆盖所有现有备份集】单选按钮,如图 13-5 所示。

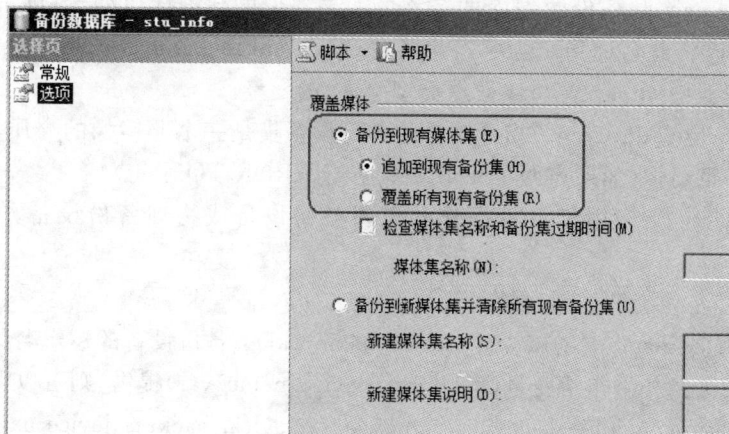

图 13-5 备份选项命令

3. 利用 T-SQL 语句创建备份

使用 BACKUP 命令,可以创建备份,包括完整备份、差异备份、日志备份以及文件和文件组备份等。

(1) 备份完整数据库,其语法格式为:

```
BACKUP DATABASE { database_name | @database_name_var }
   TO < backup_device > [ , … n ]
   [ MIRROR TO < backup_device > ] [ , … n ] [ next - mirror - to ]
   [ WITH { < general_WITH_options > [ , … n ] } ]
[;]
```

其中,

```
< general_WITH_options > [ , … n ]:: =
COPY_ONLY
| { COMPRESSION | NO_COMPRESSION }
| DESCRIPTION = { 'text' | @text_variable }
| NAME = { backup_set_name | @backup_set_name_var }
| { EXPIREDATE = { 'date' | @date_var } | RETAINDAYS = { days | @days_var } }
{ NOINIT | INIT }
| { NOSKIP | SKIP }
| { NOFORMAT | FORMAT }
| MEDIADESCRIPTION = { 'text' | @text_variable }
| MEDIANAME = { media_name | @media_name_variable }
| BLOCKSIZE = { blocksize | @blocksize_variable }
BUFFERCOUNT = { buffercount | @buffercount_variable }
| MAXTRANSFERSIZE = { maxtransfersize | @maxtransfersize_variable }
{ NO_CHECKSUM | CHECKSUM }
| { STOP_ON_ERROR | CONTINUE_AFTER_ERROR }
STATS [ = percentage ]
{ REWIND | NOREWIND }
| { UNLOAD | NOUNLOAD }
```

参数说明:

① database_name：备份数据库的名称。如果备份的数据库以变量(@database_name_var)提供，则可以将此名称指定为字符串常量(@database_name_var＝database name)或指定为字符串数据类型(ntext 或 text 数据类型除外)的变量。

② TO ＜backup_device＞：指示附带的备份设备集是一个非镜像的介质集，或者是镜像介质集中的第一批镜像(如果声明了一个或多个 MIRROR TO 子句)。

backup_device：指定用于备份操作的逻辑备份设备或物理备份设备。包含以下两种格式：

* 将数据库备份到已经创建的逻辑设备中。

{logical_device_name | @logical_device_name_var}：备份设备的逻辑名称。逻辑名称必须遵守标识符规则。如果作为变量(@logical_device_name_var)提供，则可以将该备份设备名称指定为字符串常量(@logical_device_name_var＝ logical backup device name)或任何字符串数据类型(ntext 或 text 数据类型除外)的变量。

* 将数据库备份到指定的磁盘或磁带中。

{ DISK | TAPE } ＝ { 'physical_device_name' | @physical_device_name_var }：指定磁盘文件或磁带设备(需要指定完整的路径名和文件名)。如果某一磁盘设备不存在，也可以在 BACKUP 语句中指定它。如果存在物理设备且 BACKUP 语句中未指定 INIT 选项，则备份将追加到该设备。

[,…n]：最多可以在逗号分隔的列表中指定 64 个备份设备。

③ MIRROR TO 子句：指定一组辅助备份设备(最多三个)，其中每个设备都将镜像 TO 子句中指定的备份设备。必须对 MIRROR TO 子句和 TO 子句指定相同类型和数量的备份设备。最多可以使用三个 MIRROR TO 子句。

④ WITH 子句：指定要用于备份操作的选项。

COPY_ONLY：指定备份为"仅复制备份"，该备份不影响正常的备份顺序。仅复制备份是独立于定期计划的常规备份而创建的。仅复制备份不会影响数据库的总体备份和还原过程。

COMPRESSION | NO_COMPRESSION：仅适用于 SQL Server 2008 Enterprise 和更高版本；指定是否对此备份执行备份压缩；覆盖服务器级默认设置。安装时，默认行为是不进行备份压缩。

DESCRIPTION ＝ { 'text' | @text_variable }：指定说明备份集的自由格式文本。该字符串最长可达 255 个字符。

NAME ＝ { backup_set_name | @backup_set_var }：指定备份集的名称。名称最长可达 128 个字符。如果未指定 NAME，它将为空。

EXPIREDATE 或 RETAINDAYS：指定允许覆盖该备份的备份集的日期。如果同时使用这两个选项，RETAINDAYS 的优先级别将高于 EXPIREDATE。EXPIREDATE ＝ { 'date' | @date_var }：指定备份集到期和允许被覆盖的日期。如果作为变量(@date_var)提供，则该日期必须采用已配置系统 datetime 的格式，并指定为下列类型之一：字符串常量(@date_var ＝ date)；字符串数据类型 (ntext 或 text 数据类型除外) 的变量；一个 smalldatetime 类型的值；datetime 变量。RETAINDAYS ＝ { days | @days_var }：指定必须经过多少天才可以覆盖该备份介质集。如果作为变量(@days_var)提供，则必须指定为整型。

NOINIT | INIT：控制备份操作是追加到还是覆盖备份介质中的现有备份集。默认为追

加到介质中最新的备份集（NOINIT）。NOINIT：表示备份集将追加到指定的介质集上，以保留现有的备份集。如果为介质集定义了介质密码，则必须提供密码。NOINIT 是默认值。INIT：指定应覆盖所有备份集，但是保留介质标头。如果指定了 INIT，将覆盖该设备上所有现有的备份集（如果条件允许）。

NOSKIP | SKIP：控制备份操作是否在覆盖介质中的备份集之前检查它们的过期日期和时间。NOSKIP 指示 BACKUP 语句在可以覆盖介质上的所有备份集之前先检查它们的过期日期，是默认值。SKIP 禁用备份集的过期和名称检查，这些检查一般由 BACKUP 语句执行以防覆盖备份集。

NOFORMAT | FORMAT：指定是否应该在用于此备份操作的卷上写入介质标头，以覆盖任何现有的介质标头和备份集。NOFORMAT 指定备份操作在用于此备份操作的介质卷上保留现有的介质标头和备份集。这是默认值。FORMAT 指定创建新的介质集。FORMAT 将使备份操作在用于备份操作的所有介质卷上写入新的介质标头。卷的现有内容将变为无效，因为覆盖了任何现有的介质标头和备份集。

MEDIADESCRIPTION = { text | @text_variable }：指定介质集的自由格式文本说明，最多为 255 个字符。

MEDIANAME = { media_name | @media_name_variable }：指定整个备份介质集的介质名称。介质名称的长度不能多于 128 个字符，如果指定了 MEDIANAME，则该名称必须匹配备份卷上已存在的先前指定的介质名称。如果未指定该选项或指定了 SKIP 选项，将不会对介质名称进行验证检查。

BLOCKSIZE = { blocksize | @blocksize_variable }：用字节数来指定物理块的大小。支持的大小是 512、1024、2048、4096、8192、16384、32768 和 65536（64KB）字节。对于磁带设备默认为 65536，其他情况为 512。通常，由于 BACKUP 自动选择适合于设备的块大小，因此不需要此选项。

BUFFERCOUNT = { buffercount | @buffercount_variable }：指定用于备份操作的 I/O 缓冲区总数。可以指定任何正整数；但是，较大的缓冲区数可能导致由于 Sqlservr. exe 进程中的虚拟地址空间不足而发生"内存不足"错误。

MAXTRANSFERSIZE = { maxtransfersize | @maxtransfersize_variable }：指定要在 SQL Server 和备份介质之间使用的最大传输单元（字节）。可能的值是 65536 字节（64KB）的倍数，最多可到 4194304 字节（4MB）。

NO_CHECKSUM | CHECKSUM：控制是否启用备份校验和。默认值 NO_CHECKSUM。

STOP_ON_ERROR | CONTINUE_AFTER_ERROR：控制备份操作在遇到页校验和错误后是停止还是继续。STOP_ON_ERROR 表示如果未验证页校验和，则指示 BACKUP 失败，是默认值。CONTINUE_AFTER_ERROR 表示指示 BACKUP 继续执行，不管是否遇到无效校验和或页撕裂之类的错误。

STATS [=percentage]：STATS 选项报告截止报告下一个间隔的阈值时的完成百分比。这是指定百分比的近似值；例如，当 STATS=10 时，如果完成进度为 40%，则该选项可能显示 43%。每当另一个 percentage 完成时显示一条消息，并用于测量进度。如果省略 percentage，则 SQL Server 在每完成 10% 就显示一条消息。

REWIND | NOREWIND：只用于磁带设备，REWIND 指定 SQL Server 将释放和倒带，

默认值。NOREWIND 指定在备份操作之后 SQL Server 让磁带一直处于打开状态。

　　UNLOAD | NOUNLOAD：UNLOAD 指定在备份完成后自动倒带并卸载磁带,默认值。NOUNLOAD 指定在 BACKUP 操作之后磁带将继续加载在磁带机中。

　　【例 13-2】　在磁盘上创建一个物理备份设备,用来完整备份 stu_info 数据库。

```
USE master
GO
BACKUP DATABASE stu_info TO DISK = 'D:\Backup\stubackup.bak'
```

　　【例 13-3】　使用逻辑名 stubackup1 在 D 盘根目录创建一个备份设备,并将 stu_info 数据库完全备份到该设备。

```
USE master
GO
EXEC sp_addumpdevice 'disk','stubackup1','D:\Backup\stubackup1.bak'
BACKUP DATABASE stu_info TOstubackup1
```

　　【例 13-4】　再次将 stu_info 备份到 stubackup1 备份设备中,并覆盖该设备中原有内容。

```
BACKUP DATABASE stu_info TOstubackup1 WITH INIT
```

　　注释：在上例中如果在 WITH 后面使用 NOINIT 则表示执行追加的完整数据库备份,该设备上原有内容都会被保存。

　　【例 13-5】　将数据库 stu_info 备份到两个备份设备中。

```
USE master
GO
EXEC sp_addumpdevice'disk', 'stubackup2', 'D: \Backup\stubackup2.bak'
EXEC sp_addumpdevice'disk', 'stubackup3', 'D: \Backup\stubackup3.bak'
BACKUP DATABASE stu_info TOstubackup2, stubackup3
WITH NAME = 'doublebak'
```

　　(2) 创建差异备份,其语法格式为：

```
BACKUP DATABASE { database_name | @database_name_var }
 READ_WRITE_FILEGROUPS [ , < read_only_filegroup > [ , … n ] ]
  TO < backup_device > [ , … n ]
  [ MIRROR TO < backup_device > ] [ next - mirror - to ]
  [ WITH { DIFFERENTIAL | < general_WITH_options > [ , … n ] } ]
```

　　参数说明：

　　READ_WRITE_FILEGROUPS：指定在部分备份中备份所有读/写文件组。如果数据库是只读的,则 READ_WRITE_FILEGROUPS 仅包括主文件组。

　　FILEGROUP：只读文件组或变量的逻辑名称,其值等于要包含在部分备份中的只读文件组的逻辑名称。

　　DIFFERENTIAL：差异备份的关键字,该选项只是用在差异备份中。

　　其他参数的含义与完整备份中参数含义相同。

　　【例 13-6】　建立备份设备 differentialbak,并将数据库 stu_info 基于完整备份的差异备份创建在该备份设备上。

```
EXEC sp_addumpdevice 'disk', 'differentialbak, 'D: \Backup\differential.bak'
BACKUP DATABASE stu_info TOdifferentialbak
WITHDIFFERENTIAL
```

注意：建立差异备份之前一定要先建立完整备份。

在本例中的差异备份可以直接使用完整备份的备份设备进行备份，即

```
BACKUP DATABASE stu_info TOstubackup1 WITH DIFFERENTIAL
```

备份成功后 stubackup1 中就会出现两个备份集，可以通过查看备份设备属性看到。具体查看方式为：

（1）在"对象资源管理器"中展开【服务器对象】节点，在其中的【备份设备】文件夹中可以看到所有已经建立好的逻辑备份设备。右击 stubackup1 项，在弹出的快捷菜单中选择【属性】选项，如图 13-6 所示。

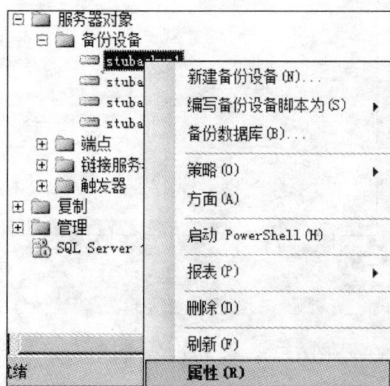

图 13-6 查看备份设备属性

（2）打开【备份设备】窗口，单击【媒体内容】选项卡，在右侧备份表中会显示所有备份信息，如图 13-7 所示。

可以发现这里有两个备份集，一个是完整备份集，另一个是差异备份集，由于在写备份命令时没有给备份集起名字，因此两个备份集的名称都为空，唯一可以区分的就是备份集所在位置，一个为 1，一个为 2。所以为了将差异备份与完全备份的备份区分开，应尽量使用不同的备份设备名。

（3）创建事务日志备份，其语法格式为：

```
BACKUP LOG { database_name | @database_name_var }
  TO [ , … n ]
  [MIRROR TO  < backup_device > ] [ next - mirror - to ]
  [ WITH {
  { NORECOVERY | STANDBY = undo_file_name }
| NO_TRUNCATE}
```

参数说明：

LOG：指定仅备份事务日志。该日志是从上一次成功执行的日志备份到当前日志的末尾。必须创建完整备份，才能创建第一个日志备份。

NORECOVERY：备份日志的尾部并使数据库处于 RESTORING 状态。当将故障转移

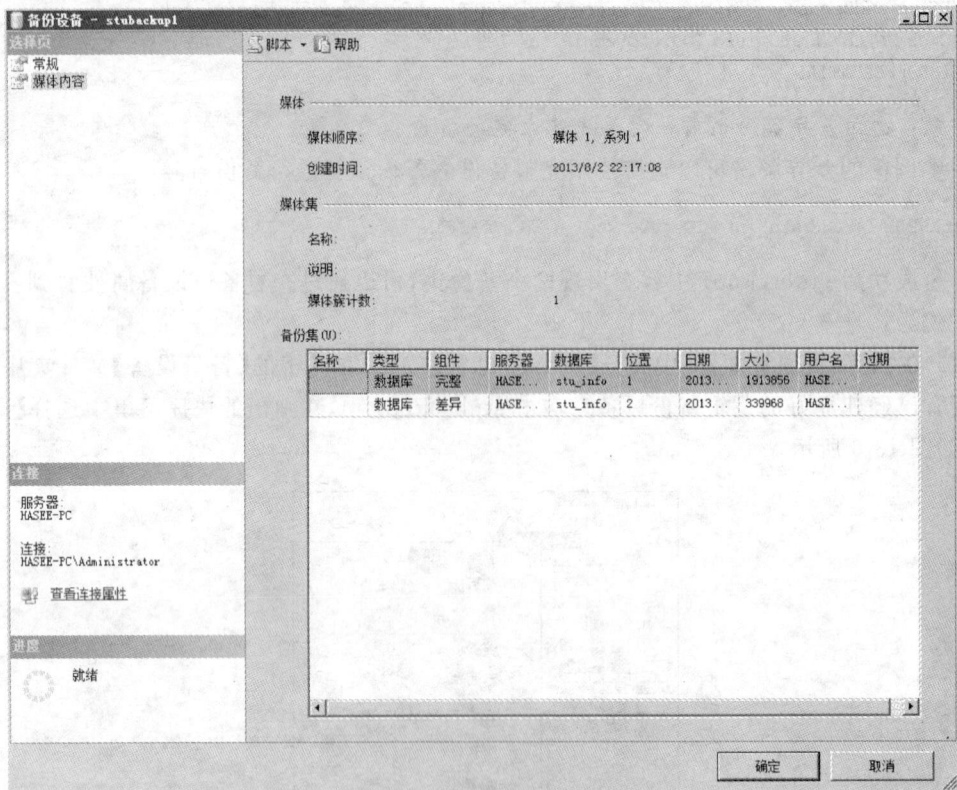

图 13-7　备份设备对话框

到辅助数据库或在执行 RESTORE 操作前保存日志尾部时,NORECOVERY 很有用。

若要执行最大程度的日志备份(跳过日志截断)并自动将数据库置于 RESTORING 状态,请同时使用 NO_TRUNCATE 和 NORECOVERY 选项。

STANDBY:备份日志的尾部并使数据库处于只读和 STANDBY 状态。将 STANDBY 子句写入备用数据。(执行回滚,但需要进一步还原选项)。使用 STANDBY 选项等同于 BACKUP LOG WITH NORECOVERY 后跟 RESTORE WITH STANDBY。

使用备用模式需要一个备用文件,该文件由 standby_file_name 指定,其位置存储于数据库的日志中。如果指定的文件已经存在,则数据库引擎会覆盖该文件;如果指定的文件不存在,则数据库引擎将创建它。备用文件将成为数据库的一部分。

该文件将保存对回滚所做的更改,如果要在以后应用 RESTORE LOG 操作,则必须反转这些更改。必须有足够的磁盘空间供备用文件增长,以使备用文件能够包含数据库中由回滚的未提交事务修改的所有不重复的页。

NO_TRUNCATE:指定不截断日志,并使数据库引擎尝试执行备份,而不考虑数据库的状态。因此,使用 NO_TRUNCATE 执行的备份可能具有不完整的元数据。该选项允许在数据库损坏时备份日志。BACKUP LOG 的 NO_TRUNCATE 选项相当于同时指定 COPY_ONLY 和 CONTINUE_AFTER_ERROR。如果不使用 NO_TRUNCATE 选项,则数据库必须处于 ONLINE 状态。如果数据库处于 SUSPENDED 状态,则可能无法通过指定 NO_TRUNCATE 来创建备份。但是,如果数据库处于 OFFLINE 或 EMERGENCY 状态,即便使用了 NO_TRUNCATE,也不允许执行 BACKUP。

其他参数的含义与完整备份中参数含义相同。

【例 13-7】 创建备份设备 logbak，备份数据库 stu_info 的事务日志。

```
EXEC sp_addumpdevice 'disk', 'logbak ', 'D: \Backup\stulogbk.bak'
BACKUPLOG stu_info TO logbak
```

（4）备份特定文件或文件组，其语法格式为：

```
BACKUP DATABASE { database_name | @database_name_var }
<file_or_filegroup>[ ,…n ]
  TO <backup_device>[ ,…n ]
  [ MIRROR TO <backup_device> ] [ next-mirror-to ]
  [ WITH { DIFFERENTIAL | <general_WITH_options>[ ,…n ] } ]
```

其中，

```
<file_or_filegroup>::=
{
  FILE = { logical_file_name | @logical_file_name_var }
| FILEGROUP = { logical_filegroup_name | @logical_filegroup_name_var }
}
```

参数说明：

file_or_filegroup：只能与 BACKUP DATABASE 一起使用，用于指定某个数据库文件或文件组包含在文件备份中。

FILE ＝｛ logical_file_name｜ @logical_file_name_var ｝：文件或变量的逻辑名称，其值等于要包含在备份中的文件的逻辑名称。

FILEGROUP ＝｛ logical_filegroup_name｜ @logical_filegroup_name_var ｝：文件组或变量的逻辑名称，其值等于要包含在备份中的文件组的逻辑名称。在简单恢复模式下，只允许对只读文件组执行文件组备份。

其他参数的含义与完整备份中参数含义相同。

【例 13-8】 使用文件和文件组备份方法备份 stu_info 数据库。

```
EXEC sp_addumpdevice 'disk', 'student', 'D: \backup\student.bak '
EXEC sp_addumpdevice 'disk', 'studentlog', 'D: \backup\studentlog.bak '
GO
BACKUP DATABASE stu_info
FILE = 'stu_info'TO student
BACKUP LOG stu_info TO studentlog
```

注意：必须先通过使用 BACKUP LOG 将事务日志单独备份，才能使用文件和文件组备份来恢复数据库。另外必须指定文件或文件组的逻辑名，并且应轮流备份数据库中的所有文件和文件组以保证正确性。

13.1.6 执行数据库恢复

数据库恢复可以在数据库系统遇到不可避免的灾难时将数据库恢复到某个正常状态的操作，比如误操作造成的数据丢失、系统软件瘫痪等。

注意：SQL Server 在进行数据库恢复时会先进行安全性检查，用来防止使用不完整的信息或其他数据库备份来覆盖现有的数据库。因此在进行恢复操作时不能使用与被恢复数据库名称不同的数据库名或文件名进行数据库恢复,也不能使用不同文件组的数据备份进行数据库恢复。

1. 利用对象资源管理器进行数据库恢复

下面以使用 SQL Server Management Studio 工具进行 stu_info 数据库的完整恢复为例,介绍如何通过"对象资源管理器"进行数据库恢复。

(1) 打开 SQL Server Management Studio 并连接到数据库引擎服务器。在【对象资源管理器】窗口中,展开【数据库】节点。右击 stu_info 数据库,在弹出的快捷菜单中选择【任务】→【还原】→【数据库】选项。

(2) 打开【还原数据库】对话框,如图 13-8 所示。在【还原的目标】选项框的【目标数据库】选项中,选择或输入 stu_info,在【还原的源】选项框中,选择【源设备】选项,并单击右侧的 ▓▓ 按钮。

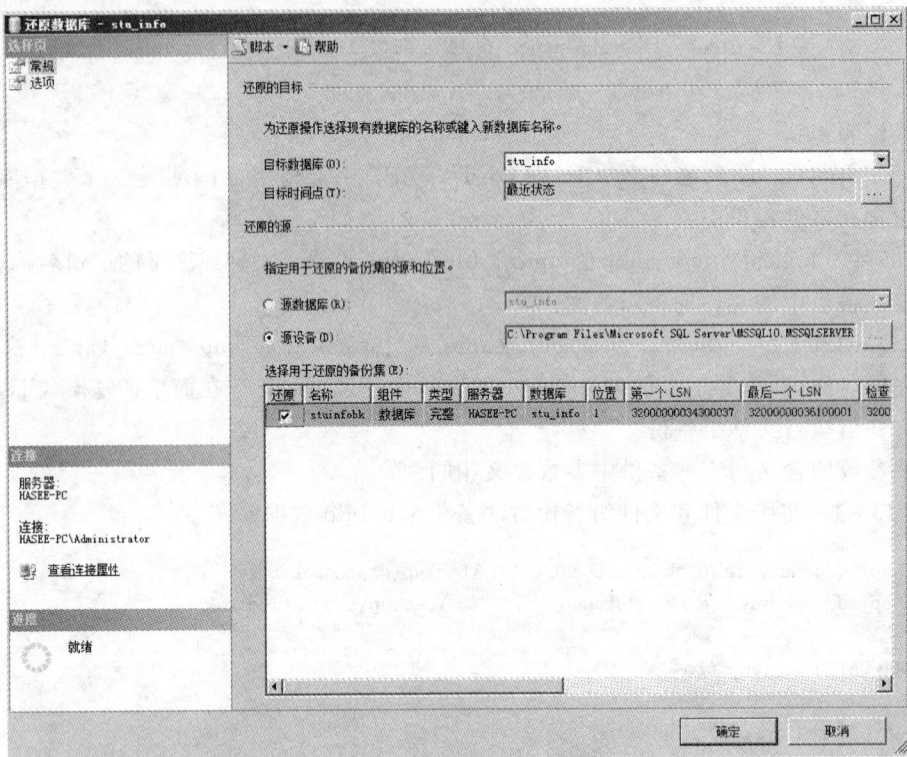

图 13-8　还原数据库对话框

(3) 打开【指定备份】对话框,如图 13-9 所示。在【备份媒体】下拉列表框中选择备份媒体。【文件】选项中可以选择任意完整备份的文件名,而【备份设备】选项只能选择备份设备的逻辑名称。这里我们选择【文件】选项,单击【添加】按钮,在弹出的目录中找到 stu_info 数据库的备份文件。单击【确定】按钮,返回【还原数据库】对话框。

(4) 在【选择用于还原的备份集】列表框中会显示可以进行还原的备份集,在复选框中选择备份集。

(5) 选择【还原数据库】对话框中的【选项】选择页,如图 13-10 所示,可以进行一些其他设

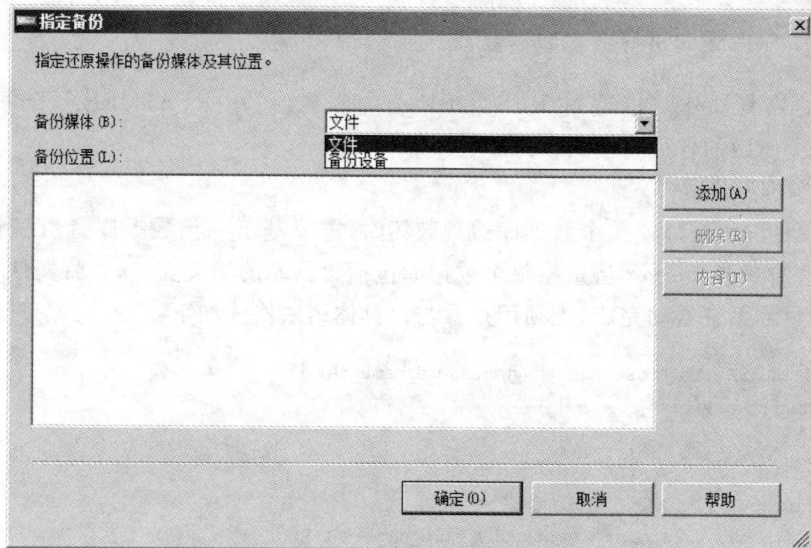

图 13-9　【指定备份】对话框

置。如果要还原的数据库已经存在，则可以在还原选项中，选择【覆盖现有数据库】复选框。也可以在 RESTORE DATABASE 语句中使用 REPLACE 关键字来实现。可以在该页面中的【将数据库文件还原为】列表框中，指定不同的数据文件和日志文件所保存的位置。可以在【恢复状态】栏中，设置恢复状态选项。

（6）单击【确定】按钮，即可完成完整的数据库还原操作。

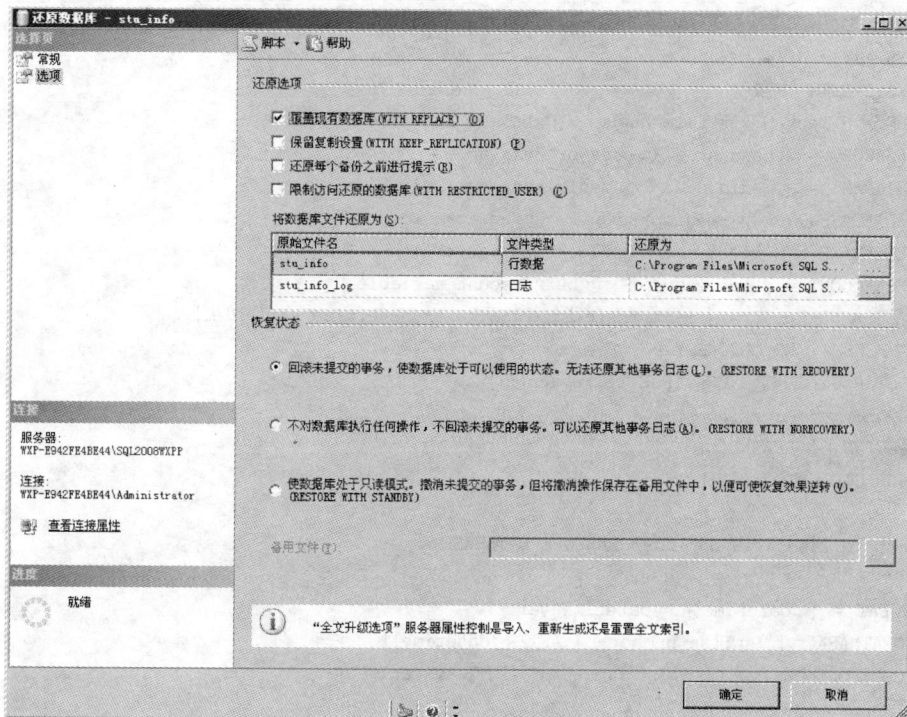

图 13-10　还原数据库选项页

2. 利用 T-SQL 语句进行数据库恢复

数据库的恢复操作可以通过 RESTORE 语句实现,使用 RESTORE 语句可以恢复用 BACKUP 命令所做的各种类型的备份。

1) 完整数据库恢复

当物理硬件发生故障或整个数据库遭到破坏时,需要基于完整数据库备份对整个数据库进行恢复。这时 SQL Server 将重建整个数据库包括数据库的相关文件,并将文件存放在原来的位置,重建过程系统自动完成,无须用户参与。具体语法格式如下:

```
RESTORE DATABASE { database_name | @database_name_var }
[ FROM < backup_device > [ , … n ] ]
[ WITH
  {
    [ RECOVERY | NORECOVERY | STANDBY =
        {standby_file_name | @standby_file_name_var }
      ]
  | ,  < general_WITH_options > [ , … n ]
  | , < point_in_time_WITH_options—RESTORE_DATABASE >
  } [ , … n ]
] [;]
```

其中:

```
< general_WITH_options > [ , … n ]:: =
MOVE 'logical_file_name_in_backup' TO 'operating_system_file_name' [ , … n ]
 | REPLACE
 | RESTART
 | RESTRICTED_USER
| FILE = { backup_set_file_number | @backup_set_file_number }
 | PASSWORD = { password | @password_variable }
 | MEDIANAME = { media_name | @media_name_variable }
 | MEDIAPASSWORD = { mediapassword | @mediapassword_variable }
 | BLOCKSIZE = { blocksize | @blocksize_variable }
| BUFFERCOUNT = { buffercount | @buffercount_variable }
 | MAXTRANSFERSIZE = { maxtransfersize | @maxtransfersize_variable }
| { CHECKSUM | NO_CHECKSUM }
 | { STOP_ON_ERROR | CONTINUE_AFTER_ERROR }
 | STATS [ = percentage ]
| { REWIND | NOREWIND }
 | { UNLOAD | NOUNLOAD }

< point_in_time_WITH_options—RESTORE_DATABASE >:: =
| {
  STOPAT = { 'datetime' | @datetime_var }
| STOPATMARK = {'lsn:lsn_number'} [ AFTER 'datetime']
| STOPBEFOREMARK = { 'lsn:lsn_number'} [ AFTER 'datetime']
  }
```

参数说明:

FROM 子句:通常指定要从哪些备份设备还原备份。如果省略 FROM 子句,则必须在

WITH 子句中指定 NORECOVERY、RECOVERY 或 STANDBY。

MOVE 'logical_file_name_in_backup' TO 'operating_system_file_name'：由于 SQL Server 2008 能够记忆原文件备份时的存储位置，因此在恢复时会恢复到原位置。该子句的作用就是移动还原的位置，将给定的 logical_file_name_in_backup 移动到 operating_system_file_name。

WITH 选项：指定还原操作要使用的选项。

RECOVERY | NORECOVERY | STANDBY：RECOVERY 指示还原操作回滚任何未提交的事务。如果既没有指定 NORECOVERY 和 RECOVERY，也没有指定 STANDBY，则默认为 RECOVERY。NORECOVERY 将数据库置于"正在还原"状态，并且对提交的事务不进行任何操作。TANDBY 指定一个允许撤销恢复效果的备用文件。

REPLACE：指如果存在另一个具有相同名称的数据库，则删除现有的数据库。如果不指定 REPLACE 选项，则会执行安全检查。这样可以防止意外覆盖其他数据库。

RESTART：指定 SQL Server 应重新启动被中断的还原操作。RESTART 从中断点重新启动还原操作。

RESTRICTED_USER：限制只有 db_owner、dbcreator 或 sysadmin 角色的成员才能访问新近还原的数据库。

FILE：标识要还原的备份集。例如，backup_set_file_number 为 1 指示备份介质中的第一个备份集，backup_set_file_number 为 2 指示第二个备份集。

PASSWORD：提供备份集的密码。

BUFFERCOUNT：指定用于还原操作的 I/O 缓冲区总数。

MAXTRANSFERSIZE：指定要在备份介质和 SQL Server 之间使用的最大传输单元（以字节为单位）。

STOPAT | STOPATMARK | STOPBEFOREMARK：STOPAT 指定将数据库还原到它在 datetime 或 @datetime_var 参数指定的日期和时间时的状态。STOPATMARK 指定恢复至指定的恢复点。恢复中包括指定的事务，但是，仅当该事务最初于实际生成事务时已获得提交，才可进行本次提交。STOPBEFOREMARK 指定恢复至指定的恢复点为止。在恢复中不包括指定的事务，且在使用 WITH RECOVERY 时将回滚。

其他选项与 BACKUP 语句含义类似。

【例 13-9】 利用例 13-3 所创建的完整备份恢复整个数据库。

```
RESTORE DATABASE stu_info
FROM stubackup1
WITH FILE = 1, REPLACE
```

注释：在恢复数据库之前，用户可以先对数据库做一些修改，以便确认是否恢复了数据库。另外在恢复前需要打开备份设备的属性页，查看数据库备份在备份设备中的位置，如果备份的位置为 2，则 WITH 子句的 FILE 选项值也要设为 2。

2）差异数据库恢复

差异的数据库还原与完整的数据库还原类似，但是需要注意的是，差异的数据库还原需要按照备份的顺序来完成。例如，先进行一个完整备份，然后再进行一个差异备份。那么在还原的时候，也要先进行完整还原，再进行差异还原。

如果在进行数据库的备份时，对于日志的处理选择默认（RECOVERY），也就是"回滚未提交的事务"选项,也就是说将最后未提交的事务舍弃。但是,如果希望进行一系列的还原动作,如先进行完整还原,之后再进行差异还原,那么在进行完整还原时就不能选择RECOVERY,因为这时未提交的事务将会在后继的还原中进行处理。

【例 13-10】 在恢复例 13-3 建立的完整备份的基础上,再恢复例 13-6 建立的差异备份。

```
RESTORE DATABASE stu_info -- 完整数据库恢复
FROM stubackup1
WITH FILE = 1, NORECOVERY, REPLACE
GO
RESTORE DATABASE stu_info    -- 差异数据库恢复
FROM differentialbak
WITH FILE = 1, RECOVERY
GO
```

3) 部分数据库恢复

有时数据库的错误只是在某些相对独立的部分,这就没有必要进行整个数据库的恢复,因此 SQL Server 提供了将部分内容还原到另一个位置的机制,用来提供对数据库的修复。其具体语法格式如下:

```
RESTORE DATABASE { database_name | @database_name_var }
  < files_or_filegroups > [ , … n ]
[ FROM < backup_device > [ , … n ] ]
  WITH
      PARTIAL, NORECOVERY
      [ , < general_WITH_options > [ , … n ]
      | , < point_in_time_WITH_options—RESTORE_DATABASE >
      ] [ , … n ]
[ ; ]
```

其中,

```
< files_or_filegroups > :: =
{
  FILE = { logical_file_name_in_backup | @logical_file_name_in_backup_var }
| FILEGROUP = { logical_filegroup_name | @logical_filegroup_name_var }
| READ_WRITE_FILEGROUPS
}
```

参数说明:

files_or_filegroups:指定语句中的逻辑文件或文件组的名称。

PARTIAL:恢复部分数据库的必选关键字。指定还原主文件组和指定的任意辅助文件组的部分还原操作。PARTIAL 选项默认选择主文件组。

< point_in_time_WITH_options >:仅限于完整或大容量日志恢复模式。通过在STOPAT、STOPATMARK 或 STOPBEFOREMARK 子句中指定目标恢复点,可以将数据库还原到特定时间点或事务点。

4) 特定的文件或文件组的恢复

如果某个文件被损坏或删除了,则可以通过该种恢复从文件或文件组备份中进行恢复,从而不必进行整个数据库的恢复。具体语法格式如下:

```
RESTORE DATABASE { database_name | @database_name_var }
  < file_or_filegroup > [ , … n ]
[ FROM < backup_device > [ , … n ] ]
  WITH
  {
      [ RECOVERY | NORECOVERY ]
      [ , < general_WITH_options > [ , … n ] ]
  } [ , … n ]
[;]
```

5）事务日志的恢复

如果在备份时使用的是事务日志备份,那么在还原的时候就可以使用事务日志备份来进行还原。要进行事务日志还原,同样要先进行一个完整的数据库还原。因为事务日志备份也是基于最近一次数据库的完整备份的。具体语法格式如下:

```
RESTORE LOG { database_name | @database_name_var }
  [ < file_or_filegroup_or_pages > [ , … n ] ]
  [ FROM < backup_device > [ , … n ] ]
  [ WITH
  {
    [ RECOVERY | NORECOVERY | STANDBY =
        {standby_file_name | @standby_file_name_var }
      ]
    | ,  < general_WITH_options > [ , … n ]
    | , < point_in_time_WITH_options—RESTORE_LOG >
  } [ , … n ]
]
[;]
```

其中,

```
< point_in_time_WITH_options—RESTORE_LOG >:: =
| {
  STOPAT = { 'datetime'| @datetime_var }
| STOPATMARK = { 'mark_name' | 'lsn:lsn_number' }
               [ AFTER 'datetime']
| STOPBEFOREMARK = { 'mark_name' | 'lsn:lsn_number' }
               [ AFTER 'datetime']
  }
```

【例 13-11】 在恢复例 13-3 建立的完整备份的基础上,再恢复例 13-7 建立的差异备份。

```
RESTORE DATABASE stu_info   -- 完整数据库恢复
FROM stubackup1
WITH FILE = 1,NORECOVERY,REPLACE
GO
RESTORE DATABASE stu_info   -- 事务日志恢复
FROMlogbak
WITH FILE = 1, RECOVERY
GO
```

13.2　收缩数据库和收缩文件

13.2.1　收缩数据库

　　如果在创建数据库时,分配的空间过大,可以通过 SQL Server Management Studio 中的对象资源管理器来收缩数据库,从而减小数据库占用的空间。收缩后的数据库不能小于数据库的最小大小。最小大小是在数据库最初创建时指定的大小,或是上一次使用文件大小更改操作设置的显式大小。例如,如果数据库最初创建时的大小为 10MB,后来增长到 100MB,则该数据库最小只能收缩到 10MB,即使已经删除数据库的所有数据也是如此。

　　收缩数据库的方法有两种,分别是自动收缩和手动收缩。自动收缩主要是通过数据库属性中的自动收缩选项来完成的,本节主要介绍手动收缩的方法。

1. 使用对象资源管理器收缩数据库

　　下面以收缩 stu_info 数据库为例,介绍如何使用对象资源管理器来收缩数据库,具体步骤如下。

　　(1)启动 SQL Server Management Studio,连接到本地默认实例,在【对象资源管理器】窗格里,展开【数据库】,在 stu_info 数据库上右击,在弹出的快捷菜单中选择【任务】→【收缩】→【数据库】选项,如图 13-11 所示。

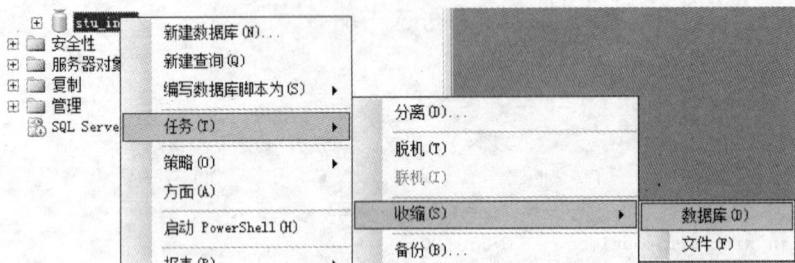

图 13-11　收缩数据库命令

　　(2)打开【收缩数据库】对话框,如图 13-12 所示。在对话框的【当前分配的空间】文本框中显示的是数据库当前占用的空间,【可用空间】文本框中显示的是数据库当前的可用空间。选中【在释放未使用的空间前重新组织文件】复选框,在【收缩后文件中的最大可用空间】文本框中输入一个整数值。这个值的取值范围是 0～99,表示数据库收缩后数据库文件可用空间占用的最大百分比。

　　(3)完成设置后,单击【确定】按钮,执行收缩数据库任务。

2. 利用 T-SQL 语言收缩数据库

　　使用 T-SQL 语句的 DBCC SHRINKDATABASE 可以实现数据库的收缩,其语法格式如下:

```
DBCC SHRINKDATABASE
( database_name | database_id | 0
```

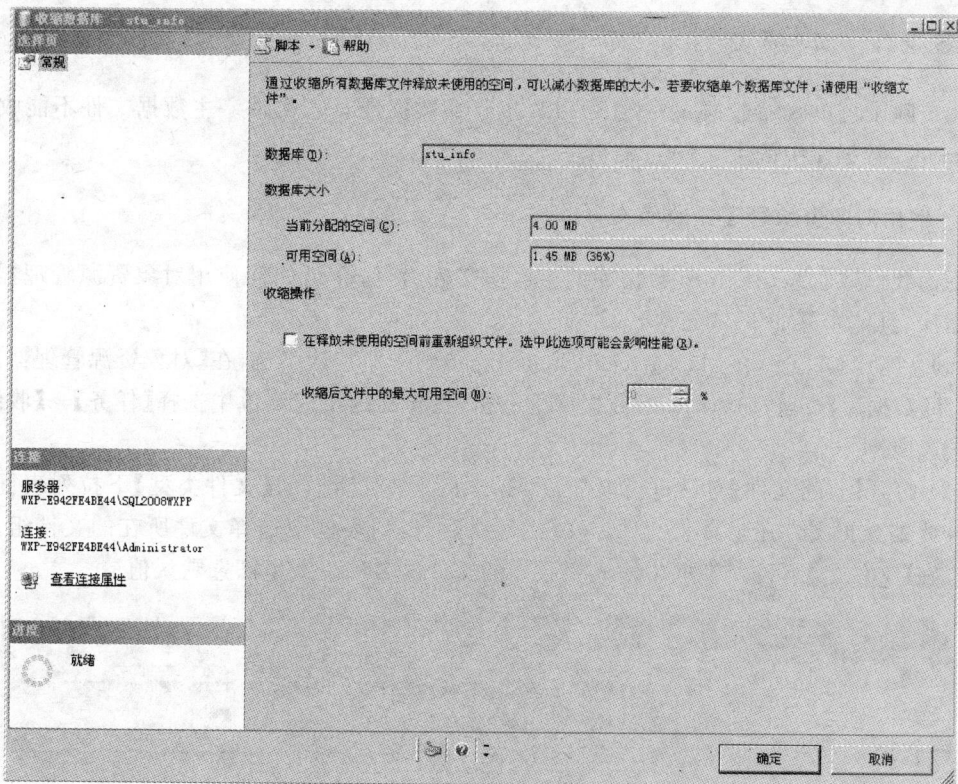

图 13-12 收缩数据库对话框

```
    [ , target_percent ]
    [ , { NOTRUNCATE | TRUNCATEONLY } ]
)
[ WITH NO_INFOMSGS ]
```

参数说明：

（1）database_name | database_id | 0：要收缩的数据库的名称或 ID。如果指定 0，则使用当前数据库。

（2）target_percent：数据库收缩后的数据库文件中所需的剩余可用空间百分比。

（3）NOTRUNCATE：通过将已分配的页从文件末尾移动到文件前面的未分配页来压缩数据文件中的数据。target_percent 是可选参数。文件末尾的可用空间不会返回给操作系统，文件的物理大小也不会更改。因此，指定 NOTRUNCATE 时，数据库看起来未收缩。NOTRUNCATE 只适用于数据文件。日志文件不受影响。

（4）TRUNCATEONLY：将文件末尾的所有可用空间释放给操作系统，但不在文件内部执行任何页移动。数据文件只收缩到最近分配的区。如果与 TRUNCATEONLY 一起指定，将忽略 target_percent。TRUNCATEONLY 只适用于数据文件。日志文件不受影响。

（5）WITH NO_INFOMSGS：取消严重级别从 0～10 的所有信息性消息。

【例 13-12】 收缩数据库 stu_info 的大小，使数据库中的文件有 10％可用空间。

DBCCSHRINKDATABASE (stu_info,10)

13.2.2 收缩文件

用户除了可以收缩数据库外,还可以直接收缩数据或日志文件。主数据文件不能收缩到小于 model 数据库中的主文件的大小。

1. 使用对象资源管理器收缩文件

下面我们以收缩 stu_info 数据库的主数据文件为例,介绍如何使用对象资源管理器来收缩数据库,具体步骤如下。

(1) 启动 SQL Server Management Studio,连接到本地默认实例,在【对象资源管理器】窗口里,展开【数据库】节点,在 stu_info 数据库上右击,在弹出的快捷菜单中选择【任务】→【收缩】→【文件】选项。

(2) 打开【收缩文件】对话框,如图 13-13 所示。在对话框的【文件类型】下拉列表框中选择需要收缩数据文件还是日志文件。在【文件组】下拉列表框中选择文件所在的文件组,这里默认。在【文件名】下拉列表框中输入要收缩的文件的名称。这里都选默认值。

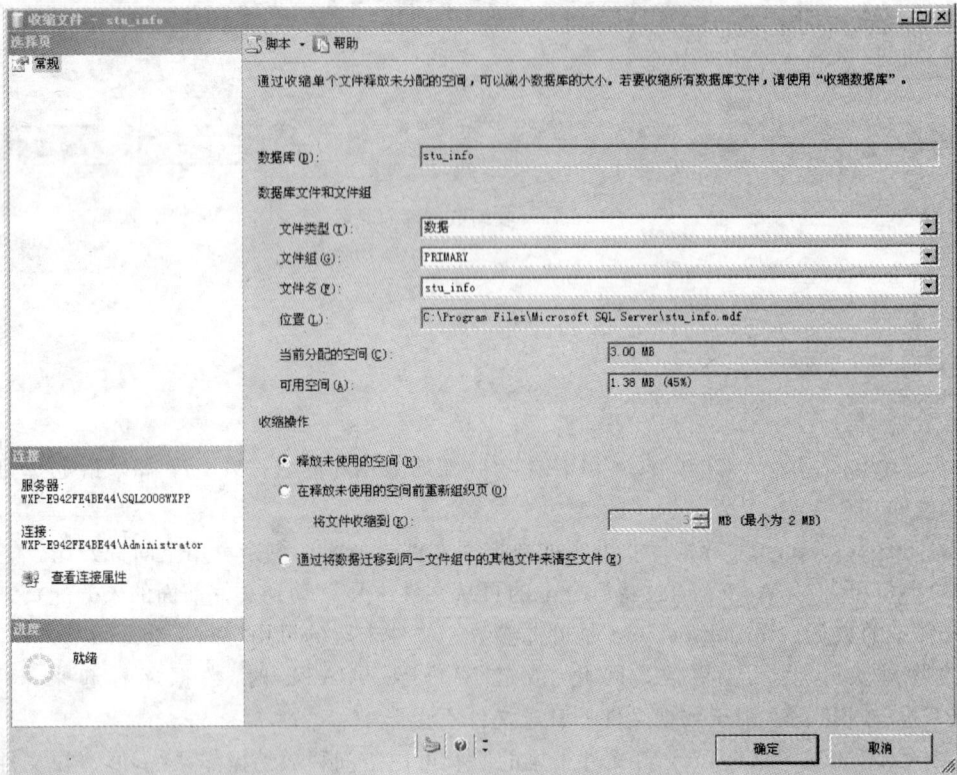

图 13-13　收缩文件对话框

(3)【收缩操作】选项组中选择一种操作模式。

- 选中【释放未使用的空间】复选框:选中此选项后,将为操作系统释放文件中所有未使用的空间,并将文件收缩到上次分配的区。这将减小文件的大小,但不移动任何数据。
- 选中【在释放未使用的空间前重新组织文件】复选框:选中此选项后,将为操作系统释放文件中所有未使用的空间,并尝试将行重新定位到未分配页。输入在收缩数据库后数据库文件中要保留的最大可用空间百分比。值可以介于 0~99。

- 选中【通过将数据迁移到同一文件组中的其他文件来清空文件】复选框：选中此选项后，将指定文件中的所有数据移至同一文件组中的其他文件中。然后就可以删除空文件。

（4）完成设置后，单击【确定】按钮，执行收缩文件任务。

2. 利用 T-SQL 语言收缩数据库

使用 T-SQL 语句的 DBCC SHRINK FILE 可以实现数据库的收缩，其语法格式如下：

```
DBCC SHRINKFILE
(
    { file_name | file_id }
    { [ , EMPTYFILE ]
    | [ [ , target_size ] [ , { NOTRUNCATE | TRUNCATEONLY } ] ]
    }
)
[ WITH NO_INFOMSGS ]
```

参数说明：

（1）file_name| file_id：要收缩的文件的逻辑名称和要收缩的文件的标识（ID）号。

（2）target_ size：用兆字节表示的文件大小（用整数表示）。如果未指定，则 DBCC SHRINKFILE 将文件大小减少到默认文件大小。默认大小为创建文件时指定的大小。

（3）EMPTYFILE：将指定文件中的所有数据迁移到同一文件组中的其他文件。由于数据库引擎不再允许将数据放在空文件内，因此可以使用 ALTER DATABASE 语句来删除该文件。

【例 13-13】　收缩数据库 stu_info 的日志文件。

```
DBCCSHRINKFILE (stu_info_log,3)
```

13.3　分离与附加数据库

13.3.1　分离数据库

在 SQL Server 2008 中可以分离数据库的数据和事务日志文件，然后将它们重新附加到同一个或其他 SQL Server 实例上。下面以分离 stu_info 数据库为例，介绍如何通过资源对象管理器进行数据分离的，具体步骤如下。

（1）启动 SQL Server Management Studio，连接到本地默认实例，在【对象资源管理器】窗格里，展开【数据库】节点，在 stu_info 数据库上右击，在弹出的快捷菜单中选择【任务】→【分离】选项。

（2）打开【分离数据库】对话框，如图 13-14 所示。在【要分离的数据库】列表框中的【数据库名称】栏中显示了所选数据库的名称。另外，其他几项内容介绍如下。

- 更新统计信息：默认情况下，分离操作将在分离数据库时保留过期的优化统计信息；如果需要更新现有的优化统计信息，选中这个复选框。
- 消息：数据库有活动连接时，消息列将显示活动连接的个数。

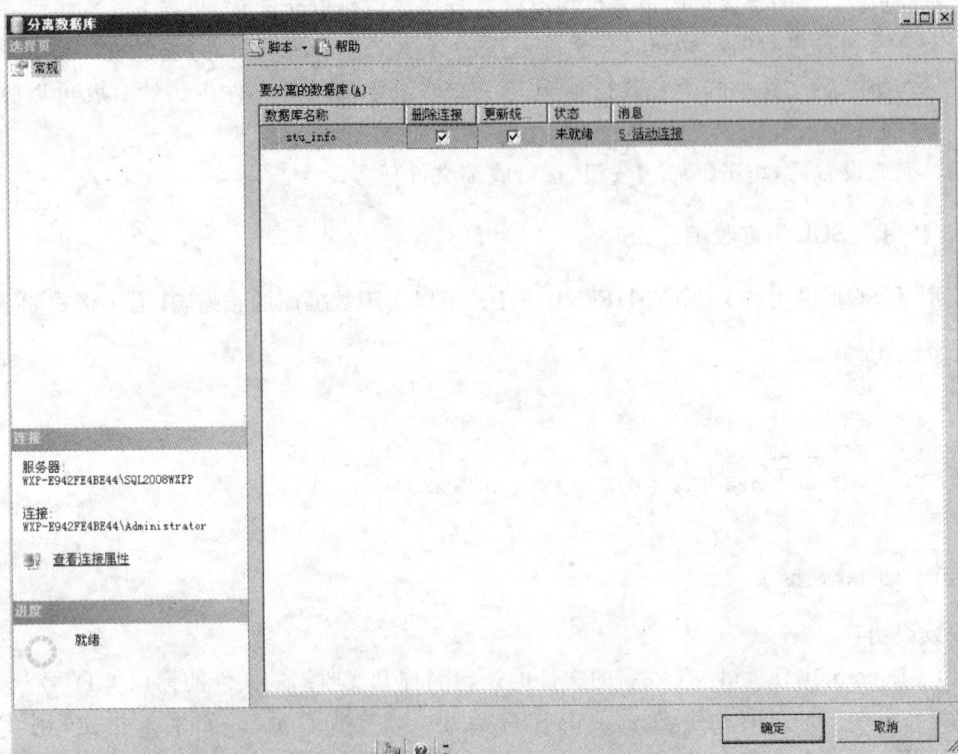

图 13-14　【分离数据库】对话框

- 删除连接：如果消息列中显示有活动连接，必须选中这个复选框来断开与所有活动连接的连接。

（3）设置完毕后，单击【确定】按钮。数据库引擎将执行分离数据库任务。如果分离成功，在【对象资源管理器】中将不会出现被分离的数据库。

13.3.2　附加数据库

在 SQL Server 中，用户可以在数据库实例上附加被分离的数据库。附加时，数据库引擎会启动数据库。通常情况下，附加数据库时会将数据库重置为分离或复制时的状态。下面以分离 stu_info 数据库为例，介绍如何通过资源对象管理器进行数据库附加，具体步骤如下。

（1）启动 SQL Server Management Studio，连接到本地默认实例，在【对象资源管理器】窗格里，选择【数据库】并右击，在弹出的快捷菜单中选择【附加数据库】选项。

（2）打开【附加数据库】对话框，如图 13-15 所示。在【附加数据库】对话框中，单击【添加】按钮。

（3）打开【定位数据库文件】对话框，在【定位数据库文件】对话框中选择数据库所在的磁盘驱动器并展开目录树定位到数据库的 mdf 文件。

（4）在【定位数据库文件】对话框中选择数据库所在的磁盘驱动器并展开目录树定位到数据库的 .mdf 文件。如果需要为附加的数据库指定不同的名称，可以在【附加数据库】对话框的【附加为】栏中输入名称。如果需要更改所有者，可以在【所有者】栏中选择其他项，以更改数据库的所有者。

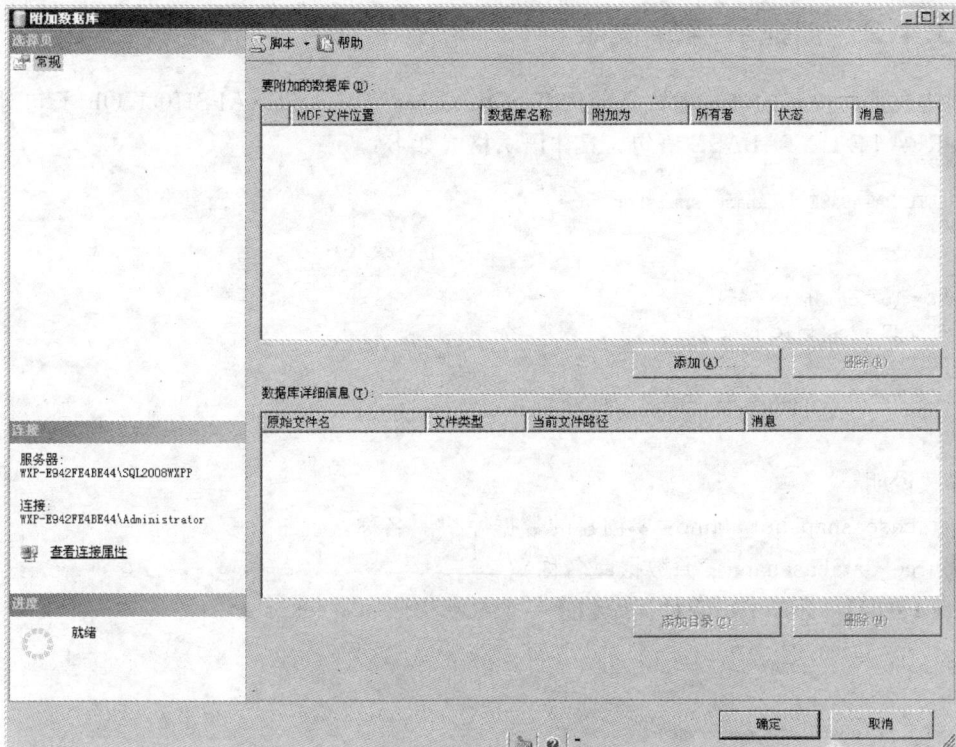

图 13-15　【附加数据库】对话框

（5）设置完毕后，单击【确定】按钮。数据库引擎将执行附加数据库任务。如果附加成功，在【对象资源管理器】中将会出现被附加的数据库。

13.4　数据库快照

13.4.1　创建数据库快照

数据库快照是数据库的只读、静态视图。数据库快照是在 SQL Server 2005 中新增的功能。只有 SQL Server 2005 Enterprise Edition 和更高版本才提供数据库快照功能。所有恢复模式都支持数据库快照。

数据库快照占用的空间要比数据库单独的只读复制占用的空间小很多。多个快照可以同时存在于一个数据库中，并且可以作为数据库始终驻留在同一服务器实例上。创建快照时，每个数据库快照在事务上与源数据库一致。在被数据库所有者显式删除之前，快照始终存在。数据库文件必须存储在 NTFS 分区，因为这一过程使用 NTFS 文件系统提供的稀疏文件和写时复制（copy-on-write）技术来完成。

快照可用于报表。当源数据库出现用户错误，还可将源数据库恢复到创建快照时的状态。丢失的数据仅限于创建快照后数据库更新的数据。

13.4.2　创建数据库快照

创建数据库快照的唯一方式是使用 T-SQL 语句,使用 AS SNAPSHOT OF 子句对文件执行 CREATE DATABASE 语句。具体语法格式如下:

```
CREATE DATABASE database_snapshot_name
ON
(
NAME = logical_file_name,
FILENAME = 'os_file_name'
) [ , … n ]
AS SNAPSHOT OF source_database_name
[;]
```

参数说明:

Database_snapshot_name:要创建的数据库快照名称。

Source_databasename:源数据库名称。

【例 13-14】 为 stu_info 数据库创建一个数据快照 stu_snapshot。

```
USE master
GO
CREATE DATABASE stu_snapshot
ON ( NAME = stu_info, FILENAME = 'D:\Backup\ stu_snapshot.ss' )
AS SNAPSHOT OF stu_info
```

13.4.3　查看和删除数据库快照

创建数据库快照之后,就可以像普通数据库一样来进行查看和删除。

1.查看数据快照

下面以查看 stu_info 数据库的数据快照 stu_snapshot 为例,介绍如何查看数据库快照,具体步骤如下:

(1) 启动【SQL Server Management Studio】,连接到本地默认实例,在【对象资源管理器】窗口里,展开【数据库】节点,展开【数据库快照】节点,右击【stu_snapshot】,在弹出的快捷菜单中选择【属性】选项。

(2) 打开【数据库】属性对话框,在对话框中就可以查看快照内容了。

另外一个查看数据库快照文件的实际占用空间的方法是使用 fn_virtualfilestats tablevalued 函数,查看 BytesOnDisk 列。数据库快照的最大值可以通过查询 sys.database_files 或 sys.master_files 目录视图来查看。

2.删除数据快照

以删除 stu_info 数据库的数据快照 stu_snapshot 为例,介绍如何删除数据库快照,

(1) 利用【对象资源管理器】删除数据库快照步骤如下:

① 启动 SQL Server Management Studio,连接到本地默认实例,在【对象资源管理器】窗格里,展开【数据库】节点,展开【数据库快照】节点,右击 stu_snapshot 项,在弹出的快捷菜单

中选择【删除】选项。

② 打开【删除对象】对话框,选择下方的复选框后,单击【确定】按钮,完成删除。

(2) 利用 T-SQL 语句删除数据库快照:

```
DROP DATABASE stu_snapshot
```

13.4.4 使用数据库快照实现灾难恢复

由于数据库快照可以永久记录数据库某一个时间点的数据状态。因此,它可以用来恢复一部分数据库,特别是恢复一些由于用户的误操作而丢失的数据。

【例 13-15】 利用前面创建的数据库快照 stu_snapshot,恢复 stu_info 数据库。

```
USE master
GO
RESTORE DATABASE stu_info
FROM DATABASE_SNAPSHOT = 'stu_ snapshot'
```

小结

本章介绍了数据库备份和恢复的基本概念、类型、方法以及数据库收缩、数据库附加分离和数据库快照的基本概念及使用方法。

数据库的备份主要是在数据库发生错误时,可以使用备份文件最大程度地还原数据。SQL Server 2008 提供的数据库的备份方式主要包括完整备份、差异备份、事务日志备份及文件和文件组备份等。对于不同的数据库应该选择不同的备份策略,例如当系统发生错误时应执行完全数据库备份;对于经常修改的数据库,使用差异备份将使备份和恢复操作代价最小。数据库备份的方法有两种,分别是使用对象资源管理器和 T-SQL 语句。数据库的恢复方式是与数据库备份相对应的,也可以使用对象资源管理器和 T-SQL 语句两种方法实现。

当数据库占用空间太大时,SQL Server 2008 提供了收缩数据库的功能,从而减少空间的浪费。收缩方法有自动收缩和手动收缩两种,本章主要介绍了手动收缩的方法。除了系统数据库外,其他用户数据库都可以从服务器的管理中分离出来,脱离服务器的管理,同时保持数据文件和日志文件的完整性和一致性,这样分离出来的数据库的日志文件和数据文件可以附加到其他 SQL Server 服务器上,构成完整的数据库;与分离对应的是附加数据库操作,是将数据库重新置于 SQL Server 的管理之下。数据库快照是数据库的一个静态只读副本,是可以进行数据恢复的另一种途径。

习题

简答题

(1) 什么是数据库备份? 数据库备份的作用是什么?

(2) 有哪几种恢复模式? 简述各种恢复模式的特点。

（3）有哪几种备份类型？简述各种备份类型的特点。

（4）数据库的收缩主要有哪些实现方法？

（5）什么情况下我们要进行数据库的分离？

（6）数据快照的实质是什么？

实验

【实验名称】

数据库的高级管理。

【实验目的】

（1）熟悉数据库备份及恢复机制。

（2）掌握数据库备份和恢复的方法。

（3）掌握数据库收缩的方法及作用。

（4）熟练进行数据库分离附加操作。

（5）掌握数据库快照的创建和使用方法。

【实验内容】

以管理员账号登录 SQL Server Management Studio,以原有数据库 stu_info 为基础,请使用 Management Studio 界面方式或 T-SQL 语句实现以下操作:

（1）针对数据库 stu_info 创建完全数据库备份集 stu_info. bak,目标磁盘为 D:\user\stu_info. bak。

（2）在数据库 stu_info 中新建数据表 ceshi,内容自定,然后针对数据库 stu_info 创建差异备份。

（3）向数据库 stu_info 的数据表 ceshi 插入部分记录,然后针对数据库 stu_info 创建事务日志备份。

（4）根据需要,将数据库恢复到数据库 stu_info 的最初状态。

（5）根据需要,将数据库恢复到创建数据表 ceshi 后的状态。

（6）根据需要,将数据库恢复到在 ceshi 表插入记录后的状态。

（7）针对现有数据库 stu_info 创建完全文件和文件组备份集 stu_file,目标磁盘为 D:\user\stu_file. bak。

（8）在当前数据库中新建数据表 ceshi2,然后针对数据库 stu_info 创建差异文件和文件组备份。

（9）向数据库 stu_info 的数据表 ceshi2 插入部分记录,然后针对数据库 stu_info 创建事务日志文件和文件组备份。

（10）根据需要,将数据库以文件和文件组方式恢复到创建数据表 ceshi2 后的状态。

（11）根据需要,将数据库以文件和文件组方式恢复到数据表 ceshi2 插入记录后的状态。

（12）手动收缩数据库 stu_info,使用对象资源管理器和 DBCC SHRINKDATABASE 命令两种方法将数据库 stu_info 的大小收缩,并保留数据库有 10% 的可用空间。

（13）将 stu_info 数据库从服务器中分离出去。

（14）将分离出去的数据库重新附加到服务器中。

（15）创建一个 stu_info 数据库的数据库快照 stu_snapshot。

第14章

数据库实用程序开发

本章讲解自动柜员机系统数据库的设计。从问题描述，到环境要求，再到问题分析，系统学习银行自动柜员机系统数据库设计的实现步骤及代码。

本章的学习目标：

- 创建数据库，建表，添加约束；
- 插入数据；
- 分离数据库；
- 创建触发器；
- 创建利用事务的存储过程，模拟银行转账功能；
- 使用 Visio 2003 反向工程创建数据库模型图。

14.1 问题描述

自动柜员机(automatic teller machine，ATM)作为银行自助终端设备，可以 24 小时向银行持卡人提供取款、存款、查询余额、更改密码等功能，已经成为一种现代金融设备。要求实现对用户的信息、用户银行卡的信息及存取款和更改密码等进行存储和管理。并掌握使用 Visio 2003 反向工程创建数据库模型图。

某银行拟开发一套自动柜员机系统，实现如下功能：

(1) 开户(到银行填写开户申请单，卡号自动生成)。

(2) 取钱。

(3) 存钱。

(4) 查询余额。

(5) 转账(如使用一卡通代缴手机话费、个人股票交易等)。

现要求对"ATM 柜员机系统"进行数据库的设计并实现，数据库保存在 E:\bank 目录下，文件增长率为 15%。

14.2 环境要求

开发环境要求采用 Microsoft SQL Server 2008 R2 RTM-Express(速成版)和 Microsoft SQL Server 2008 R2 Management Studio Express(SSMSE)。

14.3 问题分析

    自动柜员机系统中需要存储、处理的数据有关于用户的信息、关于用户的银行卡的信息和关于存款取款记录的信息。ER 图如图 14-1 所示。

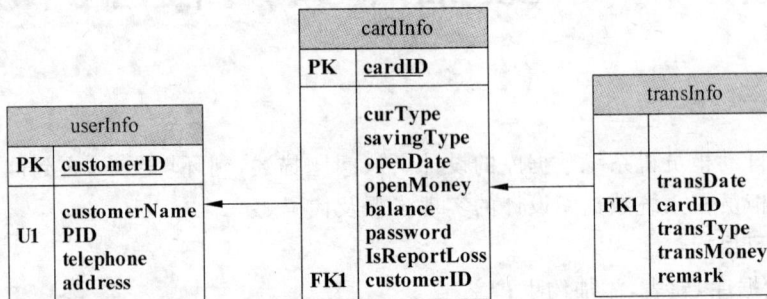

图 14-1　自动柜员机系统 ER 图

（1）用户信息表 userInfo 包含的字段如表 14-1 所示。

表 14-1　userInfo

字段名称	中文名称	数据类型	是否为空	说　明
customerID	顾客编号	Int	IDENTITY(1,1),NOT NULL	自动编号,标识列
customerName	顾客姓名	varchar(8)	NOT NULL	
PID	身份证号	varchar(18)	NOT NULL	只能 18 位或 15 位,唯一约束
telephone	联系电话	varchar(18)	NOT NULL	格式为 xxxx-xxxxxxxx 或手机号 11 位
address	居住地址	varchar(20)	NULL	可选输入

（2）银行卡信息表 cardInfo 包含的字段如表 14-2 所示。

表 14-2　cardInfo

字段	中文名称	数据类型	是否为空	说　明
candid	银行卡号	char(19)	NOT NULL	
curType	货币类型	char(5)	NOT NULL	默认为 RMB
savingType	存款类型	char(8)	NOT NULL	活期/定活两便/定期
openDate	开户日期	datetime	NOT NULL	默认为系统当前日期
openMoney	开户金额	money	NOT NULL	>=1
balance	余额	money	NOT NULL	>=1,否则将销户
password	密码	char(6)	NOT NULL	6 个数字,开户时默认为 6 个"8"
IsReportLoss	是否挂失	bit	NOT NULL	"1"表示"是","0"表示"否"
customerID	顾客编号	int	NOT NULL	外键,表示该卡对应的顾客的编号,一般允许顾客办理多张卡

（3）银行卡信息表 transInfo 包含的字段如表 14-3 所示。

表 14-3 transInfo 表

字段名	中文名称	数据类型	是否为空	说　明
transDate	交易日期	datetime	NOT NULL	默认为系统当前日期
cardID	银行卡号	char(19)	NOT NULL	外键,可重复索引
transType	交易类型	char(19)	NOT NULL	只能是存入/支取
transMoney	交易金额	money	NOT NULL	大于 0
remark	备注	text	NOT NULL	其他说明

14.4　银行自动柜员机系统数据库设计实现步骤及代码

14.4.1　创建数据库

要求保存在 E:\bank 文件夹中,取名为 bankDataBase,文件增长率为 15%。

```
use master -- 切换 master 数据库为当前操作的数据库
GO
set nocount on -- 不显示影响行数
-- 当 SET NOCOUNT 为 ON 时,不返回计数(表示受 Transact - SQL 语句或 stored procedure 存储过程所影
响的行数)。当 SET NOCOUNT 为 OFF 时,返回计数。如果存储过程中包含的一些语句并不返回许多实际
的数据,则该设置由于大量减少了网络流量,因此可显著提高性能。

-- 如果 SQL Server 服务器中已存在 bankDataBase 数据库,则物理删除之
if exists(select * from master.sys.sysdatabases where name = 'bankDataBase')
    drop database bankDataBase                    -- 物理删除数据库
GO


-- 开启 xp_cmdshell --
-- 若要配置选项'xp_cmdshell',必须先配置高级选项'show advanced options'为
EXEC sp_configure 'show advanced options', 1      -- 允许配置高级选项
GO
RECONFIGURE -- 重新配置
GO
EXEC sp_configure 'xp_cmdshell', 1                -- 启用 xp_cmdshell
GO
RECONFIGURE -- 重新配置
GO
-- 执行扩展存储过程 xp_cmdshell,以创建目录 E:\bank
EXEC xp_cmdshell 'mkdir E:\bank',NO_OUTPUT
EXEC xp_cmdshell 'del E:\bank\ * . *  /Q',NO_OUTPUT
GO
-- 用完后,要记得将 xp_cmdshell 禁用(从安全角度安全考虑)
EXEC sp_configure 'show advanced options', 1      -- 允许配置高级选项
GO
RECONFIGURE                                       -- 重新配置
GO
EXEC sp_configure 'xp_cmdshell', 0                -- 禁用 xp_cmdshell
GO
RECONFIGURE                                       -- 重新配置
```

```
GO
```

-- xp_cmdshell 扩展存储过程将命令字符串作为操作系统命令 shell 执行,并以文本行的形式返回所有输出。由于 xp_cmdshell 可以执行任何操作系统命令,所以一旦 SQL Server 管理员账号(如 sa)被攻破,那么攻击者就可以利用 xp_cmdshell 在 SQL Server 中执行操作系统命令,如创建系统管理员,也就意味着系统的最高权限已在别人的掌控之中。由于存在安全隐患,所以在 SQL Server 2008 中,xp_cmdshell 默认是关闭的。

```
-- 创建数据库
create database bankDataBase                    -- 新建数据库
  on primary -- 主文件
( name = 'bankDataBase_data',                    -- 逻辑名称
  filename = 'E:\bank\bankDataBase_data.mdf',    -- 逻辑名称
  size = 5mb,                                     -- 逻辑名称
  maxsize = 100MB,                                -- 最大空间 MB
  filegrowth = 15 %                               -- 增长率
)
log on -- 日志文件一般用于恢复数据
(
  name = 'bankDataBase_log',                      -- 逻辑名称
  filename = 'E:\bank\bankDataBase_log.ldf',      -- 逻辑名称
  size = 5mb,                                      -- 逻辑名称
  filegrowth = 2mb                                -- 增长率
)
GO
```

14.4.2　建表

创建用户信息表 userInfo,银行卡信息表 cardInfo,交易信息表 transInfo。

```
use bankDataBase                                -- 使用数据库 bankDataBase
GO
-------------------- 1 创建用户信息表 userInfo --------------------
-- 如果数据库 bankDataBase 中已存在 userInfo 表,则删除之
if exists(select * from bankDataBase. sys. sysobjects where name = 'userInfo')
  drop table userInfo
create table userInfo
(
  customerID   int identity(1,1) not null,      -- 顾客编号,自动编号(标识列),从开始,主键
  customerName varchar(8) not null ,            -- 开户名
  PID varchar(18) not null,                      -- 身份证号
  telephone varchar(18) not null,                -- 联系电话
  [address] varchar(20) -- 居住地址,-- 加入中括号防止与数据库私有关键字冲突
)
GO
-------------------- 2 银行卡信息表 cardInfo --------------------
if exists(select * from bankDataBase. sys. sysobjects where name = 'cardInfo')
  drop table cardInfo
/* -- 创建 userInfo -- */
create table cardInfo
(
  cardID     char(19)not null,                   -- 卡号
```

```
    curType      char(5) not null ,              -- 货币种类
    savingType char(8) not null,                 -- 存款类型：活期/定活两便/定期
    openDate   datetime not null,                -- 开户日期
    openMoney  money     not null,               -- 开户金额
    balance    money     not null,               -- 余额
    password        char(6)  not null,           -- 密码
    IsReportLoss bit      not null,              -- 是否挂失(1 为挂失,0 为不挂失)
    customerID   int      not null               -- 顾客编号,一位顾客可以办理多张卡
    )
GO
------------------ 3 交易信息表 transInfo --------------------
if exists(select * from bankDataBase. sys. sysobjects where name = 'transInfo')
    drop table transInfo
create table   transInfo
(
    transDate datetime   not null,               -- 交易日期
    cardID      char(19) not null,               -- 卡号
    transType   char(19)  not null,              -- 交易类型
    transMoney  money      not null,             -- 交易金额
    remark       text                            -- 备注

)
GO
```

14.4.3　添加约束

为 userInfo 表添加约束的程序如下：

```
----------------------- 1 用户信息表 userInfo 添加约束 ---------------
/ * userInfo 表的约束
customerID 顾客编号 自动编号(标识列),从 1 开始,主键
customerName 开户名 必填
PID 身份证号 必填,只能是 18 位或 15 位,身份证号唯一约束
telephone 联系电话 必填,格式为 xxxx - xxxxxxxx 或手机号 13 位
address 居住地址可选输入
* /

-- 主键约束 customerID 顾客编号自动编号(标识列)
if exists(select * from sysobjects where name = 'PK_customerID')
alter table userInfo
drop constraint PK_customerID

if exists(select * from sysobjects where name = 'CK_PID')
alter table userInfo
drop constraint CK_PID

-- 唯一约束 customerID 身份证号
if exists(select * from sysobjects where name = 'UQ_PID')
alter table userInfo
drop constraint UQ_PID
```

```sql
if exists(select * from sysobjects where name = 'CK_telephone')
alter table userInfo
drop constraint CK_telephone

alter table userInfo
    add constraint PK_customerID primary key(customerID), -- 主键约束
        constraint UQ_PID     unique(PID), -- 唯一值约束
        constraint CK_PID     check (len(PID) = 18 or len(PID) = 15),
            -- check 约束(本句意思是 pid 字段长度必须为或者)
        constraint CK_telephone check(
        -- 座机号码的区号后面一定要加上" - "
    telephone like '[0-9][0-9][0-9][ - ][0-9][0-9][0-9][0-9][0-9][0-9][0-9]
[0-9]'
        ' -------------- 区号为三位的情况
        or telephone like '[0-9][0-9][0-9][0-9][ - ][0-9][0-9][0-9][0-9][0-9]
[0-9]' ------ 号码为 7 位
        or telephone like '[0-9][0-9][0-9][0-9][ - ][0-9][0-9][0-9][0-9][0-9]
[0-9][0-9]
        ' -- 号码为 8 位
        or telephone like '[0-9][0-9][0-9][0-9][0-9][0-9][0-9]' -- 不带区号且为位的情
况.7 位
        or telephone like '[0-9][0-9][0-9][0-9][0-9][0-9][0-9][0-9]' ------ 不带区
号且为 8 位的情况
        or telephone like '13[0-9][0-9][0-9][0-9][0-9][0-9][0-9][0-9]' -----
-------------- 手机号
        or telephone like '15[0-9][0-9][0-9][0-9][0-9][0-9][0-9][0-9]'), ---
-------------- 手机号
            -- check 约束,电话号码形如 - 88884569 或 - 66668888 或
        constraint DF_address default('不详') for [address] -- 默认值约束
GO
```

```
----------------- 2 银行卡信息表 cardInfo 添加约束 ------------------
/ * cardInfo 表的约束
cardID 卡号 必填,主键 ,银行的卡号规则和电话号码一样,一般前 8 位代表特殊含义,
如某总行某支行等。假定该行要求其营业厅的卡号格式为: 1010 3576 xxxx xxx 开始
curType 货币 必填,默认为 RMB
savingType 存款种类 活期/定活两便/定期
openDate 开户日期 必填,默认为系统当前日期
openMoney 开户金额 必填,不低于 1 元
balance 余额 必填,不低于 1 元,否则将销户
pass 密码 必填,6 位数字,默认为 6 个 8
IsReportLoss 是否挂失  必填,是/否值,默认为"否"
customerID 顾客编号 必填,表示该卡对应的顾客编号,一位顾客可以办理多张卡
 * /

alter table cardInfo
    add constraint PK_cardID primary key(cardID),            -- 主键
        constraint CK_cardID check(cardID like '1010 3576 [0-9][0-9][0-9][0-9][0-9][0
-9][0-9][0-9]'),
            constraint DF_curType default('RMB') for curType,
```

```
        --默认约束,在 insert 数据时,若本字段未指明值则使用默认值
        constraint CK_savingType check(savingType in('活期','定活两便','定期')),
        --check 约束中 in 表示规定可选值
        constraint DF_openDate default(getDate()) for openDate,
        --getdate()获取当前时间,使用当前时间作为默认值
        constraint CK_balance   check(balance > = 1),        --检查余额是否大于元
        constraint CK_openMoney check(openMoney > = 1),      --检查开户金额是否大于元
        constraint DF_password default(888888) for password ,  --密码默认为"888888"
        constraint DF_IsReportLoss default(0) for IsReportLoss ,--是否挂失默认为
        constraint FK_customerID foreign key(customerID) references userInfo( customerID)
        --外键约束,表示 cardinfo.customerid 的值必须在 userinfo.customerid 中存在。
        --后者为主键,前者为外键。一位顾客编号可以办理多张卡。
    GO
------------------- 3 交易信息表 transInfo 添加约束 ----------------
/* transInfo 表的约束
transType 必填,只能是存入/支取
cardID 卡号 必填,外健,可重复索引
transMoney 交易金额 必填,大于 0
transDate 交易日期 必填,默认为系统当前日期
remark 备注可选输入,其他说明
*/
    --默认约束 transDate 交易日期,默认为系统当前日期
if exists(select * from sysobjects where name = 'DF_transDate')
alter table transInfo drop constraint DF_transDate
alter table transInfo add constraint DF_transDate default(getdate()) for transDate

--外键约束 cardID 卡号
if exists(select * from sysobjects where name = 'FK_cardID')
alter table transInfo drop constraint FK_cardID
alter table transInfo add constraint FK_cardID foreign key(cardID) references   cardInfo(cardID)

--检查约束 transType 交易类型只能是存入/支取
if exists(select * from sysobjects where name = 'CK_transType')
alter table transInfo drop constraint CK_transType
alter table transInfo add constraint CK_transType check(transType in('存入','支取'))

--检查约束 transMoney 交易金额大于
if exists(select * from sysobjects where name = 'CK_transMoney')
alter table transInfo drop constraint CK_transMoney
alter table transInfo add constraint CK_transMoney check(transMoney > 0)

--上述为 transInfo 添加约束的语句也可用下面的语句代替。
  alter table transInfo
      add constraint DF_transDate default(getDate()) for transDate,
        constraint FK_cardID foreign key(cardID) references cardInfo(cardID),
        constraint CK_transType check(transType in('存入','支取')),
        constraint CK_transMoney check(transMoney > 0)
      GO
```

在对象资源管理器中,查看创建的 cardInfo 表、transInfo 表和 userInfo 表的结构(列、键、

约束和索引),如图 14-2 和图 14-3 所示。

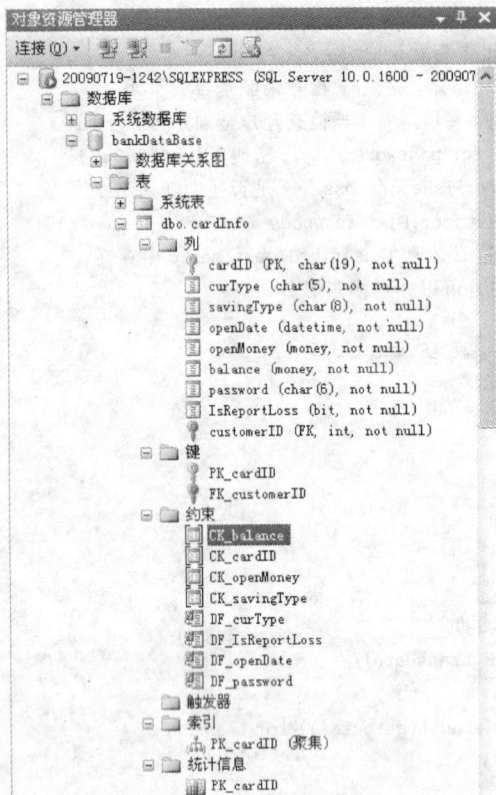

图 14-2　cradInfo 表的结构

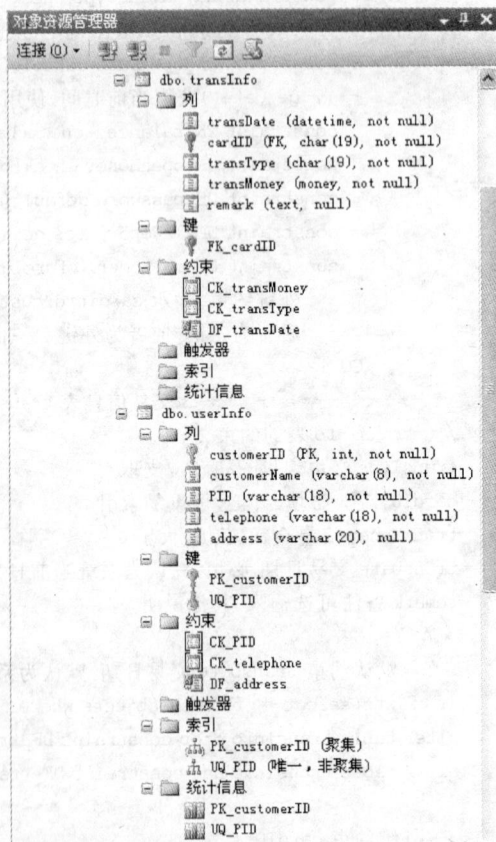

图 14-3　transInfo 表的结构和 userInfo 表的结构

14.4.4　插入数据

插入数据的程序如下:

```
/* ====== 测试插入 userInfo 用户信息表和 cardInfo 银行卡信息表数据 ======== */
/* 张采文开户,身份证:123456789012345,电话:010-67898978,地址:北京海淀
    开户金额:1000 活期　卡号:1010 3576 1234 5678
李博开户,身份证:321245678912345678,电话:0478-44443333,
    开户金额:1　定期 卡号:1010 3576 1212 1134
    */
    insert into userInfo(customerName, PID ,telephone, address)    values('张采文','123456789012345',
'010-67898978','北京海淀')
    insert cardInfo(cardID ,savingType ,openMoney,balance,customerID)values('1010 3576 1234 5678'
,'活期',1000,1000,@@identity)
    -- @@identity:返回最后插入到 Identity 标识列的标识值的系统函数。

    insert into userInfo(customerName, PID ,telephone)
    values('李博','321245678912345678','0478-44443333')
    insert cardInfo(cardID ,savingType ,openMoney,balance,customerID)
    values('1010 3576 1212 1134','定期',1 ,1 ,@@identity)
    -- delete  from cardInfo  delete from userInfo where address = '北京海淀'
```

```
select * from cardInfo
select * from userInfo
```

交易表 transInfo、银行卡表 cardInfo 和用户表 userInfo 中当前数据如图 14-4 所示。

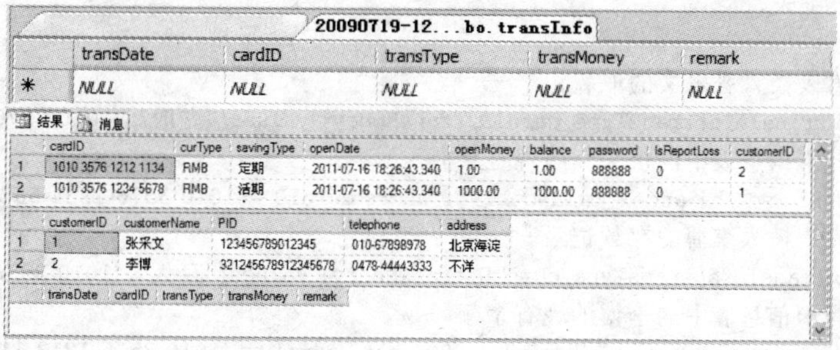

图 14-4　交易表 transInfo、银行卡表 cardInfo 和用户表 userInfo 中当前数据

14.4.5　分离数据库

分离数据库的程序如下：

```
usemaster
go
exec sp_helpdb bankDataBase    -- 显示数据库
go
```

结果如图 14-5 所示。

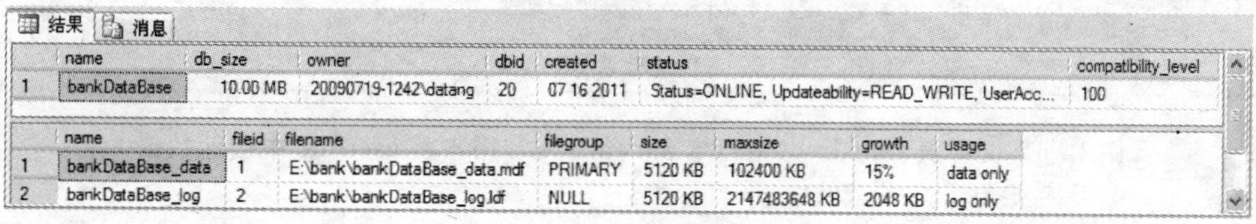

图 14-5　显示数据库的信息

```
use master
go
sp_detach_db bankDataBase -- 从当前服务器上分离数据库数据库
go
-- 测试数据库被分离
use bankDataBase
go
-- 消息：数据库 'bankDataBase'不存在。请确保正确地输入了该名称。
select * from cardInfo select * from userInfo
-- 消息：对象名'cardInfo' 无效。查询已完成,但有错误。
```

14.4.6　测试 transInfo 信息表数据

测试 trasInfo 信息表数据的程序如下：

/ * 张采文(卡号: 1010 3576 1234 5678)取款 900 元,李博(卡号: 1010 3576 1212 1134)存款 5000 元,要

求保存交易记录,以便客户查询和银行业务统计。

说明:当存钱或取钱(如 300 元)时候,会往交易信息表(transInfo)中添加一条交易记录,同时应更新银行卡信息表(cardInfo)中的现有余额(如增加或减少 500 元)

```
*/
  use bankDataBase
  go
  -- 交易信息表插入张采文的取款记录 --
  insert into transInfo(transType,cardID,transMoney) values('支取','1010 3576 1234 5678',900)
  -- 更新银行卡信息表中的张采文的现有余额
  update cardInfo set balance = balance - 900 where cardID = '1010 3576 1234 5678'
  -- 交易信息表插入李博的存款记录 --
  insert into transInfo(transType,cardID,transMoney) values('存入','1010 3576 1212 1134',5000)
  -- 更新银行卡信息表中的李博的现有余额
  update cardInfo set balance = balance + 5000 where cardID = '1010 3576 1212 1134'
  ---- 检查测试数据是否正确
  select * from cardInfo
  select * from userInfo
  select * from transInfo
```

如图 14-6 显示数据库的信息。

	cardID	curType	savingType	openDate	openMoney	balance	password	IsReportLoss	customerID
1	1010 3576 1212 1134	RMB	定期	2011-07-16 17:55:26.390	1.00	5001.00	888888	0	2
2	1010 3576 1234 5678	RMB	活期	2011-07-16 17:55:26.390	1000.00	100.00	888888	0	1

	customerID	customerName	PID	telephone	address
1	1	张采文	123456789012345	010-67898978	北京海淀
2	2	李博	321245678912345678	0478-44443333	不详

	transDate	cardID	transType	transMoney	remark
1	2011-07-16 18:19:10.640	1010 3576 1234 5678	支取	900.00	NULL
2	2011-07-16 18:19:10.640	1010 3576 1212 1134	存入	5000.00	NULL

图 14-6　交易表 transInfo、银行卡表 cardInfo 和用户表 userInfo 中当前数据

14.4.7　创建触发器

利用触发器改进上述的存款或取款语句,当存钱或取钱(如 500 元)时候,会往交易信息表 transInfo 中添加一条交易记录,同时会自动更新用户信息表 userInfo 中的余额(如增加/减少 500 元)。因此,需在交易表 transInfo 上创建 INSERT 触发器。当在 transInfo 表中做 Insert 时,自动更新 cardInfo 表中相应记录的账户余额 balance。

提示:

- 如果交易类型是"支取",则应判断余额是否足够支取(余额-支取金额≥1),否则提示余额不足,如果支取成功,更新余额,减去支取的金额;
- 如果是"存入",则更新余额,加上存入的余额;
- 交易结束后,提示交易信息:是否成功,目前余额是多少。

```
use bankDataBase
go
if exists(select name from sysobjects where name = 'trigger_transInfo')
drop trigger trigger_transInfo
```

```
go
-- 创建触发器
create trigger trigger_transInfo
on transInfo
for insert
as
-- 定义变量:用于临时存放插入的卡号,交易类型,交易金额
declare @type char(4) --------------------------------------------------- 交易类型
declare @Money money ---------------------------------------------------- 交易金额
declare @IDcard char(20) ------------------------------------------- 卡号
declare @balance money--------------------------------------------------- 余额
-- 获取插入的记录信息
select @type = transType,@Money = transMoney,@IDcard = cardID from inserted
-- 根据交易类型是支取/存入,减少或增加银行卡信息表中对应的卡号余额
select @balance = balance from cardInfo where cardID = @IDcard
if(@type = '支取')
  begin
  if((@balance - @money)< 1)
    begin
    raiserror('交易失败,余额不足!',16,1)
    rollback tran -- 取消交易
    return  -- 退出触发器
    end
  else
    begin
    update cardInfo set balance = balance - @money where cardID = @IDcard
    print '交易成功!'
    end
  end
else
  begin
  update cardInfo set balance = balance + @money where cardID = @IDcard
  print '交易成功!'
  end
-- 显示交易金额及余额
print '交易成功!交易金额:   ' + convert(varchar(20),@Money)
select @balance = balance from cardInfo where cardID = @IDcard
print '卡号:          余额:' + convert(varchar(20),@balance)
go


-- 测试触发器
-- 张采文(卡号为 1010 3576 1234 5678)取钱 99 元
set nocount on
go
use bankDataBase
go
insert into transInfo values(default,'1010 3576 1234 5678','支取',99,'没钱用了')
```

显示如下信息:

交易成功!交易金额: 99.00
卡号: 余额:1.00

-- 李博卡号为 1010 3576 1212 1134)存钱 5000 元

```
insert into transInfo values(default,'1010 3576 1212 1134','存入',5000,'钱用不完就存银行了')
```
显示如下信息:
交易成功!交易金额: 5000.00
卡号: 余额:10001.00
```
-- 检查测试数据
use bankDataBase
select * from cardInfo -- 银行卡信息表
select * from userInfo -- 用户信息表
select * from transInfo -- 交易信息表
go
```

可以看到,上面执行了对 transInfo 表的 Insert 操作后,触发了在 transInfo 表上定义的 Insert 触发器,自动实现了对 cardInfo 信息表中相应用户的存款余额的更新,如图 14-7 所示。

	cardID	curType	savingType	openDate	openMoney	balance	password	IsReportLoss	customerID
1	1010 3576 1212 1134	RMB	定期	2011-07-16 18:26:43.340	1.00	10001.00	123123	1	2
2	1010 3576 1234 5678	RMB	活期	2011-07-16 18:26:43.340	1000.00	1.00	123456	0	1

	customerID	customerName	PID	telephone	address
1	1	张采文	123456789012345	010-67898978	北京海淀
2	2	李博	321245678912345678	0478-44443333	不详

	transDate	cardID	transType	transMoney	remark
1	2011-07-16 18:27:58.717	1010 3576 1234 5678	支取	900.00	NULL
2	2011-07-16 18:27:58.717	1010 3576 1212 1134	存入	5000.00	NULL
3	2011-07-16 21:00:48.670	1010 3576 1234 5678	支取	99.00	没钱用了
4	2011-07-16 21:01:01.500	1010 3576 1212 1134	存入	5000.00	钱用不完就存银行了

图 14-7 交易表 transInfo、银行卡表 cardInfo 和用户表 userInfo 中当前数据

14.4.8 常规业务模拟

1. 修改密码

修改密码的程序如下:

```
-- 修改张采文(卡号为 1010 3576 1234 5678) 银行卡号密码为
update cardInfo set password = '123456' where cardID = '1010 3576 1234 5678'
-- 修改李博(卡号为 1010 3567 1212 1134) 银行卡号密码为
update cardInfo set password = '123123' where cardID = '1010 3576 1212 1134'
select * from cardInfo
```

图 14-8 所示为查看密码修改结果。

	cardID	curType	savingType	openDate	openMoney	balance	password	IsReportLoss	customerID
1	1010 3576 1212 1134	RMB	定期	2011-07-16 18:26:43.340	1.00	5001.00	123123	0	2
2	1010 3576 1234 5678	RMB	活期	2011-07-16 18:26:43.340	1000.00	100.00	123456	0	1

图 14-8 密码修改结果

2. 银行卡挂失

银行卡挂失程序如下:

```
-- 李博(卡号为 1010 3576 1212 1134)因银行卡丢失,申请挂失
update cardInfo set IsReportLoss = 1 where cardID = '1010 3576 1212 1134'
```

```
select * from cardInfo
```

图 14-9 所示为查看银行卡挂失。

	cardID	curType	savingType	openDate	openMoney	balance	password	IsReportLoss	customerID
1	1010 3576 1212 1134	RMB	定期	2011-07-16 18:26:43.340	1.00	5001.00	123123	1	2
2	1010 3576 1234 5678	RMB	活期	2011-07-16 18:26:43.340	1000.00	100.00	123456	0	1

图 14-9　银行卡挂失

3. 统计银行的资金流通余额和盈利结算

统计说明:存款代表资金流入,取款代表银行发放贷款。假定存款利率为 3‰,贷款利率为 8‰。

```
declare @inMoney money,@outMoney money
select   @inMoney = sum(transMoney) from transInfo where(transType = '存入')
select   @outMoney = sum(transMoney) from transInfo where(transType = '支取')
print '银行流通余额总计为:' + convert(varchar(20), @inMoney − @outMoney) + 'RMB'
print '盈利结算为:' + convert(varchar(20),@outMoney * 0.008 − @inMoney * 0.003) + 'RMB'
```

显示消息如下:

```
银行流通余额总计为:9001.00RMB
盈利结算为: − 22.0080000RMB
```

4. 查询本周开户的卡号,显示该卡相关信息

查询本周开户的卡号,显示该卡相关信息的程序如下:

```
print '本周开户的卡号信息如下:'
select 客户姓名 = customerName,联系电话 = telephone ,开户金额 = openMoney,
开户日期 = opendate from userInfo inner
join cardinfo on   userinfo. customerID = cardinfo. customerID
where datediff(dd,opendate,getdate())< = (datepart(dw,getdate()) − 1)
−− DATEDIFF( datepart , startdate , enddate )返回指定的 startdate 和 enddate 之间所跨的指定
datepart 边界的计数(带符号的整数)。
−− DATEPART( datepart ,date )返回表示指定 date 的指定 datepart 的整数。
```

图 14-10 所示为查看本周开户的卡号,显示该卡相关信息。

	客户姓名	联系电话	开户金额	开户日期
1	李博	0478-44443333	1.00	2011-07-16 18:26:43.340
2	张采文	010-67898978	1000.00	2011-07-16 18:26:43.340

图 14-10　本周开户的卡号信息

5. 查询本月交易金额最高的卡号

查询本月交易金额最高卡号的程序如下:

```
print '本月交易金额最高的卡号'
select distinct cardID from transInfo   where transMoney = (select max(transMoney) from transInfo)
```

```
and datediff(Month,transDate,getdate()) = 0
```

图 14-11 所示为查看本月交易金额最高的卡号信息。

图 14-11　本月交易金额最高的卡号信息

6. 查询挂失账号的客户信息

查询挂失账号客户信息的相关程序如下：

```
select 客户名 = customerName,身份证号 = PID,联系电话 = telephone,地址 = address
    from userInfo inner join cardInfo on userInfo.customerID = cardInfo.customerID
            where IsReportLoss = 1
```

图 14-12 所示为查询挂失账号的客户信息。

图 14-12　查询挂失账号的客户信息

7. 催款提醒业务

催款提醒：如某种业务的需要，每个月末，如果发现用户账上余额少于 200 元，将致电催款。相关程序如下：

```
print'每个月末,用户账户上余额少于200元,将致电催款'
select 客户姓名 = customerName , 联系电话 = telephone,余额 = balance from userInfo
    inner join cardInfo on userInfo.customerID = cardInfo.customerID where balance < 200
```

图 14-13 所示为查询催款提醒业务信息。

图 14-13　查询催款提醒业务信息

8. 月末汇总

月末汇总的程序如下：

```
use bankDataBase
go
declare @sum int
select @sum = sum(balance) from cardInfo
select 总存款 = @sum
go
```

图 14-14 所示为查询月末汇总信息。

图 14-14 查询月末汇总信息

9. 查询余额 3000～6000 之间的定期卡号，显示该卡相关信息

查询有余额定期卡号并显示该卡相关信息的程序如下：

```
SELECT * FROM cardInfo WHERE((balance between 3000 and 6000) and(savingType = '定期'))
```

14.4.9 创建索引和视图

1. 创建索引

给交易表的卡号 cardID 字段创建重复非聚集索引的程序如下：

```
use bankDataBase
  GO
if exists(select name from bankDataBase.sys.sysindexes where name = 'IX_cardInfo_cardID') -- 判断
索引是否存在
      drop index cardInfo.IX_cardInfo_cardID -- 如果存在则删除
create  nonclustered index IX_cardInfo_cardID
      on  transInfo(cardID) -- 按 cardID 字段建立索引
      with fillfactor = 70 -- 索引因子
GO
```

在【对象资源管理器】中查看创建的索引，如图 14-15 所示。

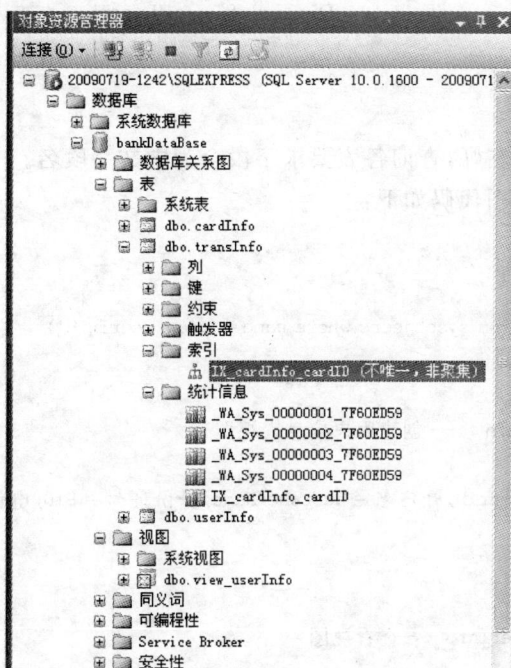

图 14-15　IX_cardInfo_cardID 索引

2. 利用索引查询

利用索引查询张采文(cardID:1010 3576 1234 5678)的程序如下：

```
print '按索引查询'
select *
from transInfo with( index = IX_cardInfo_cardID)
where cardID = '1010 3576 1212 1134'

select *
from transInfo with( index = IX_cardInfo_cardID)
where cardID =
            (
                select cardID
                from cardInfo
                where customerID =
                (
                    select customerID
                    from userInfo
                    where customername = '张采文'
                )
            )
```

按索引查询结果，如图 14-16 所示。

	transDate	cardID	transType	transMoney	remark
1	2011-07-16 18:27:58.717	1010 3576 1212 1134	存入	5000.00	NULL
2	2011-07-16 21:01:01.500	1010 3576 1212 1134	存入	5000.00	钱用不完就存银行了

图 14-16　IX_cardInfo_cardID 索引

3. 创建视图

为了向客户显示信息友好，查询各表要求字段全为中文字段名。
创建 userInfo 表的视图代码如下：

```
use bankDataBase
GO
if exists(select name from sysobjects where name = 'view_userInfo')
drop view view_userInfo
GO
create view view_userInfo    -- 创建用户信息表视图
as
select 客户编号 = customerID, 开户名 = customerName, 身份证号 = PID, 电话号码 = telephone, 居住地
址 = [address]
from userInfo
GO
select * from  view_userInfo -- 查看视图
```

视图查看结果如图 14-17 所示。

图 14-17　查看 view_userInfo

创建 cardInfo 表的视图代码如下：

```
use bankDataBase
GO
if exists(select name from sysobjects where name = 'view_cardInfo')
drop view view_cardInfo
GO
create view view_cardInfo    -- 创建银行卡信息表视图
as
select 卡号 = cardID, 货币种类 = curType, 存款类型 = savingType, 开户日期 = openDate, 余额 =
balance,
密码 = password, 是否挂失 = IsReportLoss, 客户编号 = customerID
from cardInfo
GO
select * from view_cardInfo -- 查看视图
```

视图查看结果如图 14-18 所示。

图 14-18　查看 view_ cardInfo

创建 transInfo 表的视图代码如下：

```
if exists(select * from sysobjects where name = 'view_transInfo')
  drop view view_transInfo
go
create view view_transInfo ---- 创建交易信息表视图
as
  select 交易日期 = transDate, 交易类型 = transType,
  卡号 = cardID, 交易金额 = transMoney, 备注 = remark
  from transInfo
go

select * from view_transInfo -- 查看视图
```

视图查看结果如图 14-19 所示。

图 14-19　查看 view_transInfo

14.4.10 创建取钱或存钱存储过程

提示：取钱时要求提供密码，存钱时不用。取钱时需验证密码是否正确，然后向交易表 transInfo 中插入一条支取的交易信息即可。因为已在 transInfo 表上创建了 Insert 触发器，所以在 transInfo 表上做 Insert 操作时，会自动触发 Insert 触发器，检查余额是否够支取，并自动更新余额。

创建取钱或存钱的程序如下：

```
------------------------ 取钱或存钱的存储过程 ------------------
-- 存钱或取钱的存储过程 proc_depositOrWithdrawCash
if exists(select * from sysobjects where name = 'proc_depositOrWithdrawCash ')
  drop proc proc_depositOrWithdrawCash
GO
-- 存储过程参数：交易卡号，交易金额，交易类型，取款密码(默认为空)
create procedure proc_depositOrWithdrawCash
  @IDcard char(19), -- 交易卡号
  @m money, -- 交易金额
  @type char(4), -- 交易类型
  @inputPassword char(6) = '' -- 取款密码
AS
  set nocount on
-- 不返回计数(表示受 Transact - SQL 语句或 stored procedure 存储过程所影响的行数)，可减少网络
流量，提供性能
  print '交易正进行,请稍后......'
  if  not exists(select * from cardInfo where cardID = @IDcard)
-- 判断用户信息表中是否存在取钱或存钱的用户
  begin
    raiserror('没有该用户',16,1)
    return
  end

  if(@type = '支取')
  begin
    if((SELECT password FROM cardInfo WHERE cardID = @IDcard)<>@inputPassword )
      begin
      raiserror('密码错误!',16,1)
      return -- 立即返回,退出存储过程
    end

    DECLARE @myTransType char(4),@outMoney MONEY,@myCardID char(19)
    SELECT @myTransType = transType,@outMoney = transMoney ,@myCardID = cardID FROM transInfo
where cardID = @IDcard
    DECLARE @mybalance money
    SELECT @mybalance = balance FROM cardInfo WHERE cardID = @IDcard

    if(@mybalance > = @m + 1)
    begin
      INSERT INTO transInfo(transType,cardID,transMoney) VALUES(@type,@IDcard,@m)
      -- update cardInfo set balance = balance - @m WHERE cardID = @myCardID
    end
    else
    begin
      raiserror('交易失败!余额不足!',16,1)
```

```
            print '卡号' + @IDcard + '   余额: ' + convert(varchar(20),@mybalance)
            return
        end
    end
    else -- 存钱
    begin
        INSERT INTO transInfo(transType,cardID,transMoney) VALUES(@type,@IDcard,@m)
        -- 因为 transInfo 表上有 Insert 触发器,下面的语句就不能写了。
        -- 否则,存 n 元钱,会在 cardInfo 增加 n 元的不正确记录。
        -- update cardInfo set balance = balance + @m WHERE cardID = @IDcard
    end

    print '交易成功!交易金额: ' + convert(varchar(20),@m)
    SELECT @mybalance = balance FROM cardInfo WHERE cardID = @IDcard
    print '卡号' + @IDcard + '   余额: ' + convert(varchar(20),@mybalance)

GO


-- 调用存储过程取钱或存钱
-- 张采文存钱 3000 元。
declare @IDcard char(19)
select @IDcard = cardID from cardInfo
where customerID = (select customerID from userInfo where customername = '张采文')
-- EXEC proc_depositOrWithdrawCash   @IDcard,10 ,'支取','11111' -- 密码错误!
EXEC proc_depositOrWithdrawCash @IDcard,3000 ,'存入','123456' -- 调用过程,
GO
--- 李博取款 500 元
declare @IDcard char(19)
select @IDcard = cardID from cardInfo
where customerID = (select customerID from userInfo where customername = '李博')
EXEC proc_depositOrWithdrawCash @IDcard,500 ,'支取','123123' -- 调用过程,执行存钱

select * from cardInfo -- 银行卡信息表
select * from userInfo -- 用户信息表
select * from transInfo -- 交易信息表
GO
```

交易表 transInfo、银行卡表 cardInfo 和用户表 userInfo 中当前数据如图 14-20 所示。

	cardID	curType	savingType	openDate	openMoney	balance	password	IsReportLoss	customerID
1	1010 3576 1212 1134	RMB	定期	2011-07-18 10:52:54.560	1.00	9501.00	123123	1	2
2	1010 3576 1234 5678	RMB	活期	2011-07-18 10:52:54.560	1000.00	3001.00	123456	0	1

	customerID	customerName	PID	telephone	address
1	1	张采文	123456789012345	010-67898978	北京海淀
2	2	李博	321245678912345678	0478-44443333	不详

	transDate	cardID	transType	transMoney	remark
1	2011-07-18 10:53:35.077	1010 3576 1234 5678	支取	900.00	NULL
2	2011-07-18 10:53:35.077	1010 3576 1212 1134	存入	5000.00	NULL
3	2011-07-18 10:53:35.233	1010 3576 1234 5678	支取	99.00	没钱用了
4	2011-07-18 10:53:35.233	1010 3576 1212 1134	存入	5000.00	钱用不完就存银行了
5	2011-07-18 10:53:44.403	1010 3576 1234 5678	存入	3000.00	NULL
6	2011-07-18 10:53:44.403	1010 3576 1212 1134	支取	500.00	NULL

图 14-20　交易表 transInfo、银行卡表 cardInfo 和用户表 userInfo 中当前数据

14.4.11　产生随机卡号的存储过程

产生随机卡号的程序如下：

```
if exists(select * from sysobjects where name = 'proc_randCardID')
  drop proc proc_randCardID
GO


-- 说明 * 银行卡号共 19 位(4 位移组,中间用空格隔开),
-- 对于某个银行,前 8 个数字是固定的,前 8 位固定数字设置为 3576
-- 后面 8 个数字是固定的,后面的 8 个数字要求随机的,并且唯一的,
-- 随机种子 = 当前月份数 * 10000 + 当前的秒数 * 1000 + 当前的毫秒数
-- 产生了 0~1 的随机数后,取小数点后 8 位,即: 0.xxxxxxxx


create procedure proc_randCardID
  @randCardID char(19) OUTPUT,
  @ID char(10) = '1010 3576' -- 前位
  AS
    DECLARE @r numeric(15,8) -- 15 位数,保留位小数 --- 随机数
    DECLARE @tempStr  char(10)
    SELECT  @r = RAND((DATEPART(mm, GETDATE()) * 100000) + (DATEPART(ss, GETDATE()) * 1000 )
               + DATEPART(ms, GETDATE()) )
    set @tempStr = convert(char(10),@r) -- 随机数转换类型
    set @randCardID = @ID + SUBSTRING(@tempStr,3,4) + ' ' + SUBSTRING(@tempStr,7,4)
GO


-- 测试产生随机卡号
DECLARE @mycardID char(19)
EXECUTE proc_randCardID @mycardID OUTPUT -- 执行存储过程
print '产生的随机卡号为: ' + @mycardID
GO
-- 产生的随机卡号形如: 3576 8215 5204
```

14.4.12　开户的存储过程

开户过程的程序如下：

```
    -- drop proc proc_openAccount
if exists(select * from sysobjects where name = 'proc_openAccount')
  drop proc proc_openAccount -- 如果开户存储过程存在,则删除
GO
create procedure proc_openAccount -- 创建开户存储过程
      @customerName char(8),@PID char(18),@telephone char(13)
    ,@openMoney money,@savingType char(8),@address varchar(50) = ''
  AS
    DECLARE @mycardID char(19)
    declare @err int
    set @err = 0
```

```
-- 调用产生随机卡号的存储过程获得随机卡号
EXECUTE proc_randCardID @mycardID OUTPUT -- 产生随机卡号
while   exists(SELECT  *  FROM cardInfo WHERE cardID = @mycardID)
    -- 当存在则重新产生新号
      EXECUTE proc_randCardID @mycardID OUTPUT -- 产生随机卡号

IF not exists(select * from userInfo where PID = @PID)
  -- 向用户表 userInfo 插入开户客户姓名,身份证,电话号码,地址
    INSERT INTO userInfo(customerName,PID,telephone,address )
        VALUES(@customerName,@PID,@telephone,@address)
        else -- 此 else 分支保证一个身份证号只能办一张银行卡。
          -- 去掉此 else 分支,则可以办多张银行卡。
          begin
               print '尊敬的客户,此身份证号已被使用,您不能使用'
        return
          end
    set @err = @err + @@ERROR
    DECLARE @cur_customerID int -- 顾客编号
    select @cur_customerID = customerID from userInfo where PID = @PID
      -- 获取新开户顾客编号
    -- 向银行卡信息表 cardInfo 插入数据卡号,存款类型,余额,顾客编号
    INSERT INTO cardInfo(cardID,savingType,openMoney,balance,customerID)
        VALUES(@mycardID,@savingType,@openMoney,@openMoney,@cur_customerID)
    set @err  = @err  + @@ERROR

  if(@err = 0)
  begin
    print ''
    print '尊敬的客户: ' + @customerName
    print '恭喜您开户成功!'
    print '系统为您产生的随机卡号为:' + @mycardID
    print '开户日期' + convert(char(10),getdate(),111) + '   开户金额:' + convert(varchar(20),@
openMoney)
  end
  else
    raiserror('交易失败!',16,1)
GO


-- 调用存储过程,新开户
EXEC proc_openAccount '王维', '334456889012678', '2222 - 63598978',1000,'活期','河南新乡'
EXEC proc_openAccount '赵勇','2134456789123422222','0760 - 44446666',1,'定期'
exec proc_openAccount @customerName = '吴广',@PID = '213445678912342223',@telephone = '0760 -
44446666',@openMoney = 100,@savingType = '定期',@address = '上海浦东'
select * from view_userInfo -- 用户信息表
select * from view_cardInfo -- 银行卡信息表
GO
```

用户信息表和银行卡信息表如图 14-21 所示。

图 14-21　用户信息表和银行卡信息表

14.4.13　创建利用事务的存储过程，模拟银行转账功能

同一银行的账户间一般都支持转账功能。转账时为甲方支取，乙方存入，这两步要么同时完成，要么同时失败，所以需采用事务处理。如果一方失败，则进行回滚撤销操作。

现模拟从李博账户转账 2000 元到张采文的账户上，要求显示转账信息、是否转账成功及转账后双方的余额。为了调用方便，采用存储过程实现。具体代码如下。

```
if exists(select * from bankDataBase.sys.sysobjects where name = 'proc_transfer') -- 判断存储过程是否存在
drop procedure proc_transfer -- 如果存在则删除
GO
create procedure proc_transfer -- 创建转账存储过程
 -- 输入参数
@IDcard1 char(19), -- 支取卡号
@IDcard1_password char(6), -- 支取卡的密码
@IDcard2 char(19), -- 存入卡号,存入方不需要密码
@transMoney money -- 交易金额
as
begin tran -- 开始事务
  if not exists(select * from cardInfo where cardID = @IDcard1) or
  not exists(select * from cardInfo where cardID = @IDcard2) -- 判断用户是否存在
  begin
     raiserror('没有该用户,请核实',16,1)
     rollback tran -- 回滚事务
     return
  end

   -- 测试支取卡的密码是否正确
   if not exists(select * from cardInfo where cardID = @IDcard1 and [password] = @IDcard1_
password )
   begin
     raiserror('支取卡的密码不对,请核实',16,1)
   rollback tran -- 回滚事务
   return
```

```
    end
  declare @errors int
  set @errors = 0
  declare @balance money
  select @balance = balance from cardInfo where cardID = @IDcard1 -- 从银行信息表获取支取客户
的余额
  insert into transInfo(transType,cardID,transMoney )values('支取',@IDcard1,@transMoney) --
transInfo 表上存在 insert 触发器
  set @errors = @errors + @@error
  insert into transInfo(transType,cardID,transMoney )values('存入',@IDcard2,@transMoney) --
transInfo 表上存在 insert 触发器
  set @errors = @errors + @@error

  if(@errors > 0 or @balance - @transMoney < 1) -- 判断支取用户余额是否大于将要转出的金额
  begin
    print'转账失败,回滚事务'
    rollback tran -- 回滚事务
  end
  else
  begin
  -- transInfo 表上存在 update cardInfo 的 insert 触发器,下面代码应注释掉
    -- 应在 cardInfo 表中加上@IDcard1 账户中减少金额、@IDcard2 账户中增加同等金额的 update
代码
    -- update cardInfo set balance = balance - @transMoney WHERE cardID = @IDcard1
    -- update cardInfo set balance = balance + @transMoney WHERE cardID = @IDcard2
    commit tran -- 提交事务
    print '转账成功'
  end
GO

-- 测试转账事务存储过程模拟从李博赚上转 2000 元到张采文账上
use bankDataBase
go
print '开始转账,请稍候…'
declare @IDcard1 char(19),@IDcard2 char(19) -- 从用户信息表中查询李博的卡号
select @ IDcard1 = cardID from cardInfo inner join userinfo on cardInfo. customerID =
userinfo. customerID
where customername = '李博'

select @IDcard2 = cardID from cardInfo -- 从用户信息表查询张采文的卡号
where customerID = ( select customerID from userInfo where customername = '张采文')
declare @IDcard1_password char(6)
set @IDcard1_password = '123123'
EXEC proc_transfer @IDcard1,@IDcard1_password,@IDcard2,2000 -- 调用执行转账事务存储过程
select * from cardInfo
select * from transInfo
```

结果如图 14-22 所示。

	cardID	curType	savingType	openDate	openMoney	balance	password	IsReportLoss	customerID
1	1010 3576 0754 0765	RMB	活期	2011-07-18 11:00:17.107	1000.00	1000.00	888888	0	3
2	1010 3576 0757 0578	RMB	定期	2011-07-18 11:00:17.123	1.00	1.00	888888	0	4
3	1010 3576 0760 2254	RMB	定期	2011-07-18 11:00:17.140	100.00	100.00	888888	0	5
4	1010 3576 1212 1134	RMB	定期	2011-07-18 10:52:54.560	1.00	7501.00	123123	1	2
5	1010 3576 1234 5678	RMB	活期	2011-07-18 10:52:54.560	1000.00	5001.00	123456	0	1

	transDate	cardID	transType	transMoney	remark
1	2011-07-18 10:53:35.077	1010 3576 1234 5678	支取	900.00	NULL
2	2011-07-18 10:53:35.077	1010 3576 1212 1134	存入	5000.00	NULL
3	2011-07-18 10:53:35.233	1010 3576 1234 5678	支取	99.00	没...
4	2011-07-18 10:53:35.233	1010 3576 1212 1134	存入	5000.00	钱...
5	2011-07-18 10:53:44.403	1010 3576 1234 5678	存入	3000.00	NULL
6	2011-07-18 10:53:44.403	1010 3576 1212 1134	支取	500.00	NULL
7	2011-07-18 11:04:55.043	1010 3576 1212 1134	支取	2000.00	NULL
8	2011-07-18 11:04:55.043	1010 3576 1234 5678	存入	2000.00	NULL

图 14-22   cardInfo 和 transInfo

14.5   使用 Visio 2003 反向工程创建数据库模型图

假如你有一个数据库并且想对这个数据库进行 ER 模型图的绘制，但发觉绘制效率太低，对 Microsoft Office Visio 不熟悉，而你对数据库的操作却了如指掌。这时候你可以利用 Visio 的反向工程对已有的数据库进行反向，提取该数据库的架构或结构，来生成一个 ER 模型图。

利用反向工程为现有数据库建立模型图的具体步骤如下：

(1) 打开 Microsoft Office Visio Professional 2003，在【文件】菜单上，依次指向【新建】、【数据库】，然后单击【数据库模型图】选项。

(2) 在【数据库】菜单上，单击【反向工程】。在【反向工程向导】的第一个屏幕上，将【已安装的 Visio 驱动程序】设置为【ODBC 通用驱动程序】后，单击【新建】按钮，如图 14-23 所示。

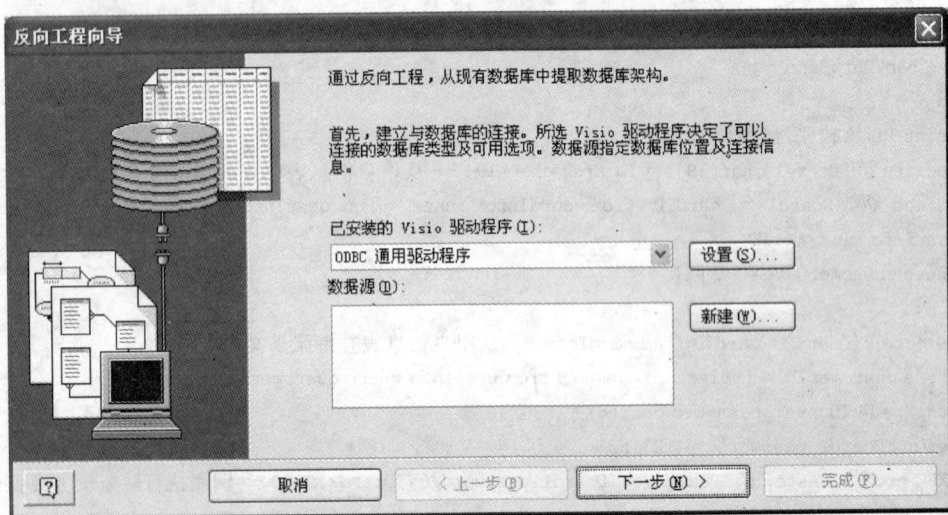

图 14-23   反向工程向导

（3）在【创建新数据源】对话框中，选择【系统数据源（只用于当前机器）】后，单击【下一步】按钮，如图 14-24 所示。

图 14-24　创建新数据源

（4）在【创建新数据源】对话框中，【选择您想为其安装数据源驱动程序】下拉列表中选择 SQL Server Native Client 10.0 后单击【下一步】按钮。在接下来的对话框中单击【完成】按钮，如图 14-25 所示。

图 14-25　选择数据源的驱动程序

（5）接下来，在弹出的 Create a New Data Source to SQL Server 对话框中，设置 Name 为 visio-sqlserver，设置 Description 为"Visio 2003 反向工程创建数据库模型图用数据源"，设置 Server 为"20090719-1242\SQLEXPRESS"。然后单击【下一步】按钮，接下来，在弹出的对话框中继续单击【下一步】按钮，如图 14-26 所示。

（6）在弹出的对话框中，选择 Chang the default database to 下拉列表为 bankDataBase，再单击【下一步】按钮。在接下来的对话框中保持默认值不变，单击【完成】按钮，如图 14-27 所示。

（7）在弹出的对话框 ODBC Microsoft SQL Server Setup 对话框中，选择 Test Data Source 进行数据源的测试。再单击 OK 按钮，如图 14-28 所示。

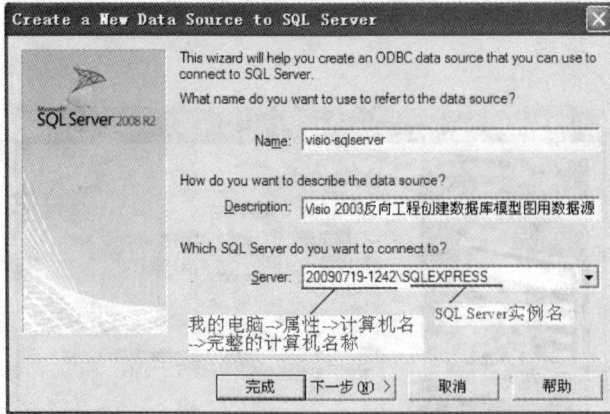

图 14-26　Create a New Data Source to SQL Server

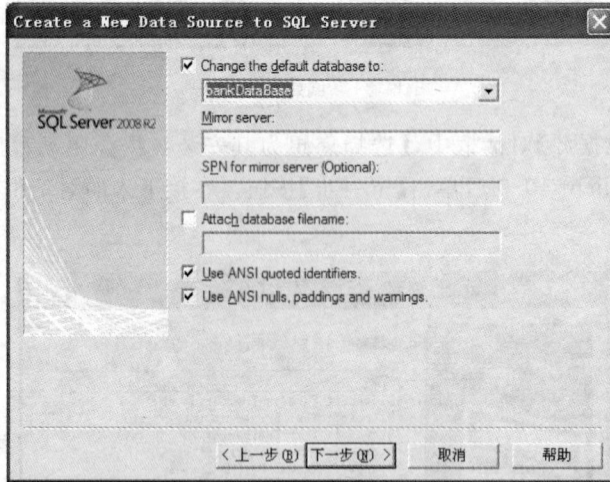

图 14-27　change the default database

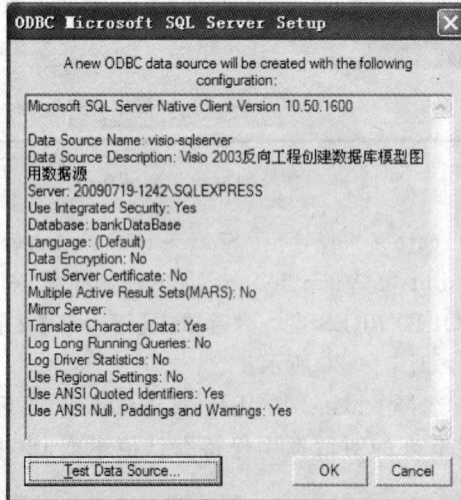

图 14-28　ODBC Microsoft SQL Server Setup

（8）在接下来的【反向工程】对话框中，单击【下一步】按钮，如图14-29所示。

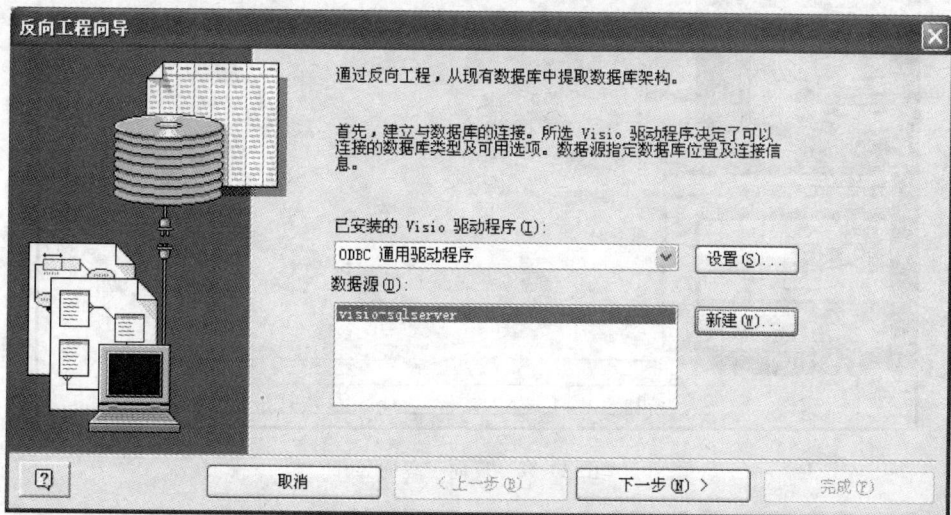

图14-29　选择数据源

（9）在【连接数据源】对话框中，输入用户名 sa，密码 sa123（这里，假定要连接的 SQL Server 数据库的密码是 sa123），单击【确定】按钮，如图14-30所示。

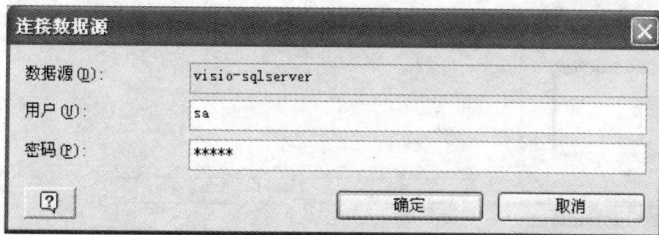

图14-30　连接数据源

（10）在弹出的警告对话框中单击【确定】按钮，如图14-31所示。

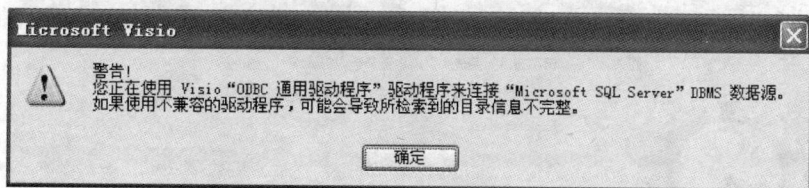

图14-31　警告对话框

（11）在【反向工程向导】对话框中，如下选择，单击【下一步】按钮，如图14-32所示。

（12）在【反向工程向导】对话框中，单击【全选】和【下一步】按钮。在接下来的对话框中继续单击【下一步】按钮，如图14-33所示。

（13）如图14-34所示，在接下来的【反向工程向导】对话框中，单击【完成】按钮后完成反向工程数据库模型的创建。得到的数据库模型如图14-35所示。

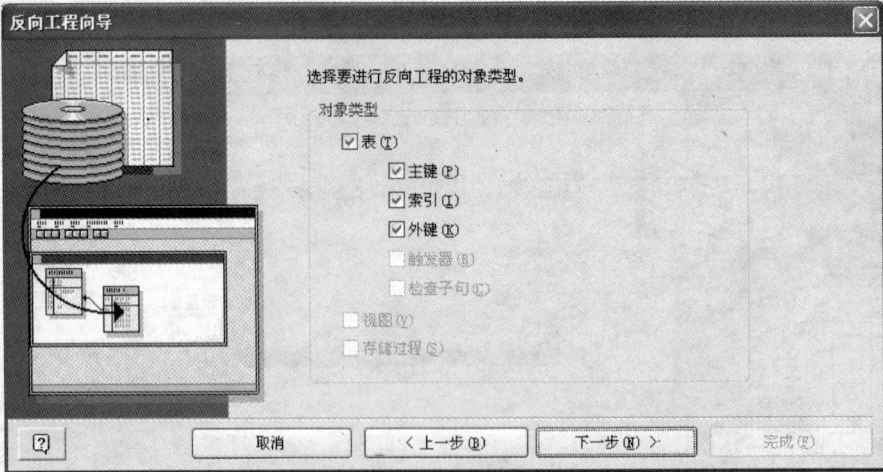

图 14-32　反向工程向导

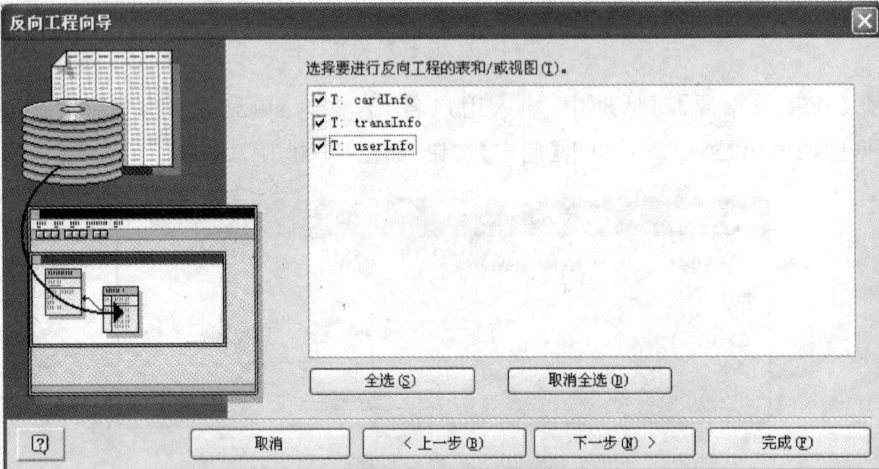

图 14-33　反向工程向导

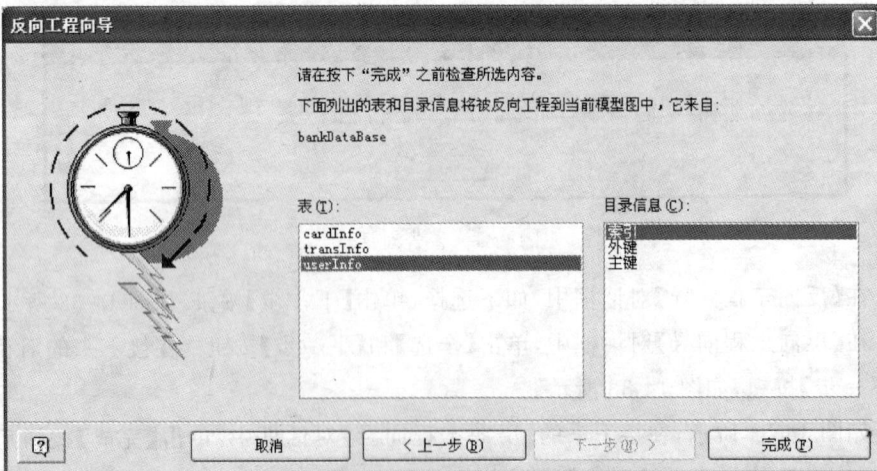

图 14-34　反向工程向导

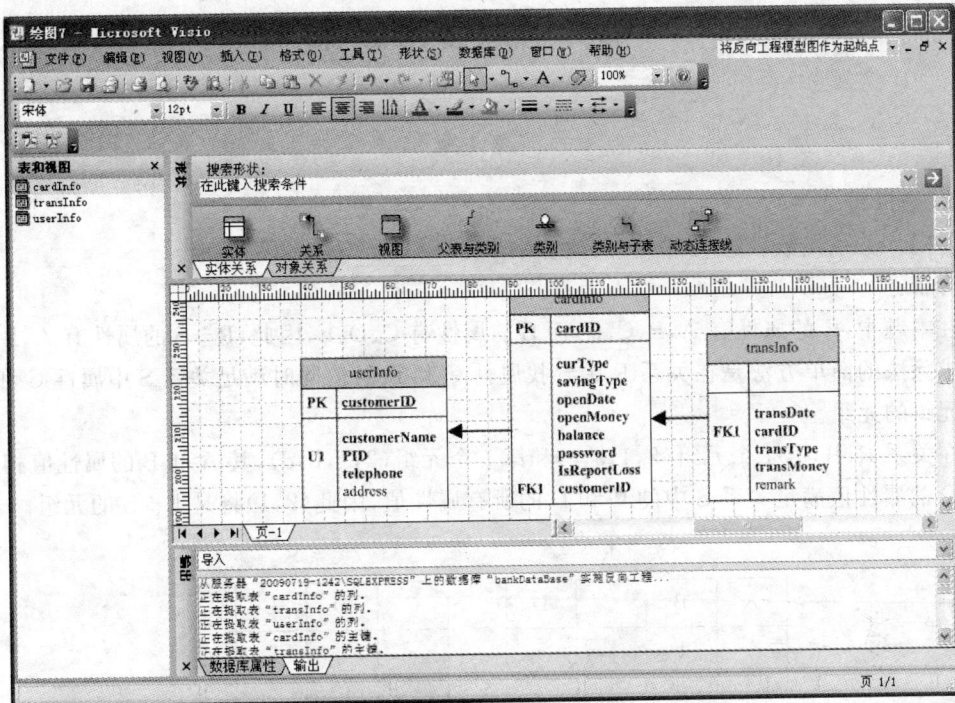

图 14-35 反向工程生成的数据库模型图

部分习题参考答案

第 1 章

1. 选择题

【答】 关系代数表达式 R÷S 的运算结果是＿＿(B)＿＿。

分析：

在本题中，R 的属性有 A、B、C、D，而 S 的属性有 C、D、E，因此，R÷S 的属性有 A、B。

求除法的简单方法是在关系 R 中寻找属性 C 和 D 的值同时满足关系 S 中属性 C 和 D 的所有元组的元组。

在关系 R 中，第 1 个元组(2,1,a,c)和第 5 个元组(2,1,b,d)，其 A 和 B 的属性值相同，而 C 和 D 的属性值满足关系 S 中的 C 和 D 的所有属性值，因此(2,1)将是 R÷S 的元组。

关系 R			
A	B	C	D
2	1	a	c
2	2	a	d
3	2	b	d
3	2	b	c
2	1	b	d

关系 S		
C	D	E
a	c	5
a	c	2
b	d	6

关系 R 元组(3,2)对应 C、D 属性的值为(b,d)和(b,c)，它不能满足关系 S 中属性 C、D 中的(a,c)，因此满足要求。所以，正确答案是 B。

2. 简答题（略）

3. 设计题

(1) 将如下表改写为 1NF。

【答】

学　号	课　程
201209001	数据库原理
201209001	数据结构
201209001	编译原理
201209001	Android 应用开发
201209002	Java 语言程序设计
201209002	编译原理
201209002	Android 应用开发

(2)【答】

① 基本的函数依赖有：

（商店编号＋商品编号）→部门编号

（商店编号＋部门编号）→负责人

（商店编号＋商品编号）→数量

② 由题意，上面的函数依赖可知"商店编号"是主属性，商品编号也是主属性，由这两个属性，可以确定关系元组的所有属性，所以 R 的候选码是：商店编号＋商品编号。

③ R（商店编号，商品编号，数量，部门编号，负责人）最高已达到 2NF。因为负责人是码的传递依赖。

④ 要达到 3NF，必须消除非主属性对码的传递依赖。对 R 分解后的两个模式如下：

R1（商店编号，商品编号，数量，部门编号）

R2（部门编号，负责人）

第 2 章

1. 填空题

（1）可信任性、高效性和智能性。

（2）自动、手动和禁止。

（3）SQL Server Management Studio、sp_configure 系统存储过程和 SET 语句。

（4）系统数据库和示例数据库。

（5）master、model、msdb 和 tempdb。

2. 简答题

（1）【答】　SQL Server 有如下两种身份验证模式。

① Windows 身份验证模式：该身份验证模式是在 SQL Server 中建立与 Windows 用户账户对应的登录账号，在登录 Windows 后，登录 SQL Server 就不用再一次输入用户名和密码了。

② 混合模式（Windows 身份验证和 SQL Server 身份验证）：该身份验证模式就是在 SQL Server 中建立专门的账户和密码，这些账户和密码与 Windows 登录无关。在登录 Windows 后，登录 SQL Server 还需要输入用户名和密码。

（2）【答】　略。

（3）【答】　一是管理工具 SQL Server Management Studio 窗口中通过方便的图形化向导创建，二是通过编写 Transact-SQL 语句创建。

第 3 章

1. 选择题

（1）B　（2）A　（3）C　（4）A

2. 填空题

（1）1　1

（2）表、视图、索引、约束、存储过程、触发器、默认值、用户和角色、规则、类型、函数

（3）利用 SQL Server Management Studio 创建数据库

利用 T-SQL 创建数据库

3. 简答题

【答】　SQL Server 2008 数据库文件的分类及特点如下：

（1）主数据文件。主数据文件简称主文件，正如其名字所示，该文件是数据库的关键文件，包含了数据库的启动信息，并且存储数据。每个数据库必须有且仅能有一个主文件，其默认扩展名为.mdf。

（2）辅助数据文件。辅助数据文件简称辅(助)文件，用于存储未包括在主文件内的其他数据。辅助文件的默认扩展名为.ndf。辅助文件是可选的，根据具体情况，可以创建多个辅助文件，也可以不使用辅助文件。一般当数据库很大时，有可能需要创建多个辅助文件。而当数据库较小时，则只需要创建主文件而不需要创建辅助文件。

（3）日志文件。日志文件用于保存恢复数据库所需的事务日志信息。每个数据库至少有一个日志文件，也可以有多个，日志文件的扩展名为.ldf。日志文件的存储与数据文件不同，它包含一系列记录，这些记录的存储不以页为存储单位。

第 4 章

1. 选择题

（1）B　（2）B　（3）A

2. 简答题

（1）【答】　空值(NULL)通常表示未知、不可用或将在以后添加的数据。若一个列允许为空值，则向表中输入记录值时可不为该列给出具体值。而一个列若不允许为空值，则在输入时必须给出具体值。

（2）【答】　约束是指表中数据应满足一些强制性条件，这些条件通常由用户在设计表时指定。常用约束有非空约束(NOT NULL)、检查约束(CHECK 约束)、唯一约束(UNQUE 约束)、主键约束(PRIMARY KEY 约束)、外键约束(FOREIGN KEY 约束)五种。

（3）【答】　Microsoft SQL Server 2008 系统提供了 28 种数据类型。数字数据类型 11 种：BIGINT、INT、SMALLINT、TINYINT、BIT、DECIMAL、NUMERIC、MONEY、SMALLMONEY、FLOAT 和 REAL。字符数据类型 6 种：CHAR、VARCHAR、TEXT、NCHAR、NVARCHAR 和 NTEXT。日期和时间数据类型 2 种：DATETIME 和 SMALLDATETIME。二进制数据类型 3 种：BINARY、VARBINARY 和 IMAGE。其他类型 6 种：CURSOR、SQL _ VARIANT、TABLE、TIMESTAMP、UNIQUEIDENTIFIER 和 XML。

（4）【答】　可以通过 Management Studio 界面和 T-SQL 语句两种方式创建数据表。

第 5 章

1. 选择题

（1）C　（2）D　（3）C　（4）B　（5）A

2. 填空题

（1）搜索以"张"开头，并且第二个汉字不是"华"的字符串。

（2）ASC　DESC　ASC

（3）COUNT(*)　COUNT()　MIN()　MAX()　SUM()　AVG()　COUNT(*)

（4）UNION　EXCEPT　INTERSECT

第 6 章

1. 简答题

(1)【答】 区别：基表是数据库中存储数据的基本单位，所有的数据都存放在数据表即基表中。而视图只是由 SELECT 语句组成的查询定义的虚拟表，因此数据库在存储视图时只存储视图的定义，虽然与普通的表一样视图由字段和记录组成，但本身不存储数据。

联系：视图中的数据是根据 SELECT 语句在基表中查询而获得的，一旦数据表中的数据更改则视图中的数据也会跟着更改。而如果更改视图中的数据则是通过视图修改了视图所对应的基表中的数据，因此基表是视图的基础，两者密不可分。

(2)【答】 视图(View)是一种虚拟数据库对象，是从用户使用数据库观点出发，为用户提供了一种从一个特定的角度来查看数据库中数据的方法。

优点：简化了用户对数据的查询和处理。使用户集中视点增加数据的可读性。可以保证数据的逻辑独立性。增加了数据的安全性。

(3)【答】 ① 在视图中修改的列必须直接引用表列中的基础数据。它们不能通过其他方式派生，例如通过聚合函数(AVG、COUNT、SUM、MIN、MAX 等)或者通过表达式并使用列计算出其他列的情况。使用集合运算符(UNION、UNION ALL、CROSSJOIN、EXCEPT 和 INTERSECT)形成的列得出的计算结果不可更新。

② 被修改的列不受 GROUP BY、HAVING 或 DISTINCT 子句的影响。

③ 创建视图的 SELECT 语句的 FROM 子句中至少要包含一个基表。

(4)【答】 不会。

(5)【答】

```
USE stu_info
GO
CREATE VIEW avg_stud AS
SELECT student. sname,AVG(grade. grade) AS 平均分 FROM student,grade
WHERE student. s_id = grade. s_id
GROUP BY student. s_id,student. sname
```

第 7 章

1. 简答题

(1)【答】 为了提高查找速度而提出的一种记录着表中一列或多列按照一定顺序建立的排序，以及与这些排序列值与记录之间的对应关系的结构。

(2)【答】 索引的类型按照组织方式来分主要是聚集索引和非聚集索引两种；按照数据的唯一性来分，可以分为唯一索引和非唯一索引两种；按照索引键的列数来分，可以分为单一索引和组合索引两种。

(3)【答】 优点：

① 快速存取数据。

② 保证数据记录的唯一性。

③ 实现表与表之间的参照完整性。

④ 在使用 ORDER BY、GROUP BY 子句进行数据检索时，利用索引可以减少排序和分

组的时间。

缺点:① 创建索引和维护索引要耗费时间,这种时间随着数据量的增加而增加。

② 索引需要占物理空间,除了数据表占数据空间之外,每一个索引还要占一定的物理空间,如果要建立聚簇索引,那么需要的空间就会更大。

③ 当对表中的数据进行增加、删除和修改的时候,索引也要动态的维护,这样就降低了数据的维护速度。

(4)【答】 一个聚集索引和若干个非聚集索引。

(5)【答】 随着数据库的使用,数据不断发生变化,经过多次的增加、修改和删除等更新操作以后,索引的数据可能会分散在硬盘的各个位置,也可能将本应该存储在同一个页中的索引分散到多个页中,这样就产生了很多索引碎片。这些碎片与操作系统里的硬盘碎片一样,会影响系统性能。当碎片增多时,SQL Server 的查询速度会明显降低。所以需要重建索引来整理索引碎片。

方法:重新组织索引或重新生成索引两种方法。

第 8 章

(1)(略)

(2)(略)

(3)① CASE 语句。

```
USE Northwind
DECLARE @price money
DECLARE @returnstr varchar(50)
SELECT @price = 单价
    FROM 产品
    WHERE 产品名称 = N'番茄酱'
SET @returnstr = CASE
    WHEN @price < $ 20 THEN '番茄酱的单价低于 20 元'
    WHEN $ 20 <= @price and @price < 40 THEN '番茄酱的单价在 20 元与 40 元之间'
    WHEN $ 40 <= @price and @price <= 80 THEN '番茄酱的单价在 40 元与 80 元之间'
    ELSE '番茄酱的单价大于 80 元'
    END
PRINT @returnstr
```

② GoTo 语句。

```
USE Northwind
DECLARE @price money
DECLARE @returnstr varchar(50)
SELECT @price = 单价
    FROM 产品
    WHERE 产品名称 = N'番茄酱'
IF @price < $ 20
    GOTO print20                        -- 跳转到标签 print20
IF $ 20 <= @price and @price < 40
    GOTO print40                        -- 跳转到标签 print40
```

```
IF $ 40 <= @price and @price <= 80
    GOTO print80                            -- 跳转到标签 print80
GOTO other                                  -- 跳转到标签 other
print20:
    PRINT '番茄酱的单价低于 20 元'
    GOTO theEnd                             -- 跳转到标签 theEnd
print40:
    PRINT '番茄酱的单价在 20 元与 40 元之间'
    GOTO theEnd                             -- 跳转到标签 theEnd
print80:
    PRINT '番茄酱的单价在 40 元与 80 元之间'
    GOTO theEnd                             -- 跳转到标签 theEnd
other:
    PRINT '番茄酱的单价大于 80 元'
theEnd:
```

（4）

```
USE Northwind
DECLARE @execstr varchar(1000)
DECLARE @year int
SET @year = 2010
WHILE @year > 2001
    BEGIN
        set @execstr = 'SELECT * FROM 订单 WHERE YEAR(订购日期) = '
            + CAST(@year AS varchar(4))       -- 将查询语句放在一个变量中
        EXEC (@execstr)                       -- 执行变量中的查询语句

-- 当该年的订单数不为零时将查询出来的记录插入到一个新表中
        IF @@ROWCOUNT > 0
            -- 执行括号里的 T-SQL 语句
            EXECUTE ('SELECT * INTO 订单_' + @year
                + 'FROM 订单 WHERE YEAR(订购日期) = ' + @year)
        SET @year = @year - 1
    END
```

第 9 章

1. 简答题

（1）【答】　存储过程是一种数据库对象,是为了实现某个特定任务的一组 T-SQL 语句和可选控制流语句的预编译集合,这些语句在一个名称下存储并作为一个单元进行处理。存储过程在第一次执行时进行编译,然后将编译好的代码保存在高速缓存中供以后调用,以提高代码的执行效率。

（2）【答】　执行触发器的时候,系统会产生两个临时表。插入表 inserted 表里存放的是更新前的记录:对于插入记录操作来说,inserted 表里存放的是要插入的数据;对于更新记录操作来说,inserted 表里存放的是要更新的记录。deleted 表里存放的是更新后的记录:对于更新记录操作来说,deleted 表里存放的是更新前的记录(更新完后即被删除);对于删除记录操作来说,deleted 表里存入的是被删除的旧记录。

（3）【答】　触发器可以分为两大类:DML 触发器和 DDL 触发器。
DML(数据操纵语言)触发器是在数据库服务器中发生数据操作语言事件时执行的存储

过程。DML 触发器是在执行一个 Insert、Update 或 Delete 语句时触发。DML 触发器又分为两类,After 触发器和 Instead Of 触发器。

DDL(数据定义语言)触发器是在响应数据定义语言事件时执行的存储过程。DDL 触发器一般用于执行数据库中的管理任务,例如审核和规范数据库操作、防止数据库表结构被修改等。

2. 程序题

①【答】

```
USE stu_info
GO
CREATE PROCEDURE Sel_grade @snochar(10),@cno char(3)AS
SELECT grade
FROM grade
WHERE s_id = @sno AND c_id = @cno
```

②【答】

```
USE stu_info
GO
CREATE PROCEDURE Sel_Course @sdepnvarchar(10)AS
SELECT sdepartment,c_id,COUNT( * )AS 人数
FROM student,grade
WHERE sdepartment = @sdep AND student.s_id = grade.s_id
GROUP BY sdepartment,c_id
ORDER BY sdepartment
```

③【答】

```
USE stu_info
GO
CREATE PROCEDURE Sel_Stu @kcnamenvarchar(10)AS
SELECT cname,course.c_id,COUNT( * )AS 人数,AVG(grade) AS 平均分
FROM course,grade
WHERE cname = @kcname AND course.c_id = grade.c_id
GROUP BY cname,course.c_id
```

④【答】

```
USE stu_info
GO
CREATE TRIGGER sc_ins_60 ON grade AFTER INSERT
AS
BEGIN
IF (SELECT COUNT( * )FROM grade
WHERE c_id = (SELECT c_id FROM inserted))> 60
    BEGIN
    PRINT '该课程选课人数已满!请另选其他课程.'
    ROLLBACK
    END
END
```

⑤【答】

```
USE stu_info
GO
CREATE TRIGGER Ins_Up_100 ON student AFTER INSERT,UPDATE
AS
BEGIN
IF (SELECT COUNT( * )FROM student
   WHERE sdepartment = (SELECT sdepartment FROM inserted))>100
      BEGIN
      PRINT '该系人数已满!!'
      ROLLBACK
      END
END
```

⑥【答】

```
USE stu_info
GO
CREATE TRIGGER Del_s_sc ON student AFTER DELETE
AS
BEGIN
DELETE FROM grade
WHERE s_idIN(SELECT s_id FROM deleted)
END
```

⑦【答】

```
CREATE TRIGGER Del_database ON ALL SERVER
AFTER DROP_DATABASE
AS
IF EXISTS (SELECT name FROM sys.database WHERE name = N'stu_info')
DROP DATABASE [stu_info]
PRINT '不允许删除数据库 stu_info'
ROLLBACK
```

第 10 章

1. 选择题

(1) D   (2) B   (3) B

2. 填空题

(1) 对称加密和非对称加密

(2) 数据库、架构和服务器

(3) 账户

(4) 数据库中预定义的"固定数据库角色"、用户可以创建的"灵活数据库角色"和 Public 角色

3. 简答题

(1)【答】 一个请求服务器、数据库或架构资源的实体称为安全主体。每一个安全主体都有唯一的安全标识符(Security Identifier,SID)。安全主体在 3 个级别上管理:Windows、

SQL Server 和数据库。安全主体的级别决定了安全主体的影响范围。

(2)【答】 最常使用的有两种加密方式:对称加密和非对称加密。对称加密使用相同的密钥加密和解密数据,使用的算法相对于非对称加密的算法比较简单。非对称加密使用两个具有数学关系的不同密钥加密和解密数据。这两密钥分别称为私钥和公钥,它们合称为密钥对。非对称加密被认为比对称加密更安全,因为数据的加密密钥与解密密钥不同。

(3)【答】 当使用 Windows 身份验证连接到 SQL Server 时,Windows 将完全负责对客户端进行身份验证。在这种情况下,将按其 Windows 用户账户来识别客户端。当用户通过 Windows 用户账户进行连接时,SQL Server 使用 Windows 操作系统中的信息验证账户名和密码。

使用混合安全模式时,SQL Server 2008 首先确定用户的连接是否使用有效的 SQL Server 用户账户登录。如果是用户有效的登录和正确的密码,则接受用户的连接;如果用户是有效的登录,但是使用了不正确的密码,则用户的连接被拒绝。

仅当用户没有有效的登录时,SQL Server 2008 才检查 Windows 账户的信息。在这样的情况下,SQL Server 2008 确定 Windows 账户是否有连接到服务器的权限。如果账户有权限,连接被接受;否则,连接被拒绝。

(4)【答】 服务器级角色的权限作用域为服务器范围,包括 sysadmin、serveradmin、securityadmin、processadmin、setupadmin、bulkadmin、diskadmin、dbcreator 和 public 等角色。

(5)【答】 默认的数据库用户有:dbo 用户、guest 用户和 sys 用户等。

(6)【答】 需要的步骤如下:

① 建立主要密钥。

② 建立或取得受到主要密钥保护的凭证,也称作证书。

③ 建立数据库加密密钥,并使用证书保护它。

④ 设定数据库使用加密。

第 11 章

1. 简答题

(1)【答】 Microsoft SQL Server 允许在 SQL Server 表和数据文件之间大容量导入和导出大容量数据,这对在 SQL Server 和异类数据源之间有效传输数据是非常重要的。"大容量导出"是指将数据从 SQL Server 表导出到数据文件,"大容量导入"是指将数据从数据文件加载到 SQL Server 表。例如,您可以将数据从 Microsoft Excel 应用程序导出到数据文件,然后将这些数据大容量导入到 SQL Server 表中。

(2)【答】 数据导入导出功能,有使用 Transact-SQL 方式、图形界面方式、BCP 命令和在 SQL 语句中执行 xp_cmdshell 方式等。

第 12 章

1. 名词解释

并发操作:多个用户或应用程序可能同时对数据库的同一数据对象进行读写操作,这种现象称为对数据库的并发操作。

事务:事务是作为单个逻辑工作单元执行的一系列操作。一个逻辑工作单元必须有 4 个属性,即原子性、一致性、隔离性和持久性,简称 ACID 属性,只有这样才能成为一个事务。

数据库一致性状态：是指数据库中只包含成功事务提交的结果的状态。

封锁：封锁是使事务对它要操作的数据有一定的控制能力。封锁具有 3 个环节：第一个环节是申请加锁，即事务在操作前要对它欲使用的数据提出加锁请求；第二个环节是获得锁，即当条件成熟时，系统允许事务对数据加锁，从而事务获得数据的控制权；第三个环节是释放锁，即完成操作后事务放弃数据的控制权。

排它锁：排它锁也称为独占锁或写锁。一旦事务 T 对数据对象 A 加上排它锁（X 锁），则只允许 T 读取和修改 A，其他任何事务既不能读取和修改 A，也不能再对 A 加任何类型的锁，直到 T 释放 A 上的锁为止。

共享锁：共享锁又称读锁。如果事务 T 对数据对象 A 加上共享锁（S 锁），其他事务对 A 只能再加 S 锁，不能加 X 锁，直到事务 T 释放 A 上的 S 锁为止。

活锁：如果事务 T1 封锁了数据 R，T2 事务又请求封锁 R，于是 T2 等待。T3 也请求封锁 R，当 T1 释放了 R 上的封锁之后系统首先批准了 T3 的要求，T2 仍然等待。然后 T4 又请求封锁 R，当 T3 释放了 R 上的封锁之后系统又批准了 T4 的请求，……，T2 有可能永远等待。这种在多个事务请求对同一数据封锁时，使某一用户总是处于等待的状况称为活锁。

死锁：在两个或多个任务中，如果每个任务锁定了其他任务试图锁定的资源，此时会造成这些任务永久阻塞，从而出现死锁。

封锁粒度：封锁粒度（Granularity）是指封锁对象的大小。封锁对象可以是逻辑单元，也可以是物理单元。以关系数据库为例，封锁对象可以是属性值、属性值的集合、元组、关系、直至整个数据库；也可以是一些物理单元，例如页（数据页或索引项）、块等。封锁的粒度越小，并发度越高，系统开销也越大；封锁的粒度越大，并发度越低，系统开销也越小。

2. 简答题

（1）【答】　当多个用户事务并发地存取某数据库的同一数据时，若对并发操作不加控制就可能会读取和存储不正确的数据，破坏数据库的一致性，所以要对并发操作进行控制。

（2）【答】　封锁机制。

（3）【答】　事务的特性如下：

原子性（Atomic）：指整个数据库事务是不可分割的工作单位。事务中包括的诸操作要么都做，要么都不做。

一致性（Consistency）：指数据库事务不能破坏关系数据的完整性以及业务逻辑的一致性。事务执行的结果必须是使数据库从一个一致性状态变到另一个一致性状态。

隔离性（Isolation）：指的是在并发环境中，当不同的事务同时操作相同的数据时，每个事务都有各自的完整数据空间，一个事务内部的操作及使用的数据对其他并发事务是隔离的，并发执行的各个事务之间不能互相干扰。

持久性（Durability）：指的是只要事务成功结束，它对数据库所做的更改就必须永久保存下来。接下来的其他操作或故障不应该对其执行结果有任何影响。

（4）【答】　行（ROW）、页（PAGE）、簇（EXTENT）、表（TABLE）、数据库（DATABASE）

（5）【答】　当多个用户同时访问数据时，SQL Server 2008 数据库引擎使用以下机制确保事务的完整性和保持数据库的一致性：（a）锁定：每个事务对所依赖的资源（如行、页或表）请求不同类型的锁。锁可以阻止其他事务以某种可能会导致事务请求锁出错的方式修改资源。当事务不再依赖锁定的资源时，它将释放锁。（b）行版本控制：当启用了基于行版本控制的隔离级别时，数据库引擎将维护修改的每一行的版本。应用程序可以指定事务使用行版本查看事务或查询开始时存在的数据,而不是使用锁保护所有读取。通过使用行版本控制,读取操作阻止其他事务的可能性将大大降低。锁定和行版本控制可以防止用户读取未提交的数据,还可以防止多个用户尝试同时更改同一数据。如果不进行锁定或行版本控制,对数据执行的查询可能会返回数据库中尚未提交的数据,从而产生意外的结果。

第 13 章

1. 简答题

(1)【答】　数据库备份就是为了最大限度地降低灾难性数据丢失的风险,从数据库中定期保存用户对数据所做的修改,用以将数据库从错误状态下恢复到某一正确状态的副本。当数据库出现故障时,将已经做好的备份数据库加载到系统,从而使数据库恢复到备份时的正确状态。

(2)【答】

① 简单恢复模式:在该种恢复模式下数据库不进行日志备份,这样可以节约事务日志空间及管理开销。

② 完整恢复模式:在这种恢复模式下将完整地记录所有事务,并将事务日志记录保留到对其备份完毕为止。

③ 大容量日志恢复模式:大容量日志恢复模式记录了大多数大容量操作,它只用作完整恢复模式的附加模式。

(3)【答】

① 完整备份:备份整个数据库或者一组特定的文件组或文件中的所有内容,包括事务日志。备份所需要的存储空间比较大,另外备份时间也比较长。备份过程和恢复过程操作比较简单。

② 差异备份:差异备份是完整备份的补充,只备份上次完整备份后发生更改的数据,因此需要先进行完整备份后才能进行此种备份。差异备份比完整备份的工作量小,备份速度快,对系统的影响也小,可以经常使用。

③ 事务日志备份:事务日志备份只备份事务日志里的内容,即记录所有数据库的变化。事务日志备份的空间占用小、备份时间快,当系统发生故障时,能够恢复所有备份的事务,丢失未提交或未执行完的事务。

④ 文件及文件组备份:对于非常庞大的数据库,有时执行完整备份并不可行,这时用户可以执行数据库的文件或文件组备份。

(4)【答】　收缩数据库的方法有两种,分别是自动收缩和手动收缩。

(5)【答】　当需要对数据库文件进行复制、移动、删除或附加到其他数据库中等操作时,需要分离数据库。

(6)【答】　数据库快照是数据库的只读、静态视图。

参 考 文 献

[1] 郑阿奇. SQL Server 使用教程. 第 3 版. 北京：电子工业出版社,2009.

[2] 李春葆,曾平,赵丙秀. 数据库系统开发教程——基于 SQL Server 2005＋VB. NET 2005. 北京：清华大学出版社,2009.

[3] 周文琼,王乐球. 数据库应用与开发教程(ADO. NET＋SQL Server). 北京：中国铁道出版社,2009.

[4] 何玉洁. 数据库原理与应用教程. 第 3 版. 北京：机械工业出版社,2010.

[5] 方睿,韩桂华. 数据库原理及应用. 北京：机械工业出版社,2010.

[6] 李俊山,罗蓉,叶霞,李建华. 数据库原理及应用(SQL Server). 第 2 版. 北京：清华大学出版社,2012.

[7] 周屹,李艳娟,崔琨,姜晓宏. 数据库原理及开发应用. 第 2 版. 北京：清华大学出版社,2013.

[8] 刘爽英,王丽芳,李欣然,张元. 数据库原理及应用. 北京：清华大学出版社,2012.

[9] 黄川林,鲁艳霞,邵欣欣. 数据库原理与应用教程. 北京：清华大学出版社,2012.

[10] 张莉等. SQL Server 数据库原理与应用教程. 第 3 版. 北京：清华大学出版社,2012.

[11] 叶潮流. SQL Server 2005 数据库原理及应用. 北京：清华大学出版社,2012.

[12] 雷景生. 数据库原理与应用教程. 北京：清华大学出版社,2012.

[13] http://msdn. microsoft. com/library/bb545450. aspx.